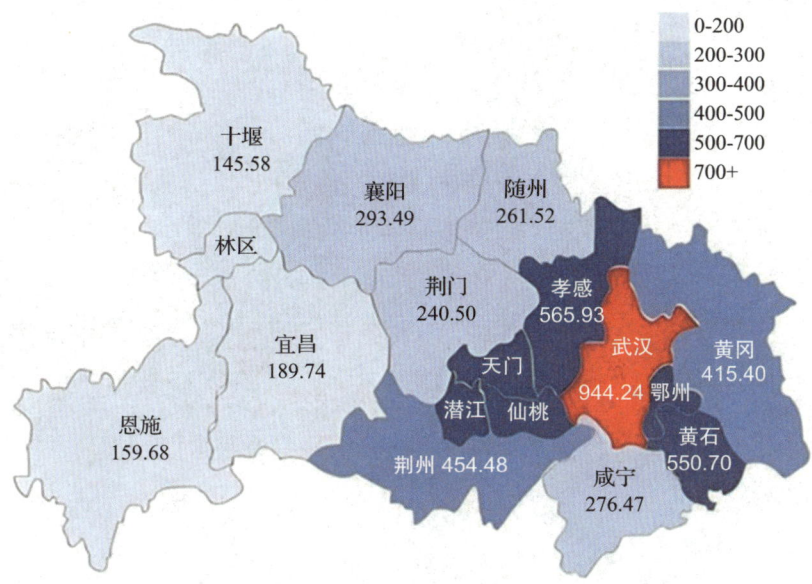

图 16-2　地理信息可视化示意图

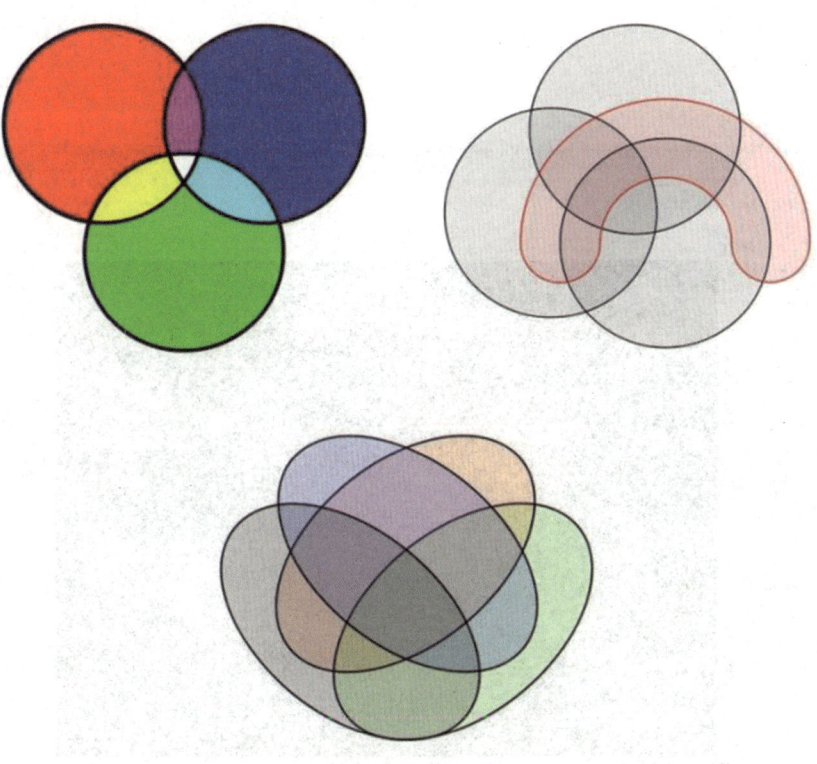

图 16-11　维恩图的不同示例

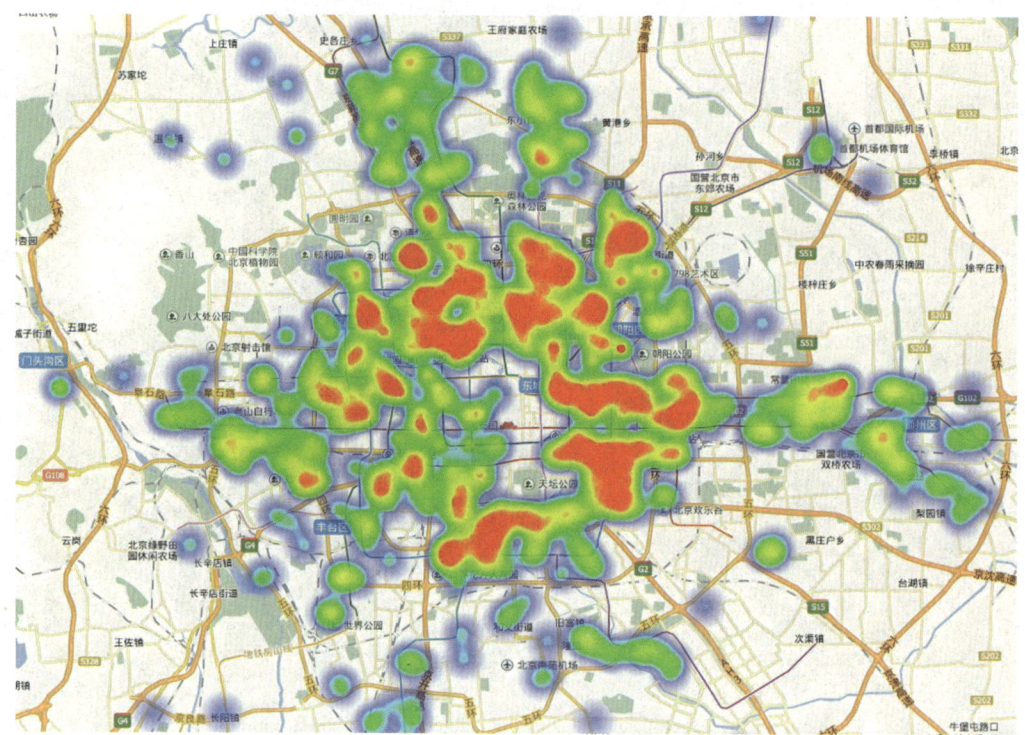

图 16-12　北京市 2017 年租房情况热力图

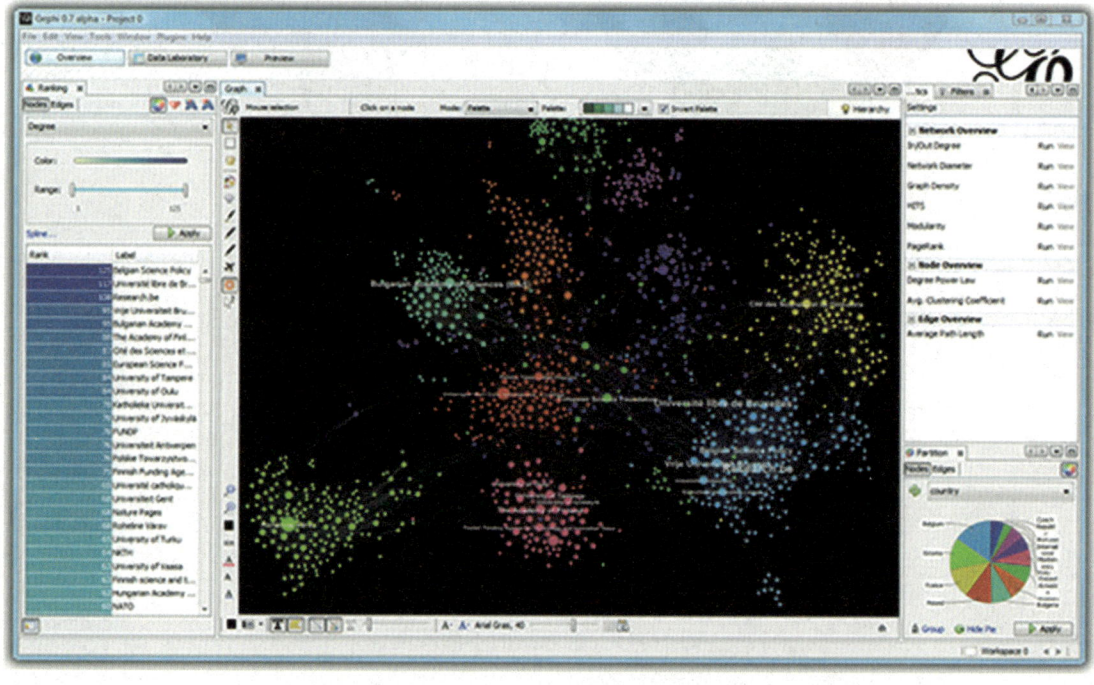

图 16-18　Gephi 案例示意图

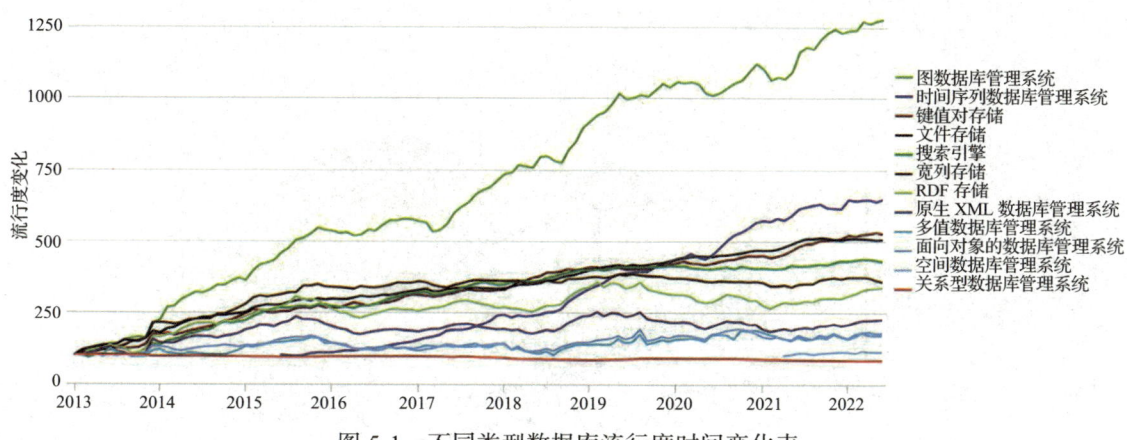

图 5-1 不同类型数据库流行度时间变化表

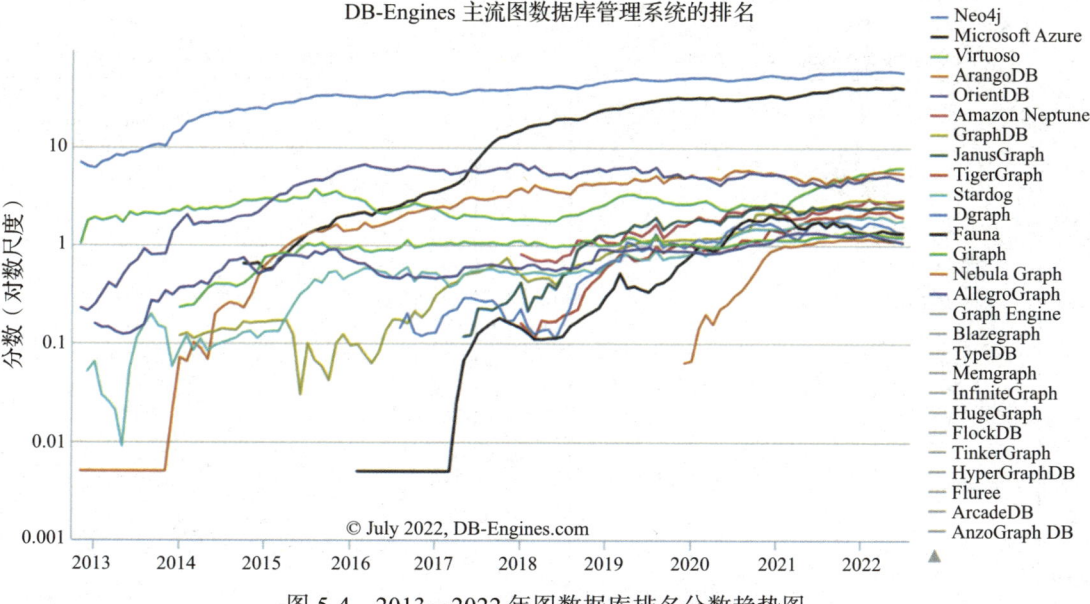

图 5-4 2013—2022 年图数据库排名分数趋势图

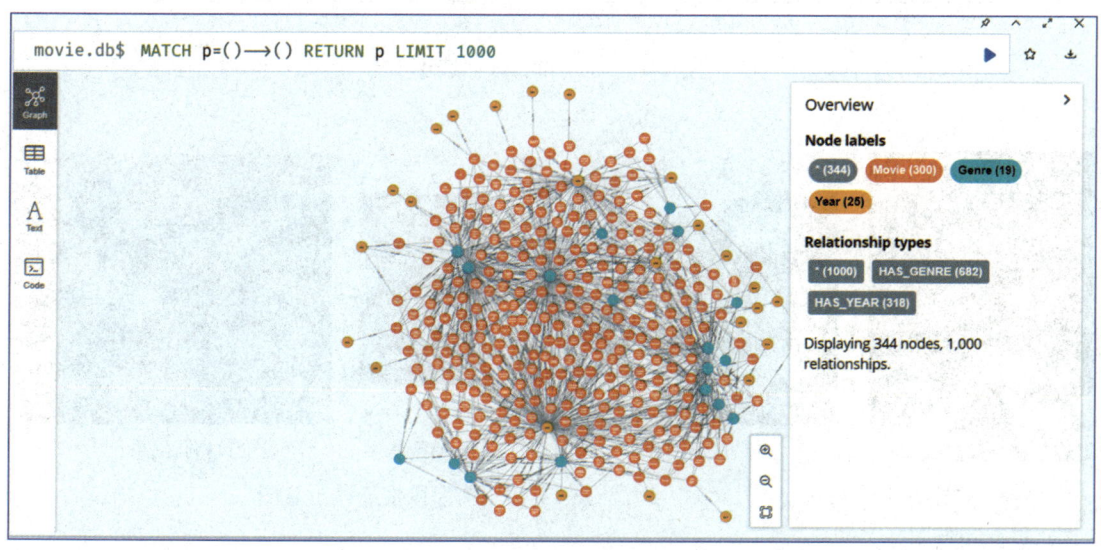

图 5-30 知识图谱示例图

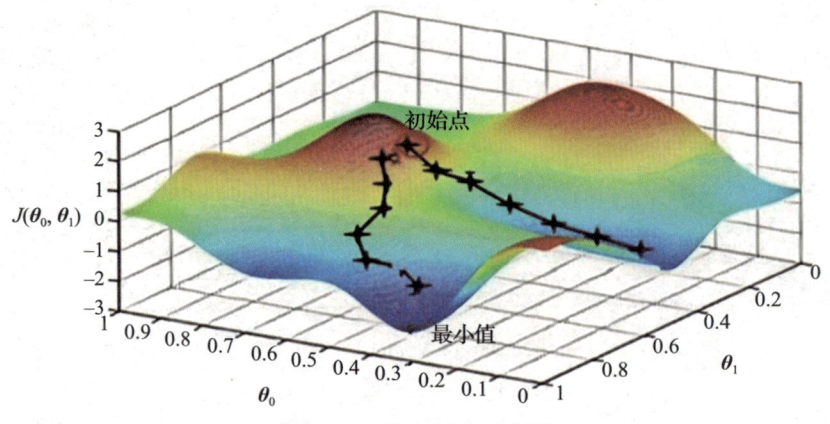

图 14-5 梯度下降示意图

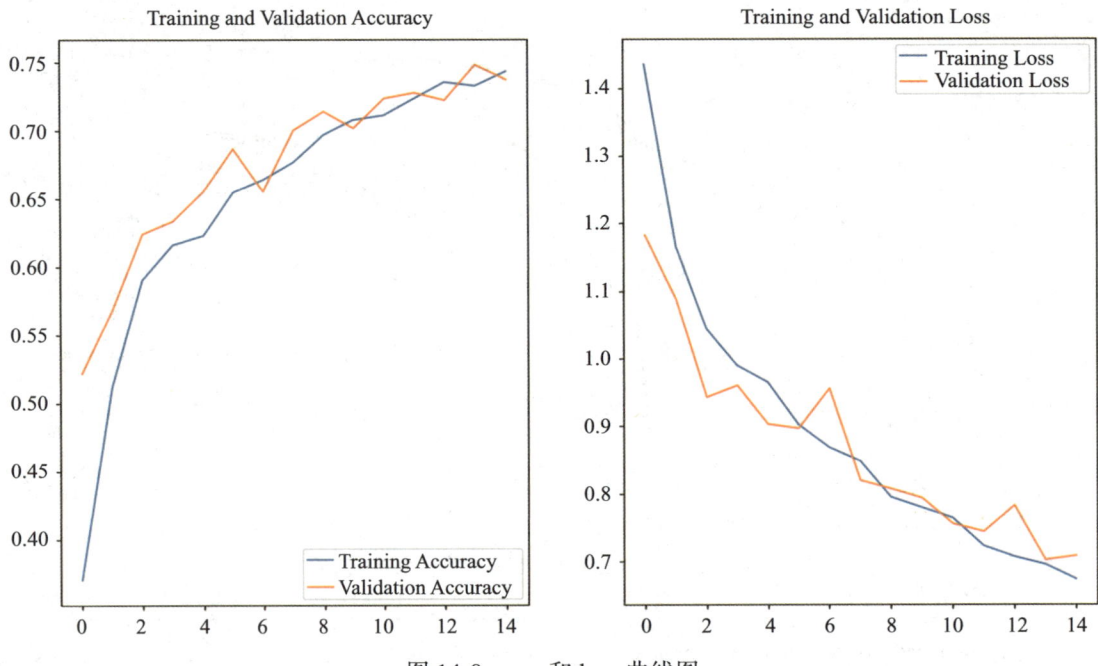

图 14-8 acc 和 loss 曲线图

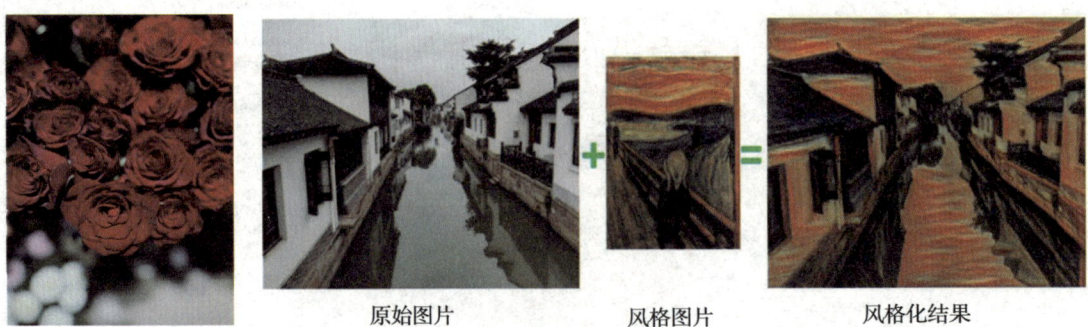

图 14-9 实验测试用例图片　　图 14-10 图像风格迁移示意图

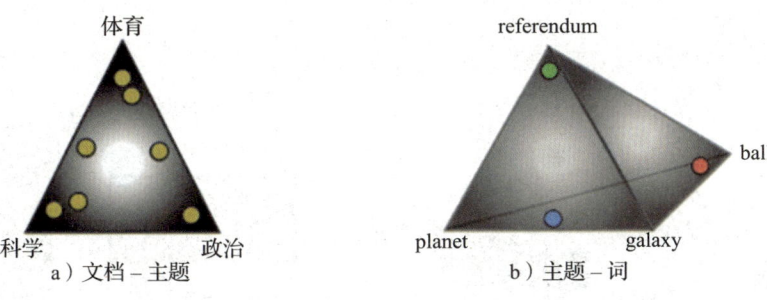

图 17-11 文档–主题和主题–词的关系示意图

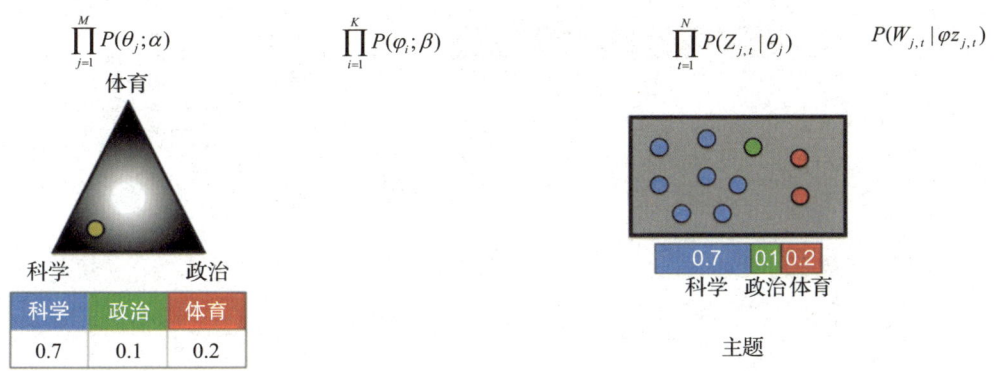

图 17-12 文档和主题示例

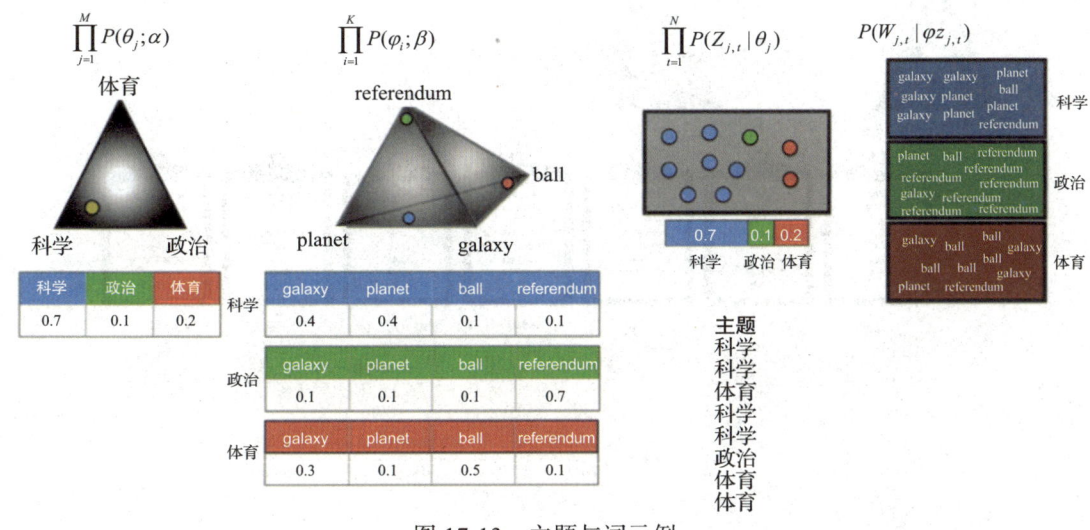

图 17-13 主题与词示例

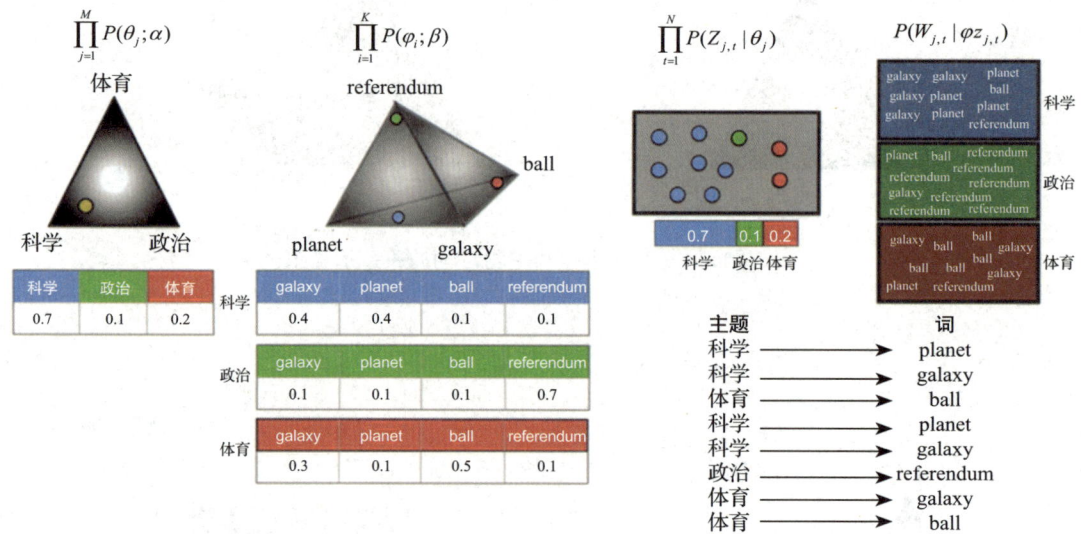

图 17-14 生成文档示例

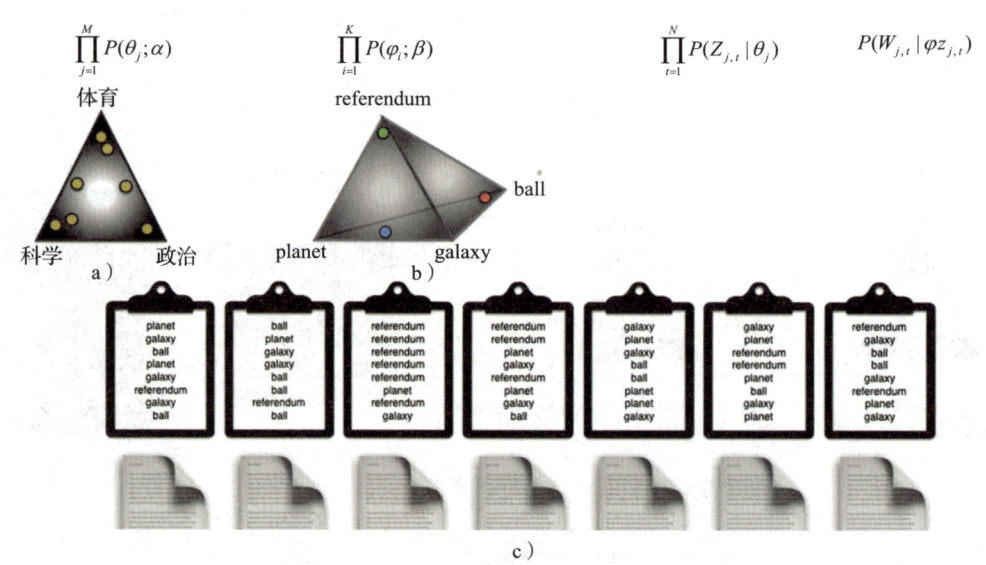

图 17-15 生成的新文档与原文档

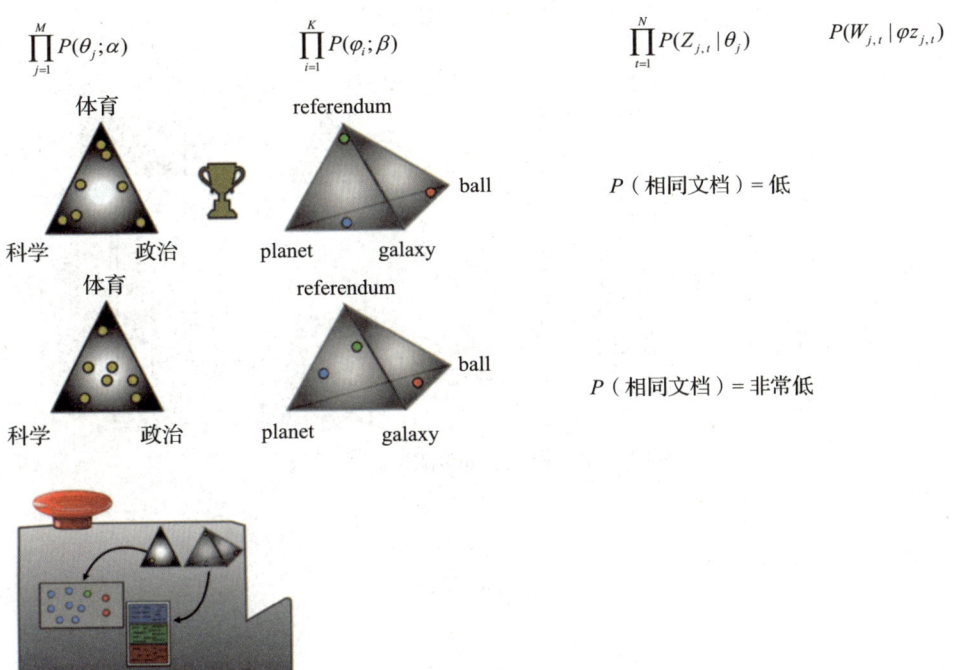

图 17-16 不同参数设置生成结果比较

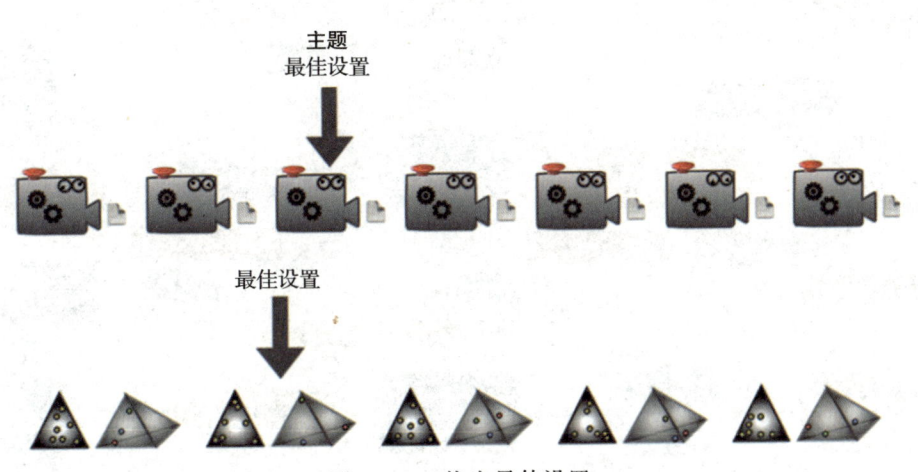

图 17-17 找出最佳设置

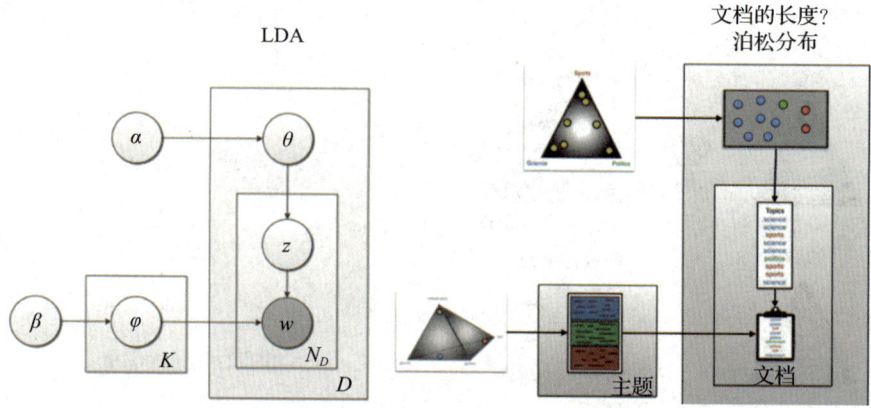

图 17-18　原理和示例相结合示意图

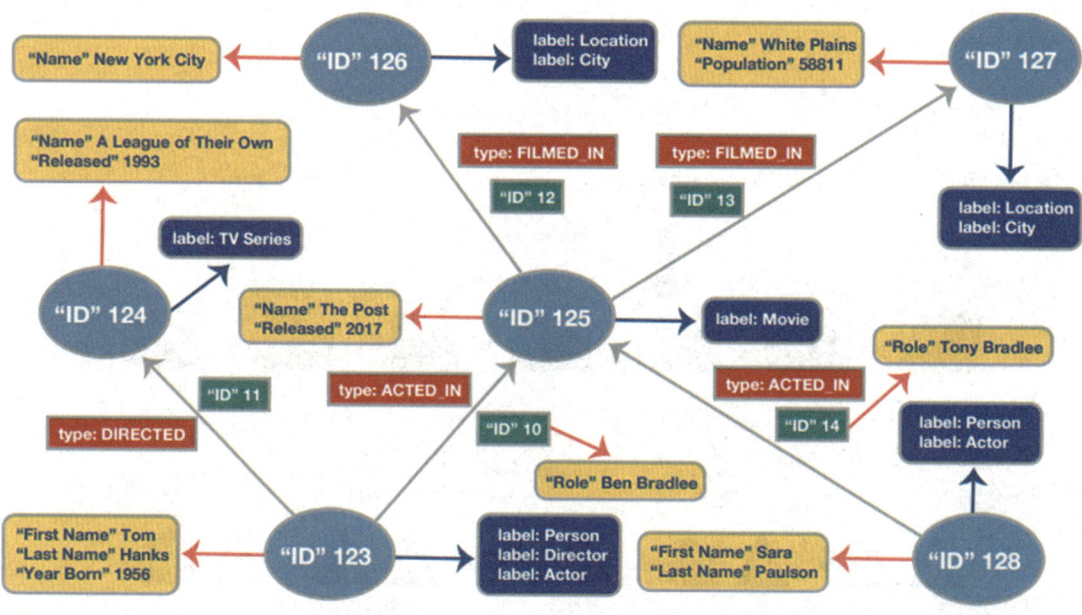

图 19-6　知识图谱的属性图示例

数据科学与大数据专业系列教材

Big Data Analysis and Processing
A Practitioner's Approach

# 大数据分析与处理

## 实践者的研究方法

车海莺 薛静锋 金福生 商亮 ●编著

本书融合作者多年的教学与实践经验，是一本全面且实用的大数据分析与处理教材。全书分为六部分共 20 章，内容循序渐进，从大数据的基本概念出发，逐步深入探讨数据采集和预处理、数据存储、数据处理、大数据分析平台以及大数据应用等关键环节。

本书详细介绍了 PyTorch、TensorFlow 和 Spark MLlib 等热门大数据分析平台，并通过深入剖析和实战演练，帮助读者轻松掌握这些先进工具的使用技巧。同时，本书针对数据可视化、文本分析、推荐系统等经典应用场景，通过案例分析和代码实现，引导读者从理论走向实践，快速掌握大数据分析的核心技能。

本书适合作为普通高校数据科学与大数据相关专业的教材，也适合相关专业的技术人员使用。

### 图书在版编目（CIP）数据

大数据分析与处理：实践者的研究方法 / 车海莺等编著. -- 北京：机械工业出版社，2025.6. --（数据科学与大数据专业系列教材）. -- ISBN 978-7-111-78613-9

Ⅰ. TP274

中国国家版本馆 CIP 数据核字第 2025QG3125 号

机械工业出版社（北京市百万庄大街 22 号　邮政编码 100037）
策划编辑：姚　蕾　　　　　　　　　　　责任编辑：姚　蕾
责任校对：赵　童　任婷婷　马荣华　景　飞　责任印制：刘　媛
三河市骏杰印刷有限公司印刷
2025 年 8 月第 1 版第 1 次印刷
185mm×260mm・27 印张・4 彩插・671 千字
标准书号：ISBN 978-7-111-78613-9
定价：79.00 元

电话服务　　　　　　　　　　网络服务
客服电话：010-88361066　　　机　工　官　网：www.cmpbook.com
　　　　　010-88379833　　　机　工　官　博：weibo.com/cmp1952
　　　　　010-68326294　　　金　书　网：www.golden-book.com
封底无防伪标均为盗版　　　　机工教育服务网：www.cmpedu.com

# 前　　言

在人工智能迅速发展的今天，数据与算法、算力共同构成人工智能的三大基本要素，发挥着至关重要的作用。其中，高质量的数据是人工智能性能的重要基石。大数据分析不仅成为企业创新和政府决策的关键支撑，更是推动人工智能与大模型性能持续提升的原动力。为顺应人工智能时代对高质量数据分析能力的需求，我们结合多年大数据分析课程教学的经验与成果，经过近两年的精心筹备与编写，推出了本书。

本书旨在为广大读者提供一个全面、系统且实用的大数据分析学习指南。我们不仅深入讲解了大数据分析的原理和方法，还提供了丰富的案例代码，帮助读者从理论走向实践，提高大数据分析工程实践能力。通过学习本书，读者将能够掌握大数据分析的核心概念、原理和技术，了解大数据分析平台的应用，并具备在实际项目中运用大数据分析解决问题的能力。

全书共分为六部分，每一部分都围绕大数据分析的关键环节展开，力求为读者构建一个完整、系统的学习体系。

第一部分为绪论，在此部分中简要介绍了大数据的基本概念、发展历程及其在各个领域的应用价值，为后续章节的学习打下坚实的理论基础。

第二部分为数据采集和预处理，此部分涵盖了数据源的识别与选择、数据抽取与清洗、数据转换与归约等关键步骤，确保读者能够掌握高质量数据的获取方法。

第三部分为数据存储，在此部分中深入探讨了数据物理存储系统和逻辑存储系统的相关原理，介绍了数据建模、分布式文件系统、NoSQL 数据库以及图数据库等先进技术，旨在帮助读者理解如何构建高效、稳定的数据存储环境。

第四部分为数据处理，在此部分中全面介绍了各种数据处理系统的技术和方法，包括批数据处理、流数据处理、分布式图处理、处理架构、内存计算以及数据处理算法等，帮助读者掌握不同大数据处理模型的核心技术。

第五部分为大数据分析平台，在此部分中重点介绍了 PyTorch、TensorFlow 和 Spark MLlib 这三个主流的大数据分析平台，深入剖析了它们的框架原理、优势特点以及使用技巧，并通过实验案例帮助读者掌握这些大数据分析平台的使用方法和技巧。

第六部分为大数据应用，在此部分中精心选择了几种经典的大数据应用场景，包括数据可视化、文本分析、推荐系统、知识图谱以及社交网络分析等，详细介绍了这些应用的流程，并辅以案例分析和实现代码，帮助读者深入理解各种典型大数据分析应用的原理与实现过程。

此外，为了方便读者学习，我们还提供了大数据分析慕课作为本书的辅助学习资源。这些慕课内容丰富、讲解生动，可以帮助读者更好地理解和掌握大数据分析的相关知识。

同时，本书也提供了实验源代码以及习题解析，这些学习资源可以通过扫描以下二维码获取。

众多研究生和本科生都热情参与了本书的编写工作。他们不仅协助我们完成了大量的撰写与校对工作，还为我们提供了宝贵的意见和建议。在此，我们要特别感谢叶润枝、吕宁、杨婧、吴国承、李灏、贾星辰、钟文清、韩若嘉、赵羽风、魏梦青、刘炳辉、陈轶飞、罗森、李艳茹、巩传龙、邹莹、马旭腾、万李锦芬、戚嘉亮、肖天一、张易从、张博凡、张卓远、张延硕、陈伊琳、张博汉、许婧雯等同学的大力支持和辛勤付出。

最后，我们衷心希望本书能够成为广大读者在大数据分析领域学习和实践的有力助手，帮助读者不断提升自己的大数据分析能力和工程实践能力。同时，我们也欢迎读者提出宝贵的意见和建议，以便我们不断完善和提升本书的质量。

让我们携手共进，迎接人工智能时代的挑战与机遇，共同创造美好的未来！

# 目 录

前言

## 第一部分 绪论

### 第1章 概述 ……………………………………… 2
1.1 大数据的基本概念 …………………… 2
   1.1.1 大数据的概念 …………………… 2
   1.1.2 大数据的来源 …………………… 2
1.2 结构化和非结构化数据 ……………… 3
   1.2.1 结构化数据的特点 ……………… 4
   1.2.2 非结构化数据的特点 …………… 4
1.3 大数据的特征 ………………………… 5
   1.3.1 规模性 …………………………… 6
   1.3.2 多样性 …………………………… 6
   1.3.3 高速性 …………………………… 6
   1.3.4 价值性 …………………………… 6
   1.3.5 真实性 …………………………… 7
1.4 科学研究的第四范式 ………………… 7
   1.4.1 科学研究的第四范式的发展历程 …………………………… 7
   1.4.2 第四范式的概念和特点 ………… 9
1.5 大数据的生命周期 …………………… 11
   1.5.1 数据采集 ………………………… 12
   1.5.2 数据存储 ………………………… 12
   1.5.3 数据整合 ………………………… 13
   1.5.4 数据呈现与使用 ………………… 13
   1.5.5 数据分析与应用 ………………… 13
   1.5.6 数据归档 ………………………… 14
   1.5.7 数据销毁 ………………………… 15
1.6 大数据的处理流程 …………………… 15
   1.6.1 数据采集 ………………………… 16
   1.6.2 数据存储 ………………………… 16
   1.6.3 数据治理 ………………………… 16
   1.6.4 数据分析 ………………………… 17
   1.6.5 数据应用 ………………………… 17
1.7 大数据的架构 ………………………… 17
   1.7.1 数据存储系统 …………………… 18
   1.7.2 数据处理系统 …………………… 19
   1.7.3 数据应用系统 …………………… 20
总结 ………………………………………… 20
习题 ………………………………………… 20

## 第二部分 数据采集和预处理

### 第2章 大数据的采集 …………………… 22
2.1 内部数据 ……………………………… 22
   2.1.1 内部数据概述 …………………… 22
   2.1.2 内部数据的价值 ………………… 23
   2.1.3 内部数据的采集 ………………… 24
2.2 外部数据 ……………………………… 26
   2.2.1 外部数据概述 …………………… 26
   2.2.2 浅网数据 ………………………… 28
   2.2.3 深网数据 ………………………… 32
总结 ………………………………………… 34
习题 ………………………………………… 34

### 第3章 大数据的预处理 ………………… 35
3.1 数据预处理概述 ……………………… 35
   3.1.1 数据预处理的意义 ……………… 35
   3.1.2 数据预处理的方法 ……………… 35
3.2 数据质量 ……………………………… 36
   3.2.1 单一数据源数据质量问题 ……… 36
   3.2.2 多数据源数据质量问题 ………… 37
3.3 数据清洗技术 ………………………… 37
   3.3.1 残缺数据处理 …………………… 38
   3.3.2 冗余数据处理 …………………… 38

3.3.3 噪声数据处理 ………………… 38
3.4 数据转换 ………………………………… 40
　3.4.1 数据集成 ……………………… 40
　3.4.2 数据变换 ……………………… 41
3.5 数据归约 ………………………………… 42
　3.5.1 维归约 ………………………… 43
　3.5.2 数量归约 ……………………… 44
　3.5.3 数据压缩与变换 ……………… 45
总结 ……………………………………………… 45
习题 ……………………………………………… 45

## 第三部分　数据存储

### 第 4 章　数据存储系统 ………………… 48
4.1 数据建模 ………………………………… 48
　4.1.1 数据建模概述 ………………… 48
　4.1.2 如何对数据建模 ……………… 50
4.2 分布式文件系统 ………………………… 53
　4.2.1 分布式文件系统概述 ………… 53
　4.2.2 GFS ……………………………… 55
　4.2.3 HDFS …………………………… 57
　4.2.4 主流分布式文件系统对比 …… 61
4.3 NoSQL 数据库 …………………………… 63
　4.3.1 NoSQL 概述 …………………… 64
　4.3.2 NoSQL 分类 …………………… 65
　4.3.3 NoSQL 与其他数据库的关系 … 67
4.4 统一数据访问接口 ……………………… 68
总结 ……………………………………………… 70
习题 ……………………………………………… 71

### 第 5 章　图数据库 ……………………… 72
5.1 图数据库的发展 ………………………… 72
　5.1.1 图数据库的历史 ……………… 72
　5.1.2 图数据库的现状和发展 ……… 73
5.2 图数据库概述 …………………………… 74
　5.2.1 图数据库简介 ………………… 74
　5.2.2 图数据库的定义 ……………… 75
　5.2.3 图数据库的应用 ……………… 76
　5.2.4 图数据库未来的发展趋势 …… 77
5.3 图数据库的特点及优缺点 ……………… 78
　5.3.1 图数据库的特点 ……………… 78

5.3.2 图数据库的优缺点 …………… 79
5.4 图数据库的主要技术 …………………… 80
　5.4.1 图数据库的数据模型 ………… 80
　5.4.2 图数据库的存储引擎 ………… 82
　5.4.3 图数据库的操作语言 ………… 83
　5.4.4 图数据库的算法 ……………… 83
5.5 代表性图数据库——Neo4j …………… 84
　5.5.1 Neo4j 概述 …………………… 84
　5.5.2 Neo4j 图数据库的数据模型和
　　　　存储结构 ……………………… 85
　5.5.3 使用 Neo4j 的优势 …………… 85
　5.5.4 Cypher 语句 …………………… 85
5.6 Neo4j 图数据库的基础实验 …………… 88
　5.6.1 实验目的 ……………………… 88
　5.6.2 环境配置 ……………………… 88
　5.6.3 实验步骤 ……………………… 89
　5.6.4 实验总结 ……………………… 96
5.7 Neo4j 图数据库的进阶实验 …………… 96
　5.7.1 实验概述 ……………………… 96
　5.7.2 数据导入 ……………………… 97
　5.7.3 实验步骤与代码展示 ………… 98
　5.7.4 实验总结 ……………………… 102
总结 ……………………………………………… 102
习题 ……………………………………………… 102

## 第四部分　数据处理

### 第 6 章　数据处理系统 ………………… 104
6.1 数据处理系统概述 ……………………… 104
　6.1.1 什么是数据处理 ……………… 104
　6.1.2 数据处理系统的组成 ………… 104
6.2 计算模型 ………………………………… 105
　6.2.1 批处理模型概述 ……………… 105
　6.2.2 流处理模型概述 ……………… 105
　6.2.3 大规模图像数据处理
　　　　模型概述 ……………………… 106
　6.2.4 分布式图处理模型概述 ……… 106
　6.2.5 大规模并行处理模型概述 …… 106
　6.2.6 大规模物理内存计算
　　　　模型概述 ……………………… 106
6.3 计算平台与引擎 ………………………… 106

  6.3.1 Hadoop·····················107
  6.3.2 Spark······················107
 总结·································109
 习题·································109

## 第7章 批数据处理系统·················110

 7.1 MapReduce·······················110
  7.1.1 MapReduce 的架构············111
  7.1.2 MapReduce 与 RDBMS·········112
  7.1.3 共享存储的批处理模型········112
  7.1.4 Hadoop·····················113
 7.2 MapReduce 应用实例·············114
  7.2.1 Top $k$ 问题··················114
  7.2.2 $k$-means 聚类················117
 总结·································117
 习题·································117

## 第8章 流数据处理系统·················118

 8.1 流计算的定义····················118
  8.1.1 流处理出现的原因···········118
  8.1.2 流处理的定义···············118
  8.1.3 流计算的应用···············119
 8.2 原生流处理——Storm·············121
  8.2.1 Storm 简介··················121
  8.2.2 Storm 的物理架构············122
  8.2.3 Storm 的逻辑架构············123
  8.2.4 其他传统流处理系统··········124
 8.3 微批流处理系统——
   Spark Streaming·················124
  8.3.1 Spark Streaming 概述·········124
  8.3.2 Spark Streaming 的工作流程···125
  8.3.3 Spark Streaming 的工作
     原理和架构················126
  8.3.4 Spark Streaming 的特性······129
 8.4 Flink······························129
  8.4.1 批处理与流处理·············130
  8.4.2 Flink 提供的不同级别的
     抽象·······················131
  8.4.3 无界数据流与有界数据流·····131
 8.5 流数据处理实验·················132

  8.5.1 Storm 流数据处理实验·······132
  8.5.2 Spark Streaming 流数据
     处理实验···················137
 8.6 大数据处理体系结构·············147
  8.6.1 批处理层···················148
  8.6.2 服务层·····················148
  8.6.3 实时处理层·················149
 总结·································150
 习题·································150

## 第9章 分布式图处理·····················151

 9.1 分布式图处理概述···············151
 9.2 分布式图处理的概念·············152
 9.3 分布式图处理的工作原理········153
 9.4 分布式图处理的框架——Pregel···153
  9.4.1 Pregel 的基础概念··········153
  9.4.2 Pregel 的工作原理··········156
  9.4.3 Pregel 的体系结构··········159
 9.5 Pregel 框架实验·················161
  9.5.1 基于 C++ 线程并发的 Pregel
     框架模拟···················162
  9.5.2 节点最大值实验·············163
  9.5.3 单源最短路径实验···········166
  9.5.4 实验总结···················171
 总结·································171
 习题·································171

## 第10章 处理架构·························172

 10.1 对称多处理架构················172
 10.2 非一致性内存访问架构··········172
 10.3 大规模并行处理架构···········173
 10.4 SMP、NUMA 和 MPP 的比较···178
  10.4.1 SMP 与 MPP 的比较········178
  10.4.2 NUMA 与 MPP 的比较······178
 总结·································179
 习题·································179

## 第11章 内存计算·························180

 11.1 SAP HANA······················180
  11.1.1 SAP HANA 概述···········180

11.1.2　SAP HANA 的工作原理……181
11.1.3　SAP HANA 的优势……184
11.2　Spark……184
11.2.1　Spark 的起源……184
11.2.2　Spark 的工作原理……185
11.2.3　Spark 的组件……189
11.2.4　Spark 的优势……191
总结……191
习题……192

## 第 12 章　数据处理算法……193

12.1　数据处理基础……193
12.1.1　数据挖掘……193
12.1.2　数据建模的一般流程……193
12.1.3　数据建模方法的评估……197
12.1.4　常见数据分类任务及其表征手段……199
12.2　机器学习方法……201
12.2.1　机器学习的一般步骤……201
12.2.2　传统 SVM 方法……202
12.2.3　随机森林方法……204
12.2.4　决策树方法……205
12.3　深度学习方法……208
12.3.1　线性回归模型……209
12.3.2　感知器模型……211
12.3.3　人工神经网络……213
12.3.4　小结……217
总结……218
习题……218

## 第五部分　大数据分析平台

## 第 13 章　PyTorch……220

13.1　PyTorch 的发展背景……220
13.2　PyTorch 结构概览……221
13.2.1　torch……221
13.2.2　torchvision……222
13.3　数据载体模块……223
13.3.1　初始化张量……223
13.3.2　张量的属性……226
13.3.3　张量的基本运算和操作……226
13.3.4　张量与 NumPy 数组……231
13.3.5　图像转换和处理……233
13.3.6　小结……235
13.4　求导模块……235
13.4.1　张量、函数与计算图……235
13.4.2　自动求导机制……236
13.4.3　梯度计算……237
13.4.4　禁用梯度跟踪……239
13.4.5　小结……239
13.5　效率工具模块……240
13.5.1　数据导入和封装……240
13.5.2　载入预训练模型……244
13.5.3　训练结果可视化……245
13.5.4　小结……246
13.6　优化算法模块……247
13.6.1　前置代码……248
13.6.2　超参数……248
13.6.3　循环优化……250
13.6.4　损失函数……250
13.6.5　优化器……250
13.6.6　小结……253
13.7　神经网络模块……254
13.7.1　获取设备……255
13.7.2　定义类……255
13.7.3　模型的网络层……256
13.7.4　模型参数……259
13.7.5　保存、加载和使用模型……259
13.7.6　小结……260
13.8　运算性能模块……260
13.8.1　GPU 加速……260
13.8.2　TorchElastic 分布式训练……261
13.8.3　小结……262
13.9　PyTorch 的基础实验——基于 LSTM 的房价预测……262
13.9.1　torch.nn 模块介绍……262
13.9.2　实验准备……264
13.9.3　实验的具体步骤……265
13.10　PyTorch 的进阶实验——搭建 Transformer 框架……268
13.10.1　Transformer 的起源与意义……268
13.10.2　Transformer 的整体结构……269
13.10.3　Transformer 的各组件……271

13.10.4　Transformer 的代码实现……275
13.10.5　Transformer 的应用………280
总结………………………………282
习题………………………………282

## 第 14 章　TensorFlow……………283

14.1　TensorFlow 概述……………283
14.2　TensorFlow 的系统架构………284
　14.2.1　模型的构建、训练和验证…285
　14.2.2　模型的存储和部署………287
14.3　神经网络的构建与 TensorFlow 的基本用法…………………287
　14.3.1　神经网络前置知识………287
　14.3.2　TensorFlow 的基本用法…291
　14.3.3　小结……………………293
14.4　TensorFlow 的特点、优势和应用领域………………………294
　14.4.1　TensorFlow 的特点………294
　14.4.2　TensorFlow 的优势………294
　14.4.3　TensorFlow 的应用领域…294
14.5　比较 PyTorch 和 TensorFlow…295
14.6　TensorFlow 实验………………297
　14.6.1　tf.keras 前置知识…………297
　14.6.2　TensorFlow 图像分类实验…297
　14.6.3　TensorFlow 图像风格迁移实验……………………304
总结………………………………304
习题………………………………304

## 第 15 章　Spark MLlib……………306

15.1　Spark MLlib 概述……………306
15.2　Spark MLlib 的系统架构………307
15.3　Spark MLlib 的工作流…………307
总结………………………………310
习题………………………………310

## 第六部分　大数据应用

## 第 16 章　数据可视化………………312

16.1　数据可视化概述………………312
　16.1.1　数据可视化的概念………312
　16.1.2　数据可视化的分类………312
　16.1.3　数据可视化与其他学科领域的关系………………313
16.2　数据可视化基础………………315
　16.2.1　数据可视化设计的原则…315
　16.2.2　数据可视化流程…………316
　16.2.3　数据可视化的基本图表…317
16.3　数据可视化工具和软件…………321
　16.3.1　Power BI…………………321
　16.3.2　Tableau……………………323
　16.3.3　Gephi……………………325
16.4　数据可视化分析案例……………326
　16.4.1　连接数据…………………326
　16.4.2　数据初步处理……………326
　16.4.3　图表绘制…………………327
总结………………………………330
习题………………………………330

## 第 17 章　大数据分析应用——文本分析……………………331

17.1　文本分析概述…………………331
　17.1.1　文本数据…………………331
　17.1.2　文本分析…………………332
17.2　文本分析相关技术……………335
　17.2.1　人工文本分析……………335
　17.2.2　基于词典的方法…………336
　17.2.3　词袋法……………………337
　17.2.4　监督学习…………………338
　17.2.5　无监督学习………………338
　17.2.6　循环神经网络……………345
　17.2.7　长短时记忆网络…………347
17.3　情感分析案例…………………348
　17.3.1　数据获取…………………349
　17.3.2　数据预处理………………349
　17.3.3　特征工程…………………350
　17.3.4　模型训练和使用…………352
总结………………………………354
习题………………………………355

## 第 18 章　大数据分析应用——推荐系统……………………356

18.1　推荐系统概述…………………356

- 18.1.1 信息过载与推荐系统……… 356
- 18.1.2 推荐系统的发展历史……… 356
- 18.1.3 推荐系统的意义……………… 357
- 18.1.4 推荐系统的基本工作流程… 358
- 18.1.5 推荐系统的整体架构………… 359
- 18.1.6 推荐系统的主要类型………… 359
- 18.2 推荐系统的相关算法……………… 360
  - 18.2.1 基于内容的推荐算法………… 360
  - 18.2.2 协同过滤推荐算法…………… 362
  - 18.2.3 深度学习推荐算法…………… 370
  - 18.2.4 混合推荐算法………………… 374
- 18.3 推荐系统的其他问题……………… 374
  - 18.3.1 推荐系统的性能评估………… 374
  - 18.3.2 推荐系统的冷启动…………… 375
  - 18.3.3 推荐系统的大规模数据处理……………………… 375
  - 18.3.4 推荐系统中的稀疏性问题… 376
  - 18.3.5 推荐系统中的长尾问题…… 377
- 18.4 推荐系统案例………………………… 377
  - 18.4.1 背景……………………………… 377
  - 18.4.2 数据……………………………… 378
  - 18.4.3 模型……………………………… 379
  - 18.4.4 环境搭建………………………… 379
  - 18.4.5 数据处理………………………… 381
  - 18.4.6 模型构建………………………… 382
  - 18.4.7 模型训练………………………… 383
  - 18.4.8 模型评估………………………… 383
  - 18.4.9 推荐……………………………… 384
  - 18.4.10 案例总结……………………… 384
- 总结…………………………………………… 384
- 习题…………………………………………… 385

## 第 19 章 图数据分析的应用——知识图谱……………………… 386

- 19.1 图数据分析概述…………………… 386
  - 19.1.1 图数据分析的概念…………… 386
  - 19.1.2 图数据分析的应用…………… 386
  - 19.1.3 图数据库与传统数据库…… 387
- 19.2 知识图谱概述……………………… 387
  - 19.2.1 知识图谱的定义……………… 387
  - 19.2.2 知识图谱的架构……………… 388
  - 19.2.3 数据类型和存储方式………… 389
- 19.3 知识图谱的相关技术……………… 391
  - 19.3.1 信息抽取……………………… 392
  - 19.3.2 知识融合……………………… 392
  - 19.3.3 知识加工……………………… 393
  - 19.3.4 知识更新……………………… 396
- 19.4 知识图谱的应用案例……………… 396
  - 19.4.1 背景……………………………… 396
  - 19.4.2 环境搭建………………………… 397
  - 19.4.3 数据获取………………………… 397
  - 19.4.4 数据处理………………………… 398
  - 19.4.5 实体关系抽取………………… 402
  - 19.4.6 结果可视化…………………… 402
- 总结…………………………………………… 405
- 习题…………………………………………… 405

## 第 20 章 图数据分析的应用——社交网络……………………… 406

- 20.1 社交网络概述……………………… 406
  - 20.1.1 社交网络的定义……………… 406
  - 20.1.2 社交网络的起源与发展…… 406
  - 20.1.3 社交网络的应用领域………… 406
  - 20.1.4 社交网络分析与大数据的关系………………………… 407
  - 20.1.5 社交网络分析工具…………… 407
- 20.2 社交网络分析的结构特性……… 409
  - 20.2.1 统计特性……………………… 409
  - 20.2.2 网络特性……………………… 410
  - 20.2.3 网络模型……………………… 411
- 20.3 社交网络分析的研究……………… 412
- 20.4 基于图卷积网络的社交网络分类实验……………………… 412
  - 20.4.1 实验目的………………………… 413
  - 20.4.2 实验内容和原理……………… 413
  - 20.4.3 实验步骤………………………… 414
- 总结…………………………………………… 419
- 习题…………………………………………… 419

## 参考文献……………………………………… 420

# 第一部分 绪论

# 第 1 章　概述

随着无线传感网、移动互联网的普及，21 世纪以来数据量呈现指数级增长，社会已经步入了大数据时代。大数据正在改变人们的工作和生活方式，并且已经在网络通信、金融市场、气象预报等诸多领域得到广泛应用。大数据背后蕴含着巨大的价值，尤其是经过数据集成、分析与挖掘之后，其所表现出的价值已经远远超过传统的数据。大数据研究成为经济和社会发展以及科技进步的重要推动力量。

本书将分六个部分（绪论、数据采集和预处理、数据存储、数据处理、大数据分析平台和大数据应用）论述大数据的相关概念、理论、方法、技术和应用等内容。

本章主要介绍大数据相关的基础知识，从大数据的基本概念出发，介绍大数据的组成。大数据的发展对科学研究的思维和对象都产生了巨大影响，科学研究也随之进入数据驱动的第四范式，本章随后介绍科学研究的第四范式，即数据科学研究范式。此外，还重点介绍了大数据的基本特征和生命周期，以及在生命周期各阶段大数据呈现的特点。最后介绍大数据的处理流程和架构，为读者理解后续大数据的应用奠定基础。

## 1.1　大数据的基本概念

### 1.1.1　大数据的概念

大数据的应用和技术是在互联网快速发展中诞生的，起点可追溯到 2000 年前后。当时互联网网页呈爆炸式增长，每天新增约 700 万个网页，到 2000 年底全球网页数达到 40 亿，用户检索信息越来越不方便。谷歌等公司率先建立了覆盖数十亿网页的索引库，开始提供较为精确的搜索服务，大幅提升了人们使用互联网的效率，这是大数据应用的起点。对于"大数据"（big data）的定义，业界并未给出统一且权威的观点，本节列举业界比较主流的几种定义：

- 维基百科认为，大数据是指无法在一定时间内用常规软件工具对其内容进行抓取、管理和处理的数据集。
- 研究机构 Gartner 认为，"大数据"是需要新处理模式才能具有更强的决策力、洞察发现力和流程优化能力来适应的海量、高增长率和多样化的信息资产。
- 麦肯锡全球研究所给出的定义为，一种规模大到在获取、存储、管理、分析方面大大超出了传统数据库软件工具能力范围的数据集，具有海量的数据规模、快速的数据流转、多样的数据类型和价值密度低四大特征。

### 1.1.2　大数据的来源

从采用数据库作为数据管理的主要方式开始，人类社会的数据产生方式大致经历了三个阶段，而正是数据产生方式的巨大变化才最终导致大数据的产生。

**1. 运营式系统阶段**

数据库的出现使得数据管理的复杂度大大降低，在实际使用中，数据库大多为运营式系统所采用，并作为运营式系统的数据管理子系统，如超市的销售记录系统、银行的交易记录系统、医院患者的医疗记录等。人类社会数据量的第一次大的飞跃正是出现于运营式系统开始广泛使用数据库时。这个阶段的最主要特点是，数据的产生往往伴随着一定的运营活动；而且数据是记录在数据库中的，例如，商店每售出一件产品就会在数据库中产生一条相应的销售记录。这一阶段的数据产生方式是被动的。

**2. 用户原创内容阶段**

互联网的诞生促使人类社会数据量出现第二次大的飞跃，但是真正的数据爆发产生于 Web 2.0 时代，而 Web 2.0 最重要的标志就是用户原创内容。这类数据近几年一直呈现爆炸式的增长。主要有两个方面的原因。一是以博客、微博和微信为代表的新型社交网络平台的出现和快速发展，使得用户产生数据的意愿更加强烈。二是以智能手机、平板电脑为代表的新型移动设备的普及，这些易携带、全天候接入网络的移动设备为人们在网上发表意见提供了更为便捷的途径。这个阶段的数据产生方式是主动的。

**3. 感知式系统阶段**

人类社会数据量第三次大的飞跃最终导致了大数据的产生，今天人们正处于这个阶段。这次飞跃的根本原因在于感知式系统的广泛使用。随着技术的发展，人们已经有能力制造极其微小的带有处理功能的传感器，并陆续将这些设备广泛地部署于社会的各个角落，通过这些设备来对整个社会的运转进行监控，从而源源不断地产生新数据。这一阶段的数据产生方式是自动的。

简而言之，数据产生经历了被动、主动和自动三个阶段。这些被动、主动和自动的数据共同构成了大数据的数据来源，但其中自动的数据才是大数据产生的最根本原因。

## 1.2 结构化和非结构化数据

大数据包括结构化、半结构化和非结构化数据，其中非结构化数据逐渐成为数据的主要部分。据 IDC 的调查报告显示，企业中 80% 的数据都是非结构化数据，这些数据每年约增长 60%。

结构化数据一般是指可以使用关系型数据库表示和存储、用二维表来逻辑表达实现的数据。传统的关系数据模型和行数据存储于数据库，可用二维表结构表示。而结构化数据的存储和排列是很有规律的，这对查询和修改等操作很有帮助。对于结构化数据来讲通常是先有结构再有数据，而对于半结构化数据来说则是先有数据再有结构。

半结构化数据是结构化数据的一种形式，它并不符合关系型数据库或其他数据表关联的数据模型结构，但包含相关标记，用来分隔语义元素以及分层记录和字段。半结构化数据的结构和内容混在一起，没有明显的区分，因此，它也被称为自描述结构。简单地说，半结构化数据就是介于完全结构化的数据和完全无结构数据之间的数据。例如，HTML 文档、JSON、XML 和一些 NoSQL 数据库等就属于半结构化数据。

顾名思义，非结构化数据就是没有固定结构的数据。所有格式的办公文档、文本、图片、各类报表、图像和音频/视频信息等都属于非结构化数据。对于这类数据，一般直接整体进行存储，通常存储为二进制的数据格式。典型的人为的非结构化数据包括文本文件（如电子表格、演示文稿、电子邮件等）、社交媒体（如新浪微博、微信、QQ 等）数据、移动数据（如短信、位置等）、多媒体数据（如照片、音频、视频等）等，典型的机器生成的非结构化数据包括卫星图像（如天气、地形等）、科学数据（如石油勘探、大气数据等）、监控数据（如监控照片、监控视频等）、传感器数据（如交通、天气、海洋等）。

从以上的描述中，结构化和非结构化数据之间的差异逐渐变得清晰。除了存储在关系型数据库和非关系型数据库这一明显区别之外，最大的区别在于分析结构化数据与非结构化数据的便利性。图 1-1 中比较了结构化与非结构化数据的占比情况。

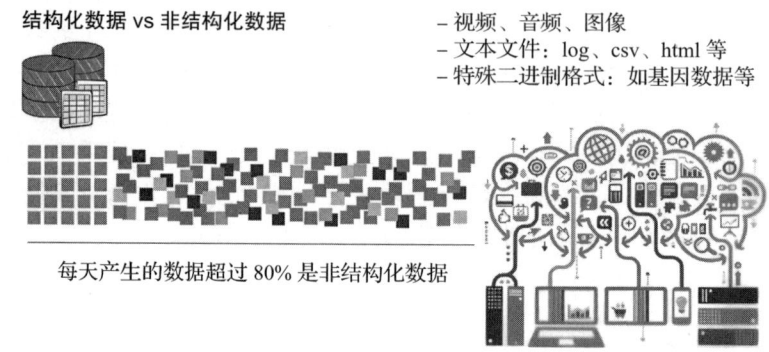

图 1-1　结构化与非结构化数据的占比情况

### 1.2.1　结构化数据的特点

结构化数据是指以预定义的方式组织的数据，通常存储在关系型数据库（如 SQL 数据库）中。结构化数据的特点包括：

1）预定义的模式：结构化数据遵循一个固定的格式或模式，这意味着每条记录都有相同的字段和数据类型。

2）易于存储和检索：由于结构化数据的预定义结构，它可以很容易地被存储在数据库中，并且可以通过 SQL 查询快速检索。

3）高度组织化：结构化数据通常以表格形式存在，每行代表一个记录，每列代表一个字段。

4）一致性：所有记录都遵循相同的数据结构，这使得数据的一致性得到保证。

5）可预测性：由于数据结构的一致性，可以预测数据的存储和处理方式。

6）易于分析：结构化数据可以通过统计和分析工具进行量化分析，因为其格式和内容是已知的。

7）易于维护：由于结构化数据的一致性和可预测性，其维护和更新相对简单。

8）适合复杂查询：结构化数据支持复杂的查询操作，如连接、分组和聚合。

9）数据完整性：关系型数据库管理系统（RDBMS）提供了数据完整性的机制，如主键、外键和约束，以确保数据的准确性和一致性。

10）标准化：结构化数据通常遵循一定的标准，这有助于不同系统和应用程序之间的数据交换。

### 1.2.2　非结构化数据的特点

随着大数据的崛起，尤其是 2017 年以来物联网技术的发展，设备产生的大量非结构化数据通过传感器被采集，数据量呈爆炸式增长，数据的实质发生了根本的转变。越来越多的数据呈现非结构化特性，因此，非结构化数据的存储和分析变得越来越重要。以下是关于非结构化数据的特点。

**（1）传统的关系型数据库无法存储非结构化数据**

在现有的互联网应用中包含了海量复杂类型的数据结构，使用传统的关系型数据库无法满足业务和应用的快速响应需求。数据用户不仅需要进行计算工作的分析，而且还要从其本身的社会活动和用户决策中学习。自然语言处理（NLP）、模式感知和分类以及数据挖掘就是最生动的案例。

**（2）非结构化数据的体量与多样性呈指数级上升趋势**

尽管存储海量数据的设备成本近几年有大幅度的下降，但是非结构化数据的体量与多样性却呈指数级上升趋势。相对于传统的结构化数据，非结构化数据的分析和利用将需要更多的数据工程师和高级分析师参与，毕竟结构化数据相当于一份简洁的数据清单，而非结构化数据更像是种类繁多的杂货店。

**（3）非结构化数据容易获取**

非结构化数据在多个领域都相对容易获取，可以在公司内部的邮件信息、与他人的聊天记录以及从各种调查结果中获取，还可以从个人在网站上的评论、客户关系管理系统中的反馈，以及从个人应用程序中的文本字段中获取。当然还可以在公司外部的社交媒体、论坛中关于热门话题的评论中获取。

**（4）非结构化数据蕴含巨大的商业价值**

大量的非结构化数据中蕴含巨大的商业价值，它可以通过各种各样的途径获取，利用可视化的数据分析工具能够帮助企业全面地了解市场和用户需求，定位企业发展的不平衡点，显著降低企业的运营风险。

## 1.3 大数据的特征

虽然大数据的定义尚未统一，目前存在的定义多而杂，不同的企业、行业都从自身角度来定义大数据的概念，但主要都体现在数据集规模上。目前业界广泛接受的定义，是由国际知名咨询公司 IDC 提出的大数据四个特征，也就是 4V 特征——规模性（Volume）、多样性（Variety）、高速性（Velocity）以及价值性（Value）。但随着大数据应用的发展，人们发现数据规模并不能决定其是否能为决策者提供帮助，数据的质量和真实性才是成功决策最坚实的基础。所以衍生出了一种比较主流的说法，即由 IBM 提出的 5V 特征，在 4V 特征的基础上增加了数据真实性（Veracity）。这一特征强调了数据质量的重要性，以及大数据应用面临的巨大挑战。图 1-2 介绍了大数据的五大特征。

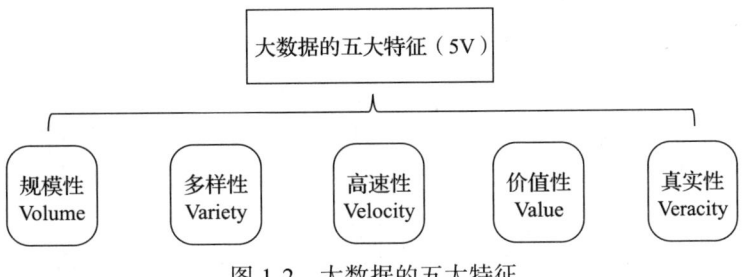

图 1-2　大数据的五大特征

### 1.3.1 规模性

大数据的特征首先就体现为"大",它的起始计量单位至少达到 PB 级别以上,并且数据不再局限于 GB、TB 级别,而是以 PB(1000 个 T)、EB(100 万个 T)或 ZB(10 亿个 T)为计量单位,规模性是大数据最显著、首要的特征。

随着信息技术的高速发展,数据开始呈爆发式增长,根据 IDC 的评估,全球数据正在以每年约 50% 的速度增长,也就是说每两年就增长一倍,即人类在近两年产生的数据量相当于之前产生的全部数据量。随着数字化转型的不断推进,企业数据量呈现出爆炸式增长。据 IDC Global DataSphere 显示,截至 2021 年,全球数据总量已达到 84.5ZB,预计到 2026 年,全球结构化与非结构化数据总量将达到 221.2ZB。

### 1.3.2 多样性

如果只有单一的数据,那么这样的数据就没有了价值,比如只有单一的个人数据或者单一的用户提交数据,这些数据还不能被称为大数据。而广泛的数据来源决定了大数据形式的多样性。大数据不仅体现在量的急剧增长,还体现在数据的来源及类型的多样性。具体来说,大数据的多样性主要体现在数据来源广、数据类型多和数据之间关联性强这三个方面。数据的来源广泛导致数据的类型多样,从数据结构来看,大数据可以分为结构化数据、半结构化数据和非结构化数据。结构化数据的存储和处理在过去很多年来一直主导着 IT 系统应用,并且数据由关系型数据库进行存储;半结构化数据包括电子邮件、文字处理文件以及大量的网络新闻等,以内容为基础;而非结构化数据随着社交网络、移动计算和传感器等新技术应用不断产生,广泛存在于社交网络、物联网、电子商务之中。有报告称,全世界结构化数据和非结构化数据的增长率分别是 32%、63%,网络日志、音视频、图片、地理位置信息等非结构化数据占比达到 80% 左右,并在逐步提升。然而,产生人类智慧的大数据往往就是来自这些非结构化数据。未来将有越来越多的非结构化数据产生,大数据中 70%~85% 的数据是非结构化和半结构化数据。并且数据之间的关联性强、交互频繁。例如游客在旅途中上传的照片和日志,就与游客的位置、行程等信息有很强的关联性。

### 1.3.3 高速性

大数据的增长速度和处理速度是大数据高速性的重要体现。随着互联网的普及,互联网数据正以每年 50% 的速度增长,而在整个人类文明所获得的全部数据中,90% 是在过去两年内产生的。数据的产生速度快也要求处理速度快,这是大数据区别于传统数据挖掘技术的本质特征。甚至有学者提出了与之相关的"一秒定律",意思就是,在这一秒有价值的数据下一秒可能就失效了。数据价值除了与数据规模相关,还与数据处理速度成正比,也就是,数据处理速度越快、越及时,数据发挥的效能就越大、价值也就越大。

### 1.3.4 价值性

大数据的价值性指数据的可用价值,是大数据的核心特征。大数据的重点不在于其数据集的量,而是在信息爆炸时代对数据价值的再挖掘,即挖掘出大数据的有效信息才是关键部分。虽然价值密度低是日益凸显的一个大数据特性,但是对大数据进行研究、分析、挖掘仍然具有深刻意义,大数据的价值依然是不可估量的。毕竟,价值是推动一切技术(包括大数据技术)研究和发展的内生决定性动力。提取任何有价值的信息依托的就是海量的基础数据，如何通过强大的机器算法更迅速地在海量数据中完成数据的价值提纯是人们一直在关注和研究的问题。

### 1.3.5 真实性

大数据的真实性指数据的质量，是大数据价值发挥作用的关键，也逐步被认为是大数据的核心特征。IBM 最初提出大数据真实性特征的理由是，研究者认为互联网上留下的都是人类行为的真实电子踪迹，都能真实地反映或折射人们的行为乃至思想和心态。但研究者很快就发现，事实并非总是如此，互联网中有大量的虚假、错误数据，例如，曾经有人认为淘宝的交易数据具有很高的可靠性，但很快发现存在大量的虚假流量和虚假成交量问题。这种数据仅从电子踪迹的角度来说是真实的，但不能真实地反映人们的交易行为。类似事例使人们认识到不同领域、不同来源的大数据的可靠性是有差异的。对于舆情研究来说，互联网数据的可靠性尤其值得考量。因此，验证数据的质量成为大数据应用的巨大挑战。

## 1.4 科学研究的第四范式

"范式"（paradigm）这一概念最初由美国著名科学哲学家 Thomas Samuel Kuhn 于 1962 年在《科学革命的结构》中提出，指的是常规科学所赖以运作的理论基础和实践规范，是某一科学领域的科学家群体共同遵从的世界观和行为方式。"范式"的基本理论和方法随着科学的发展发生变化，而新范式的产生，一方面是由于科学研究范式本身的发展，另一方面则是由于外部环境的推动。本节主要介绍科学研究的四种范式的发展历程，以及第四范式的概念及特点。

### 1.4.1 科学研究的第四范式的发展历程

图 1-3 介绍了关于从过去到现在的科学研究的四种范式的发展历程。科学研究正在经历从定性研究、定量研究、社会仿真研究到大数据驱动的研究这一第四范式的转型。

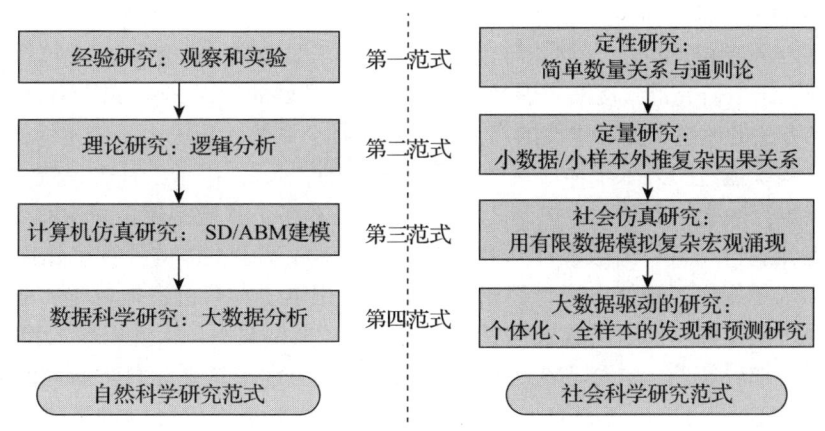

图 1-3 科学研究的四种范式的发展历程

这里所说的研究范式不等同于科学知识范式，四种研究范式也并非从一到四逐渐替代，它们都是人们认识世界、进行社会科学研究的有效工具。在社会科学研究的历史演化过程中，四种研究范式走向融合，弥补各自缺陷，并在认识论、方法论上逐渐形成"通宏洞微"的连续谱。

第一研究范式分为两个阶段：
- 第一阶段（17世纪以前）不区分自然科学与社会科学，对社会现象的观察比较笼统，把所有知识大一统于"自然哲学"的体系之内，为自然现象和社会现象提供同一套解释系统。对社会认知进行哲学思辨，建立了朴素的唯物主义和唯心主义理念论、早期辩证法、演绎法、三段论与归纳证明、有机论的自然观和经验论等。对推动后来的科学发展起到了巨大的作用，许多知识至今仍然是人们认识社会的出发点和基本准则。
- 第二阶段（20世纪60年代以来），即现代社会科学的定性分析。通常涉及：观察和记录事实，分析、比较和分类，归纳概括事实间的关系，接受进一步检验。这四个步骤是"自下而上"的研究路径。定性研究在对定量研究的批判中逐渐发展起来，形成了独特的概念体系、具体方法和理论，开发了规范化的操作程序和研究工具。同时，个案研究、扎根理论和叙事探究等定性研究设计类型也得以使用，并出现了"参与"和"倡导"实践。

第二研究范式是在社会科学试图通过模仿自然科学的方法和语言，用自然规律解释人类社会的过程中形成的。在逻辑实证主义和操作实证主义的共同推动下，定量研究在社会科学研究领域占据了主导地位，并在社会科学创立和发展过程中发挥了巨大的作用。通过定量研究，社会科学学科分支呈扇形逐步细化和延伸，学科理论不断深化，与社会实践的结合也更为紧密。近50年来，社会科学总体向更为严格的科学主义取向、更为专业的方向发展，这在很大程度上是以统计学的广泛运用和定量研究为基础的。将过去几百年的理论分支使用模型概括，因为从原始的钻木取火，到以伽利略为代表的文艺复兴时期的科学发展初期，在这一阶段人们很难对自然现象进行更准确的认识。因此，科学家开始尝试尽可能地简化实验模型，去除一些复杂的干扰，只留下关键因素（例如，"足够流畅""足够长的时间""足够稀薄的空气"等，就是物理学习中描述的条件），然后通过微积分来总结，这就是科学研究的第二范式。这种研究范式一直持续到19世纪末，都堪称完美。牛顿三定律成功解释了经典力学，麦克斯韦理论成功解释了电磁学，经典物理学大厦宏伟壮观。但在量子力学和相对论出现之后，非凡的大脑思维和复杂的计算超越了以理论研究为主的实验设计。随着理论验证的难度不断增加和经济投入不断提高，科学研究开始显得力不从心。

复杂性科学发展的同时，人类应对全球问题的需求日益增加，特别是计算机技术不断成熟，在此基础上第三研究范式逐渐发展起来。社会科学领域的计算实验方法不仅仅是简单的研究技巧和具体方法的改进，更为重要的意义是把现实社会系统转化成由智能主体构成的演化系统。这个演化系统通过"人工个体"代替现实系统中的"人"，揭示了社会系统中"个体微观行为和系统宏观行为之间的动力学机制"。此方法已经在多个领域实现，采用此方法较多的复杂系统模型有元胞自动机、离散事件模型、系统动力学和基于主体的计算机建模等。20世纪中叶，冯·诺依曼提出了现代电子计算机体系架构，用电子计算机模拟科学实验的模式迅速普及。人们通过模拟可以推断出越来越多的复杂现象。典型案例包括模拟核试验和天气预报。计算机模拟日益取代实验，并逐渐成为科学研究的常规方法，这就是科学研究的第三范式。

科学的未来发展趋势是随着数据的爆炸式增长，计算机不仅可以进行模拟，还可以进行分析总结、产生理论。数据密集型范式逐渐从第三范式中分离出来，成为一种独特的科学研究范式，这种科学研究方法被称为第四范式。基于数据科学的大数据研究范式是最近10余年来随着ICT技术不断发展、互联网的兴起和实时在线数据的易得形成的第四研究范式。由于"万物皆智能""万物皆联网"引发了"万物皆数据"，出现了"计量一切"的趋势。社会科学研究的对象也从传统的人参与的社会系统和社会过程，转变为现实世界和虚拟世界平行系统互动形成的数据网络。由于大数据记录了人们日常活动的行为甚至情感偏好，很大程度上解决了社会科学研究中数据采集的"观察渗透"问题，并可通过"数据清洗"和"数据脱敏"解决数据质量和伦理问题。大数据驱动的第四研究范式将改变传统的假设驱动的研究方法，转向基于科学的数据挖掘研究方法，会在预先占有大量数据的基础上，通过计算得出之前未知的理论。

### 1.4.2 第四范式的概念和特点

第四研究范式的概念由微软研究院计算机科学家 Jim Gray 提出，他曾长期致力于大型数据库、数据计算和事务处理系统等领域的研究。Jim Gray 以科学研究方法的历史演变为标准，将科学研究分为：以观察和实验为依据的实验范式，以对数据进行归纳、建模为基础的理论范式，以模拟复杂多变对象为依据的模拟范式。随着科学研究内容越来越丰富，单纯的计算手段已经不能满足现有的科学研究活动。他提出：如何采集、存储庞大的科学数据，如何进行信息管理与数据分析，应该成为现阶段科学研究的重要问题。他认为，应用计算机解决数据密集型的科学问题，即对计算机采集并存储的实验数据进行挖掘和分析，并在此基础上建立新理论的研究方式可以作为科学研究的第四范式。Jim Gray 基于其在数据研发与应用领域的探索，在 2007 年的演讲报告中提出了第四范式这一概念。在当时，数据技术已经开始被应用于科学研究的个别领域，但研究者对数据的整体认识还有所欠缺，主要存在的问题可以概括为以下三方面。

第一，数据分析和管理的工具缺乏，导致大量数据无法被有效利用。科学工作者进行科学研究的前提是采集大量的相关研究数据，但在研究成果发表之时往往只能采用大量原始数据的冰山一角。在采集了数据之后，非计算机信息技术相关领域的研究工作者面对庞大的数据、表格和工作簿时，如果缺乏实用的数据分析和管理工具，很难做到妥善存储数据、管理数据和对数据进行挖掘分析，数据不能够得到最大限度的研究，原始数据甚至会流失从而浪费。

第二，科学研究基础设施不能满足现今的科学研究活动。科学研究设施的建设与完备是科学研究发展的基础，现今，伴随科学研究内容的拓宽深入，复杂的模拟方法正在生成大量的数据，实验科学中也出现了数据的急剧增长，亟须用更先进的计算机技术和程序工具在科学研究的各个阶段进行数据存储、分析、处理，尽可能地挖掘有效信息以进行研究。绝大多数科学工作者都已经意识到了数据处理工具的重要性，但现有的数据研究基础设施因种种原因还不能满足科学研究活动。

第三，学术交流活动与科研信息传播速率有待提高。在计算机信息技术飞速发展的今天，信息量呈爆炸式增长，无论是商业营销管理，还是互联网媒体与社会舆论，都在对数据信息资源探索开发中，相对而言，在科学研究领域，学术交流活动还没能充分地利用计算机信息技术的便利。在建立严密的同行评议和相对完备的科研规则制度的前提下，如果能够利用互联网技术，更快捷、更有效率地查看原始数据及其相关文献，建立面向大众的科研数字图书馆，一定会提高研究人员的科学生产力，促进交叉学科知识涌现，从而推动科学研究的发展。

科学研究的第四范式主要有全量样本、容错性、关联性等特点。

#### 1. 全量样本

在过去的科学研究中，由于技术条件的限制，记录、存储和分析数据的工具与手段不够完备，科学研究者只能收集少量的样本数据进行分析，为了使分析与处理数据变得简单有效，一般倾向于研究包含少量数据的典型案例。但如今，计算机技术日趋成熟，在科学研究的第四范式中，科学研究者运用传感器、实时检测器能够捕捉过去无法收集的大量数据，使用智能数据库与管理系统能够更有效率、更迅速地存储和管理数据，通过不同领域的工作处理系统、普遍适用的计算编程对数据进行分析与计算，可以获得比抽样更加精确的研究结果，这些操作方法使科学研究变得更有说服力、更有效率。

除了能够获得海量数据，即样本约等于总体，还需要对数据进行更深度的探讨，从不同角度，更细致地观察和研究数据的方方面面。例如在数值比对研究中，只有从大量相同数据中寻找到的异常值才是最有用的信息，通过第四研究范式对数据进行全量分析，使得大量数据的细节比对成为可能。在数字时代来临之前，随机抽样是一条分析数据的捷径，能够在一定程度上解决许多问题。过去的随机抽样往往建立在无限接近全量样本的基础之上，允许科学研究存在微小的偏差，虽然这些偏差可能造成无法捕捉研究细节，甚至使总体研究结果变化巨大，但这种程度的研究已经是科学家尽最大所能的结果。现在，利用第四研究范式的全量样本特性，就可以收集到过去无法收集到的信息。科学研究不再单纯依赖于抽样调查、样本研究和调查问卷，除了分析实证数据，还可以从大规模的、全量的、全局的数据角度进行研究，并且能够从这样的研究中获得额外的多样性价值。

### 2. 容错性

第四研究范式的应用是以大数据的研究为前提的，虽然使用第四研究范式获得的数据量大幅增加，但会造成准确性降低，一些错误的、偏差的数据也会混进数据库。为了保证科学研究内容的精确性，许多科学家都致力于优化测量工具，这种对测量精确性的追求在相当长的一段时间内促进了科学研究的发展。

第四研究范式不同于以往的科学研究范式，原始研究数据量少这一前提被打破，对数据精确性的追求在研究中不再占有主要位置，并且，要求巨量数据完全准确也是不可能实现的。运用第四研究范式，与其考虑研究数据中是否存在微小的误差，对数据整体状况的考量才是研究中亟待解决的主要问题。第四研究范式放宽了对误差的标准，而且自然存在的误差也应该被作为研究内容的一部分。虽然容错性这一特质让第四研究范式在科学研究过程中产生了许多困难，如误差率过大，不同来源、不同种类的信息难以整合等问题，但也应该看到，算法上的偏差是相对的，第四研究范式是能够成立的，以海量数据为前提，即使存在许多错误，科学研究结果的精确性还是优于小规模数据的研究。过分追求科学研究范式的精确性在信息贫乏的时代是有必要的，即使是实验研究、理论研究和仿真研究，也需要耗费巨大才能让科学研究内容尽量精确。

在以大数据为前提的科学研究中，可以掌握的数据越来越全面，不再需要担心某个数据点对整体分析的不利影响。对于这些纷繁复杂的数据，企图以高昂的成本消除所有的误差是得不偿失的，应该尝试容许细微误差的存在。当然，如何缩小研究数据的误差也是第四研究范式在进行数据采集和分析时需要改进的问题之一。

### 3. 关联性

在大数据的背景下，第四研究范式注重科学研究的关联性分析，可以比过去的研究更容易、更快捷、更清楚地分析事务。实质上，关联性是指某两个数据值的关系。当一个数据值变化，另一个数据值也随之增加或减少时就可以认为这两个数据值之间的相关关系强。科学研究内容本身不是孤立的，而是充满联系的，通过对研究内容关联性的考察，以及对研究内容之间的强弱、多少、升降关系的分析，已经能够帮助研究者对整体研究情况有全面的把握，以对研究趋势进行评估和预测。

这些都是在找出研究内容自身的因果联系之前，研究者能够获得的研究信息与成果。只要能够及时查找并分析研究对象及其内部的关联关系，科学研究就能够起到事半功倍的效用。但如何洞悉事务之间的关联关系是一个问题，既要获得大量的数据，又要对其进行技术分析与筛查，这在过去的科学研究中是做不到的。第四研究范式的运用使相关关系的分析成为可能。现在拥有海量的数据和先进的计算机技术，因此不再需要人工选择一个关联物或者一小部分相似数据来逐一分析。理解世界不再需要完全建立在实验研究、理论研究和仿真研究的假设基础之上，第四研究范式运用关联性分析的理念，采用各种非线性问题的分析工具，试图发现各个科学研究领域、交叉研究领域的问题，针对科学现象能够更准确、更快速，且不带偏见地研究、解决问题。通过探求"是什么"而不是"为什么"，来帮助研究者发现问题、研究问题，进而更好地了解这个世界。

实现第四范式的科研工作已经在气象和环境、生物和医学方面取得了很大进展。但显然，随着移动互联网的发展，各行各业产生的数据呈现爆炸式的增长，科研人员所面对的各领域的数据只会越来越多。但是，实现第四范式的科研，从中发现更多更新的成果，在异构数据整合、海量数据处理和算法优化等方面仍存在着巨大挑战。

## 1.5 大数据的生命周期

数据本身存在着从生产到消亡的生命周期，在数据的生命周期中，数据的价值会随着时间的变化而发生变化。数据的采集粒度与时效性、存储方式、整合状况、呈现和展示的可视化程度、分析的深度，以及和应用衔接的程度，都会对数据价值的体现产生影响。因此，研究大数据生命周期各个阶段的特点，以便在实际的管理应用中采取不同的管理和控制手段。在成本可控的情况下，有效地使大数据产生更多的价值。

本节从数据生命周期的角度介绍数据集从产生或获取到销毁的过程。如图 1-4 所示，大数据的生命周期管理可分为：采集、存储、整合、呈现与使用、分析与应用、归档与销毁几个阶段，对数据的管理贯穿在大数据的整个生命周期内。

大数据的生命周期管理虽与传统数据的生命周期管理在流程上比较相似，但实际两者存在较大的差别。传统数据生命周期管理重要的考量之一是节省存储成本，它注重的是数据的存储、备份、归档、销毁，考虑的是如何在节省成本的基础上保存有用的数据。目前数据获得和存储的成本已经大大降低，大数据生命周期管理是以数据的价值为导向，针对不同价值的数据，采取不同类型的采集、存储、分析与使用策略。

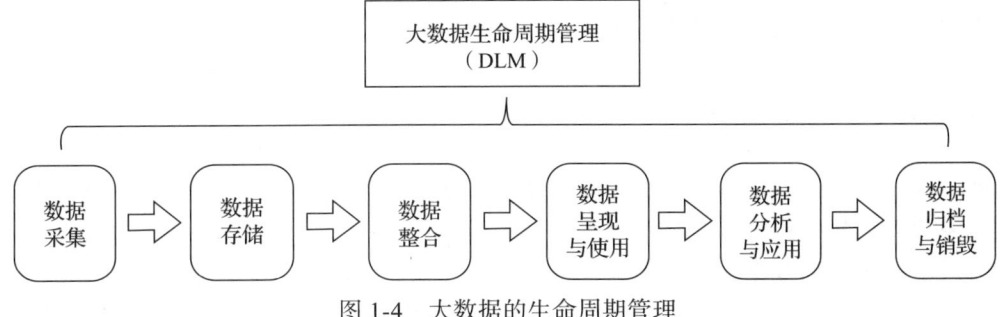

图 1-4 大数据的生命周期管理

### 1.5.1 数据采集

数据采集作为大数据的来源，是数据生命周期管理的重要环节。数据采集是指从系统外部采集数据并输入到系统内部的过程。数据采集系统集成了信号采集器、传感器、Wi-Fi 探针、摄像头等数据采集设备和一系列可以采集数据的应用软件。在大数据时代，企业不仅要采集企业内部数据，同样也需要采集外部数据，需要在法律法规允许的框架下，根据企业的数据战略来定义数据采集范围和采集策略。

数据采集的范围越来越广泛，已从传统的网站、传感器设备，延伸到各类移动及可穿戴设备中。大数据采集渠道的多样化，也意味着企业 IT 成本及投入的增加，更需要企业结合自身的战略和业务目标，制定适宜的大数据采集策略。数据采集策略通常以数据驱动和业务需求为导向，数据驱动策略适用于完全数字化的企业，如互联网企业，业务驱动策略适用于目前尚处于数字化过程中、成本紧张、数据能力及成熟度低的企业。

传统的数据采集，主要是在业务过程中采集客户与用户的自然属性和社会属性信息，以及与企业发生关系的业务信息。大数据时代中，客户的地点信息、行为轨迹（线上、线下）、生理特性、形象和声音特征等信息都会得到采集，会更多地涉及客户与用户的隐私。目前一些 App 存在强制授权、过度索权、超范围收集个人信息等问题，从中引发了一系列的网络信息安全问题，这成为大数据时代数据采集面临的重要问题。然而数据采集的安全隐私问题还远不止这些，企业在数据采集的过程中，以及数据从源系统采集到数据平台的过程中，必须确保被采集的数据不会被窃取和篡改。为此企业应为数据采集制定相应的安全标准，并且数据采集类系统需要根据采集数据的安全级别实现相应级别的安全保护。

数据是有时效的，数据采集得越及时，其产生的价值往往越大。从管理者的角度，如果通过数据能实时地了解企业的经营情况，就能够及时地做出决策；从业务的角度，如果能实时地了解客户的动态，就能够有效地为客户提供合适的产品和服务，提高客户满意度，避免投诉及客户流失；从风险管理的角度看，如果能通过数据及时发现风险，企业就能够有效避免风险和损失。实时数据采集成本较高，因此哪些数据需要实时采集，哪些数据可以批量采集，需要根据业务目标和业务应用来确定优先级。

### 1.5.2 数据存储

大数据时代，首先意味着数据的容量在急剧扩大，这为数据存储和处理的成本带来了很大的挑战。采用传统的统一技术来存储和处理所有数据的方法将不再适用，而应针对不同热度的数据采用不同的技术进行处理，以优化存储和处理成本并提升可用性。数据热度是一种对数据使用情况的描述，它根据数据的价值密度、访问频次、使用方式、时效性等级等因素，将数据根据热度等级划分。随着时间的推移，数据价值会变化，应动态更新数据热度等级，从而调整存储策略，并推动数据从产生到销毁的整个生命周期的存储管理。

多样化（结构化、半结构化和非结构化）、海量数据的存储，也意味着批数据和流数据等多种数据形式的存储和计算。但数据容量的急剧扩大，面对不同的数据结构、数据形式、时效性与性能要求等因素，给数据存储和计算成本带来了极大挑战。对于结构化数据通常使用传统关系型数据库进行存储，对于较大规模的关系型数据可以使用分布式关系型数据存储。对于非关系型数据，如键值对（key-value）型数据、图数据、文档数据等，可以使用 NoSQL 数据库进行存储。随着大数据的发展，研发了很多非关系型数据存储技术和存储平台。如何针对不同数据热度采用不同存储和计算资源，选择合适的技术，以优化数据存储和处理成本并提升可用性，是大数据存储面临的重要问题。

### 1.5.3 数据整合

数据整合是一种将来自不同数据源的数据收集、整理、清洗后，转换并加载到一个新的数据源，为数据消费者提供统一数据视图的数据集成方式。数据整合是一个较为复杂的过程，目前较为通用的方式为 ELT（Extract-Load-Transform）模式，即提取、加载、转换。即将源数据整合到数据平台的处理过程，其中涉及数据标准、数据清洗、数据质量、数据接口、数据模型设计等。

要做好数据整合工作，需遵守数据一致原则，避免烟囱式重复建设，保证遵守命名、术语、备注、数据类型、编码、计算口径等一致性的数据标准，保证数据清洗和数据质量，保证数据逻辑可重复执行以减少重复计算，从而易于理解和查询地把数据有效整合和组织起来。但数据整合在各企业并无统一落地标准，数据整合对于企业数据治理是非常重大的挑战。

大数据的一个重要特点就是速度，在大数据时代，数据的应用者对于数据的时效性提出了新的要求。企业管理者希望能够实时地通过数据了解企业的经营状况；销售人员希望能够实时地了解客户的动态，从而发现商机快速跟进；电子商务网站也需要能够快速地识别客户在网上的行为，实时地做出产品推荐。因此提出了实时数据整合，但目前企业应用主要仍是根据实时数据进行数据累计和指标计算。对于多维分析和数据挖掘应用所需的数据，仍然主要由批量计算进行处理。但随着 AI 技术的不断成熟，ChatGPT 迅速发展，以其强大的信息整合和对话能力震惊了全球，在自然语言处理上表现出了惊人的能力，也给实时数据整合带来了新的启发。

### 1.5.4 数据呈现与使用

在这个数据爆炸的时代，人类分析数据的能力已经远远落后于获取数据的能力。这个挑战不仅在于数据量大、高维、多元、多态等，更重要的是数据获取的动态性、数据内容的噪声和相互矛盾，数据关系异构与异质性等。通过纯粹数字和数字术语进行数据思考并非人类的本能，想要在有需要时迅速、准确地判断和决策实属不易。面对这些挑战，数据的图形化呈现成为大数据发展的必然趋势。

随着现代社会的不断发展，要求每个人都能够从数据中发现价值，这就必然要求每个人都能看懂数据，能够从不同的角度分析数据，最终达到使用数据的目的。而数据的规模越来越大，属性越来越复杂，各类庞大的数据集无法直接通过读数的方式进行理解和分析，这对数据的呈现方式提出了更高要求。数据可视化旨在借助图形化手段，清晰有效地传达与沟通信息。可视化利用图形、图像处理、计算机视觉及用户界面技术，通过表达、建模以及对立体、表面、属性及动画的显示，对数据加以可视化解释。用户通过可视化的感知，使用可视化交互工具进行数据分析，尤其是在商业应用领域，数据可视化是各级决策者的有效参考依据。但是由于在各个分析阶段中可能出现的呈现维度不足、展示偏差或错误信息，仍然需要使用者对所呈现的结果具备一定的洞察力和评估能力。

### 1.5.5 数据分析与应用

大数据建设的目的在于分析与应用，只有进行分析与应用才能够充分体现和发挥出大数据的价值。数据本身拥有巨大的应用价值，在数据较为丰富的情况下，数据已经能够比较全面地反映真实情况，通过简单的数据分析即可找到业务的规律和提升点。但数据如果不是很充足，则需要采用传统的数据分析和建模方法，以增强数据分析结果。目前数据分析主要采用的还是通用的分析、建模工具和通用的算法。但要进一步挖掘数据的价值，就需要进行数据的深度分析。当企业在数据分析与应用达到一定的成熟度后，会逐步选择或自行开发具有行业特性和自身特性的数据分析与建模算法。

未来会出现越来越多的以数据为驱动的业务应用场景，一些基于数据的应用离不开数据分析和建模结果，否则应用场景将无法发生，例如精准营销和个性化推荐。这也意味着，没有数据、没有数据分析能力的企业，可能将无法在这些场景下竞争和生存。

传统的数据分析主要采用数据统计的方法从数据中发现规律，并用于描述状况和预测未来，从而指导业务、管理行为和辅助决策。常见的方法有报表、表格、检索、统计等。多维数据分析技术是常见的数据分析应用，可以基于维度对数据进行切片、切块、上卷、下钻和旋转分析等。但是随着大数据的发展，通过人力在海量的数据中寻找规律有很大的局限性，而且在面临越来越复杂的问题时，必须使用机器学习和深度学习。

机器学习是进行大数据分析强有力的工具，通过机器学习的手段可以高效、快速地对数据进行分析并提炼规律用于知识发现，能够更深入地挖掘数据的潜在价值。机器学习是一个更广泛的概念，它涉及使用算法和统计模型来使计算机系统自动地从数据中学习和改进，而无须进行明确的编程。机器学习涵盖了一系列算法和技术，包括监督学习、无监督学习、半监督学习、强化学习等。监督学习与无监督学习两者的区别就在于训练数据中是否有标签，使用带有标签的数据进行学习则是监督学习，而使用无标签的数据进行学习则是无监督学习。这些算法旨在通过对大量数据训练，找出数据中的模式和规律，从而使模型能够对新的、未见过的数据进行预测或分类。

随着 AI 技术的发展，深度学习成为机器学习中的热门领域。深度学习与传统机器学习最重要的区别是深度学习使用网络结构，随着数据量的增加，其性能也随之提高。当数据很少的时候，深度学习算法并不能很好地执行，因为深度学习算法需要大量的数据才能完全理解它。深度学习则是机器学习的一个子集，特指那些使用深度神经网络结构的机器学习算法。深度神经网络是一种模拟人脑神经网络的复杂网络结构，它包含多个层次的神经元，每个层次都从前一个层次接收输入，并产生输出作为下一个层次的输入。通过训练深度神经网络，可以学习到数据中的复杂特征表示，从而实现对数据的准确分类或预测。

数据应用通常是将数据分析的结果可视化呈现，为企业提供决策支持，也可将数据分析与挖掘的成果转化为具体的应用集成到业务流程中，为业务直接提供数据支持。一般为嵌入业务流程的数据辅助功能应用和以数据驱动的业务应用场景。

### 1.5.6 数据归档

大数据时代，数据量的快速增长已经成为 IT 管理部门所面临的最难解决的问题之一，因为数据量的增长已经严重降低了应用程序的性能及稳定性，并且消耗了大量的投资，同时给备份与恢复也带来了巨大的负担。

一些关键的业务系统经过长时间的积累产生了大量的历史交易数据，这些历史数据使得系统变得越来越庞大，并且在维护上也越来越复杂。提高存储容量和服务器的处理能力只能暂时地缓解所面临的问题。数据归档的实施可以有效地提高数据性能，确保核心业务不会因为长时间数据积累而出现性能问题。为此，很多企业都提出了数据归档的解决方案，即通过流程和技术来管理信息数据从产生到失去价值的整个过程的归档策略，制定数据在生命周期不同阶段的访问和过期策略，从而实现数据归档管理。

数据归档是指识别不再经常使用的数据并将其移至单独存储系统，以实现长期保留的任务。归档的数据通常是对组织至关重要，或者出于法律原因或为了满足监管框架的合规性要求而必须保留的信息。数据归档不同于数据备份。数据备份提供活动数据的副本，可用于在发生数据损坏、丢失、被盗或泄露时恢复信息。数据归档通常要经过数据清洗，通过数据结构重构、数据压缩格式改变、访问性变化、数据可恢复性和数据可理解性、元数据管理等方面，实现更高效的存储策略。常见的归档方式分为在线归档和离线归档，两者最大的区别在于在线归档数据保持对迁移后的归档数据的实时访问能力，而离线归档数据可以用于数据的长期保存，并提供有限的查询。

### 1.5.7 数据销毁

随着数据量的急剧增长，从价值成本角度来看，当存储超出企业业务需求的数据，就会执行数据销毁。数据销毁处理需要针对数据的内容进行清除和净化。数据销毁也被称为数据安全的终点，它带来了更多数据安全问题。在企业应用中，针对数据销毁应该有严格的管理制度，应建立数据销毁的审批流程。

## 1.6 大数据的处理流程

大数据的处理流程如图 1-5 所示。大数据的采集一般采用一种标准化的流程框架，即 ETL（Extract-Transform-Load），ETL 负责将分布式、异构数据源中的数据（如业务系统、Web 数据等结构化数据，手工文件等半结构化数据以及可能需要的非结构化数据等）提取到数据仓库或者统一数据存储的贴源层，形成原始数据。

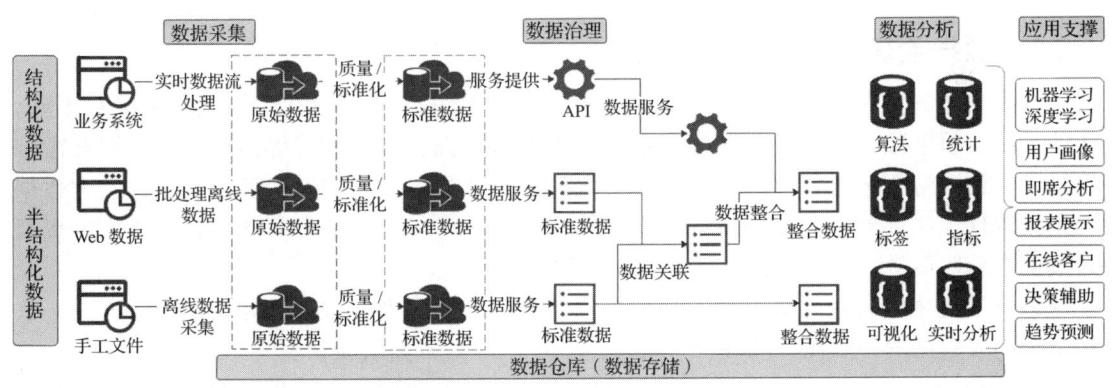

图 1-5　大数据处理流程

在数据治理阶段根据数据质量和应用场景需求，对所采集的数据进行数据转换，如数据去重、异常处理和数据归一化等，使得不同来源的数据整合成一致的、适合数据分析算法和工具读取的数据。形成标准数据后，将它们存储到数据仓库或者统一数据存储的标准数据层中，并根据场景需求将数据整合形成数据服务对外提供。

在数据分析方面，需要用工具（如 SPSS）、结构算法模型、数据标签、数据挖掘，进行分类汇总等处理，以满足各种数据分析需求。

在数据应用方面，当数据分析完成后，根据实际业务场景需要进行可视化展示分析，或者根据反馈上层功能运行的分析结果进行用户行为画像、个性化推荐、产品推荐等典型应用场景也可以用于趋势分析、预测预警等科学决策。

### 1.6.1 数据采集

大数据处理的第一步是数据的采集。在数据采集过程中，数据源会影响大数据质量的真实性、完整性、一致性、准确性和安全性。对于业务系统数据，根据数据实时性，多采用 ETL 工具直接建立采集作业进行定期提取；对于 Web 数据，多采用网络爬虫方式进行采集，这需要对爬虫软件进行时间设置以保障采集到的数据的时效性。需灵活控制采集任务的启动和停止。

现在的中大型项目通常采用微服务架构进行分布式部署，所以数据的采集需要在多台服务器上进行，且采集过程不能影响正常业务的开展。基于这种需求，衍生了多种数据工具，如 Flume、Logstash、Kibana 等，它们都能通过简单的配置完成复杂的数据收集和数据聚合。

### 1.6.2 数据存储

采集到数据后，需要对数据进行存储管理，通常最为大家熟知的是 MySQL、Oracle 等传统的关系型数据库，它们的优点是能够快速存储结构化数据，并支持随机访问。但大数据的数据结构通常是半结构化的（如日志数据），甚至是非结构化的（如视频、音频数据），为了解决海量半结构化和非结构化数据的存储问题，诞生了 HDFS、KFS、GFS 等分布式文件系统，它们都支持结构化、半结构化和非结构化数据的存储，并可以通过增加机器进行横向扩展。除此之外，HBase、MongoDB 等数据库兼具分布式文件系统和关系型数据库的优点，满足既考虑数据存储也考虑访问的需求。

### 1.6.3 数据治理

数据采集过程中通常涉及一个或多个数据源，这些数据源包括同构或异构的数据库、文件系统、服务接口等，易受到噪声数据、数据值缺失、数据冲突等因素影响。因此需首先对采集到的数据集进行治理，以保证大数据分析及预测结果的准确性与价值性。大数据的预处理环节主要包括数据清洗、数据归约、数据转换与数据整合等内容，可以大大提高大数据的总体质量，是大数据过程质量的体现。

数据清洗主要包括对数据的不一致检测、噪声数据识别、数据过滤与修正等方面，有利于提高大数据的一致性、准确性、真实性和可用性等方面的质量。

数据归约是在不损害分析结果准确性的前提下降低数据集合规模，使之简化，包括维归约、数据归约、数据抽样等技术，这一过程有利于提高大数据的价值密度，即提高大数据存储的价值性。

数据转换处理包括基于规则或元数据的转换、基于模型与学习的转换等技术，可通过转换实现数据统一，这一过程有利于提高大数据的一致性和可用性。

数据整合的目的是将多个数据源的数据进行集成，从而形成集中、统一的数据库、数据立方体等，这一过程有利于提高大数据的完整性、一致性、安全性和可用性等方面的质量。

总之，数据治理环节有利于提高大数据的一致性、准确性、真实性、可用性、完整性、安全性和价值性等方面的质量，而数据治理的相关技术是影响大数据过程质量的关键因素。

### 1.6.4 数据分析

大数据分析技术主要包括对已有数据的分布式统计分析技术和对未知数据的分布式挖掘、深度学习技术。分布式统计分析可由数据处理技术完成，分布式挖掘和深度学习则在大数据分析阶段完成，包括聚类与分类、关联分析、深度学习等。通过挖掘大数据集中的数据关联性，形成对事务的描述模式或属性规则，并构建机器学习或者深度学习模型，使用海量训练数据，以提升数据分析与预测的准确性。

数据分析是大数据处理与应用的关键环节，它决定了大数据集的价值性和可用性，以及分析预测结果的准确性。在数据分析环节，应根据大数据应用场景与决策需求，选择合适的数据分析技术，提高大数据分析结果的可用性、准确性和价值质量。

### 1.6.5 数据应用

数据应用是将经过数据处理或分析之后的数据结果应用于具体场景，如数据可视化展示、上层功能调用等。如数据可视化将大数据分析与预测结果以计算机图形或图像的直观方式展示给用户，并可与用户进行交互。这大大提高了大数据分析结果的直观性，便于用户理解与使用，这也是对大数据分析结果的检验与验证。大数据应用过程直接体现了大数据分析处理结果的价值性和可用性，对大数据的分析处理具有引导作用。在大数据采集、处理等一系列操作之前，通过对应用场景充分调研、对管理决策需求信息深入分析，可明确大数据处理与分析的目标，从而为大数据采集、存储、处理、分析等过程提供明确的方向，并保障大数据分析结果的可用性、价值性。

## 1.7 大数据的架构

大数据的数据量大且复杂，需要复杂且功能强大的系统才能完成大数据的采集、处理和分析等任务，本节按照大数据的存储、处理和应用的逻辑划分了大数据架构。

复杂的大数据系统包含各种不同的技术、模型和应用，这里从本质上把大数据的计算架构分为三个基本系统，即数据存储系统、数据处理系统及数据应用系统，大数据的计算处理不仅涉及各类数据分析及挖掘算法，其计算系统的性能还依赖于计算模型和计算架构。

数据存储系统
- 数据采集与建模
- 分布式文件系统
- 分布式数据库/数据仓库

在图 1-6 所示的大数据架构中，**数据存储系统**主要包括数据采集与建模、分布式文件系统及分布式数据库/数据仓库，该系统主要提供数据采集、清洗、建模、大规模数据存储管理和数据操作等功能；

数据处理系统
- 算法
- 计算模型
- 计算平台与引擎

**数据处理系统**主要包括算法、计算模型、计算平台与引擎，该系统提供了大数据计算处理能力和应用开发平台；**数据应用系统**主要包括数据可视化、数据产品和数据服务及各类大数据应用。

数据应用系统
- 数据可视化
- 数据产品和数据服务
- 大数据应用

图 1-6 大数据架构示意图

## 1.7.1 数据存储系统

大数据计算体系中，数据的采集通常来源于多种异构数据源，可能包括非结构化、结构化及半结构化数据。由于数据的非结构化、异构性及分布式计算等特点，大数据存储系统的设计远比传统的关系型数据库系统复杂得多，如图 1-7 所示。对于大数据存储结构，数据库提供数据的逻辑存储结构；分布式文件系统提供数据的物理存储结构。数据存储系统可以包括以下几个部分。

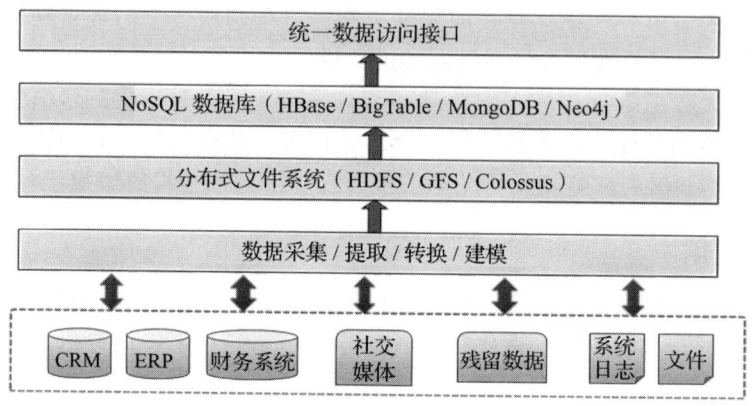

图 1-7　数据存储系统示意图

### 1. 数据采集层

数据采集层的数据来源包括应用系统，如客户关系管理（Customer Relationship Management，CRM）系统、企业资源计划（Enterprise Resource Planning，ERP）系统、财务系统等，还有社交媒体数据、残留数据（即在线行为和与数字设备交互的副产品，而不是用户特别选择留下的信息）、系统日志、文件。使用网络爬虫、无线传感器网络、物联网和各种数据资源，可以从中采集进行分析所需的原始数据。

数据采集之后需要进行提取，然后系统将来自不同源的各类结构化、非结构化和异构数据转换为标准存储格式的数据，并定义数据属性和取值范围，最后按照数据分析的需求进行建模。

### 2. 分布式文件系统

使用集中式或分布式文件系统来实现大量数据的物理存储。常见的分布式文件系统有 HDFS（Hadoop Distributed File System）、GFS（Google File System）和 Colossus（谷歌用于替代 GFS 架构的新架构）等。

### 3. NoSQL 数据库

大数据是指那些用传统的系统不能很好地处理的数据，所以对于大数据的存储，使用传统的关系型数据库是不能满足要求的，所以需要非关系型数据库来进行存储。

非关系型数据库（NoSQL）根据数据的特性以及分析的需求，提供了多样的存储方式，包括基于行的数据存储、基于列的数据存储（如 HBase）、文件存储（如 MongoDB）、图数据存储（如 Neo4j）等，并且使用键值对结构、哈希表检索等可以实现非结构化数据的逻辑存储。

数据科学家可以选择合适的数据存储架构来存储数据，使数据存储和数据检索更加方便地服务于上层数据处理和分析。

**4. 统一数据访问接口**

应用程序对数据库的访问及数据交换是分布式计算系统中的一个重要问题。业界较早使用的是数据库访问应用程序编程接口（Application Programming Interface，API），如ODBC（Open DataBase Connectivity），其支持应用程序对数据库的 SQL 访问。但是这类编程接口无法在分布式计算环境中提供事务管理、并发调度、缓冲区管理等复杂功能。

这就需要引入数据访问层（Data Access Layer，DAL），它是在数据库之上提供数据交换功能的软件层，主要实现应用程序数据的持久化存储和数据交换。但是 DAL 很难支持跨平台的异构数据库访问。

因此，数据访问层的设计需要兼容各种标准技术和产品，这就需要统一数据访问接口（Unified Data Access Interface，UDAI）对上层应用提供数据服务等。

### 1.7.2 数据处理系统

数据处理系统主要包括大数据处理算法、计算模型、计算平台与引擎三个部分，如图 1-8 所示。

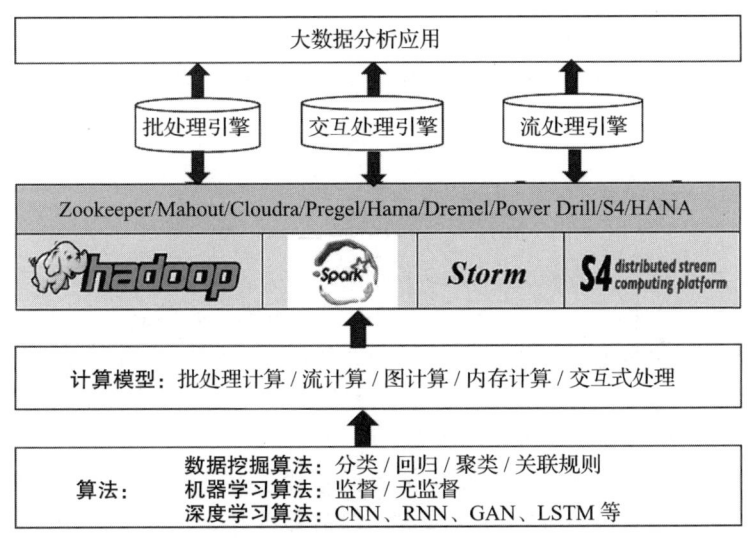

图 1-8　数据处理系统示意图

算法部分主要包括数据挖掘算法、机器学习算法和深度学习算法。其中数据挖掘算法主要涉及分类、回归、聚类和关联规则分析等任务。机器学习算法可以大致分为监督学习和无监督学习两类。而深度学习算法以各种网络结构为代表，包括卷积神经网络（Convolutional Neural Network，CNN）、循环神经网络（Recurrent Neural Network，RNN）、生成对抗网络（Generative Adversarial Network，GAN）和长短期记忆（Long Short-Term Memory，LSTM）网络等。

计算模型部分包括针对不同类型数据的计算模型，如针对海量数据的 MapReduce 批处理模型、针对动态数据流的流计算（stream computing）模型、针对图数据的图计算（graph computing）模型、基于物理大内存的内存计算（In-memory Computing）模型等。

计算平台与引擎位于计算模型层之上，如 Hadoop、Storm、Spark 等。计算引擎是基于计算平台为特定计算模型而设计和封装的服务器端程序,用于支撑特定计算模式下的后端的大数据处理、计算和分析任务。比如,MapReduce 计算引擎提供大数据的划分、节点分配、作业调度及计算结果融汇等功能,直接支持上层应用的开发。谷歌的交互式计算引擎采用 Dremel 和 PowerDrill 技术,提供对大规模数据集的快速计算分析;开源的 Apache drill 项目基于列存储结构、数据本地化、内存存储等技术,力图实现对大规模数据的快速查询访问。图并行计算引擎提供对网络图数据(社交网络、电信网络、脑功能连接网络这一类数据常常用加权有向图来表征)的高效计算处理(Google 搜索引擎处理的数据中有 20% 是用图计算引擎来处理的),这方面的技术包括谷歌的 Pregel、开源技术 Hama、GraphLab 等。S4(Simple, Scalable Streaming System)是雅虎提供的一个分布式流计算引擎,最初目标是提高 cost-per-click 广告点击率,通过实时数据计算预测用户对广告可能的点击行为。

### 1.7.3 数据应用系统

基于上述大数据存储系统和大数据处理系统,可以提供各行业、各领域的大数据应用技术解决方案。目前,互联网、电子商务、电子政务、金融、电信、医疗卫生等行业是大数据应用最热门的领域,而制造、教育、能源、环保、智能交通则是大数据技术逐渐开始拓展的新领域。

大数据应用系统主要包括数据可视化、数据产品和数据服务及各类大数据应用。大数据应用系统可以根据用户数据分析的目的和需求进行设计,以发现数据中蕴含的规律和模式,从而实现数据的价值。

## 总结

本章介绍了大数据的基本概念,阐述了数据产生方式的发展历程,数据产生方式的演变促成了大数据时代的来临。大数据对于科学研究、思维方式的转变都产生了重要的影响。大数据主要包括结构化数据、半结构化数据和非结构化数据,具有规模性、多样性、高速性、价值性等特征。基于大数据的 4V 特征,大数据的整个生命周期管理过程对于数据的采集、存储、处理、整合和应用也尤为重要。

本章最后介绍了大数据架构,主要包括数据存储系统、数据处理系统和数据应用系统三个部分,在不同层面采用各种相关的技术,包括分布式文件系统、分布式数据库、计算模型、各种算法等,通过"采 – 存 – 管 – 用"实现大数据价值的充分挖掘和发挥。

## 习题[○]

1. 大数据包含哪些数据,分别有什么特点?
2. 大数据有哪些特征?请简要描述。
3. 什么是第四范式?有怎样的特点?
4. 大数据的生命周期包括哪些流程?
5. 【多选】以下数据库中哪些支持结构化、半结构化和非结构化的数据存储(    )。
   A. MySQL        B. OceanBase        C. HBase        D. MongoDB

---

○ 习题解析扫描前言二维码获取。——编辑注

# 第二部分　数据采集和预处理

# 第 2 章　大数据的采集

大数据采集是大数据分析和处理的基础，是大数据生命周期的起点。数据蕴含价值，而实现价值的前提是成功地采集到数据，从而进行之后的一系列分析处理。本章将介绍大数据采集的相关知识，包括采集何种数据及怎样采集。

在大数据时代，数据的来源多种多样，有软件系统产生的数据（比如企业的业务系统、互联网平台系统等），有硬件设备产生的数据（如一些传感器、摄像头等物联网设备等）。根据数据存在的位置和组织边界，数据采集的来源可以分为内部数据和外部数据。外部数据又可以被细分为浅网（surface web）数据和深网（deep web）数据。本章将依据数据的不同来源，讲述数据提取、网络爬虫等数据采集方法。

## 2.1　内部数据

### 2.1.1　内部数据概述

内部数据是指组织内部由于业务运营而产生的数据。这些组织包括政府部门、企事业单位等，在数字化和智能化迅速发展的今天，为了满足组织的运营需求，这些组织往往会搭建一些支撑其业务运营的系统或平台。内部数据则会随着系统或平台的运行而产生，例如业务数据、财务数据、日志数据等。

#### 1. 政府部门内部数据

政府部门内部数据是指为了实现数据驱动决策、驱动管理、驱动创新，集阳光型政府、效能型政府、创新型政府、协同型政府、服务型政府的内涵于一体而建设的系统所产生的数据。这一概念由龙信数据于 2012 年提出。

公检法、财政、工商、税务、海关、人社、医疗等政府部门及其相关组织机构，出于履行其部门职能和便利市民的需要，通常会搭建各种不同的业务系统。同时，随着移动互联网的普及，相应的手机 App 和微信小程序等应用程序不断涌现。这些系统产生的内部数据具有种类繁多、价值巨大、可信度高、完整性好、实时性强、实体描述指向性明确具体等特点，通常会被存储在相应的数据中心。

然而，使用政府部门内部数据存在如下挑战。

- 根据不同的职能定位，不同的政府部门运营和管理的数据往往仅与该部门的独立职能有关，因此每一个政府部门都很难从全局的角度对数据进行关联和顶层设计。大多数政府部门的数据存在数据孤岛的问题，这就表示获取和挖掘全局数据价值的代价昂贵且可行度低。该问题需要更高层面的管理部门加以规划和解决。
- 不同政府部门的信息基础设施不均衡、数据化程度不同，相同类型的数据在不同级别或不同职能的政府部门所表现的形式和存储格式不同，进行数据集成和分析时存在较大的挑战。

**2. 企事业单位内部数据**

企事业单位内部数据通常源于其自身业务需要而构建的不同业务系统或应用程序，例如企业资源计划系统、办公系统、订单管理系统、在线交易系统、各种交易 App 等。这些系统或应用程序在达到其建设目标、支持企事业单位业务运营的同时，汇聚了大量相关数据，这些数据以本组织的私有财产的形式存储在单位的服务器或云服务器中。显然这些数据在支撑其建设目标的价值实现方面有很大意义，同时也为组织深入挖掘其价值、实现商务智能提供了重要的数据资料。各个企事业单位通过建立大数据项目实现这些数据的深层次价值需求，但同样面临以下挑战。

- 不同系统中的数据存在异构性。在系统建设之初并未充分考虑后期大数据集成和大数据项目的需求，各个系统在前期设计时缺乏顶层规划，数据结构不统一、存储方式不一致，这为大数据项目中的数据集成与整合带来很大困难。
- 在整合不同利益主体的数据时存在非技术难题，例如出于商务原因的数据隐私问题，由于各个系统中的数据反映了业务的所有细节，利益主体的单位或部门不愿其被他人知晓，因此并不希望共享数据。

## 2.1.2 内部数据的价值

相比于组织外部情况的不确定性，内部数据更容易被获取，但这并不意味着容易获取到的数据其价值就偏低，内部数据蕴含的价值也同样丰富。不论是政府部门还是企事业单位，对其内部数据开展研究分析，都能为组织运营提供价值。

**1. 政府部门内部数据的价值**

开展政府部门内部数据研究，能够推动政府信息公开、透明和社会公正，促进政府管理方法创新，为国家宏观政策制定、国家安全防控、市场经济体制管控、公共卫生服务安全防护、社会发展舆论导向等提供数据支撑，从而创造无限价值。对内部数据进行研究能够提高相关部门的应急能力，如电力部门会实时对其内部数据进行监测并进行分析预测，使得能够更便捷地进行电力资源调度，从而最大限度地保障工业生产和居民生活的用电需求。

**2. 企事业单位内部数据的价值**

开展企事业单位内部数据研究同样能创造很大价值，可以将创造的价值分为两个层面。

- 帮助企事业了解自身运营情况。企业运营会涉及很多资源，这些资源的详细情况则蕴含在大量的内部数据之中，这也是内部数据的价值之一。通过对这些内部数据进行可视化分析，企业管理人员能够更加直接地了解这些资源，从而更加形象地了解企业的运行情况。这有助于迅速发现和定位问题、及时调整应对策略、降低财务风险等。对内部数据进行研究分析，能够为企业管理和决策制定提供有力的数据支撑。
- 帮助企事业了解用户情况。企业在为用户提供服务时积累的内部数据也蕴含着丰富价值。对这些数据进行分析，可以将用户和企业服务项目进行串联，从而精确化用户画像，提高企业的服务质量。例如，在电子商务领域，根据对用户浏览商品的记录和购物单记录的分析，有效挖掘用户的偏好，电商公司更加有针对性地为用户推荐合适的产品或服务，提高用户对商家的忠诚度；旅行网站可以提供更合适的旅行路线；二手交易网站可以更精确地匹配符合要求的交易双方。

### 2.1.3 内部数据的采集

内部数据存储在组织内部的各个业务系统中，随着业务系统的运行而大量积累，例如 ERP 系统中的数据、客户关系管理系统中的数据等，同时还存在一些财务数据、日志数据等。这些数据在达到其初始的价值期望后，作为数据资产存储在系统的数据库或数据文件中。随着组织数字化程度的提高以及业务系统建设的发展与壮大，各个系统中存储了关于组织运营的全面数据，这些数据反映了组织运营以及与运营密切相关的各种业务状态信息，通过将其关联和集成，可以从中挖掘很有价值的业务知识以辅助企业决策。

内部数据采集应当注意以下问题。

- 构建数据驱动的应用，推进数据价值的全面实现：以组织自有和自营的数据为中心，围绕组织的价值实现需求，融入与其他组织交互时产生的数据和互联网开放数据等所有可以利用的数据，研发数据驱动的创新应用，挖掘和拓展组织的所有价值实现的可能。
- 统一数据标准，推动数据共享开放：内部数据建设基础不同、时间不同、业务需求不同、建设的供应商不同等都会导致数据的标准不同。在数据驱动项目建设初期，应尽早考虑数据标准化、数据接口规范化等数据共享集成的需求与设计实现，积极推动组织内数据共享。
- 重视数据管理，保证数据安全：纷繁复杂的数据存储在不同的系统、数据库和存储设备中，这些数据不一致的问题会导致业务决策失效，使用元数据管理可以避免数据的不一致，并降低数据管理的难度。此外，加强数据安全性的管理也至关重要。在信息社会，掌握组织运营的信息就掌握了组织的经营发展状况等商业机密，因此应当从管理制度、流程和技术手段等多个方面全面保证大数据的安全。

能否对内部数据进行有效的整合是实现其价值的关键。在数据整合中，ETL 技术是内部数据集成的重要手段。ETL 用于描述数据从数据源经过提取（extract）、转换（transform）并加载（load）至目标数据库的过程，如图 2-1 所示。获取内部数据是对数据进行整合的第一步，这一步主要涉及数据提取。下面将详细阐述数据提取的概念，数据转换和数据加载则会在之后的章节中详细叙述。

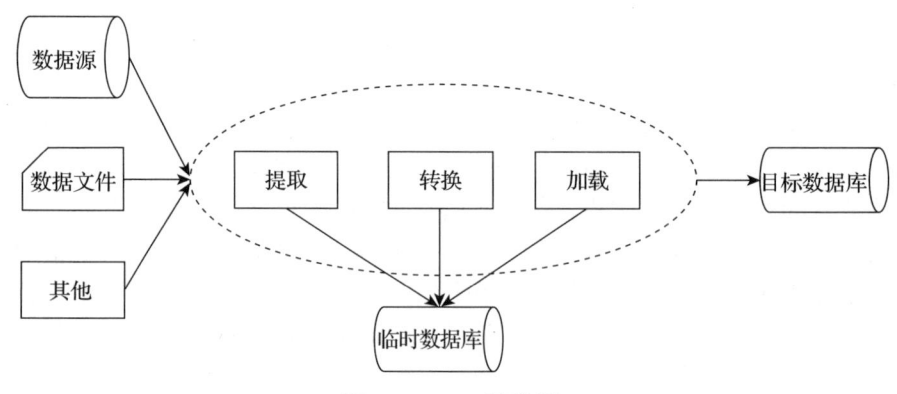

图 2-1　ETL 示意图

由于内部数据属于组织的私有财产，因此获取内部数据只需要从组织所属的数据库进行提取即可。依据数据库的种类不同，数据提取可以分为关系型数据库提取和非关系型数据库提取。

## 1. 关系型数据库数据提取

从关系型数据库中提取数据一般分为全量提取和增量提取两种方式。

全量提取类似于数据迁移或数据复制，是指将数据源中的表或视图的数据原封不动地从数据库中提取出来，并转换为便于被识别的格式。由于全量提取是对整个数据库的所有数据进行提取，无须进行其他复杂处理，因此提取过程比较直观、简单。但在实际应用中，关系型数据库全量提取应用较少，因为随着系统的运行，系统数据实时增加，全量提取每次均需重复提取上次已经提取的历史数据，继而产生大量冗余数据，最终降低提取效率。而增量提取能够很好地避免这个问题。

增量提取是指提取自上次提取结束之后数据库表中新增、修改、删除的数据。对于增量提取而言，如何捕获变化的数据是关键，对捕获方法通常有两个要求，即数据增量提取的准确性和性能。其中准确性是指能够将业务系统中的变化数据准确地捕获；性能是指尽量减少对业务系统造成的压力，避免影响现有业务系统的运行。数据增量提取中常用的捕获变化数据的方法有触发器方法、时间戳方法、全表对比方法和日志对比方法。

**（1）触发器方法**

在待提取的数据库表上建立需要的触发器（trigger），通常需建立插入、修改、删除三个触发器，每当源表中的数据发生变化，就会触发相应的触发器，将变化的数据写入一个临时表，提取线程进行数据增量获取时从临时表中提取数据。触发器方法的优点是数据提取性能较好，缺点是要求在业务数据库中建立触发器，对业务系统有一定的性能影响。

**（2）时间戳方法**

时间戳（time stamp）方法是一种基于递增数据比较的数据增量捕获方式，是指在源表上增加一个时间戳字段，如图2-2所示，系统更新修改表数据的同时修改时间戳字段的值。当进行数据提取时，通过比较系统时间与时间戳字段的值，来提取时间戳在上次增量提取时间之后的数据。有些数据库支持时间戳的自动更新，即表中其他字段的数据发生改变时自动更新时间戳字段的值；有些数据库不支持时间戳的自动更新，这就要求业务系统在更新业务数据时手动更新时间戳字段。同触发器方法类似，基于时间戳的增量提取方法性能较好，数据提取逻辑相对清楚简单，但对业务系统具有很大的侵入性（需加入额外的时间戳字段），尤其对于不支持时间戳自动更新的数据库，它要求业务系统进行额外的更新时间戳字段的操作。此外，该方法无法捕获在时间戳建立以前数据的删除和修改操作，对数据准确性有一定的影响。

| ID | 姓名 | 地址 | 年龄 | 时间戳 |
|---|---|---|---|---|
|  |  |  |  |  |
|  |  |  |  |  |
|  |  |  |  |  |
|  |  |  |  |  |

图2-2 时间戳数据增量提取示意图

**（3）全表对比方法**

典型的全表对比方法采用MD5校验码。事先为待提取的表建立一个结构相似的MD5临时表，该临时表记录源表主键以及根据所有字段的数据计算得到的MD5校验码。每次进行数据提取时,对源表和 MD5 临时表进行 MD5 校验码的比对,从而确定源表中的数据是新增、修改还是删除,同时更新 MD5 校验码。

MD5 方式的优点是对源系统的侵入性较小(仅需要建立一个 MD5 临时表)。但缺点同样显而易见,与基于触发器和时间戳的数据增量提取方法中的主动通知不同,MD5 方式采用被动全表数据比对,因而性能较差。当表中不含主键或唯一列且含有重复记录时,MD5 方式的准确性较差。

**(4)日志对比方法**

通过分析数据库自身的日志来判断变化的数据。Oracle 的变化数据捕获(Change Data Capture,CDC)技术是该方面的代表。CDC 特性在 Oracle9i 数据库中被引入,它能够帮助用户识别自上次提取之后发生变化的数据。利用 CDC 技术,在对源表进行新增、修改或删除等操作的同时可提取变化的数据,并将数据存储在数据库的变化表中。这样就能捕获发生变化的数据部分,然后利用数据库视图以一种可控的方式提供给目标系统。

CDC 体系结构基于发布/订阅模式,发布者捕获变化数据并提供给订阅者,订阅者使用从发布者处获得的变化数据。CDC 系统通常拥有一个发布者和多个订阅者。发布者首先需要识别捕获变化数据的源表,然后捕获变化的数据并将其存储在特别创建的变化表中,同时控制订阅者对变化数据的访问。订阅者需要明确自己感兴趣的变化数据,接着创建一个订阅者视图来访问经发布者授权后可以访问的变化数据。CDC 分为同步模式和异步模式;同步模式实时捕获变化数据并存储到变化表中,发布者与订阅者均位于同一数据库;异步模式则以 Oracle 流复制技术为基础,从 redo log 中读取日志记录以捕获变化数据。

**2. 非关系型数据库数据提取**

ETL 处理的数据源除关系型数据库外,还可能是 txt、xls、xml 等格式的文件。对文件数据的提取通常为全量提取,每次提取前可保存文件的时间戳或计算文件的 MD5 校验码,以便在下次提取时进行比对,如果相同则说明数据未发生变化,因而可忽略本次提取。

## 2.2 外部数据

### 2.2.1 外部数据概述

外部数据是指对于本组织而言,其他组织或个人所属的数据,包括国家数据和互联网数据。由于数据的归属不同,获取外部数据的方式自然与内部数据存在不同。

**1. 国家数据**

国家可以从更高层面、更宏观角度获取和掌握数据,也可以出台一系列法律法规和制度等规范化采集所需要的数据。国家层面的数据多为宏观的、趋势性的统计数据,由国家统计局代表发布,例如国内生产总值、居民消费价格指数、生产价格指数、工业生产增长速度、固定资产投资、社会消费品零售总额、粮食产量、城乡居民收入与支出,以及相关的标准、法律和法规等。国家数据的来源通常包括政府数据开放平台、国家相关部门统计信息网站,以及国外数据开放网站等。

**2. 互联网数据**

互联网数据是指通过不同的互联网应用产品积累在互联网中的各类数据。这些数据以不同的形式存储在不同组织的硬件设备中，由于互联网开放共享的原则，任何人均可通过浏览网页或使用 App 的方式访问这些数据。互联网数据通常分布在以下资源中。

**（1）门户网站**

门户网站以媒体属性发布新闻、评论、报道等，例如搜狐、新浪、网易等。

**（2）政府部门网站**

政府部门网站即政府部门公开发布数据的网站，例如中央及各省市的政府网，以及国家统计局、国家发展改革委、国家卫生健康委等官方网站。

**（3）社交网站**

社交网络（social network）是指个人之间的关系网络，基于社交网络思想建立的网站即社交网站（Social Networking Site，SNS）。SNS 也可以表示社会化网络服务（Social Network Service），即专指帮助人们建立社交网络的互联网应用服务。

社交网站出于其媒体属性和社会属性，允许用户发表自媒体信息，在提供用户社交服务的同时记录用户的言论、轨迹等数据。这些数据具有一定的实时性和针对性，对于发现舆情有很大的价值。社交网站和社交软件统称为社交网络。社交网络的发展验证了"六度分隔理论"（six degrees of separation），即"在人际关系脉络方面，一个人必然能够通过不超过六位中间人间接与世上任一人相识"。个体的社交圈会不断扩大和重叠，并最终形成大的社交网络，在此类通过对"朋友的朋友是朋友"原则的实现而得到发展的线上社交网络中，Facebook 和微信具备一定的代表性。

**（4）电商网站**

电商网站是指企业、机构或个人在互联网中建立的站点，是其开展电商业务的基础设施和信息平台、实施电商业务的交互窗口，以及从事电商业务的手段。电商网站出于营销的目的，允许用户自由查询、采购商品并发布评论，这些数据具备实时性和真实性。

电商网站包含多种模式，其由于面对的用户群体各不相同，所以推广方式存在很大区别。常见的电子商务模式有 B2B、B2C 和 C2C，其中 B2B 以阿里巴巴等大型门户网站为代表，B2C 以京东、当当等知名电商企业为代表，C2C 则以淘宝为代表。

**（5）论坛**

论坛通常指公告板系统（Bulletin Board System，BBS）。BBS 最早用于公布股市价格等信息，最初版本甚至不包含文件传输的功能，仅能在苹果计算机上运行。早期的 BBS 与一般街头和校园内的公告板性质相同，只是通过计算机传播或获得消息。直到个人计算机开始普及，人们尝试将苹果计算机上的 BBS 转移到个人计算机，BBS 由此开始普及。近年来，论坛如雨后春笋般出现并迅速发展壮大，其功能也得到很大扩充。现在的论坛几乎涵盖了人们生活的各个方面，每个人都能找到感兴趣或需要了解的专题论坛，而各类网站、综合性门户网站或功能性专题网站也都青睐于开设自己的论坛，以促进网络用户之间的交流，增强互动性并丰富网站的内容。

互联网数据的形式众多，此处不再一一罗列。互联网数据中沉淀着大量反映用户偏好和与事件发展趋势相关的信息。更重要的是，这些数据均以共享开放的原则存在于互联网中，因此被采集的可能性较大。但是由于各个网站的建设水平不同，考虑到用户的体验，网站的模板结构存在较大差异。此外，互联网数据多以文本、表格、图片和视频等非结构化数据的形式存在，因此采集和应用存在一定的难度。

外部数据根据其所属页面的访问需求不同，可以分为浅网数据和深网数据。

### 2.2.2 浅网数据

#### 1. 浅网数据概述

倘若将互联网类比成一个城市,那么这个城市有面向所有人开放的公共空间,比如街道、公园等,无论是谁都可以访问,这便是浅网。浅网是指传统搜索引擎可以索引的页面,即以超链接可以链接访问的静态网页为主构成的页面。

浅网可能包含文档、图片、媒体文件等数据,这就是浅网数据。在免费、免注册或免安装其他软件的情况下,任何人都可以通过搜索引擎或超链接访问浅网并查看浅网数据。

#### 2. 浅网数据的价值

浅网数据蕴藏着丰富的价值,充分应用浅网数据有助于个人或组织对专注的领域有更加深刻的认识,并提供学习、工作上的便利。例如在深度学习领域,不论是计算机视觉板块还是自然语言处理板块,在进行模型训练时都需要大量的文本、图片或视频作为数据集。这些丰富的数据在搜索引擎上可以直接被查看到,属于浅网数据。这些浅网数据可以为相关研究提供数据支持。同样,由政府部门发布的大量统计数据可以为工作带来便利,通过分析相关数据,可以挖掘行业发展趋势等重要信息,这些信息则是众多行业领域扩展业务与开拓市场的突破点。

#### 3. 浅网数据的采集

浅网数据采集的主要工具是网络爬虫。网络爬虫又称网页蜘蛛、网络机器人,是一种按照一定规则自动爬取互联网信息的程序或脚本。传统网络爬虫从获取一个或若干初始网页的统一资源定位符(Uniform Resource Locator,URL)开始,在爬取网页的过程中不断从当前页面抽取新的 URL 放入队列,直到满足一定的停止条件。有些网络爬虫的工作流程较为复杂,需要借助网页分析算法过滤与主题无关的链接,保留有用的链接并将其放入等待爬取的 URL 队列,然后根据一定的搜索策略从队列中选择下一步要爬取的网页 URL。重复上述过程,直至达到系统的某一条件时停止。另外,所有被爬取的网页将被系统存储,对其进行分析、过滤并建立索引,以便后续进行查询和检索,该过程得到的分析结果还可能为今后的爬取过程提供反馈和指导。

研究表明,互联网近 30% 的页面为重复页面,动态页面的存在以及客户端、服务器端脚本语言的应用,使得指向相同 Web 信息的 URL 数量呈指数级增长。上述特征使网络爬虫面临一定的困难,主要体现为 Web 信息的巨大容量导致网络爬虫在给定时间内只能下载少量网页。Lawrence 和 Giles 的研究表明,没有搜索引擎能够索引超过 16% 的 Web 页面,即使能够爬取全部页面,也没有足够的空间存储。

为了提高爬取效率,网络爬虫需要在有限的时间内获取尽可能多的高质量页面。因此网络爬虫通常采取并行爬行的工作方式,然而这又产生了重复获取(爬虫或爬行线程同时运行时增加了重复页面)、质量问题(每个爬虫或爬行线程只能获取部分页面,导致页面质量下降)、通信带宽代价(各个爬虫或爬行线程之间不可避免地要进行通信)等一系列新问题。

并行爬行时,网络爬虫通常采用三种方式:独立方式(各个爬虫独立爬行页面,互不通信)、动态分配方式(由一个中央协调器动态地为各个爬虫协调分配 URL)、静态分配方式(将 URL 事先划分给各个爬虫)。可以根据爬取页面的质量选择不同的并行爬行算法的标准。

目前有六种表示爬取页面质量的方式,具体如下:

- Similarity:页面与爬行主题之间的相似度。

- Backlink：页面在 Web 图中的入度大小。
- PageRank：指向其所有页面平均权值之和。
- Forwardlink：页面在 Web 图中的出度大小。
- Location：页面的信息位置。
- Parallel：并行性问题。

网络爬虫在获取外部数据时能够起到非常大的作用，下面对网络爬虫进行详细介绍。

**（1）网络爬虫爬取流程**

如图 2-3 所示，网络爬虫爬取首先开始于一个精心挑选的种子 URL 列表，将其作为爬取的链接入口。当网络爬虫访问这些网页时，识别出页面中所有需要的网页链接，并将其加入待爬取 URL 队列，然后从中取出待爬取 URL，解析 DNS 并获得主机 IP，接着将 URL 对应的网页下载并存储于已下载网页库，同时将这些 URL 放入已爬取 URL 队列。此后再从待爬取 URL 队列中取出网页链接并按照固定的策略循环访问，直到待爬取 URL 队列为空。

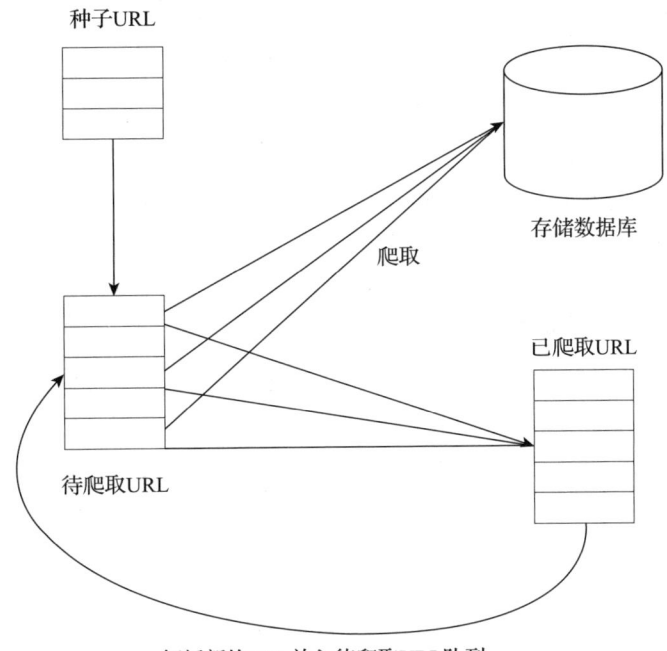

图 2-3　网络爬虫爬取流程

**（2）网络爬虫组成**

网络爬虫的系统框架主要由控制器、解析器、资源库三个部分组成。
- 控制器是网络爬虫的中央控制器，主要负责根据系统传输的 URL 链接分配线程，然后启动该线程调用爬虫爬取网页。
- 解析器是网络爬虫的主体部分，主要负责下载网页、处理网页文本（例如使用过滤功能处理）、提取特殊 HTML 标签、分析数据等。
- 资源库主要用于存储网页中下载的数据记录，并提供生成索引的目标源。大中型数据库产品有 Oracle、SQL Server 等。

**（3）网络爬虫策略**

网页的爬取策略可以分为广度优先、深度优先和最佳优先三类。深度优先在很多情况下会导致爬虫的陷入（trapped）问题，目前广度优先和最佳优先较为常见。

1）广度优先搜索策略。如图2-4所示，广度优先搜索策略是指在爬取过程中，在完成当前层次的搜索后才进行下一层次的搜索。该策略的设计和实现相对简单。目前为了覆盖尽可能多的网页，通常使用广度优先搜索策略。也有许多研究将广度优先搜索策略应用于聚焦网络爬虫，策略的基本思想是假定与初始URL在一定链接距离内的网页具有主题相关性的概率较大。另外一种方法是将广度优先搜索策略与网页过滤技术结合使用，先用广度优先搜索策略爬取网页，再将其中的无关网页过滤掉。这些方法的缺点在于，随着爬取网页的增多，大量的无关网页被下载并过滤，降低了算法的效率。

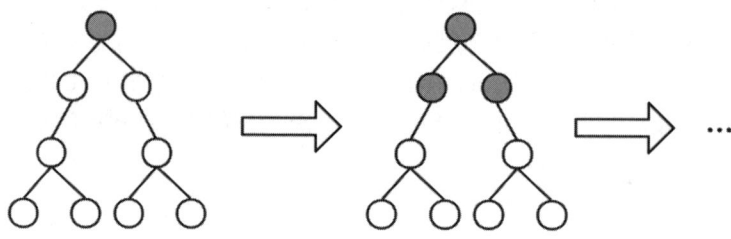

图2-4　广度优先搜索策略

2）深度优先搜索策略。如图2-5所示，深度优先搜索策略是指从起始网页开始，选择其中一个URL进入，如此从一个链接到另一个链接地爬取，直到处理完毕一条路径后再处理下一条路径。深度优先搜索策略的设计较为简单。门户网站提供的链接往往最具价值，PageRank也较高，但每深入一层，网页价值和PageRank均会相应下降。这就表示重要网页通常距离种子较近，而过度深入爬取的网页价值较低。同时，该策略的爬取深度直接影响爬取命中率以及爬取效率，因而爬取深度是该策略的关键。相较于其他两种策略，该策略很少使用。

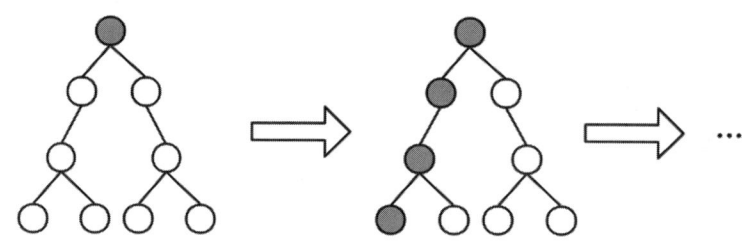

图2-5　深度优先搜索策略

3）最佳优先搜索策略。最佳优先搜索策略按照一定的网页分析算法，预测候选URL与目标网页的相似度或与主题的相关性，选取评价最好的一个或多个URL进行爬取，即只访问网页分析算法预测为"有用"的网页。然而该策略存在的一个问题是，由于最佳优先搜索策略是一种局部最优搜索算法，爬虫爬取路径上的许多相关网页可能被忽略，因此需要将最佳优先搜索策略结合具体的应用进行改进，以跳出局部最优点。研究表明，这样的闭环调整可以将无关网页的数量降低30%～90%。

（4）网络爬虫分类

网络爬虫按照系统结构和实现技术，大致可以分为通用网络爬虫（general purpose web crawler）、聚焦网络爬虫（focused web crawler）、增量式网络爬虫（incremental web crawler）、深层网络爬虫（deep web crawler）等类型。实际的网络爬虫系统通常由多种爬虫技术结合实现。此处主要介绍前三种类型。

1）通用网络爬虫。通用网络爬虫又称全网爬虫（scalable web crawler），爬取对象范围从种子 URL 扩展到整个 Web，主要为门户网站搜索引擎和大型 Web 服务提供商采集数据。出于商业原因，其技术细节很少公布。该类网络爬虫的爬取范围广且数量巨大，对爬取速度和存储空间要求较高，对爬取页面的顺序则要求较低，同时由于待爬取页面较多，通常采用并行工作的方式，但需要较长时间才能刷新一次页面。虽然存在一定缺陷，通用网络爬虫依然适用于为搜索引擎搜索广泛的主题，且有较强的应用价值。

通用网络爬虫的结构大致可以分为页面爬取模块、页面分析模块、链接过滤模块、页面数据库、URL 队列、初始 URL 集合等部分。为了提高工作效率，通用网络爬虫会采取一定的爬取策略，常用的爬取策略有深度优先搜索策略和广度优先搜索策略。

2）聚焦网络爬虫。聚焦网络爬虫又称为主题网络爬虫（topical web crawler），是指有选择性地爬取与预定义主题相关的页面的网络爬虫。由于聚焦网络爬虫只需要爬取与主题相关的页面，从而极大地节省了硬件和网络资源，存储的页面也由于数量较少而更新较快，同时可以很好地满足一些特定人群对特定领域信息的需求。

相对于通用网络爬虫，聚焦网络爬虫还需要解决以下三个主要问题。
- 对爬取目标的描述或定义。
- 对网页或数据的分析与过滤。
- 对 URL 的搜索策略。

和通用网络爬虫相比，聚焦网络爬虫增加了链接评价模块以及内容评价模块。聚焦网络爬虫爬取策略实现的关键是评价页面内容和链接的重要性，不同方法计算得到的重要性不同，由此导致链接的访问顺序也不同，需要按照重要性的顺序爬取网页。下面将对爬取策略进行介绍。

- 基于内容评价的网页爬取策略：DeBra 将文本相似度的计算方法引入网络爬虫，提出了 Fish Search 算法。该算法将用户输入的查询词作为主题，包含查询词的页面被视为与主题相关，其局限性在于无法评估页面与主题的相关度。Herseovic 对 Fish Search 算法进行改进，提出了 Shark Search 算法，利用空间向量模型计算页面与主题的相关度。
- 基于链接结构评价的网页爬取策略：Web 页面作为一种半结构化文档，包含很多结构信息，可用于评价链接重要性。PageRank 算法最初用于搜索引擎信息检索中对查询结果进行排序，也可用于评价链接重要性，具体做法是每次选择 PageRank 值较大的页面中的链接进行访问。另一个利用 Web 结构评价链接价值的方法是 HITS 方法，该方法计算已访问页面的 Authority 权重和 Hub 权重，并以此决定链接的访问顺序。
- 基于增强学习的网页爬取策略：Rennie 和 McCallum 将增强学习引入聚焦网络爬虫，利用贝叶斯分类器，根据整个网页文本和链接文本对链接进行分类，为每个链接计算重要性，从而决定链接的访问顺序。
- 基于语境图的网页爬取策略：Diligenti 等人提出通过建立语境图（context graph）学习网页之间的相关度，来训练一个机器学习系统，通过该系统可计算当前页面到相关 Web 页面的距离，距离越近的页面中的链接越优先访问。印度理工学院和 IBM 研究中心的研究人员开发了一个典型的基于该策略的聚焦网络爬虫。该爬虫对主题的定义并不采用关键词或加权向量，而是采用一组具有相同主题的网页。其包含两个重要模块：一是分类器，用于计算所爬行页面与主题的相关度，确定页面是否与主题相关；二是净化器，用于识别通过较少链接连接到大量相关页面的中心页面。

3）增量式网络爬虫。增量式网络爬虫是指对已下载网页采取增量式更新且仅爬取新产生或已经发生变化的网页的爬虫,它在一定程度上保证所爬取页面是尽可能新的页面。与周期性爬取的网络爬虫和刷新页面的网络爬虫相比,增量式网络爬虫仅在需要时爬取新产生或发生更新的页面,并不重新下载没有发生变化的页面,可有效减少数据下载,及时更新已爬取网页,减少时间和空间消耗,但增加了爬取算法的复杂度和实现难度。增量式网络爬虫的体系结构包含爬取模块、排序模块、更新模块、本地页面集、待爬取 URL 集以及本地页面 URL 集。

增量式网络爬虫有两个目标:保持本地页面集中存储的页面为最新页面,提高本地页面集中存储的页面的质量。

为了实现第一个目标,增量式网络爬虫需要通过重新访问网页来更新本地页面集中的页面内容,常用方法如下。

- 统一更新法:爬虫以相同的频率访问所有网页,不考虑网页的变化频率。
- 个体更新法:爬虫根据个体网页的变化频率重新访问各页面。
- 基于分类的更新法:爬虫根据网页变化频率将其分为更新较快的网页子集和更新较慢的网页子集,然后以不同频率访问两类网页。

为了实现第二个目标,增量式网络爬虫需要对网页的重要性进行排序,常用的策略有广度优先搜索策略、PageRank 优先策略等。IBM 开发的 WebFountain 是一个功能强大的增量式网络爬虫,它采用一个优化模型控制爬虫爬取过程,并不对页面变化过程进行任何统计假设,而是根据之前爬虫在爬取周期内的结果和网页实际变化速度以一种自适应的方式对页面更新频率进行调整。北京大学的天网增量爬行系统旨在爬取国内 Web,将网页分为变化网页和新网页两类,并分别采用不同的爬取策略。为了缓解维护大量网页变化历史导致的性能瓶颈,该系统根据网页变化时间的局部性规律,在短时期内直接爬取多次变化的网页。同时为了尽快获取新网页,该系统利用索引型网页来跟踪新出现的网页。

### 2.2.3 深网数据

**1. 深网数据概述**

同样将互联网类比作一个城市,除去浅网这样的开放区域,城市中还有数量众多的私人区域。这些私人区域往往需要门票、钥匙或通行证才能进入访问,倘若只站在公共区域眺望,则看不到这些区域里面的情况,这些私人区域便被称为深网。

深网主要是指大部分内容无法通过静态链接获取的、隐藏在搜索表单后的、信息内容存储在检索数据库中并且仅响应直接查询请求的网页,其内容多为结构化的数据库信息。例如在用户注册后才可见的网页内容即属于深网内容。Bright Planet 于 2000 年指出,深网中可访问信息的容量是浅网的上百倍,是互联网中容量最大、发展最快的新型信息资源。如图 2-6 所示,可以看到深网在互联网中的所占内容。据估计,深网内容占全部互联网内容的 96%,包括学术论文数据库、病历、财务记录、法律文件、科学报告、政府报告、仅限订阅的信息和组织特定存储库中的内容等。深网中存在一些隐藏更深的内容,称为暗网(dark web)内容,包括 TOR(The Onion Router)等信息。其中 TOR 是实现匿名通信的自由软件,用户可以通过 TOR 接达由全球志愿者免费提供、包含 6000 多个中继器的覆盖网络,从而达到隐藏真实地址、避免网络监控及流量分析的目的。TOR 用户的互联网活动(包括浏览在线网站、论坛文章以及即时消息等通信形式)较难追踪。TOR 的设计初衷在于保障用户的个人隐私,以及不受监控地进行秘密通信的自由和能力。

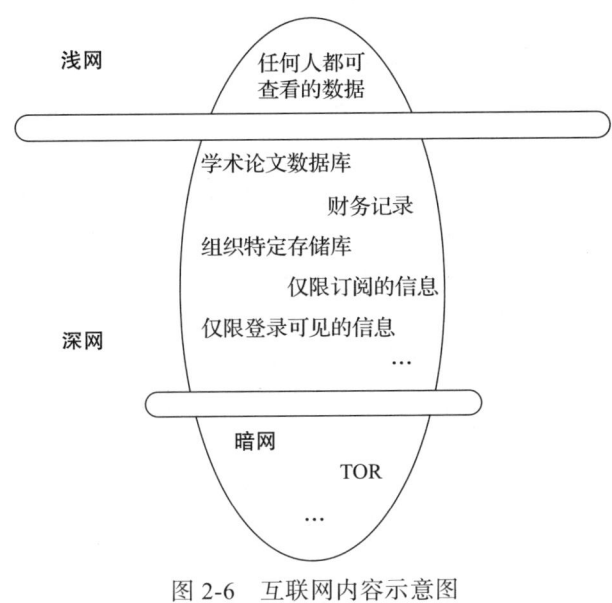

图 2-6　互联网内容示意图

深网信息通常包含以下几个部分。
1）由于缺乏被指向链接而未被搜索引擎索引的页面。
2）需要注册或其他限制才能访问的内容。
3）通过填写表单形成对后台在线数据库的查询而得到的动态页面。
4）Web 中可访问的非网页文件，例如图片文件、PDF 和 Word 文档等。

深网信息通常具有以下特点。
1）深网信息与信息需求、市场和领域高度相关。
2）深网信息是互联网中增长最快的新信息类型。
3）深网信息大多存储在专题数据库中，95% 的深网信息可以从公共获取且无须付费。

暗网内容此处不做展开。

**2. 深网数据的价值**

深网中的信息比浅网更专更深，其全部价值是浅网的 1000~2000 倍。由于深网通常需要登录、验证码等操作才能查看，因此深网数据具有定制的特点，而这也是其价值所在。例如学术论文数据库、企业数据库等深网数据，通常都蕴藏着丰富的价值，对这些数据进行分析学习，有助于在短时间内深入某一专业。

**3. 深网数据的采集**

深网数据用于表述无法通过搜索引擎搜索的、每次访问页面的内容均为响应用户请求而由数据库中的数据生成的动态网页的内容。深网数据也可以通过网络爬虫获取。深网爬虫可以是自行设计的、针对某个深网的个性化爬虫程序，也可以是相对通用的深网爬虫程序。

深网数据采集任务包含两个子任务，即识别查询接口和自动填写表单需要的接口参数。具体可以分为以下步骤。

1）通过多种方法解析 HTML 表单或对 HTML 表单进行语法分析以自动发现深网数据资源，该部分工作可以由人工分析或通过设计程序实现自动化分析。
2）将 HTML 表单与特定领域关联以实现表单的自动填写。

3）进行领域无关探测，即基于采样迭代式地从查询结果中获取查询关键字，从而以较少的查询次数获取尽可能多的查询结果。

根据以上分析，深网爬虫体系结构包含六个基本功能模块：爬取控制器、解析器、表单分析器、表单处理器、响应分析器、LVS（Label Value Set）控制器，以及两个爬虫内部数据结构：URL 列表和 LVS。其中 LVS 为标签／数值集合，用于表示填充表单的数据源。

深网爬虫程序爬行过程中最重要的部分就是表单填写，包含以下两种类型。

1）基于领域知识的表单填写：该方法一般维持一个本体库，通过语义分析选取合适的关键词填写表单。一种获取 Form 表单信息的多注解方法是将数据表单按语义分配到各个组，对每个组从多方面注解，结合多种注解结果预测一个最终的注解标签；另一种方法是利用一个预定义的领域本体知识库识别深网页面内容，同时利用一些来自 Web 站点的导航模式识别自动填写表单时所需的路径导航。

2）基于网页结构分析的表单填写：该方法一般不涉及领域知识或仅涉及有限的领域知识，将网页表单表示为文档对象模型（Document Object Model，DOM）树，从中提取表单各字段值。还有方法将 HTML 网页表示为 DOM 树形式，将表单区分为单属性表单和多属性表单分别进行处理。一种基于 XQuery 的搜索系统能够模拟表单和特殊页面标记之间的切换，将网页关键字的切换信息描述为三元组，按照一定规则排除无效表单，将 Web 文档构造为 DOM 树，利用 XQuery 将文本属性映射到表单字段。

在某些爬虫系统中，爬取控制器负责管理整个爬行过程，分析下载的页面，将包含表单的页面提交至表单处理器处理。表单处理器从页面中提取表单，然后从预先准备的数据集中选择数据自动填充并提交表单，由爬取控制器下载相应的结果页面存储到资源库。

## 总结

本章主要讨论大数据采集的来源，包括内部数据和外部数据，通过分析从各种来源获取的数据，可以发现数据中蕴含的规律，实现数据的价值，进而指导科学决策。内部数据的采集方法主要是通过对组织内部数据库进行数据提取；外部数据主要为互联网数据，可以通过网络爬虫获取。互联网数据按照页面生成内容的不同形式分为浅网数据和深网数据。浅网数据可以通过静态网络爬虫获取，获取时需要考虑数据的重要性和与主题的相关性；深网数据获取则比较复杂，需要设计专业的深网爬虫程序，通过识别数据接口、填写接口表单内容的方式获取。

## 习题

1. 数据的获取来源包括哪些部分？
2. 获取内部数据存在哪些问题？
3. 网络爬虫主要分为哪几类？
4. 请简要描述爬虫工作流程。
5.【多选】以下哪些属于外部数据？（　　）
　　A. 新浪平台发布的新闻消息　　　　B. 国家发展改革委发布的关于经济开发的文件
　　C. 淘宝第三季度用户消费偏好统计　D. 百度贴吧中的个人评论

# 第 3 章　大数据的预处理

无论在实际数据分析或是理论模型构建中，所依据的都是实际生活中搜集而来的数据，而其中有价值的部分则被杂乱无章的数据掩埋，直接加以分析难度过高，因此数据预处理便尤为重要。好的预处理过程能够有效清除无用的重复数据，提高数据价值，减少数据规模，为后续工作减少计算开销。

## 3.1 数据预处理概述

数据预处理是指在正式分析前对获取到的数据进行一定处理，例如通过数据清洗、转换等方法对原始数据进行适当处理。采集得到的大量数据可能包括图片、视频、文字等多种形式，由于其复杂且无用信息较多，需对其预先处理以避免数据分析时影响结果的有效性和准确性。

本节围绕数据预处理这一概念展开介绍，论证了数据预处理的实际意义，同时简要概括几种数据预处理方法，对方法的详细介绍将在后续展开。

### 3.1.1 数据预处理的意义

数据预处理环节有利于提高大数据的一致性、准确性、真实性、可用性、完整性、安全性和价值性等方面质量，从而显著提高数据的总体质量。而预处理中的相关技术是影响大数据过程质量的关键因素。

### 3.1.2 数据预处理的方法

数据清理主要针对采集得到的脏数据、无用数据等进行处理。通过制定相关标准来规范数据采集过程，在源头方面对脏数据的产生加以控制：

1）优化系统设计。

2）统一不同数据源的属性值，同时编码尽可能清楚地给出对应明确的属性名称和属性值。

3）避免人工操作对数据集产生影响。

4）确保数据重要属性足够明显，可设置为必填项，便于寻找并修改异常值。

即使遵循上述标准获取数据，在大量采集的过程中仍难以避免该类问题。比如一组螺丝数据，包括螺丝孔径、加工工艺、螺纹钢材等许多相关数据记录在表中，容易造成数据重复记录，同时其无用属性过多。

数据预处理旨在解决采集数据产生的所有问题，主要包括数据清洗、数据转换以及数据归约等处理方式。

1）数据清洗：数据清洗主要处理冗余数据、残缺数据以及噪声数据方面的问题。对不同问题采用不同处理方式，如缺失数据可以选择删除或用近似值代替。

2）数据转换：在进行数据分析时通常需要对多个数据源的数据进行转换，使得多个数据源的数据在集成时具有符合要求的描述、定义和格式等属性，从而形成集中、统一的数据库、数据立方体等，这一过程有利于提高大数据的完整性、一致性、安全性和可用性等方面质量。

3）数据归约：数据归约是用于解决采集数据维度过高问题，在不损害分析结果准确性的前提下降低数据集规模，使之简化，进而降低数据规模，减少处理数据的运算时间。数据归约包括维归约、数量归约、数据压缩与变换等技术，这一过程有利于提高大数据的价值密度，即提高大数据存储的价值性。

## 3.2 数据质量

大数据采集过程中通常有一个或多个数据源，这些数据源包括同构或异构的数据库、文件系统、服务接口等，易受到噪声数据、数据值缺失、数据冲突等因素影响，因此需首先对采集到的大数据集进行预处理，用以分析其数据质量和价值。

数据质量可以从六个维度进行衡量，根据检查的复杂程度由低到高排列，这六个维度如表3-1所示。

表 3-1 数据质量维度

| 检查维度 | 检查内容 | 结论 |
| --- | --- | --- |
| 完整性 | 检查数据是否缺失 | 是否有数据 |
| 及时性 | 检查是否能在约定期限内获取最新数据 | |
| 唯一性 | 检查数据是否符合业务唯一性 | 数据是否符合通用技术规范 |
| 一致性 | 检查数据在被引用与参考时是否一致 | |
| 规范性 | 检查数据格式是否符合规定 | |
| 准确性 | 检查数据与目标之间的差距 | 数据是否符合业务需求 |

数据质量的好坏直接影响实际结果。通常进行数据分析、挖掘的目的是企图发现数据中隐藏的知识和信息，从而对实际业务或产品进行优化。如果数据集本身质量不佳，自然很难得出有用的结论，甚至可能得到错误的结果。所以，进行科学、客观的数据质量评估是非常必要且十分重要的。常见的数据质量问题可以根据数据源的多少和所属层次进行划分。

### 3.2.1 单一数据源数据质量问题

单一数据源指数据采集过程中数据来源单一，比如仅从一个数据库获取数据。单一数据源的数据质量问题可以分为模式层问题和实例层问题。

- 单一数据源模式层问题：对于单个数据源而言，模式层问题很大程度上依赖于设计模式对数据的完整性约束。数据库的完整性约束决定了哪些数据值是可以被接受的。例如数据表示日期时，需要约束日期的格式和类型，确保数据库所有日期数据的格式统一。如 dd/mm/yyyy；yyyy/mm/dd；mm/dd/yyyy。
- 单一数据源实例层问题：对于单个数据源而言，实例层问题是模式设计层面无法避免的，例如数据输入出现拼写错误、空白数值、重复数据以及噪声数据等。实例层质量问题出现在属性内部、记录内部和数据源内部。

1）属性内部：仅限于单个属性值错误，例如年龄值错误输入为 2000。

2）记录内部（属性之间）：同一条记录中不同属性值不一致，例如年龄和生日无法对应。

3）数据源内部（记录之间）：同一数据源不同记录之间不一致，例如同一个 ID 的姓名不一致。

### 3.2.2 多数据源数据质量问题

多数据源指数据采集过程中数据来源多样，例如来自不同数据存储。多数据源数据质量问题可以分为模式层问题和实例层问题。

- 多数据源模式层问题：多数据源模式层的主要问题是命名冲突和结构冲突。

1）命名冲突是指对不同的数据对象采用相同的名字命名，或者对同一数据对象采用不同的名字命名。

2）结构冲突存在很多不同的情况，通常指采用不同的方式表示不同数据源中的同一个数据对象。比如同一个对象在不同数据集中，根据不同的属性粒度、不同的组成结构、不同的数据类型、不同的完整性约束等，对同一个实体有不同称呼（比如昵称和姓名）、对同一种属性有不同定义（字段长度不一致、字段类型不一致等）。

- 多数据源实例层问题：多数据源实例层的问题包括数据的维度不一致（比如存储时容量记录为 GB 或 TB，或统计时时间区间不一致）、数据重复、拼写错误等。数据实例层面的冲突是指：

1）具体数据的冲突。在单数据源中存在的数据质量问题，在不同数据源中可能表现为不同形式，比如记录重复、记录冲突。即使不同数据源之间具有相同的属性名字和数据类型，也可能存在不同的数据值表示，比如对性别的描述，可以表示为男、女，也可以表示为 M、F。

2）数据值的不同解释。不同数据源提供的信息可能聚合在不同层次，比如，某个数据源中单条记录描述的是某个产品的销售信息，而另一个数据源中的单条记录描述的是一组同类产品的销售信息。

## 3.3 数据清洗技术

数据清洗是指发现并纠正数据文件中可识别的错误的一系列过程，包括检查数据一致性、处理无效值和缺失值等。并不是所有采集到的数据都是有价值的，有些数据并非研究所关心的内容，有些甚至是完全错误的干扰项。因此要对数据过滤、去噪，从而提取出有效的数据。数据清洗是保证数据质量的重要手段之一。

数据清洗大致可分为以下三个阶段：

1）数据分析，定义错误类型。尽管已有一些数据分析工具，但仍以人工分析为主。将错误类型分为两大类：单一数据源与多数据源，并将它们再细分为结构级与记录级错误。这种分类非常适合于解决数据仓库中的数据清理问题。

2）搜索识别错误记录。有两种基本的思路用于识别错误：一种是挖掘数据中存在的模式，然后利用这些模式清理数据；另一种是基于数据预定义的清理规则查找不匹配的记录。后者用得更多。

3）修正错误。某些特定领域能够根据发现的错误模式编写程序，或借助外部标准源文件、数据字典在一定程度上修正错误；对于数值字段，有时能根据数理统计知识自动修正，但经常需要编写复杂的程序或借助于人工干预完成。

数据清洗一般针对具体应用，因而难以归纳统一的方法和步骤，但是根据不同数据问题可以给出相应的数据清洗方法。下面将介绍残缺数据处理、冗余数据处理和噪声数据处理。

### 3.3.1　残缺数据处理

残缺数据指缺失部分属性的数据，在采集得来的数据中，有很大一部分问题都来自数据缺失。由于设备异常无法记录某个状态对应的数据，或是人工操作时的疏忽，导致数据属性缺失或整体缺失。

对于这部分数据，如果是缺省值较多或者损失了重要属性的元组，由于难度或工作量较大，可以选择删除法，直接忽略该条数据。

如果缺失部分较少，通常可以根据推断重新添加数值，比如同一工厂的同一批螺丝，如果部分数据缺失，虽然实际数据各有差异，可以选择属性平均值或者初始默认值代替缺失部分。

### 3.3.2　冗余数据处理

除数据缺失问题，重复记录也是数据采集过程中难以避免的问题。通常由以下两种原因造成：在整合多个数据源的数据时出现重复；在输入时，重复记录某些数据。

冗余数据处理相较于残缺数据更为复杂。数据库中某些元组的某一属性值或许相同但分属于不同区间，所以在处理重复数据前需要加以判断。通过对比两条记录的相关属性，根据每个属性的相似度和属性的权重，加权平均后得到记录的相似度，如果超过某一阈值，则被认为是重复记录。

对于冗余数据的处理方法与残缺数据较为类似，如果两条记录完全重复，则将其删除。如果在整合多个表时出现数据重复，也可以选择增加额外属性（比如更新时间）加以区分。

### 3.3.3　噪声数据处理

噪声数据是一组测量数据中由随机错误或者偏差引起的孤立数据，它和缺失数据一样都属于脏数据，是数据清理的主要对象。噪声数据往往会导致数据超出规定的数据域，对后续的数据分析或模型训练造成不良影响。但噪声数据不同于缺失数据，它是被测量变量的随机误差或者方差。

目前处理噪声数据主要通过分箱、聚类和回归算法。

#### 1. 分箱算法

分箱算法将需要的数据按照一定规则放入一些箱子内，并检查每个箱子内的数据，用一定的方法分别处理箱子里的数据。这里所提到的箱子也就是一个区间范围，按照属性值分割区间。如果某个属性值在某个子区间范围内，则称将该属性值放入该子区间所代表的"箱子"中。分箱需要处理的主要问题有：如何划分箱子和数据平滑法。

**（1）如何划分箱子**

目前划分箱子的方法主要有等深分箱、等宽分箱、用户自定义分箱。

- 等深分箱法：等深分箱法根据数据记录行数进行划分，每个箱子中的记录数据条数相同，其中箱子中的记录数称为箱子的权重，也称为箱子的深度。

例如，学生奖学金排序为：800, 1000, 1200, 1500, 1500, 1800, 2000, 2300, 2500, 2800, 3000, 3500, 4000, 4500, 4800, 5000（单位：元）。等深分箱结果如图 3-1 所示。

| 箱1： 800 1000 1200 1500 |
| 箱2： 1500 1800 2000 2300 |
| 箱3： 2500 2800 3000 3500 |
| 箱4： 4000 4500 4800 5000 |

图 3-1  等深分箱结果示意图

这里共有 16 条记录，箱子深度为 4，分箱后有 4 个箱子，每个箱子包含 4 条记录。

- 等宽分箱法：等宽分箱法是将箱子均匀分布在整个区间上，即每个箱子的属性取值区间范围是一个常数，称为箱子宽度。

例如对上面的例子设置区间范围（箱子的宽度）为 1000 元，结果也是 4 个箱子，箱子内的记录数量和内容则与等深分箱方法不同。等宽分箱结果如图 3-2 所示。

| 箱1： 800 1000 1200 1500 1500 1800 | [800～1800] |
| 箱2： 2000 2300 2500 2800 3000 | [2000～3000] |
| 箱3： 3500 4000 4500 | [3500～4500] |
| 箱4： 4800 5000 | [4800～5800] |

图 3-2  等宽分箱结果示意图

- 用户自定义分箱法：用户自定义分箱法则是根据用户自己定义的深度或者区间范围进行分箱。

**（2）数据平滑法**

数据平滑法旨在对每个箱子内的数据进行平滑处理，所用的方法决定了每个箱子用什么值来代表。

分箱优点在于提高模型的稳定性与鲁棒性、防止过拟合、加快模型训练速度等，在很多分类问题上都会有分箱操作。在分箱完成后需要对数据进行平滑处理，通常使用数据的近邻来平滑数据；对于分到同一个箱子中的数据，可以用箱子中数据的平均值来替换所有数据，即平均平滑；也可以取箱子中数据的中位数来替换所有数据。

**2．聚类算法**

聚类算法是按照某个特定标准（如距离）把一个数据对象的集合分割成不同的类或簇，使得同一个簇内的数据对象尽可能相似，同时不在同一个簇中的数据对象尽可能不同。即聚类后同一类的数据尽可能聚集到一起，不同类的数据尽量分离。聚类算法的特点是无须任何先验知识，直接形成簇并描述簇。通过聚类分析可以发现异常数据，当数据聚合形成簇后，这些簇之外的数据对象被认为是异常数据。

聚类算法的一般过程为准备数据、特征选择、特征提取、聚类以及结果评估。其中聚类方法也多种多样，下面介绍其中三种方法。

1）划分式聚类方法：事先指定簇或类的数目或者聚类中心，通过反复迭代，直至最后达到"簇内的点足够近，簇间的点足够远"的目标。经典的划分式聚类方法有 $k$-means 算法及其变体 $k$-means||、bi-$k$means、kernel $k$-means 等。

2）基于密度的聚类方法：$k$-means 算法对于凸数据具有良好的效果，能够根据距离来将数据分为球状的簇，但对于非凸的数据点就无能为力了。此时就需要用基于密度的聚类方法，该方法需要定义两个参数 $\varepsilon$ 和 $M$，分别表示密度的邻域半径和邻域密度阈值，DBSCAN 就是该方法的典型。

上述几种算法确实可以在较小的复杂度内获取较好的结果,但是这几种算法却存在链式效应的现象,比如:A 与 B 相似,B 与 C 相似,那么在聚类时便会将 A、B、C 聚合到一起,但是如果 A 与 C 不相似,就会造成聚类误差,严重时这个误差可以一直传递下去。为了降低链式效应,需要用到层次化聚类方法。

3)层次化聚类方法:将数据集划分为一层一层的簇,后面一层生成的簇基于前面一层的结果。层次化聚类方法也分为两类:凝聚式(agglomerative)层次化聚类(自底向上)和分裂式(divisive)层次化聚类(自顶向下)。

### 3. 回归算法

分箱算法是通过局部有序数据进行平滑,而回归则可以理解为对全局数据进行平滑处理,使用一个函数来拟合平滑数据,常用的如线性回归。线性回归即使用直线建模,将两个变量视作线性函数,例如 $y = ax + b$,其中 $a,b$ 为回归系数,可通过最小二乘法计算得出。

## 3.4 数据转换

数据转换是将数据进行合并、清理和整合,通过转换将数据从一种表现形式变为另一种表现形式,并能够使不同的源数据在语义上保持一致。由于数据量不断增加,必然会出现原先的数据框架不能满足现阶段各方面要求的情况,此时就会面临从软件到数据库的全面升级。由于每个软件背后的数据库框架与数据存储形式都是不同的,会导致从数据库更换到数据结构更换,再到随后对数据本身进行转换。

出于各种原因,实际应用中可能会有转换数据的需求,比如希望部分数据转换后能与其他数据兼容、需要将部分数据移动到另一个系统、与其他数据连接、聚合数据中的信息等。

本节将围绕数据预处理中的数据转换技术展开介绍,包括数据集成与数据变换,并介绍了两种技术的处理方式及应用。

### 3.4.1 数据集成

数据集成是把不同来源、格式、特点性质的数据在逻辑上或物理上有机地集中,从而为后续工作提供全面的数据共享。在企业数据集成领域,已经有了很多成熟的框架可以利用。通常采用联邦式、基于中间件模型和数据仓库等方法来构造集成的系统,这些技术在不同的着重点和应用上解决数据共享问题并为企业提供了决策支持。

在大数据领域中,数据集成技术也是实现大数据方案的关键组件。大数据集成是将大量不同类型的数据原封不动地保存在原地,而将处理过程适当地分配给这些数据。这是一个并行处理的过程,在这些分布式数据上执行请求后,需要整合并返回结果。

狭义上讲,大数据集成是指如何合并规整数据;广义上讲,数据的存储、移动、处理等与数据管理有关的活动都被称为数据集成。大数据集成一般需要将处理过程分布到源数据上进行并行处理,并仅对结果进行集成。因为如果预先对数据进行合并会消耗大量的处理时间和存储空间。集成结构化、半结构化和非结构化数据时需要在数据之间建立共同的信息联系,这些信息可以表示为数据库中的主数据或者键值对、非结构化数据中的元数据标签或者其他内嵌内容。

数据集成过程着重解决三个问题:模式匹配、数据冗余、数据值冲突。

1)模式匹配:由于来自多个数据集上的数据在命名上往往存在差异,相同的实体常具有不同的名称。因此需要对不同的数据集进行模式匹配。如在实体识别问题中，从不同的数据源识别现实世界的实体并将它们映射在一起。例如：A.cust_id = B.customer_no。

2）数据冗余：冗余问题是数据集成中经常出现的另一个问题。若一个属性可以从其他属性中推演出来，那这个属性就是冗余属性。数据冗余可能源于数据属性命名不一致，在解决数据冗余的过程中，可以利用皮尔逊积矩相关系数来衡量数值属性，绝对值越大表明两者之间相关性越强。对于离散数据可以利用卡方检验来检测两个属性之间的相关性。

3）数据值冲突：对于现实世界的实体，其来自不同数据源的属性值可能不同，比如在表示方式、尺度或者编码上有差异。数据值冲突主要表现为来源不同的同一实体具有不同的数据值。例如成绩评判的百分制与十分制；重量属性的公制系统（使用千克）与英制系统（使用磅）；相同价格属性使用不同的货币单位（美元、英镑、人民币）。

### 3.4.2 数据变换

数据变换处理包括基于规则或元数据的转换、基于模型与学习的转换等技术，可通过转换实现数据统一，这一过程有利于提高大数据的一致性和可用性。可通过以下几种方式实现。

1）平滑：可以使用分箱、聚类和回归等平滑方法来消除噪声。也可以离散化连续数据，如图 3-3 所示，以增加数据粒度，减少进一步分析的数据量。

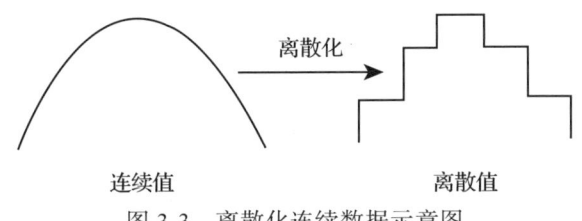

图 3-3 离散化连续数据示意图

2）聚合：对数据进行汇总来构建数据立方体。如通过日销售数据计算月和年的销售数据。常用聚合函数包括 avg(), count(), sum(), min(), max()。例如，对日销售额（数据）进行合计操作可以获得月或年的销售总额，可以使用聚合后数据构建数据立方体，如图 3-4 所示。

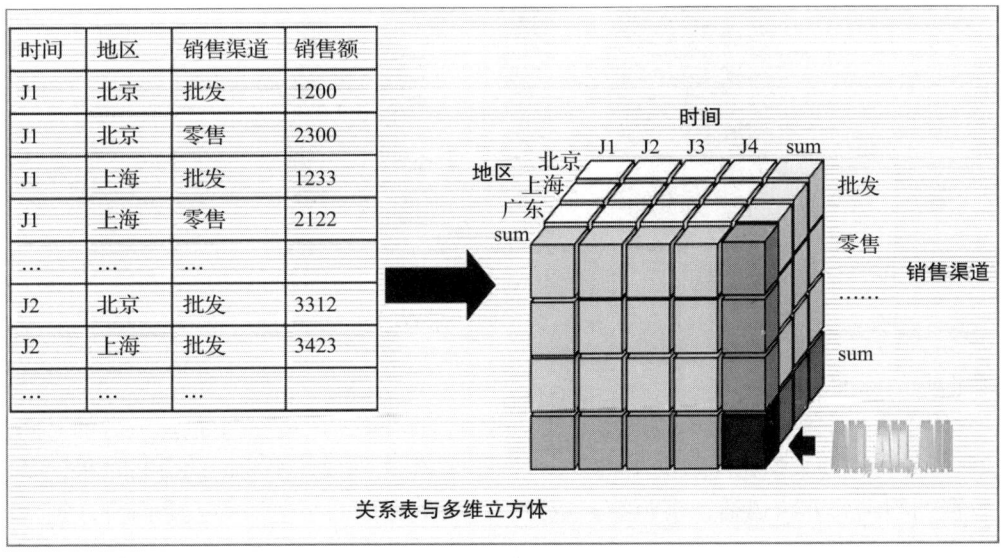

图 3-4 销售额（数据）构建数据立方体示意图

3）泛化：通过用更抽象（更高层次）的概念来取代低层次或数据层的数据对象。如地址中的街道属性，可以将其泛化到城市或者省市。对于数值型的属性，可以将其泛化到更高层次，例如具体年龄可以映射成青年、中年和壮年，如图 3-5 所示。

4）数据规范化：将数据按照一定比例进行缩放，通常用于将数据规范至某一特定区间内，如图 3-6 所示，从而消除因数值属性大小不同而导致的分析结果的偏差。

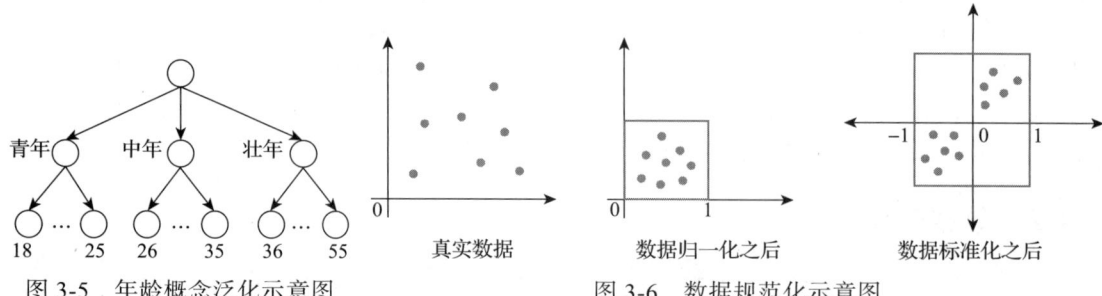

图 3-5　年龄概念泛化示意图　　　图 3-6　数据规范化示意图

5）属性构建：利用已有的属性集构造新的属性并将其添加到已有的属性集中，有助于挖掘更深层次的模式知识，提高挖掘结果的准确性。例如，根据宽度和高度属性，可以构造一个新的属性：面积。

## 3.5　数据归约

数据归约是从数据库或数据仓库中选取并建立使用者感兴趣的数据集，然后从数据集中过滤掉一些无关、偏差或重复的数据。如图 3-7 所示，使用数据归约（减法）技术，有助于从原始庞大的数据集中得到一个精简的数据集，并使这个精简的数据集保持原始数据集的完整性，显然这样对精简数据集进行数据分析效率更高，且分析结果与使用原始数据集得到的结果基本一致。

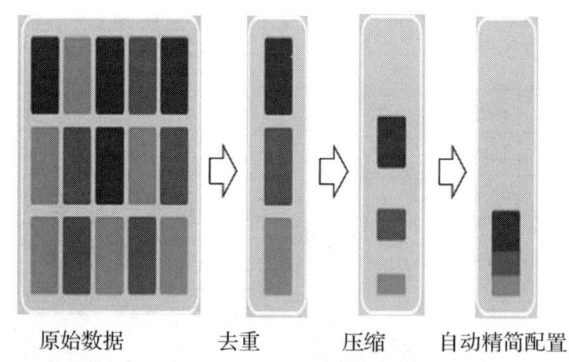

图 3-7　数据归约示意图

数据归约标准：

1）用于数据归约的时间不应当超过或"抵消"在归约后的数据上挖掘节省的时间。

2）归约得到的数据比原数据小得多，但可以产生相同或几乎相同的分析结果。

数据归约主要方法包括：维归约、数量归约、数据压缩与变换等，下面将详细介绍这三种方法。

## 3.5.1 维归约

维归约是减少需要考虑的属性个数，该方法将源数据投影到更小的空间内。主要介绍三种方法：属性子集选择、小波变换与主成分分析。

### 1. 属性子集选择

属性子集选择通过删除与分析目的不相关或冗余的属性，使得分析目的更容易实现或理解。所以如何选择最优子集是需要重点考虑的问题，通常使用统计的显著性检验来确定最佳子集，此处不详细描述假设检验，只提供四种子集选择方法。

1）向前选择法。该过程从空属性集开始，每次迭代将原属性中最好的属性加入集合，最终选择最优属性集合。

维归约中采用向前选择法选择相关属性子集的步骤如下，如图3-8左侧图所示：

- 从一个空属性集（作为属性子集初始值）开始。
- 每次从原来属性集合中选择一个当前最优的属性添加到当前属性子集中。
- 直到无法选择出最优属性或满足一定阈值约束为止。

2）向后删除法。和向前选择相反，该过程从全集开始，每次迭代从原属性中选择最差的属性从集合中删除，最终留下的即为最佳属性集合。

维归约中采用向后删除法选择相关属性子集的步骤如下，如图3-8右侧图所示：

- 从一个全属性集（作为属性子集初始值）开始。
- 每次从当前属性子集中选择一个当前最差的属性并将其从当前属性子集中删除。
- 直到无法选择出最差属性或满足一定阈值约束为止。

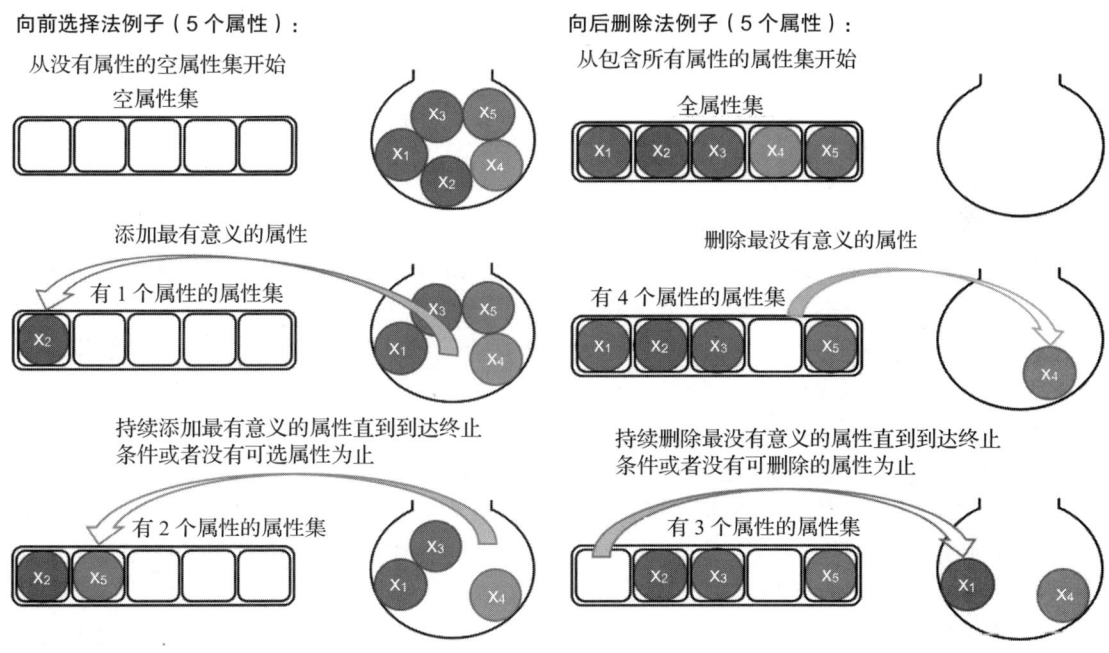

图 3-8 属性子集向前选择法和向后删除法步骤示意图

3）向前选择和向后删除组合法。该过程就是前面两种方法的组合，每一次迭代选择最优的属性加入集合，同时从集合中删除最差的属性。

4)决策树归纳法。决策树最开始的目的是分类,它可以在每个节点上选择最好的属性,将数据进行分类,所以可以将出现在树中的属性归约为属性子集。利用决策树归纳方法对初始数据进行分类归纳学习,获得一个初始决策树,所有没有出现在这个决策树上的属性均认为是无关属性,因此将这些属性从初始属性集中删除,就可以获得一个较优的属性子集。

### 2. 小波变换

小波变换是一种信号处理技术,可以用于多维数据变换,它的主要思想是通过留存一些最强的小波系数,保留近似的压缩数据。如用户设定一个阈值,大于这个阈值的小波属性予以保留,小于该阈值的属性值置 0,如此可以得到更为稀疏的数据,在小波空间内计算就变得更高效。该方法不仅可用于数据归约,由于它可以平滑数据,所以还可以用于数据噪声处理。

### 3. 主成分分析

主成分分析(Principal Component Analysis,PCA)属于泛因子分析的一种(主成分分析中主成分是原始变量的线性组合,因子分析中原始变量是新因子的线性组合),它搜索 $k$ 个($k \leqslant n$)最能代表数据的 $n$ 维正交向量,如此,就把原属性投影到一个更小的属性空间上,实现维归约。该方法与子集选择不同的是,它会创建一个替换原属性集的新属性集,而不是直接在原属性集上选择子集。其主要过程如下。

- 规范化输入数据,主要目的是避免较大属性在整个选择过程中权重过大;
- 计算 $k$ 个标准正交向量(正交可以理解为低维空间中的垂直),作为规范化输入数据的基,这些向量就是主成分,输入数据是这些主成分的线性组合;
- 主成分充当了数据的新坐标系,提供了方差信息,理论上当 $k = n$ 时,就能代表全部信息;
- 对左右成分按照重要性排序,去掉比较弱的成分,保留下来的就是主成分。

## 3.5.2 数量归约

数量归约是使用较小的数据来替换原数据,使用的方法有参数方法和非参数方法。参数方法是使用模型来估计数据,使得最终只需要存储模型参数,而并非实际数据。非参数方法并不使用参数来表示原数据,而是通过对数据进行一些特殊的划分以减少原数据。下面介绍一些常用的非参数方法。

1)**抽样**。抽样是最常用的方法,其方式有很多,比如有放回抽样、无放回抽样、簇抽样、分层抽样等。抽样很高效,它的复杂度为 $O(n)$。

2)**直方图**。直方图以对数据分箱的方式来进行数据归约。确定箱子和属性值的划分涉及两种规则,分别是等宽(每个箱子的宽度区间一致)和等频(每个箱子的频度粗略估计为一个常数),但是它的复杂度是指数级别的。

3)**聚类技术**。聚类技术也可以用于数据归约,每个簇内的对象彼此相似(和直方图中的箱子类似),而与其他簇相异。不过用簇代替实际数据比较依赖数据的性质,比如数据在拓扑结构上能组织成簇,那聚类就会比较有效。当然,如果数据本身非常离散,不具有局部相似的结构,基本上也难以取得效果较好的数量归约。

### 3.5.3 数据压缩与变换

数据压缩是通过数据变换对原数据进行归约或压缩，前两小节中的维归约和数量归约都可以理解为数据压缩的一种。

数据压缩技术可以分为无损压缩和有损压缩。

1) **无损压缩**。无损压缩（lossless compression）可以不丢失任何信息地还原压缩数据，它有广泛的理论基础和精妙的算法，常见的如字符串压缩。

2) **有损压缩**。有损压缩（lossy compression）则是重新构造原数据的近似表示，有时可以在不解压整体数据的情况下，重构某个片段。例如生活中常用到的视频/音频压缩。

数据变换的目的则是将数据加工成易于分析挖掘的形式。目前常用的规范化方法有归一化和标准化。前者在固定的 0~1 区间内进行分析，如图 3-6 所示，类似前面介绍主成分分析时，为了避免数值较大属性对维归约的影响，就会对原数据进行归一化处理。归一化计算公式如式（3-1）所示，其中 $x'_i$ 是归一化之后的数据。

$$x'_i = \frac{x_i - \min(X)}{\max(X) - \min(X)} \tag{3-1}$$

后者则是利用正态分布的相关参数进行标准化。

除规范化外，还有数据平滑、特征工程、数据分组和离散化等。如前面提到的分箱、回归都是在进行数据平滑。特征工程的内容很丰富，此处不做详细说明。离散化则是将属性值（连续值）域的范围划分为若干个区间来减少属性值（连续值）的数量。

## 总结

本章从大数据预处理的实际意义出发，探究了几种常见的数据预处理问题，详细介绍了几种不同的数据预处理方法，如数据清洗、数据转换、数据归约等。针对不同问题使用不同方法，在保证数据质量的同时，减少数据规模或维度，实现对数据的初步处理。

## 习题

1. 【单选】以下哪些属于单一数据源模式层问题？（　　）
   A. 工厂记录 2 月 31 日运输一批货物
   B. 购物记录中用户姓名拼音拼写错误
   C. 甲乙两家施工方对对接部分分别称为"连接点"和"对接桥梁"
   D. 多家学校共同搭建图书平台时出现各自容量记录不同的情况
2. 【多选】以下哪些是数据变换的处理方法？（　　）
   A. 数据平滑　　　　B. 小波变换　　　　C. 数据泛化　　　　D. 属性构建
3. 简述数据清洗的三个阶段。
4. 数据压缩有哪几种技术？
5. 简述数据集成中的三个问题。

# 第三部分　数据存储

# 第4章 数据存储系统

近年来，随着移动互联网和物联网的快速发展，数据存储系统面临着两大挑战：一是数据量呈指数级增长，规模达到 EB 级、数据访问频率达到亿级每秒；二是现代的业务负载动态变化，存储系统需要有极强的弹性伸缩能力和智能资源管理能力。为了满足大数据存储的业务需求，数据存储的机制经历了从传统的数据管理系统到以 NoSQL 为代表的结构性变革。尽管基本架构共享一些原则，但在实现层面差异很大，并非一致。

数据存储系统一般由以下子部分组成：一是数据采集与建模，该部分主要负责采集数据和进行数据清洗、转换和建模等工作；二是分布式文件系统和分布式数据库（包括传统关系型数据库和 NoSQL 数据库）、数据仓库，主要实现数据的存储；三是统一数据访问接口，该层旨在屏蔽不同数据库间的数据访问的接口差异。

本章主要围绕数据存储系统的架构展开介绍，首先介绍了数据建模，其次介绍了数据的物理存储方式，即分布式文件系统，主要包含分布式文件系统概述、两个经典的分布式文件系统 GFS 和 HDFS、主流分布式文件系统对比，然后介绍了数据的逻辑存储部分，即 NoSQL 数据库，包含 NoSQL 数据库的定义及其适用场景和经典分类等，最后介绍了统一数据访问接口。

## 4.1 数据建模

### 4.1.1 数据建模概述

#### 1. 什么是数据建模

数据建模是对现实世界各类数据的抽象组织，确定数据库管辖的范围、数据的组织形式等，直至转化成现实的数据库。即数据建模是为整个或部分信息系统创建可视化表达形式的过程，用于传达数据点和结构之间的联系。数据建模的目的是说明系统中使用和存储的数据类型、数据类型之间的关系、数据的分组和组织方式及其格式和属性。

对于从需求到实际的数据库存储数据，数据建模的模型有三种不同的类型。首先，用于信息系统的数据模型作为一个概念数据模型，本质上是一组记录数据要求的最初的规范技术。将满足企业最初要求的数据模型转变为一个逻辑数据模型，该模型可以在数据库中的数据结构概念模型中实现。一个概念数据模型的实现可能需要多个逻辑数据模型。数据建模的最后一步是确定从逻辑数据模型转换到物理数据模型的过程中，对数据访问性能和存储的具体要求，然后按照具体要求进行物理数据模型的设计。数据建模定义的不只是数据元素，也包括它们的结构和它们之间的关系。

#### 2. 数据建模的意义

数据建模的意义在于全面优化的数据模型有助于创建简化的逻辑数据库，消除冗余数据、减少存储需求并实现高效检索。此外，数据建模可为数据管理系统提供至关重要的单一真实数据源，帮助系统实现高效运营，数据建模在大数据转型中起到了关键作用。数建模可以记录这些设想，并为软件设计人员提供设计路线图。完整定义并记录数据库和数据流，并根据定义的规范完成系统开发后，系统应提供预期的功能，确保数据准确（假设完全按照该程序执行）。

例如在设计一个复杂的大型大数据软件项目时，其数据来源极其复杂，且在设计和构建任何软件项目之前，开发人员必须先创建文档，设想最终产品的结构和功能，其中的一个重要环节就是制定用于管理目标功能的业务规则。此外，描述数据也很重要，即描述用于支持目标功能的数据流（或数据模型）和数据库。数据建模也是用户主要的决策工具，即分析和可视化。随着数据和用户的数量不断增加，需要设法将原始数据转化为可指导行动的信息，为决策流程提供支持。因此，大数据时代对数据分析工具的需求大幅增长。而数据可视化工具能以图形的形式呈现数据，让数据对用户而言更易于理解。

总而言之，数据建模的意义在于可以将抽象的原始数据转换为有用的信息，继而通过数据建模软件将其转换为动态的可视化内容。通过对数据做如下处理，数据建模的基本流程能够为数据分析做好准备，比如清理数据、定义度量和维度、通过建立层次结构来增强数据、设置单位和货币以及添加公式。

**3. 数据建模的模型分类**

数据模型的类型有很多，可能的布局类型也很多。在数据处理方面，有三种公认的建模模型，分别代表了模型开发时的思维抽象级别。

数据模型所描述的内容主要包括三个部分：数据结构、数据操作、数据约束。

- 数据结构：数据模型中的数据结构主要描述数据的类型、内容、性质以及数据间的联系等。数据结构是数据模型的基础，数据操作和约束都建立在数据结构上。不同的数据结构具有不同的操作和约束。
- 数据操作：数据模型中的数据操作主要描述相应的数据结构上的操作类型和操作方式。
- 数据约束：数据模型中的数据约束主要描述数据结构内数据间的语法、词义联系、它们之间的制约和依存关系，以及数据动态变化的规则，以保证数据正确、有效和相容。

数据模型按不同的应用层次分成三种类型，分别是概念数据模型、逻辑数据模型、物理数据模型。

**（1）概念数据模型**

概念数据模型（conceptual data model）简称概念模型，主要用来描述世界的概念化结构，它使数据库设计人员在设计的初始阶段摆脱计算机系统及数据库管理系统（DataBase Management System，DBMS）的具体技术问题，集中精力分析数据及数据之间的联系等。概念数据模型必须转换成逻辑数据模型，才能在 DBMS 中实现。概念数据模型是最终用户对数据存储的看法，反映了最终用户综合性的信息需求，它以数据类的方式描述企业级的数据需求，数据类代表了在业务环境中自然聚集的几个主要类别数据。

概念数据模型的内容包括重要的实体及实体之间的关系。在概念数据模型中不包括实体的属性，也不用定义实体的主键。这是概念数据模型和逻辑数据模型的主要区别。

概念数据模型的目标是统一业务概念，作为业务人员和技术人员之间沟通的桥梁，确定不同实体之间的最高层次的关系。在某些数据模型的设计过程中，概念数据模型和逻辑数据模型合在一起进行设计。

**（2）逻辑数据模型**

逻辑数据模型（logical data model）简称数据模型，是用户从数据库角度看到的模型，是具体的 DBMS 所支持的数据模型，如网状数据模型（network data model）、层次数据模型

（hierarchical data model）等。该模型既要面向用户，又要面向系统，主要用于 DBMS 的实现。

逻辑数据模型反映了系统分析设计人员对数据存储的观点，是对概念数据模型进一步的分解和细化。逻辑数据模型是根据业务规则确定的，是关于业务对象、业务对象的数据项及业务对象之间关系的基本蓝图。逻辑数据模型的内容包括所有的实体和关系，需要确定每个实体的属性、定义每个实体的主键、指定实体的外键，对此进行范式化处理。

逻辑数据模型的目标是尽可能详细地描述数据，但并不考虑数据在物理上如何实现。逻辑数据建模不仅会影响数据库设计的方向，还间接影响最终数据库的性能和管理。如果在实现逻辑数据模型时投入得足够多，那么在物理数据模型设计时就有许多可供选择的方法。

**（3）物理数据模型**

物理数据模型（physical data model）简称物理模型，是面向计算机物理表示的模型，描述了数据在存储介质上的组织结构，它不但与具体的 DBMS 有关，而且还与操作系统和硬件有关。每一种逻辑数据模型在实现时都有对应的物理数据模型。DBMS 为了保证其独立性与可移植性，大部分物理数据模型的实现工作由系统自动完成，而设计者只设计索引、聚集等特殊结构。

物理数据模型是在逻辑数据模型的基础上，考虑各种具体的技术实现因素，进行数据库体系结构设计，真正实现数据在数据库中的存放。物理数据模型的内容包括确定所有的表和列、定义外键用于确定表之间的关系、基于用户的需求可能进行反范式化等。在物理实现上的考虑，可能会导致物理数据模型和逻辑数据模型有较大的不同。

物理数据模型的目标是明确如何用数据库模式来实现逻辑数据模型以及存储数据。

总之，三级模型应该相互独立，即物理模型的改变（数据存储方式的改变、数据划分的调整等）不影响逻辑模型和概念模型的内容；逻辑模型的改变（数据表修改、属性的增减、值域的调整等）不影响概念模型的定义。

### 4.1.2 如何对数据建模

在数据建模的过程中，通常会对特定的业务模型进行分析与集成，首先对数据需求和业务过程模型进行综合考量，进行逻辑数据建模之后得到逻辑数据模型，再结合技术需求和性能需求得到物理数据模型，最后再将业务数据结合前面的数据模型存储到指定的媒介中。图 4-1 展示了整个业务模型的数据建模流程。

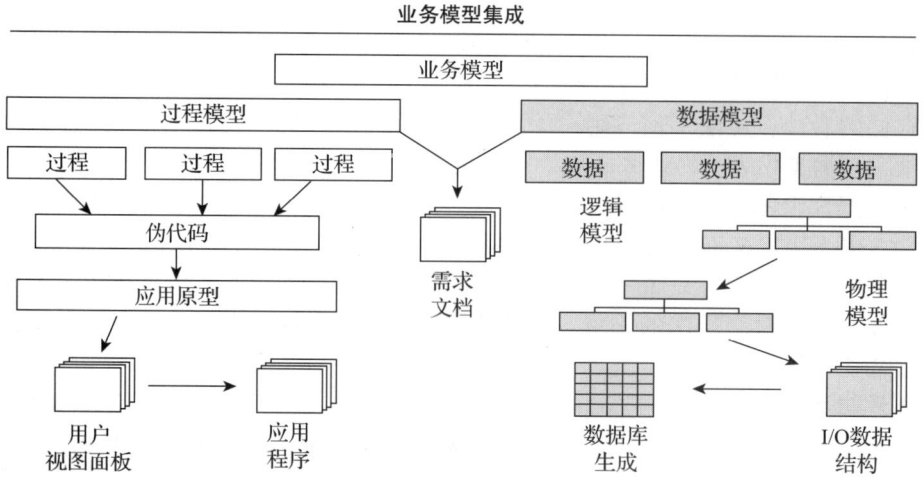

图 4-1　数据建模的流程

数据建模大体可以分成三个阶段：概念建模、逻辑建模、物理建模。值得注意的是，概念建模和逻辑建模阶段不需要考虑任何具体的数据库，即与 SQL、NoSQL 等系列数据库不相关，只需要考虑实体的属性以及实体之间的联系即可。而物理建模则是在逻辑建模的基础上，与具体的数据库有着密切的联系。

数据建模中的主要活动包括以下几点：
- 确定数据及业务流程和需求。
- 定义数据（如数据类型、大小、值域等）。
- 确保数据的完整性。
- 定义操作过程。
- 选择数据存储技术（如关系、分层或索引存储技术等）。

下面详细介绍数据建模的过程和工具。

**1. 数据建模的过程**

数据建模一般要经过概念建模、逻辑建模、物理建模三个阶段，前一阶段的成果是后一阶段的输入，每个阶段需要考虑的问题也不一样，如图 4-2 所示。

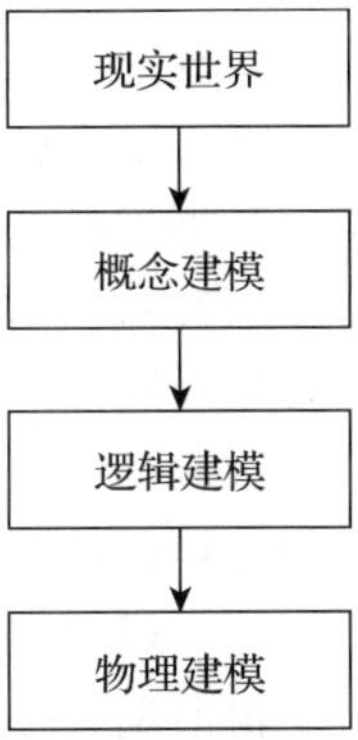

图 4-2　数据建模的不同阶段

**（1）概念建模**

概念模型主要用于信息世界的建模，是现实世界到信息世界的第一层抽象。这种层次的模型将世界中的客观对象抽象为某一种信息结构，这种信息结构并不依赖于具体的计算机系统，不是某一个 DBMS 支持的数据模型。对概念模型的验证包括确保所用的理论和假设是正确的，当考虑模型的特征时，要确保所规划的用途合理。

概念建模主要做三件事情：

1）与客户交流；
2）理解客户需求；
3）将需求映射成实体。

以上三件事情并不能一次性完成，需要经过反复迭代。在概念建模阶段，需要尽量理解客户的需求，明确当前业务需要解决的问题、当前项目和软件需要完成的功能，有任何不明白或有歧义的地方都需要及时和客户交流，最后落实到实体中。但在现实生活中，用户可能不太清楚自己的需求，此时需要和用户先进行交流，将交流的结果转变为需求，之后再落实到实体中。需要记住的是，上述三件事情需要反复迭代，因为用户的需求有可能会发生变化。

在设计概念模型时，需要定义业务问题和解决这些问题所需的功能。最佳做法是与实际使用应用程序的人员交谈包括尽可能多的业务或用户方案，确定系统潜在用户的标识和数量，以及所涉及数据的大小和范围。虽然收集此信息可能是设计过程中最不技术的方面，但它是最重要的方面之一。若要设计良好的概念模型，应清楚地了解需要解决的业务问题和流程。

在概念建模阶段，只需要关注实体即可，不用关注任何实现细节。很多人都希望在这个阶段把具体表结构、索引、约束，甚至是存储过程都想好，这是比较困难的。因为这些东西是在物理建模阶段需要考虑的东西，这个时候考虑还为时尚早。

**（2）逻辑建模**

逻辑数据建模是在概念建模的基础上对实体进行细化，考虑将其细化成具体的表，同时丰富表结构。这个阶段的产物是可以在数据库中生成的具体表及其他数据库对象（包括主键、外键、属性列、索引、约束、视图以及存储过程）。在实际项目中，除了主键、外键之外，其他的数据库对象都可以在物理建模阶段建立,因为其他数据库对象需要结合开发一起进行。

逻辑数据建模的逻辑模型是利用实体及相互之间的关系,准确描述业务规则的实体关系图。逻辑模型要保证业务所需数据结构的正确性及一致性,使用一系列标准规则将对象的各种特征体现出来,并对各实体之间的关系进行准确定义。同时,逻辑模型也为构建物理模型提供了有力的参考依据,并支持转换为物理模型,是数据库设计过程中必不可少的一个阶段。也就是说,逻辑数据模型作为已用数据的蓝图,建立数据元素的结构及其之间的关系。它独立于详细说明数据将如何实现的物理数据库。逻辑数据模型为概念数据建模的元素添加了更多信息,其包含了在日常业务运行中所有至关重要的信息元素。

逻辑数据建模的注意事项如下:
- 不只针对当前业务现状,还要考虑业务将来的发展计划。
- 必须有熟知业务的人员参与建模,将实际业务所需内容充分反映在模型中。
- 确保设计的逻辑模型在向物理模型转换时具有较高的效率。
- 物理特性放在物理建模阶段考虑。
- 实体、属性、关系等必须与实际业务中的信息能够对应。
- 逻辑数据模型独立于任何物理数据存储设备,例如文件系统。
- 逻辑数据模型的设计必须独立于技术,以免受到技术快速变化的影响。

**(3)物理建模**

物理数据建模是指按照一定规则和方法,将逻辑模型中所定义的实体、属性、属性约束、关系等要素转换为数据库软件能够识别的表、关系图的一种物理描述。

物理数据建模的注意事项如下:
- 物理模型要确保业务需求及业务规则所要求的功能得到满足,性能得到保障。
- 物理模型要确保数据的一致性及数据的质量。
- 新业务或新功能增加时能够以较少的改动或不改动满足需求的扩展。

架构师可以将逻辑建模阶段创建的各种数据库对象生成为相应的 SQL 代码,通过运行来创建相应的具体数据库对象(大多数建模工具都可以自动生成 DDL SQL 代码)。但是这个阶段不仅能创建数据库对象,针对业务需求,也可能做数据拆分(水平或垂直拆分)。例如,在一个购物网站中,可以将商家和用户放在同一个表里,但出于性能考虑,可将其拆分成两个表,随着业务量的提升,事务表越来越大,系统性能逐渐变慢,这个时候便可以考虑数据拆分或读写分离等。

### 2. 如何选择数据建模工具

所有的数据建模工具不仅仅局限于特定物理模型的特定软件产品和服务,因此在选择建模工具时,可以考虑业务需求和现有基础结构的产品,即结合现实和需求,参考以下几个指标。

**(1)数据建模工具是否直观**

实现模型的技术人员或许能够用任何工具完成工作,但如果工具不易于使用,那么业务人员和用户以及整个业务就无法充分利用工具的价值。

**(2)数据建模工具运行状况如何**

另一个重要属性是性能,即速度和效率,它体现了在用户运行分析时保持业务顺畅开展的能力。实际情况中可能涉及业务增长和数据量增加、检索和分析,如果经过出色规划的数据模型无法在这些条件下正常工作,那么该模型就称不上表现出色。

**（3）数据建模工具是否需要维护**

如果每次对业务模型进行更改都需要对数据模型进行烦琐的更改，那么业务将无法充分利用模型或关联的分析。通过使用相应的数据建模工具，数据维护和更新工作变得轻松，业务可以根据需要进行数据透视，同时仍然能够访问最新数据。

**（4）数据是否安全**

政府法规要求对客户数据进行保护，但业务的可行性要求对所有数据进行保护，因为这些数据是宝贵的资产。需要确保选择的工具具有强大的内置安全措施，包括控制授予需要该工具的用户访问权限，以及阻止不需要该工具的用户访问。

## 4.2 分布式文件系统

随着移动互联网、互联网、云计算等技术的快速发展，全球数据量呈现指数级增长，目前规模已经到达了 EB 级。传统的数据存储系统无法满足爆炸式增长的海量数据存储需求，尤其是对非结构化数据的存储。为了解决信息存储容量、数据备份、数据安全等问题，分布式文件系统应运而生，如今得到广泛应用。

本节将阐述分布式文件系统的概念和发展历程，并结合在大数据分析中分布式文件系统的应用情况，对几种典型的分布式文件系统的概念、特点、架构进行介绍，最后将它与相关文件系统进行比较。

### 4.2.1 分布式文件系统概述

**1. 传统文件系统**

文件系统按照计算环境和提供功能的不同，一般可以划分为几个层次：

- 单处理器单用户的本地文件系统，如 DOS 文件系统。
- 多处理器单用户的本地文件系统，如 OS/2 文件系统。
- 多处理器多用户的本地文件系统，如 UNIX、Linux 本地文件系统。
- 多处理器多用户的分布式文件系统，如 NFS、Lustre、GFS 等文件系统。

前三者都可以归类为传统文件系统，在传统的文件系统中，所有数据和元数据存储在一起，通过单一的存储服务器提供。这种模式有一个不可避免的问题，就是随着客户端数目的增加，服务器就成了整个系统的瓶颈，如图 4-3 所示。因为系统所有的数据传输和元数据处理都要通过服务器，单个服务器不仅处理能力有限，存储能力受到磁盘容量的限制，吞吐能力也受到磁盘 I/O 和网络 I/O 的限制。在当今对数据吞吐量要求越来越大的大数据应用中，传统的文件系统很难满足应用的需要。

传统文件系统只能访问与主机通过 I/O 总线直接相连的磁盘上的数据。当局域网出

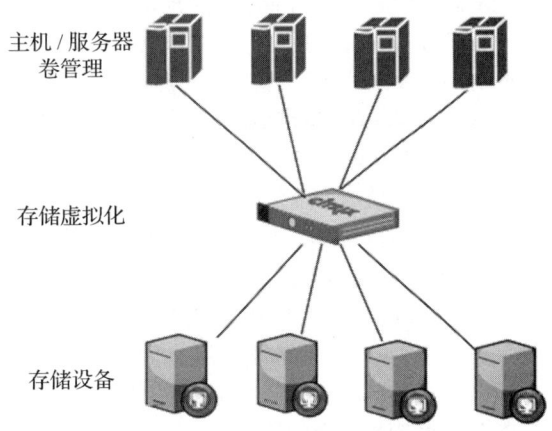

图 4-3 传统模式数据存储原理

现后，各台主机间通过网络实现互联。如果每台主机上都保存一份大家都需要的文件，既浪费存储资源，又不容易保持文件数据的一致性。于是就提出了文件共享的需求，即一台主机需要访问其他主机的磁盘，这直接导致了分布式文件系统的诞生。

### 2. 分布式文件系统的定义

分布式文件系统（Distributed File System，DFS）中的文件系统管理的物理存储资源不一定直接连接在本地节点上，而是通过计算机网络与节点相连。分布式文件系统基于客户端/服务器（C/S）模式而设计，通常一个网络内可能包括多个可供用户访问以存储资源的服务器。同时，分布式文件系统的对等性也允许一些系统在扮演客户端的同时扮演服务端。例如，用户可以发布一个允许其他客户端访问的目录，一旦被访问，这个目录对于其他客户端来说就像使用本地驱动器一样。

### 3. 分布式文件系统的发展历程

在信息增长爆炸的时代，通过指定的文件访问接口在不同主机之间共享文件数据的需求日益增强，不同的需求也促使着分布式文件系统不断进化。最初的分布式文件系统应用出现在20世纪70年代，之后便拓展到各种应用领域，尤其是互联网、金融领域。从早期的NFS到现在的云文件系统，分布式文件系统在体系架构、系统规模、性能和可拓展性等方面经历了巨大变化。

**（1）萌芽与初步探索阶段（1970—1990年）**

分布式文件系统的概念出现于20世纪70年代，随着计算机网络的初步构建与扩展，其需求逐渐显现。此阶段，分布式文件系统主要聚焦于提高以标准化接口实现远程文件访问的效率和数据可靠性。此阶段的代表性成果包括NFS（Network File System）和AFS（Andrew File System）。

NFS，即网络文件系统，自1985年问世以来，凭借跨平台兼容性，成为分布式文件系统的标杆。NFS是由SUN公司研制的UNIX表示层协议，允许网络中的计算机通过TCP/IP网络共享资源，使得本地客户端可像访问本地文件一样，透明地读写远端服务器上的文件。

而AFS，即安德鲁文件系统，由卡内基·梅隆大学开发，特别强调在不安全网络环境下的安全访问与系统的可扩展性。在安全性方面，AFS要求用户验证身份，并读取相应的访问控制列表（ACL），以确定其是否有权读写某个文件。AFS具有良好的可扩展性，能够轻松支持成千上百个节点，应对相当多的读请求。尤其是当读比写更频繁时，它能够减少与服务器的交流，降低网络延时影响，提高响应效率。另外，当远程文件无法访问时，AFS可利用本地存储作为分布式文件的缓存，以确保大规模分布式文件系统的可用性。

在这个阶段，分布式文件系统经历了从无到有、逐步发展的过程。从远程文件访问的基本功能，到关注访问性能和数据可靠性，分布式文件系统的功能和技术不断得到完善。

**（2）技术深化与广域网应用阶段（1990—1995年）**

在20世纪90年代初，随着广域网（WAN）技术的成熟与大规模存储需求的增长，分布式文件系统面临着新的挑战与机遇。此阶段，分布式文件系统逐渐突破了局域网的限制，致力于解决广域网环境下的缓存优化、数据传输效率及系统架构创新等问题。此阶段的代表性成果包括XFS（eXtended File System）、Tiger Shark、Frangipani和SFS（Slice File System）等。

Tiger Shark是一个可扩展的并行文件系统，旨在支持实时多媒体应用等大型应用程序，采用先进策略（资源预留、加大数据块、分片存储等）以确保数据传输的实时性与稳定性。它支持连续时序数据，还提供了可扩展性、高可用性。比如，它通过数据复制机制，提高系统可用性。

Frangipani是一个分布式文件系统，它提供递增可扩展、高可用、自动管理的虚拟磁盘。它将多台机器的磁盘作为共享的存储池来管理，且使用分布式锁来确保一致性。与集中式网络文件服务器相比，它将文件系统负载进行分割，并转移到使用文件的机器上，提供了更好的负载平衡。

**（3）性能与容量追求阶段（1995—2000年）**

在这一阶段，随着存储成本的下降、网络技术的发展，以及存储系统瓶颈的凸显，分布式文件系统需进一步优化物理设备访问、磁盘布局与检索效率，以及元数据管理。此时期，分布式文件系统在设计上更加注重性能与容量的双重提升，出现了多种新型架构与优化策略。如 GPFS（General Parallel File System），即通用并行文件系统，由 IBM 等业界巨头联合开发，适用于高性能计算与大规模数据存储场景。

**（4）现代化与多元化发展阶段（2000年至今）**

数据量的爆炸性增长，以及云计算、互联网、物联网的飞速发展，要求分布式文件系统能够存储海量数据、具备弹性扩展能力、能够提供可靠而高效的数据存取服务等，这进一步推动了分布式文件系统的发展。在这一时期，人们开始探索分布式文件系统架构和技术的新发展，多个创新型成果涌现，如分布式文件系统与其他技术的融合等。这一时期的分布式文件系统，其性能与可靠性进一步提升，应用场景也随之拓展，且更加标准化与开放化。尤其是，分布式文件系统的开源社区在这一时期也得到了快速发展。开源社区为用户提供了更多的选择和定制化的可能性，同时也促进了技术的交流和共享。这一时期的代表性成果包括 Google 的 GFS（Google File System）、IBM 推出的 StorageTank 等。这一时期的分布式文件系统具有以下特点。

1) 新型文件系统涌现：这些系统不仅提供了高效的数据存储和访问能力，还针对特定的应用场景进行了优化。

2) 技术融合与集成：如与分布式计算框架（如 MapReduce）的集成，使得数据处理能力得到了显著提升。

3) 性能与可靠性提升：通过优化数据布局、提高 I/O 性能等技术手段，实现了对大规模数据集的高效访问。通过数据复制、节点故障检测与恢复等技术手段，确保了数据的可靠性和可用性。

4) 应用场景拓展：在大数据处理、云计算、虚拟化存储等领域有了更广泛的应用。

5) 标准化与开放化：标准与规范统一，技术之间共享与交流。

**4. 分布式文件系统的优点**

与传统文件系统相比，分布式文件系统具有如下优点：

- 方便数据管理。分布式文件系统在设计时就考虑了数据的管理，特别是海量数据的管理，通过使用虚拟化技术，可以方便地完成数据的备份以及迁移等操作。
- 可扩展性高，支持线性扩容。当存储空间不足时，可以采用热插拔的方式增加存储设备，方便扩展。
- 可靠性强。分布式文件系统包含冗余机制，能够自动对数据实行备份，在数据发生损坏或丢失的情况下，可以迅速恢复。
- 可用性好。用户只需要拥有网络就可以随时随地访问数据，不受设备、地点的限制。

### 4.2.2 GFS

作为互联网技术的先驱，谷歌率先遇到了大数据（即大规模的搜索索引）的问题。2003年，谷歌发表了 GFS（Google File System）论文，向业界介绍了其分布式文件系统设计方案，GFS 具有可伸缩、高可用、高可靠性，并按层级目录来组织文件。

## 1. GFS 的设计思想

GFS 与过去的分布式文件系统有很多共同目标，但 GFS 的设计受到了当前及预期的应用工作负载及技术环境的驱动，显然与早期的文件系统有不同的设想。这就需要重新检验传统的选择并探索完全不同的设计观点。

GFS 和以往分布式文件系统的不同点如下：

- 硬件错误不再被当作异常，而是将其作为常见的情况加以处理。因为文件系统由成百上千个用于存储的机器构成，而这些机器是由廉价的普通硬件组成，并被大量的客户端访问。硬件的数量和质量导致一些机器随时都有可能无法工作并且有一部分还可能无法恢复。所以实时监控、错误检测、容错、自动恢复对系统来说必不可少。
- 按照传统的标准，文件都非常大，长度达几个 GB 的文件是很常见的，每个文件通常包含很多应用对象。当经常处理快速增长、包含数以万计的对象、长度达 TB 的数据集时，管理成千上万的 KB 规模的文件块变得困难，即使底层文件系统提供支持。因此，设计中操作的参数、块的大小必须重新考虑。系统不仅要对大型文件做到高效管理，对小型文件也必须支持，但不必优化。
- 大部分文件的更新是通过添加新数据完成的，而不是覆写已存在的数据。在一个文件中随机写的操作几乎不存在。数据一旦写入，文件就只可读。很多数据都有以下特性，有些数据可能组成一个大仓库以供数据分析程序扫描；有些数据是运行中的程序连续产生的数据流；有些是档案数据；有些是在某个机器上产生、在另外一个机器上处理的中间数据。由于对大型文件的访问方式，添加写操作成为性能优化和原子性保证的焦点，而在客户端中缓存数据块则失去了吸引力。

## 2. GFS 的体系结构

整个 GFS 系统包括几个角色：多个 GFS 客户端（GFS client）、一个 GFS 主服务器（GFS master server）、0 个或多个 GFS 影子主服务器（GFS shadow master server）和多个 GFS 数据块服务器（GFS chunk server）。

GFS 客户端：通过 GFS 提供的客户端库使用 GFS 提供的功能。客户端是给应用使用的 API，这些 API 与 POSIX API 类似。GFS 客户端缓存从 GFS 主服务器读取的数据块信息（即元数据），尽量减少与 GFS 主服务器的交互。

GFS 主服务器：主服务器存放了整个 GFS 系统的元数据（命名空间、权限控制、文件/数据库/副本之间的映射）。对元数据进行修改前，要先写操作日志，只有在写日志成功后才能对元数据进行修改。操作日志保存在磁盘上，且在多个机器上保存多份。为了避免操作日志变得太大，每隔一段时间，GFS 就创建一个检查点（checkpoint）。检查点被组织成一棵紧凑的树（类似于 B 树的形式）存储在磁盘上，便于快速加载到内容中使用。GFS 系统重启或恢复时，仅需要加载最新的检查点，然后再重放操作日志即可。

GFS 影子主服务器：影子主服务器对外提供"只读"服务，其中保存的元数据不保证是最新的，与主服务器上保存的元数据相比可能会有一点滞后（通常不到 1 秒）。因此，在主服务器重启期间，那些接收非最新数据的应用可以通过影子服务器继续使用 GFS。

GFS 数据块服务器：数据块的实际存储者，它和主服务器通过心跳信号联系，并告诉主服务器它上面保存的文件块信息，主服务器据此维护其保存的元数据。

每个 GFS 文件都被分成固定大小的数据块（64 MB）。数据块以文件的形式被保存在运行 Linux 的 GFS 数据块服务器上。为了增强可靠性，每个数据块被保存在多个数据块服务器上（默认为 3 个）。GFS 主服务器通过周期性的心跳信号监控数据块服务器的状态。

### 3. GFS 的容错和诊断

GFS 为了实现高可靠性的需求，通常采用如下策略：

- 快速恢复。不管如何终止服务，主服务器和数据块服务器都会在几秒钟内恢复状态和运行。实际上，GFS 不对正常终止和不正常终止进行区分，服务器进程都会被切断而终止。客户端和其他服务器经历一个小小的中断后，它们的特定请求超时，然后重新连接重启的服务器，重新请求。
- 数据块备份。每个数据块都会被备份到位于不同机架上的不同服务器上。对不同的名字空间，用户可以设置不同的备份级别。在数据块服务器掉线或是数据被破坏时，主服务器会按照需要来复制数据块。
- 主服务器备份。为确保可靠性，主服务器的状态、操作记录和检查点都在多台机器上进行了备份。一个操作只有在数据块服务器硬盘上更新并被记录在主服务器和其备份上才算成功。如果主服务器或是硬盘故障，系统监视器会发现并通过改变域名启动它的一个备份机，而客户端则仅仅通过使用规范的名称来访问，并不会发现主服务器的改变。

而 GFS 的数据完整性，则是指每个数据块服务器都利用校验和来检验存储数据的完整性。因为每个服务器随时都有可能发生崩溃，并且在两个服务器间比较数据块也是不现实的，同时，在两个服务器间拷贝数据并不能保证数据的一致性。在空闲时间，服务器会检查不活跃数据块的校验和，这样可以检查出不经常读的数据的错误。一旦错误被检查出来，服务器会拷贝一个正确的数据块来代替它。

### 4.2.3 HDFS

Hadoop 分布式文件系统（Hadoop Distributed File System，HDFS）被设计成适合运行在通用硬件（commodity hardware）上的分布式文件系统，它以分布式进行存储，主要负责集群数据的存储与读取。HDFS 采用主/从（Master/Slave）结构，从某个角度看，它和传统的文件系统一样。HDFS 支持传统的层次型文件组织结构，用户或者应用程序可以创建目录，然后将文件保存在这些目录里。文件系统名字空间的层次结构和大多数现有的文件系统类似，可以通过文件路径对文件执行创建、读取、更新和删除操作。但是由于分布式存储的性质，它又和传统的文件系统有明显的区别。

HDFS 是一个具有高度容错性的系统，适合部署在廉价的机器上。HDFS 能提供高吞吐量的数据访问，非常适合应用于大规模数据集上。HDFS 放宽了一部分 POSIX 约束，来实现流式读取文件系统数据的目的。HDFS 最开始是作为 Apache Nutch 搜索引擎项目的基础架构而开发的，它是 Apache Hadoop 的核心组件之一。值得注意的是，HDFS 是 GFS 的第一个开源实现版本，HDFS 与 GFS 的架构基本一致，但术语不同。

#### 1. HDFS 的设计思想

- 硬件错误是常态而不是异常。HDFS 可能由成百上千的服务器构成，每个服务器上存储着文件系统的部分数据。面对的现实是构成系统的组件数目是巨大的，而且任一组件都有可能失效，这意味着总是有一部分 HDFS 的组件是不工作的。因此错误检测和快速、自动恢复是 HDFS 最核心的架构目标。
- 流式数据访问。运行在 HDFS 上的应用和普通的应用不同，需要流式访问它们的数据集。HDFS 的设计中更多地考虑到了数据批处理，而不是用户交互处理。相较于数据访问的低延迟问题，更关键的在于数据访问的高吞吐量。POSIX 标准设置的很多硬性约束对 HDFS 应用系统不是必需的。为了提高数据的吞吐量，在一些关键方面对 POSIX 的语义做了一些修改。
- 使用大规模数据集。运行在 HDFS 上的应用具有很大的数据集，HDFS 上的一个典型文件大小一般都在 G 字节至 T 字节。因此，HDFS 被调节以支持大文件存储。它应该能提供整体上高的数据传输带宽，能在一个集群里扩展到数百个节点。一个单一的 HDFS 实例应该能支撑数以千万计的文件。
- 简单的一致性模型。HDFS 应用需要一个"一次写入多次读取"的文件访问模型。一个文件经过创建、写入和关闭之后就不需要改变。这一假设简化了数据一致性问题，并且使高吞吐量的数据访问成为可能。Map/Reduce 应用或者网络爬虫应用都非常适合这个模型。目前计划扩充这个模型，使之支持文件的附加写操作。
- 移动计算比移动数据更划算。一个应用请求的计算，离它操作的数据越近就越高效，在数据达到海量级别时更是如此。因为这样就能降低网络阻塞的影响，提高系统数据的吞吐量。将计算移动到数据附近，相较于将数据移动到应用所在位置显然更好。HDFS 为应用提供了将它们自己移动到数据附近的接口。

### 2. HDFS 的体系结构

从图 4-4 中可以看出，HDFS 由一个名称节点（NameNode）、一个第二名称节点（Secondary NameNode）、若干数据节点（DataNode）和客户端（Client）组成，采用主/从结构，存储的基本单位是块。打个比方，如果把 HDFS 比作一本书，名称节点存储的是书的目录，数据节点存储的则是书的正文内容，一章是一个文件，一节是一个块，目录称为元数据，目录指明的各章节页码称为映射，用户访问数据，首先要访问名称节点。在此介绍几个 HDFS 的重要概念。

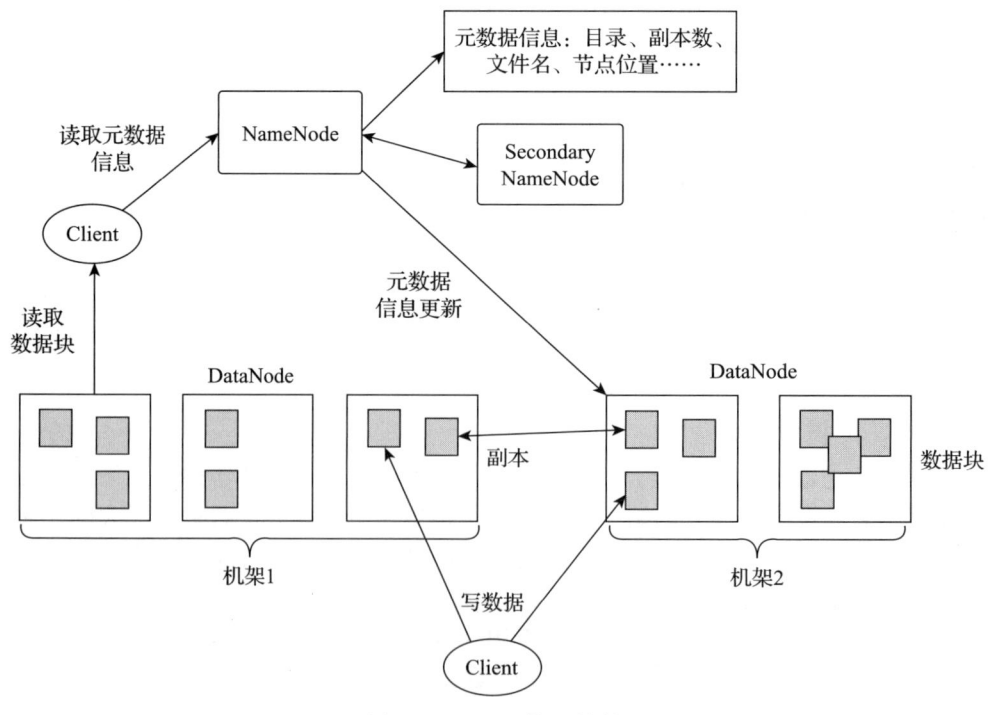

图 4-4　HDFS 体系结构

块是 HDFS 的基本操作单位，HDFS 把一个文件被分成多个块，以块作为存储单位，默认一个块为 64MB~128MB，这里和 GFS 非常像。这是因为 HDFS 采用抽象的块概念可以带来以下几个明显的好处：支持大规模文件存储、简化系统设计、适合数据备份。

名称节点为"主"节点，存储元数据（文件、块与数据节点之间的映射），元数据保存在内存中。名称节点由 FsImage、EditLog 两个文件组成，具体信息如图 4-5 所示。FsImage 保存文件、块的目录结构；EditLog 保存对文件、块的操作，如创建、删除等。在名称节点统一调度下进行数据块的创建、删除和复制等操作。

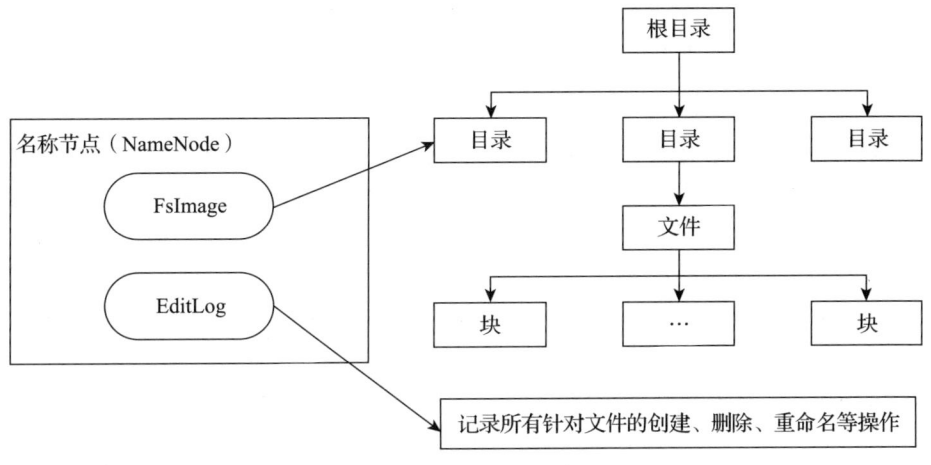

图 4-5　名称节点结构

数据节点是"从"节点，存储文件内容，其数据主要保存在磁盘中，维护块 ID（Block ID）到数据节点本地文件的映射关系，向名称节点定期发送自己所存储的块的列表（心跳），且向第二名称节点进行冷备份。

HDFS 中，第二名称节点扮演着重要的辅助角色，用于帮助名称节点合并 EditLog 日志和 FsImage 文件，生成新的 FsImage 文件，以减少主名称节点的启动时间和内存消耗。第二名称节点定期从名称节点复制当前的 FsImage 和 EditLog，合并它们，并创建一个新的包含最新元数据的 FsImage 文件。它在一定程度上也是名称节点的备份。

### 3. HDFS 的存储原理

HDFS 文件系统在设计之初就充分考虑到了容错问题，会将同一个数据块对应的数据副本（副本个数可设置，默认为 3）存放在多个不同的数据节点上。某个数据节点宕机后，HDFS 会从备份的节点上读取数据，这种容错性机制能够确保即使节点故障而数据不会丢失。

数据存放有几个策略。在第一个副本存放策略中，如果保存请求来自集群内部，第一个副本存放在发起者（应用）所在的节点，如图 4-6 所示，一个在 DataNode1 上的应用发起保存数据请求，那它的第一个副本也存放在 DataNode1；如果保存请求来自集群外部，HDFS 会随机挑选一个磁盘不太忙且 CPU 不太忙的节点来存放第一个副本。在第二个副本存放策略中，第二个副本放在和第一个副本不同机架的节点上，如存放在图 4-6 中的 DataNode4 上，它和 DataNode1 在不同机架上。其余的存放策略则是放在和第一个副本相同的机架的其他节点，如图 4-6 中的 DataNode2 或 DataNode3。

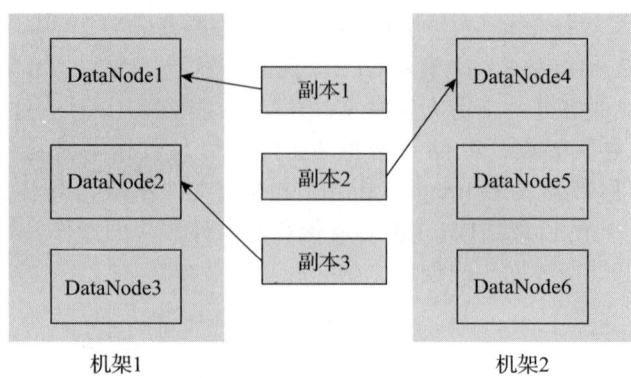

图 4-6　数据存放策略

在数据读取过程中，HDFS 提供了一个 API，可以确定一个数据节点所属的机架 ID，客户端也可以调用 API 获取自己所属的机架 ID。当客户端读取数据时，从名称节点获得数据块不同副本的存放位置列表，列表中包含了副本所在的数据节点，可以调用 API 来确定客户端和这些数据节点所属的机架 ID。当发现某个数据块副本对应的机架 ID 和客户端对应的机架 ID 相同时，就优先选择该副本读取数据，如果没有发现，就随机选择一个副本读取数据。

图 4-7 中给出了 HDFS 读取文件的大致流程。客户端调用文件系统对象使用 open() 方法，获取一个分布式文件系统实例。将读取文件的请求发送给 NameNode，然后 NameNode 返回文件数据块所在的 DataNode 列表（是按照客户端距离 DataNode 网络拓扑的远近进行排序的），同时也会返回一个文件系统数据输入流（FSDataInputStream）对象。客户端调用 read() 方法，会找出最近的 DataNode 并连接；数据从 DataNode 源源不断地流向客户端。

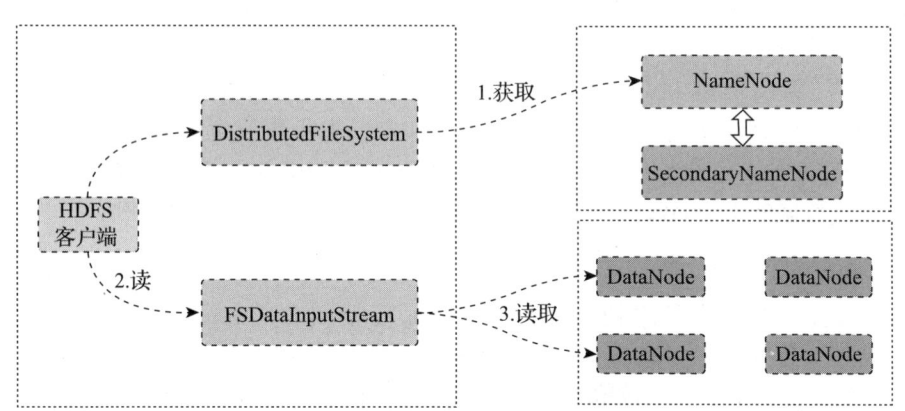

图 4-7　HDFS 文件读取过程

HDFS 写入文件的过程如图 4-8 所示。客户端通过调用分布式文件系统的 create() 方法创建新文件，将文件写入请求发送给 NameNode，此时 NameNode 会做各种校验，比如文件是否存在、客户端有无权限去创建等，如果校验不通过则会抛出 I/O 异常。如果校验通过，NameNode 会将该操作写入编辑日志中，并返回一个可写入的 DataNode 列表，同时，也会返回文件系统数据输出流（FSDataOutputStream）对象。客户端在收到可写入列表之后，会调用 write() 方法将文件切分为固定大小的数据块，并排成数据队列；数据队列中的数据块会写入第一个 DataNode，然后第一个 DataNode 会将数据块发送给第二个

DataNode，以此类推。DataNode 收到数据后会返回确认信息，等收到所有 DataNode 的确认信息之后，写入操作完成。

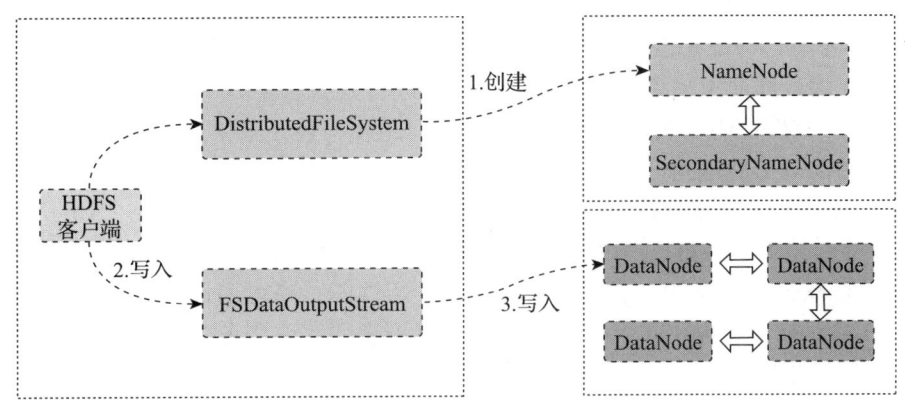

图 4-8　HDFS 文件写入过程

**4. HDFS 的容错与数据恢复**

HDFS 具有较高的容错性，可以兼容廉价的硬件，它把硬件出错看作一种常态，而不是异常，并设计了相应的机制来检测数据错误并进行自动恢复。出错主要包括以下几种情形：名称节点出错、数据节点出错和数据出错。

- 名称节点出错。名称节点保存了所有的元数据信息，其中，最核心的两大数据结构是 FsImage 和 EditLog，如果这两个文件发生损坏，那么整个 HDFS 实例将失效。因此，HDFS 设置了备份机制，把这些核心文件同步复制到备份服务器 SecondaryNameNode 上。当名称节点出错时，就可以根据备份服务器 SecondaryNameNode 中的 FsImage 和 EditLog 数据进行恢复。
- 数据节点出错。每个数据节点会定期向名称节点发送"心跳"信息，向名称节点报告自己的状态。当数据节点发生故障或者网络发生断网时，名称节点无法收到来自一些数据节点的心跳信息，这时，这些数据节点就会被标记为"宕机"，节点上面的所有数据都会被标记为"不可读"，名称节点不会再给它们发送任何 I/O 请求。
- 数据出错。网络传输和磁盘错误等因素，都会造成数据错误。客户端在读取到数据后，会采用 md5 和 sha1 对数据块进行校验，以确定读取到正确的数据。在文件被创建时，客户端会对每一个文件块进行信息摘录，并把这些信息写入同一个路径的隐藏文件里面。当客户端读取文件的时候，会先读取该信息文件，然后，利用该信息文件对每个读取的数据块进行校验，如果校验出错，客户端就会请求到另外一个数据节点读取该文件块，并且向名称节点报告这个文件块有错误，名称节点会定期检查并且重新复制读块。

### 4.2.4　主流分布式文件系统对比

在本小节将会对几个经典的分布式文件系统做一些简单的对比。

目前已经有很多种分布式文件系统，判断一个分布式文件系统是否优秀，可以参考以下几点因素：

1）持久化存储：对用户而言是否透明，是否能够像使用本地文件系统那样直接使用它。

2）响应效率：从接收到用户的请求开始，到向用户反馈结果，系统所用的时长。包括解析请求、定位操作对应的节点、执行操作流程、节点间数据传输等流程。

3）可扩展性：当数据压力逐渐增长时，系统能否顺利、高效地扩容。

4）数据安全：系统是否具备可靠的安全机制，来保证数据安全。如，采用冗余备份、镜像等方式，保证即便发生了节点故障，也能够进行数据恢复。

5）数据一致性：同一数据的各数据副本之间是否一致，只要数据内容不变化，能否保证任意时间的读取都能读到一样的内容。

目前市面上主流的分布式文件系统有：GFS、HDFS、Ceph、Lustre、MogileFS、FastDFS、TFS 等，接下来将对这些文件系统做简单的介绍并用表进行对比。

GFS 是谷歌公司开发的一款基于 Linux 的、高性能、高可用性和可扩展的分布式文件系统，它采用分布式架构和冗余备份策略来提供可靠的存储服务，并广泛应用于谷歌的各种大数据应用场景中。

HDFS 是 Hadoop 生态系统的核心组件之一，作为最底层的分布式存储服务存在。它继承了 GFS 的核心设计理念和架构，同时根据 Hadoop 生态系统的需求进行了优化和改进。

Ceph 由 Sage Weil 发表，并将之贡献给了开源社区。Ceph 是一个去中心化的分布式存储系统，提供高性能、可靠性和可扩展性，并支持多种存储类型和接口。

Lustre 文件系统是一个基于对象存储的分布式文件系统，也是一个开源项目。该项目于 1999 年在卡内基·梅隆大学启动，现在已经发展成为应用最广泛的分布式文件系统。Lustre 已经运行在当今世界上最快的集群系统中，如 Bule Gene 和 Red StorM 等计算机系统，用来进行核武器相关的模拟以及分子动力学模拟等。

Lustre 文件系统是一个高度模块化的系统，主要由三部分组成：客户端（Client）、对象存储服务器（Object Storage Target，OST）和元数据服务器（Meta Data Server，MDS）。这三个组成部分除了各自的独特功能外，相互之间共享诸如锁、请求处理和消息传递等模块。为了提高 Lustre 文件系统的性能，通常 Client、OST 和 MDS 是分离的。当然，这些子系统也可以运行在同一个系统中。

MogileFS 由 LiveJournal 旗下的 Danga Interactive 公司开发，目前国内使用 MogileFS 的有图片托管网站 yupoo 等。MogileFS 是一套高效的文件自动备份组件，支持多节点冗余、自动文件复制、名称空间的使用、不共享磁盘等特性。MogileFS 适用于存储海量小文件，它不支持文件随机读写，更适合于文件写入后基本上不需要修改的应用。

FastDFS 是一款类似于 Google FS 的开源的、轻量级的分布式文件系统。FastDFS 是为互联网应用量身定做的，非常适合存储用户图片、视频、文档等文件，不适合分布式计算场景。

GlusterFS 最早由 Gluster 公司开发，其目标是为客户提供全局命名空间、分布式前端及高达数百 PB 级的扩展性。GlusterFS 没有元数据服务器的设计，使得整个服务没有单点故障的隐患。它可以将多台异构服务器的存储空间整合，提供统一命名空间。适用于数据密集型任务的可扩展网络文件系统，具有可扩展性、高性能、高可用性等特点。

TFS（Taobao File System）是阿里巴巴集团开发的，专为高可用性、高性能及低成本存储而设计。它主要针对海量的非结构化数据，构筑在普通的 Linux 机器集群上，可为外部提供高可靠和高并发的存储访问。

表 4-1 汇总了对上述文件系统的对比，但由于 GFS 是 Google 公司开发且并未开源，很多特性不可知，所以就不将其加入对比。

表 4-1 分布式文件系统的综合对比

| 文件系统 | 开发语言 | 开源协议 | 易用性 | 适用场景 | 特性 |
| --- | --- | --- | --- | --- | --- |
| HDFS | Java | Apache | 安装简单，官方文档专业化 | 存储非常大的文件 | 难以满足毫秒级别的低延时数据访问；不支持多用户并发写相同文件；不适用于大量小文件 |
| Ceph | C++ | LGPL | 安装简单，官方文档专业化 | 单集群的大、中、小文件 | 分布式，没有单点依赖，性能较好 |
| Lustre | C | GPL | 安装复杂，而且严重依赖内核，需要重新编译内核 | 大文件读写 | 企业级产品，非常庞大，对内核和 ext3 深度依赖 |
| MogileFS | Perl | GPL | 安装简单 | 主要用于 Web 领域以处理海量小图片 | 键值对型元文件系统 |
| FastDFS | C | GPL V3 | 安装简单，社区相对活跃 | 单集群的中、小文件 | 系统无须支持 POSIX，降低了系统的复杂度，处理效率更高；实现了软 RAID，增强系统的并发处理能力及数据容错恢复能力；支持主/从文件，支持自定义扩展名；主备 Tracker 服务，增强系统的可用性 |
| GlusterFS | C | GPL V3 | 安装简单，官方文档专业化 | 适合大文件，小文件性能还存在很大优化空间 | 无元数据服务器，堆栈式架构（基本功能模块可以进行堆栈式组合，实现强大功能），具有线性横向扩展能力 |
| TFS | C++ | GPL V2 | 安装复杂，官方文档少 | 跨集群的小文件 | 针对小文件量身定做，随机 I/O 性能比较高；实现了软 RAID，增强系统的并发处理能力及数据容错恢复能力；支持主备热倒换，提升系统的可用性；支持主/从集群部署，从集群主要提供读/备功能 |

## 4.3 NoSQL 数据库

移动互联网、物联网、云计算等技术的快速发展，EB 级大规模数据对数据存储提出了新的需求，主要有以下几点：

- 低延迟读写速度。
- 能够支撑海量数据和流量。
- 大规模集群管理，可以便捷部署分布式应用。
- 降低庞大运营成本，例如硬件成本、软件成本。

数据库技术从 20 世纪 60 年代末开始，经历了层次数据库、网状数据库和关系数据库而进入数据库管理系统（DBMS）阶段，直至今日，数据库技术的研究也在不断取得进展。传统的关系型数据库虽然在数据存储方面占据了很大比例，可随着数据规模的增长，数据也变得多种多样，传统的关系型数据库变得无法满足大规模数据存储的需求，原因有如下几点：

- 数据库扩展困难。
- 数据库读写速度慢，随着数据量增加和业务逻辑复杂度提高，读写速度下滑。
- 存储容量有限，关系型数据库难以存储海量数据。

业界为了解决大规模数据存储的困难，推出了多款新型的数据库，由于其设计和传统的关系型数据库有很大不同，故被统称为 NoSQL 数据库。需要注意的是，NoSQL 仅仅是一个概念，NoSQL 通常被解释为 non-relational 或 Not Only SQL，泛指非关系型数据库，区别于关系型数据库，它们不保证关系型数据的 ACID 特性，即原子性（Atomicity）、一致性（Consistency）、隔离性（Isolation）、持久性（Durability）。

本节主要围绕 NoSQL 的定义、类型和适用场景等展开相关讨论。

### 4.3.1 NoSQL 概述

#### 1. NoSQL 定义

NoSQL 数据库，是指运用非关系型的方法解决传统数据库无法解决的问题，而并非要取代现在广泛应用的传统关系型数据。

NoSQL 遵守 CAP 原则和 BASE 思想，CAP 原则指的是在分布式系统中，只可以同时满足一致性（Consistency）、可用性（Availability）、区分容错性（Partition tolerance）中的两种要求，不能三种兼顾。因此，不同的 NoSQL 数据库会根据自身的开发目的选择满足哪些要求，比如 MongoDB 满足 CP 要求，见图 4-9。BASE 是基本可用（Basically Available）、软状态（Soft state）、最终一致性（Eventually consistent）三个术语英文首字母的缩写。基本可用性是指在分布式系统出现故障时，允许系统部分失去可用性，保证核心部分的可用性；软状态是指允许系统不同节点同步有延时；最终一致性是指系统所有数据最后能达到一致的状态。大部分 NoSQL 数据库都遵循 BASE 思想，舍去高一致性以得到可用性和可靠性。

在 CAP 原则中需要注意的是，CAP 中的 C 和 A 与 SQL 数据库的 ACID 属性中的 C 和 A 是不一样的。前者的 C 表示一致性，是指数据在不同副本之间的一致性，而后者则表示数据库内容处于一致的状态，例如表之间的主键和外键的一致性。前者的 A 表示系统的可用性，后者则是指事务的原子性。

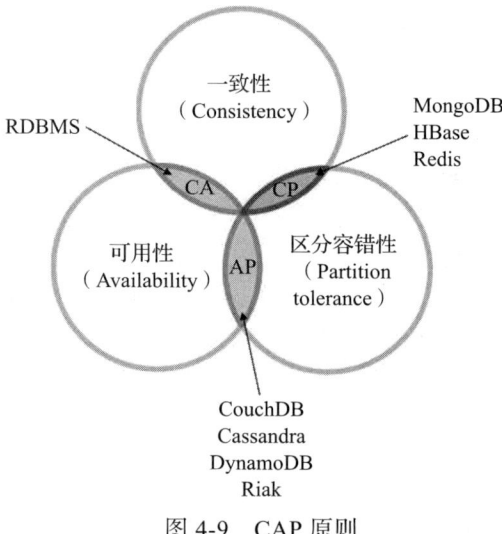

图 4-9 CAP 原则

#### 2. NoSQL 特性

对于 NoSQL 并没有一个明确的范围和定义，但是它们都普遍存在以下共同特性：

- 不需要预定义模式。数据中的每条记录都可能有不同的属性和格式。当插入数据时，并不需要预先定义它们的模式。
- 无共享架构。共享架构将所有数据存储到远端服务器，通过网络进行访问，而 NoSQL 往往将数据划分后存储在各个本地服务器上。因为从本地磁盘读取数据的性能往往好于通过网络传输读取数据的性能，从而提高了系统的性能。
- 弹性可扩展。可以在系统运行的时候，动态增加或者删除节点。不需要停机维护，数据可以自动迁移。
- 分区。相对于将数据存放于同一个节点，NoSQL 数据库需要将数据进行分区，将记录分散在多个节点上面，并且通常在分区的同时还要进行复制。这样既提高了并行性能，又能保证没有单点失效的问题。
- 异步复制。和共享架构存储系统不同的是，NoSQL 中的复制往往是基于日志的异步复制。这样，数据就可以尽快地写入一个节点，而不会因网络传输而延迟。缺点是并不总能保证一致性，在出现故障的时候，该方式可能会丢失少量的数据。

### 4.3.2 NoSQL 分类

NoSQL 数据库虽然数量众多，但归结起来，典型的 NoSQL 数据库通常包括键值数据库、列族数据库、文档数据库和图数据库。

**1. 键值数据库**

键值数据库是一种非关系型数据库，如图 4-10 所示，它使用简单的键值对方法来存储数据。键值数据库将数据存储为键值对集合，其中键作为数据唯一标识符。键和值都可以是从简单对象到复杂复合对象的任何内容。

Redis 是典型的键值数据库，键类型是字符串，值类型是字符串、字符串集合（Set）、有序集合（Sorted Set）、字符串列表（List）、哈希（Hash）等。其中，Hash 类型是一种字符串为键、字符串为值的键值对集合，类似键值类型都为字符串的 Map。

| Key_1 | Value_1 |
| Key_2 | Value_2 |
| Key_3 | Value_1 |
| Key_4 | Value_3 |
| Key_5 | Value_2 |
| Key_6 | Value_1 |
| Key_7 | Value_4 |
| Key_8 | Value_3 |

图 4-10 键值数据库的键值对

键值数据库采用高效的存储结构，能够灵活处理不断增长且结构多样化的大规模数据。与块存储系统不同，键值数据库以细粒度的键值对（而非固定大小的数据块）存储数据，这种设计显著提升了查询响应速度。键值数据库将数据存储为小型独立对象，使其易于配置和管理。由于采用无模式（schema-less）设计，同一数据库中的记录可以包含不同结构或格式的值，从而提供更高的灵活性。此外，键值存储通常占用更少的内存，并能高效扩展以支持海量记录的写入和读取。

键值数据库特别适合基于主键（key）的快速查询，但如果需要基于多个属性（特征）进行复杂查询，它可能不是最佳选择，因为它通常不支持多条件检索或复杂索引。典型的键值数据库应用场景包括在线游戏（如玩家数据缓存）、电子商务（如购物车管理）以及其他需要高速访问大量小型记录的互联网应用。关于键值数据库的特性总结参考表 4-2。

表 4-2 键值数据库的特性总结

| 数据模型 | 键值对 |
| --- | --- |
| 相关产品 | Redis、Riak、SimpleDB 等 |
| 典型应用场景 | 涉及频繁读写、数据模型简单的应用；内容缓存，例如会话、购物等；存储配置和用户数据信息的移动应用 |
| 优点 | 扩展性高，灵活，大量写操作的性能高 |
| 缺点 | 无法存储结构化信息，条件查询速度慢 |
| 不适用场景 | 不通过键查询内容；需要存储数据之间的关系；需要事务的支持 |

**2. 列族数据库**

列族（column-family）数据库通常用来应对分布式存储的海量数据。其中，"键"仍然存在，但是"键"可以指向多个列。列族数据库支持定义多个列族，每个列族内允许定义可变数量的列，支持动态定义新列。通常将逻辑上相关、经常同时访问的数据放在一个列族内，具体可以参考图 4-11。和关系数据模型相比，可以把列族看成关系模型的一个列，列对应的值是一个复杂结构。

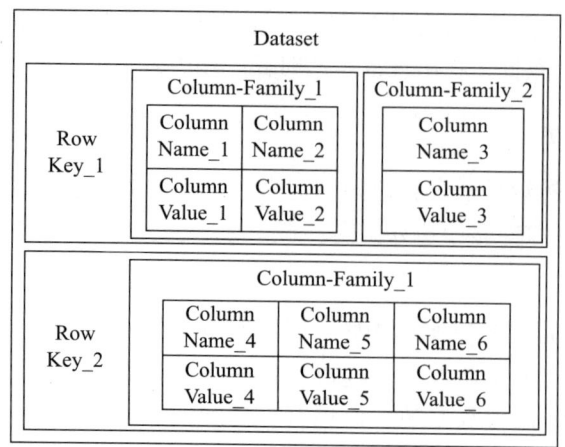

图 4-11 列族数据库的形式

列族数据库适用于垂直分区、连续存储、压缩存储系统。列族数据库将数据的列分开存储,而不像传统存储那样将数据以完整记录的形式存储。此类系统中的数据读取和属性检索非常快且成本相对较低,因为仅访问相关列并为每个列执行并发进程。列族数据库具有高度可扩展性和最终一致性,为可靠且高度可用的存储应用程序提供支持。列族数据库的应用领域包含客户记录分析、数据仓库、患者数据管理、图书馆系统,以及任何需要分析以聚合相似数据项的地方。此外,使用面向列的结构,可以方便地在所有行中添加新功能。例如,某在线购物网站可以对特定时间段内最常浏览或订购的商品、网购的流行类别等进行聚合。关于列族数据库的特性总结参考表 4-3。

表 4-3 列族数据库的特性总结

| 数据模型 | 列族 |
|---|---|
| 相关产品 | BigTable、HBase、Cassandra 等 |
| 典型应用场景 | 分布式数据存储和管理;拥有潜在大量数据的程序;数据保存在不同的应用程序中,不在统一的地域;可接受副本短期不一致的程序 |
| 优点 | 查找速度快,扩展性强,复杂度低 |
| 缺点 | 功能少,大多不支持强事务一致性 |
| 不适用场景 | 需要事务的支持 |

### 3. 文档数据库

文档数据库不同于关系型数据库,关系型数据库是高度结构化的,而文档数据库允许创建许多不同类型的非结构化的或任意格式的字段,且不提供对参数完整性和分布事务的支持。但它和关系型数据库也不是相互排斥的,它们之间可以相互交换数据,从而相互补充、扩展。

文档数据模型类似于键值对结构,以键和值的形式存储数据并作为对文档的引用,如图 4-12 所示。但是,文档数据库支持更复杂的查询和层

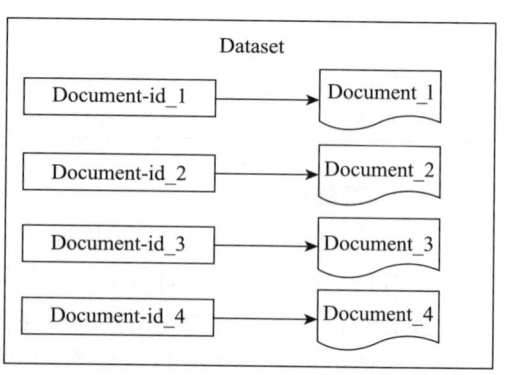

图 4-12 文档数据库的索引关系

次关系。这种数据模型通常实现 JSON 格式并提供非常灵活的模式。尽管结构化数据的存储架构是无模式的，但索引在文档数据库中得到了很好定义。文档数据库的应用领域包括社交网络上的用户配置文件、网站分析和复杂的交易数据应用程序。例如，在社交平台上，用户可能会在其个人资料中提供较少或较多的信息，每个用户配置文件都将存储为一个文档。面向文档的数据存储模型提供的启发式模式的性能取决于用户输入和查询的性质。关于文档数据库的特性总结参考表 4-4。

表 4-4 文档数据库特性总结

| 数据模型 | 键值对 |
| --- | --- |
| 相关产品 | MongoDB、CouchDB、SisoDB 等 |
| 典型应用场景 | 存储、索引并管理文档数据，或非结构化、半结构化数据 |
| 优点 | 高并发，扩展性强，复杂度低 |
| 缺点 | 缺乏统一的查询语法 |
| 不适用场景 | 在不同的文档上添加事务 |

**4. 图数据库**

图结构的数据库同其他 NoSQL 和 SQL 数据库不同，它使用灵活的图模型，并且能够扩展到多个服务器上。图数据库支持非常灵活的实体关系，实体称为节点，实体间的关系称为边。在图数据库中，边是内嵌的概念，其中边和节点可以参考图 4-13。

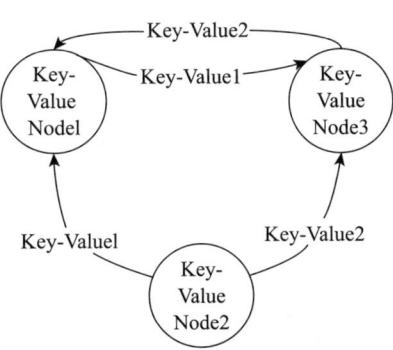

图 4-13 图数据库的边和节点

图数据库是存储数据和关系的最佳选择，它提供对象和关系的持久存储，并使用自己的语法支持简单易懂的查询。现代企业有望为其复杂的业务流程和互联数据实施图数据库，因为这种关系数据结构提供了轻松的数据遍历。高频交易系统和推荐系统更喜欢用图数据库来实现低延迟。例如，在商业网站上从客户反馈数据中获取推荐，需要对传统数据库进行自连接、多级查询，这是一个非常复杂的操作，相比之下，对于图数据库，这种数据操作非常简单，只需两行代码，而不会影响数据的结构。关于图数据库的特性总结参考表 4-5。

表 4-5 图数据库特性总结

| 数据模型 | 图结构 |
| --- | --- |
| 相关产品 | Neo4j、OrientDB、GraphDB 等 |
| 典型应用场景 | 处理具有高度相互关联关系的数据，例如社交网络、推荐系统等 |
| 优点 | 灵活性高，支持复杂的图形算法 |
| 缺点 | 复杂度高，数据规模支持有限 |
| 不适用场景 | 数据互不关联，或关系无足轻重 |

### 4.3.3 NoSQL 与其他数据库的关系

关系型数据库（SQL 数据库），是创建在关系模型基础上的数据库，借助于集合代数等数学概念和方法来处理数据库中的数据。现实世界中的各种实体以及实体之间的各种联系均用关系模型来表示。在这样的系统中,信息遵循一种利用表或关系的结构化方法。随着大数据时代的到来,结构化方法已经无法满足巨大的信息处理需求,这些信息往往是非结构化的。随着时间的推移,SQL 数据库经历了许多迭代,以支持大量的数据处理。然而,对于期望快速响应和最高可扩展性的大数据系统来说,它仍然是低效的。

一种被称为 NoSQL 的新方法被引入,是为了解决前者带来的限制。NoSQL 系统在处理非结构化数据或处理大数据应用时能够快速扩展。NoSQL 数据库使用键值对、文档、图结构或没有典型模式的列族存储数据。它还可以横向扩展,而不是像关系型数据库那样难以纵向扩展。NoSQL 展示了成为大数据应用的理想数据库系统的巨大前景,但是它也有一些缺点。NewSQL 应运而生,它是数据库系统世界中的最新发展。

NewSQL 是新一代兼具可扩展性与高性能的关系型数据库的统称。这类数据库在完整保留传统数据库 ACID 事务特性和 SQL 兼容性的前提下,通过分布式架构实现了对海量数据的高效存储与线性扩展能力。典型的 NewSQL 数据库代表有 Google Spanner、CockroachDB、TiDB 等。SQL、NoSQL 和 NewSQL 三者的对比可以参考表 4-6。

表 4-6　SQL、NoSQL 和 NewSQL 三者对比

| 特点 | SQL | NoSQL | NewSQL |
| --- | --- | --- | --- |
| 关系型属性 | 在很大程度上遵循关系模型 | 不遵循关系模型 | 遵循关系模型,因为关系模型对于实时分析来说同样至关重要 |
| ACID | 支持 | 不支持,而是提供 CAP 支持 | 支持 |
| SQL | 支持 | 不支持旧的 SQL | 对旧 SQL 有适当的支持,甚至增强了其功能 |
| OLTP | 对 OLTP 数据库来说效率不高 | 支持此类数据库,但不是最适合的 | 完全支持 OLTP 数据库的功能,效率很高 |
| 缩放 | 垂直扩展 | 只有垂直缩放 | 垂直 + 水平缩放 |
| 查询处理 | 可以轻松地处理简单的查询,当查询的性质变得复杂时就会失败 | 在处理复杂的查询时比 SQL 更好 | 在处理复杂查询和小型查询时效率很高 |
| 分布式数据库 | 没有 | 有 | 有 |

该节围绕 NoSQL 数据库进行说明,并对每种类型的 NoSQL 数据库进行简短介绍,说明各种类型数据库的适用场景及特性。但在数据存储系统中,各类数据库的访问接口不一致,数据接口访问复杂度高,为了统一不同数据接口的访问标准,便需要引入统一数据访问接口的概念,这也是在下一节中进行讨论。

## 4.4　统一数据访问接口

大数据的出现给信息技术领域带来了新的挑战,因其数据量巨大、增长速度快、数据类型多样,关系型数据库已经很难满足大数据存储的需求。非关系型数据库因其具有高效的读写性能及良好的可扩展性,数据存储模式更为灵活等特点,非常适合大数据的存储。在构建大数据存储与分析平台应用系统中,多种非关系型数据库并存的架构能够充分发挥各存储系统的优势,但是不同的非关系型数据库数据模型不同,数据访问方式也不一致,构建多源异构的大数据存储系统因而变得十分复杂。另外,非关系型数据库在使用中存在性能上的问题,在高负载数据传输的环境下阻塞式的通信模式会引起数据库性能的降低。

为了解决应用程序对不同数据库的访问和数据交换问题,一种流行的方式就是使用数据

库接口，数据库接口就是业务程序与数据库进行通信的技术。目前在市面上最流行的两种数据库接口是 ODBC（Open DataBase Connectivity）和 JDBC（Java DataBase Connectivity）。

微软于 1991 年提出 ODBC，并在 1992 年发布首个可用版本。作为早期整合异构数据库的标准化接口，ODBC 基于 X/Open 和 ISO/IEC 9075-3:1995（SQL/CLI）的调用级接口（Call-Level Interface，CLI）标准，使用 SQL 作为统一的数据库访问语言。

ODBC 的核心是一组标准化的 API 函数，应用程序通过调用这些函数执行 SQL 语句，而无须直接与底层数据库管理系统交互。其架构采用分层设计：

- 应用程序通过 ODBC API 发送 SQL 请求。
- 驱动程序管理器负责加载合适的 ODBC 驱动程序。
- 驱动程序将 ODBC 调用转换为特定 DBMS 支持的指令。
- 数据源（如 MySQL、Oracle 等）最终处理请求并返回结果。

ODBC 的关键特性有以下几点：

- 数据库无关性：应用程序只需使用标准 ODBC 接口，不需要针对不同 DBMS 修改代码。
- 驱动透明性：类似打印机驱动模型，用户通过统一接口访问不同数据库。
- 广泛兼容性：支持关系型和非关系型数据库，成为跨平台数据访问的事实标准。

而 JDBC 是 Java 语言中规范应用程序如何访问数据库的应用程序接口，提供了诸如查询、更新的方法。在项目实际开发过程，有的直接采用 JDBC 技术进行数据库持久化操作，有的采用目前很好用的 ORM 框架来进行数据库持久化操作。但是为了方便使用接口，且为了能具备事务管理、异构数据库转换等复杂功能，需要一个抽象层用于屏蔽不同数据库之间的差异。这就引入了数据访问层。

对数据访问层的介绍，先从三层架构讲起。通常把应用系统划分为：表现层、业务逻辑层和数据库访问层。这样的设计是为了实现"高内聚，低耦合"的设计思想。数据库访问层在三层架构中只负责数据存储与读取。业务逻辑层作为数据库访问层的上层，内部调用数据库访问层提供的方法，来完成数据的存储与读取。也就是说，抽取数据库访问层的主要作用是进行隔离，把与数据库打交道的事情都放在数据访问层解决，在其他层则只要调用数据访问层就可以了，不必和具体的 ORM 层相耦合。

接下来详细介绍数据访问层。它又称为持久层，其功能主要是负责数据库的访问。简单地说就是实现对数据表的 Select（查询）、Insert（插入）、Update（更新）、Delete（删除）等操作。如果要加入 ORM 的思想，就会包括对象和数据表之间的映射，以及对象实体的持久化操作。它能够将应用程序中的数据持久化到存储介质中，通常使用的数据库都是关系型数据库，采用的数据模型都是对象模型，这就需要数据库访问层实现对象模型与关系模型直接的、互相的转换。

数据库访问层与底层数据库应该是独立的，好的数据库访问层方案是能够在不修改程序代码功能的基础之上实现不同类型数据库的动态切换。比较熟悉的做法就是通过 XML 配置文件来完成底层数据库的切换。目前很多流行的数据库访问层框架都是采用这种方式来实现数据库的动态切换。

常见的数据访问层的实现有：数据存取对象（Data Access Object，DAO）、基于对象/关系映射（Object/Relation Mapping，ORM）的实现、服务数据对象（service data object）、服务中间件（service middleware）。

但是，当系统扩展为需要访问跨平台的异构数据库时，系统可能是 UNIX、Linux 或 Windows，数据可以是表单、邮件、XML 文档、EJB 组件、Web 服务、图像、音视频文件或其他非结构化数据，DAL 很难支持这种跨平台的异构数据库访问。

为了解决跨平台异构数据库的问题，使得数据访问层能够针对不同数据类型、多种标准技术的大数据应用跨平台异构数据库，能够满足不同数据类型的读写要求，数据访问层的设计需要与各种标准技术和产品兼容。

在这种场景下，抛出了统一数据访问接口（UDAI）的概念，其目的是基于统一数据接口，支持分布式环境下的跨平台异构数据的统一访问。

UDAI 的主要功能有以下几点：
- 统一数据显示、存储和管理。
- 分离访问接口和实现代码，底层数据库连接的更改不影响统一的数据访问接口。
- 屏蔽数据源的差异和数据库操作的细节，使应用层专注于数据应用程序。
- 提供统一的访问接口和统一的查询语言。

图 4-14 给出了 UDAI 的一般架构，主要包括统一查询语言、数据模型、数据转换引擎、数据源包装器等几个构件，这些构件都是为了将来自不同数据源的不同格式的数据转换为统一的数据服务，使数据处理系统能够统一检索所需的数据。

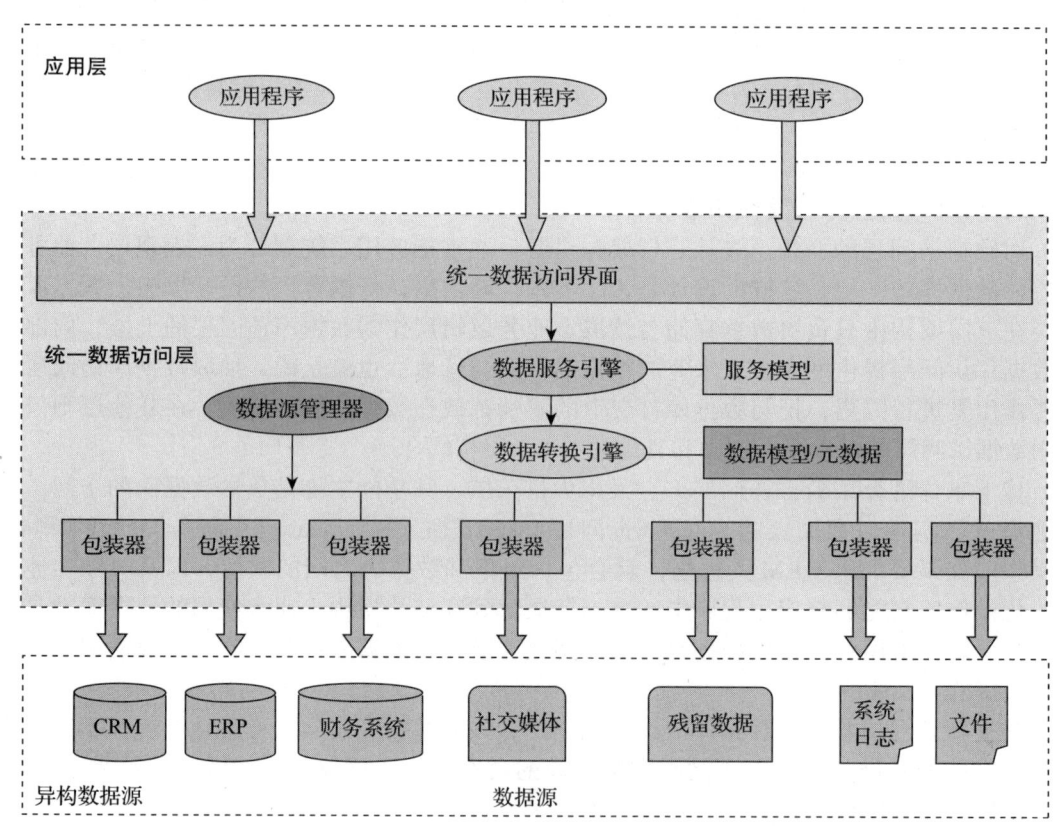

图 4-14　UDAI 的架构

## 总结

数据存储是大数据分析的第一步，而数据存储也不仅仅是简单地将数据存储在物理媒介中。数据存储系统有着自己的一套架构体系，主要包含数据采集与建模、分布式文件系统、NoSQL 数据库、统一数据访问接口等。

本章对数据存储系统的每一层展开叙述,首先介绍数据建模的相关内容,围绕数据建模的定义、数据模型的分类以及如何进行数据建模展开;其次便是对分布式文件系统进行介绍,主要介绍了分布式文件系统的发展进程,并且用两个典型的分布式文件系统 GFS、HDFS 举例,围绕分布式文件系统的设计理念、体系架构等展开;然后对 NoSQL 数据库的由来、特性和类别进行介绍,并且用表的形式对各类数据库的特性进行总结;最后,为了方便数据的统一访问,引入了统一数据访问接口的概念,并对其做了简短的介绍。

## 习题

1. 【单选】以下哪个不是数据建模的目的?(    )
   A. 优化数据模型    B. 减少存储需求    C. 提高数据安全性    D. 实现高效检索
2. 【单选】以下哪个是 NoSQL 数据库的一种?(    )
   A. MySQL          B. Oracle          C. MongoDB         D. SQL Server
3. 【单选】NoSQL 数据库适用于以下哪种情况?(    )
   A. 需要低延迟读写速度的场景
   B. 需要支撑海量数据和流量的场景
   C. 需要降低运营成本的场景
   D. 以上所有选项
4. 论述统一数据访问接口的意义和作用。
5. 分布式文件系统和传统文件系统的主要区别是什么?

# 第 5 章　图数据库

图数据库（graph database）是一种用于存储和操作图结构数据的数据库。其中"图"指的是一组节点（代表实体）和它们之间的边（代表关系），特别适用于那些需要强调和查询数据之间复杂关系的应用场景。本章从图数据库的发展历史入手，介绍图数据库定义、应用、特点和主要技术，并以 Neo4j 为例介绍其结构原理以及所使用的 Cypher 语言，最后通过相关实验实操深入理解 Neo4j 图数据库的使用。

## 5.1　图数据库的发展

### 5.1.1　图数据库的历史

图数据库作为如今越来越受到重视的数据库类型，其发展历史短暂且快速。根据研究方向的不同，图数据库的历史可以分为几个重要阶段：早期概念提出阶段、初步应用与探索阶段、技术成熟商业化阶段和转向云服务与分布式图数据库阶段。

#### 1. 早期概念提出

在 20 世纪 80 年代末到 20 世纪 90 年代，随着对数据需求的复杂化，人们发现传统的关系型数据库在处理高度连接的数据时存在局限性，这促使研究者寻找更适合表示复杂关系的数据模型。因此图数据库的概念应运而生，它基于图论，能够自然地表示实体间的多种关系。在这一阶段大量早期的关于图数据库理论构想的学术研究和论文被发表，为图数据库的理论基础和实际应用提供了支持。

这一阶段比较显著的进步体现在超图（hypergraph）模型的提出：超图是图的一种推广，在超图中一条边可以连接多个节点。这种模型为表示更复杂的数据关系（如多对多关系）提供了可能。

#### 2. 初步应用与探索

在 20 世纪 90 年代至 21 世纪 00 年代初，图数据库领域从理论研究逐步过渡到初步应用和技术探索。这一时期出现了一些初步的图数据库产品。这些产品大多是实验性的，但提供了图数据存储和查询的基本功能。例如，AllegroGraph 是早期的图数据库之一，它提供了基于图的数据存储和查询机制。

此外，在这一阶段图数据结构模型得到进一步完善和丰富。除了基本的图数据模型，这一时期也见证了一些新的数据模型和概念的提出，如属性图模型，它允许在节点和边上添加属性，如今它也是最常用的图数据模型之一。

#### 3. 技术成熟商业化

在 21 世纪 00 年代中期至 21 世纪 10 年代初，图数据库技术经历了显著的成熟和商业化阶段。这一时期是图数据库发展的关键时期，它见证了许多重要的技术进步和商业成功案例，其中最典型的代表就是 Neo4j 数据库。Neo4j 数据库于 2007 年推出，是这一时期图数据库发展的标志性产物。它是一个高性能的图数据库，支持 ACID 事务。Neo4j 的出现标志着图数据库技术的成熟，并很快成为市场上领先的图数据库解决方案。

与 Neo4j 一同出现的多种图数据库共同推动了图数据库的商业化进程与市场接受度的提升。随着技术的成熟，图数据库开始被更多企业和组织采用，用于解决复杂的数据关系管理问题。为了更好地满足企业需求，这一阶段图数据库开始与其他类型的数据库和数据处理平台集成，如与关系型数据库、NoSQL 数据库以及大数据处理平台集成。它们共同构成了拥有不同功能和优势的图数据库平台，以满足不同的业务需求和技术要求。图数据库开始从一个专门的数据库形式转变为更广泛应用的数据处理工具。

图数据库的专属查询语言也在这一阶段得到了快速发展。随着图数据库的普及，出现了对有效图查询语言的需求，这些查询语言旨在简化图数据的查询和操作。如今所熟知的 Cypher 语言就是在这一阶段提出的，它在 Neo4j 中得到应用，成为一种流行的图查询语言。此外，这一时期还诞生了用于对 RDF 数据查询的 SPARQL 图数据库语言，以及为 Apache TinkerPop 图计算框架服务的 Gremlin 图遍历语言等。

伴随着算力的逐渐提升，图数据库开始应用机器学习与统计学的算法。图数据库被越来越多地应用于数据科学和图分析领域，特别是在复杂网络分析、模式识别和机器学习方面。

**4. 云服务与分布式图数据库**

从 21 世纪 10 年代后期至今，云服务和分布式图数据库成为图数据库领域的两个主要发展趋势。在云服务化的图数据库研究方向上，随着云计算技术的成熟和普及，图数据库开始向云服务模式转变。大型云服务提供商纷纷推出了自己的图数据库服务，例如 Amazon Neptune、Microsoft Azure Cosmos DB 等。基于云服务提供的托管图数据库解决方案，使得用户无须关心底层硬件和软件的维护。

此外这一阶段的重要突破在于分布式图数据库的兴起。人们相信分布式图数据库会成为解决大规模图数据处理的关键技术。它们能够在多个计算节点上分布图数据，提高查询和分析的效率。在如今海量数据的时代，分布式图数据库能够处理比传统图数据库更大的数据集，更适用于大数据时代的需求。

在应用方向上，由于图数据结构非常适合表示复杂的关系和模式，对于 AI 算法特别有价值，因此图数据库开始被广泛应用于人工智能和机器学习领域，并在知识图谱、推荐系统、网络安全等方向上展现出其独特优势。另外图数据库解决方案开始向垂直行业扩展，提供更加专业和定制化的服务。例如，用于生物医学、金融风险分析、供应链管理等领域的专用图数据库。这种多样化反映了图数据库技术在各行各业中的广泛适用性和深入应用的潜力。

总之，图数据库从最初的理论探索到现在的商业化和大规模应用，经历了快速的发展和变革。随着技术的不断进步，图数据库在处理复杂关系和模式识别方面越来越显示出其独特的优势和潜力。

## 5.1.2　图数据库的现状和发展

得益于图数据库应对复杂关系时天然的优势，它已经在数据管理和分析领域占据了重要的地位。从技术发展角度出发，目前图数据库技术已相对成熟，许多图数据库（如 Neo4j、Amazon Neptune、OrientDB 等）在市场上占有一席之地。此外围绕图数据库已经形成了活跃的开发者社区和丰富的生态系统，包括各种工具和中间件的支持，这都大大提高了图数据库的可用性和扩展性。目前图数据库的行业应用广泛，已经被大量应用于社交网络分析、推荐系统、知识图谱、欺诈检测等多个领域。下面从市场接受度和普及情况、技术发展两个角度详细分析图数据库的现状和发展。

**1. 市场接受度和普及情况**

目前图数据库在市场上呈现增长趋势。如图 5-1 显示了 2013—2022 年不同类型数据库的市场流行度情况，从图中可以看出图数据库发展曲线显示出超过其他产品的明显上升趋势，特别是从 2015 年开始，流行度显著增加，表明越来越多的应用和组织开始采用图数据库技术。这也与近年来受到大数据、复杂关系网络分析需求的推动，图数据库的市场需求持续增长的现状吻合。此外随着技术的发展，图数据库的用户群体也相应扩大，初期图数据库主要用于技术先进的企业和研究机构，现在已经扩展到更多行业，如金融、零售、医疗等。最后是图数据库的产品多样化，相比最早的超图模型，目前市场上出现了多种图数据库产品，它们的出现能够满足不同用户的需求。

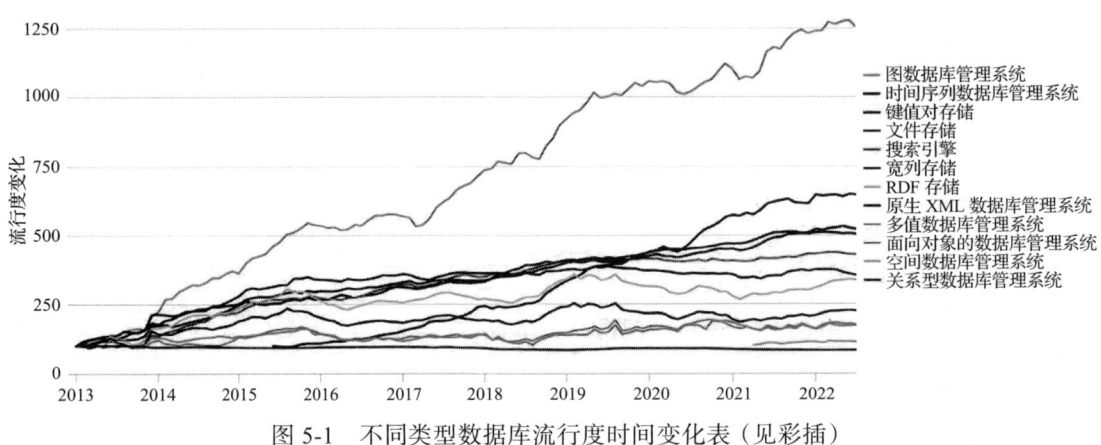

图 5-1　不同类型数据库流行度时间变化表（见彩插）

**2. 技术发展**

图数据库之所以能够获得如此高的市场接受度，主要在于它成熟的核心技术。图数据库的核心技术，如图数据模型、图查询语言（如 Cypher、Gremlin）、数据存储和索引机制等，已相对成熟。此外为了应对潜在的大规模数据的挑战，主流图数据库也仍在持续优化查询效率和数据处理能力，开发者依然在寻找更好的标准化与规模化方式。图数据库的技术发展主要表现在高可用性和容错性的提升上。为了更好地满足企业需求，如今图数据库在集群管理、数据复制和容错机制等方面得到了加强，提高了系统的可用性和稳定性。

## 5.2　图数据库概述

### 5.2.1　图数据库简介

在当前的数字化时代，特别是在通信、互联网、社交网络和物联网等领域，面临着一个共同的挑战：如何有效地处理和分析海量的非结构化数据。传统的信息存储和组织模式在应对这些复杂异构的数据环境时已显现出不足。在此背景下，图数据库应运而生，为这一问题提供了创新的解决方案。它通过直观地揭示数据间复杂的关系网络，不仅大大提高了数据处理的效率和准确性，还为深度分析和商业智能提供了新的视角。无论是社交媒体的关系网分析、物联网设备间的互动处理，还是金融服务中的欺诈检测和风险评估，图数据库都能够以其独特的能力，揭示隐藏在庞大数据背后的模式和联系，为各行各业的数字化转型提供强大动力。随着技术的不断进步，图数据库将在未来的数据驱动时代扮演更加关键的角色。

下面举一个例子说明为什么需要图数据库。

使用 Google+（GooglePlus）应用程序来了解现实世界中图数据库的需求。如图 5-2 所示，图中用圆圈表示了 Google+ 应用的用户个人资料。

在图 5-2 中，"A"可以连接到家庭圈（B，C，D）和朋友圈（B，C）。如果打开"B"，可以观察到以下连接数据，如图 5-3 所示。

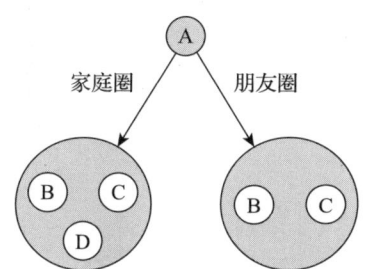 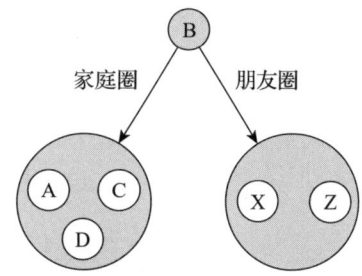

图 5-2　A 用户视角下的用户圈层次　　　　图 5-3　B 用户视角下的用户圈层次

可以看到 B 用户视角下的用户圈层次相比于 A 用户发生了明显的变化，这种圈层内用户不同的原因在于每个用户之间有着复杂而密切的不同连接关系（在上图的示例中，可以看到 B 的家庭圈联系用户为 A、C 和 D，朋友圈联系用户为 X 和 Z，相比于 A 用户差别很大）。仅一个简单的切换用户查看家庭圈或好友圈操作，就需要调用许多用户数据间的关联数据。

以上述例子为代表可知，如今的主流应用程序中都包含大量的结构化、半结构化和非结构化的连接数据。如果使用关系型数据库存储这种有着复杂连接关系的数据，那么检索或遍历是非常困难和缓慢的，所以应该选择更适合的图数据库。图数据库的基础属性非常适合存储这种具有更多连接的数据，它将每个配置文件数据作为节点存储在内部，它与相邻的节点通过关系互连。在这样的存储结构下实现节点间的检索或遍历非常容易。

图 5-4 是 DB-Engines 对 2013—2022 年主流图数据库管理系统（Graph DBMS）所做的排名趋势图，可以从中看出 2013—2022 年主要有哪些图数据库投入使用以及它们的流行趋势如何。

## 5.2.2　图数据库的定义

图数据库是以节点、边为基础存储单元，以高效存储和查询图数据为设计原理的数据管理系统。图概念对于图数据库的理解至关重要。图是一组节点和边的集合，"节点"表示实体，"边"表示实体间的关系。在图数据库中，数据间的关系和数据本身同样重要，它们作为数据的一部分被存储起来。

图数据库属于非关系型数据库（NoSQL）。图数据库对数据的存储、查询及其数据结构都和关系型数据库有很大的不同。图数据结构直接存储了节点之间的依赖关系，而关系型数据库和其他类型的非关系型数据库则以非直接的方式来表示数据之间的关系。图数据库把数据间的关联作为数据的一部分进行存储，关联上可添加标签、方向以及属性，而其他数据库针对关系的查询必须在运行时进行额外的操作，这也是图数据库在关系查询上相比其他类型数据库有巨大性能优势的原因。

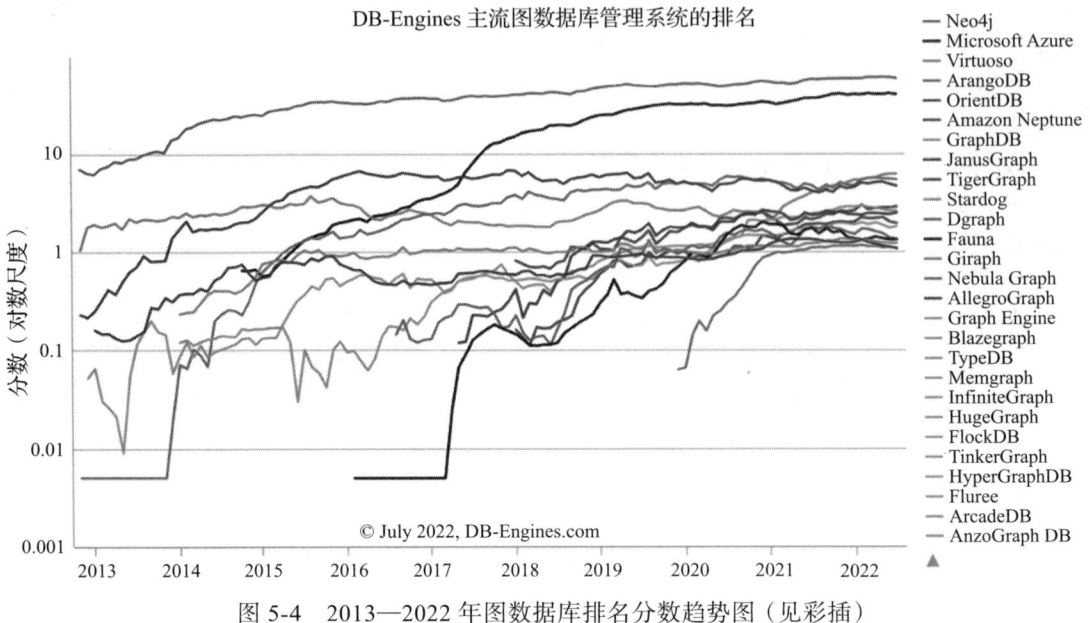

图 5-4　2013—2022 年图数据库排名分数趋势图（见彩插）

另外说明一点，图数据库不同于图引擎（graph engine），图数据库主要用于联机事务处理（On-Line Transaction Processing，OLTP），针对数据做事务（ACID）处理；图引擎用于联机分析处理（On-Line Analytical Processing，OLAP），主要进行图数据的批量分析。

### 5.2.3　图数据库的应用

图数据库的应用原理是查询和分析具有很多连接关系的数据，对海量数据建立关联，并通过各种方法对数据进行分析与挖掘。此外，与其他类型的数据库相比，图数据库处理具有很多关系的数据时，操作更为便捷、数据表示更加直观、存储模式更灵活、应用场景更丰富，是未来处理复杂数据关系的主要解决方案。

目前图数据库的需求应用场景正在不断增多，而从计算和分析数据之间关系的角度来说，图数据库相比于传统关系型数据库，性能约有百倍以上的提升，在金融、电信等领域都有着巨大的需求。

以数据的关联特征与问题的相似性为基础，典型的图数据库应用场景可以包括：社交网络、推荐系统、金融服务、知识图谱等。下面列出图数据库的四个主要应用方向。

**1. 社交网络分析**

图数据库非常适合社交网络分析，因为它们能够天然地模拟和存储网络中的个体以及这些个体之间的复杂关系。与传统数据库相比，图数据库能够更直观、更高效地处理社交网络中频繁发生的大量关系动态变化和复杂的关系模式查询。它们支持快速遍历网络，执行如寻找最短路径、社区检测和影响力分析等复杂操作，而这些都是社交网络分析中的核心任务。此外，图数据库的可扩展性和模式自由的特点允许社交网络随着时间的推移灵活地发展和扩展，而不会受到数据模式限制，从而实现了对动态社交数据的高效管理和分析。目前代表性的应用企业有 Facebook、Twitter、Linkedin 等，它们用图数据库来管理社交关系，实现好友推荐等功能。

### 2. 推荐系统应用

图数据库适合推荐系统是因为它们能够精确地模拟和处理用户、商品以及用户与商品之间的多维关系，提供了丰富的数据关联性来构建复杂的推荐逻辑。在推荐系统中，这些关系可以代表用户偏好、购买历史、评分和社交联系等。图数据库可以高效地执行深度连接查询和模式匹配操作，使得发现用户喜好的相似性、预测潜在兴趣或者计算物品间的关联性变得更加直接和迅速。它们还能够适应不断变化的用户行为和实时反馈，动态更新推荐模型，以提供个性化和实时的推荐，这对于维持用户参与度和提高用户满意度至关重要。如今 eBay、沃尔玛等均使用图数据库作为底层数据存储，以支持设计推荐系统实现商品实时推荐，给客户更好的购物体验。

### 3. 金融服务－反欺诈分析应用

图数据库能够有效地揭示和分析复杂的数据关系，这对于检测欺诈行为中常见的隐秘和复杂的模式至关重要，因此它非常适用于反欺诈系统。在反欺诈分析中，需要追踪和审查交易、账户以及它们之间的联系，图数据库可以通过其节点和边的结构直观地映射实体间的连接，如用户与用户之间的转账关系，或是账户与交易之间的关联。这种结构使得可以实时地高效执行深度连接分析和社区检测，快速识别欺诈团伙、异常行为和不正常的关系模式。图数据库的这些能力不仅加快了欺诈检测的速度，还提高了预测未来欺诈企图的准确性，因此它为构建高效、响应迅速的反欺诈系统提供了一个理想的数据管理和分析平台。

目前以各大银行为代表的金融服务业，如花旗银行和瑞银集团等都在使用图数据库分析交易模式，来识别异常行为和潜在的欺诈风险，从而保障自身的利益。

### 4. 知识图谱

图数据库能够从本质上反映知识图谱中的实体及其丰富的相互关系，从而提供一个直观且灵活的方式来存储和查询复杂的语义信息。知识图谱依赖于实体之间的关联性，以及这些实体的属性和分类，这些可以直接映射到图数据库中的节点、边和属性。图数据库的能力在于高效管理和遍历这些关系，支持复杂的图查询和分析，如推理、分类和模式识别，这些是知识图谱构建和应用的核心操作。此外，图数据库可以轻松地整合新的知识和关系，为动态更新和扩展知识图谱提供支持，这对于保持知识的时效性和深度是至关重要的。因此，图数据库在存储结构化知识、支持复杂查询以及使知识易于更新和扩展方面提供了显著优势。谷歌公司就使用图数据库技术构建了著名的谷歌知识图谱，这在其搜索引擎中用于增强搜索结果的相关性和丰富性。

## 5.2.4 图数据库未来的发展趋势

如今图数据库已经成为一种处理复杂关系数据的高效工具，它在面对拥有复杂关系的数据时表现出了远超其他类型数据库的查询和处理速度，能够更好地满足系统对实时性的需求。

但是图数据库也并非完美，图数据库未来面临的挑战主要集中在如何有效处理日益增长的海量数据、优化复杂查询的性能，以及提升在分布式环境中的数据一致性和事务管理效率。同时，随着数据保护法规的日益严格，保障数据安全和隐私成为一个重要的挑战。

此外，降低用户学习成本、提高易用性，以及实现与现有技术栈和业务流程的顺利集成和迁移也是图数据库需要面对的关键问题。

为了应对上述挑战，人们对图数据库领域总结了三个主要的发展趋势，这些趋势不仅会推动图数据库技术的进一步成熟，还将为各行各业带来更多的机遇和挑战。详细论述如下。

### 1. 查询语言统一化

对于图数据库来说，虽然每种图数据库都能很好地独立完成任务，但是它们之间的技术转移却非常困难。这是因为目前图数据库的查询语言缺乏统一标准，如 Neo4j 的 Cypher、Apache 的 Gremlin 等。未来的图数据库趋势是，研究并统一标准化一种图数据库查询语言标准，以促进不同图数据库产品之间的互操作性。此外统一的查询语言将降低学习和使用图数据库的门槛，提高开发效率。并且标准化的查询语言有助于图数据库与其他数据系统集成，提高兼容性，扩大其应用范围。

### 2. 图数据库与图处理引擎融合化

正如一贯的大数据存储和处理结构保持一致和紧密集成的思想，图数据库的未来发展趋势同样需要将数据库与相应处理引擎进行融合。这样做的优点首先在于对性能的优化，融合图数据库和图处理引擎可以大大提高处理大规模图数据的能力，特别是在复杂的图计算和分析任务中。再者，这种融合将使图数据库能够更有效地处理实时数据，对于需要快速响应的应用场景尤为重要。

### 3. 软硬件一体化

目前图数据库已经展现出了巨大的适用性与潜力，因此未来软硬件一体化同样是图数据库发展的主流趋势。硬件的优化和专门设计可以极大提高图数据库的性能，在处理超大规模数据集时这种提升尤为明显。此外硬件一体化可以降低整体运营成本，提高数据处理的能效比。

未来图数据库的发展能够为全行业带来新的面貌。随着技术的进步，图数据库将在处理复杂数据和数据关系方面发挥更大的作用，为企业提供更深入的洞察力和更科学的决策支持，同时也为研究和科学探索开辟新的道路。无论是提升业务效率、推动新产品开发，还是加强数据安全和隐私保护，图数据库都将成为不可或缺的重要工具。随着这些趋势技术的实现，图数据库有望在未来成为数据管理和分析领域的一个核心技术，推动整个行业的创新和发展。

## 5.3 图数据库的特点及优缺点

### 5.3.1 图数据库的特点

图数据库的所有特点都是相对于传统数据库（主要为关系型数据库）而言的。其特点主要体现在高维性、高性能和高效率三个方面。

#### 1. 高维性

图数据库能够直观地表示和处理高度复杂的数据关系。在关系型数据库中，多对多的关系往往需要通过额外的表来实现，而图数据库通过节点和边自然地表示这些关系，更加直观和灵活。此外，图数据库不要求数据遵循严格的模式，这使其更适合处理非结构化或半结构化数据。这种高维性使得图数据库能够适应各种变化的数据需求。

### 2. 高性能

基于图论的图数据库针对关系数据的查询进行了优化。在处理连接查询，尤其是深度连接查询时，图数据库比传统的关系型数据库具有更高的性能。图数据库高效性的底层逻辑实际上源于其独特的图数据结构，其中用连接节点的边表示关系的结构特点，这自然地避免了关系型数据库中时间复杂度高的连接操作，因此图数据处理性能大幅度提高。再者，如今大多数图数据库支持很多图算法，如最短路径、图遍历等，这些在传统数据库中难以实现或效率较低。

### 3. 高效率

图数据库的高效率主要体现在两个方面，首先是对开发效率的提升。由于图数据库的直观性和灵活性，开发者能够更快地构建和修改复杂的数据模型，这直接提升了开发效率。此外，图数据库的节点与边连接结构易于更改，适应性强，在需要频繁变更数据模型的场景中，图数据库能够提供更高的效率。相比之下，传统的关系型数据库在应对这类需求时需要进行十分复杂的模式迁移。

总的来说，图数据库的高维性使其能够更自然地表示复杂的数据关系，高性能使其在执行复杂查询时更加高效，而高效率则体现在它对开发者友好、适应性强上。这些特点使得图数据库在处理复杂网络关系、动态变化的数据结构和大量的非结构化数据时，相较于传统的关系型数据库，显得更加得心应手。随着数据量的增长和数据结构的复杂化，图数据库在许多领域的应用将更加广泛。

## 5.3.2 图数据库的优缺点

### 1. 图数据库的优点

图数据库的数据插入和查询操作相比于传统的关系型数据库更为直观和简洁，主要是因为图数据库的数据结构本身就是围绕着实体（节点）及其关系（边）构建的。这种结构使得在图数据库中进行数据操作时，不需要像在关系型数据库中那样频繁地考虑和处理多个表之间的关联关系。

在关系型数据库中，数据通常被存储在多个表中，而表与表之间通过外键等方式建立联系。这种结构在处理复杂关系，尤其是涉及多表连接查询时，可能变得相当复杂和效率低下。开发者需要详细规划表结构，以及如何通过连接操作来获取所需的数据。相反，在图数据库中，数据以图的形式存储，节点代表实体，边代表实体间的关系。这种结构使得插入数据时，只需简单地添加节点和边；查询操作时，也只需遍历节点和边，而无须进行复杂的表连接操作。例如，如果想要查询一个社交网络中的朋友关系，只需要直接查询某个用户节点的相邻节点，而在关系型数据库中，这可能需要多表连接和复杂的查询语句。

此外，图数据库的查询语言（如 Cypher、Gremlin）通常比 SQL 更加直观，特别是在表达复杂关系和模式时，这使得开发者在处理数据时可以更专注于业务逻辑本身，而不是被数据库结构的复杂性所困扰。

总之，图数据库的数据操作方式为处理复杂关系和大量数据提供了更直观、更高效的方式，对复杂关系数据的高效处理是图数据库最大的优势所在。下面给出一个具体的实验案例来证明这一点。

实验内容是在一个给定的社交网络数据集里找到最大深度为 X 的朋友，数据集包括大约 100 万人，每人约有 50 个朋友。实验中的对比数据库为传统关系型数据库 MySQL 与图数据库 Neo4j。通过逐渐加深朋友深度（X 从 2 增加到 5），可以看出 Neo4j 的搜索时间远远小于 MySQL（图 5-5 为实验结果）。

| 深度 | MySQL执行时间(s) | Neo4j执行时间(s) | 返回记录数 |
|---|---|---|---|
| 2 | 0.016 | 0.01 | ~2500 |
| 3 | 30.267 | 0.168 | ~110000 |
| 4 | 1543.505 | 1.359 | ~600000 |
| 5 | 未完成 | 2.132 | ~800000 |

图 5-5　查询速度对比实验结果

**2. 图数据库的缺点**

图数据库虽然在处理复杂关系数据方面有显著优势，但它也存在一些缺点，主要体现在处理大规模数据和超大节点时的性能问题上。

**（1）数据规模增大的影响**

1）插入速度下降：随着数据规模的增大，图数据库的插入速度可能会逐渐下降。这是因为每次插入新的节点或边时，图数据库需要更新索引和维护节点之间的关系，这在数据量大时尤为复杂和耗时。

2）查询性能受影响：大规模数据下，图数据库的查询性能可能也会受到影响，尤其是涉及深度遍历和复杂模式匹配的查询，在巨大的图结构中可能会变得缓慢。

**（2）超大节点的问题**

1）性能瓶颈：在图数据库中，如果存在某些节点具有非常多的边（如社交网络中的大 V 或关键枢纽节点），这些节点可能成为性能瓶颈。对这些节点的操作，如遍历其所有边，将需要消耗更多的时间和资源。

2）不均衡的负载：超大节点还可能导致数据和负载的不均衡，特别是在分布式图数据库中，这可能导致一些节点过载而其他节点闲置。

总而言之，图数据库相比于关系型数据库和其他非关系型数据库来说，有着十分明显的优势和劣势，这也使得它的适用方向十分清晰。图数据库最适合存储拥有复杂关系的、近似图的一类数据，例如社会关系、公共交通网络、地图及网络拓扑等。而图数据库在面对记录大量基于事件的数据（例如日志条目或传感器数据）、二进制存储数据或适合保存在关系型数据库中的结构化数据时，则表现不够出色。

## 5.4　图数据库的主要技术

### 5.4.1　图数据库的数据模型

图模型是图数据库表达图数据的抽象模型。目前主流的图模型主要包括资源描述框架（Resource Description Framework，RDF）和属性图两种。

首先介绍 RDF。RDF 是一种用于描述网络中资源的标准模型。它基于一种简单的数据结构，即 SPO（Subject, Predicate, Object）三元组，用于表达和记录信息和关系。这种模型使 RDF 成为一种非常灵活且强大的数据描述语言，特别适用于网络环境和复杂数据集的组织。

**1. SPO 三元组**

1）主体（Subject）：主体指的是事物或概念，可以是一个具体的实例或一个类别。在

RDF 中，主体通常是一个资源，如一个网页、一个人或一个物体。

2）谓词（Predicate）：谓词描述主体和客体之间的关系或属性。谓词相当于两者之间的连接，表明主体和客体之间的某种联系或主体的某种特性。

3）客体（Object）：客体可以是一个具体的值（如字符串、数字等），也可以是另一个资源。在 RDF 的三元组中，客体是关系的终点，或者是属性的值。

由于 RDF 的可扩展性和语义丰富性，它被广泛应用于各种领域，尤其是在构建语义网和知识图谱方面。例如，RDF 用于描述网页内容，使得搜索引擎可以更准确地理解和索引网页信息；在知识管理和数据整合中，RDF 可以用来统一不同数据源的格式，实现数据的有效连接和分析。图 5-6 是一个简单的 RDF 模型示例，展现出了网页信息、网址与作者间的关系。

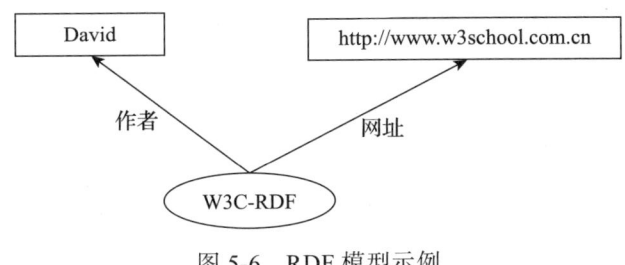

图 5-6 RDF 模型示例

**2. 属性图模型**

属性图包括以下几个部分：

1）点（节点）：点代表图中的实体，如人、地点、事件等。每个点可以拥有一组属性（如名称、年龄等），用于描述该实体的具体信息。

2）边：边表示点之间的关系，例如"朋友"关系或"属于"关系。边本身也可以拥有属性，比如关系的强度、类型或持续时间等。

3）标签：标签用于对点和边进行分类，便于区分不同类型的实体和关系。例如，可以使用"人"标签来标记人类实体，或者用"朋友"标签来标记朋友关系。

4）属性：属性以键值对的形式存在，为点和边附加具体的信息。属性增加了图的表达能力，使得可以更详细地描述实体和关系。

图 5-7 给出了一个记录刘备与曹操打的汉中之战的属性图模型示例。

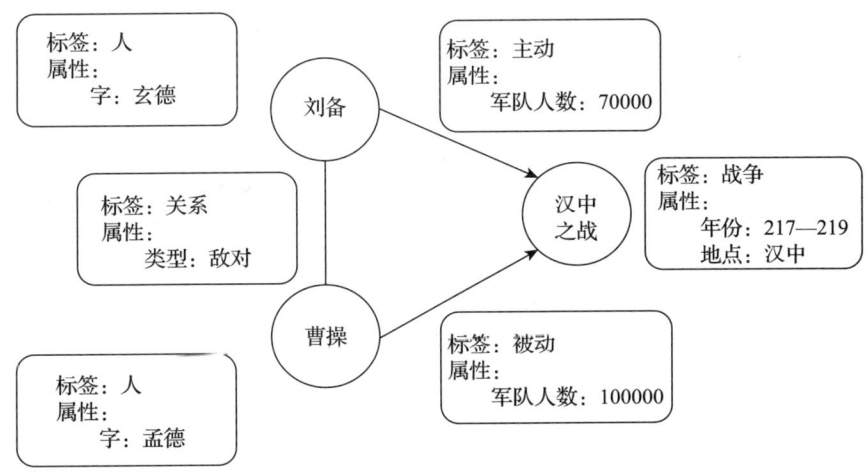

图 5-7 属性图模型示例

相较于 RDF，目前主流的图数据库选择的图模型是属性图。属性图模型的核心在于其灵活性和直观性。与 RDF 模型相比，属性图模型在表达复杂关系和属性方面更为直观和丰富。两者之间的主要区别在于，属性图模型允许直接在点（节点）和边上存储属性，而 RDF 模型则依赖于三元组来表示这些信息。

### 5.4.2 图数据库的存储引擎

图数据库存储引擎是图数据库系统的核心部分，负责高效地存储、索引和查询图数据。不同的图数据库存储引擎具有不同的特点和优势，适用于不同的应用场景。整体上图数据库有原生和非原生存储两种存储方式。以 Neo4j 和 JanusGraph 为例简要说明两种方式。

#### 1. 原生图存储：以 Neo4j 为例

Neo4j 采用原生图存储设计，意味着它从底层开始就是为了优化图数据的存储和访问而构建的。这种设计理念使得 Neo4j 在处理图相关操作时更加高效。在具体的存储结构中，Neo4j 会将图数据分解并存储在多个不同的文件中。例如，节点、边（称为关系）、属性和标签等，都在独立的存储文件中。这样的分解使得数据访问和修改更加快速和直接。此外，在数据索引和访问上，Neo4j 使用链表、排序树、哈希表等数据结构来优化数据的索引和访问。链表适合快速遍历节点和关系，而排序树和哈希表则有助于高效地查找操作。

总之，原生图存储在处理深度遍历、复杂查询和大量关系数据时显示出高性能，因为这些操作是原生存储系统的设计重点。

#### 2. 非原生图存储：以 JanusGraph 为例

JanusGraph 使用非原生图存储方式，它利用现有的数据存储解决方案（如键值存储、文档存储等）来存储图数据。这种方法会提供更大的灵活性和扩展性。在 JanusGraph 中，图结构被序列化为键值对，并存储在支持的底层数据存储系统中，如 Cassandra、HBase 或 Google Cloud Bigtable。这种方法使得 JanusGraph 可以轻松扩展并利用现有的大数据技术。

此外，非原生图存储的兼容性更好，这种存储思想使 JanusGraph 能够与多种后端数据库兼容，为用户提供更多的选择和灵活性。这对于需要在不同数据库技术间迁移或整合的场景尤其有用。

总而言之，原生和非原生图存储各有优势。原生图存储（如 Neo4j 所采用的方式）专为图数据优化提供了高效的图操作性能，但可能在大规模分布式处理方面受到限制。而非原生图存储（如 JanusGraph 所采用的方式）虽然在某些图操作上可能不如原生存储高效，但在数据扩展性、系统兼容性方面有明显优势。

表 5-1 为具体的图数据存储引擎示例。

表 5-1 图数据存储引擎示例

| 示例 | 类型 | 特点 | 适用场景 |
| --- | --- | --- | --- |
| Neo4j | 原生图存储引擎 | 专为图数据操作优化，提供高效的遍历性能；支持 ACID 事务，保证数据的一致性和完整性；提供了丰富的索引机制，包括全文索引和空间索引 | 复杂关系分析、实时推荐系统、社交网络分析等 |
| JanusGraph | 非原生图存储引擎 | 支持多种后端存储；可扩展性强，适合处理大规模图数据；与索引后端（如 Elasticsearch）集成，支持复杂的查询 | 大数据环境下的图数据处理，如物联网数据分析、大规模网络拓扑分析等 |

(续)

| 示例 | 类型 | 特点 | 适用场景 |
|---|---|---|---|
| Amazon Neptune | 原生图存储引擎 | 支持开放图查询语言 Gremlin 以及 RDF 标准的 SPARQL；高度集成于 AWS 生态系统，提供高可用性和安全性；支持快照和恢复，易于维护 | 云基础设施中的图数据管理和分析，包括知识图谱、身份图谱等 |
| ArangoDB | 多模型数据库，包括图数据库功能 | 支持文档存储和图数据模型；提供灵活的查询语言 AQL，适用于复杂的图查询；可扩展性好，适合分布式部署 | 需要同时处理文档和图数据的场景，如内容管理系统、复杂网络分析等 |
| OrientDB | 多模型数据库，支持图数据模型 | 支持 SQL 查询语言的扩展，易于学习和使用；提供了灵活的配置选项，适合各种规模的项目；高性能，适合实时数据处理 | 企业级应用，如 CRM 系统、知识管理等 |

### 5.4.3 图数据库的操作语言

目前为止，图数据库尚未形成业界统一认可的查询语言，通常都是不同的图数据库产品使用不同的查询语言。不过，一些标准化的工作已取得进展，使得 Gremlin、SPARQL 成为代表性描述式查询语言，Cypher 成为代表性命令式查询语言。下面对这三种代表性图数据库查询语言进行简单的介绍。

#### 1. Gremlin

Gremlin 是 Apache TinkerPop 图计算框架提供的图查询语言。它是一个功能强大的、与图数据库和图计算引擎交互的语言，支持各种复杂的图结构和操作。此外，Gremlin 还是一个图遍历机，允许用户以声明和命令的方式来对图进行查询和分析。

#### 2. SPARQL

作为一种描述式查询语言，SPARQL 专门用于查询 RDF 数据，是一种强大的图查询语言。SPARQL 的主要特点在于允许用户编写复杂的查询，以提取、操作和聚合 RDF 数据。在众多图数据库操作语言中，SPARQL 的标准化程度最高。作为 W3C 的标准，SPARQL 在 RDF 和语义网领域具有广泛的应用和支持。

#### 3. Cypher

Cypher 是由 Neo4j 引入的命令式图查询语言，专为图数据的查询和操作设计，是目前最主流的图数据库操作语言。Cypher 语言的最大优点在于语法类似于 SQL，易于学习和使用。此外它专注于图结构的表达，使得查询更加直观和易于理解。随着技术的进步，Cypher 语句也正在逐渐被其他图数据库系统所采纳。

### 5.4.4 图数据库的算法

图数据库中的算法主要用于解决与图结构相关的各种问题，如路径查找、网络分析、图模式匹配等。目前很多主流图数据库已经提供了许多简单的图论相关算法函数，便于使用者更好地使用图数据。

#### 1. 图遍历类算法

1）深度优先搜索（DFS）：DFS 是沿着树的深度遍历树或图的节点，尽可能深地搜索每个分支。

2)广度优先搜索（BFS）：BFS 是从树的根（或图的某一节点）开始，逐层遍历树的节点，先访问离根近的节点。

**2. 最短路径查询类算法**

1）Dijkstra 算法：用于找出图中两个节点之间的最短路径，适用于带权重的图。

2）A* 算法：一种效率更高的寻找单源最短路径的算法，特别适用于有启发式信息可用时的情况。

3）贝尔曼–福特算法：能够处理图中包含负权重边的最短路径问题。

**3. 近邻查询类算法**

1）直接邻居查询：此查询返回与指定节点直接相连的所有节点。在无向图中，这意味着查找所有与给定节点通过一条边直接连接的节点；在有向图中，则可能区分入邻居和出邻居。

2）$K$ 度邻居查询（$K$-Hop）：它是一种典型的近邻查询，其标准定义是从当前节点出发与之最短距离为 $K$ 步（层）的所有节点的集合。这个定义中最为关键的是"最短距离"，其次节点的集合应该是去重的，即不应重复、多次计算任何节点。$K$ 代表一个较小的整数，通常在 $1 \sim X$ 之间，最小为 1，最大几乎不会超过 $X = 30$，但这并非绝对的上限。

**4. 查询优化类方法**

1）索引机制：像传统数据库一样，图数据库也大多使用索引来加速查询过程。这些索引可以是节点和边的属性索引，有助于快速定位具有特定属性的元素。

2）查询计划和执行：高级图数据库通常具备查询计划器，它能够分析查询请求并选择最有效的执行路径。此外，图数据查询时会采取适当的查询策略，包括选择合适的遍历方法（如深度优先或广度优先）、利用并行处理能力等。

3）数据分区和分片

- 数据分区：逻辑上将图数据分成较小的部分，以提高查询效率，尤其是在分布式图数据库中。
- 数据分片：物理上将图数据分布到不同的服务器或集群上，以降低单个查询对资源的需求，并提高并行处理能力。

## 5.5 代表性图数据库——Neo4j

### 5.5.1 Neo4j 概述

Neo4j 图数据库以更加自然的方式链接数据。作为一个高性能的 NoSQL 图数据库，它具有嵌入式和高性能的特点，其 Java 持久化引擎具备完全的事务特性，它在图（网络）中而不是表中存储数据。Neo4j 数据库是用 Java 和 Scala 编写的，其源代码可在 GitHub 上获取。Neo4j 的起源可以追溯到其作为一个嵌入式 Java 数据库的创建，这也是其名称中 "4j" （for java）部分的由来。最初，Neo4j 是为了解决其创始人在开发内容管理系统（CMS）过程中遇到的特定问题而设计的。这些问题主要集中在处理照片的权限和元数据管理方面，特别是考虑到多种连接、关系以及数据的复杂性，这些在传统的关系型数据库中难以有效表达。随着时间的推移，创始人迅速认识到，Neo4j 在 CMS 应用程序之外还有广泛的应用潜力。因此，Neo4j 逐渐发展成为一个更通用的系统，被广泛应用于多种场景，包括个性化推荐系统、物流和路线规划、网络拓扑图处理等领域。这种演变标志着 Neo4j 从一个特定用途的工具转变为一个具有广泛应用价值的通用图数据库系统。

### 5.5.2 Neo4j 图数据库的数据模型和存储结构

Neo4j 的数据模型是基于图形理论构建的，主要由节点（node）、关系（relationship）、属性（property）和标签（label）组成。节点在这个模型中代表实体，类似于关系型数据库中的元组，并包含多个键值对形式的属性。关系则是连接不同节点的有向边，不仅表明节点之间的联系，还能拥有自己的属性来提供更丰富的上下文信息，并且总是具有描述其性质的类型。属性则是节点和关系都具有的一类信息，其数据结构类似于 Python 中的字典，而标签则是为了更好地组织节点和关系。

Neo4j 图数据库采用了一种专为图数据设计的独特存储结构，区别于传统关系型数据库。关系在 Neo4j 中不仅仅是连接，而是数据库的核心部分。此外，为了提升查询效率，Neo4j 支持对节点和关系的属性建立索引。节点可以被赋予标签（label），以便于组织和查询数据。在物理存储层面，Neo4j 使用多个文件分别存储节点、关系和属性，这种结构的分离确保了数据的高效存取。每个节点和关系都有唯一的标识符（ID），用于内部的快速访问和数据管理。通过这些特点，Neo4j 在处理大规模图数据、深层关系遍历和模式匹配方面表现出色。

### 5.5.3 使用 Neo4j 的优势

Neo4j 之所以广泛应用，主要得益于它的关系处理能力、灵活的数据模型、直观的 Cypher 查询语言、出色的实时查询性能以及良好的扩展性和高可用性。作为一个专门设计用来处理复杂关系和网络结构的图数据库，Neo4j 在社交网络分析、推荐系统、欺诈检测、知识图谱等多个领域展示了其独特优势。此外，其活跃的社区和丰富的生态系统为开发者提供了大量的支持资源，促进了其在各种应用中的使用。Neo4j 还提供云服务版本，简化了数据库的部署和管理，而作为一个开源项目，它吸引了广泛的开发者和企业的关注。这些因素共同使得 Neo4j 成为处理高度连接数据和复杂关系分析的首选数据库。

### 5.5.4 Cypher 语句

Cypher 是一种命令式图查询语言，允许对图进行富有表现力和高效的查询、更新和管理。由于它与其他语言的相似性以及直观性，它是迄今为止最容易学习的图形语言。下面从节点表示、关系语法、创建数据和几个关键的 Cypher 语句来介绍 Cypher 的基础用法。

#### 1. 节点表示

Cypher 中的节点使用括号括起来，例如 (node)，括号看起来与数据模型中可视化表示节点的圆圈相似。节点的任何信息都可以写在括号里面，包括节点变量、节点标签、节点属性。

例如：

```
(p:Person {name: 'Tom'})
```

其中 p 为节点的临时变量名，是一种虚拟的参数；Person 为节点的标签；{} 中的内容为节点的属性信息，其格式类似于 Python 中的字典。

### 2. 关系语法

Cypher 使用一对破折号（--）来表示无向关系。有向关系的一端有一个箭头（<--，-->），例如：

```
-[role:ACTED_IN {roles: ['Neo']}]->
```

其中 role 为关系变量；ACTED_IN 为关系类型；{} 及其内部内容为属性。

### 3. 创建数据

CREATE 关键词用于创建节点、关系和属性，例如：

```
CREATE (p:Person {name: 'Keanu Reeves', born: 1964})
RETURN p;
```

创建关系语句示例：

```
MATCH (developer:Person), (testMovie:Movie)
WHERE developer.personName = 'Tom' AND developer.jobTitle = 'Actor' AND
    testMovie.movieTitle = 'Tom and Jerry'
```

其中 MATCH (developer:Person), (testMovie:Movie) 是从数据库中匹配两种类型的节点。WHERE developer.personName = 'Tom' 指定 developer 节点（代表一个人）的 personName 属性必须是 'Tom'。这是一个过滤条件，确保结果中的人名为 Tom。AND developer.jobTitle = 'Actor' 进一步过滤 developer 节点，要求其 jobTitle 属性为 'Actor'。这意味着查询的是名为 Tom 的演员。AND testMovie.movieTitle = 'Tom and Jerry' 是对 testMovie 节点的过滤条件，要求其 movieTitle 属性为 'Tom and Jerry'。这意味着查询将定位到标题为"Tom and Jerry"的电影。

```
CREATE (developer)-[actedRelation:ACTED_IN {releaseYear:1940}]->(testMovie)
RETURN developer, actedRelation, testMovie;
```

其中 CREATE 表明这是一个创建指令，用于在图数据库中新增数据。(developer) 表示一个已经存在或即将被创建的节点（代表一个人），前面已经定义了 developer 这个节点。-[actedRelation:ACTED_IN {releaseYear:1940}]-> 部分创建一个新的关系，actedRelation 是这个关系的变量名；ACTED_IN 是关系的类型，表示一个人参演某部电影；{releaseYear:1940} 是关系的属性，表示这个参演关系发生在 1940 年。(testMovie) 表示另一个已经存在或即将被创建的节点（代表一部电影），前面已经定义了 testMovie 这个节点。

同时创建节点和关系的示例：

```
CREATE p = (Person {name:'Tom'})-[:WORK_FOR]->(michael{name:'Michael'})
RETURN p;
```

### 4. MATCH 语句

MATCH 语句用于对节点或者关系进行查询、过滤，常与 WHERE 语句并用，例如：

```
MATCH (m:Movie)
RETURN m;
```

### 5. MERGE 语句

每当从外部系统获取数据或不确定图中是否已经存在某些信息时，MERGE 语句能够表达可重复的更新操作。若不存在某些信息，则会新建；若存在，则和 MATCH 语句等效。例如：

```
MERGE (m:Movie)
RETURN m;
```

### 6. SET 语句

SET 语句用于给已创建的对象添加属性。例如：

```
MATCH (n { name: 'Andy' })
SET n.surname = 'Taylor'
RETURN n.name, n.surname;
```

### 7. WHERE 语句

WHERE 语句用于节点筛选，常与 MATCH 等语句一起使用。例如：

```
MATCH (n)
WHERE n.name = 'Peter' XOR (n.age < 30 AND n.name = 'Timothy') OR NOT (n.name =
    'Timothy' OR n.name = 'Peter')
RETURN n.name, n.age;
```

### 8. REMOVE 语句

REMOVE 语句用于去除属性。

```
MATCH (p:Person {name: 'John'})
REMOVE p.temporaryAddress
RETURN p
```

注意，REMOVE 关键字后跟随节点的属性名，使用"节点名.属性名"的格式展现。在这个示例中，去除了 John 的临时地址。

### 9. ORDER BY 语句

ORDER BY 语句用于给查询结果排序。

```
MATCH (p:Person)
RETURN p.name, p.age
ORDER BY p.age ASC
```

其中 ORDER BY 的格式与 SET 相似，其后面是节点的属性，该示例的含义是查找所有人的名字和年龄，并按年龄大小升序排列，如下是降序排列的示例如下：

```
MATCH (p:Person)
RETURN p.name, p.age
ORDER BY p.age DESC
```

### 10. DELETE 语句

DELETE 语句用于删除节点。需注意，DELETE 语句仅可对无关系连接的节点使用，若要对有关系的节点使用，则需要添加 DETACH 关键词。

```
MATCH (t:TemporaryData)
DELETE t
```

上面的语句用于删除所有标签为临时数据的无关系连接节点，若临时节点有关系连接，则需要使用以下语句：

```
MATCH (t:TemporaryData)
DETACH DELETE t
```

其中 DETACH DELETE t 命令首先删除节点 t 的所有关系，然后删除节点本身。

**11. 聚合函数**

返回匹配标签 Employee 成功的记录个数：

MATCH (e:Employee) RETURN count( * );

返回匹配标签 Employee 成功的记录中，最高或者最低的工资：

MATCH (e:Employee) RETURN max/min(e.salary);

返回匹配标签 Employee 成功的记录中，所有员工工资之和：

MATCH (e:Employee) RETURN sum(e.salary);

返回匹配标签 Employee 成功的记录中，所有员工工资的平均值：

MATCH (e:Employee) RETURN avg(e.salary);

## 5.6 Neo4j 图数据库的基础实验

为了更好地理解 Neo4j 图数据库，本部分设计了两个实验，一个是 Neo4j 基础实验，一个是 Neo4j 进阶实验。基础实验应用简单的 Cypher 语句实现图数据库的基础功能，进阶实验则是用图数据库 Neo4j 实现基于知识图谱的协同过滤推荐。

### 5.6.1 实验目的

该实验目的在于熟悉 Neo4j 数据库的使用，实践使用 Cypher 语句，学会使用语句创建、查询、删除小型数据库。

### 5.6.2 环境配置

1）下载 java：从 Java Downloads | Oracle 选择合适版本下载，建议安装 jdk8 或者 jdk11。

2）在官网下载 Neo4j 社区版，官网地址为：https://neo4j.com/download-center/#community。注意与 JDK 版本要相兼容，JDK 版本为 17 可安装 Neo4j 5.xx 版本，JDK 版本低于 17 则要安装 Neo4j 4.xx 及以下版本。Neo4j 下载页面如图 5-8 所示。

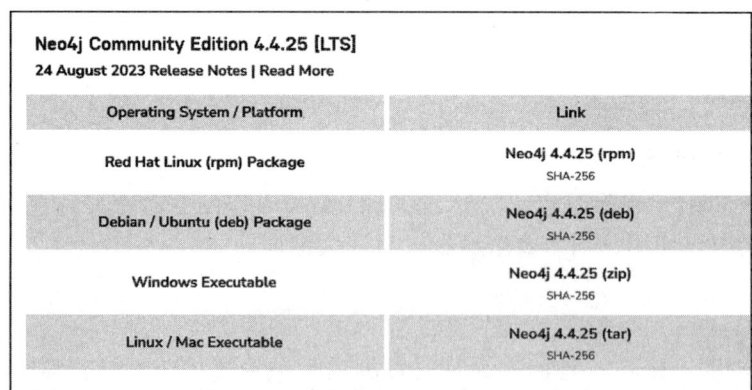

图 5-8　Neo4j 下载页面

3）配置环境变量。

从设置进入，搜索"高级系统设置"，如图 5-9 所示，单击"环境变量"，在系统变量区域单击"新建",分别配置 Java 和 Neo4j。

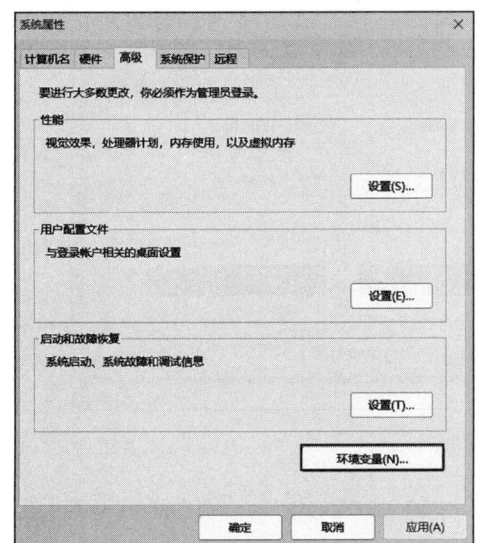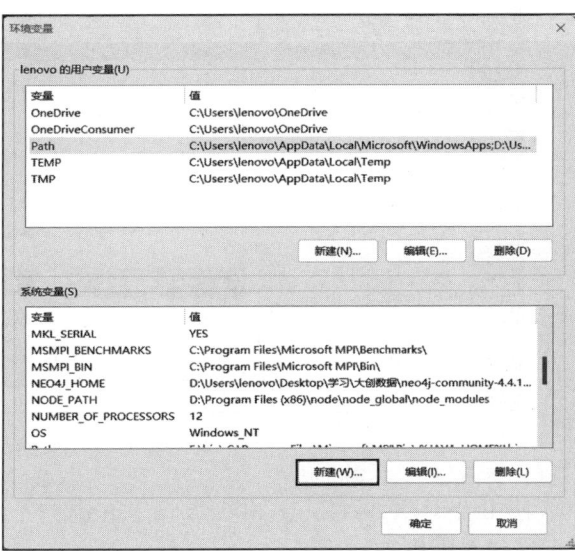

图 5-9　环境变量配置

命名为 NEO4J_HOME,变量值设置为 Neo4j 解压后文件夹的绝对路径;命名为 JAVA_HOME,变量值设置为 JDK 解压后文件夹的绝对路径。然后单击系统变量区域的 Path,单击"新建",输入 %NEO4J_HOME%\bin,新建 Neo4j 的 bin 文件夹的本地路径。继续单击"新建",输入 %JAVA_HOME%\bin 和 %JAVA_HOME%\jre\bin,单击"确定"保存。

4)检查是否配置成功。

按 <win+R>,输入 cmd 单击"确定"打开命令提示符。输入 java -version 检查,若显示 Java 对应版本则说明 Java 配置成功。

以管理员身份运行命令提示符,在命令行输入 neo4j.bat console,启动 Neo4j 数据库(之后启动可通过找到 Neo4j 的 bin 目录,在 bin 文件夹下的命令行中输入 neo4j.bat console 实现)。

### 5.6.3　实验步骤

在控制台中,输入 neo4j.bat console 启动 Neo4j 数据库,启动界面如图 5-10 所示。根据终端输出的地址进入浏览器打开,即可进入 Neo4j 主界面,如图 5-11 所示。

图 5-10　Neo4j 启动界面

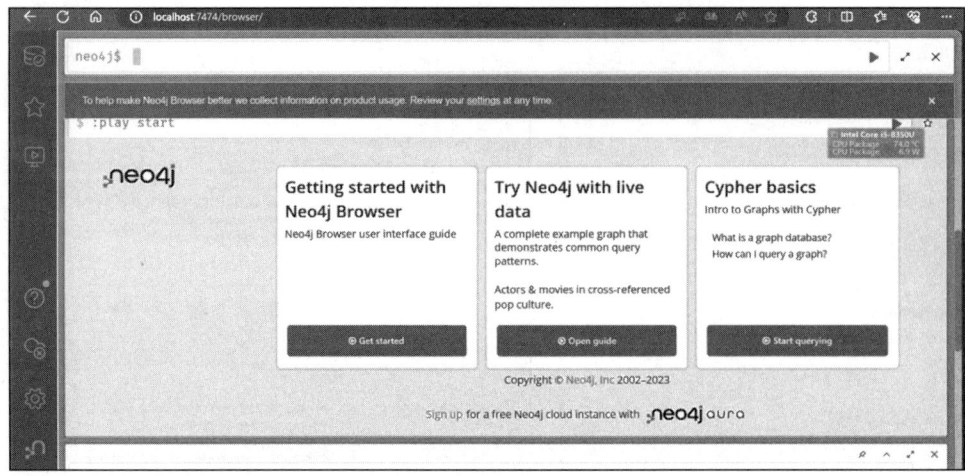

图 5-11　Neo4j 主界面

使用语句 CREATE (n:Person {name:'张三'}) RETURN n; 创建新的节点用于实验。结果如图 5-12 所示。

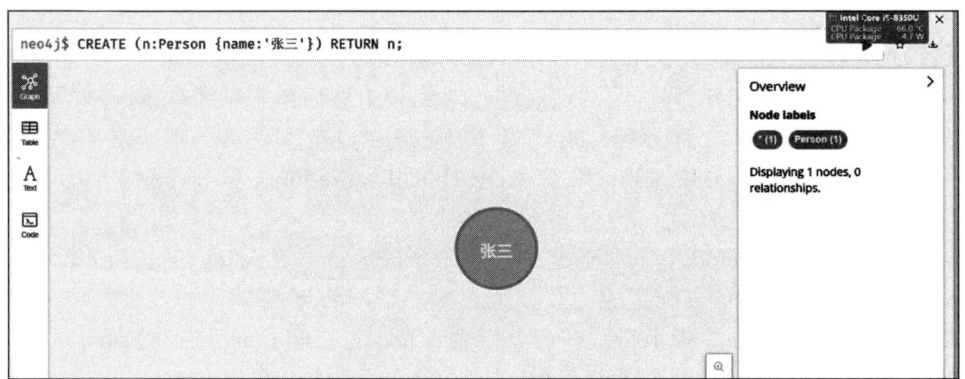

图 5-12　张三节点示例

用同样的语句创建更多节点用于后续实验，返回输出如图 5-13 所示。

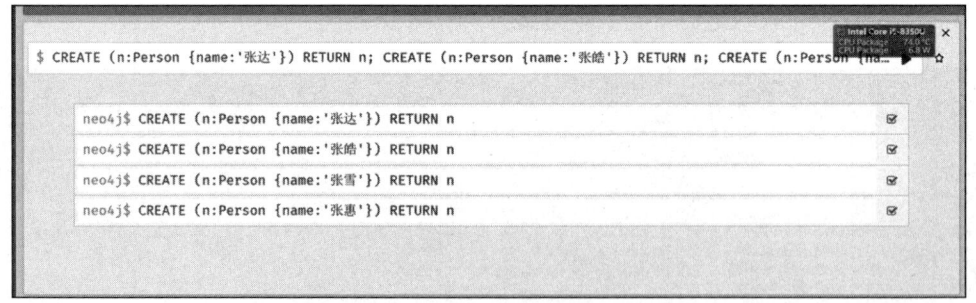

图 5-13　创建更多节点的输出结果

通过检索语句和 MERGE 语句创建节点间的关系，运行成功结果如图 5-14 所示。
MATCH (a:Person {name:'张达'}), (b:Person {name:'张三'}) MERGE (a)-[:FATHER]->(b);

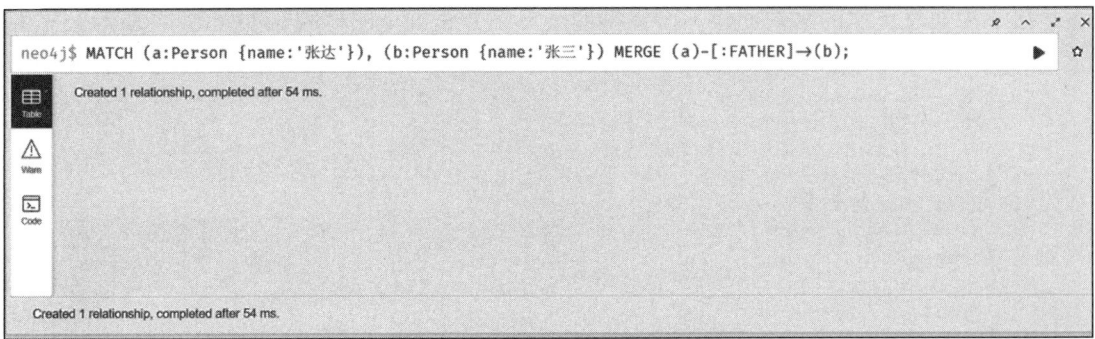

图 5-14　创建关系语句的运行结果

通过相似的语句创建更多的关系，运行结果如图 5-15 所示。

```
MATCH (a:Person {name:'张皓'}), (b:Person {name:'张三'}) MERGE (a)-[:FATHER
    {since:2018}]->(b);
MATCH (a:Person {name:'张三'}), (b:Person {name:'张雪'}) MERGE (a)-[:SISTERS
    {since:2018}]->(b);
MATCH (a:Person {name:'张三'}), (b:Person {name:'张惠'}) MERGE (a)-[:SISTERS
    {since:2018}]->(b);
MATCH (a:Person {name:'张达'}), (b:Person {name:'张皓'}) MERGE (a)-[:BROTHERS
    {since:2019}]->(b);
```

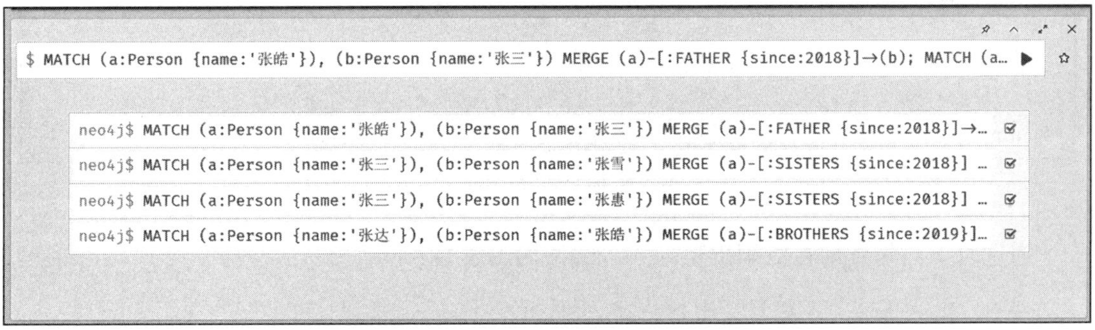

图 5-15　创建更多关系的结果示例

可以通过语句 MATCH(a)RETURN a;查看全图样貌，如图 5-16 所示。

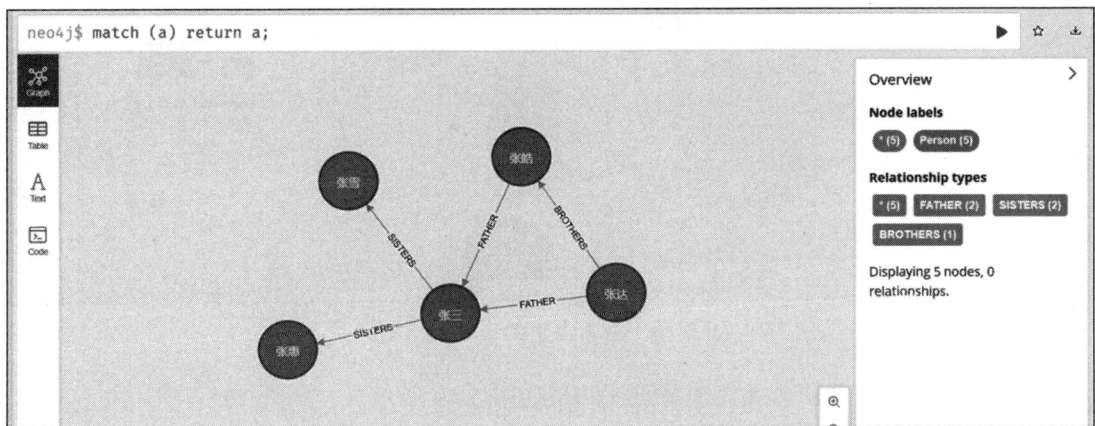

图 5-16　人物关系全图样貌

接下来通过更多的语句创建不同类型的节点,并查询全图样貌,如图5-17所示。

```
CREATE (n:Location {city:'南阳'});
CREATE (n:Location {city:'洛阳'});
CREATE (n:Location {city:'平凉'});
CREATE (n:Location {city:'南昌'});
MATCH (a:Person {name:'张三'}), (b:Location {city:'平凉'})
MERGE (a)-[:BORN_IN {year:1999}]->(b);
MATCH (a:Person {name:'张雪'}), (b:Location {city:'洛阳'}) MERGE (a)-[:BORN_IN
    {year:2000}]->(b);
MATCH (a:Person {name:'张惠'}), (b:Location {city:'南阳'}) MERGE (a)-[:BORN_IN
    {year:2001}]->(b);
MATCH (a:Person {name:'张达'}), (b:Location {city:'南昌'}) MERGE (a)-[:BORN_IN
    {year:2000}]->(b);
MATCH (a:Person {name:'张皓'}), (b:Location {city:'洛阳'}) MERGE (a)-[:BORN_IN
    {year:1999}]->(b);
```

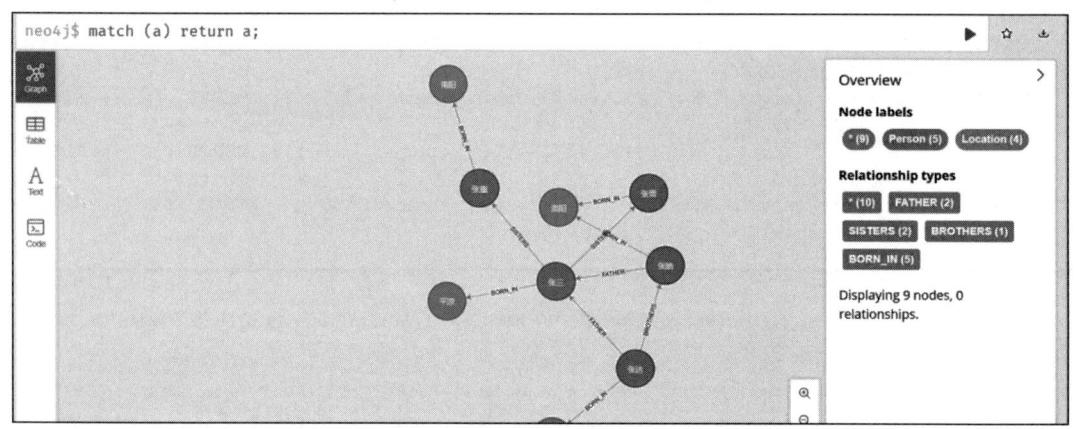

图 5-17 人物与地点数据全图样貌

通过以下语句查询在洛阳出生的人,结果如图5-18所示。

```
MATCH (a:Person)-[:BORN_IN]->(b:Location {city:'洛阳'}) RETURN a,b;
```

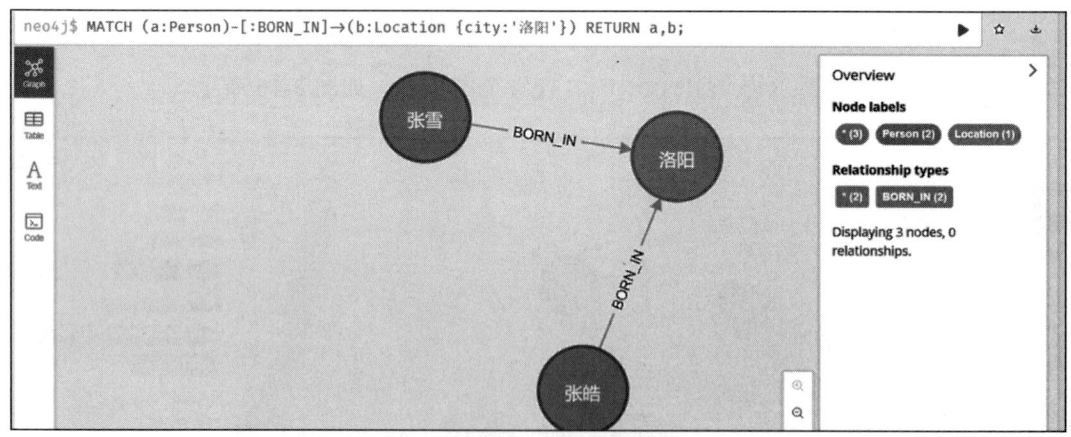

图 5-18 洛阳出生的人查询结果

通过以下语句查询所有关系源节点,结果如图5-19所示。

```
MATCH (a)-->() RETURN a;
```

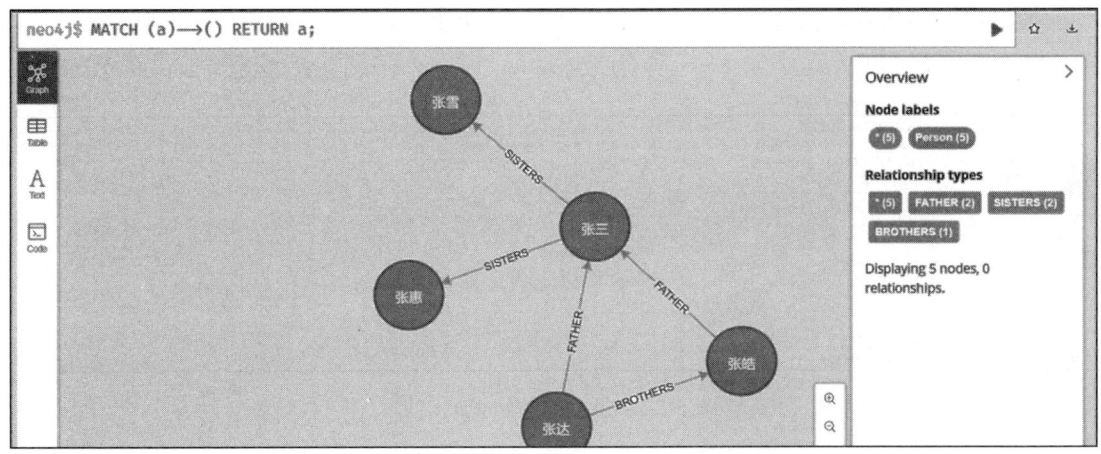

图 5-19　关系源节点查询结果

通过以下语句查询所有有关系的节点，结果如图 5-20 所示。

MATCH (a)--() RETURN a;

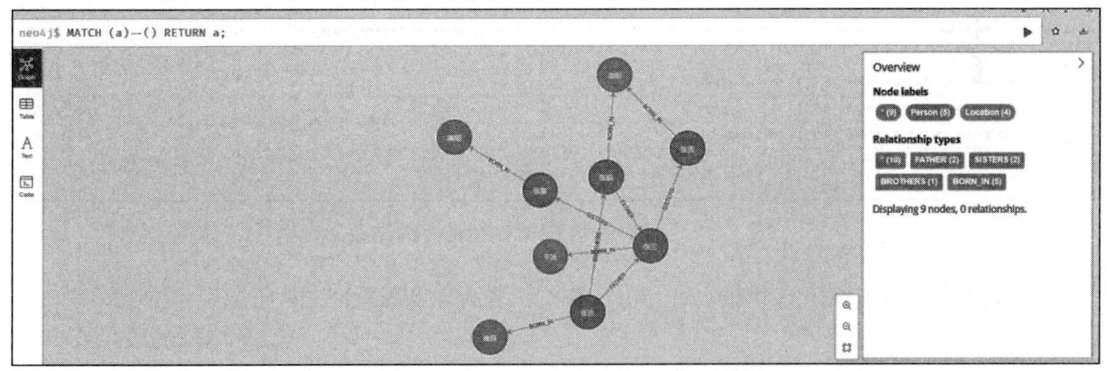

图 5-20　所有具有关系的节点查询结果

通过以下语句查询关系为父子关系的节点，结果如图 5-21 所示。

MATCH (n)-[:FATHER]-() RETURN n;

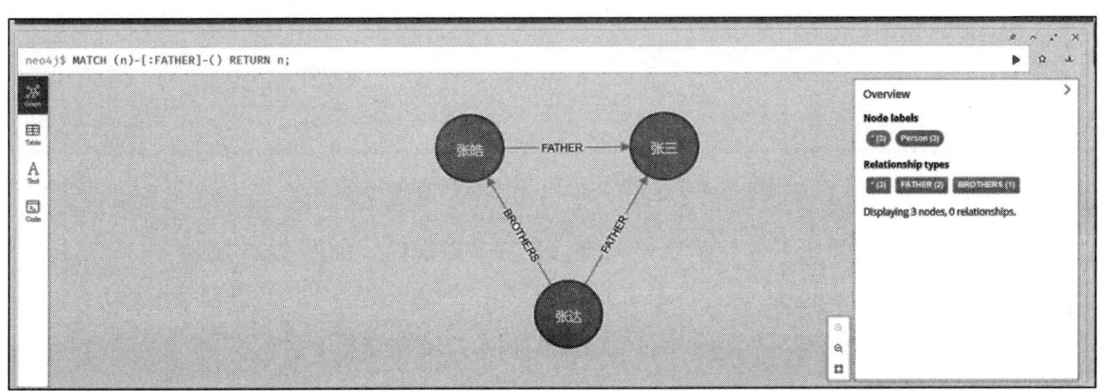

图 5-21　具有父子关系的节点查询结果

通过以下语句查询张达的姑姑，结果如图 5-22 所示。

```
MATCH (a:Person {name:'张达'})-[r1:FATHER]-()-[r2:SISTERS]-(b) RETURN b.name AS Name;
```

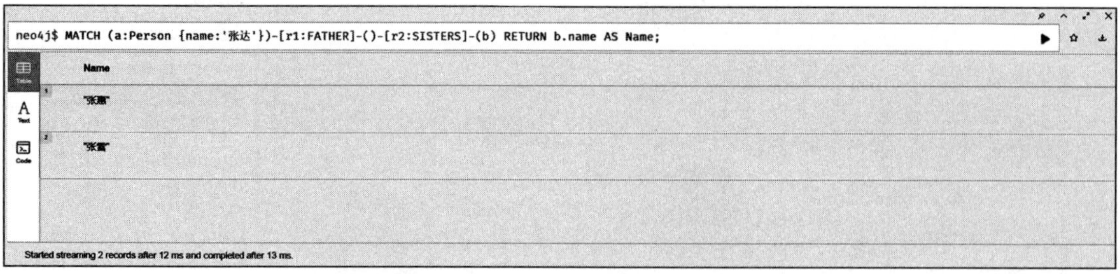

图 5-22　张达的姑姑查询结果

使用 SET 语句重新修改节点的属性，输出如图 5-23 所示。

```
MATCH (a:Person {name:'张三'}) SET a.age=23;
MATCH (a:Person {name:'张皓'}) SET a.age=23;
MATCH (a:Person {name:'张达'}) SET a.age=22;
```

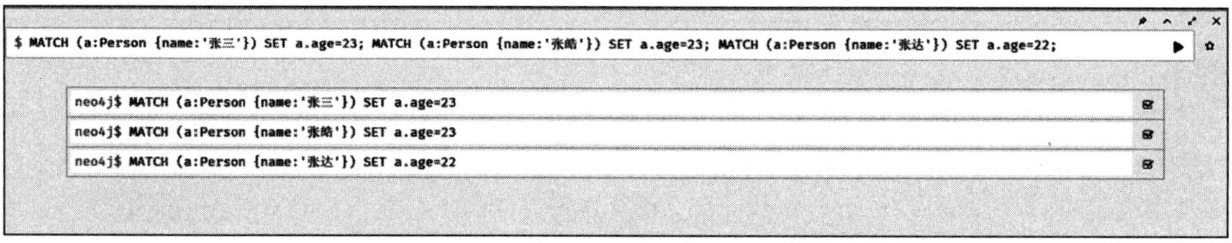

图 5-23　SET 语句修改节点属性的结果

通过以下语句查询所有年龄低于 30 岁的人，查询结果如图 5-24 所示。

```
MATCH (n)
WHERE n.age < 30
RETURN n.name, n.age;
```

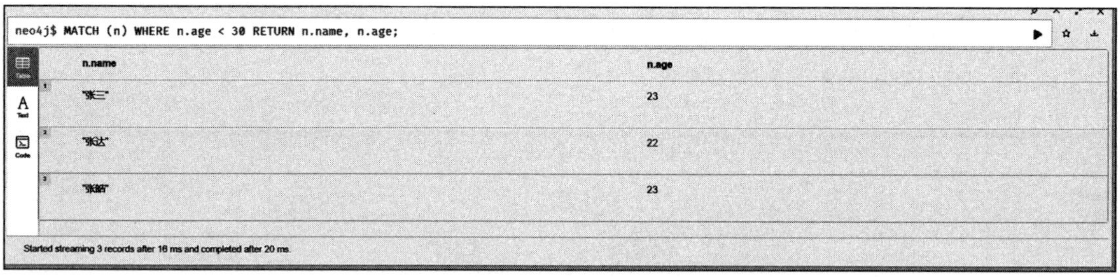

图 5-24　年龄低于 30 岁人群的查询结果

通过以下语句去除张三的年龄属性，查询张三节点属性，如图 5-25 所示。

```
MATCH (a:Person {name:'张三'}) REMOVE a.age
```

通过以下语句尝试删除节点"平凉"，结果如图 5-26 所示。

```
MATCH (a:Location {city:'平凉'}) DELETE a
```

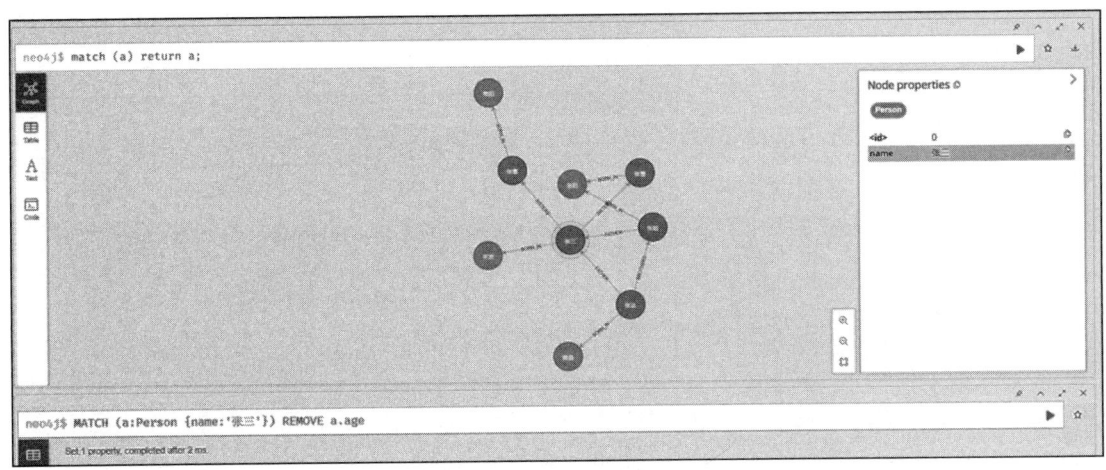

图 5-25　去除张三年龄后张三节点的属性（图右侧）

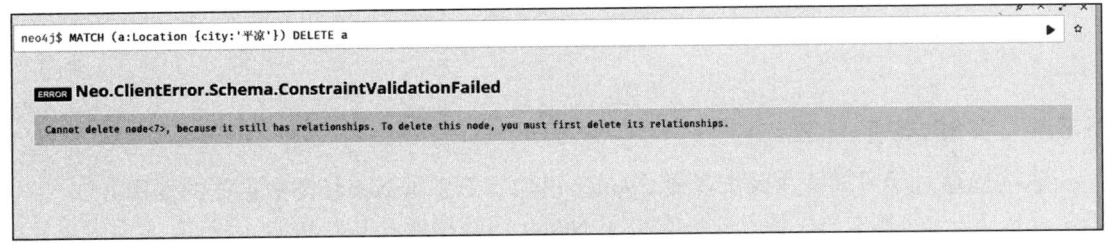

图 5-26　删除节点发生报错

图中发现报错，是因为平凉是关系连接的节点，执行下面的语句一并删除与节点有关的关系，查询图结构如图 5-27 所示。

```
MATCH (a { city: '平凉' })
DETACH DELETE a
```

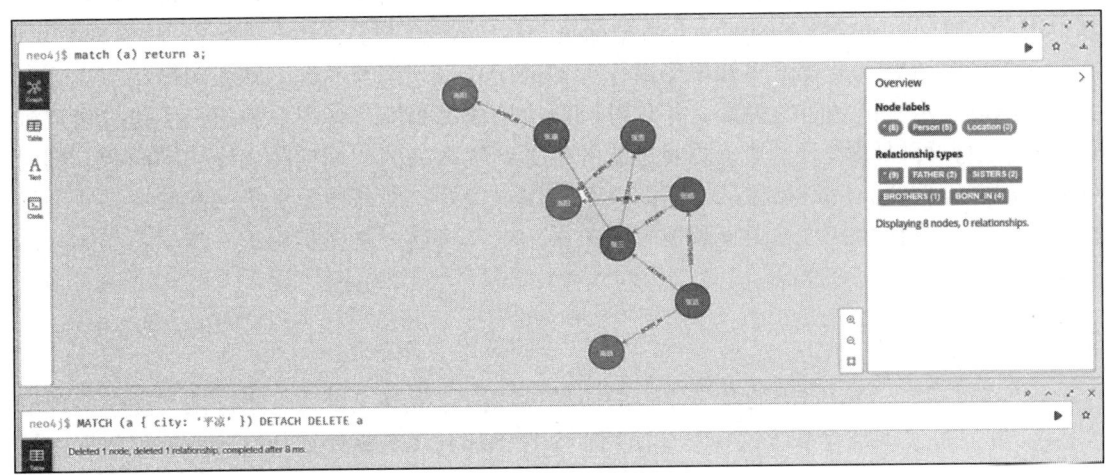

图 5-27　一并删除节点关系后的全图样貌

通过以下语句删除所有节点以及数据库。删除并查询图中节点，发现没有查询结果，如图 5-28 所示。

```
MATCH (n)
DETACH DELETE n;
```

图 5-28  删除所有节点后数据库清空

实验完成。

### 5.6.4  实验总结

该实验通过学习理解并操作多种 Cypher 语句，熟悉了 Neo4j 图数据库的使用方法，以及 Cypher 语句的基本语法特点，并掌握了 Neo4j 图数据库的基础功能。

## 5.7  Neo4j 图数据库的进阶实验

推荐算法是推荐系统的核心要素，可以分为基于用户的推荐系统、基于内容的推荐系统和混合推荐系统。基于用户的推荐系统根据用户和物品交互数据中用户或物品的行为相似性对用户偏好进行推荐，而基于内容的推荐系统则根据物品本身的相似性进行推荐。但基于用户的协同过滤推荐系统面临着数据稀疏、冷启动等问题。

近年来，研究人员尝试将知识图谱作为辅助信息引入推荐系统。知识图谱用节点表示实体，用边表示实体之间的关系，并且可以便捷地添加属性。将用户和用户侧信息集成到知识图谱中，可以缓解上述基于协同过滤的推荐系统面临的数据稀疏、冷启动问题，同时可以更加准确地捕获用户和物品之间的关系及用户偏好，提高推荐系统的准确性，并为推荐系统提供可解释性，通过图直观地看到关系。本节将通过具体实验进一步学习 Neo4j 图数据库的使用。

### 5.7.1  实验概述

本实验是基于知识图谱的基于用户的协同过滤推荐系统，目的是通过该实验学习理解 Neo4j，并通过实现推荐系统这一具体应用，掌握 Neo4j 图数据库如何高效地处理数据之间的关系。

以下是实验流程。首先从数据集中获取电影信息（如电影主题、名称、类型和用户的行为信息），对数据进行预处理，使得数据存储格式符合 Neo4j 的导入标准。接下来以电影标题作为知识图谱的主题，利用从数据中获取的相关信息构建电影年份、主题和评分关系三元组，完成电影知识图谱的初步构建。然后计算用户间的余弦相似度，并在图中加入用户间的相似关系，通过相似用户的行为为目标用户推荐电影。最终输出推荐结果。例如 Bob 喜欢看《肖申克的救赎》等一系列电影，通过算法找到和 Bob 喜好电影最相似的用户 Alice，在 Alice 喜爱的电影中筛除 Bob 看过的电影，将其他电影推荐给 Bob。

### 5.7.2 数据导入

Neo4j 导入数据的方式有：
1）使用 LOAD CSV 导入数据。
2）使用 neo4j-admin 工具导入数据。
3）使用编程语言或 ETL 工具导入。

其中 LOAD CSV 导入比较慢，但是容易上手。neo4j-admin 工具导入比较快，除了 LOAD CSV，相较于其他方法它也比较简单。这里主要介绍 LOAD CSV 和 neo4j-admin 工具导入数据的方法。

#### 1. 使用 LOAD CSV 导入数据

首先生成 CSV 文件，然后用 Cypher 语句 "LOAD CSV" 将数据导入 Neo4j 数据库中，这一方法仅支持 CSV 文件这一种数据格式。使用 LOAD CSV 导入数据的要求如下：
1）CSV 文件已经准备好。
2）Neo4j Browser 或 Cypher-shell 已打开，Neo4j DBMS 在本地运行，或选择云数据库 Aura，Sandbox 运行。
3）在 Neo4j 集群上操作（可选）。
4）如果 CSV 文件大于 100K 行数据，则需要特殊处理。

在创建输入文件时要注意以下问题。
1）默认情况下，字段以逗号分隔，但也可以指定其他分隔符。
2）所有文件必须使用相同的分隔符。
3）节点和关系可以保存在多个数据源中。
4）数据源可来源于多个文件，甚至可以来源于数据库服务器，通过 file:///URL 来访问。LOAD CSV 也支持通过 HTTPS、HTTP 和 FTP 来访问 CSV 文件。
5）提供数据字段信息的标题必须位于每个数据源的第一行。
6）在标题中没有相应信息的字段将不会被导入。
7）采用 UTF-8 编码。
8）每个节点必须保证有唯一确定的 ID 值。

#### 2. 使用 neo4j-admin 工具导入数据

neo4j-admin import 是 Neo4j 数据库的一个命令行工具，用于将数据从外部源导入 Neo4j 数据库中。neo4j-admin 工具仅支持 CSV 文件，且只能在 Destop 端使用。它的好处是导入速度快、效率高、支持导入大量数据并且一次性可以导入多个文件，需要注意的是，在使用 neo4j-admin 导入前，要确保 Neo4j 是关闭的状态。

使用 neo4j-admin 导入 CSV 文件时，注意 CSV 文件应该分为实体类型文件和关系文件。在实体类型文件中可以包含属性标签、属性名和唯一 ID，在关系文件中将两个实体类型的唯一 ID 对应形成关系，即确定关系起始处和关系结束处并指明节点的 ID 来自哪个 ID 空间。

neo4j-admin import 导入文件的步骤如下：

1）打开 cmd，进入 neo4j 安装路径中的 bin 目录。

2）将要导入的 CSV 文件放在 neo4j 安装路径中的 import 文件夹。

3）输入以下命令：

neo4j-admin import（--database= movies.db）--nodes=import/out_movies.csv --nodes=import/out_ratings.csv --relationships nodes=import/roles.csv

如果不指定导入的目标数据库则默认使用 neo4j 的内置数据库，如果指定目标数据库则会生成一个新的数据库。导入成功后启动 Neo4j。

注意：Neo4j 的启动和关闭是在 neo4j 安装目录下的 bin 文件夹中打开 cmd，输入 neo4j start 或者 neo4j stop 来完成。

### 5.7.3 实验步骤与代码展示

本实验主要分为四步，分别为数据预处理、数据导入、设计推荐系统以及打印推荐结果，具体实验流程如图 5-29 所示。

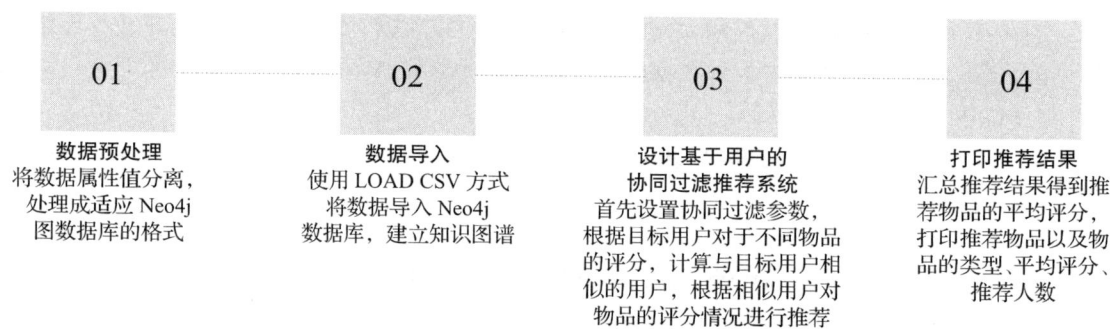

图 5-29　基于知识图谱的推荐系统实验流程

**1. 数据预处理**

原始数据共有两个数据集，分别为 movies.csv 和 ratings.csv，movies.csv 中包括电影 id、电影名（年份）、电影类型，ratings.csv 中包括用户 id、电影 id、评分。

在此实验中选择使用 LOAD CSV 方法导入数据，所以需要将数据集处理为干净的、符合要求的数据集。在构建知识图谱时，要用到电影 id、电影名、年份、电影类型、用户 id、评分这几个属性，因此需要将这几个属性分离并处理干净。具体目标为：首先将 movies 文件中的电影名与年份拆分成两列，然后电影类型之间用"|"分割，且与电影名对应，最后通过 ratings 文件中的电影 id 得到对应的电影名。最终保存为 .csv 文件。⊖

下述代码为提供的一种可行方式，也可根据目标要求自行设计。

1）由于 CSV 文件以","相隔，而 movies.csv 中的电影名可能含有","，所以把 movies.csv 文件转为 movies.xls 文件。

2）读取 movies.xls 文件和 ratings.csv 文件，循环按行提取数据，判断标题中是否含有"("和")"，如果有且括号中只有数字，则提取年份，否则年份为空，即将年份设置为 0。同时，将电影类型用"|"分割，代码如下：

---

⊖ 数据来源：https://www.kaggle.com/datasets/gargmanas/movierecommenderdataset。

```
# 循环按行提取数据
for index, row in df.iterrows():
    title_raw = row['title']
    id = row['movieId']
    year = ''
    genres= row['genres']
    if '(' in title_raw and ')' in title_raw:
        year_end = title_raw.rindex(')')
        year_start = title_raw.rindex('(', 0, year_end)
        year = title_raw[year_start + 1 : year_end]
        if year.isdigit():
            title = title_raw[: year_start].strip()
        else:
            title = title_raw
            year = 0
    else:
        title = title_raw
        year = 0

    genres_list = row['genres'].split('|')
    for genre in genres_list:
        extracted_genres.append((title, genre))
    extracted_movie.append((id, title, year,genres))
```

3）将划分好的电影名、年份、电影类型整合为一个列表，然后与 ratings.csv 文件进行整合，再选择需要的列。代码如下：

```
new_df = pd.DataFrame(extracted_movie, columns=['movieId', 'title', 'year', 'genres'])
new_df2 = pd.DataFrame(extracted_genres, columns=[ 'title', 'genres'])
merged_data = df2.merge(new_df, on='movieId', how='left')
result_data = merged_data[['userId', 'title', 'rating']]
```

最后将得到的数据保存为 CSV 文件。

### 2. 数据导入

在此实验中选用 LOAD CSV 方法进行数据导入。

1）为实验创建一个新的数据库（可选）。进入 Neo4j 的 conf 文件，打开 neo4j.conf 文件，找到 dbms.active_database，改为新数据库名，此例中改为 movie，再在新数据库名后加 .db，保存后退出。之后重启 Neo4j，在 neo4j-community-4.3.18\bin 目录下，输入 cmd 进入命令行，输入 neo4j restart 重启 Neo4j，浏览器输入 localhost:7474/browser/，进入 Neo4j。单击数据库图标，单击 DBMS 的 dbs，选择新建的数据库。

2）导入 CSV 文件。打开 Neo4j 解压缩后的文件夹，选择 import 文件夹。将数据预处理中生成的 CSV 文件放入 import 文件夹中。

将 Python 文件与 Neo4j 数据库相连。

```
uri = "neo4j://localhost:7687"
driver = GraphDatabase.driver(uri, auth=("neo4j", "123456")) #用户名和密码
```

清空数据库（可选）。如果未新建数据库，可能需要清除原有数据。用代码表示为：

```
session.run("""MATCH ()-[r]->() DELETE r""")
session.run("""MATCH (r) DELETE r""")
```

3）读取文件中的数据，使用 CQL 语句将数据写入 Neo4j 数据库。以建立电影名、用户 id 的评分关系为例，代码如下：

```
session.run("""
LOAD CSV WITH HEADERS FROM "file:///out_ratings.csv" AS ratings
MATCH (m:Movie {title: ratings.title})
MERGE (u:User {id: toInteger(ratings.userId)})
CREATE (u)-[:RATED {grade: toFloat(ratings.rating)}]->(m)
""")
```

其中，LOAD CSV WITH HEADERS 表示加载带有头部信息的 CSV 文件，FROM "file:///out_ratings.csv" 表示指定评分数据的 CSV 文件路径，AS ratings 表示将 CSV 文件中的每一行数据存储在名为 ratings 的变量中。

接下来建立关系。MATCH (m:Movie {title: ratings.title}) 的意思是根据电影名，匹配到对应的电影节点 m。MERGE (u:User {id: toInteger(ratings.userId)}) 意为创建或匹配到具有用户 id 属性的用户节点 u，并将评分数据中的用户 id 转换为整型后赋值给该节点的 id 属性。CREATE (u)-[:RATED {grade: toFloat(ratings.rating)}]->(m) 表示创建用户节点 u 与电影节点 m 之间的评分关系，并为该关系设置一个名为 RATED 的类型，同时将评分数据中的评分转换为浮点类型后赋值给关系的 grade 属性。示例图如图 5-30 所示。

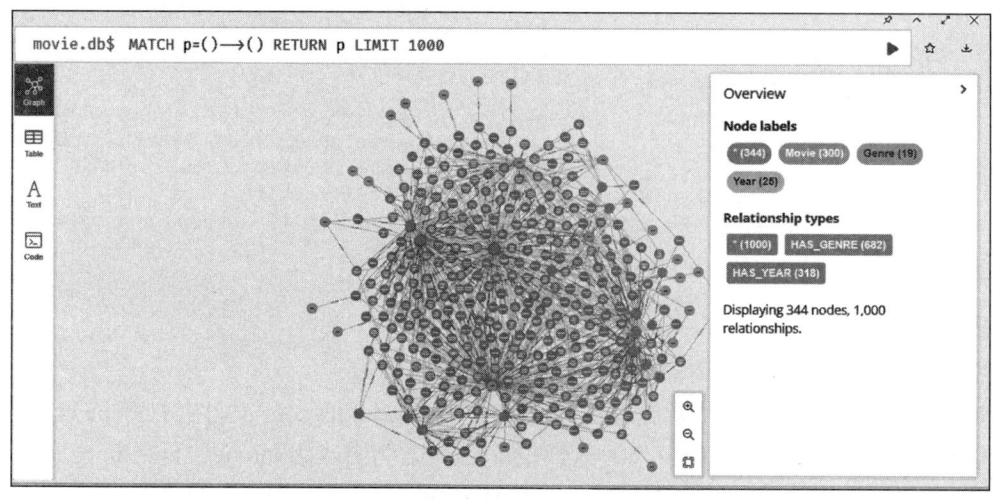

图 5-30　知识图谱示例图（见彩插）

### 3. 设计推荐系统

该推荐系统是基于用户的协同过滤的推荐系统，针对目标用户，通过计算余弦相似度，找到相似用户，收集相似用户的电影列表，将它们推荐给目标用户。

首先设置协同过滤算法的参数，协同过滤的参数共有四个，包括最相似的前 $k$ 个用户、两个用户至少需要共同评分的电影数量 movies_common、一个电影至少需要的类似用户数量 user_common、两个用户之间被认为是相似的最小相似度阈值 threshold_sim。之后通过问答的形式确定目标用户 id 和用户推荐电影的个数 m。

然后过滤不喜欢的电影类型，需要对图谱中所有类型进行去重查询，将查询结果输出，再对输入的不喜欢的类型索引建立需要过滤的列表，代码如下：

```
with driver.session() as session:
    try:
```

```python
        q = session.run(f"""
            MATCH(m:Movie)-[:HAS_GENRE]->(g:Genre)
            RETURN DISTINCT g.genres AS genre
            """)
        result = []
        for i, r in enumerate(q):
            result.append(r["genre"])# 找到图谱中的所有电影类型
        df = pd.DataFrame(result, columns=["genre"])
        print()
        print(df)
        inp = input(" 输入不喜欢的类型索引即可，例如：1 2 3")
        if len(inp) != 0:
            inp = inp.split(" ")
            genres = [df["genre"].iloc[int(x)] for x in inp]
    except:
        print("Error")
```

之后查询当前用户评分的电影以及评分结果，代码如下：

```
q = session.run(f"""
    MATCH (u1:User {{id : {userid}}})-[r:RATED]-(m:Movie)
    RETURN m.title AS title, r.grade AS rating
    ORDER BY rating DESC
    """)

print()
print("Your ratings are the following:")
result = []
for r in q:
    result.append([r["title"], r["rating"]])
if len(result) == 0:
    print("No ratings found")
else:
    df = pd.DataFrame(result, columns=["title", "rating"])
    print()
    print(df.to_string(index=False))
print()
```

通过当前用户评分的电影找到这些电影被其他用户评分的用户，用余弦相似度计算找到相似用户。代码如下：

```
session.run(f"""
    MATCH (u1:User {{id : {userid}}})-[r1:RATED]-(m:Movie)-[r2:RATED]-(u2:User)
    WITH
        u1, u2,
        COUNT(m) AS movies_common,
        SUM(r1.grade*r2.grade)/(SQRT(SUM(r1.grade^2))*SQRT(SUM(r2.grade^2))) AS sim
    WHERE movies_common >= {movies_common} AND sim > {threshold_sim}
    MERGE (u1)-[s:SIMILARITY]-(u2)
    SET s.sim = sim
    """)
```

查询相似用户的电影评分，收集他们喜欢的电影，除去当前用户已经评分过的电影以及需要过滤掉的电影类型，形成集合 list，代码如下：

```
Q_GENRE = ""
if (len(genres) > 0):
    Q_GENRE = " AND NOT ANY(genre IN " + str(genres) + " WHERE genre IN gen)"
    # 找到相似的用户，然后查看他们喜欢的电影类型。COLLECT：将所有值收集到一个集合 list 中
    q = session.run(f"""
        MATCH (u1:User {{id : {userid}}})-[s:SIMILARITY]-(u2:User)
```

```
            WITH u1, u2, s
            ORDER BY s.sim DESC LIMIT {k}
            MATCH (m:Movie)-[r:RATED]-(u2)
            OPTIONAL MATCH (g:Genre)--(m)
            WITH u1, u2, s, m, r, COLLECT(DISTINCT g.genres) AS gen
            WHERE NOT((m)-[:RATED]-(u1)) {Q_GENRE}
            WITH
                m.title AS title,
                SUM(r.grade * s.sim)/SUM(s.sim) AS rating,
                COUNT(u2) AS num,
                gen
            WHERE num >= {users_common}
            RETURN title, rating, num, gen
            ORDER BY rating DESC, num DESC, title ASC
            LIMIT {m}
        """)
```

最后输出推荐电影及电影平均推荐评分。完整代码请扫描文前二维码获取。

### 5.7.4 实验总结

本实验介绍了 Neo4j 的环境配置，需要对 Neo4j 和 Java 分别进行配置，详细讲解了利用 Neo4j 图数据库如何建立知识图谱，并介绍了两种常用导入数据的方法，之后运用 Cypher 语句进行一系列的查询，并将 Cypher 语句的实践放在协同过滤的推荐系统这一背景下，有助于更深刻地理解如何根据已知目标设计 Cypher 语句查询，如何进行复杂查询的实现，充分发挥 Neo4j 图数据库在关系查询展现的优越性。

## 总结

本章主要针对图数据存储的图数据库相关问题进行了论述，介绍了图数据库的发展历史、图数据库相关概念、特点、主要技术，并且以代表性图数据库 Neo4j 为例，对图数据库产品进行了介绍。为了深入了解图数据库的使用，本章设计了基础的图数据库实验，有助于读者熟悉 Neo4j 数据库的使用方法，并掌握其基础功能。最后还设计了进阶的图数据库实验，了解了如何利用 Neo4j 图数据库建立知识图谱，并利用图数据库设计实现了协同过滤的推荐系统的应用。

## 习题

1. 【单选】图数据库中的基本存储单元是什么？（　　）
   A. 表格　　　　　B. 节点和边　　　　C. 键值对　　　　D. 记录和字段
2. 【单选】图数据库适合哪种类型的应用场景？（　　）
   A. 结构化数据存储　　　　　　　B. 非结构化数据存储
   C. 复杂关系数据存储　　　　　　D. 事务处理
3. 【单选】图数据库中的属性图模型与 RDF 模型的主要区别是什么？（　　）
   A. 直观性　　　　B. 灵活性　　　　C. 表达能力　　　D. 直观性和灵活性
4. 论述图数据库在社交网络中的应用及其优势。
5. 论述图数据库未来发展的主要趋势。

# 第四部分　数据处理

# 第 6 章 数据处理系统

如 1.7 节所述,大数据系统架构分为数据存储系统、数据处理系统和数据应用系统。把采集到的数据存储后,还需要对大数据进行处理,以支持后续的数据分析和应用。本章重点介绍数据处理系统的有关概念、原理、工具和方法。数据处理系统可以包含算法、计算模型、计算平台与引擎三个部分,本章在讲述数据处理系统架构的基础上,重点介绍计算模型以及计算平台与引擎。

## 6.1 数据处理系统概述

### 6.1.1 什么是数据处理

数据处理(data processing)是对数据的采集、存储、检索、加工、转换和传输。数据是事实、概念或指令的一种表达形式,可由人工或自动化装置进行处理。数据的形式可以是数字、文字、图形或声音等。

数据经过解释并赋予一定的意义之后,便成为信息。数据处理的基本目的是从大量的、可能杂乱无章的、难以理解的数据中抽取并推导出对于某些特定的人来说是有价值、有意义的数据。

数据处理是系统工程和自动控制的基本环节,它贯穿于社会生产和社会生活的各个领域。数据处理技术的发展及其应用的广度和深度,极大地影响着人类社会发展的进程。

### 6.1.2 数据处理系统的组成

数据处理系统与数据存储系统和数据应用系统共同组成了大数据计算体系架构,数据处理系统在数据存储系统之上,对存储的数据进行各种加工和处理,然后将结果提供给上层的数据应用系统使用。数据处理系统主要包括算法、计算模型和计算平台与引擎,主要架构如图 6-1 所示,数据处理系统提供了大数据计算处理能力和应用开发平台。

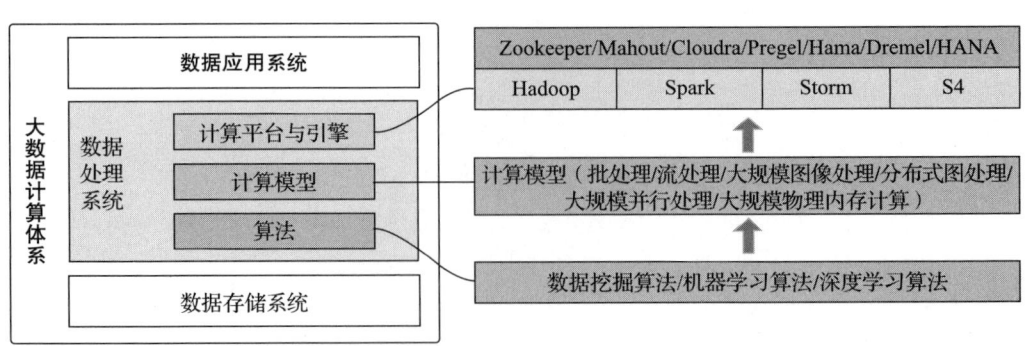

图 6-1 数据处理系统架构

大数据分析算法主要是指数据统计、数据分析和数据预测等相关的算法，主要包括数据挖掘算法、机器学习算法和深度学习算法。数据挖掘算法从功能上分可为分类算法、聚类算法、关联规则挖掘算法以及异常检测算法；机器学习算法包括监督学习、非监督学习、半监督学习和强化学习。深度学习算法主要包括各种网络模型，如 CNN、RNN、GAN 和 LSTM 等。回归、分类问题和深度学习以强化学习为基础，聚类、降维及异常检测则属于非强化学习范畴，而半监督学习体现为自训练和低密度分离模型，动态规划问题与蒙特卡罗法则是强化学习的典型代表。这些算法在工程中具有实际的应用，是大数据分析过程中强有力的工具。合理地选择算法能在保证效率的同时得到好的分析结果，更好地挖掘出数据中包含的知识和价值。

计算模型是位于大数据算法之上的一层，主要是根据数据类型和数据处理方式的不同来提供相应的计算模型，并提供计算范式和数据处理的逻辑步骤和方法。这里简单介绍以下计算模型，包括批处理模型、流处理模型、大规模图像数据处理、分布式图处理模型、大规模并行处理以及物理内存计算。

计算平台与引擎位于计算模型层之上，可为大数据计算提供技术标准、计算架构及一系列开发技术和工具的开发集成环境，如 Hadoop 和 Spark 等。

## 6.2 计算模型

根据大数据处理的任务需求不同，计算模型在数据处理方式、时间、规模、结果以及工具和应用场景上有所不同。常用的大数据计算模型包括批处理模型、流处理模型、大规模图像数据处理、分布式图处理模型、大规模并行处理、大规模物理内存计算模型。

### 6.2.1 批处理模型概述

批处理计算是最常见的一种数据处理方式，主要对大规模数据进行批量的处理。数据被组织成批次，并以整体的形式进行处理。批处理适用于需要定期重复处理和分析数据的任务，例如统计分析、数据清洗和转换。其代表产品有 MapReduce 和 Spark 等。前者将复杂的、运行在大规模集群上的并行计算过程高度抽象成两个函数——Map 和 Reduce，方便对海量数据集进行分布式计算工作；后者则采用内存分布数据集，用内存替代 HDFS 或磁盘来存储处理中需要使用的数据，由于数据存储在内存而不是硬盘中，所以计算速度要快很多。批数据处理的内容将在本书第 7 章展开论述。

### 6.2.2 流处理模型概述

如果说批处理计算是传统的计算方式，流处理计算则是近年来兴起的、发展迅猛的计算方式。流数据是随时间分布的且在数量上无限的一系列动态数据集，其数据价值随时间流逝而降低，所以必须采用实时计算方式给出响应。流处理是一种处理实时或近实时数据的方法。数据连续、不间断地流入系统，系统需要实时对其进行处理和分析。流处理适用于需要实时分析、预警和即时响应的业务场景，例如实时推荐、监控和风控等。目前市面上已出现很多流计算框架和平台，如开源的 Storm、S4、Spark Streaming，商用的 Streams、StreamBase 等，以及一些互联网公司为支持自身业务所开发的如 Facebook 的 Puma、百度的 DStream 以及淘宝的银河流数据处理平台等。流数据处理的内容将在本书第 8 章展开论述。

### 6.2.3 大规模图像数据处理模型概述

随着深度学习技术的快速发展，大规模图像处理已经成为热门领域。深度学习在计算机视觉和图像处理方面已经取得了显著的进展，使得传统的图像处理方法面临着巨大的挑战和机遇。大规模图像处理是指对海量图像进行高效、准确和可扩展地处理。在大数据时代，如何高效地处理海量的图片数据成为一个重要的问题。大规模图像处理可以应用于众多领域，如图像分类、目标检测、语义分割和实例分割等。

### 6.2.4 分布式图处理模型概述

图计算是以"图论"为基础的对现实世界"图"结构的抽象表达，以及在这种数据结构上的计算模式。由于互联网中的大多信息是以大规模图或网络的形式呈现的，许多非图结构的数据也常被转换成图模型后再处理，这不适合用批计算和流计算来处理，因此出现了针对大型图的计算手段和相关平台。常见的图计算产品有 Pregel、GraphX、Giraph 以及 PowerGraph 等。分布式图处理的内容将在本书第 9 章展开论述。

### 6.2.5 大规模并行处理模型概述

大规模并行处理是采用大量处理单元对问题进行求解的一种并行处理技术。大规模并行处理是系统架构角度的一种服务器分类方法。目前商用的服务器分类大体有三种：对称多处理器架构（SMP）、非一致性内存访问架构（NUMA）和大规模并行处理（MPP）架构。大规模并行处理由许多松耦合的处理单元组成，这种结构最大的特点在于不共享资源，在每个单元内都有私有的 CPU、总线、内存、硬盘等资源。在 MPP 中，每个节点内的 CPU 不能访问另一个节点的内存，即不存在异地内存访问的问题，节点之间的信息交互通过节点互联网络实现。大规模并行处理模型可以用于数据存储以及数据搜索，以实现计算效率的提升。大规模并行处理的内容将在本书第 10 章展开论述。

### 6.2.6 大规模物理内存计算模型概述

大规模物理内存计算是一种完全在计算机内存（如 RAM）中运行计算的技术，通常应用于大规模、复杂的计算，需要专门的系统软件在计算机集群中一起工作。将计算机的 RAM 聚集在一起，计算基本上是在计算机之间运行的，并一起利用所有计算机的集体 RAM 空间。内存计算通过消除所有缓慢的数据访问并完全依赖存储在 RAM 中的数据来工作。运行在一台或多台计算机上的软件管理计算和内存中的数据，在多台计算机的情况下，软件将计算分成更小的任务，这些任务分布到每台计算机上并行运行。内存计算的内容将在本书第 11 章展开论述。

## 6.3 计算平台与引擎

计算引擎（computing engine）是计算规则的高度抽象聚合体，使用者按照指定的方式编写对应接口代码，执行就能得到需要的结果，如 MapReduce。计算平台（computing platform）提供各种开发套件和操作环境，如 Hadoop。

大数据计算场景包括批处理（针对历史数据）和流处理（针对实时数据），根据应用的需求和目标不同，大数据处理平台的结构和功能也有所不同。平台是为应用服务的，应该适应具体应用的要求，而不是让平台决定应用种类。那么针对不同的应用目标有什么样的大数据处理平台呢？

首先确定应用支持什么样的数据流拓扑。有些应用只需要有最简单的数据流，所以 MapReduce 就足够；有些应用则要求支持链状数据流，或支持树形数据流；有些可能还要求允许有成环的数据流拓扑。即使数据流的拓扑相同，也需要考虑应用是否支持实时处理。具体的应用有 OLTP 和 OLAP 之分。前者即"联机事务处理"具有实时要求，这样的处理必须由真正的数据流（而不是工作流）支持。而后者即"联机分析处理"甚至"离线分析处理"，则由"批处理"式的工作流支持。

此外，应用界面为用户提供什么样的语言、语言有什么样的语法语义，以及应用系统可靠性和安全性措施，也是重要的问题。到了具体实现的层面，还有更多的因素。所有这些因素决定了结构上和形态上不同的各种大数据处理平台。

目前，MapReduce、Spark、Storm、Tez、Flink、Pregel 等代表性计算引擎和平台已经被广泛地用于研究与开发。其中 MapReduce 属于第一代批处理任务计算引擎，Spark 是包含流处理能力的下一代批处理框架。Spark 与 Hadoop 的 MapReduce 引擎基于相同原则开发，它主要侧重于通过完善的内存计算和处理优化机制，加快批处理工作负载的运行速度。Flink 则是目前较为流行的批流一体引擎技术的代表。

### 6.3.1 Hadoop

Hadoop 是一种主要面向 MapReduce 的大数据处理平台，或者被视为一个面向 MapReduce 的大数据处理系统框架，这个框架提供了具体应用中除用户定义的 Mapper 和 Reducer 模块以外的所有功能。Mapper 和 Reducer 两个模块的位置可以交换，数量也可以分别指定，但是数据流的拓扑是固定的，因为两个节点的链状数据流是由框架的结构所决定的。另一方面，Hadoop 是面向计算机集群的。虽然 Hadoop 在单机上也可以运行，但是它的设计目标是针对计算机集群的，集群规模可大可小，少则三五台，多至数千台以上。整个集群连成一个局域网，各节点机上的操作系统一般都是 Linux，Hadoop 就架设在 Linux 上面（也有 Windows 版本），把这些节点机连在一起构成统一的处理平台。

除了 MapReduce 框架之外，Hadoop 还提供了一个容错的分布式文件系统 HDFS，这是 Hadoop 的另一个子系统。HDFS 以各宿主机的文件系统为基础，但宿主机的文件系统只是本地的、局部的，而 HDFS 是全局的，一个"记录块"对于宿主文件系统而言就是一个文件。HDFS 文件以记录块为单位分布在许多节点上，在对文件中的数据进行处理时，数据存放在哪里，Map 计算就在哪里进行，无须远程调运数据以供计算，这个过程需要 HDFS 和 MapReduce 两个子系统相互协调。

在 Hadoop 的发展历程中，2.0 版本的推出具有里程碑的意义。首先，此前的 Hadoop 只支持 MapReduce 的一种模式、一种拓扑，并且其 Mapper 和 Reducer 必须是用 Java 语言写成的类；而 2.0 版本之后也可以支持其他链状拓扑，并且不再限于使用 Java 类，并引入了一种新的作业管理系统 YARN。将作业管理的任务交给独立的系统 YARN 处理，把原先集中在主节点上的作业管理分布到基层，使集群中各节点的负载变得更均匀，也使集群的运行变得更稳健。

### 6.3.2 Spark

Apache Spark 是一个开源的大数据处理系统，以快速、易用和复杂的分析为基础。

Spark 最初于 2009 年在加利福尼亚大学伯克利分校的 AMP 实验室中开发,并于 2010 年作为 Apache 项目开源。Spark 的机器学习库被称为 MLlib,其提供的函数功能在 Hadoop MapReduce 中不易使用,计算引擎 Spark 可以被视为对 Hadoop 的扩充。

Spark 是一个框架,它提供了一种高度灵活的、通用的处理大数据的方法,并没有采用严格的计算模型,并且支持多种输入类型。这使得 Spark 能够处理文本文件、图数据、数据库查询以及数据流,且 Spark 不仅限于两阶段的处理模型。程序员可以开发以任意有向无环图(DAG)模式排列的、任意复杂的多阶段数据流水线。

与其他大数据技术(如 Hadoop 和 Storm)相比,Spark 有几个优点。Spark 中的编程涉及定义一系列转换和操作。Spark 支持 Map 操作和 Reduce 操作,所以它可以实现传统的 MapReduce 操作,但它也支持 SQL 查询、图形处理以及机器学习。与 MapReduce 不同,Spark 将其中间结果存储在内存中,在工作性能方面表现得更加优越。

Spark 将 MapReduce 提升到了一个新的水平,并且在数据处理中使用了成本较低的 Shuffle。凭借内存数据存储和接近实时处理等功能,Spark 的性能可能比其他大数据处理技术快几倍。Spark 还支持对大数据查询的惰性计算,这有助于优化数据处理工作流程中的步骤。它提供了更高级的 API 来提高开发人员的生产力,并为大数据求解方案提供了一致的架构模型。

如图 6-2 所示,Spark 架构包含下述主要组件:

1)Spark Core:Spark Core 是 Spark 的基础与内核,主要包含有向循环图、RDD、Linage、Cache、broadcast 等,并封装了底层通信框架,也是各组件的基础。

2)Spark SQL:Spark SQL 能够统一处理关系表和 RDD,可使用 SQL 命令进行外部查询,同时进行更复杂的数据分析。

3)Spark Streaming:Spark Streaming 是一个对实时数据流进行高通量、容错处理的流处理系统,可以对多种数据源(如 Kafka、Flume、Twitter、Zero 和 TCP 套接字等)进行类似 Map、Reduce 和 Join 等复杂操作,将流计算分解成一系列短小的批处理作业。

4)MLlib:MLlib 是 Spark 生态圈专注于机器学习的组件。

5)GraphX:GraphX 是 Spark 中用于图和图并行计算的组件。

6)集群管理器:Spark 支持在各种集群管理器(cluster manager)上运行,包括 Hadoop 的 YARN、Apache 的 Mesos 以及 Spark 自带的一个简易调度器,即独立调度器。

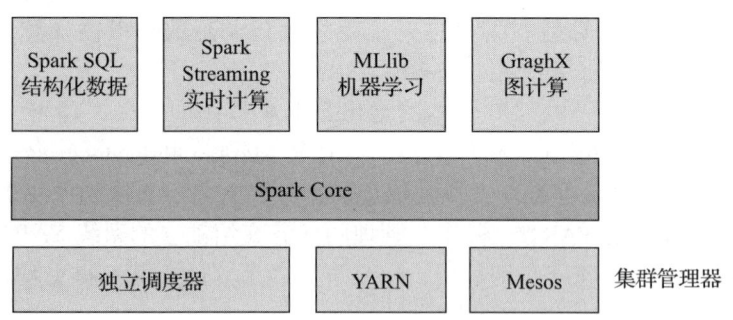

图 6-2 Spark 的组件示意图

## 总结

本章概述了大数据处理系统，介绍了数据处理的概念、数据处理系统的组成，然后概述了各种计算模型、包括批处理模型、流处理模型、大规模图像数据处理、分布式图处理模型，大规模并行处理以及物理内存计算模型。最后以 Hadoop 和 Spark 为例简单介绍了计算平台和引擎。

## 习题

1. 数据处理系统由哪三部分组成？
2. 常用的大数据计算模型有哪些？
3. 什么是 Hadoop？它在大数据处理中起什么作用？
4. 【多选】大数据主要有哪几种计算模式？（　　）
   A. 图计算　　　　B. 流计算　　　　C. 查询分析计算　　　D. 批处理计算

# 第 7 章 批数据处理系统

批处理是指批量处理大量数据。数据由每天生成的数百万条记录组成,并且可以以各种方式存储(文件、记录等)。批处理主要操作大容量静态数据集,并在计算过程完成后返回结果,其数据流如图 7-1 所示。批处理模式中使用的数据集通常符合下列特征:
- 有界:批处理数据集是数据的有限集合。
- 持久:数据通常始终存储在某种类型的持久存储设备中。
- 大量:批处理操作通常是处理海量数据集的唯一方法。

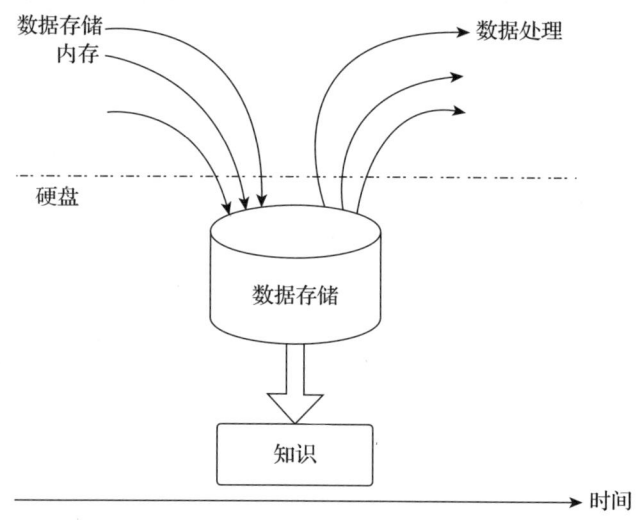

图 7-1 批处理数据流示意图

批处理适合需要访问全部批量记录数据才能完成的计算工作,也适合需要处理大量静态数据的任务。无论是直接从持久存储设备处处理数据集,还是先将数据集载入内存再进行处理,批处理系统在设计过程中充分考虑了数据的规模,可提供充足的处理资源。由于批处理在应对大量静态数据方面的表现极为出色,因此经常被用于对历史数据进行分析。处理大量数据需要花费大量时间,因此批处理不适合对处理时间要求较高的场合。

批处理系统中值得关注的一个示例是 MapReduce 编程框架。MapReduce 模型允许开发人员无须付出太多努力即可编写大规模并行应用程序,并且它正成为许多需要处理大数据的公司的重要工具。MapReduce 符合动态配置的思想,因为它可以运行在大量机器上,并且已经广泛应用于云环境。

## 7.1 MapReduce

MapReduce 是一种编程模型,用于开发并行的应用程序,来处理和生成大量数据,

2004年由谷歌首次推出。自问世到现在，MapReduce 已经成为分布式计算的重要工具，它适合在计算机集群上运行大规模数据集，因为它的设计就是为了容忍机器故障。

### 7.1.1 MapReduce 的架构

MapReduce 的设计思路是"先分头处理，然后对结果加以整合"，即先 Map 后 Reduce，其拓扑图如图 7-2 所示。

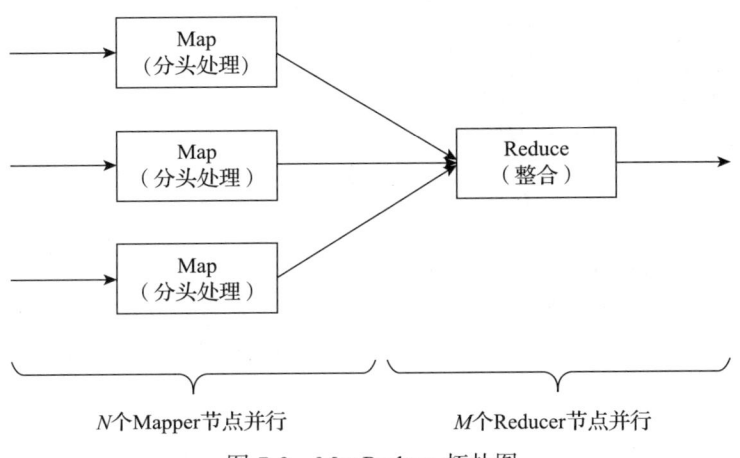

图 7-2 MapReduce 拓扑图

在这种模型中，输入数据被分成 $N$ 份，分别由 $N$ 个实施 Map 计算的 Mapper 节点加以处理，处理的结果由 $M$ 个实施 Reduce 计算的 Reducer 节点加以整合。在实际使用中，$M$ 通常为 1，即只有一个节点进行 Reduce 计算。

Map 计算实际上就是某种函数的 Lambda 计算，不一定显著减少数据的数量，往往有多少输入就有多少输出（但是内容变了）。Reduce 计算是整合，这个过程一般会把数据的数量大大减少，因此称为 Reduce。这里假设数据互相独立，批处理仅存在于数据（样本）之间。

这样的批处理过程似乎很简单，是一种容易想到的办法，因此 MapReduce 模型早已有之，但为什么直到现在才突然大热起来呢？因为以前人们多用批处理解决小数据大计算的问题，这些问题的输入数据量不大，但算法非常复杂或者数据之间相互关联，难以分头处理，因此并不适合用 MapReduce 模型处理。有些适合用 MapReduce 模型解决的问题数据量又较小，导致代价较高，意义不大。互联网和计算机技术的不断发展催生了许多属于大数据小计算且适合用 MapReduce 模型加以解决的问题，也使得采用大规模集群进行计算的成本大大降低而变得可行，在这些因素的综合作用下，MapReduce 逐渐成为大数据领域的热门技术。

MapReduce 程序由三个步骤组成：
- Map 步骤，其中主服务器（Master）节点导入输入数据，数据被分割成多个片断，在小型子集中解析这些数据，并将工作分配给从服务器（Slave）节点。任何 Slave 节点都将生成 map() 函数的中间结果，并以键值对的形式存储在分布式文件中。输出文件位置在映射阶段结束时通知 Master 节点。
- Shuffle 步骤，Master 节点从 Slave 节点收集答案，将值列表中共享相同密钥的键值对组合在一起，并按键排序。排序可以是字典序、递增序或用户定义的序。
- Reduce 步骤，执行整合操作。

图 7-3 中显示了 MapReduce 的逻辑视图。

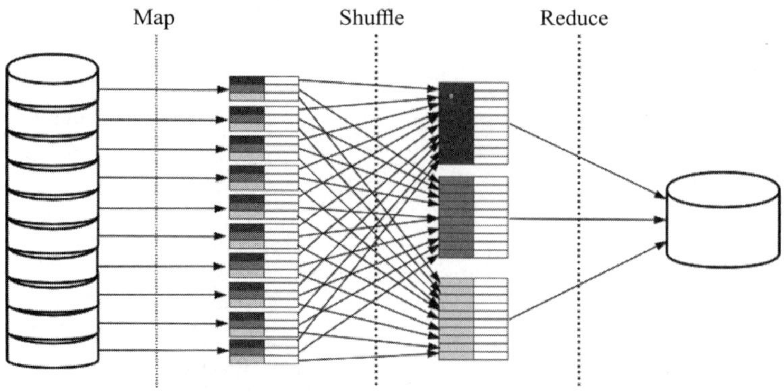

图 7-3　MapReduce 的逻辑视图

用户指定一个 map() 函数，该函数处理键值对，其用于生成中间键值对集合；并指定一个 reduce() 函数，该函数将所有与同一中间键关联的中间值合并起来。

MapReduce 促进了并行应用程序的标准化，也可以解决各种真实世界问题，例如 Web 索引、模式分析以及聚类。

### 7.1.2　MapReduce 与 RDBMS

关系型数据库管理系统（RDBMS）是事务性和分析性应用程序的主要选择。对于大多数应用程序来说，RDBMS 是一个较为平衡且充分的解决方案。然而，它的设计有一些局限性，这使得在诸如可扩展性等某些方面成为首要任务时，难以保证兼容性并提供优化的解决方案。

RDBMS 和 MapReduce 之间只有部分功能重叠。关系型数据库适合某些任务，尤其在 MapReduce 不会为这些任务提供最优解的情况下，反之亦然。例如，MapReduce 往往涉及处理大量数据集，而 RDBMS 的查询可能更加精细。另一方面，MapReduce 对半结构化数据的处理表现较好，因为数据是在处理过程中被解释的，与 RDBMS 不同的是，MapReduce 中的结构化和规范化数据是确保完整性和提高性能的关键。最后，传统的 RDBMS 更适合交互式访问，但是 MapReduce 能够线性扩展并处理更大的数据集。如果数据集足够大，那么将集群的大小增加一倍也会使运行作业的速度提高一倍，这对于关系型数据库来说并不一定成立。

由于其底层抽象和缺乏结构，MapReduce 受到一些 RDBMS 支持者的批评，但考虑到关系型数据库和 MapReduce 的不同特性和目标，它们可以被看作互补的而不是相反的模型。

### 7.1.3　共享存储的批处理模型

传统上，许多大规模批处理应用程序已采用共享存储，例如 OpenMP。OpenMP 提供编译器指令集合来创建线程，同步操作并在 Pthreads 上管理共享内存。使用 OpenMP 的程序被编译成多线程程序，其中线程共享相同的内存地址空间，因此线程之间的通信非常高效。

与使用 Pthreads、互斥锁和条件变量相比，OpenMP 的使用要简单得多，因为编译器按照指令将顺序代码转换成并行代码。因此，程序员可以编写多线程程序，而不需要深入理解它。

与 MapReduce 相比，这类编程接口更加通用，并且为更广泛的问题提供了解决方案，这些系统的主流用例之一是需要某种同步的并行应用。

MapReduce 和这个模型之间的主要区别是用于这些平台的硬件。MapReduce 应该在商用硬件上工作，而 OpenMP 等接口仅在共享内存的多处理器平台上有效。

### 7.1.4 Hadoop

Hadoop 是一个流行且广泛使用的开源 MapReduce 实现，拥有庞大的社区基础，并得到了诸如雅虎、IBM、Amazon 以及 Facebook 等公司的支持和使用。作为一个顶级的 Apache 项目，Hadoop 拥有包括 HDFS、Pig、HBase 和 ZooKeeper 在内的多个子项目，其生态系统如图 7-4 所示。

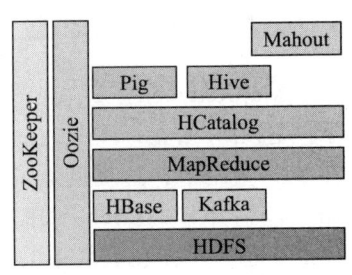

图 7-4　Hadoop 生态系统

Hadoop 生态系统包含以下组件。

- HDFS：Hadoop 分布式文件系统，用于存储、复制数据。HDFS 可以在大型集群上运行，并提供对应用数据的高吞吐量访问。
- MapReduce：Hadoop 分布式计算框架，用于分布式处理数据。
- HBase：在 HDFS 上运行的列式数据库管理系统，非常适合稀疏数据集，不支持像 SQL 这样的结构化查询语言，可以实现快速读/写访问。
- HCatalog：Hadoop 的表和数据存储管理层，为其他组件提供统一的元数据管理方式，使用户可以使用不同的数据处理工具。
- Pig：用于并行计算的高级数据语言和执行框架。Pig 程序的显著特点是它的结构适合大量的并行化，从而能够处理非常大的数据集。它支持许多关系函数计算，可以轻松地实现连接、分组、聚合等操作。
- Hive：构建在 Hadoop 之上的数据仓库的基础架构，提供一种类似 SQL 的语言，用于数据汇总、查询和分析。
- Oozie：工作流管理工具，管理 Apache Hadoop 作业的调度。
- ZooKeeper：Hadoop 的协调者，用于维护配置信息、命名、提供分布式同步，以及提供群组的协作服务。
- Kafka：分布式发布订阅消息系统，集群保留所有已发布的消息，可提供实时消息。
- Mahout：分布式或其他可扩展的机器学习算法的实现。

Apache Hadoop 公共库是用 Java 编写的，由两个主要组件组成：MapReduce 框架和 Hadoop 分布式文件系统（HDFS），它实现了单一写入、多个读取的模型。HDFS 的目标是可靠地存储大型数据集，并将它们以高带宽方式传输到用户应用程序中。Hadoop 中 MapReduce 作业是用户想要执行的工作单元，由输入数据（位于 HDFS 上）、MapReduce 程序和配置信息组成。

由于 MapReduce 的处理技术严重依赖持久存储，每个任务需要多次执行读取和写入操作，因此速度相对较慢。但另一方面由于磁盘空间通常是服务器上最丰富的资源，这意味着 MapReduce 可以处理海量的数据集。同时也意味着相比其他类似技术，Hadoop 的 MapReduce 通常可以在廉价硬件上运行，因为该技术并不需要将一切都存储在内存中。MapReduce 具备极高的缩放潜力，在生产环境中曾经出现过包含数万个节点的应用。MapReduce 的学习曲线较为陡峭，虽然 Hadoop 生态系统的其他周边技术可以大幅降低这一问题的影响，但通过 Hadoop 集群快速实现某些应用时依然需要注意这个问题。围绕 Hadoop 已经形成了辽阔的生态系统，Hadoop 集群本身也经常被用作其他软件的组成部件。很多其他的处理框架和引擎通过与 Hadoop 集成也可以使用 HDFS 和 YARN 资源管理器。

## 7.2 MapReduce 应用实例

MapReduce 能够解决的问题有一个共同特点：任务可以被分解为多个子问题，且这些子问题相对独立，彼此之间互不牵制，待并行处理完这些子问题后，总的问题便被解决。在实际应用中，这类问题非常庞大，谷歌在相关论文中提到了一些 MapReduce 的典型应用，包括分布式 Grep、URL 访问频率统计、Web 连接图反转、倒排索引构建、分布式排序等，这些均是比较简单的应用，下面介绍一些相对复杂的应用。

### 7.2.1 Top k 问题

在搜索引擎领域中，常常需要统计最近最热门的 $k$ 个查询词，这就是典型的"Top $k$"问题，也就是从海量查询中统计出现频率最高的前 $k$ 个。该问题可分解成两个 MapReduce 作业，分别完成统计词频和找出词频最高的前 $k$ 个查询词，这两个作业存在依赖关系，第二个作业需要依赖前一个作业的输出结果。第一个作业是典型的 WordCount 问题。对于第二个作业，首先使用 map() 函数输出前 $k$ 个频率最高的查询词，然后使用 reduce() 函数汇总每个 Map 任务得到的前 $k$ 个查询词，并输出频率最高的前 $k$ 个查询词。

下面为使用 MapReduce 实现 Top $k$ 查询的示例。

**（1）WordCount 进行文件词频统计**

```
WordCount.java
public class MyTopK {
    public static class  Mymap extends Mapper<LongWritable, Text, Text, IntWritable>{
        private final IntWritable one =new IntWritable(1);
        private Text word =new Text();
        public void map(LongWritable ikey,Text ivalue,Context context) throws
            IOException, InterruptedException{
            StringTokenizer str=new StringTokenizer(ivalue.toString());
            while(str.hasMoreTokens()){
                word.set(str.nextToken());
                context.write(word, one);
            }
        }
    }
    public static class Myreduce extends Reducer<Text, IntWritable, Text, IntWritable>{
        private IntWritable result=new IntWritable();
        public void reduce(Text ikey,Iterable<IntWritable> ivalue, Context context)
            throws IOException, InterruptedException{
            int sum=0;
            for(IntWritable val:ivalue){
                sum+=val.get();
            }
            result.set(sum);
            context.write(ikey, result);
        }
    }
```

```java
// 设置静态函数，方便直接在 main 中通过类名来调用
public static boolean run(String in, String out) throws IOException, ClassNot-
    FoundException, InterruptedException{
    Configuration conf =new Configuration();
    Job job=new Job(conf,"Wordcount");
    job.setJarByClass(MyTopK.class);
    job.setMapperClass(Mymap.class);
    job.setReducerClass(Myreduce.class);

    // 设置 map 输出类型
    job.setMapOutputKeyClass(Text.class);
    job.setMapOutputValueClass(IntWritable.class);

    // 设置 reduce 的输出类型
    job.setOutputKeyClass(Text.class);
    job.setOutputValueClass(IntWritable.class);
    }
}
```

现在已经获取到所有单词的词频情况，并且是已经排好序的。

**（2）TopK 进行词频排序**

首先将所有相同词频的单词汇总，通过 Map 之后的 Shuffle 过程可以得到相应的结果，只需要在 Map 阶段将词频作为键，单词作为值即可。

然后找出排名前 $k$ 的词频的所有单词，并且按照词频的顺序排序（注意，这一步如果使用 TreeMap 来实现，会导致相同的键值被覆盖，从而导致部分数据无法操作）。这里采用的方法是将所有词频相同的单词用 ArrayList 存放起来，最后将 ArrayList 的内容写入 HDFS 中。

```java
TopK.java
public class MyTopK1 {
    public static class MyMap extends Mapper<LongWritable, Text, IntWritable, Text>{
        IntWritable outkey=new IntWritable();
        Text outvalue=new Text();

        public void map(LongWritable ikey,Text ivalue,Context context) throws
            IOException, InterruptedException{
            StringTokenizer str=new StringTokenizer(ivalue.toString());
            while(str.hasMoreTokens()){
            // 表示输入数据的每行数据，其中每一行包含了单词的个数和单词的出现次数，此内容放在
            // ivalue 中，下面需要将 ivalue 中的单词的个数和单词的出现次数进行分离
                String element=str.nextToken();
                if(Pattern.matches("\\d+", element)){    // 这里利用正则表达式来匹配单
                                                         // 词的个数
                    outkey.set(Integer.parseInt(element)); // 将单词的个数作为键值
                }else {
                    outvalue.set(element);       // 将单词作为键值
                }
            }
            context.write(outkey, outvalue);      // 在写的过程中对单词的出现次数进行排序
        }
    }

    public  static TreeMap<Integer, ArrayList<String> > hm =new TreeMap<Integer,
        ArrayList<String> >(new Comparator<Integer>() {
        public int compare(Integer v1,Integer v2){
            return v2.compareTo(v1);
        }
    });                                           // 用来选择 Topk

    private static MultipleOutputs<Text, IntWritable> mos=null; // 用来进行多文件输出
```

```java
private static String path=null;
// 在 Shuffle 过程之后，出现次数相同的单词排列在一起，并将这个数据作为 Reduce 的输入数据
public static class Myreduce extends Reducer<IntWritable, Text, Text,
    IntWritable>{
    public void reduce(IntWritable ikey,Iterable<Text> ivalue,Context
        context) throws IOException, InterruptedException{
        ArrayList<String> tmp=new ArrayList<String>(10);
        for(Text val:ivalue){
            context.write(val,ikey); //输出全排序的内容
            // 优化的方法是限定列表的长度，这里设定取前 10 个
            if(tmp.size()<=10){
                tmp.add(val.toString());
            }
        }
        hm.put(ikey.get(), tmp);
    }
    private static int topKNUM=10;    // 表示求前多少个数
    protected void cleanup(Context context) throws IOException, Interrupted-
        Exception {
        mos = new MultipleOutputs<Text, IntWritable>(context);
        Set<Entry<Integer, ArrayList<String> > > set =   hm.entrySet();

        for (Entry<Integer, ArrayList<String>> entry : set) {
            ArrayList<String> al = entry.getValue();
            if (topKNUM-al.size() > 0) {
                for (String word : al) {
                    // 这里参数 "topKMOS" 表示属性名称
                    mos.write("topKMOS", new Text(word),
                        new IntWritable(entry.getKey()), path);
                }
            }
        }
        mos.close();
    }
}
@SuppressWarnings("deprecation")
public static  void run(String in,String out,String topkout) throws IOException,
    ClassNotFoundException, InterruptedException{

    Configuration conf=new Configuration();

    // 创建作业，并制定 map 和 reduce 类
    Job job=new Job(conf);
    job.setJarByClass(MyTopK1.class);
    job.setMapperClass(MyMap.class);
    job.setReducerClass(Myreduce.class);

    //TopK 的输出路径
    path=topkout;

    // 设置 map 输出的类型
    job.setMapOutputKeyClass(IntWritable.class);
    job.setMapOutputValueClass(Text.class);

    // 设置 reduce 的输出类型
    job.setOutputKeyClass(Text.class);
    job.setOutputValueClass(IntWritable.class);

    // 设置 MultipleOutputs 输出格式，这里的第二个参数 "topKMOS" 要与 write 方法中的参数相同
    MultipleOutputs.addNamedOutput(job, "topKMOS",TextOutputFormat.class, Text.
        class, IntWritable.class);
```

```
            // 设置输入输出格式
            FileInputFormat.addInputPath(job, new Path(in));
            FileOutputFormat.setOutputPath(job, new Path(out));

            // 提交作业
            job.waitForCompletion(true);
        }
    }
```

经过以上两个 Map-Reduce 作业后，实现了 Top $k$ 的查询。

### 7.2.2 k-means 聚类

$k$-means 聚类是一种基于距离的聚类算法，它采用距离作为相似度的评价指标，即认为两个对象的距离越近，其相似度就越大。该算法解决的问题可抽象成：给定正整数 $k$ 和 $n$ 个对象，如何将这些数据点划分为 $k$ 个簇？该问题采用 MapReduce 计算，思路如下，首先随机选择 $k$ 个对象作为初始中心点，然后不断迭代计算，直到满足终止条件（达到迭代次数上限或者数据点到中心点距离平方和最小），在第 $i$ 轮迭代中，map() 函数计算每个对象到中心点的距离，选择距每个对象（object）最近的中心点（center_point）并输出。reduce() 函数计算每个簇中对象的距离均值，并将这 $k$ 个均值作为下一轮迭代的初始中心点。

## 总结

批处理系统是对互联网中产生的海量的静态数据进行处理，传统的关系型数据库系统、Hadoop 以及 Spark 大数据处理平台都主要采用这种模式。MapReduce 是 Hadoop 的批处理框架，基于分布式计算原理，主要用于处理大批量的静态数据。MapReduce 将复杂的、运行于大规模集群上的并行计算过程高度抽象为 Map 和 Reduce 两个阶段，可以有效地并行处理大规模数据，并且具有很好的可扩展性和容错性。

MapReduce 的优势在于"计算移动，数据不移动"，免去了大量网络开销。Map 在本地执行其 HDFS 上的数据，将结果返回给 Reduce，由其执行作业得到最终结果，在执行 Reduce 任务时并不考虑数据本地化。

由于批处理需要等到整个分析处理任务完成才能获得最终结果，且待处理数据集的大小以及计算机系统的计算能力有所差异，因此得到最终结果的时间延迟可能较大；此外，由于需要完整地保存整个数据集，并在上面进行分析处理，在批处理过程中往往需要投入更多的硬件资源。

## 习题

1. 批处理模式中使用的数据集有哪些特征？
2. 请解释 MapReduce 编程模型的基本概念，包括 Map 和 Reduce 阶段的主要职责是什么？
3. 【单选】在 MapReduce 中，下面哪个阶段是并行进行的？（    ）
    A. Shuffle 和 Map    B. Shuffle 和 Sort    C. Reduce 和 Map
4. 【单选】以下哪一项是 MapReduce 和 RDBMS 的主要区别？（    ）
    A. 数据存储方式    B. 查询语言    C. 数据处理方式    D. 以上都是
5. MapReduce 的典型应用有哪些？

# 第 8 章 流数据处理系统

## 8.1 流计算的定义

### 8.1.1 流处理出现的原因

在批处理系统中，首先进行数据存储，然后对存储的静态数据进行集中计算。而流计算无法确定数据的到来时刻和到来顺序，也无法将全部数据存储起来，因此不再进行流数据的存储，而是当流动的数据到来后在内存中直接进行数据的实时计算。

传统的批处理架构的数据操作流程隐含了几个前提。

1) 确定速率的事件流流入系统，系统通过调度批量任务来操作静态数据，从而单位时间内处理的数据量可以确定。

2) 数据已经陈旧，当人们对数据库进行查询时，里面的数据其实是过去某个时刻数据的一个快照，可能已经过期。

3) 在这样的流程中，需要用户主动发出查询。在传统的数据操作中，首先将数据采集并存储在 DBMS 中，然后通过查询和 DBMS 进行交互，得到用户想要的答案。整个过程中，用户是主动的，而 DBMS 系统是被动的。

但在以下的情况下，并不能满足以上批处理架构的前提条件。

1) 不确定数据速率的事件流流入系统，系统处理能力必须与事件流量匹配，或者通过近似算法等方法优雅降级，这通常称为负载分流。

2) 对数据流能够做出实时响应。

3) 对于现在大量存在的实时数据，比如股票交易数据，这类数据实时性强、数据量大、没有止境，传统的架构并不适合。

流计算的优点是可以把 DBMS 变成主动处理系统，在流数据不断变化的运动过程中实时地进行分析，捕捉可能对用户有用的信息，并把结果发送出去。相对于上面批处理中用户则主动发出查询，在流处理中用户则变成被动接收。针对这种大量实时数据的情况，流处理相对于批处理更可靠。

### 8.1.2 流处理的定义

流处理（stream processing）系统会随时对进入系统的数据进行计算，是与批处理模式截然不同的处理方式。流处理无须针对整个数据集执行操作，而是对通过系统传输的每个数据项执行操作。流处理中的数据集是一种不断增长、"无边界"的数据集，被称为流数据（streaming data），其产生了以下几个重要的影响。

1) 完整数据集只能代表截至目前已经进入到系统中的数据总量。

2) 工作数据集在特定时间只能代表某个单一数据项。

3) 处理工作是基于事件的，除非明确停止，否则没有"尽头"。

4)处理结果应立刻可用,并会随着新数据的到达持续更新。

流数据处理计算框架非常适合某些类型的工作负载,例如有近实时处理需求的任务。另外流处理模式也很适合用来处理必须对变动或峰值做出响应,并且关注一段时间内变化趋势的数据分析任务。分析、服务器或应用程序错误日志,以及其他基于时间的衡量指标是最适合的类型,因为对这些领域的数据变化做出响应对于业务职能来说极为关键。

流数据处理时几乎能够瞬间分析从一个设备流到另一个设备的数据的过程,其数据流如图8-1所示,可以与图7-1中的批处理数据流图进行对比。流数据处理系统一般分为两种。

1)逐项处理(实时流处理):每次处理一条数据,是真正意义上的流处理。

2)微批流处理:把一小段时间内的数据当作一个微批次,对这个微批次内的数据进行处理。

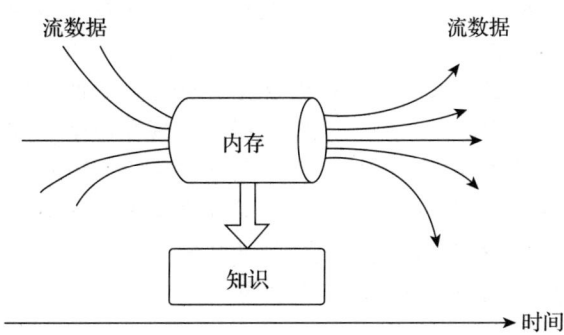

图 8-1 流处理数据流示意图

不论是哪种处理方式,流数据处理系统的实时性都要远远好于批处理系统。因此,流数据处理系统非常适合应用于对实时性要求较高的场景,由于很多情况下需要尽快看到计算结果,所以近些年流数据处理系统的应用越来越广泛。常见的流计算框架包括:Apache Storm、Spark Streaming 及 Apache Flink。下面将介绍这三种流数据处理框架的基本原理和工作流程。

### 8.1.3 流计算的应用

大数据流计算的应用场景较多,金融行业、互联网领域和物联网领域是其中较为典型的三类,这三种场景下的流计算在数据产生方式、数据规模以及技术成熟度方面各不相同,通过分析不同场景下大数据流计算的应用可以获取其基本特征。从数据产生的方式上看,它们分别是被动产生、主动产生和自动产生数据;从数据规模上看,它们处理的分别是小规模、中规模和大规模的数据;从技术成熟度上看,它们分别是成熟度高、成熟度中和成熟度低的数据。

**1. 金融行业**

随着科技的发展和信息技术的进步,大规模数据流处理与分析方法在金融风险管理中的应用也日益受到关注。在金融银行领域的日常运营过程中,往往会产生大量数据,这些数据的时效性往往较短。而且在金融银行系统内部,每时每刻都有大量结构化数据在各个系统间流动,并需要实时计算。同时,金融银行系统与其他系统之间也有着大量的数据流动,这些数据不仅有结构化数据,也有半结构化和非结构化数据。金融行业的流计算涵盖了用户行为分析、实时营销、个性化推荐、实时风控、实时反欺诈等多个计算场景,通过对这些被动产生的大数据进行流计算,可以发现隐含的内在特征,从而帮助金融银行系统进行实时决策。

1)在金融风险管理中,大规模数据流处理和分析方法可以提供实时的数据分析和决策支持。传统上,金融机构在面临风险管理决策时,往往需要等待较长时间以收集和分析数据,这可能导致机构无法及时做出决策。然而,大规模数据流处理和分析方法结合实时数据流,可以帮助金融机构实时收集、处理和分析数据,从而快速识别和应对潜在的风险。

2）大规模数据流处理和分析方法可以帮助金融机构识别和预测风险。金融市场的风险常常是动态变化的，传统的统计模型可能无法准确预测和捕捉风险的变化趋势。而大规模数据流处理和分析方法能够对数据进行实时监测和分析，提供及时的风险预测和预警，帮助金融机构制订有效的风险管理策略，从而减少可能的损失。

3）大规模数据流处理和分析方法还可以帮助金融机构进行个性化的风险管理。不同金融机构面临的风险情况和需求可能存在差异，而传统的统计模型往往很难满足不同机构的个性化需求。大规模数据流处理和分析方法具有较强的灵活性和适应性，可以根据不同机构的需求进行定制化分析和处理，帮助机构制订更加符合自身情况的风险管理策略。

总的来说，大规模数据流处理在金融风险管理中具有巨大的应用潜力。通过实时的数据分析和决策支持、识别和预测风险，以及个性化的风险管理，可以帮助金融机构更加有效地管理和控制风险，从而提高金融市场的稳定性和可持续发展性。然而，要实现这一目标，我们需要克服数据隐私和安全问题，提高处理和分析效率，以及加强对大规模数据流处理和分析方法的研究和应用。

### 2. 互联网领域

随着互联网技术的不断发展，用户可以实时分享和提供各类数据。这不仅使得数据量大为增加，也使得数据更多地以半结构化和非结构化的形态呈现。目前互联网中大多数的数据来源于个人，主要以图片、音频、视频数据形式存在，需要实时分析和计算这些大量动态的数据。流数据处理在互联网领域的应用非常广泛，这些应用主要依赖于流数据处理的高速度、高并发、实时性等特性，这些特性在处理大规模、实时数据流时具有显著优势。以下是一些主要的应用场景。

1）实时日志分析：互联网服务每天都会产生大量的日志数据，包括用户行为、系统操作、错误信息等。流数据处理可以实时收集、处理和分析这些日志数据，帮助开发者快速发现问题、优化系统性能，提升用户体验。

2）实时用户行为分析：通过对用户行为的实时流数据进行处理，企业可以实时了解用户的喜好、需求和行为模式，从而进行精准营销、个性化推荐等。这对于提升用户黏性、提高转化率具有重要意义。

3）实时风险控制和反欺诈：在互联网金融、支付、电商等领域，流数据处理可以帮助企业实时监测交易数据，识别异常交易和潜在风险，进行实时风险控制和反欺诈。这有助于保障交易安全，降低损失。

4）实时推荐系统：流数据处理技术可以与推荐算法相结合，实现实时推荐系统。通过实时监测用户的浏览、点击、购买等行为，流数据处理可以为用户提供个性化的推荐内容，提升用户满意度和购买意愿。

5）实时广告投放：基于流数据处理，广告平台可以实时监测用户的在线行为，精准定位用户的兴趣和需求，从而实现实时广告投放和优化。这有助于提升广告效果，降低广告成本。

6）搜索引擎：搜索引擎中对用户查询偏好、浏览历史、地理位置等语义的处理和计算对于搜索服务器而言是大量的。一方面，每时每刻都会有大量用户进行搜索请求；另一方面，数据计算的时效性极低，需要保证极短的响应时间。

7）社交网站：需要实时分析用户的状态信息，及时提供最新的用户分享信息给相关的朋友，准确地推荐朋友、推荐主题，提升用户体验，并能及时发现和屏蔽各种欺骗行为。

总之，流数据处理在互联网领域的应用多种多样，涉及日志分析、用户行为分析、风险控制、推荐系统、广告投放等多个方面。随着技术的不断发展和应用场景的拓展，流数据处理将在互联网领域发挥越来越重要的作用。

**3. 物联网领域**

在物联网环境中，各个传感器产生大量数据，这些数据通常包括时间、位置、环境和行为等内容，具有明显的颗粒性。由于传感器的多元化、差异化以及环境的多样化，这些数据呈现出鲜明的异构性、多样性、非结构化、含噪声、高增长率等特征。所产生的数据量之密集、实时性之强、价值密度之低是前所未有的，需要进行实时、高效的计算。在物联网领域中，大数据流处理技术的应用有以下几个方面。

1）实时监控与预警：在物联网环境中，各种设备和传感器不断产生大量的实时数据，如温度、湿度、压力等。这些数据需要实时监控和预警并及时采取措施。数据流处理技术能够实时处理这些数据，并根据预设条件进行预警，提高应急响应的效率。

2）智能交通系统：数据流处理技术可以应用于智能交通系统，实时处理交通传感器和摄像头的数据，通过实时分析交通状况，实现智能的交通调度。例如，根据实时交通流量数据，调整红绿灯的时长和路口的信号优化，从而优化交通流量，减少拥堵。

3）环境监测与控制：物联网环境中的传感器和设备可以实时监测空气质量、水质、噪声等环境参数，并及时采取相应的控制措施。数据流处理技术能够实时处理这些数据，并根据预设的环境标准执行控制操作。通过数据流处理技术，可以实现智能的环境监测与控制系统，提升环境质量。

4）智能家居：数据流处理技术可以应用于智能家居系统，实时处理各种传感器和设备产生的数据，并根据用户的需求进行智能化调控。例如，通过实时处理温度、湿度等数据，智能家居系统可以自动调整空调的温度和湿度，以提供舒适的居住环境。

## 8.2 原生流处理——Storm

### 8.2.1 Storm 简介

本节以 Storm 为例介绍流处理框架的基本原理和工作流程。

Storm 是一个分布式的、容错的实时计算系统，可用于处理消息和更新数据库（流处理），在数据流上进行持续查询，并以流的形式将结果返回客户端（持续计算），它能够并行处理类似实时查询等应用（例如网络异常行为）。

Storm 可以方便地在一个计算机集群中编写与扩展复杂的实时计算。Storm 之于实时处理，就好比 MapReduce 之于批处理。Storm 保证每个消息都会得到处理，而且效率很高。在一个小集群中，Storm 每秒可以处理数以百万计的消息，而且支持任意编程语言进行开发。

Storm 使持续不断的流计算变得容易，弥补了批处理所不能满足的实时要求，经常用于实时分析、在线机器学习、持续计算、分布式远程过程调用和 ETL 等领域。

下面对以上提到的几个术语做补充解释。

**（1）流处理**

Storm 可用来实时处理新数据和更新数据库，兼具容错性和可扩展性，即 Storm 可以用来处理不断流入的消息，将处理之后的结果写入某个存储中。

**（2）持续计算**

Storm 可进行连续查询并把结果即时反馈给客户端，例如把 Twitter 上的热门话题发送到浏览器中。Storm 可以保证计算永久运行，直到用户结束计算进程。

**（3）分布式远程过程调用**

Storm 可用来并行处理密集查询。Storm 的拓扑结构是一个等待调用信息的分布函数，当它收到一条调用信息后，会对查询进行计算，并返回查询结果。例如，分布式 RPC 可以并行搜索或者处理大集合的数据，通过配置 DRPC 服务器，将 Storm 的 Topology 发布为 DRPC 服务。客户端程序可以调用 DRPC 服务将数据发送到 Storm 集群中，并接收处理结果的反馈。这种方式需要 DRPC 服务器转发，其中 DRPC 服务器底层通过 Thrift 实现。适合的业务场景主要是实时计算，且扩展性良好，可以增加每个节点的 Worker 数量来动态扩展。

### 8.2.2　Storm 的物理架构

Storm 的物理集群架构如图 8-2 所示。

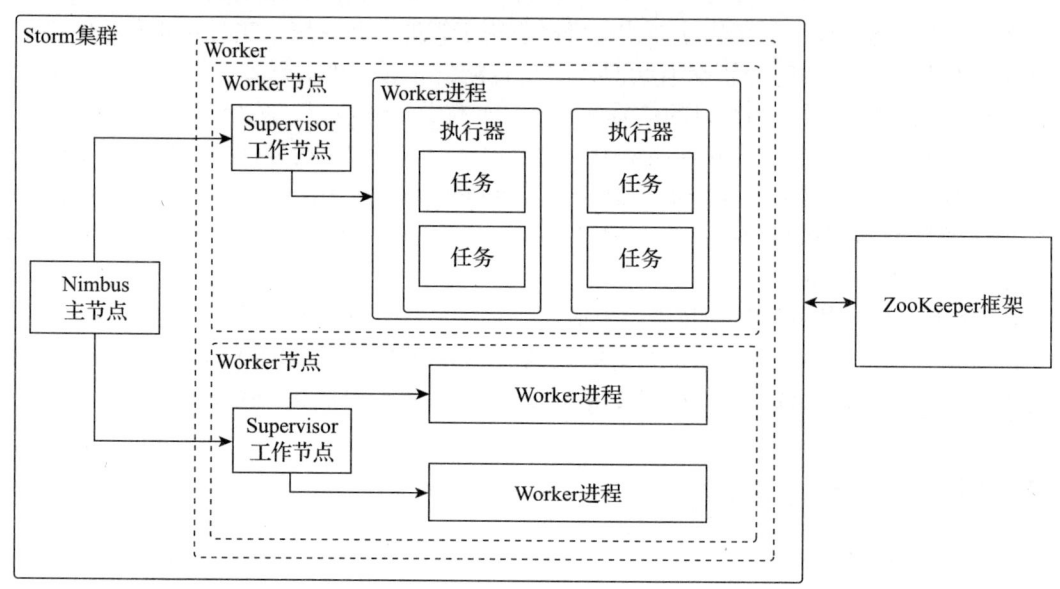

图 8-2　Storm 的物理集群架构

Storm 的集群包含两种类型的节点：Nimbus（主节点）和 Supervisor（工作节点）。Nimbus 的主要工作是运行 Storm 拓扑、分析拓扑并收集要执行的任务，然后将任务分配给可用的 Supervisor。Supervisor 包含一个或多个 Worker 进程，它将任务委派给 Worker 进程。Worker 进程将根据需要产生尽可能多的执行器（Executor）并运行任务。Storm 使用内部分布式消息传递系统来实现 Nimbus 和管理程序之间的通信。

Nimbus 的守护进程用于分配代码、布置集群任务及检测故障。Supervisor 的守护进程负责接收 Nimbus 分配的任务，管理属于自己的 Worker 进程，监听 Worker，开始并终止 Worker 进程。两者的协调工作是由 ZooKeeper 来完成的，ZooKeeper 用于管理集群中的不同组件，在集群中协调公有数据的存放（如心跳信息、集群的状态和配置信息）。Nimbus 将分配给 Supervisor 的任务写入 ZooKeeper。Worker 运行具体处理组件逻辑的进程。

Storm 具体工作流程如下。

1）Nimbus 等待客户端提交"拓扑"。

2）获取拓扑后，Storm 将处理拓扑，收集要执行的所有任务，决定任务被执行的顺序。

3）Nimbus 将任务分配给可用的 Supervisor。

4）所有 Supervisor 会定时向 Nimbus 发送心跳以汇报它们运行正常。

5）当一个 Supervisor 不发送心跳时，Nimbus 会将挂掉的 Supervisor 的任务委派给其他正常运行的 Supervisor。

6）当 Nimbus 自身挂掉时，Supervisor 会继续执行已经分配给自己的任务，此时正在执行的任务不受 Nimbus 挂掉的影响。

7）一旦所有的任务都完成，Supervisor 会等待新的任务。

8）同时，服务监控工具会重新启动挂掉的 Nimbus。

9）重新启动的 Nimbus 将继续从其挂掉的地方开始工作。同样，挂掉的 Supervisor 也可以自动重新启动。由于 Nimbus 和 Supervisor 都可以通过监控工具自动地被启动并在它们挂掉的地方继续运转，因此 Storm 能够保证所有的任务至少被处理一次。

10）一旦处理完所有的拓扑，Nimbus 就会等待一个新的拓扑，同样，Supervisor 也会等待新的任务。

### 8.2.3 Storm 的逻辑架构

Storm 的逻辑架构如图 8-3 所示。Storm 中一个实时计算应用程序的逻辑被封装到 Topology 对象里面，称为计算拓扑。Topology（拓扑）是 Spout 和 Bolt 组成的图结构，而连接 Spout 和 Bolt 的则是 Stream Grouping（流分组）。

Storm 中的拓扑相当于 Hadoop 中的 MapReduce Job。它们的关键区别在于，MapReduce Job 最终总是会结束的，而 Storm 的拓扑会一直运行，除非用显式的方式终止它。

Storm 的核心组件流程图如图 8-4 所示，包括以下几个部分。

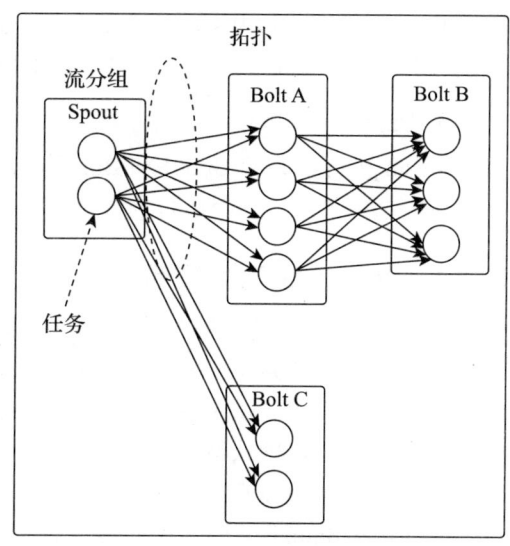

图 8-3 Storm 的逻辑架构

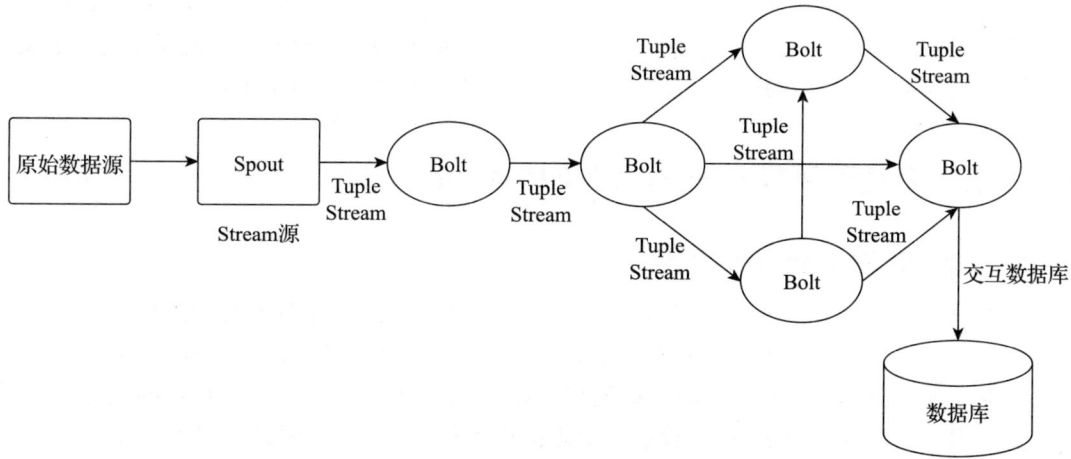

图 8-4 Storm 核心组件流程图

### 1. 组件

Tuple（元组）：Storm 中的主要数据结构。它是有序元素的列表。默认情况下，Tuple 支持所有数据类型。通常，它被建模为一组逗号分隔的值，并传递到 Storm 集群。

Stream（流）：流是 Tuple 的无序序列。

Spout：流的源。通常，Storm 从原始数据源（如 Twitter Streaming API、Kafka 队列等）接收输入数据。

Bolt：逻辑处理单元。Spout 将数据传递到 Bolt，并产生新的输出流。Bolt 可以执行过滤、聚合、连接、与数据源和数据库交互等操作。Bolt 接收数据并将其发射到一个或多个 Bolt。

### 2. 拓扑

Spout 和 Bolt 连接在一起，形成拓扑结构，实时应用程序逻辑在拓扑中指定。简单地说，拓扑是有向图，其中节点是计算，边是数据流。拓扑从 Spout 开始，Spout 将数据发射到一个或多个 Bolt。Bolt 处理数据，其输出可以发射到另一个或多个 Bolt 作为输入。Storm 保持拓扑始终运行，直到用户终止拓扑。

### 3. 任务

Storm 执行的每个 Spout 和 Bolt 称为"任务"。在给定时间，每个 Spout 和 Bolt 可以具有在多个单独的线程中运行的多个实例。

## 8.2.4 其他传统流处理系统

Apache Samza 是一种与 Apache Kafka 消息系统紧密绑定的流处理框架。虽然 Kafka 可用于很多流处理系统，但按照设计，Samza 可以更好地发挥 Kafka 独特的架构优势和保障。该技术可通过 Kafka 提供容错、缓冲，以及状态存储。Samza 可使用 YARN 作为资源管理器。这意味着默认情况下需要具备 Hadoop 集群（至少具备 HDFS 和 YARN），但同时也意味着 Samza 可以直接使用 YARN 丰富的内建功能。

Storm 和 Samza 遵循传统的流处理模式，即一次性记录处理。在此模型中，有状态运算符处理到达的记录，使用新的数据修改内部状态，然后发出新的记录。容错和恢复是通过复制来完成的，可以复制多个处理元素，也可以缓冲和存储上游消息的备份，并在出现故障时将其重新发送到下游。 此外，随着有向无环图（DAG）的布局变得越来越复杂，很难确保不同路径之间的一致性。最后，将这些框架与批处理系统组合在一起是很有意义的，通常使用 Lambda 体系结构来完成，8.6 节将对 Lambda 体系结构展开介绍。

## 8.3 微批流处理系统——Spark Streaming

### 8.3.1 Spark Streaming 概述

在低延迟和高吞吐的流处理系统中维持良好的容错性是非常困难的，但是为了得到有保障的准确状态，人们想到了一种替代方法：将连续时间中的流数据分割成一系列微小的批量作业。如果分割得足够小（即微批处理作业），计算就几乎可以实现真正的流处理。因为存在延迟，所以不可能做到完全实时，但是每个简单的应用程序都可以实现仅有几秒甚至几亚秒的延迟。

Spark Streaming 是 Spark Core API 的一种扩展，和其他三个组件 Spark SQL、MLlib 和 GraphX 共同构成 Spark 的核心组件。Spark Streaming 可以用于大规模、高吞吐量、容错的实时数据流的处理，此外它也能和 MLlib 以及 GraphX 完美融合。Spark Streaming 是构建在 Spark 上的实时计算框架，它扩展了 Spark 处理大规模流数据的能力。这种系统基于微批处理模型，允许开发人员以批处理方式处理连续的数据流。Spark 的流处理能力由 Spark Streaming 模块提供。Spark 引入了微批次（micro-batch）的概念，即把一小段时间内的接入数据作为一个微批次来处理。但是与 Storm 等原生的流处理系统相比，Spark Streaming 的延时相对较高。图 8-5 展示了 Spark Streaming 的数据来源和数据存储。

图 8-5　Spark Streaming 的数据来源和数据存储示意图

### 8.3.2　Spark Streaming 的工作流程

Spark Streaming 工作包括数据流接入、微批处理和 Spark Streaming 输出三个部分。

#### 1. 数据流接入

Spark Streaming 可以从各种数据源接收数据流，如 Kafka、Flume、HDFS、Kinesis、Twitter 等。这些数据流随后被分成小的微批次，每个微批次包含一段时间内的数据。

#### 2. 微批处理

微批处理是 Spark Streaming 的核心特点。它接收到的数据流被划分成一系列的微批次，每个微批次的数据都在一个离散的时间间隔内收集。Spark Streaming 将每个微批次作为弹性分布式数据集（RDD）进行处理，并为这种持续的数据流提供了一个高级抽象，即离散数据流（Discretized Stream，DStream）。DStream 既可以由输入数据源创建（如 Kafka、Flume 或者 Kinesis），也可以由其他 DStream 经一些算子操作得到。在内部，如图 8-6 所示，一个 DStream 包含了一系列 RDD。DStream 是随着时间推移而收到的数据的序列。在内部，每个时间区间收到的数据都作为 RDD 存在，而 DStream 是由这些 RDD 所组成的序列，如图 8-6 中的 RDD@time1、RDD@time2、RDD@time3 和 RDD@time4。所以简单来说，DStream 是对 RDD 在实时数据处理场景的一种封装。

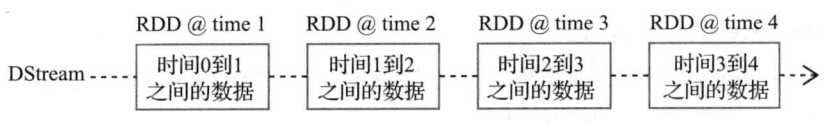

图 8-6　DStream 示意图

它能够使用类似高阶函数的复杂算法来进行数据处理，比如使用 Map、Reduce、Join 和滑动窗口等对 DStream 进行处理，以实现复杂的实时计算逻辑。如图 8-7 所示，在 DStream 上使用的任何操作都会转换为针对底层 RDD 的操作。这种批处理方式使得 Spark

Streaming 可以利用 Spark 的批处理引擎进行处理，从而在一定程度上实现实时计算。

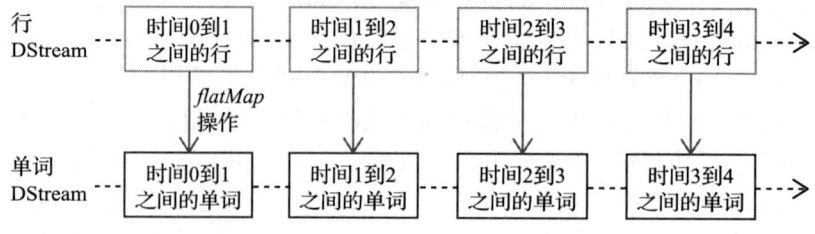

图 8-7　DStream 上的操作示意图

DStream 形成步骤如下。

1）针对某个时间段切分的小数据块进行 RDD DAG 构建。

2）对连续时间内产生的一连串小的数据进行切片处理，分别构建 RDD DAG，形成 DStream。

创建出来的 DStream 支持两种操作，一种是转化操作（transformation），会生成一个新的 DStream，另一种是输出操作（output operation），可以把数据写入外部系统中。DStream 提供了许多与 RDD 所支持的操作类似的操作，还增加了与时间相关的新操作，比如滑动窗口。定义一个 RDD 处理逻辑，数据按照时间切片，每次流入的数据都不一样，但是 RDD 的 DAG 逻辑是一样的，即按照时间划分成一个个批次，用同一个逻辑处理，如图 8-8 所示。

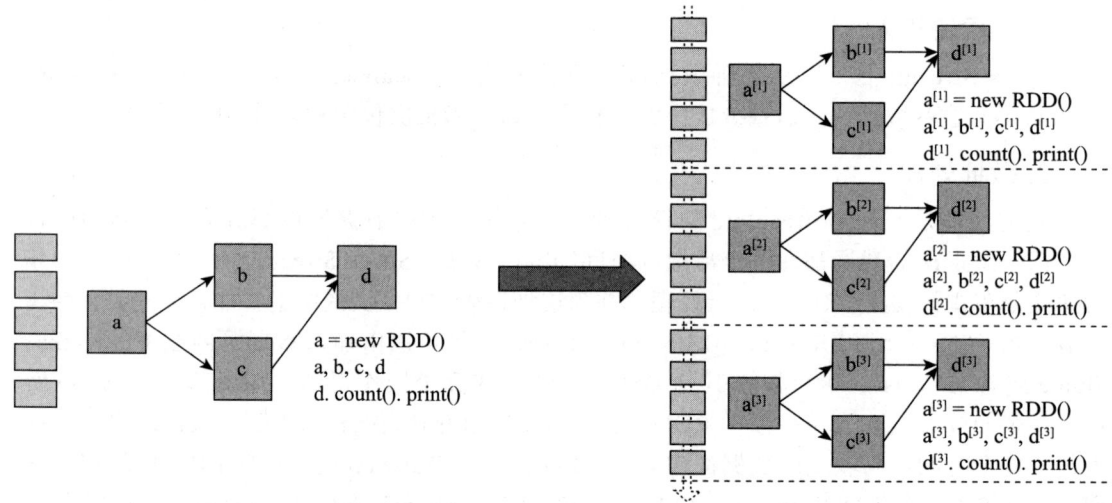

图 8-8　Spark Streaming 进行 WordCount 处理的逻辑示意图

### 3. Spark Streaming 输出

Spark Streaming 输出的处理结果可以存储到 HDFS、Database 中，或者将分析处理结果以 Dashboard 仪表盘的形式展现给用户。

### 8.3.3　Spark Streaming 的工作原理和架构

#### 1. Spark Streaming 的工作原理

Spark Streaming 是将流计算分解成一系列微小的批处理作业。这里的批处理引擎是

Spark Core。如图 8-9 所示，按照 Spark 工作的原理，工作节点的接收器收到输入的数据流并将数据备份到另一工作节点上，然后由 Spark 的驱动器程序创建的 SparkContext 为工作节点的任务匹配资源，用来处理所收到数据的任务，执行任务后，在每个微批次中输出结果。

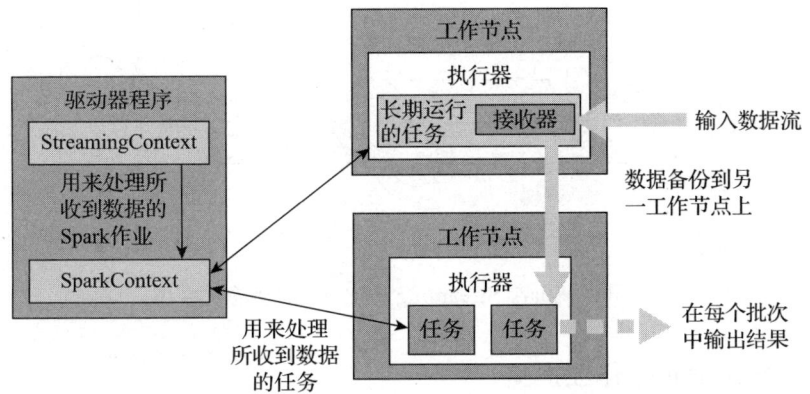

图 8-9　Spark Streaming 物理架构示意图

### 2. Spark Streaming 的架构

如图 8-10 所示，Spark Streaming 架构由三个部分组成：Master、Worker、Client，但是这三个部分内部的组件与 Spark 有所不同，新增了专门处理流的一些组件，比如 Master 内的输入跟踪器（Input tracker）、块跟踪器（Block tracker）组件，Worker 内的输入接收器（Input receiver）组件。

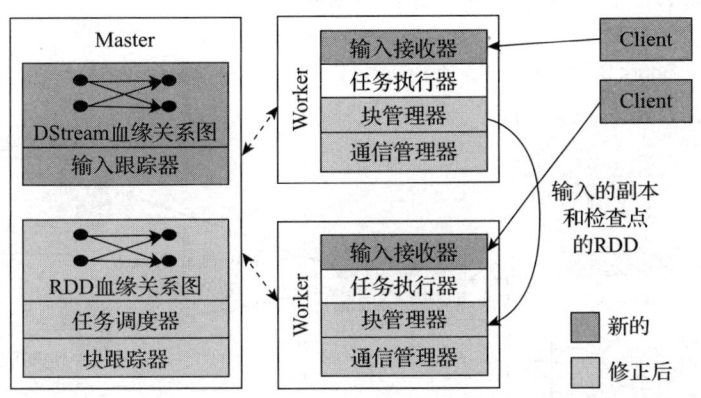

图 8-10　Spark Streaming 架构组件示意图

1）Master：记录 DStream 之间的依赖关系或者血缘关系，并负责任务调度以生成新的 RDD。

对于 Spark Streaming 来说，其 RDD 的血缘关系如图 8-11 所示，图中的每一个椭圆表示一个 RDD，椭圆中的每个圆代表 RDD 中的一个划分，图中每一列的多个 RDD 表示一个 DStream，而每一行最后一个 RDD 则表示每个批次所产生的中间结果 RDD。

2）Worker：从网络接收数据并存储到内存中，并执行 RDD 计算。

3）Client：负责向 Spark Streaming 中灌入数据，如 Flume、Kafka 等。

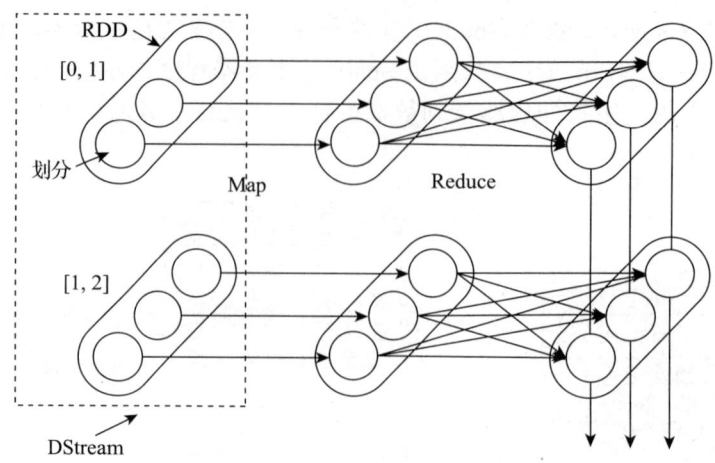

图 8-11　Spark Streaming 中 RDD 的血缘关系图

### 3. Spark Streaming 作业提交

**（1）Spark Streaming 作业提交相关组件**

如图 8-12 所示，Spark Streaming 作业提交相关组件包括网络输入跟踪器（Network Input Tracker）、作业调度器（Job Scheduler）和作业管理器（Job Manager）。

1）Network Input Tracker：跟踪每一个网络接收的数据，并且将其映射到相应的输入 DStream 上。

2）Job Scheduler：周期性地访问 DStream 图并生成 Spark 作业，将其交给 Job Manager 执行。

3）Job Manager：获取任务队列，并执行 Spark 任务。

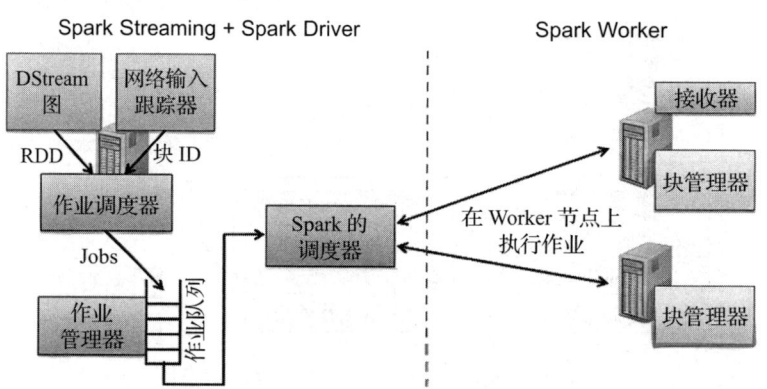

图 8-12　Spark Streaming 作业提交示意图

**（2）Spark Streaming 作业提交具体流程**

如图 8-12 所示，要传入的数据会编排成块 ID（元数据）的形式，再加上 RDD 的逻辑 DStream 图，从而产生了 Job Scheduler，通过 Job Manager 形成作业队列，以队列形式有序执行。真正的数据以块的形式传入 Worker，由 Worker 上的执行器通过元数据信息块 ID，在 HDFS 上取对应的块数据进行执行。

Network Input Tracker 传入的并不是真正的数据，而是块 ID，即获取的是元数据。数据通过 Worker 进行接收，也就是说 Master 不负责真正数据的接收，它只获取数据块的 ID，至于块的操作，会放到 Job Manager 中按照顺序执行。

### 8.3.4 Spark Streaming 的特性

1）高吞吐量和低延迟：Spark Streaming 能够处理高吞吐量的数据，并提供极低的延迟。通过将实时数据流分成小的批次并在集群中并行处理这些批次，它实现了低延迟的处理。

2）容错性：Spark Streaming 具有强大的容错性。它使用 RDD 作为其核心数据抽象，RDD 提供了自动的故障恢复和数据可靠性。如果在处理过程中某个节点失败，Spark Streaming 会自动重新计算丢失的数据，并确保结果的准确性。

3）扩展性：Spark Streaming 可以轻松地扩展以处理大规模的数据流。通过添加更多的计算资源，如节点和核心，可以水平扩展 Spark Streaming 集群，从而应对更大规模的数据处理需求。

更重要的是，使用微批处理方法，可以实现 exactly-once 语义，从而保障状态的一致性。如果一个微批处理失败了，它可以重新运行，这比连续的流处理方法更容易。Storm Trident 是对 Storm 的延伸，它的底层流处理引擎就是基于微批处理方法来进行计算的，从而实现了 exactly-once 语义，但是在延迟性方面付出了很大的代价。

微批处理将流计算转换为一组极其快速的计算，其延迟从数百毫秒到数秒不等。以增加延迟为代价，这为每个微批处理的结果提供了容错，并且使得实现 exactly-once 语义变得更加容易。

## 8.4 Flink

流处理虽然能够提供低延迟，但其实时性代价较高，难以实现高吞吐，每次处理的准确性也难以保证。而对于 Storm Trident 以及 Spark Streaming 等微批处理策略，只能根据批量作业时间的倍数进行分割，无法根据实际情况灵活地分割事件数据。而且对于一些对延迟比较敏感的作业，往往需要开发人员在写业务代码时花费大量精力来提升性能。这些灵活性和表现力方面的缺陷，使得微批处理策略开发速度变慢，运维成本变高。

随着大数据的进一步发展，单纯的批处理与单纯的流处理框架不能完全满足企业某些应用的需求，由此产生了批处理与流处理结合的混合处理模式。于是，Flink 出现了，这一技术框架可以避免上述弊端，并且拥有所需的诸多功能，还能按照连续事件高效地处理数据。Apache Flink 支持流处理和批处理，其设计思想是"有状态的流计算"，将逐项输入的数据作为真实的流来处理，将批处理任务当作一种有界的流来处理。Flink 以流处理优先的方式实现了低延迟、高吞吐和真正的逐条处理。Apache Flink 是一个框架和分布式处理引擎，用于对无界和有界数据流进行有状态计算，被设计在所有常见的集群环境中运行，以内存执行速度和任意规模来执行计算。Flink 主页顶部展示了该项目的理念："Apache Flink 是为分布式、高性能、随时可用以及准确的流处理应用程序打造的开源流处理框架。"

作为一个分布式计算框架，Flink 可以搭建廉价集群，快速处理任意规模的数据。Flink 的实时处理由一系列事件（Event）驱动（类比 Kafka、Flume），不同于 Spark Streaming 中的微批次。如图 8-13 所示，Flink 的数据源有静态数据和动态数据两种，静态数据包括存储在数据库、文件系统和键值对存储中的各种数据。动态数据包括各种基于事件的实时流数据。经过 Flink 平台进行事件驱动应用处理、流数据流水线处理、流处理和批处理分析，生成的结果支持应用、记录事件日志，并把相关结果存储到数据库、文件系统或键值对存储中。

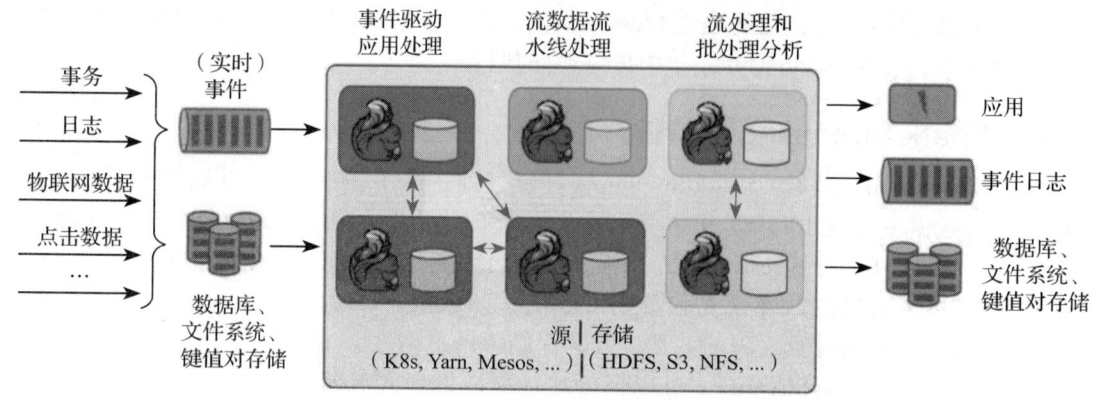

图 8-13　Flink 框架

## 8.4.1　批处理与流处理

在 Spark 生态体系中，对于批处理和流处理采用了不同的技术框架，批处理由 SparkSQL 实现，流处理由 Spark Streaming 实现，这也是大部分框架采用的策略，即使用独立的处理器实现批处理和流处理，而 Flink 可以同时实现批处理和流处理。

Flink 的核心计算架构是 Flink Runtime 执行引擎，它是一个分布式系统，能够接受数据流程序并在一台或多台机器上以容错方式执行。它将大型的计算任务分成许多小的部分，每个机器执行一个部分。Flink 能够确保在发生机器故障或者其他错误时计算能自动地持续进行，或者在修复 bug 或进行版本升级后有计划地再次执行。这种能力使得开发人员不需要担心失败。Flink 本质上使用容错性数据流，这使得开发人员可以分析持续生成且永远不结束的数据（即流处理）。Flink Runtime 执行引擎可以作为 YARN 的应用程序在集群上运行，也可以在 Mesos 集群上运行，还可以在单机上运行（这对于调试 Flink 应用程序来说非常有用）。Flink 在 Runtime 执行引擎之上提供了封装的 API，以帮助用户更方便地生成流计算程序。

图 8-14 为 Flink 技术栈的核心组件。值得一提的是，Flink 分别提供了面向流处理的 DataStream API 和面向批处理的 DataSet API，DataStream API 可以流畅地分析无限数据流，并且可以用 Java 或者 Scala 来实现。因此，Flink 既可以完成流处理，也可以完成批处理。Flink 支持的拓展库涉及机器学习（FlinkML）、复杂事件处理（CEP）以及图计算（Gelly），还有分别针对流处理和批处理的 Table API。

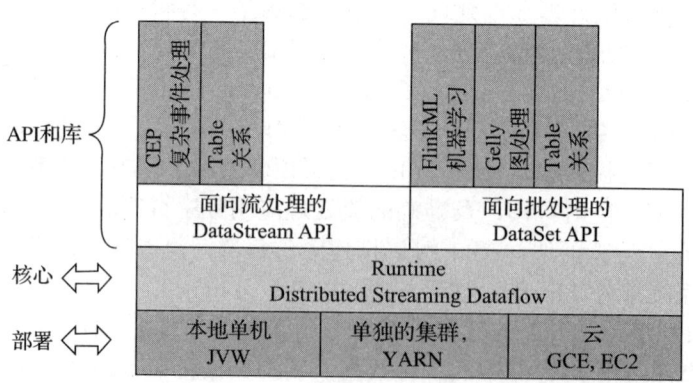

图 8-14　Flink 技术栈的核心组件

## 8.4.2 Flink 提供的不同级别的抽象

Flink 为批/流处理应用程序的开发提供了不同级别的抽象，如图 8-15 所示。

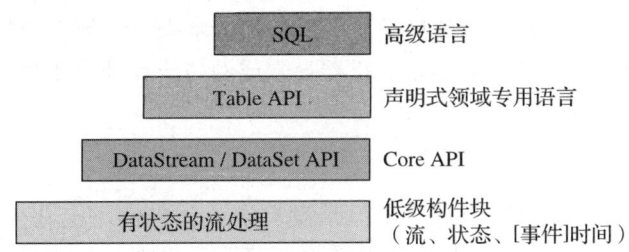

图 8-15　Flink 中不同级别的抽象

### 1. Flink API 最底层的抽象为有状态的流处理

本层抽象允许用户在应用程序中自由地处理来自单流或多流的事件（数据），并提供具有全局一致性和容错保障的状态。此外，用户可以在此层抽象中注册事件时间（event time）和处理时间（processing time）的回调方法，从而允许程序可以实现复杂计算。

### 2. Flink API 第二层抽象是 Core API

实际上，许多应用程序用不到上述最底层抽象的 API，可以使用 Core API 进行编程。其中包含 DataStream API（应用于有界/无界数据流场景）和 DataSet API（应用于有界数据集场景）两部分。Core API 提供的流式 API（Fluent API）为数据处理提供了通用的模块组件，例如各种形式的用户自定义转换（transformation）、连接（join）、聚合（aggregation）、窗口（window）和状态（state）操作等。此层 API 中处理的数据类型在每种编程语言中都有对应的类。

### 3. Flink API 第三层抽象是 Table API

Table API 是以表（Table）为中心的声明式编程 API，例如在流数据场景下，它可以表示一张正在动态改变的表。Table API 遵循（扩展）关系模型，即表拥有 schema（类似于关系型数据库中的 schema），并且 Table API 也提供了类似于关系模型中的操作，比如选择（select）、投影（project）、连接（join）、分组（group-by）和聚合（aggregate）等。Table API 程序以声明的方式定义应执行的逻辑操作，而不是确切地指定程序应该执行的代码。尽管 Table API 使用起来很简洁并且可以由各种类型的用户自定义函数扩展功能，但它的表达能力还是比 Core API 的差。此外，Table API 程序在执行之前还会使用优化器中的优化规则对用户编写的表达式进行优化。Table 和 DataStream/DataSet 可以无缝切换，Flink 允许用户在编写应用程序时将 Table API 与 DataStream/DataSet API 混合使用。

### 4. Flink API 最顶层抽象是 SQL

这层抽象在语义和程序表达式上都类似于 Table API，但是其程序实现都是 SQL 查询表达式。SQL 抽象与 Table API 抽象之间的关联是非常紧密的，并且 SQL 查询语句可以在 Table API 中定义的表上执行。

## 8.4.3　无界数据流与有界数据流

Flink 在实现流处理和批处理时，与传统的一些方案完全不同。它从另一个视角看待流处理和批处理,将二者统一起来。Flink 完全支持流处理,也就是说,作为流处理看待时,输入数据流是无界的;批处理被看作一种特殊的流处理,只是它的输入数据流被定义为有界的。基于同一个 Flink 运行时(Flink Runtime),Flink 分别提供了流处理和批处理 API,而这两种 API 也是实现上层面向流处理、批处理类型应用框架的基础。任何类型的数据都是作为事件流产生的,如信用卡交易、传感器测量、机器日志或网站或移动应用程序上的用户交互。

数据可以被处理为无界流或有界流。

**1. 无界数据流**

如图 8-16 所示,无界数据流有开始但是没有结束,它们不会在生成时终止并提供数据。所以必须连续处理无界流,也就是说必须在获取后立即处理事件。对于无界数据流,无法等待所有数据都到达,因为输入是无界的,并且在任何时间点都不会完成。处理无界数据流通常要求以特定顺序(例如事件发生的顺序)获取事件,以便能够推断结果完整性。

**2. 有界数据流**

如图 8-16 所示,有界数据流有明确定义的开始和结束,可以在执行任何计算之前通过获取所有数据来处理有界流,处理有界流不需要有序获取,因为可以始终对有界数据集进行排序,有界流的处理也称为批处理。定义了数据的范围,类似于 Spark Streaming 中的微批处理。

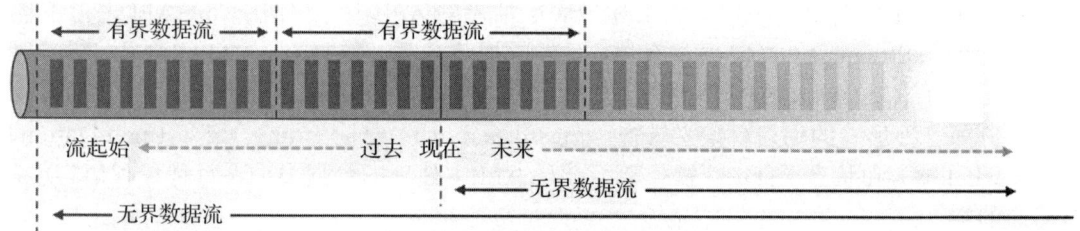

图 8-16　无界数据流与有界数据流

Apache Flink 擅长处理无界和有界数据集。精确的时间和状态控制使 Flink Runtime 可以在无界流上运行任何类型的应用程序。有界流在内部由专门为固定大小的数据集设计的算法和数据结构处理,具有出色的性能。

Flink 实时处理性能很强,提供的 Process Function API 以细粒度灵活地控制事件处理。Flink 支持 SQL,对事件进行数据聚合后,使用 SQL 进行数据分析。Flink 在事件到来时立即处理,与按照时间间隔的微批处理相比,保证了数据的实时处理。Flink 为计算状态持久化提供了非常多的特性。

## 8.5　流数据处理实验

### 8.5.1　Storm 流数据处理实验

下面借实时统计 Twitter 上最流行的词语这一具体案例来说明基于 Storm 的大数据分析,即从 Twitter 流中实时、连续地读取推文,从推文中抽取出每一个单词,并统计单词的出现频次。文本文件如图 8-17 所示。

Twitter 流中的推文源源不断地流入 ReadFileSpout,由 ReadFileSpout 将每条推文随机分发给下游的 WordNormalizerBolt 组件,拆分为一个个单词后,再按 field 分组方式分发给下游的 WordCountBolt 组件，计数后发给 PrintWorldCountBolt 组件，PrintWorldCountBolt 负责将统计信息实时写入本地文件。如图 8-18 所示，定义 ReadFileSpout、WordNormalizerBolt、WordCountBolt、PrintWorldCountBolt 的并行度分别为 1、2、2、1。

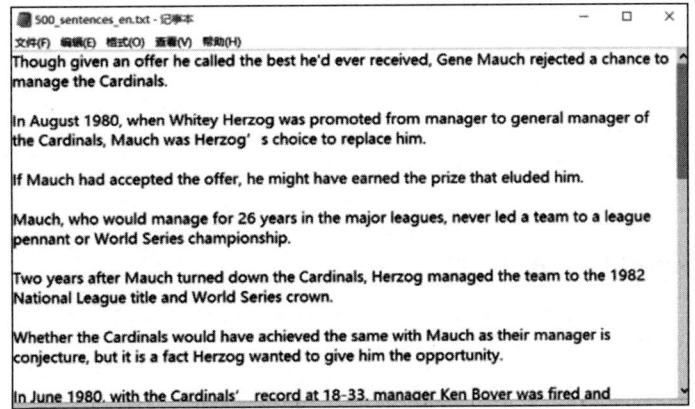

图 8-17　文本文件

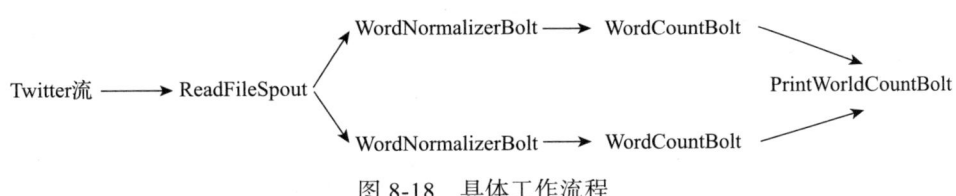

图 8-18　具体工作流程

下面给出各个类的具体实现代码。

### （1）`ReadFileSpout` 类

```java
//Topology 的数据源，从数据流中读取数据，然后将每一个 tuple 发给下游的 Bolt
public class ReadFileSpout extends BaseRichSpout{
    private static final long serialVersionUID = 3142804203962362581L;
    private SpoutOutputCollecctor collecctor;
    FileInputStream fis;
    InputStreamReader isr;
    BufferedReader br;
    @SuppressWarnings("rawtypes")
    @Override
// 初始化，功能类似于构造函数
    public void open(Map conf, TopologyContext context, SpoutOutputCollector collector){
        this.collecctor = collecctor;
        String file = (String)conf.get("INPUT_PATH");
            try{
                this.fis = new FileInputStream(file);
                this.isr = new InputStreamReader(fis, MacroDef.ENCODING);
            }catch (Exception e){
                e.printStackTrace();
            }
    }
    @Override
    // 发射元组
    public void nextTuple() {
        String str = "";
        try{
```

```
            while ((str = this.br.readLine()) != null){
                this.collecctor.emit(new Values(str));
                Thread.sleep(1000);
            }
        }catch (Exception e){
            e.printStackTrace();
        }
    }
    @Override
    // 声明 field 域, 在数据流分组时使用
    public void declareOutputFields(OutputFieldsDeclare declarer) {
        declarer.declare(new Fields("str"));
    }
}
```

### (2) WordNormalizerBolt 类

```
public class WordNormalizerBolt extends BaseBasicBolt {
    private static final long serialVersionUID = -829840448328629270L;
    @Override
    // 把 sentence tuple 转换为 word tuple, 然后发射出去
    public void execute(Tuple input, BasicOutputCollector collector){
        String sentence = input.getString(0);
        String[] words = sentence.split("");
        for(int i=0 ; i<words.length ; i++){
            words[i].trim();
            collector.emit(new Values(words[i]));
        }
    }
    @Override
    public void declareOutputFields(OutputFieldsDeclarer declarer){
        declarer.declare(new Fields("word"));
    }
}
```

### (3) WordCountBolt 类

```
// 单词计数
public class WordCountBolt extends BaseBasicBolt{
    private static final long serialVersionUID = 1L;
    Integer id;
    String name;
    Map<String,Integer> counters;
    @SuppressWarnings("rawtypes")
    @Override
    public void prepare(Map StormConf, TopologyContext context){
        //this.collector = collector;
        this.counters = new HashMap<String,Integer>();
        this.name = context.getThisComponentId();
        this.id = context.getThisTaskId();
    }
    @Override
    public void execute(Tuple input, BasicOutputCollector collector){
        String str = input.getString(0);
        if(!counters.containsKey(str)){
            counters.put(str,1);
        }else{
            Integer c = counters.get(str) + 1;
            counters.put(str,c);
        }

        String send_str = null;
```

```
            int count = 0;
            for(String key : counters.keySet()){
                if(count == 0){
                    send_str = "[" + key + ":" +counters.get(key) + "]";
                }else{
                    send_str = send_str + ", [" + key + ":" +counters.get(key) + "]";
                }
                count++;
            }
            send_str = "The count:" + count + " #### " + send_str;
            collector.emit(new Values(send_str));
        }
        @Override
        public void declareOutputFields(OutputFieldDeclarer declarer){
            declarer.declare(new Fields("send_str"));
        }
    }
```

### (4) `PrintWorldCountBolt` 类

```
// 输出统计结果，将结果打印到本地文件
public class PrintWorldCountBolt extends BaseBasicBolt{
    private static final long serialVersionUID = -4500761148548807312L;
    String filename = new String();

    @SuppressWarnings("rawtypes")
    @Override
    public void prepare(Map conf, TopologyContext context){
        filename = (String)conf.get("OUTPUT_PATH");
    }
    @Override
    public void execute(Tuple input,BasicOutputCollector collector){
        try(FileWriter writer = new FileWriter(new File(filename),true)){
            String mesg = input.getString(0);
                if(mesg != null){
                    // 打印数据
                    writer.write(mesg+"\r\n");
                }
        }catch (Exception e){
            e.printStackTrace();
        }
    }
    @Override
    public void declareOutputFields(OutputFieldsDeclarer declarer){
        declarer.declare(new Fields("words"));
    }
}
```

### (5) `HelloWorldTopology` 类

```
// 构造 Topology 的主类，将 Spout 和 Bolt 组织成一条流水线
public class HelloWorldTopology {
    // 初始化拓扑构建器
    private static TopologyBuilder builder = new TopologyBuilder();
    public static void main(String[] args) throws InterruptedException,AlreadyAl
        iveException,InvalidTopologyException{
        Config config = new Config();
        // 设置 Spout 及其线程数
        builder.setSpout("Random",new ReadFileSpout(),1);
        // 设置 WordNormalizerBolt 及其分组方式，下同
        builder.setBolt("Norm",new WordCountBolt(),2).shuffleGrouping("Random");
        builder.setBolt("Count",new WordCountBolt(),2).fieldsGrouping("Norm", new
```

```
            Fields("word"));
    builder.setBolt("print",new PrintWorldCountBolt(),1).shuffleGrouping("Count");
    // 集群模式提交 Topology
    if(args != null && args.length > 0){
        config.setDebug(false);
        config.setNumWorkers(2);              // 设置执行 Topology 的进程数
        config.put("INPUT_PATH",args[0]);     // 集群模式下,参数 args[0] 是数据源的地址
        config.put("OUTPUT_PATH", args[1]);   // 参数 args[1] 保存结果的地址
        StormSubmitter.submitTopology("FrequencyCount",config.builder.
            createTopology());
    }else{// 本地模式提交 Topology
        config.setMaxTaskParallelism(1);
        config.put("INPUT_PATH","c:/500_sentences_en.txt");
        config.put("OUTPUT_PATH","c:/result.txt");
        LocalCluster cluster = new LocalCluster();
        cluster.submitTopology("FrequencyCount",config,builder.createTopology());
    }
})
}
```

程序运行过程如下。

1) 192.168.72.130 节点的操作:

- 启动 ZooKeeper。
- 启动 Storm 的 Nimbus 进程。
- 启动 Storm 的 UI 进程,可以在浏览器中监视 Topology。
- 启动 Storm 的 logviewer 进程。

2) 192.168.72.131/132 节点的操作:分别启动 Supervisor 进程。

3) 运行 Topology。

服务器的监视页面如图 8-19 所示。

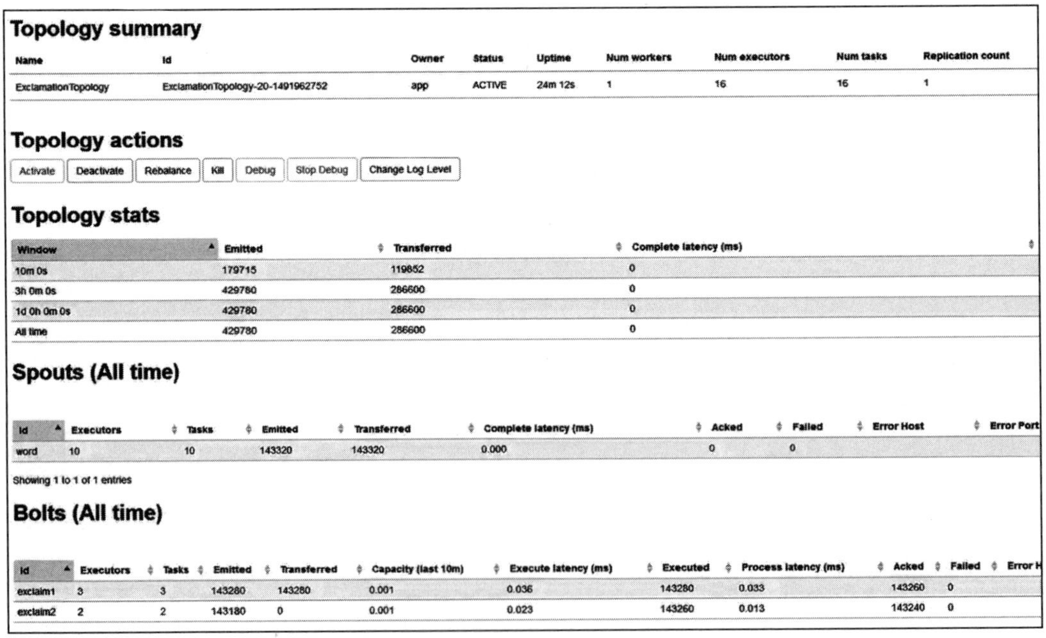

图 8-19 服务器的监视页面

来源:《大数据分析原理与实践》,王宏志著。

输出文件 result.txt 的部分内容如图 8-20 所示。

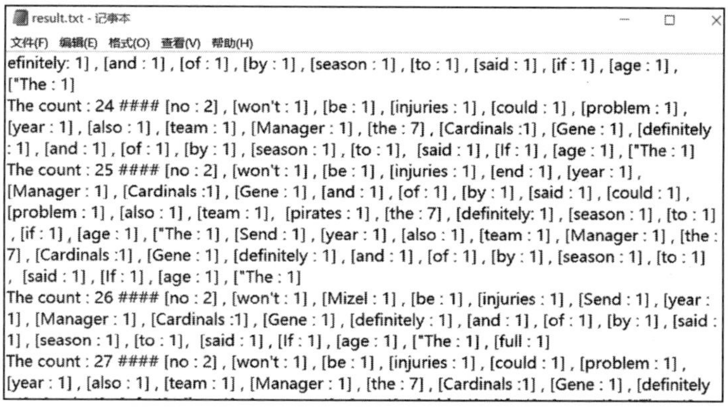

图 8-20　输出文件 result.txt 的部分内容

来源：《大数据分析原理与实践》，王宏志著。

在实际应用中，很多 Twitter App 会实时地获取推文的热点信息，根据需求实现某些算法，比如实时监测某一特定名人的流行趋势，或者即时统计当前最受关注的热点等，这些都是 Storm 所擅长的。相较于 Hadoop 的移动计算到数据，Storm 是移动数据到计算，它的数据源是源源不断的数据流，只要集群没有故障或手动结束程序，它会一直运行，而且所有计算都是在内存中完成的，速度快、实时是它最大的特点。本节设计的应用是最基本的 Storm 流处理框架，只需在此基础上稍加改动，即可完成各种各样的流计算应用。

### 8.5.2　Spark Streaming 流数据处理实验

Spark Streaming 是 Spark Core 的扩展，支持实时流数据的处理，具有可扩展性、高吞吐量、容错性等特点。

Spark Streaming 支持一个高级抽象，即 DStream。每段时间区间内，接收到的数据以 RDD 的形式存在，而 DStream 是由这些 RDD 所组成的序列，代表了连续的数据流。在 DStream 上的任何操作，都会转换为针对底层 RDD 的操作。

#### 1. WordCount 案例实操

需求：使用 netcat 工具向 9999 端口不断发送数据，通过 Spark Streaming 读取端口数据，并统计不同单词出现的次数。

**（1）添加依赖**

```
<dependency>
    <groupId>org.apache.spark</groupId>
    <artifactId>spark-streaming_2.12</artifactId>
    <version>3.0.0</version>
</dependency>
```

**（2）编写代码**

```
package org.example
import org.apache.spark.SparkConf
import org.apache.spark.streaming.{Seconds, StreamingContext}
object Word_Count {
    def main(args: Array[String]): Unit = {
        // TODO 创建环境对象
```

```
        // StreamingContext 创建时，需要传递两个参数
        // 第一个参数表示环境配置
        val conf = new SparkConf().setMaster("local").setAppName("SparkStream")
        val ssc = new StreamingContext(conf,Seconds(3))

    // TODO 逻辑处理
        // 获取端口数据
        val lines = ssc.socketTextStream("localhost",9999)
val words = lines.flatMap(_.split(" "))
        val wordToOne = words.map((_,1))
        val wordToCount = wordToOne.reduceByKey(_+_)
        wordToCount.print()

        // TODO 关闭环境
        // 由于 Spark Streaming 采集器是长期执行的任务，所以不能直接关闭
        // 如果 main 方法执行完毕，应用程序也会自动结束，因此应避免让 main 方法执行完毕
        // ssc.stop()
        // 1. 启动采集器
        ssc.start()
        // 2. 等待采集器关闭
        ssc.awaitTermination()
    }
}
```

**（3）WordCount 解析**

DStream 是 Spark Streaming 的基础抽象，代表持续性的数据流和经过各种 Spark 原语操作后的结果数据流。在内部实现上，DStream 由一系列连续的 RDD 来表示，每个 RDD 包含一段时间间隔内的数据。

### 2. DStream 创建

**（1）Kafka 数据源**

Kafka 在数据源的采集过程中分为两个版本：ReceiverAPI 和 DirectAPI。

- ReceiverAPI：需要专门的执行器作为接收器，采集和计算的速率不一定相同，可能会导致数据积压。
- DirectAPI：由计算的执行器节点主动消费 Kafka 的数据，速率由自身控制。

**（2）Kafka 0-10 Direct 模式**

1）需求：通过 Spark Streaming 从 Kafka 读取数据，并将读取的数据做简单计算，最终打印到控制台。

2）导入依赖。

```xml
<dependency>
        <groupId>org.apache.spark</groupId>
        <artifactId>spark-streaming-kafka-0-10_2.12</artifactId>
        <version>3.0.0</version>
</dependency>
<dependency>
        <groupId>com.fasterxml.jackson.core</groupId>
        <artifactId>jackson-core</artifactId>
        <version>2.10.1</version>
</dependency>
```

3）读取数据。

从命令行读取数据：

```
val lines = streamingContext.socketTextStream("localhost",9999)
```

从 Kafka 读取数据：

```
val kafkaDStream: InputDStream[ConsumerRecord[String, String]] = KafkaUtils.
   createDirectStream(
streamingContext,
LocationStrategies.PreferConsistent,
ConsumerStrategies.Subscribe(Set("events_raw"), kafkaParams))
```

4）代码编写。

```
package org.example
import java.util
import java.util.ArrayList
import org.apache.kafka.clients.consumer.{ConsumerConfig, ConsumerRecord}
import org.apache.kafka.clients.producer.{KafkaProducer, ProducerConfig, ProducerRecord}
import org.apache.kafka.streams.KeyValue
import org.apache.spark.SparkConf
import org.apache.spark.streaming.{Seconds, StreamingContext}
import org.apache.spark.streaming.dstream.InputDStream
import org.apache.spark.streaming.kafka010.{ConsumerStrategies, KafkaUtils, LocationStrategies}

object SparkStreamEventAttendeesrawToEventAttends {
    def main(args: Array[String]): Unit = {
        // 创建 SparkConf
        val conf = new SparkConf().setAppName("user_friends_raw").setMaster("local[*]")
        // 创建 streamingContext
        val streamingContext = new StreamingContext(conf,Seconds(5))
        streamingContext.checkpoint("checkpoint")
        // 定义 Kafka 参数
        val kafkaParams = Map(
        (ConsumerConfig.BOOTSTRAP_SERVERS_CONFIG -> "192.168.136.20:9092"),
        (ConsumerConfig.VALUE_DESERIALIZER_CLASS_CONFIG ->
            "org.apache.kafka.common.serialization.StringDeserializer"),
        (ConsumerConfig.KEY_DESERIALIZER_CLASS_CONFIG ->
            "org.apache.kafka.common.serialization.StringDeserializer"),
        (ConsumerConfig.GROUP_ID_CONFIG -> "eventsraw"),
        (ConsumerConfig.AUTO_OFFSET_RESET_CONFIG->"earliest")
        )
        // 读取 Kafka 数据创建 DStream
        val kafkaDStream: InputDStream[ConsumerRecord[String, String]] =
            KafkaUtils.createDirectStream(
        streamingContext,
        LocationStrategies.PreferConsistent,
        ConsumerStrategies.Subscribe(Set("events_raw"), kafkaParams)
        )
        // 将每条消息的键值对取出
        val valueDstream: DStream[String] = kafkaDstream.map(record => record.value())
        // 计算 wordCount
        valueDStream.flatMap(_.split(" ") )
            .map((_,_1))
            .reduceByKey(_+_)
            .print ()
        // 开启任务
        streamingContext.start()
        streamingContext.awaitTermination()
    }
}
```

5）查看 Kafka 消费进度。

```
kafka-consumer-groups.sh --describe --bootstrap-server 192.168.136.20:9092
    --group events
```

### 3. DStream 转换

DStream 转换和 RDD 转换类似，对比 RDD 中的转换算子和行动算子，DStream 也有转换和输出两种操作。

**（1）无状态转换操作**

无状态相当于没有血缘关系的 RDD。DStream 的部分无状态转换操作如表 8-1 所示。

表 8-1　DStream 部分无状态转换操作

| 函数名称 | 目的 | 示例 |
| --- | --- | --- |
| map() | 对 DStream 中的每个元素应用函数，返回由各元素输出的元素组成的 DStream | ds.map(x=>x+1) |
| flatMap() | 对 DStream 中的每个元素应用函数，返回由各元素输出的迭代器组成的 DStream | ds.flatMap(x=>x.split(" ")) |
| filter() | 返回由给定 DStream 中通过筛选的元素组成的 DStream | ds.filter(x=>x!=1) |
| repartition() | 改变 DStream 的分区数 | ds.repartition(10) |
| reduceByKey() | 将每个批次中键相同的记录归约 | ds.reduceByKey((x,y)=>x+y) |
| groupByKey() | 将每个批次中的记录根据键分组 | ds.groupByKey() |

无状态和有状态的区别在于是否保存某个采集周期的数据。如果保存了数据就是有状态，没有保存就是无状态。

1）转换。可以取最底层的 RDD 进行操作。DStream 无法实现的功能可以通过转换实现。

```
object SparkStreamKafkaSource {
    def main(args: Array[String]): Unit = {
        val conf: SparkConf = new SparkConf().setAppName("sparkKafkaStream").setMaster("local[*]")
        val streamingContext = new StreamingContext(conf, Seconds(5))
        val lines = streamingContext.socketTextStream("localhost",9999)
// 转换方法可以获取底层的 RDD 后再进行操作
        val newRS: DStream[String] = lines.transform(rdd=>rdd)
        streamingContext.start()
        streamingContext.awaitTermination()
    }
}
```

`lines.transform()` 和 `lines.map()` 都能够实现对算子的转换，那么它们有什么区别呢？

`lines.map()` 的转换代码如图 8-21 所示。

`lines.transform()` 的转换代码如图 8-22 所示。

图 8-21　lines.map()

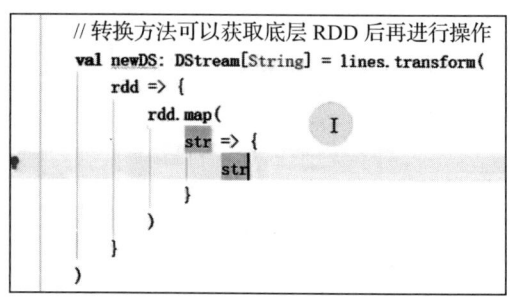

图 8-22　lines.transform()

**说明**：转换方法可以获取底层 RDD 后再进行操作；DStream 功能不完善；需要代码周期性地执行。

2）连接。

```
object SparkStreamKafkaSource {
    def main(args: Array[String]): Unit = {
        val conf: SparkConf = new SparkConf().setAppName("sparkKafkaStream").
            setMaster("local[*]")
            val streamingContext = new StreamingContext(conf, Seconds(5))
        val data9998 = streamingContext.socketTextStream("localhost",9999)
        val data8868 = streamingContext.socketTextStream("localhost",8888)
        val map9999: DStream[(String, Int)] = data9999.map((_,8))
        val map8888: DStream[(String, Int)] = data8888.map((_,8))
        // DStream 的连接操作就是对两个 RDD 连接
        val joinDS: DStream[String, (Int, Int)] = map9999.join(map8888)
        joinDS.print()
            streamingContext.start()
            streamingContext.awaitTermination()
    }
}
```

**（2）有状态转换操作**

1）updateStateByKey。有状态转换操作由于需要将计算的结果保存至内存，所以需要设置检查点（checkpoint）。

```
object SparkStreamEventAttendeesrawToEventAttends {
        def main(args: Array[String]): Unit = {
        // 创建 SparkConf
            val conf = new SparkConf().setAppName("user_friends_raw").setMaster
                ("local[*]")
        // 创建 streamingContext
            val streamingContext = new StreamingContext(conf,Seconds(5))
        streamingContext.checkpoint("checkpoint")
// 无状态数据操作，只对当前的采集周期内的数据进行处理
// 在某些场合下，需要保留数据统计结果（有状态），以实现数据的汇总
            val datas = streamingContext.socketTextStream("localhost",9999)
        val wordToOne = datas.map((_,1))
            val wordToCount = wordToOne.reduceByKey(_+_)
        wordToCount.print()
// updateStateByKey: 根据 key 对数据的状态进行更新
// 传递的参数中含有两个值
// 1. 相同 key 的 value
// 2. 缓冲区相同 key 的 value
            val state = wordToOne.updateStateByKey(
                (seq:Seq[Int],buff:Option[Int]) => {
                    val newCount = buff.getOrElse(0)+seq.sum
                    Option(newCount)
                }
            )
            state.print()
            // 开启任务
            streamingContext.start()
            streamingContext.awaitTermination()
        }
}
//KeyValue(key, value)
// 无状态，每个窗口数据独立
Val sumStateStream: DStream[(String, Int)] = KafkaStream.flatMap(x => x.value().
    toString.split(regex = "\\s+"))
```

```
        .map(x => (x, 1))
        .updateStateByKey {
            case (seq, buffer) => {
                println(" 进入到 updateStateByKey 函数中 ")
                println("seqvalue", seq.toList.toString())
                println("buffer", buffer.getOrElse(0).toString)
                val sum: Int = buffer.getOrElse(0) + seq.sum
                Option(sum)
            }
        }
sumStateStream.print()
```

2）窗口操作。窗口操作（Window Operation）可以设置窗口的大小和滑动窗口的间隔，来动态获取当前流的允许状态。所有基于窗口的操作都需要两个参数，分别为窗口时长以及滑动步长。窗口时长是计算内容的时间范围，滑动步长是触发一次计算的时间间隔。这两者都必须为采集周期的整数倍。

如图 8-23 所示，图中 DStream 的采集周期为 1，而窗口时长为 3，滑动步长为 2。因此，可以通过窗口机制，每隔 2 个采集周期，就对当前 3 个周期内的数据进行处理。

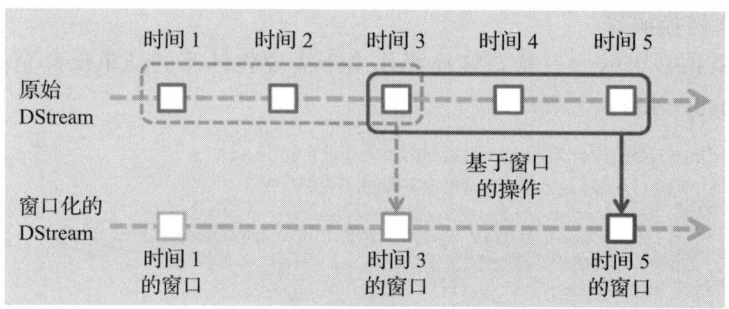

图 8-23　Window 操作示例

代码如下。

```
package org.example.window
import org.apache.kafka.clients.consumer.{ConsumerConfig, ConsumerRecord}
import org.apache.spark.SparkConf
import org.apache.spark.streaming.{Seconds, StreamingContext}
import org.apache.spark.streaming.dstream.{DStream, InputDStream}
import org.apache.spark.streaming.kafka010.{ConsumerStrategies, KafkaUtils, LocationStrategies}
object SparkWindowDemo1 {
    def main(args: Array[String]): Unit = {
        val conf = new SparkConf().setAppName("sparkwindow1").setMaster("local[*]")
        val streamingContext = new StreamingContext(conf,Seconds(3))
        streamingContext.checkpoint("checkpoint")
        val kafkaParams = Map(
        (ConsumerConfig.BOOTSTRAP_SERVERS_CONFIG -> "192.168.136.20:9092"),
        (ConsumerConfig.VALUE_DESERIALIZER_CLASS_CONFIG ->
        "org.apache.kafka.common.serialization.StringDeserializer"),
        (ConsumerConfig.KEY_DESERIALIZER_CLASS_CONFIG ->
        "org.apache.kafka.common.serialization.StringDeserializer"),
        (ConsumerConfig.GROUP_ID_CONFIG -> "sparkwindow01"),
        (ConsumerConfig.AUTO_OFFSET_RESET_CONFIG->"latest")
    )
```

```
            val kafkaStream: InputDStream[ConsumerRecord[String, String]] = KafkaUtils.
                createDirectStream(
            streamingContext,
            LocationStrategies.PreferConsistent,
            ConsumerStrategies.Subscribe(Set("sparkkafkastu"), kafkaParams)
            )
// 滑动窗口，窗口的范围应该是采集周期的整数倍
// 窗口可以滑动，但是默认情况下，窗口在一个采集周期后进行滑动
// 可能会出现重复数据的计算。为了避免这种情况，可以改变滑动的幅度（步长）
// window(Seconds(9)) => window(Seconds(9),Seconds(3))
            val winStream: DStream[(String, Int)] = kafkaStream.flatMap(x => x.value().
                trim.split("\\s+"))
            .map(x => (x, 1))
            .window(Seconds(9),Seconds(3))
            .reduceByKey(_+_)
            winStream.print()
            streamingContext.start()
            streamingContext.awaitTermination()
    }
}
```

通过图 8-24，我们可以看出窗口中的数据会重复计算，状态基于当前窗口进行操作。

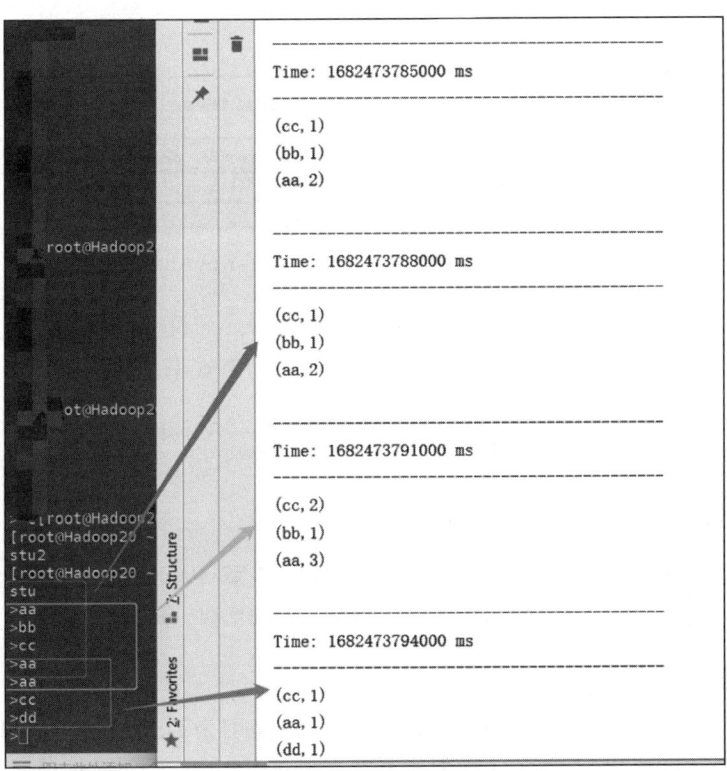

图 8-24　窗口操作结果

关于窗口的操作还有如下方法。

- `window(windowLength, slideInterval)`：基于对源 DStream 窗口化的批次进行计算，返回一个新的 DStream。

- `countByWindow(windowLength, slideInterval)`：返回一个滑动窗口计数流中的元素个数。
- `reduceByWindow(func, windowLength, slideInterval)`：通过使用自定义函数整合滑动区间流元素，来创建一个新的单元素流。
- `reduceByKeyAndWindow(func, windowLength, slideInterval, [numTasks])`：当在一个键值对的 DStream 上调用此函数，会返回一个新键值对的 DStream，此处通过对滑动窗口中的批次数据使用 reduce() 函数，来整合每个键的值。
- `reduceByKeyAndWindow(func, invFunc, windowLength, slideInterval, [numTasks])`：这个函数是上述函数的变化版本，每个窗口的 reduce 值都是用前一个窗口的 reduce 值来递增计算得到的。对进入滑动窗口的数据执行 reduce 操作，并对离开窗口的旧数据执行"逆 reduce"操作来实现。一个例子是随着窗口滑动对键"加""减"计数。通过前面的介绍可以想到，这个函数只适用于"可逆的 reduce 函数"，也就是这些 reduce 函数有相应的"逆 reduce"函数（以参数 invFunc 形式传入）。与前述函数类似，reduce 任务的数量通过可选参数来配置。

3）reduceByWindow 和 reduceByKeyAndWindow。如图 8-25 所示，reduceByWindow 输入的是两个参数，没有键值对，操作时需要对值进行指定。而 reduceByKeyAndWindow 输入的是键值对，可以直接对值进行操作。

```
val winStream2 = kafkaStream.flatMap(line => line.value().split(regex = "\\s+"))
  .map(x => (x, 1))
  .reduceByWindow((x, y) => ("wordcount:", x._2 + y._2), Seconds(6), Seconds(3))
  .reduceByKeyAndWindow((x:Int, y:Int)=>x+y, Seconds(9), Seconds(3))
winStream2.print()
```

图 8-25 reduceByWindow 和 reduceByKeyAndWindow

对于 reduceByKeyAndWindow，当窗口时长比较大，但是滑动步长比较小时，可以采用增加数据和删除数据的方式，避免重复计算，可以提高效率。代码如图 8-26 所示。

```
val ipDStream = accessLogsDStream.map(logEntry => (logEntry.getIpAddress(), 1))
val ipCountDStream = ipDStream.reduceByKeyAndWindow(
  {(x, y) => x + y},
  {(x, y) => x - y},
  Seconds(30),
  Seconds(10))
//加上新进入窗口的批次中的元素  //移除离开窗口的旧批次中的元素  //窗口时长// 滑动步长
```

图 8-26 reduceByKeyAndWindow 的增加、删除数据

### 4. DStream 输出

如果没有输出的语句，程序会直接抛出异常。这是因为 DStream 与 RDD 的惰性求值类似，如果一个 DStream 没有被执行输出操作，那么 DStream 不会被求值。如果 StreamingContext 没有设定输出操作，那么整个 context 就不会启动。如图 8-27 所示，若取消了 print 操作，就会直接抛出异常。

输出操作包括以下内容。

1）`print()`：在运行流程序的驱动节点上打印 DStream 中每一批次数据的前 10 个元素，用于开发和调试。

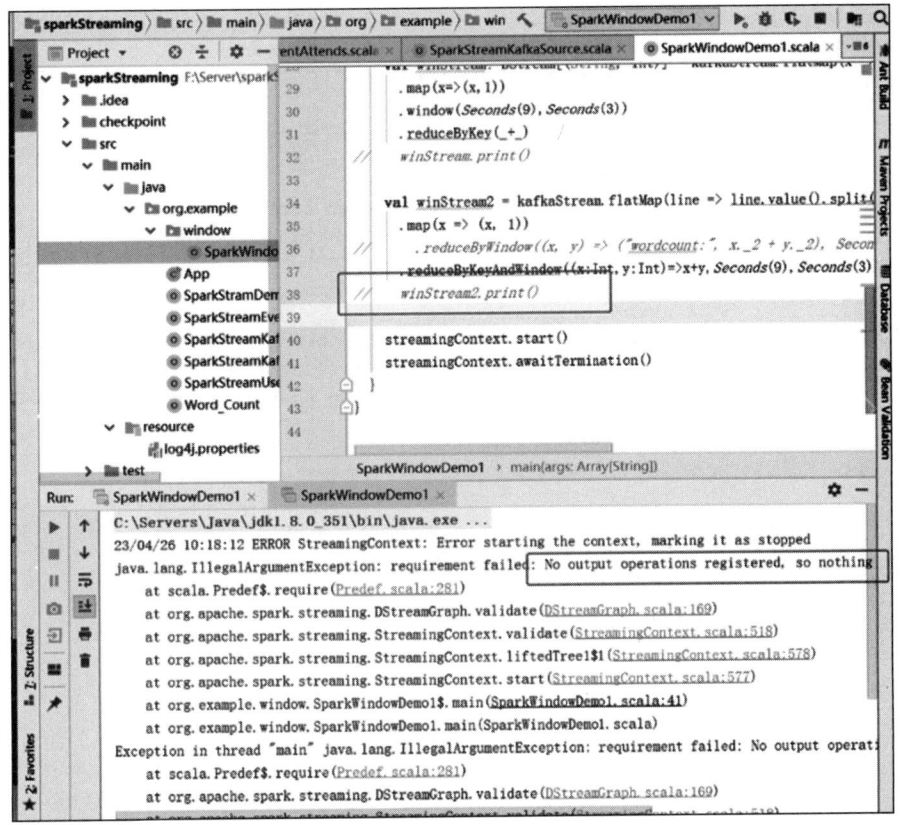

图 8-27 没有输出时的异常

2) saveAsTextFiles(prefix, [suffix]): 以 text 文件形式存储 DStream 的内容。每一批次的存储文件名基于参数中的 prefix 和 suffix prefix-Time_IN_MS[.suffix]。

3) saveAsObjectFiles(prefix, [suffix]): 以 Java 对象序列化的方式将 Stream 中的数据保存为 SequenceFiles。每一批次的存储文件名基于参数中的 prefix-TIME_IN_MS[.suffix]。

4) saveAsHadoopFiles(prefix, [suffix]): 将 Stream 中的数据保存为 Hadoop 文件。每一批次的存储文件名基于参数中的 prefix-TIME_IN_MS[.suffix]。

5) foreachRDD(func): 最通用的输出操作,即将函数 func 用于产生于 Stream 的每一个 RDD。其中参数传入的函数 func 应该实现将每一个 RDD 中的数据推送到外部系统,如将 RDD 存入文件或者通过网络将其写入数据库。

注意:

1) 连接不能写在 Driver 层面(序列化)。

2) 如果写在 foreach,则每个 RDD 中的每一条数据都创建,得不偿失。

3) 增加 foreachPartition,在分区创建(获取)。

输出的示例代码如下。

```
package org.example
import java.util
import org.apache.kafka.clients.consumer.{ConsumerConfig, ConsumerRecord}
import org.apache.kafka.clients.producer.{KafkaProducer, ProducerConfig, ProducerRecord}
```

```scala
import org.apache.spark.SparkConf
import org.apache.spark.streaming.dstream.InputDStream
import org.apache.spark.streaming.kafka010.{ConsumerStrategies, KafkaUtils, LocationStrategies}
import org.apache.spark.streaming.{Seconds, StreamingContext}
object SparkStreamUserFriendrawToUserFriend {
    def main(args: Array[String]): Unit = {
        val conf = new SparkConf().setAppName("user_friends_raw").setMaster("local[*]")
        val streamingContext = new StreamingContext(conf,Seconds(5))
        streamingContext.checkpoint("checkpoint")
        val kafkaParams = Map(
            (ConsumerConfig.BOOTSTRAP_SERVERS_CONFIG -> "192.168.136.20:9092"),
            (ConsumerConfig.VALUE_DESERIALIZER_CLASS_CONFIG -> "org.apache.
                kafka.common.serialization.StringDeserializer"),
            (ConsumerConfig.KEY_DESERIALIZER_CLASS_CONFIG -> "org.apache.kafka.
                common.serialization.StringDeserializer"),
            (ConsumerConfig.GROUP_ID_CONFIG -> "uf"),
            (ConsumerConfig.AUTO_OFFSET_RESET_CONFIG->"earliest")
        )
        val kafkaStream: InputDStream[ConsumerRecord[String, String]] = Kafka-
            Utils.createDirectStream(
            streamingContext,
            LocationStrategies.PreferConsistent,
            ConsumerStrategies.Subscribe(Set("user_friends_raw"), kafkaParams)
        )
        kafkaStream.foreachRDD(
            rdd=>{
                rdd.foreachPartition(x=>{
                    val props = new util.HashMap[String,Object]()
                    props.put(ProducerConfig.BOOTSTRAP_SERVERS_CONFIG,"192.168.
                        136.20:9092")
                    props.put(ProducerConfig.VALUE_SERIALIZER_CLASS_CONFIG,"org.
                        apache.kafka.common.serialization.StringSerializer")
                    props.put(ProducerConfig.KEY_SERIALIZER_CLASS_CONFIG,"org.
                        apache.kafka.common.serialization.StringSerializer")
                    val producer = new KafkaProducer[String,String](props)
                    x.foreach(y=>{
                        val splits = y.value().split(",")
                        if(splits.length==2){
                            val userid = splits(0)
                            val friends = splits(1).split("\\s+")
                            for(friend<-friends){
                                val record = new ProducerRecord[String,String]
                                    ("user_friends2", userid+","+friend)
                                producer.send(record)
                            }
                        }
                    })
                })
            }
        )
        streamingContext.start()
        streamingContext.awaitTermination()
    }
}
```

## 5. 关闭任务

流式任务需要 7×24 小时执行，但在代码升级需要主动停止程序时，没办法做到关闭每个进程，因此所有配置的关闭就显得尤为重要。

关闭线程的代码如下。

```
// 线程的关闭
val thread = new Thread()
thread.start()
thread.stop // 强制关闭
```

**（1）优雅的关闭**

优雅的关闭就是指计算节点不再接收新的数据，而是将现有的数据处理完毕，然后关闭。

但是如果直接在 awaitTermination() 方法之后调用 stop() 方法，awaitTermination() 会阻塞 main 线程，导致 stop() 方法无法被执行。

所以如果想要关闭采集器，那么需要创建新的线程，而且需要在第三方程序中增加关闭状态。代码如下。

```
ssc.start()
new Thread(
    new Runnable{
        override def run(): Unit = {
            Thread.sleep(5000)
            val state: StreamingContextState = ssc.getState()
            if ( state == StreamingContextState.ACTIVE ){
                ssc.stop(true,true)
            }
            System.exit(0)
        }
    }
).start()
ssc.awaitTermination()
```

**（2）恢复数据**

如何实现数据恢复，其代码如下。

```
val ssc = StreamingContext.getActiveOrCreate("cp",()=>{
    val sparkConf = new SparkConf().setMaster("local[*]").setAppName("SparkStreaming")
    val ssc = new StreamingContext(sparkConf, Seconds(3))
    val lines = ssc.soctetTextStream("localhost",9999)
    val wordToOne = lines.map((_,1))
    wordToOne.print()
    ssc
})
ssc.checkpoint("cp")
ssc.start()
ssc.awaitTermination()
```

## 8.6 大数据处理体系结构

前面的讨论批处理系统和流处理系统各有优劣，因此如果想要开发一个功能强大、可兼顾多种数据处理需求的系统，往往需要将二者结合。例如，微软的 Cortana 等数字助理经常使用复杂的机器学习算法进行语音识别和理解用户的查询。传入的用户查询可视为需要以低延迟响应的流。然而，随着时间的推移，用户查询的历史数据可以用来重新训练机器学习系统，以便更好地识别语音和理解查询。后者可以使用某种批处理系统来更新机器学习模型，以供将来查询。

在本章的最后介绍一种体系结构范例——Lambda 体系结构，它有助于构建可处理实时和历史数据的系统。

Lambda 体系结构是一种数据处理体系结构，旨在利用批处理和流处理方法处理大量数据。Lambda 试图用批处理提供全面准确的批处理数据视图，同时使用实时流处理提供联机数据视图，以平衡延迟、吞吐量和容错性。

Lambda 体系结构描述了一个三层的系统：批处理层、实时处理层（速度层）和响应查询的服务层，数据流如图 8-28 所示。步骤如下：

1）所有进入系统的数据被分配给批处理层和速度层进行处理。
2）批处理层管理主数据集，并预计算批处理视图。
3）服务层为批处理视图编制索引，以便以低延迟、临时的方式对其进行查询。
4）速度层以比批处理层和服务层快得多的方式构建传入数据的实时视图，但可能不够精确。
5）通过合并批处理视图和实时视图的结果可以回答任何传入的查询。

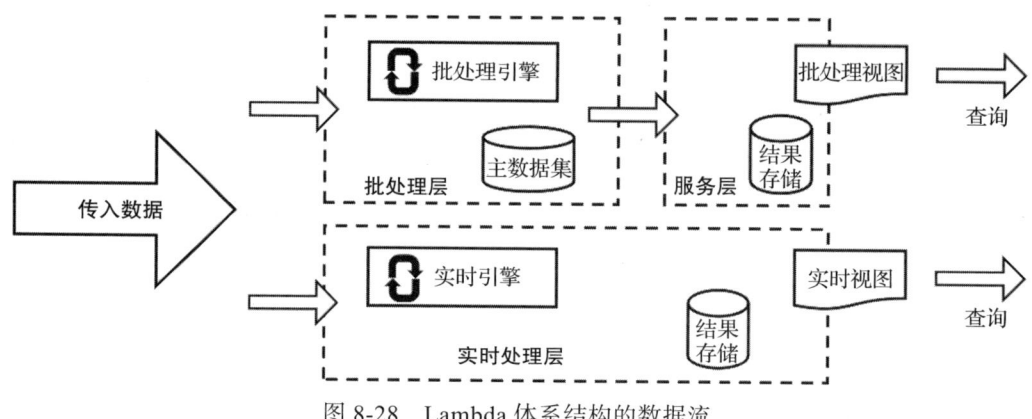

图 8-28　Lambda 体系结构的数据流

## 8.6.1　批处理层

批处理层在 Lambda 体系结构中具有重要功能。

首先，批处理层通常管理主数据集。主数据集是 Lambda 体系结构中的可信源，可用于在系统的任何层发生故障时重建系统提供的任何数据。批处理层中的数据通常整理为只可追加的不可变日志，其中包含到达系统的新数据。

其次，批处理层生成数据的批处理视图。批处理层的目标是，通过在生成批处理视图时处理所有可用数据来达到完美或近乎完美的准确度。这意味着它可以通过重新计算完整的数据集，然后更新现有的批处理视图来修复任何错误。批处理层的输出存储在服务层中。

Apache Hadoop 是大多数高吞吐量体系结构中使用的实际标准批处理系统，是实现批处理层的典型选择。可以使用 MapReduce 或构建在 Hadoop 之上的任何高级批处理系统来完成处理。

## 8.6.2　服务层

批处理层（批处理视图）的输出存储在服务层中，可供应用程序查询。服务层与批处理层紧密关联。服务层通常分布在多个计算机之间，以实现可伸缩性。服务层通常由某种类型的数据库组成，本质上是典型的 NoSQL（非关系型数据库）。服务层的要求如下所示。

1）批处理可写：服务层的批处理视图是从头开始生成的。当新版本视图可用时，必须能够用更新后的视图完全替换旧版本。因此，与传统的数据库系统不同，服务层系统不需要针对快速随机写入操作进行优化。

2）可缩放：服务层数据库必须能够处理任意大小的视图。与前面讨论的分布式文件系统和批处理计算框架一样，这需要它分布在多台计算机上。

3）随机读取：服务层数据库必须支持随机读取，通过索引直接访问视图的一小部分。若要实现低延迟查询，则必须满足此要求。

4）容错：因为服务层数据库是分布式的，所以它必须能够容忍计算机故障。

服务层中使用的常见数据存储示例包括 Apache Hive、HBase 和 Impala。

### 8.6.3 实时处理层

实时处理层也称为速度层，该层以尽可能低的延迟实时处理数据流，以生成数据的实时视图。本质上，速度层负责填补批处理层在提供基于最新数据的视图方面的延迟所造成的"空白"。

此层的视图可能不如批处理层最终生成的视图准确或完整，但它们几乎在接收到数据后立即可用，并且可以在批处理层的相同数据视图可用时进行替换。如果可以根据先前的实时视图和最新数据来表达计算，则可以通过前面讨论过的增量或流处理方法，以更高效的方式进行处理，从而生成更新的实时视图。

此外，当下较为流行的大数据处理体系结构还有 Kappa。采用 Kappa 体系结构的一个重要推动因素是避免维护批处理层和速度层两套单独的基本代码。关键理念是使用单个流处理引擎同时进行实时数据处理和连续数据重新处理。数据重新处理是在结果中显示代码更改效果的重要要求。因此，Kappa 体系结构只包含两个层：流处理层和服务层，其数据流如图 8-29 所示。

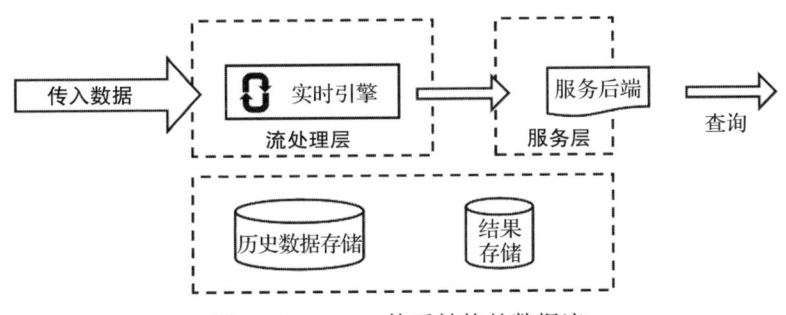

图 8-29 Kappa 体系结构的数据流

流处理层运行流处理作业。通常，运行单个流处理作业以启用实时数据处理。只有当流处理作业的某些代码需要修改时，才会执行数据重新处理。这是通过运行另一个修改过的流处理作业并重放所有以前的数据来实现的。最后，与 Lambda 体系结构相似，服务层用于查询结果。

Lambda 与 Kappa 体系结构的选择掀起了大数据处理社区的争论。体系结构的选择取决于要实现的应用程序的某些特征。Ericsson 建议的选择方法如下。

1）如果用于历史数据和实时数据的算法是相同的，那么通常使用 Kappa 方法。根据当前的历史数据量和新数据的到达率，可能需要某种形式的批处理计算来启动视图。

2)在某些类型的应用程序(如机器学习应用程序)中,批处理系统和实时系统的输出由于计算依据的数据量不同,而在准确度上有所不同。这使得很难将批处理和实时处理结果合并到一致的视图中,并且基于 Lambda 的体系结构可能更适合此类应用程序。

3)在某些情况下,批处理算法可以进行优化,因为它可以访问完整的历史数据集,从而在处理吞吐量方面优于实时算法。此时,选 Lambda 还是 Kappa 变成了选择倾向于批处理的执行性能还是基本代码的简单性。

## 总结

流处理系统是对互联网中大量的在线数据进行实时处理的系统。流数据处理模式强调数据处理的速度,系统能够及时处理最新并持续到达的数据并不断产生输出,能够及时对突发事件进行响应。由于在线数据格式复杂、渠道多元,因此采用流处理模式能够更好地进行实时、快速地处理。本章以 Storm 平台为例介绍了流处理平台的架构、组件和工作原理。对于同时需要批处理和流处理的场景,以 Flink 为例介绍了相关技术和原理。Flink 能够同时处理批处理任务与流处理任务,其灵活的执行引擎支持完全原生的批数据处理和流数据处理。其核心是以流数据执行引擎,它针对数据流的分布式计算提供了数据分布、数据通信以及容错机制等功能。最后介绍了一种体系结构范例,即 Lambda 体系结构,它有助于构建可处理实时和历史数据的系统。

## 习题

1. 流数据是什么?
2. 列举几个 Storm 框架的应用领域?
3. Spark Streaming 是什么?
4. Flink 的设计思想是什么?
5. Lambda 体系结构描述的三层系统是什么?其中数据流的流程如何?

# 第 9 章 分布式图处理

## 9.1 分布式图处理概述

分布式图处理是大数据处理领域的一个重要分支,它致力于有效处理大规模图结构数据,如社交网络、网络拓扑、生物信息学等领域中常见的具有复杂关系的数据。传统的单机处理方法在面对大量数据时日益凸显出局限性,因此产生了多种大规模数据处理系统,如 MapReduce。MapReduce 是一种通用的分布式计算模型,适用于处理大规模数据集,拥有高效、稳定、可靠、适用性强等特点,在大数据领域已得到广泛应用。MapReduce 也可以解决许多大规模图数据处理问题,但常用的图处理算法和模型通常涉及多次迭代、节点交互、拓扑改变等问题,这使得 MapReduce 等常见分布式处理模型在性能上损失较大。

大规模图数据具有大量节点和边,其规模之大使得传统的单机处理方法面临着内存容量等诸多处理能力的限制,难以满足大量且复杂的计算需求。为了解决这些问题,分布式图处理技术应运而生。分布式图处理的核心思想是将大规模图数据划分成多个子图,并通过多台计算机组成的集群进行并行计算,从而充分发挥集群计算的性能优势。这种处理方式不仅使系统能够适应不断增长的数据规模,保证计算资源的有效利用,同时也通过横向扩展实现了对规模更大的图结构数据的处理。与传统的单机图数据处理不同,分布式图数据处理能够处理超出内存容量的图数据,并且能够在分布式环境下实现高性能的图计算。此外,分布式图处理系统通常采用数据划分和通信优化策略,通过合理的策略将图数据划分成逻辑上相邻的子图,最小化节点间的通信开销,提高计算效率。

分布式图处理模型作为针对大规模图数据处理而设计的专用模型,通常在解决大规模图处理问题上有着更好的性能,是分布式处理技术的重要发展方向。分布式图处理技术不仅仅是一种技术手段,更是大规模图数据处理需求下的必然产物。在这一背景下,分布式图处理技术成为处理大规模图数据的关键工具,为高效的图计算提供了可行的解决方案。本章将介绍分布式图处理技术,并以典型分布式图处理框架 Pregel 为例介绍其架构及原理。

分布式图处理的主要特点包括以下几点。

1)横向扩展性:分布式图处理可以通过增加计算节点实现横向扩展,从而处理规模更大的图数据。这种能力使得系统能够适应不断增长的数据规模,保证计算资源的有效利用。

2)数据划分和通信优化:为了在分布式环境下高效地进行图计算,分布式图处理系统通常采用合适的数据划分策略,以减少节点间的通信开销。通过将图数据划分成逻辑上相邻的子图,并将每个子图分配到不同的计算节点上,可以最小化节点间的数据传输量,提高计算效率。

3)容错性:由于分布式图处理涉及大量的计算节点,系统容错性变得尤为重要。分布式图处理系统通常会采用一些容错机制,如检测节点故障并进行任务重启,以确保系统能够在部分节点故障的情况下继续正常运行。

4)灵活的计算模型：分布式图处理框架提供了灵活的编程模型，使得开发者能够方便地表达和实现各种图算法。常见的分布式图处理框架包括 Apache Giraph、Apache Flink、GraphX 等，它们提供了丰富的图算法库，同时支持用户自定义算法的开发。

## 9.2 分布式图处理的概念

下面介绍分布式图处理相关概念。这里的图并非图像，而是指由节点和边组成的数据结构。图计算是分析节点和边之间关系的过程。一个图可能代表了你的朋友圈，其中每个节点代表一个人，每条边代表一个人与另一个人之间的关系。

如图 9-1 所示，图可以分为有向图和无向图，无向图中的边未指定起始节点和终止节点，也就是边没有方向。有向图中的边指定了方向。边和节点上也可能有一些数据，例如边的权重可能表示朋友圈中不同朋友之间的亲密程度。图结构是刻画关系数据的一种非常自然的数据结构，在生活中涉及关系的问题非常多，因此也出现了很多计算图的算法。

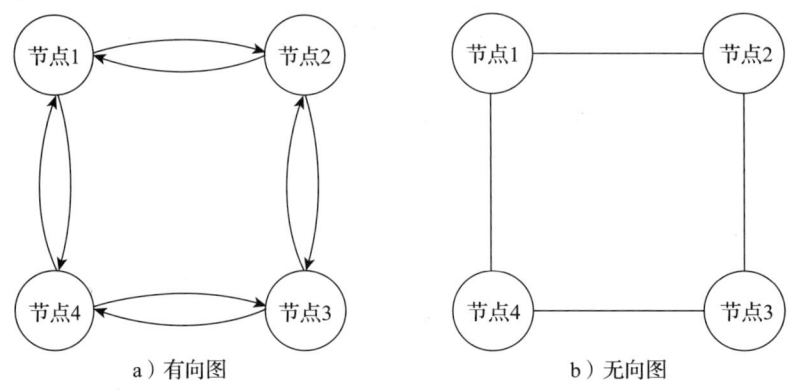

图 9-1 有向图和无向图

由于现实生活中图具有稀疏性，图计算系统通常使用矩阵的方式来存储图，最常用的是分别按行（列）存储每行（列）非零元素所在的列（行），每一行（列）对应了一个节点的出边（入边）。

为了扩展计算规模，图处理技术采用了划分的方法，即把一个大图分成若干小图，图划分能够加强数据的局部性，提高系统效率。对于分布式图计算系统来说，图划分应使每个子图的规模尽可能相同，使每台机器可以实现均衡负载。不同子图之间的依赖要尽可能少，这样系统内的通信开销就能降到最低。

巨型图主要有边分割和点分割两种存储方式。边分割（edge-cut）意为将每个节点都存储一次，但有的边会被分别存储到两台机器上，这样做的好处是节省存储空间，缺点是对图进行边计算时需要跨机器计算，通信流量较大。点分割（vertex-cut）意为将每条边存储一次，如果一个点有很多邻接点，那么这个点会被复制到多台机器上，这样虽然增加了存储开销，但是可以减少内网通信量。现如今很多分布式图计算框架都将底层的存储形式由边分割换成了点分割，原因是磁盘价格下降，存储空间不再是问题，但内网的通信资源还是相对较少，这种方式类似于平时设计算法时采用的空间换时间的策略。另外，在现如今的应用场景中，绝大多数网络都是无尺度网络，遵循幂律分布，不同节点的邻接点数量悬殊，边分割会使那些多邻居的节点相连的边分到不同的机器上，使得内网资源使用更加紧张。

所有的类 Pregel 系统均采用节点划分的方式，而 Spark 的 GraphX 则采用边划分。Gemini 采用基于节点划分的方法来避免引入过多的分布式开销，但在思想上却借鉴了边划分，它将每个节点的计算分布到多台机器上分别进行，并尽可能让每台机器的计算量尽可能相近，以消除顶点划分带来的负载不均衡问题。

## 9.3 分布式图处理的工作原理

目前的图计算框架基本遵循整体同步并行（Bulk Synchronous Parallel，BSP）计算模式，它将计算分成一系列的超步（superstep）迭代，从纵向看，它是一个串行模型，从横向看，它是一个并行模型。每两个超步之间设置一个栅栏（barrier），即整体同步点，当所有并行的计算都完成后开启下一个超步。

每个超步包含三部分内容：

1）计算：每个处理器利用上一个超步传递过来的消息进行本地计算。
2）消息传递：每个处理器计算完成后，将消息传递给与其关联的其他处理器。
3）整体同步点：用于整体同步，确定所有的计算和消息传递都进行完毕后，进入下一个超步。

图计算系统有两种通信模式，分别是推动和拉取。推动模式即每个节点沿着边向邻居节点传递消息，邻居节点根据收到的消息更新自身状态，所有类 Pregel 系统采用的都是这种方式。

拉取模式一般将节点分为主副本和镜像副本，通信发生在每个节点的两类副本之间，而非每条边连接的两个节点之间。GraphLab 和 GraghX 采用的就是这种方式。

推动模式可能产生数据竞争，需要使用锁或者原子操作来保证状态更新是正确的。拉取虽然没有竞争的问题，但可能产生额外的访问开销。

## 9.4 分布式图处理的框架——Pregel

Pregel 是一种经典的分布式图处理模型，由谷歌于 2010 年提出，用于有效地处理大规模图数据。Pregel 的主要思想是将图数据划分成多个节点和边的集合，然后通过一系列迭代的超步来进行计算。在每个超步中，每个节点都可以接收消息、更新自身状态，并向相邻节点发送消息。整个计算过程由一系列超步组成，直至达到算法的收敛条件结束计算。这种模型的优势在于它将大规模图计算问题转化为简单的迭代计算，使得程序员可以专注于节点的本地计算逻辑，而无须过多考虑分布式环境下的通信和同步问题。本节从 Pregel 的基础概念、工作原理和体系结构几个方面介绍分布式图处理框架 Pregel。

### 9.4.1 Pregel 的基础概念

#### 1. Pregel 的基本要素

Pregel 的基本要素包括节点、边、消息、超步。

1）节点：每个节点记录了全局唯一的节点 ID 和节点的当前值。同时，节点有活跃（active）和非活跃（inactive）两种状态。
2）边：由于 Pregel 的输入一般是有向图，所以需要记录边的起始节点和目标节点，以及边的权重（边的一个属性，例如，在计算节点间最短路径的例子中权重就是节点间的距离）。

3）消息：消息是 Pregel 计算模型的核心。对于每个节点的初始状态以及之后的每一个计算步骤，消息都传输给节点一个值作为当前的输入。算法的迭代是通过节点之间互相发送的消息来完成的。

4）超步：一个超步是 Pregel 在执行算法过程当中进行的一次迭代。一次 Pregel 的计算过程一般包含多个超步。

图 9-2 展示了 Pregel 四大基本要素之间的关联。

节点存在活跃和非活跃两种状态，状态的转换基于消息的传递。一个节点没有接收到上一超步中的消息，或者不再向外发送消息，就从"活跃"状态变为"非活跃"状态；一个"非活跃"节点接收到了一条新的消息，就重新变为"活跃"节点。在 Pregel 的计算中，当没有"活跃"节点或没有在传输的消息时，这一次计算过程就完成了。图 9-3 展示了计算三个节点最大值时超步中的通信与状态变换。

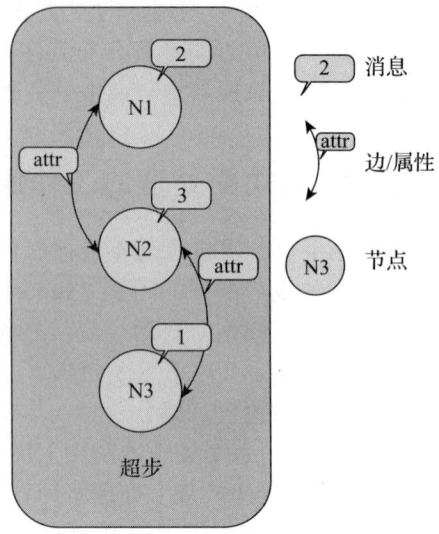

图 9-2　Pregel 的基本要素之间的关联

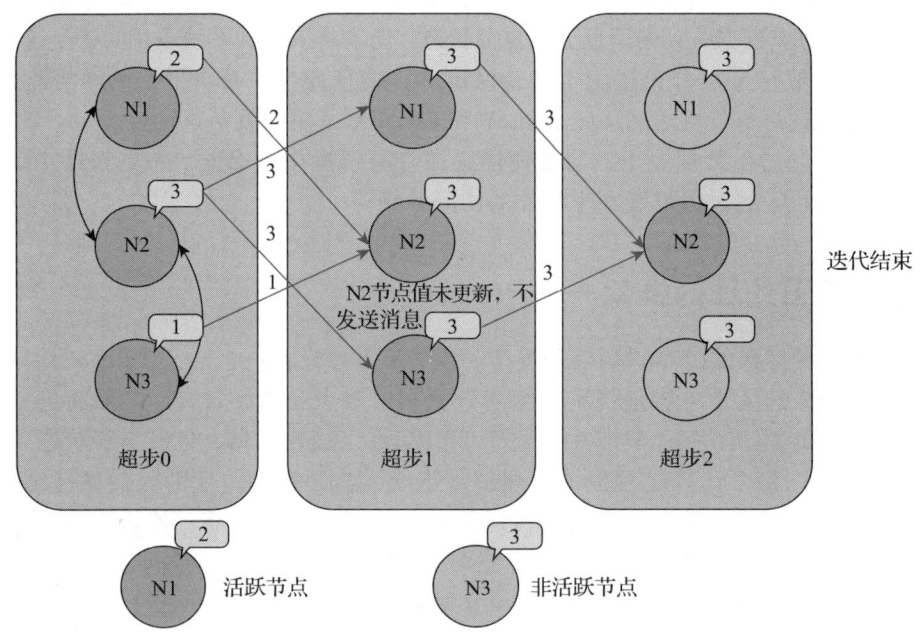

图 9-3　超步中的通信与状态变换

### 2. Pregel 的超步模型

Pregel 使用的超步概念来源于 BSP 模型。BSP 模型由 Leslie Valiant 于 1990 年提出，适用于各种并行计算环境。BSP 模型中的计算由一系列超步组成，Pregel 中的每个超步包含以下三个阶段：

1）计算阶段（compute phase）：在此阶段，每个处理器独立地执行本地计算任务，不需要与其他处理器进行通信。

2)通信阶段(communication phase):在此阶段,处理器之间进行通信,交换彼此之间需要共享的数据。通信可以是点对点的、全局的或者其他形式的消息传递方式。

3)同步阶段(synchronization phase):在此阶段,所有处理器等待其他处理器完成当前超步的计算和通信任务。

如图 9-4 所示,只有当所有处理器都完成了当前超步才能进入下一个超步。

在 Pregel 中,超步的执行过程可以分为以下五个步骤:
1)接收来自收件箱的消息;
2)修改节点或者弧的属性;
3)停止自我活动,直到收到新的消息;
4)向其他节点发送消息,以激活其他节点;
5)删除现有的弧或者创建新的弧。

在 Pregel 的每个超步中,每个节点都会执行一个用户自定义函数,并把函数计算结果作为消息进行传递。

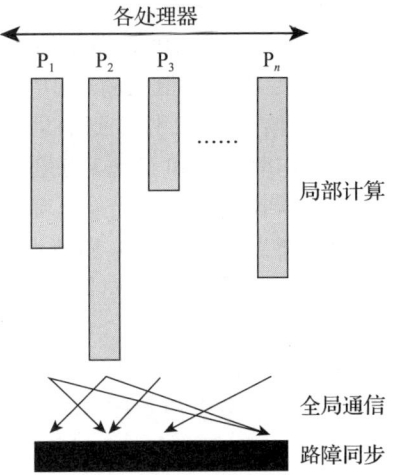

图 9-4  超步中的计算、通信与同步

### 3. 节点最大值与最短路径计算问题

这里用两个例子来进一步介绍 Pregel 的计算方式,以便更好地展示 Pregel 的状态转换以及超步的执行机制。

图 9-5 展示了一个计算节点中最大值的示例。从左至右将四个节点命名为 A、B、C、D。在超步 0 中,所有节点都处于活跃状态。通过有向边传递信息,每个节点接收到的值会成为更新最大值的依据。例如,节点 A 接收到信息 6,大于当前节点值 3,则节点 A 的值将从 3 更新为 6。B、C 和 D 的更新过程与此类似。在超步 1 中,四个节点均处于活跃状态,但只有节点 A 和节点 D 的值被更新,它们传递信息给相邻的节点。节点 B、C 的值无须更新,进入非活跃状态,A、D 发出消息后自身转为非活跃状态。在超步 2 中,节点 B 和节点 C 接收消息转为活跃状态,但只有节点 C 的值被更新并向外传递信息。最后在超步 3 中,所有顶点都转为非活跃状态,本次迭代过程结束,计算得出全图节点最大值为 6。

图 9-6 是一个单源节点最短路径问题,图中包含 5 个节点和 7 条有向边。在初始阶段,依照 Dijkstra 算法,节点 0 为起始节点,其值(代表最短路径)设为 0,其他节点的值设为正无穷。

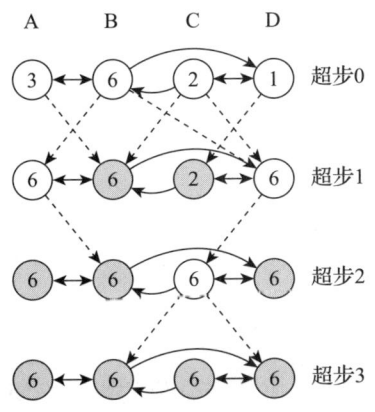

图 9-5  Pregel 计算节点最大值

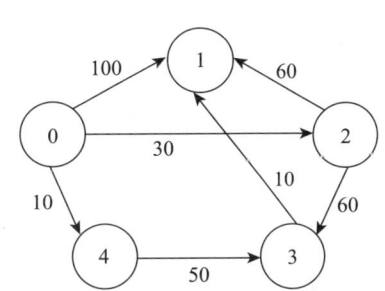

图 9-6  Pregel 计算单源节点最短路径

在超步 0 中，节点 0 沿其出边发送消息，节点 1、2 和 4 收到消息。

超步 1 开始后，节点 1、2、4 接收消息，转为活跃状态，其余节点为非活跃状态。节点 1 接收到消息 100，即新的最短路径值，被唤醒并执行计算，100 小于当前节点值（正无穷），因此将节点值更新为 100。由于节点 1 没有出边，无须发送消息，最终转为非活跃状态。同理，节点 2 接收到消息 30，被唤醒并执行计算，最短路径更新为 30。节点 2 有两条出边，向节点 1 和节点 3 分别发送消息 90（即 30 + 60）。最终，节点 2 也转为非活跃状态。节点 3 未收到消息，仍处于非活跃状态。节点 4 接收到消息 10，被唤醒并执行计算，最短路径更新为 10。节点 4 向节点 3 发送消息 60（即 10 + 50）。最终，节点 4 也转为非活跃状态。所有活跃节点完成计算后，超步 1 结束，进入超步 2。

超步 2 中节点 1、3 收到消息，转为活跃状态开始计算。以此类推，直到所有节点都处于非活跃状态时停止迭代。

各超步节点值如图 9-7 所示，其中灰色背景的节点为当前活跃节点。显然，超步 3 未发出消息，则全图无活跃节点，迭代结束。

| 节点 | 初始状态 | 超步0 | 超步1 | 超步2 | 超步3 |
|---|---|---|---|---|---|
| 0 | 0 | 0 | 0 | 0 | 0 |
| 1 | 正无穷 | 正无穷 | 100 | 90 | 70 |
| 2 | 正无穷 | 正无穷 | 30 | 30 | 30 |
| 3 | 正无穷 | 正无穷 | 正无穷 | 60 | 60 |
| 4 | 正无穷 | 正无穷 | 10 | 10 | 10 |

图 9-7 超步中节点值的变化

## 9.4.2 Pregel 的工作原理

### 1. Pregel 的核心接口

Pregel 编程模型的核心接口是节点类，即抽象基类 `Vertex`。需要注意的是，Pregel 本身并不提供一个官方的 API 库；相反，它是一种计算模型和框架的概念，通常以模板类的形式出现，为图中每个节点的表示和处理提供抽象的定义。

```cpp
template <typename VertexValue,
typename EdgeValue,
typename MessageValue>
class Vertex {
public:
    virtual void Compute(MessageIterator* msgs) = 0;
    const string& vertex_id() const;
    int64 superstep() const;
    const VertexValue& GetValue();
    VertexValue* MutableValue();
    OutEdgeIterator GetOutEdgeIterator();
    void SendMessageTo(const string& dest_vertex,
    const MessageValue& message);
    void VoteToHalt();
};
```

`Vertex` 模板类是 Pregel 模型的核心组件，它通过模板参数 `VertexValue`、`EdgeValue` 和 `MessageValue`，允许用户自定义节点值、边值和消息值的类型。用户需要继承这个基类，并实现其纯虚函数 `Compute()`，该函数是 Pregel 计算过程中的关键部分，它定义了在每个超步中对每个活跃节点执行的计算。

具体来说，在自定义类中重写 Compute() 方法时，可以通过调用 vertex_id() 和 superstep() 成员函数来获取当前节点的 ID 和正在执行的超步编号。节点的状态可以通过 GetValue() 获取，并可通过 MutableValue() 修改。为了操作节点的出边，GetOutEdgeIterator() 函数提供了一个迭代器，它允许遍历所有的出边，并且可以与 SendMessageTo() 方法结合使用，后者允许节点向目标节点发送消息。VoteToHalt() 方法允许一个节点在当前超步结束时投票停止计算，如果所有节点都请求停止，那么计算将结束。

**2. 消息传递机制**

消息传递是节点之间沟通的基础，它为图算法的并行计算提供了一种简洁而强大的方法。下面从三个关键点进行详细说明。

首先，节点间的通信是通过发送和接收消息来实现的。每个节点都可以向任何其他节点发送消息，消息中包含了要传递的数据以及消息的目的地节点的标识符。这种通信模式不受节点之间是否有直接边连接的限制，因此非常灵活。

其次，Pregel 的计算过程是以超步为单位进行的。每个超步都可以被视为一个全局的同步点，在该时刻，所有节点并行地完成它们的计算。一个超步可以被分解为三个阶段：接收上一个超步发送的消息、执行计算、发送消息给下一个超步处理的节点。

最后，需要强调的是非邻居节点间的消息传递。在 Pregel 模型中，即便两个节点之间没有直接的边相连，它们仍然可以通过多个超步传递消息。这种机制允许节点间传播信息，从而解决了更复杂的图算法问题，比如在分布式环境下实现全局的状态更新和同步。

消息传递设计带来了极大的灵活性和扩展性。它不仅支持简单的图算法，如计算最短路径，还使得处理更复杂的图结构数据成为可能。例如，即使是在一个密集连接的网络中，节点也不必显式地存储所有的连接信息，它们可以通过接收来自其他节点的消息来隐式地识别网络结构。通过正确地利用消息传递机制，Pregel 使得开发人员能够编写出既高效又可扩展的图处理算法。在这个框架下，算法的设计者可以专注于节点计算逻辑的实现，而不必担心底层的消息传输和并行处理细节。Pregel 模型的强大之处在于，它将复杂的分布式图处理任务简化为对单个顶点的简单计算，同时保证了在大规模图数据上的可扩展性和效率。

**（1）消息合并——Combiner 机制**

在处理分布式图算法时，Combiner 机制扮演着至关重要的角色，它是一个高效的简化工具，专门用来优化消息传递过程。这一机制允许在消息从一个节点传递到另一个节点之前，对这些消息进行预处理和合并。实现这一机制需要用户自行编写 Combiner() 函数，以便定制特定于其应用场景的消息合并逻辑。

例如，假设目标是在一个大型图中找到所有节点的最大值。如图 9-8 所示，在没有 Combiner 的情形下，每个节点都将其计算出的值发送到目标节点，导致目标节点接收大量可能的候选最大值。这不仅增加了网络负载开销，还增加了目标节点处理这些消息的时间。然而，通过正确实现 Combiner() 函数，我们可以在消息传输之前，仅选择并发送当前已知的最大值。这样的预处理大幅减少了网络通信量，提升了整体计算效率。

Pregel 可以看作由若干个工作节点（Worker）组成，工作节点通常是集群中的机器，而每个工作节点又包含若干个图中的节点。Combiner 通常在工作节点层面上进行操作，负责将这些内部节点发送到同一个目标节点的消息进行智能合并。这意味着每个 Combiner 只处理其相应工作节点内部的消息，而不跨越到其他工作节点。

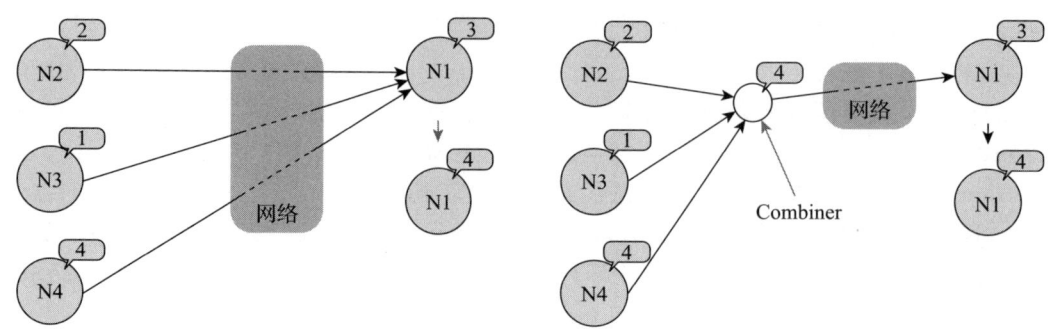

图 9-8　Combiner 合并消息示意图

**（2）全局通信——Aggregator 机制**

Aggregator 是一个至关重要的全局通信机制，允许节点在每个超步中对信息进行收集和聚合。该运作模式体现了分布式计算中的效率与协同。

在一个超步开始时，Aggregator 是空的，等待节点的输入。随着超步的进行，如图 9-9 所示，每个节点有机会向其贡献一个值，这个值是由节点根据自身的局部信息和全局目标计算得出的。随后，当超步结束时，所有这些值被 Aggregator 收集并通过一个预定义的聚合操作整合成一个全局结果。这个全局结果在下一个超步对所有节点可见，提供一个同步点，确保所有节点在进入下一阶段计算之前共享相同的全局状态。在应用上可以从全局统计和全局协作这两方面来理解 Aggregator 机制。

在全局统计方面，Aggregator 能够简化对全图属性的计算过程，例如汇总整张图的最大值、最小值或平均值等统计信息。这不仅提供了对图结构和状态的实时洞察，还可能指导后续的计算。

在全局协作方面，Aggregator 可以被视为一种高效的决策支持工具。以"剪枝"技术为例，它可以帮助节点确定全图的当前状态。在图的最短路径问题中，如果一个节点通过 Aggregator 得知，其他部分的图已经找到了较短的路径，那么它就可以决定停止探索某些较长的路径。这种策略极大地减少了不必要的计算，优化了算法的性能。

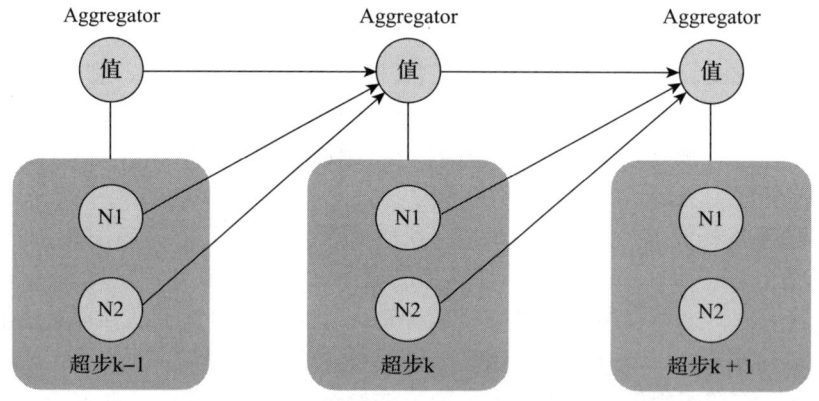

图 9-9　Aggregator 机制示意图

**（3）图拓扑结构改变的处理**

在分布式图处理框架 Pregel 中，图的拓扑结构通常被认为是静态的。但在实际应用中可能需要处理动态图，例如社交网络中的好友关系变动、交通网络中的道路开通或封闭。

为了适应这种需求，Pregel 框架进行了扩展以支持拓扑结构的动态改变。

动态图处理在 Pregel 中可以通过几种方式来实现，包括但不限于：

1）节点和边的添加或删除：在某些超步中，根据算法逻辑，可以添加新的节点或边，或者删除现有的节点或边。

2）节点和边的属性变更：节点或边的属性可能会在计算过程中发生变化，这种变化可能会影响图的拓扑结构。

3）图的重组合：在更复杂的场景中，子图的合并和分裂可能会发生，这要求 Pregel 框架能够处理图的部分或全部的重新组合。

消息发送是 Pregel 中实现节点间通信的基础机制，也是实现拓扑变化的关键。在每个超步中，节点可以向任何其他节点发送消息，而这些消息会在下一个超步开始时被接收，这确保了计算的连续性和一致性。Pregel 框架处理消息的方式是将它们缓存起来，直到当前超步结束，然后再进行分发。这种机制减少了通信的即时性要求，从而减轻了网络的负载。即使图的结构在某个超步中发生了变化，Pregel 也能确保消息按照变更前的拓扑发送，而变更后的拓扑则用来接收消息。此外，为了进一步优化性能，Pregel 可以将发送到同一目标节点的多个消息合并，以减少在网络中传输的消息总量。

### 9.4.3 Pregel 的体系结构

下面解释 Pregel 的体系结构中涉及的几个概念，即分区模式、主从模型、运行超步和容错机制。

#### 1. 分区模式

Pregel 在概念模型上遵循 BSP 模式。因为 Pregel 的计算过程是由若干个按顺序并发执行的超步组成的，而超步的运算以节点为中心，所以在 Pregel 框架中，将图以节点为中心分割成若干个分区，每个分区中的节点状态信息包括节点 ID、节点当前值、以该节点为起点的出边列表（包括目标节点 ID 和边属性）、消息队列和标志位（用来记录节点是否处于活跃状态）。

将一个节点分配到某个分区取决于该节点的 ID，系统通过默认函数 hash(ID) mod N 来实现分配，其中 N 为所有分区总数，ID 是这个节点的标识符。这意味着即使在别的机器上，也可以通过某一节点的 ID 来判断该节点属于哪一个分区，即使该节点已经不存在。

将一个节点分配给哪个 Worker 机器是 Pregel 框架中分布式不透明的主要地方。有些应用程序使用默认的分配策略就可以很好地工作，但是有些应用可以通过定义分配策略更好地利用图本身的局部性的分配函数而从中获益。比如，一种典型的可以用于 Web 图的启发式方法是，将来自同一个站点的网页数据分配到同一台机器上进行计算。

#### 2. 主从模型

利用 Pregel 框架进行计算简单来说分为三个过程。

1）读取图数据并对图初始化；

2）当图初始化完毕，执行一系列的超步直到整个计算结束；

3）这些超步之间通过一些全局的同步点（syncronization bar）分隔，输出计算结果。

而 Pregel 在真正计算时，和大多数框架一样利用集群的方式执行。Pregel 的基本主从模型如图 9-10 所示。

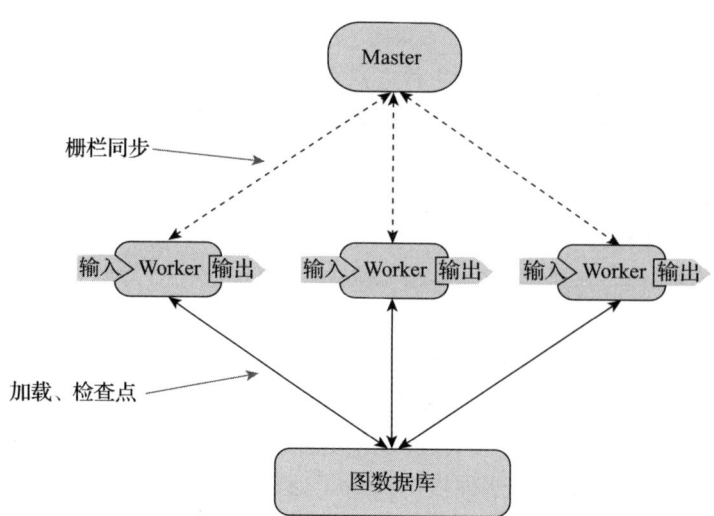

图 9-10 Pregel 的基本主从模型

在不考虑出错的情况下，一个 Pregel 程序的执行过程分为如下几个步骤。

1）选择主从节点：用户程序的多个副本开始在集群中的机器上执行。其中一个机器将会作为主节点（Master），其他机器作为从节点（Worker）。一个大规模图计算任务会被 Master 分解到多个 Worker 去执行。Master 不会被分配图的任何一部分，它只负责协调 Worker 间的工作。Worker 利用集群管理系统中提供的名称空间来定位 Master 位置，并发送注册信息给 Master。

2）图分区及图分配：Master 决定将图划分成多少个分区（Partition）（这个数字可以由用户自行控制），把分区分配到多个 Worker。一个 Worker 会领到一个或多个分区并负责维护在这些分区之上的图的状态（节点及边的增删），对该部分中的节点执行 Compute() 函数，并管理发送出去的以及接收到的消息。一个 Worker 处理多个分区可以更好地实现负载均衡，并且会提高并行性能。每个 Worker 知道所有其他 Worker 所分配到的分区情况，以便于后续节点间的通信和消息传递。

3）划分用户输入：Master 会把用户输入划分成多个部分。然后，Master 会为每个 Worker 分配用户输入中的一部分，这些输入被看作一系列记录的集合，每一条记录都包含任意数目的节点和边。对输入的划分和对整个图的划分是正交的，通常都是基于文件边界进行划分的。

在每一个工作节点，Worker 从输入中加载到的节点都有两种情况：

- 如果一个 Worker 从输入中加载到的节点，刚好是自己管理的分区中的节点，则立即更新相应的数据结构。
- 如果 Worker 从输入中加载的节点不属于自己管理的分区时，就不对该节点进行更新。这时，该 Worker 会根据加载到的节点的 ID，缓冲积攒这类信息，在达到一个阈值后以批量形式通过 Worker 之间的消息传递把它发送到其相应分区所在的 Worker 上。这种优化可以减少网络请求的过载并提高吞吐量。

当所有的输入都被加载到分区的节点后，图中的所有节点都会被标记为"活跃"状态。

### 3. 运行超步

计算过程中，Master 给每个 Worker 发送指令，让其运行一个超步，Worker 轮询在其之上的节点，会为每个分区启动一个线程。调用每个活跃节点的 Compute() 函数，并传递从上一个超步接收到的消息。对于每个节点而言，Pregel 只保存一份节点值和边值，但是，会保存两份标志位（一份用于当前超步，另一份用于下一个超步）和输入消息队列，分别用于当前超步和下一个超步。如果一个节点 V 在超步 S 接收到消息，那么，它表示 V 将会在下一个超步 S+1 中（而不是当前超步 S 中）处于"活跃"状态。

当 Worker 中的一个节点完成计算需要发送消息到其他节点，该 Worker 会首先判断目标节点 U 是否属于自身，如果目标节点 U 在此机器上，就直接把消息放入到与目标节点 U 对应的输入消息队列中；如果发现目标节点 U 在远程机器上，或者 Worker 从输入中加载到的节点不属于当前 Worker，这个消息就会被暂时缓存到本地，当缓存中的消息数目达到一个事先设定的阈值时，这些缓存消息会被批量异步发送出去，传输到目标节点所在的 Worker 上，这也是 Pregel 的消息传递机制。其中，消息是被异步发送的，这是为了使计算和通信可以并行，但是消息的发送会在本超步结束前完成。

当一个 Worker 完成了其所有的工作后，会通知 Master，并告知当前该 Worker 在下一个超步中还有多少"活跃"节点。只要有节点还处在"活跃"状态，或者还有消息在传输，就不断重复该步骤。当没有节点处于"活跃"状态或没有消息进行传输时，计算结束。

计算过程结束后，Master 会向所有的 Worker 发送指令，通知每个 Worker 对自己的计算结果进行持久化存储。

**4. 容错机制**

Pregel 支持两种容错机制，即检查点（checkpoint）和有限恢复（confined recovery）。

在每个超步的开始阶段，Master 命令 Worker 保存其分区的状态到持久存储设备，包括节点值、边值，以及接收到的消息。Master 自己也会保存 Aggregator 的值。Master 会周期性地向每个 Worker 发送 ping 消息，Worker 收到 ping 消息后会给 Master 发送反馈消息。如果一个 Worker 在特定的时间间隔内没有收到 ping 消息，该 Worker 进程会终止。如果 Master 在一定时间内没有收到 Worker 的反馈，就会将该 Worker 进程标记为故障。当一个或多个 Worker 发生故障，被分配到这些 Worker 上的分区的当前状态信息就丢失了。Master 重新分配故障 Worker 上的图分区到当前可用的 Worker 集合上，所有的分区会从最近的某超步 S 开始时写出的检查点中重新加载状态信息。该超步可能比在故障的 Worker 上最后运行的超步 S′ 早好几个阶段，此时失去的几个超步将需要重新执行。

为了优化恢复执行的开销和延迟，Pregel 实现有限恢复。除了基本的检查点，Worker 同时还会将其在加载图数据的过程中和超步中发送的消息写入日志。这样恢复就会被限制在丢失的分区上。分区首先通过检查点进行恢复，然后系统会通过回放来自正常分区记入日志的消息以及恢复过来的分区重新生成的消息，更新状态到 S′ 阶段。

这种容错在保存信息时会产生一定的开销，但这种 I/O 操作在一般的磁盘上都能够正常运行。

## 9.5 Pregel 框架实验

本节将基于 C++ 实现一个简化的 Pregel 框架，用于理解 Pregel 的计算与整体架构。出于简化实验的目的，本节 Pregel 整体架构与前文所述略有不同，如有差异应以前文为准。

本节分为三个模块进行。第一模块定义实验所需的基本类型、设计 Pregel 的基本框架。第二模块以节点最大值问题（图9-5）为例，完成用户自定义类的实现，并将类应用到框架中进行计算，验证框架的准确性。第三模块以最短路径问题为例，考虑较复杂问题的计算过程。

### 9.5.1 基于C++线程并发的Pregel框架模拟

根据上文介绍，Pregel的核心接口是抽象基类`Vertex`，它通过模板参数允许用户自定义节点值、边值和消息值的类型，用户通过继承基类`Vertex`实现纯虚函数`Compute()`。`Compute()`定义了在每个超步中对活跃节点执行的计算。

实验内容的具体代码实现扫描前言二维码获取。读者可以将下文解析与完整代码进行对比，自行动手完成实验。实验环境请参考Visual Studio 2022。

#### 1. 边与消息类型

在构建抽象基类`Vertex`之前，需要首先定义边和消息类型。默认发送的消息与节点值是同一种数据类型（Vertex Value, V），边长/权重为另一种数据类型（Edge Value, E）。

#### 2. 抽象基类`Vertex`

在抽象基类`Vertex`中，除节点的基本信息外，还包含存放消息的向量成员`ReceiveMsg`和`SendMsg`，并在每个超步中作为节点接收/发送消息的缓冲区。向量`vector`在C++中通常充当变长数组。纯虚函数`Compute()`被拆分为`ReceiveMsg()`和`Compute()`两个部分，分别用于在超步中从缓冲区接收消息和执行计算过程。

#### 3. Partition、Worker、Aggregator与Combiner

在整体Pregel框架中，还存在以下几种类型的对象。Pregel作为最外层对象封装了计算中所使用的绝大多数成员和方法。Partition和Worker是图数据能进行分布式计算的基础，用于将图数据（节点`Vertex`）分配给Partition对象并将Partition对象分配给Worker对象。Aggregator作为一种全局通信机制，可以提供对全图属性的统计信息，是优化模型的重要工具。Combiner用于在发送消息前对消息进行聚合，以减少消息传输的开销，可由用户继承。通常，Worker可以是集群中的一台机器，一个Worker可以拥有多个Partition，一个Partition包含多个节点，每个Worker拥有一个Combiner。本例将通过多线程并发来模拟分布式环境下的并行。

为方便用户继承`Vertex`，引入新的模板类型用户节点类（User Vertex Class, U），在创建Pregel对象时只需声明所用节点类的类名即可。

在Aggregator中，可以存在多种优化方法。例如，每个节点在超步计算中额外返回自身值给Aggregator，这样就可以获取全图最大/最小值；当Worker或Partition数量发生改变时，停止运行并重新划分节点。同时，Aggregator还可以通过监控全局活跃节点和全图统计值，作为图模型是否收敛并停止循环的依据。Aggregator是一种全局协作的高效工具，对最终模型性能与灵活度有重要贡献。

每个Partition中存有自身持有节点的指针以及当前超步的活跃节点ID，以及运行节点计算的方法`runVertex()`。在`runVertex()`中，Partition会遍历当前活跃节点，使每个节点接收消息（`ReceiveMessage()`）并更新值，如果节点值被更改或首次执行超步则执行计算（`Compute()`）并发送消息。

每个 Worker 中存有自身持有的 Partition 对象，由于 Combiner 通常需要用户继承，因此 Worker 中存放 Combiner 对象的指针，用户子类可以通过向上类型转换的方式赋值给 `my_comb`（也可通过模板实现）。Worker 中存在两个重要的方法 `runPartition()` 和 `runSpread()`。`runPartition()` 中使用 C++ 标准库 <future> 和 <thread> 中的方法，可以为每个 Partition 启动一个线程并行计算，并等待所有 Partition 结束计算。`runSpread()` 使用持有的 Combiner 对象合并（`combineMessage()`）并传播（`spreadMessage()`）消息。

`combineMessage()` 和 `spreadMessage()` 是 Combiner 中最重要的方法。`combineMessage()` 由用户子类实现，以自定义的方式将 Worker 内每个节点要传输的消息合并简化存入 `combined_msg` 中。`spreadMessage()` 会遍历 `combined_msg` 中的每条消息，将其传播到对应接收者（receiver）的 ReceiveMsg 缓冲区中等待下个超步接收，同时向 Aggregator 的活跃节点 ID 表中加入 `receiver_id`，于是 receiver 就成为下个超步的活跃节点。

**4. Pregel 的基础框架**

Pregel 作为最外层类封装了 Worker、Partition 和 Vertex 的具体计算过程。Pregel 拥有一个 Aggregator 对象用于全局监控，以及多个 Worker 用于实际计算。Pregel 对象构造函数时传入以节点 ID 为键的节点指针 map，并调用 `initialize()` 方法向 Partition 和 Worker 分配节点。通过多次调用 `setCombiner()` 方法初始化 Worker 的 Combiner 指针。

在每个超步中，首先通过 Aggregator 的 `active_vertices` 更新分区的 `my_activate_vertices`，清空 `active_vertices` 以便更新。之后并行启动 Worker 的 `runPartition()` 执行计算，等待结束后再启动 Worker 的 `runSpread()` 传播消息。每个超步会输出当前、下个超步活跃节点数以及经过计算的节点值。

### 9.5.2 节点最大值实验

在 9.4.1 节中提到了计算节点最大值问题。用户使用框架时需要首先继承抽象基类 Vertex 和 Combiner，并分别实现其中的 `ReceiveMessage()`、`Compute()` 方法和 `combineMessage()` 方法。对于节点最大值问题，Combiner 将每个 Worker 上节点的所有消息取最大值，并发送至对应节点的收信缓冲区 ReceiveMsg，下个超步中 Vertex 的 `ReceiveMessage()` 方法将收到的消息进行比较，取较大值更新自身值属性，并使用 `Compute()` 方法将更新的值存入发送缓冲区 SendMsg 供 Combiner 简化和传播。具体见下面代码片段。

```
template<typename U, typename V, typename E> // User Vertex Class, Vertex Value,
    Edge Value
class CombinerMaxNum :public Combiner<U, V, E> {
public:
    CombinerMaxNum(int id) : Combiner<U, V, E>(id) {}
    void combineMessage() {
        this->combined_msg.clear();
        // 暂存每个 receiver_id 对应的最大值
        std::map<int, Message<V>> maxMessages;
        // 遍历 Worker 持有的分区
        // 将每个节点 SendMsg 中的消息取最大值存入 combined_msg
        for (auto& partition : this->my_worker->my_partitions) {
```

```cpp
            for (int vertexID : partition.my_active_vertices) {
                U* vertex = this->preg->findVertexByID(vertexID);
                for (Message<V>& msg : vertex->SendMsg) {
                    // 查找receiver_id对应的最大值
                    auto it = maxMessages.find(msg.receiver_id);
                    if (it == maxMessages.end()) {
                        // 如果还没有该接收者的消息，直接插入
                        maxMessages[msg.receiver_id] = msg;
                    }
                    else if (msg.msg > it->second.msg) {
                        // 如果已经有该接收者的消息，比较并更新
                        it->second = msg;
                    }
                }
                vertex->SendMsg.clear();
            }
            partition.my_active_vertices.clear();
        }
        // 将最大消息存入 this->combined_msg
        for (const auto& entry : maxMessages) {
            this->combined_msg.push_back(entry.second);
        }
    }
};

template<typename V, typename E> // Vetex Value, Edge Value
class VertexMaxNum : public Vertex<V, E> {
public:
    VertexMaxNum(int id, V value, std::vector<Edge<E>> edges = {}) :Vertex<V,
        E>(id, value, edges) {}
    VertexMaxNum(const VertexMaxNum& other) : Vertex<V, E>(other) {}
    // 获取收到消息的最大值
    V MaxNum() {
        for (Message<V> msg : this->ReceiveMsg) {
            auto maxMsg = std::max_element(this->ReceiveMsg.begin(), this->Receive-
                Msg.end(),
                [](const Message<V>& a, const Message<V>& b)
                {return a.msg < b.msg; });
            return maxMsg->msg;
        }
        return 0;
    }
    // 若接收到更大值则更新自身
    void ReceiveMessage() {
        if (this->ReceiveMsg.empty()) return;
        V max = MaxNum();
        if (this->value < max) {
            this->value = max;
            this->temp = true;
        }
    }
    // 若更新，则向遍历出边传送消息
    void Compute() {
        for (Edge<E> SEdge : this->edge) {
            this->SendMsg.push_back(Message<V>(
                this->vertex_id, SEdge.receiver_id, this->value));
        }
    }
};
```

基于上述用户自定义类 VertexMaxNum 和 CombinerMaxNum，可以依次创建 Vertex，

设置 Partition 和 Worker 数量，初始化 Combiner 和 Pregel 对象进行计算。

```cpp
#include "CombinerMaxNum.h"
#include "VertexMaxNum.h"

int main() {
    // 输出线程标识符
    std::cout << "Thread ID: " << std::this_thread::get_id() << std::endl;
    // 创建节点
    VertexMaxNum<int, int> v0 = VertexMaxNum<int, int>(0, 1, { Edge<int>(1, 1) });
    VertexMaxNum<int, int> v1 = VertexMaxNum<int, int>(1, 2, { Edge<int>(0, 1),
        Edge<int>(3, 1) });
    VertexMaxNum<int, int> v2 = VertexMaxNum<int, int>(2, 3, { Edge<int>(3, 1) });
    VertexMaxNum<int, int> v3 = VertexMaxNum<int, int>(3, 6, { Edge<int>(2, 1),
Edge<int>(0, 1) });
    std::map<int, VertexMaxNum<int, int>*> vertices = { {0, &v0}, {1, &v1}, {2, &v2},
        {3, &v3} };

    // 设置 Partition 和 Worker 数量
    int PartitionNum = 2;
    int WorkerNum = 2;
    // 创建 Combiner 对象
CombinerMaxNum<VertexMaxNum<int, int>, int, int> c0 =
CombinerMaxNum<VertexMaxNum<int, int>, int, int>(0);
CombinerMaxNum<VertexMaxNum<int, int>, int, int> c1 =
CombinerMaxNum<VertexMaxNum<int, int>, int, int>(1);

    // 创建 Pregel 对象
    Pregel<VertexMaxNum<int, int>, int, int> pregel(vertices, PartitionNum, WorkerNum);
    // 传入与 Worker 数量相等的 Combiner
    // Combiner 将分配给 ID 相同的 Worker
    pregel.setCombiner(&c0);
    pregel.setCombiner(&c1);
    pregel.Superstep();

    return 0;
}
```

输出如下：
```
Thread ID: 26748
Superstep 0
Active nodes:4
******************************************
Thread ID: 15648
Thread ID: 9592
Worker 0, Partition 0, Vertex ID 0, Value 1
Worker 0, Partition 0, Vertex ID 1, Value 2
Worker 1, Partition 1, Vertex ID 2, Value 3
Worker 1, Partition 1, Vertex ID 3, Value 6
******************************************
Next step active nodes:4

Superstep 1
Active nodes:4
******************************************
Thread ID: Thread ID: 4464
15896
Worker 0, Partition 0, Vertex ID 0, Value 6
Worker 0, Partition 0, Vertex ID 1, Value 2
Worker 1, Partition 1, Vertex ID 2, Value 6
Worker 1, Partition 1, Vertex ID 3, Value 6
```

```
*********************************************
Next step active nodes:2

Superstep 2
Active nodes:2
*********************************************
Thread ID: Thread ID: 10852
19220
Worker 0, Partition 0, Vertex ID 0, Value 6
Worker 0, Partition 0, Vertex ID 1, Value 6
Worker 1, Partition 1, Vertex ID 2, Value 6
Worker 1, Partition 1, Vertex ID 3, Value 6
*********************************************
Next step active nodes:2

Superstep 3
Active nodes:2
*********************************************
Thread ID: Thread ID: 15268
20056
Worker 0, Partition 0, Vertex ID 0, Value 6
Worker 0, Partition 0, Vertex ID 1, Value 6
Worker 1, Partition 1, Vertex ID 2, Value 6
Worker 1, Partition 1, Vertex ID 3, Value 6
*********************************************
Next step active nodes:0
```

可以看到经过 4 个超步后，所有节点值都被更新为最大值 6 并停止了迭代。输出 Thread ID 时出现了输出不统一的情况，这是 Partition 的多线程并发时抢占输出导致的。本例使用 C++ 标准库 `<future>` 中的同步方法，将全图消息接收、计算、消息传播隔离开来，实现了 Partition 之间、Worker 之间的并行计算。

通常来说，节点完成计算后可以直接进行消息传播，无须等待其他节点结束计算。但为了便于 Combiner 合并节点输出，以及避免部分同步问题（防止节点调用 `Receive-Message()` 接收上个超步的消息时受到来自本超步消息的干扰），在本例中消息传播以 Worker 为单位，并在 Worker 持有的所有节点计算完成后进行。若期望实现不同节点间计算与消息传播的并行，就需要考虑更复杂的信号同步机制或移植到成熟的分布式平台上实现。

### 9.5.3 单源最短路径实验

考虑一个包含 20 个节点的有向无环图，计算从节点 0 到其他所有节点的最短路径。基于 Dijkstra 算法可以实现用户定义的 `Combiner` 和 `Vertex` 类。具体见下面代码片段。

`CombinerShortestPath` 中的 `combineMessgae()` 与节点最大值问题类似，只需将最大值改为最小值即可。

```cpp
template<typename U, typename V, typename E> // Vertex Value, Edge Value
class CombinerShortestPath : public Combiner<U, V, E> {
public:
    CombinerShortestPath(int id) : Combiner<U, V, E>(id) {}
    void combineMessage() {
        // 暂存简化后的消息
        std::map<int, Message<V>> minDistances;
        for (auto& partition : this->my_worker->my_partitions) {
            for (int vertexID : partition.my_active_vertices) {
                U* vertex = this->preg->findVertexByID(vertexID);
                for (Message<V>& msg : vertex->SendMsg) {
```

```
                    auto it = minDistances.find(msg.receiver_id);
                    if (it == minDistances.end()) {
                        minDistances[msg.receiver_id] = msg;
                    }
                    else if (msg.msg < it->second.msg) {
                        it->second = msg;
                    }
                }
                vertex->SendMsg.clear();
            }
            partition.my_active_vertices.clear();
        }
        for (const auto& entry : minDistances) {
            this->combined_msg.push_back(entry.second);
        }
    }
};
```

依照 Dijkstra 算法，VertexShortestPath 的构造函数将传入的节点 0（起点）的最短路径值设为 0，其余设为极大值。ReceiveMessage() 同样与节点最大值问题类似，将最大值改为最小值即可。Compute() 中，对于每条出边，节点将更新后的新最短路径与边长之和作为消息传送给边指向的节点。

```
template <typename V, typename E>
class VertexShortestPath : public Vertex<V, E> {
public:
    VertexShortestPath(int id, V value, std::vector<Edge<E>> edges = {});
    VertexShortestPath(const VertexShortestPath& other);

    void ReceiveMessage();
    void Compute();
};
```

构造函数、虚函数 ReceiveMessage() 和 Compute() 的实现代码如下。

```
template <typename V, typename E>
VertexShortestPath<V, E>::VertexShortestPath(int id, V value, std::vector<Edge<E>>
    edges)
    : Vertex<V, E>(id, value, edges) {
    if (id == 0) {
        this->value = 0;
    }
    else {
        this->value = 999999999;
    }
}

template <typename V, typename E>
VertexShortestPath<V, E>::VertexShortestPath(const VertexShortestPath& other) : Vertex<V,
    E>(other) {}

template <typename V, typename E>
void VertexShortestPath<V, E>::ReceiveMessage() {
    if (this->ReceiveMsg.empty()) return;

    E minDistance = std::numeric_limits<E>::max();
    for (const Message<V>& msg : this->ReceiveMsg) {
        minDistance = std::min(minDistance, msg.msg);
    }

    if (minDistance < this->value) {
```

```cpp
        this->value = minDistance;
        this->temp = true;
    }
}

template <typename V, typename E>
void VertexShortestPath<V, E>::Compute() {
    for (Edge<E> edge : this->edge) {
        E newDistance = this->value + edge.length;
        this->SendMsg.push_back(Message<V>(this->vertex_id, edge.receiver_id, new-
            Distance));
    }
}
```

图数据如图 9-11 所示。

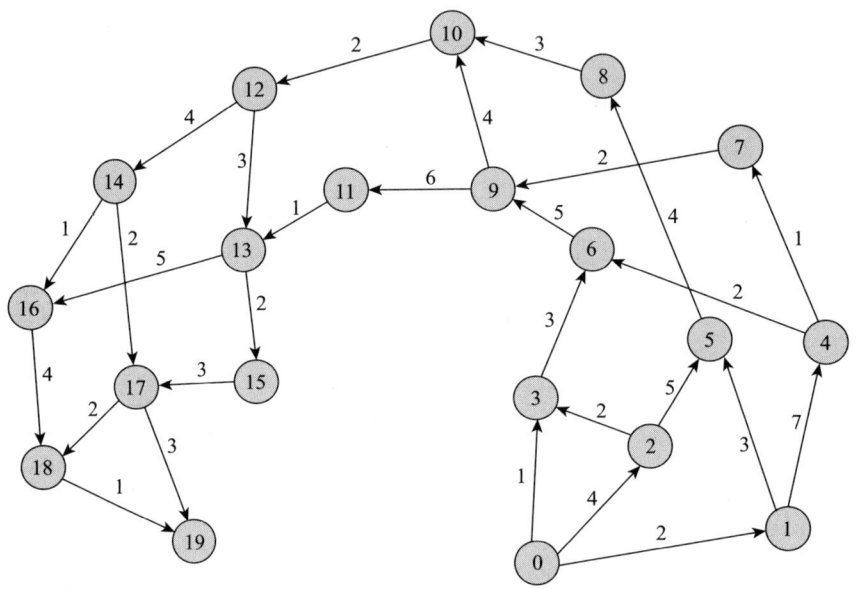

图 9-11  20 个节点的最短路径问题示意图

下面根据上述两个用户自定义子类及图数据设计 main 函数执行超步，来计算各节点最短路径。

首先初始化图节点 `VertexShortestPath` 类对象，并以 ID 为键存入 `map` 容器 `vertices` 中。规定 Partition 与 Worker 数量，并为每个 Worker 创建一个 ID 相同的 `Combiner-ShortestPath` 对象。之后使用 `vertices` 初始化 Pregel 对象，并为每个 Worker 初始化其 `CombinerShortestPath` 指针。最后执行超步，观察输出结果。

```cpp
#include "CombinerShortestPath.h"
#include "VertexShortestPath.h"

int main() {
    // 输出线程标识符
    std::cout << "Thread ID: " << std::this_thread::get_id() << std::endl;
    // 创建节点
    VertexShortestPath<int, int> v0 = VertexShortestPath<int, int>(0, 0, { Edge
        <int>(1, 2), Edge<int>(2, 4), Edge<int>(3, 1) });
    VertexShortestPath<int, int> v1 = VertexShortestPath<int, int>(1, 0, { Edge
```

```cpp
        <int>(4, 7), Edge<int>(5, 3) });
    VertexShortestPath<int, int> v2 = VertexShortestPath<int, int>(2, 0, { Edge
        <int>(3, 2), Edge<int>(5, 5) });
    VertexShortestPath<int, int> v3 = VertexShortestPath<int, int>(3, 0, { Edge
        <int>(6, 3) });
    VertexShortestPath<int, int> v4 = VertexShortestPath<int, int>(4, 0, { Edge
        <int>(6, 2), Edge<int>(7, 1) });
    VertexShortestPath<int, int> v5 = VertexShortestPath<int, int>(5, 0, { Edge
        <int>(8, 4) });
    VertexShortestPath<int, int> v6 = VertexShortestPath<int, int>(6, 0, { Edge
        <int>(9, 5) });
    VertexShortestPath<int, int> v7 = VertexShortestPath<int, int>(7, 0, { Edge
        <int>(9, 2) });
    VertexShortestPath<int, int> v8 = VertexShortestPath<int, int>(8, 0, { Edge
        <int>(10, 3) });
    VertexShortestPath<int, int> v9 = VertexShortestPath<int, int>(9, 0, { Edge
        <int>(10, 4), Edge<int>(11, 6) });
    VertexShortestPath<int, int> v10 = VertexShortestPath<int, int>(10, 0, { Edge
        <int>(12, 2) });
    VertexShortestPath<int, int> v11 = VertexShortestPath<int, int>(11, 0, { Edge
        <int>(13, 1) });
    VertexShortestPath<int, int> v12 = VertexShortestPath<int, int>(12, 0, { Edge
        <int>(13, 3), Edge<int>(14, 4) });
    VertexShortestPath<int, int> v13 = VertexShortestPath<int, int>(13, 0, { Edge
        <int>(15, 2), Edge<int>(16, 5) });
    VertexShortestPath<int, int> v14 = VertexShortestPath<int, int>(14, 0, { Edge
        <int>(16, 1), Edge<int>(17, 2) });
    VertexShortestPath<int, int> v15 = VertexShortestPath<int, int>(15, 0, { Edge
        <int>(17, 3) });
    VertexShortestPath<int, int> v16 = VertexShortestPath<int, int>(16, 0, { Edge
        <int>(18, 4) });
    VertexShortestPath<int, int> v17 = VertexShortestPath<int, int>(17, 0, { Edge
        <int>(18, 2), Edge<int>(19, 3) });
    VertexShortestPath<int, int> v18 = VertexShortestPath<int, int>(18, 0, { Edge
        <int>(19, 1) });
    VertexShortestPath<int, int> v19 = VertexShortestPath<int, int>(19, 0);
    std::map<int, VertexShortestPath<int, int>*> vertices = {{0, &v0},{1, &v1},{2, &v2},
        {3, &v3},{4, &v4},{5, &v5},{6, &v6},{7, &v7},{8, &v8},{9, &v9},{10, &v10},
        {11, &v11},{12, &v12},{13, &v13},{14, &v14},{15, &v15},{16, &v16},{17, &v17},
        {18, &v18},{19, &v19}};

    // 设置 Partition 和 Worker 数量
    int PartitionNum = 4;
    int WorkerNum = 2;

    CombinerShortestPath<VertexShortestPath<int, int>, int, int> c0 = CombinerSh
        ortestPath<VertexShortestPath<int, int>, int, int>(0);
    CombinerShortestPath<VertexShortestPath<int, int>, int, int> c1 = CombinerSh
        ortestPath<VertexShortestPath<int, int>, int, int>(1);

    // 创建 Pregel 对象
    Pregel<VertexShortestPath<int, int>, int, int> pregel(vertices, PartitionNum,
        WorkerNum);
    // 传入的 Combiner 数量应该等于 Worker 数量
    pregel.setCombiner(&c0);
    pregel.setCombiner(&c1);
    pregel.Superstep();

    return 0;
}
```

**部分输出如下：**

```
Thread ID: 17492
Superstep 0
Active nodes:20
*******************************************
Thread ID: Thread ID: Thread ID: Thread ID: 22308
24076
15048
5460
Worker 0, Partition 0, Vertex ID 0, Value 0
Worker 0, Partition 0, Vertex ID 1, Value 999999999
............
Worker 1, Partition 3, Vertex ID 19, Value 999999999
*******************************************
Next step active nodes:19

Superstep 1
Active nodes:19
*******************************************
Thread ID: 16852Thread ID: 12852

Thread ID: 200
Thread ID: 14788
Worker 0, Partition 0, Vertex ID 0, Value 0
Worker 0, Partition 0, Vertex ID 1, Value 2
Worker 0, Partition 0, Vertex ID 2, Value 4
Worker 0, Partition 0, Vertex ID 3, Value 1
Worker 0, Partition 0, Vertex ID 4, Value 999999999
............
Worker 1, Partition 3, Vertex ID 19, Value 999999999
*******************************************
Next step active nodes:4
............
Superstep 9
Active nodes:1
*******************************************
Thread ID: 2416
Thread ID: 21056
Thread ID: 9976
Thread ID: 26316
Worker 0, Partition 0, Vertex ID 0, Value 0
Worker 0, Partition 0, Vertex ID 1, Value 2
Worker 0, Partition 0, Vertex ID 2, Value 4
Worker 0, Partition 0, Vertex ID 3, Value 1
Worker 0, Partition 0, Vertex ID 4, Value 9
Worker 0, Partition 1, Vertex ID 5, Value 5
Worker 0, Partition 1, Vertex ID 6, Value 4
Worker 0, Partition 1, Vertex ID 7, Value 10
Worker 0, Partition 1, Vertex ID 8, Value 9
Worker 0, Partition 1, Vertex ID 9, Value 9
Worker 1, Partition 2, Vertex ID 10, Value 12
Worker 1, Partition 2, Vertex ID 11, Value 15
Worker 1, Partition 2, Vertex ID 12, Value 14
Worker 1, Partition 2, Vertex ID 13, Value 16
Worker 1, Partition 2, Vertex ID 14, Value 18
Worker 1, Partition 3, Vertex ID 15, Value 18
Worker 1, Partition 3, Vertex ID 16, Value 19
Worker 1, Partition 3, Vertex ID 17, Value 20
Worker 1, Partition 3, Vertex ID 18, Value 22
Worker 1, Partition 3, Vertex ID 19, Value 23
*******************************************
Next step active nodes:0
```

可以看到，经过 10 个超步后，每个节点的值都被更新为到节点 0 的最短路径。

### 9.5.4 实验总结

本节实现了一个简化的 Pregel 框架，整体分为三个模块，分别是 Pregel 基本框架的实现、节点最大值问题的应用、最短路径问题的应用。

第一模块首先定义了边和消息类型，并实现了抽象基类 `Vertex`。在 `Vertex` 类中，节点保存了节点值、出边信息等基本信息，并定义了在每个超步中执行的计算过程。同时，引入了 Partition、Worker、Aggregator 和 Combiner 等对象，用于模拟分布式计算环境。节点 `Vertex` 进入框架后，首先被分配给各个 Partition，Partition 再分配给各个 Worker，每个 Worker 可以获得一个对应的 Combiner 对象用于聚合和传播消息。Pregel 对象单独拥有一个 Aggregator 对象，通过扩充 Aggregator 类的内容，可以实现对全局状态的监控、对模型的优化等。在计算的每个超步中，Pregel 会为每个 Partition 启动一个线程来模拟分布式的并行环境，而每个 Worker 又会为其持有的 Partition 启动一个线程，每个 Partition 遍历自身持有的所有节点，进行接收消息和计算。在 Worker 的所有 Partition 都完成计算后，Worker 会通过 Combiner 将节点消息聚合和传播。Aggregator 和 Partition 中记录全局和自身持有的活跃节点 ID，当全局活跃节点为 0 时停止迭代。

第二模块通过创建用户自定义子类 `VertexMaxNum` 和 `CombinerMaxNum`，实现了用 Pregel 框架来解决节点最大值问题。在这个问题中，节点之间通过消息传递比较得到最大值，并在每个超步中更新节点的值。通过创建节点、Combiner 对象，实例化 Pregel 对象，并调用 `Superstep()` 成功解决了节点最大值问题。

第三模块通过创建用户自定义子类 `VertexShortestPath` 和 `CombinerShortestPath`，实现了用 Pregel 框架来解决最短路径问题。在这个问题中，节点之间通过消息传递比较得到最小路径值，并在每个超步中更新节点的值。通过创建节点、Combiner 对象，实例化 Pregel 对象，并调用 `Superstep()`，也可以更改 Partition 和 Worker 的数量以观察 Vertex 和 Partition 的实际分配。

## 总结

9.1 节介绍了分布式图处理相关背景知识，然后在 9.2 节介绍了分布式图处理相关概念，在 9.3 节介绍了分布式图处理的工作原理，9.4 节介绍了分布式图处理框架 Pregel，包括 Pregel 的基础概念、工作原理和体系结构，最后在 9.5 节通过三个实验来深入理解 Pregel 的工作原理，包括基于 C++ 线程并发的 Pregel 框架模拟、节点最大值实验和单源最短路径实验。

## 习题

1. 分布式图处理的主要特点有什么？
2. 图计算系统有两种通信模式，分别是什么？
3. Pregel 的主要思想是什么？
4. Pregel 的基本要素是什么？
5. Pregel 的核心接口是什么？

# 第 10 章　处理架构

从系统架构来分类，目前典型的服务器可以分为以下几类，即对称多处理器架构、非一致性内存访问架构，以及大规模并行处理架构。

## 10.1　对称多处理架构

对称多处理（Symmetric Multi-Processing，SMP）系统内有许多紧耦合的处理器，在这样的系统中，所有的 CPU 共享全部资源，如总线、内存和 I/O 系统等，操作系统或管理数据库的副本只有一个。这种系统最大的特点就是共享所有资源，多个 CPU 之间没有区别，它们平等地访问内存、外设、单一的操作系统。操作系统管理着一个队列，每个处理器依次处理队列中的进程。如果两个处理器同时请求访问一个资源（例如同一段内存地址），则由硬件、软件的锁机制去解决资源争用问题。SMP 对 RAM 的访问是串行化的，此问题和缓存一致性问题会导致性能稍微落后于系统中附加的处理器。

对称多处理器结构是指服务器中的多个 CPU 对称工作，无主次或从属关系。如图 10-1 所示，各 CPU 共享相同的物理内存，每个 CPU 访问内存中的任何地址所需的时间是相同的，因此 SMP 也被称为一致性内存访问（Uniform Memory Access，UMA）结构。对 SMP 服务器进行扩展的方式包括增加内存、使用更快的 CPU、增加 CPU 数量、扩充 I/O（增加槽口数与总线数）以及添加更多的外部设备（通常是磁盘存储）。

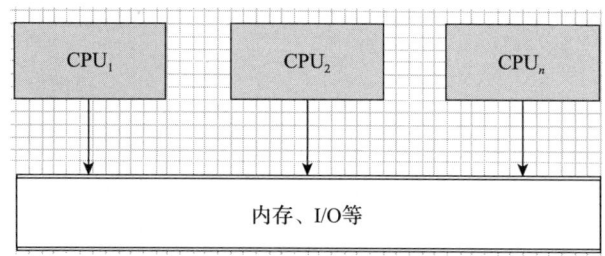

图 10-1　SMP 架构图

SMP 服务器的主要特征是共享，系统中所有资源（CPU、内存、I/O 等）都是共享的。正是由于这种特征，导致了 SMP 服务器的主要问题，那就是它的扩展能力非常有限。对于 SMP 服务器而言，每一个共享的环节都可能造成 SMP 服务器扩展时的瓶颈，尤其是内存。由于每个 CPU 必须通过相同的内存总线访问相同的内存资源，因此随着 CPU 数量的增加，内存访问冲突将迅速增加，最终会造成 CPU 资源的浪费，使 CPU 性能的有效性大大降低。实验证明，SMP 服务器的 CPU 利用率在 2～4 个 CPU 时表现最佳。

## 10.2　非一致性内存访问架构

由于 SMP 在扩展能力上的限制，人们开始探究如何进行有效的扩展从而构建大型系统，非一致性内存访问（Non Uniform Memory Access，NUMA）就是这种努力的产物。利用 NUMA 技术，可以把几十个甚至上百个 CPU 组合在一个服务器内。

如图 10-2 所示，NUMA 服务器的基本特征是具有多个 CPU 模块，每个 CPU 模块由多个 CPU（如 4 个）组成，并且具有独立的本地内存、I/O 槽口等。由于其节点之间可以通过互连模块（如 Crossbar Switch）进行连接和信息交互，因此每个 CPU 可以访问整个系统的内存（这是 NUMA 系统与 MPP 系统的重要差别）。显然，访问本地内存的速度将远远高于访问远地内存（系统内其他节点的内存）的速度，这也是非一致性内存访问名称的由来。由于这个特点，为了更好地发挥系统性能，开发应用程序时需要尽量减少不同 CPU 模块之间的信息交互。利用 NUMA 技术，可以较好地解决原来 SMP 系统的扩展受限问题，在一个物理服务器内可以支持上百个 CPU。比较典型的 NUMA 服务器的例子包括 HP 的 Superdome、SUN15K、IBMp690 等。

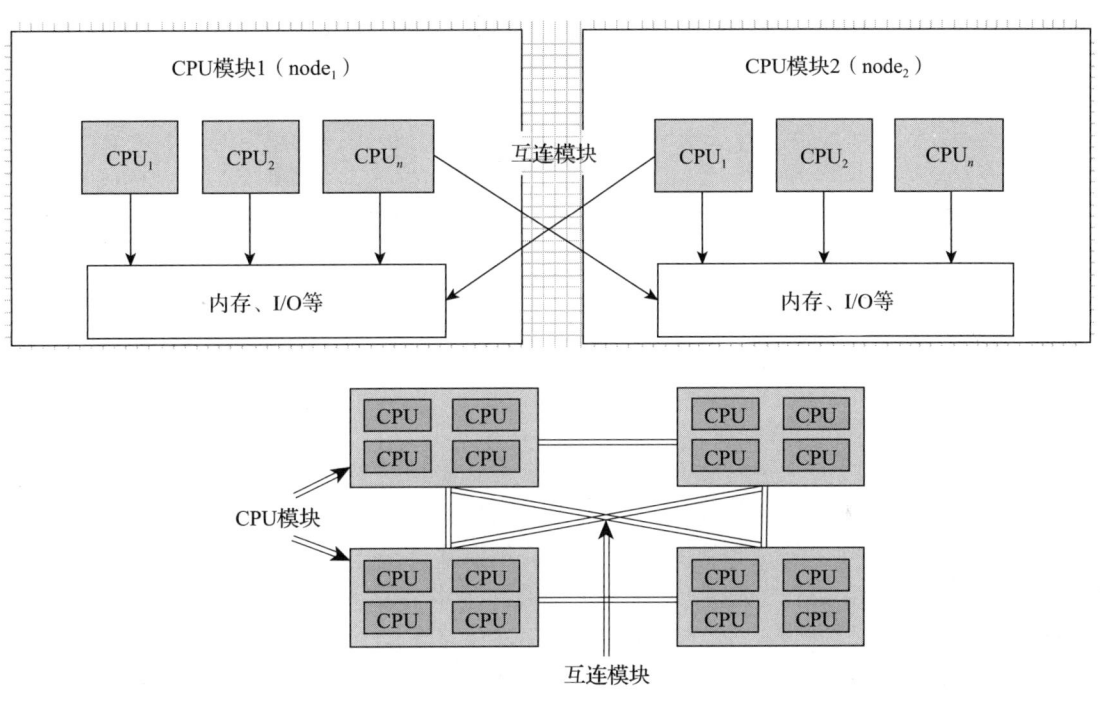

图 10-2　NUMA 架构图

但 NUMA 技术同样存在一定缺陷，由于访问远地内存的延时远远超过本地内存，因此当 CPU 数量增加时，系统性能无法线性增加。如 HP 公司发布 Superdome 服务器时，曾公布了它与 HP 其他 UNIX 服务器的相对性能值，结果发现，64 路 CPU 的 Superdome（NUMA 结构）的相对性能值是 20，而 8 路 N4000（共享的 SMP 结构）的相对性能值是 6.3。从这个结果可以看到，8 倍数量的 CPU 换来的只是 3 倍性能的提升。

## 10.3　大规模并行处理架构

### 1. MPP 的概述

在计算机系统结构研究领域中，大规模并行处理（Massively Parallel Processing，MPP）是指计算机系统使用大量同构的处理单元并行工作来获得较高的系统性能。如图 10-3 所示，在 MPP 架构中，一般会存在大量同构的处理单元节点，这些节点之间采用高性能的交换网络进行连接，每个节点拥有本地存储器，各个节点之间通过消息传递进行通信。MPP 系统中节点之间的并行程度较高，减少了共享存储所带来的系统开销，适合大规模的系统扩展。另一方面，MPP 系统的程序较为复杂，主要表现在计算任务的划分及其与各个节点之间的映射上。

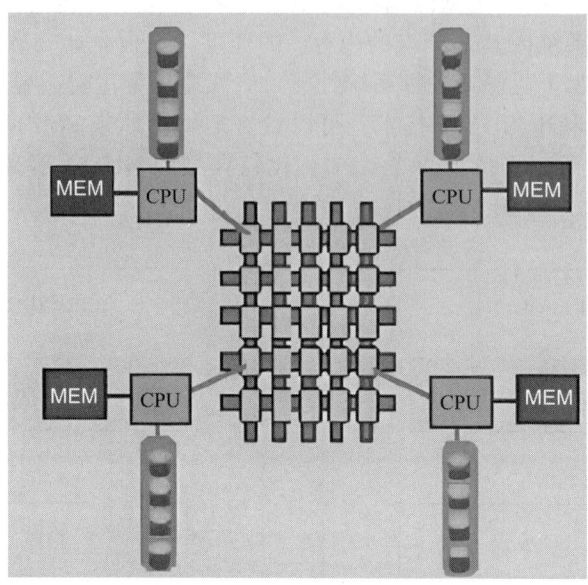

图 10-3　MPP 架构图

和 NUMA 不同，MPP 提供了另外一种进行系统扩展的方式，它由多个 SMP 服务器通过一定的节点互联网络进行连接，协同工作来完成相同的任务，从用户的角度来看它是一个服务器系统。MPP 系统是由许多松耦合的处理单元组成的。每个单元都拥有私有的 CPU、总线、内存、硬盘等资源。在每个单元内都有操作系统和管理数据库的实例副本。其基本特征是由多个 SMP 服务器（每个 SMP 服务器称为节点）通过节点互联网络连接而成，每个节点只访问自己的本地资源（内存、存储等），是一种无共享（Share Nothing）架构，因而扩展能力最好。理论上 MPP 的扩展无限制，目前的技术可实现 512 个节点互联，包括数千个 CPU。目前业界对节点互联网络暂无标准，如 NCR 的 Bynet、IBM 的 SPSwitch，它们都采用了不同的内部实现机制。但节点互联网络仅供 MPP 服务器内部使用，对用户而言是透明的。

但是 MPP 服务器需要一种复杂的机制来调度和平衡各个节点的负载和并行处理过程。目前一些基于 MPP 技术的服务器往往通过系统级软件（如数据库）来屏蔽这种复杂性。举例来说，NCR 的 Teradata 就是基于 MPP 技术的一个关系型数据库软件，基于此数据库来开发应用时，不管后台服务器由多少个节点组成，开发人员所面对的都是同一个数据库系统，而不需要考虑如何调度其中某几个节点的负载。

### 2. MPP 的特点

**（1）工作并行性**

由于系统使用了多处理器，则系统把物理模型分割成很多可并行执行的任务，然后在执行之前将它们分配给各个处理部件，实现了多指令流、多数据流的真正并行，而不是并发执行。

**（2）模块化**

系统虽然是由多个微处理器组成的整体，但处理器之间是相互独立的，它们不仅有独立的处理功能，也有独立的存储和通信功能，这样就形成了完整的模块。模块化系统很容易进行扩充，用户可以通过增加插件板的数量来增加处理器数或节点机数、I/O通道和存储数量。另外，采用模块化的结构还可以提高系统的可靠性、可用性和可维护性。

**（3）结构灵活**

随着技术的迅猛发展，大规模并行处理系统也朝着两个方向发展。一是专用机方向，二是通用机方向。在专用机方面则根据机器的用途设计体系结构，处理单元的连接方式采用二维阵列或交叉网络。在通用机方面则采用可变的拓扑结构，建立一种具有可以通过程序重新组配的拓扑结构的多处理器系统。例如 ESPRIT 计划（欧洲信息技术研究发展战略计划）中的 1085 项目是研究以 TransPuter 为基础的多机结构的大规模并行处理系统，它可以通过使用电子开关来对其连接的拓扑结构进行配置。在这个系统中可以连接 24～1024 个工作处理器，其性能可以达到 1500 MFLOPS 的峰值速度。

**（4）对存储器的有效利用**

要提高系统的性能，除了要提高 CPU 性能外，还必须增加存储器的容量，提高存储器与 CPU 之间的数据与指令的传送速度。然而 CPU 与存储器总线的速度和其数据宽度是有限的，因此必须将存储器分割成若干个存储块，即局部存储器，使 CPU 可以就近处理，这样便可消除存储器传送瓶颈，提高存储器的有效利用。对一个局部存储器来说，CPU 与存储器间不需要那么高的速度，然而从整个系统来看，却能得到很强的处理能力。

### 3. MPP 技术架构

数据库架构主要有 Shared Everything（共享所有内容）、Shared Nothing（无共享）、Shared Disk（共享磁盘）三种类型，而 MPP 技术就属于 Shared Nothing 架构。Shared Nothing 架构是一种分布式计算架构，整个系统中的节点独立自给，并且没有节点间的竞争。Shared Nothing 系统需要将数据分布在多节点的不同数据库中，或要求节点使用某种协议保留应用程序数据备份。

如图 10-4 所示，Shared Nothing 指的是各个处理单元都有自己的 CPU、内存和硬盘资源。各个处理单元之间没有共享资源，它们之间通过协议进行通信，其并行处理和扩展能力更强。Shared Nothing 架构会把数据库中的表从物理存储上水平分割，将数据分配给多个服务器。每台服务器独立工作，它们有着相同的模式，只需要增加服务器的数量就可以增加对数据的处理能力。

### 4. MPP 的数据库应用产品 Greenplum

基于 MPP 实现的数据库技术中，业界应用较为广泛的是 Greenplum。Greenplum 是业界性价比最高的关系型分布式数据库，它基于开源的 PostgreSQL，并采用 MPP 架构，拥有强大的大规模数据处理能力。

Greenplum 数据库采用典型的主从架构，在一个 Greenplum 集群中，存在一个 Master Host 节点和多个 Segment Host 节点。Master Host 实例是 Greenplum 数据库的服务端，负责监听客户端的请求。Master 是整个系统的控制中心和对外服务的接入点，它负责接收用户的 SQL 请求，生成查询计划并且进行并行处理优化，然后将查询计划分配到所有的 Segment Host 节点，协调组织 Segment Host 执行查询计划，并最终获得结果返回给用户。

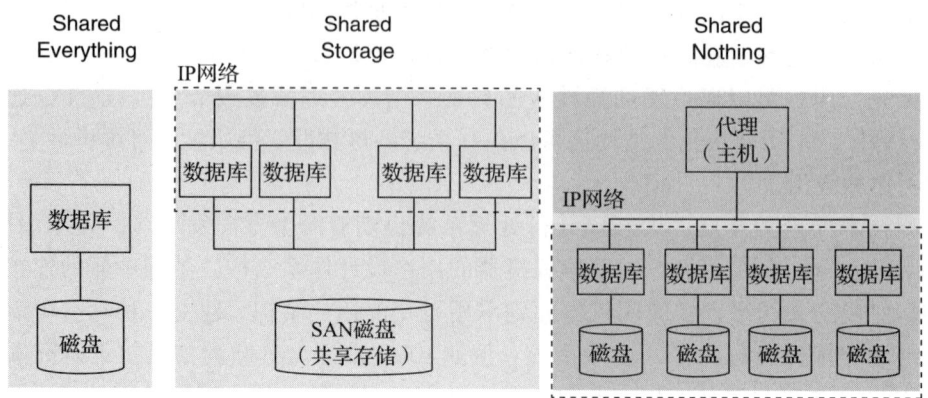

图 10-4  数据库架构示意图

Segment Host 节点是 Greenplum 执行并行任务的并行计算节点。它接收 Master 的指令并进行计算，Segment Host 的计算性能决定着整个系统的计算性能。通过增加 Segment Host 节点数量，可以线性增加集群的处理能力。

如图 10-5 所示，在 Greenplum 中，数据表分布在所有节点上，Master Host 节点首先对表的某些列进行哈希计算，然后根据运算结果将数据分布到 Segment Host 节点上，Master Host 节点不会存放任何用户数据，只会对客户端进行访问控制或者存储表分布逻辑的元数据。

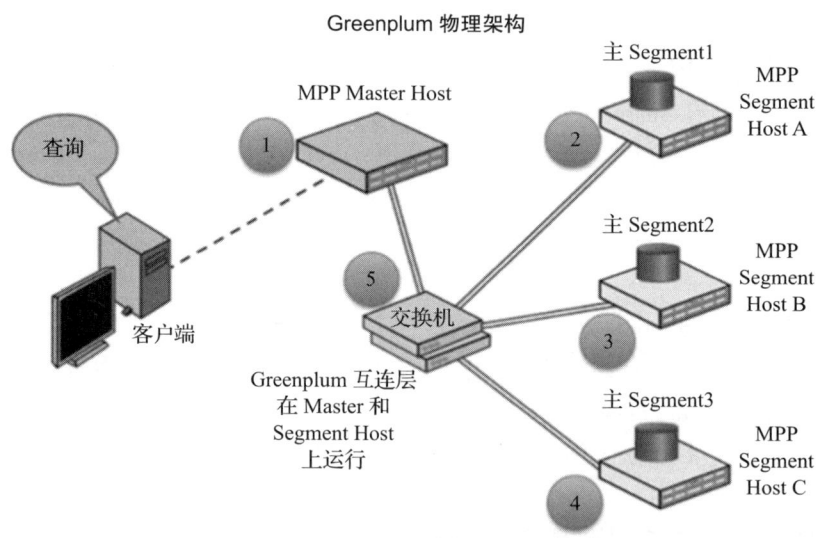

图 10-5  Greenplum 架构图

MPP 数据库的主要特点是数据分布。数据分布在各个 Segment Host 数据库中，以实现数据和处理的并行性，这是通过使用 DISTRIBUTED BY 子句创建数据库表来实现的。在 Greenplum 中可以使用哈希分布或循环分布。

Greenplum 提供了一种名为"多态存储"的存储方式，这种方式可以根据数据热度（即不同的使用频率）或者访问方式采用不同的存储模式。一张表的不同数据可以使用不同的物理存储方式，Greenplum 支持行存储、列存储和外部表三种存储方式。

行存储即传统关系型数据库的存储方式，这种方式访问较快，多列更新较简单。列存储是按照列来保存数据，不同列的数据存储到不同的文件中，适合一次性访问宽表的多个字段，并且压缩比很高。外部表存储即数据库把数据存储到其他系统中，数据库本身只保留元数据信息。

除了强大的存储能力，Greenplum 还有着极强的并行处理能力。Greenplum 通过外部表并行装载、并行备份恢复以及并行查询实现并行处理。

在涉及多表查询时，Master 节点调度器会下发查询任务到每个数据节点，数据节点收到任务后，创建工作进程执行任务。如果需要跨节点数据交换，数据节点上会创建多个工作进程协调执行任务，不同节点执行同一任务的进程组成一个集团，数据从下往上流动，最终 Master 节点会将结果返回给客户端。

Greenplum 具有以下特点。

**（1）标准完善**

Greenplum 支持 ANSI SQL 2008 和 SQL OLAP 2003 扩展，支持 ODBC 和 JDBC 应用程序接口，这使得开发人员使用 Greenplum 数据库变得十分方便。

**（2）数据的强一致性**

Greenplum 支持分布式事务，和一般的关系型数据库一样，它具有 ACID 特性，这使它可以保持数据库中数据的一致性。

**（3）良好的线性扩展能力**

根据前面介绍，MPP 架构由多台 SMP 服务器通过节点互联网络连接而成，属于无共享架构。因此，它在理论上可以无限扩展，这种良好的扩展能力使其数据处理能力十分强大。

Greenplum 可以实现大规模存储，它可以将数据均匀地分发到节点上来实现大数据存储。一般而言，I/O 性能瓶颈会成为数据库性能的障碍，但 Greenplum 采用分而治之的方法，充分利用 Segment Host 的 I/O 能力，使系统的性能达到最优。

### 5. MPP 的发展历程

在大规模并行处理技术发展过程中，也出现了一些瓶颈。例如，在对问题的物理模型和数学模型进行描述时是否精确可靠很重要，很多情况下，研究人员为了降低问题的复杂度，往往采取简化和近似的办法，舍去一些不重要的因素。但是一旦需要做精确计算时，便需要引入更多的条件和参数，这将会导致问题规模迅速增大。

另一个瓶颈主要是计算模型的并行化问题。为了充分利用计算资源，要处理的问题必须有足够的规模，程序也要有足够的并行性。目前缺少足够的并行应用软件，要想合理应用大规模并行计算机，需要将原来的算法程序转化为并行化程序。一般来说，处理中小规模的并行问题比较容易，但是随着规模增加，并行效率会越来越低，导致达不到满意的效果，主要原因是采用的计算模型本身在计算规模很大时没有足够的并行性。

未来，大规模并行计算将会朝着改善硬件体系结构、改进并行算法、移植应用程序的方向发展。研究适合 MPP 系统的计算模型具有重要意义，目前学界已经提出了神经网络模型、面向对象模型等并行计算模型。另外，适用于 MPP 系统的算法也有待进一步提高。这种基础理论研究亟待加强。

从目前情况来看，传统向量巨型机技术已经相对成熟，但是很难有新的突破，而大规模并行处理技术仍处于发展的初期。MPP 系统未来的发展很大程度依赖于软件的发展。未来，传统向量巨型机可能会与 MPP 系统技术相互竞争，在技术上可能会兼顾巨型机的共享存储和 MPP 系统的优点。

## 10.4　SMP、NUMA 和 MPP 的比较

SMP、NUMA 和 MPP 分别具有各自的架构特点，本节通过分析各自特点并结合应用场景对三者进行以下比较。

### 10.4.1　SMP 与 MPP 的比较

SMP 架构与 MPP 架构各有什么特点呢？在使用时应该如何选择合适的架构呢？通常情况下，MPP 系统因为要在不同处理单元之间传送信息，所以它的效率比 SMP 低。但是并不是绝对的，因为 MPP 系统不共享资源，因此对它而言，所需资源比 SMP 多，当需要处理的事务达到一定规模时，MPP 的效率比 SMP 高。这取决于通信时间占用计算时间的比例，如果通信时间比较多，那么 MPP 系统就不占优势，相反，如果通信时间比较少，那么 MPP 系统可以充分发挥资源的优势，实现高效率。例如，在当前使用的 OTLP 程序中，用户访问一个中心数据库，如果采用 SMP 系统架构，它的效率比采用 MPP 架构高得多。而 MPP 系统在决策支持和数据挖掘方面显示出优势，总之，如果操作相互独立，且处理单元之间需要进行的通信较少，那么采用 MPP 系统更好，反之则不占优势。

对于 SMP 来说，制约其速度的一个关键因素就是共享的总线。因此对于 DSS 程序来说，只能选择 MPP，而不能选择 SMP。当大型程序的处理要求大于共享总线的承载能力时，总线没有能力进行处理，这时 SMP 系统不再适用。当然，两种架构各有优缺点，最理想的情况是能够将两种结合起来取长补短。

### 10.4.2　NUMA 与 MPP 的比较

从架构来看，NUMA 与 MPP 具有许多相似之处。它们都由多个节点组成，每个节点都具有自己的 CPU、内存、I/O，节点之间都可以通过节点互联机制进行信息交互。那么它们的区别在哪里？通过分析图 10-6 所示的 NUMA 和 MPP 服务器的内部架构和工作原理，不难发现它们之间的差异所在。

首先是节点互联机制不同，NUMA 的节点互联机制是在同一个物理服务器内部实现的，当某个 CPU 需要进行远地内存访问时，它必须等待，这也是 NUMA 服务器无法实现 CPU 增加时性能线性扩展的主要原因。而 MPP 的节点互联机制是在不同的 SMP 服务器外部通过 I/O 实现的，每个节点只访问本地内存和存储，节点之间的信息交互与节点自身的处理是并行进行的。因此 MPP 在增加节点时性能基本上可以实现线性扩展。

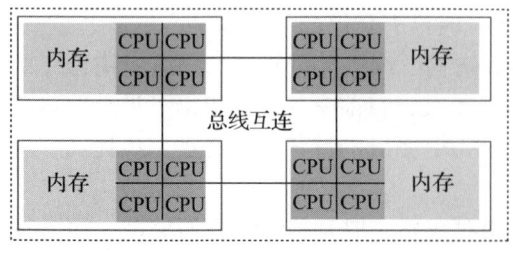 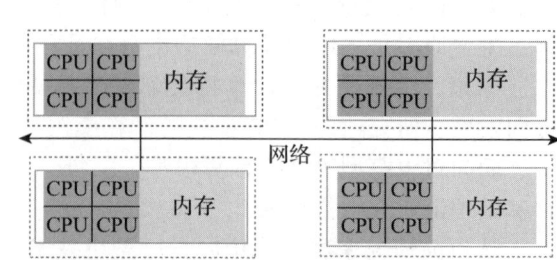

图 10-6　NUMA 和 MPP 架构对比图（图中虚线代表一个物理服务器）

其次是内存访问机制不同。在 NUMA 服务器内部，任何一个 CPU 可以访问整个系统的内存，但远地访问的性能远远低于本地内存访问，因此在开发应用程序时应该尽量避免远地内存访问。在 MPP 服务器中，每个节点只访问本地内存，不存在远地内存访问的问题。

服务器更适应数据仓库环境还是联机事务处理环境？这需要从它们的负载特征入手。众所周知，典型的数据仓库环境具有大量复杂的数据处理和综合分析，要求系统具有很高的 I/O 处理能力，并提供足够的 I/O 带宽。而一个典型的联机事务处理（OLTP）系统则以联机事务处理为主，每个事务所涉及的数据不多，但要求系统具有很高的事务处理能力，能够在单位时间里处理尽量多的事务。显然这两种应用环境的负载特征完全不同。

从 NUMA 架构来看，它可以在一个物理服务器内集成许多 CPU，使系统具有较高的事务处理能力，由于远地内存访问的延迟长于本地内存访问，因此需要尽量减少不同 CPU 模块之间的数据交互。显然，NUMA 架构更适用于联机事务处理环境，当用于数据仓库环境时，大量复杂的数据处理必然导致大量的数据交互，从而使 CPU 的利用率大大降低。

相对而言，MPP 服务器架构的并行处理能力更优越，更适合复杂的数据综合分析与处理环境。当然，它需要借助于支持 MPP 技术的关系型数据库系统来屏蔽节点之间的负载平衡与调度的复杂性。另外，这种并行处理能力也与节点互联网络有很大的关系。显然，适应数据仓库环境的 MPP 服务器，其节点互联网络的 I/O 性能非常突出，能够充分发挥整个系统的性能。

## 总结

本章在对称多处理（SMP）架构和非一致性内存访问（NUMA）架构的基础上，介绍了大规模并行处理（MPP）架构。从 SMP 架构的限制引出了 NUMA 架构，分析了 NUMA 架构存在的问题。然后介绍了 MPP 架构，解释了 MPP 架构的并行优势并介绍了基于 MPP 架构的数据库 Greenplum。最后对 SMP、NUMA 和 MPP 架构进行了比较分析。

## 习题

1. 【单选】下列关于服务器架构的说法中，哪一项是正确的？（  ）
   A. 对称多处理器（SMP）架构在增加处理器数量后，其性能会线性增长，不受内存访问冲突的影响
   B. 非一致性内存访问（NUMA）架构的服务器节点间内存访问延迟是均匀的，因此扩展性优于 SMP 架构
   C. 大规模并行处理（MPP）架构通过节点互联网络连接多个 SMP 服务器，节点间采用无共享方式，适合大规模数据处理和扩展性要求高的场景
   D. 在 OLTP 应用中，由于事务处理相对独立，MPP 架构因其并行处理能力强而比 NUMA 架构更适用
2. 请简要阐述 SMP 架构的特点、局限性及其适用场景，并说明为什么 SMP 服务器在增加 CPU 数量后，其性能提升并不呈线性增长。
3. NUMA 架构是如何解决 SMP 架构扩展性问题的？
4. 请描述 MPP 架构的核心特点及与 NUMA 架构的主要区别，并指出 MPP 架构在哪些应用场景下更为理想。
5. 在 MPP 架构中，如何实现节点间的负载均衡和并行处理？

# 第 11 章 内存计算

内存计算是指在计算过程中让 CPU 从内存读写数据，而不是从磁盘读写数据的计算模型。因为访问内存的时间比访问磁盘的时间少得多，所以内存计算会大幅度提高计算的效率。将数据存储在与应用程序相同的地址空间中是内存计算最大的优势。与磁盘甚至闪存设备不同，内存可以通过引用访问数据执行复杂的数据操作，而不需要任何序列化/反序列化开销。由于新的动态语言类（如 Java、JavaScript、JRuby 和 Scala）的出现，通过网络传递复杂逻辑并在远程设备上执行变得非常容易。

内存计算本身并没有严格的定义，但有几个关键点。第一，数据是放在内存中的，至少是当前计算工作涉及的数据都要放在内存中。第二，内存计算是多线程和多机并行的。第三，内存计算支持多种类型的工作负载，除了常见的基本 SQL 查询之外，还支持数据挖掘、流计算等。

目前，内存计算主要从存储架构（分布式缓存、内存数据库、内存云体系）和计算模型（基于内存的并行处理、算法下移到数据层）两个方面提出解决方案。本章以 SAP HANA 平台为代表来介绍基于内存的存储架构，以 Spark 平台为代表来介绍基于内存的计算模型。

## 11.1 SAP HANA

### 11.1.1 SAP HANA 概述

HANA（High-Performance Analytic Appliance）是由 SAP 开发的一款内置列族数据库的系统平台，狭义上，SAP HANA 指 HANA 内置的数据库管理系统，主要功能是存储和检索数据。广义上，SAP HANA 指的是 HANA 数据库系统和周边功能组成的平台。SAP HANA 除内置数据库以外，还具有高级分析功能（例如预测分析、空间数据处理、文本分析、文本搜索、流分析、图形数据处理）、ETL 功能，并内置了应用程序服务器。SAP 提供了一系列前所未有的新兴企业应用，具备实时分析能力，能够显著优化现有的计划流程、预测流程和定价优化流程。借助 SAP 的内存数据库，可以充分发挥实时数据分析的潜力。

HANA 通过了 IBM、HP、富士通、思科、戴尔等合作伙伴提供的强大企业服务器的认证和交付。这些高度优化的服务器可扩展到更多内核，并由合作伙伴（如 SUSE 和 Red Hat）的 Linux 操作系统管理。HANA 软件针对其所运行的硬件进行了精心优化，并利用了其现代处理内核的并行性和内存架构。HANA 与其他数据库系统完全兼容，并支持 SQL、JDBC、ODBC 等分析数据源接口。这意味着现有的应用程序无须任何修改就可以使用 HANA。另外，HANA 也支持基于 Web 的接口。

SAP HANA 向内存中加载了大量系统数据，实现了数据的高速读写，并且 HANA 定期向硬盘中写入内存数据的快照，以保证数据不丢失。由于数据都载入了内存，所以 HANA 的性能要比将数据存储在硬盘上的数据库的性能高 10～10000 倍。

如图 11-1 所示，SAP HANA 系统由五个组件组成，分别是名称服务器、索引服务器、统计服务器、预处理服务器、XS 引擎。

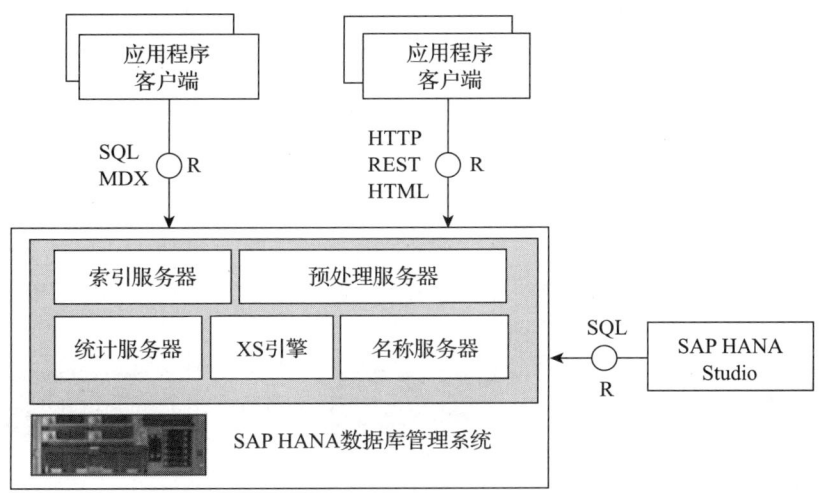

图 11-1　SAP HANA 的组件示意图

- 名称服务器（Name Server）相当于整个 HANA 数据库系统环境中的"通信员"，通过名字服务器可以知道当前 HANA 服务器的部署情况。
- 索引服务器（Index Server）是 HANA 最核心的组件，负责内存管理、事务管理、元数据管理及权限认证、多版本并发控制等众多管理工作。
- 统计服务器（Statistics Server）负责收集所有数据库组件运行的状态、执行效率和资源的消耗状态，还负责监控 HANA Studio 的访问，并且返回不同的提示信息给登录的用户。
- 预处理器服务器（Pre-processor Server）执行预处理相关任务。
- XS 引擎（XS Engine 或 XS Server）可以将持久层的数据模型封装成 HTTP 供外部使用。而且它还具有对发布的服务进行搜索的功能，并且内置一个应用服务器。

下面是一些其他相关的结构。

- MDX：SAP HANA 数据库也提供了 MDX（多维度查询表达式）。目前 SAP HANA 提供的 MDX 的特性能够通过 MS Excel 和其他支持工具来访问和使用。
- REST Service：前面介绍了 XS Server 这一组件，它是一个轻量级的应用服务器，支持客户端程序以 HTTP 的方式来访问 SAP HANA 系统。通过 REST 接口，应用开发人员可以使用 XS Server 将 HANA 内存数据库中的数据和资源以 HTTP 的方式发布。

分布式环境下多台 SAP HANA 服务器节点的协同工作如图 11-2 所示，多台服务器对共享存储中的数据进行并行计算。

## 11.1.2　SAP HANA 的工作原理

HANA 最核心的技术特性可以概括为三点，即内存存储、列式存储、并行计算。

数据库发展初期，由于内存价格昂贵，数据个可能完全放在内存中，但是现代的服务器内存足够大，因此 HANA 以内存为主要存储方式，磁盘存储仅仅是为了确保数据的持久性。由于所有数据都存储在内存中，HANA 在数据查询过程中可以做到零 I/O。但数据全部放在内存中存在一个问题，就是如何保证数据不丢失。HANA 通过使用固态盘加磁盘来保证在断电的情况下数据不会丢失。HANA 的持久层由日志卷（log volume）和数据卷（data volume）组成，执行数据操纵语言（Data Manipulation Language，DML）操作时，HANA 在内存中写入新数据副本的同时，把数据的变更信息写入日志卷。日志卷只记录了数据的变化，真正的数据主体存放在数据卷中，HANA 定期把变化的数据和存量数据合并，并压缩、优化存储结构，最终写入数据卷中。

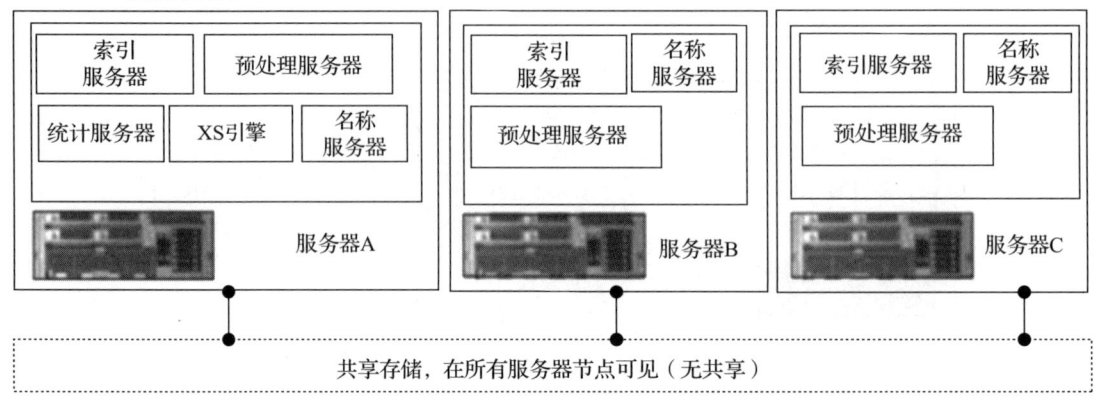

图 11-2　分布式环境下多台 SAP HANA 服务器节点协同示意图

HANA 支持列式存储，是因为列式存储在处理大数据的 OLAP 场景时有着极大的优势，使用时只需要访问必需的列，从而减少不必要的数据访问。列存储的另一个好处是数据压缩，对于 HANA 来说，列存储更适合在内存中实现。OLAP 类型的 DML 操作一般处理大批量的数据，通过合并数据写入以及数据压缩等技术手段，列式存储反而比行式存储更有优势。再者，列式存储便于进行统计分析，因为统计分析通常需要对数值型的列数据进行汇总、求平均值等数学计算，列式存储可通过访问连续地址空间的一列数据快速读取所需要计算的数据，见图 11-3。

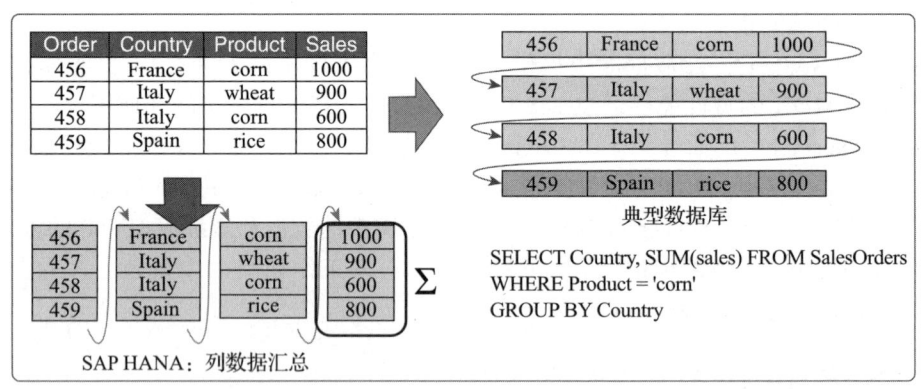

图 11-3　列式存储示意图

处理器已进入多核时代，从最初的双核到现在上百核的 CPU，性能得到显著提升。同时出现了一系列针对特殊计算的 Accelerator，多核和并行大大提高了大数据处理的效率。如图 11-4 所示，HANA 最初就被设计成在每个操作级别上都是大规模并行的，这是它表现出色的主要原因之一。首先 HANA 在第一级分别为多个并发用户和查询分配计算资源；然后，

HANA 优化器创建一个执行计划,以并行化查询中的操作。例如,在用户使用时可支持在不同的处理核上同时扫描两列。HANA 通过对数据进行分区,使这些操作更加并行化,甚至可以跨多个服务器执行。例如,可以将表 A 分为四个独立的并发聚合,最后将四个结果相加。

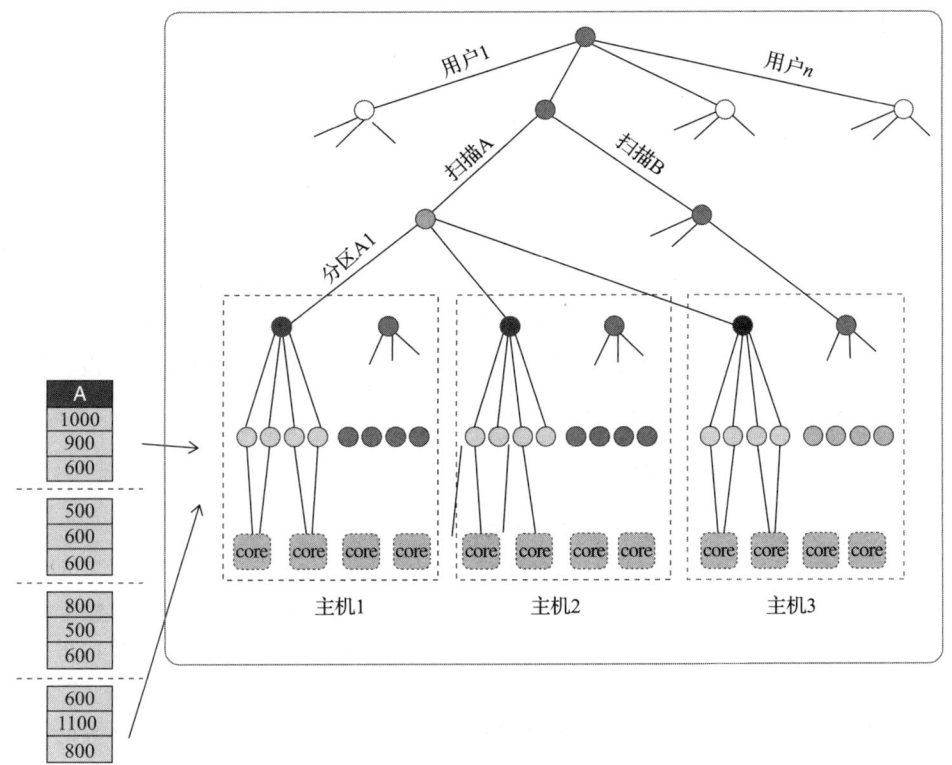

图 11-4　HANA 并行化示意图

HANA 结合了硬件和软件的优势,使内存数据库成为可能,它还包含一些先进的软件技术和特殊方法,包括数据压缩、分区、消除聚合表、增量数据。

(1)数据压缩

由于内存容量通常远小于磁盘存储空间,SAP HANA 采用多种高效压缩技术来优化内存数据库的存储效率,主要包括:

- 字典编码(Dictionary Encoding):为字符型数据属性建立唯一值字典并分配整数编号,在实际存储时仅保留编号而非原始字符串。这种技术的优势在于高压缩率,其典型压缩率可达 5~10 倍。
- 列式存储压缩(Columnar Compression):基于列存储特性应用游程编码(RLE)、差值编码等算法,对低基数列(如性别、状态字段)效果尤为显著。
- 高级压缩技术:这是一种自适应压缩算法,可以根据数据类型自动选择最优策略,并支持压缩数据直接参与计算(无须解压)。使用该技术,内存占用可减少 60%~90%(相比传统的行式存储),查询性能提升 3~5 倍(压缩数据可加速扫描),且有效支持实时分析处理(OLAP)与在线事务处理(OLTP)的混合负载。

(2)分区

对数据库进行分区,可以实现并行化,并提高性能。将数据表划分成多节点可以实现并行处理。

**（3）消除聚合表**

消除聚合表（无须做数据汇总操作）通常是为了数据分析，建立数据仓库，从多个数据源收集相关的表数据，并进行聚合，以便进一步分析。但在 HANA 中，不需要使用聚合表，内存中的聚合就可以快速完成，同时保证动态聚合性能不受影响，避免了聚合表产生的冗余数据对内存空间的消耗。

**（4）增量数据**

为提高访问效率，通常只插入差异化数据（分为主表和差异表，主表是高度压缩的完整数据，支持读操作；差异表只包含少量新增数据，支持写操作，系统会定期将差异表中的数据更新至主表）。

主存储是压缩的（这有利于读取性能），若更改主表代价将比较大。想象一下，若要在压缩文本文件中进行更改，首先需要解压缩进行更改，然后再次压缩。基于其结构特点，数据只能追加到未压缩的增量存储区，因为在那里进行更改操作消耗少得多。合并时将数据从增量移动到主存储，因此只需要偶尔压缩，而不是每次更改都要压缩。设置删除标志是基于行 ID 的，适用于压缩和未压缩的数据。

### 11.1.3 SAP HANA 的优势

HANA 在算法方面实现了从微观到宏观的并行。

宏观层面，HAHA 支持大规模并行处理，通过把数据拆分到不同节点，实现系统的扩展，从而提升性能。在单服务器内部，HANA 使用了 SMP 架构。不同列的数据可以交给不同的 CPU 并行处理，同一列的数据也可以横向拆解分给多个 CPU 内核并行处理，这与现代多核发展的趋势是契合的，在处理大量复杂的数据时，传统数据库往往有大量 CPU 资源闲置以等待 I/O，而 HANA 可以充分利用 CPU。HANA 利用列式存储结构和并行算法，可以在海量数据集上以毫秒级扫描定位分析数据。

微观层面，HANA 利用了单指令多数据流（Single Instruction Multiple Data，SIMD）向量计算指令。SIMD 采用一个控制器控制多个处理器，同时对一组数据中的每个单元分别执行相同的操作，从而实现空间上的并行性。HANA 使用 SIMD，实现了同时处理多条数据，使运算速度有了数十倍的提升。

在不考虑成本和容量因素的前提下，HANA 的性能完全能够满足常规的 OLAP 场景。OLAP 是一种软件技术，可对共享多维信息快速分析。现代 OLAP 系统一般以数据仓库为基础，从数据仓库中抽取详细数据的一个子集，经过必要的聚集存储到 OLAP 存储器中，以供前端分析工具读取。OLAP 的主要特点是模拟用户的多角度思考模式，预先为用户构建多维的数据模型。一旦多维数据模型建立完成，用户可以快速地从各个分析角度获取数据，也能动态地在各个角度之间切换或者进行多角度综合分析，具有极大的分析灵活性。

## 11.2 Spark

### 11.2.1 Spark 的起源

Apache Spark 来源于加利福尼亚大学伯克利分校 AMP 实验室 2009 年的研究项目。当时，Apache Hadoop 是运行在计算机集群上的主要的并行计算引擎，AMP 实验室的研究人员分析了 Hadoop 的优缺点，开始设计更为通用的计算平台。研究人员在设计过程中还与

MapReduce 的用户进行了交流，并确定了两件事。第一，集群计算有着巨大潜力，很多研究组都已经开始使用他们的系统。第二，MapReduce 在构建大型程序方面烦琐且低效，人们需要一个新的计算平台来完成工作。

Spark 团队设计了一个基于函数式编程的 API，它可以简洁地表达多计算步骤的应用程序。Spark 的第一个版本只支持批处理应用程序，在应用过程中，研究人员又发现了 Spark 可以用于交互式数据处理和即席查询。基于此，AMP 实验室又开发了 Shark 系统，允许用户在 Spark 上运行 SQL 查询。Spark 最强大的功能来自软件库，随着新版本的陆续发布，Spark 组合式 API 的核心思想也越来越明确。从 1.0 版本开始，Spark 添加了 Spark SQL（用于处理结构化数据）API，还有一些针对结构化数据的新 API（例如 Data Frame）、机器学习管道和结构化流处理。

Spark 发展如此之快是因为 Spark 在计算层方面明显优于 Hadoop 的 MapReduce 这种磁盘迭代计算。Spark 可以使用内存对数据做计算，而且计算的中间结果也可以缓存在内存中，这为后续的迭代计算节省了时间，大幅度提升了针对海量数据的计算效率。Spark 是一个快速的统一分析引擎（计算框架），用于大规模数据集的处理。Spark 在数据批处理计算方面，计算性能是 Hadoop MapReduce 的 10～100 倍，因为它使用了比较先进的基于 DAG 的任务调度，可以将一个任务拆分成若干个阶段，然后将这些阶段分批次交给集群计算节点处理。

## 11.2.2 Spark 的工作原理

单台计算机没有足够的计算能力和资源处理大量数据，而一个集群将多台计算机组合在一起，能够像使用单台计算机一样使用它们，但是集群内的计算机需要一种协调机制来共同完成一项任务，Spark 就负责管理和协调跨多台计算机的计算任务。

### 1. Spark 的架构和工作原理

如图 11-5 所示，Spark 应用程序由一个驱动器（Driver）进程和一组执行器（Executor）进程组成，驱动器进程位于集群中的一个节点上，它负责维护 Spark 应用程序的相关信息，回应用户的程序或输入，并将分析任务分发给执行器进行处理。驱动器是必不可少的，它是 Spark 应用程序的核心。执行器负责执行驱动器分配给它的任务，并将自身计算状态报告发送给驱动器。Spark 的驱动器和执行器并不是孤立存在的，集群管理器会将二者联系起来，集群管理器负责维护一组运行 Spark 程序的机器，它也拥有自己的驱动器和 Worker 抽象。注意，集群管理器管理的是物理机器而不是进程。

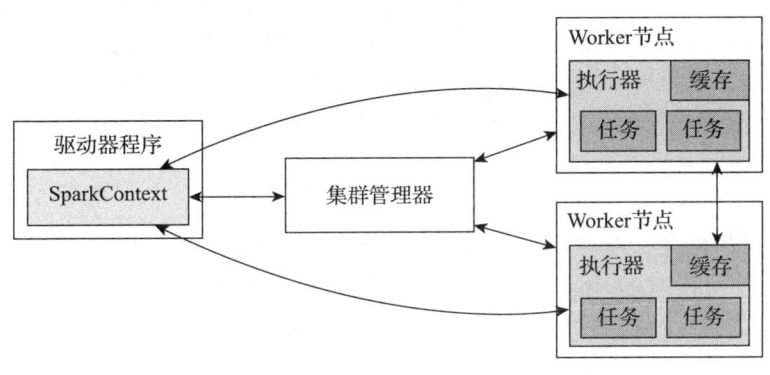

图 11-5　Spark 架构图

当实际运行 Spark 应用程序时，Spark 程序会从集群管理器请求资源，集群管理器会释放一些可用的计算资源。Spark 目前支持三种集群管理器，分别是内置独立集调度器、Apache Mesos 和 Hadoop YARN。

Spark 的计算程序分为 Driver（运行在 Master 节点上，或运行在某一 Worker 节点上）和 Executor（运行在 Worker 节点上）两部分。

Driver 负责把应用程序的计算任务转化成 DAG，Executor 则负责完成 Worker 节点上的计算和数据存储。在每个 Worker 上，Executor 针对分发给它的数据分区再生成任务（Task）线程，完成并行计算。

Spark 各部分及其工作原理如下。

1）Master 是整个集群的控制器，负责整个集群的正常运行。Spark 架构在分布式计算中采用主/从（Master-Slave）模式，Master 是对应集群中包含 Master 进程的节点，Slave 是集群中包含 Worker 进程的节点。

2）Worker 相当于一个计算节点，从主节点接收命令并报告状态。

3）Executor 负责执行任务。

4）Client 作为用户的客户端负责提交应用程序。

5）Driver 程序负责控制一个应用程序的执行。

Spark 集群部署完成后，需要在主节点和从节点上分别启动 Master 和 Worker 进程，以控制整个集群。在 Spark 应用程序的执行过程中，Driver 和 Worker 是两个重要的角色。Driver 程序是应用程序逻辑执行的起点，负责作业调度，即 Task 的分配，使用多个 Worker 管理计算节点，创建 Executor 并行处理任务。在执行阶段，Driver 序列化 Task 和 Task 所依赖的文件，并将它们传输到相应的 Worker 机器。同时，Executor 处理相应数据分区的任务。每个程序都有自己的 Executor/Task，不同的程序相互独立，任务是多线程并行的，集群对 Spark 是透明的，只要 Spark 能够获取相关的节点和进程，Driver 就会与 Executor 保持通信并协同处理。

### 2. RDD

Spark 中最核心的抽象就是 RDD，下面从设计背景、基本概念、执行过程、依赖关系等方面介绍 RDD。

**（1）设计背景**

许多迭代式算法（比如机器学习、图算法等）和交互式数据挖掘工具的共同之处是，不同计算阶段之间会重用中间结果。目前 MapReduce 框架是把中间结果写入 HDFS 中，这带来了大量的数据复制、磁盘 I/O 和序列化开销。RDD 就是为了满足这种需求而出现的，它提供了一个抽象的数据架构，使用者不必担心底层数据的分布式特性，只需将具体的应用逻辑表达为一系列转换处理，不同 RDD 之间的转换操作形成依赖关系，可以实现管道化，避免中间数据存储。

**（2）基本概念**

弹性分布式数据集（Resilient Distributed Dataset，RDD）是分布式内存的一个抽象概念。简单来说，一个 RDD 就是一个分布式对象集合，每个 RDD 可分成多个分区，每个分区就是一个数据集片段，并且一个 RDD 的不同分区可以被保存到集群中不同的节点上，从而可以在集群中的不同节点上进行并行计算。

RDD 提供了一种高度受限的共享内存模型，即本质上 RDD 是只读的记录分区的集合，不能直接修改，只能基于稳定的物理存储中的数据集创建，或者通过在其他 RDD 上执行确定的转换操作（如 map、join 和 group by）而创建。

RDD 提供了一组丰富的操作以支持常见的数据运算，分为"动作"（action）和"转换"（transformation）两种类型。RDD 提供的转换接口都非常简单，都是类似 map、filter、group by、join 等粗粒度的数据转换操作，而不是针对某个数据项的细粒度修改。表面上看 RDD 的功能很受限且不够强大，但实践证明 RDD 可以高效地表达许多框架的编程模型（比如 MapReduce、SQL、Pregel）。

**（3）执行过程**

如图 11-6 和图 11-7 所示，RDD 经过一系列的"转换"操作，每一次都会产生不同的 RDD，供给下一个转换操作使用，最后一个 RDD 经过"动作"操作，输出到外部数据源。这一系列处理称为一个血缘关系（lineage）。由此可见，Spark 通过 RDD 实现了高效容错，当某一部分数据丢失或者出错时，可以通过整个数据集计算流程的血缘关系来快速重建。

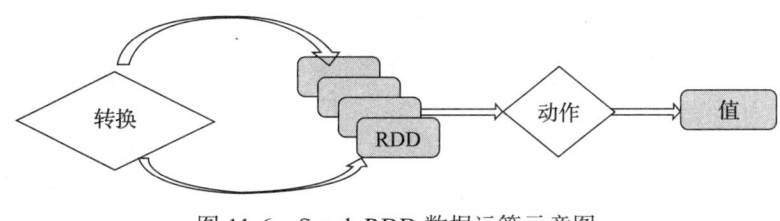

图 11-6　Spark RDD 数据运算示意图

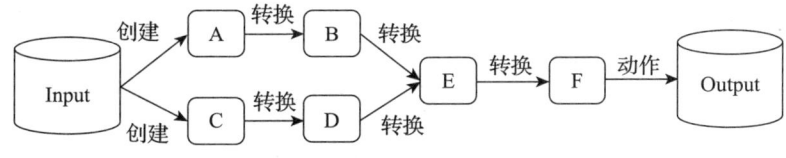

图 11-7　Spark RDD 数据转换示意图

**（4）依赖关系**

RDD 之间的依赖关系有窄依赖和宽依赖两种（见图 11-8）。窄依赖表现为一个父 RDD 的分区对应于一个子 RDD 的分区，或多个父 RDD 的分区对应于一个子 RDD 的分区；宽依赖则表现为一个父 RDD 的一个分区对应于一个子 RDD 的多个分区。由此可以看出，宽依赖操作就像是将父 RDD 中所有分区的记录进行了"洗牌"（Shuffle），数据被打散，然后在子 RDD 中进行重组。

Spark 通过分析各个 RDD 的依赖关系生成了 DAG，再通过分析各个 RDD 中的分区之间的依赖关系来决定如何划分阶段（Stage）以实现管道计算，具体划分方法如下。

- 在 DAG 中进行反向解析，遇到宽依赖就断开。
- 遇到窄依赖就把当前的 RDD 加入阶段中。

将窄依赖尽量划分在同一个阶段中，可以实现管道计算；而由于宽依赖会带来"洗牌"，所以不同的阶段是不能并行计算的，后面阶段的 RDD 的计算需要等待前面阶段的 RDD 的所有分区全部计算完毕以后才能进行。这就类似于在 MapReduce 中，Reduce 阶段的计算必须等待所有 Map 任务完成后才能开始一样。

下面通过图 11-9 的示例具体解释阶段的划分。假设从 HDFS 中读入数据生成三个不同的 RDD（A、C 和 E），通过一系列转换操作后得到新的 RDD (G)，并把结果保存到 HDFS

中。可以看到这个 DAG 中只有 join 操作是宽依赖。Spark 会以此为边界将其前后划分成不同的阶段。同时可以注意到,在阶段 2 中,从 map 到 union 都是窄依赖,这两步操作可以形成一个管道操作。例如,分区 7 通过 map 操作生成的分区 9,可以不用等待分区 8 到分区 10 map 操作的计算结束,而是继续进行 union 操作,得到分区 13,这样管道执行大大提高了计算的效率。

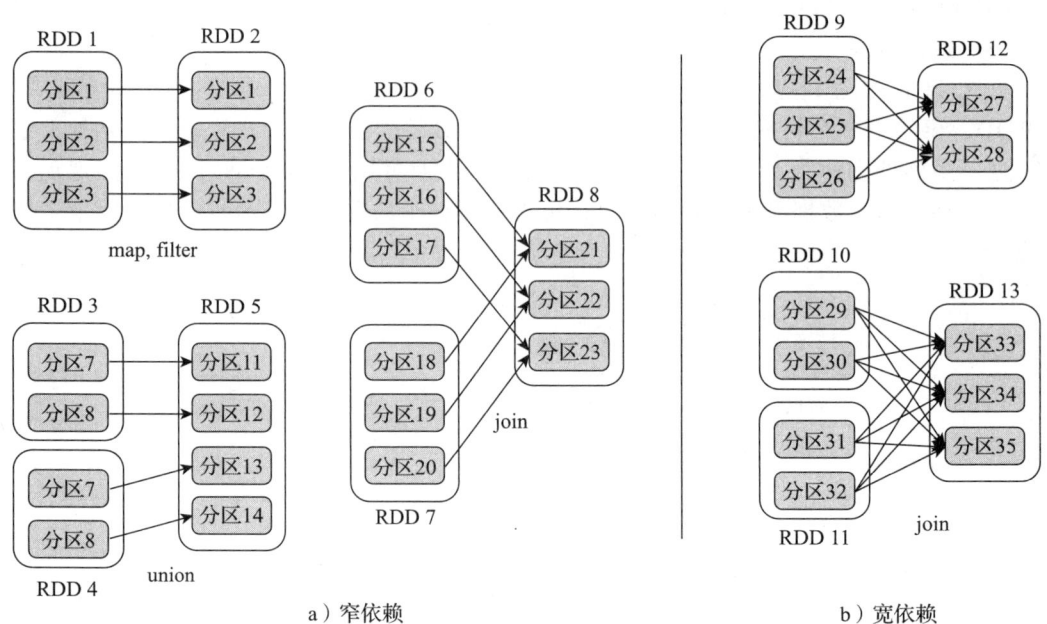

图 11-8　RDD 之间的依赖关系

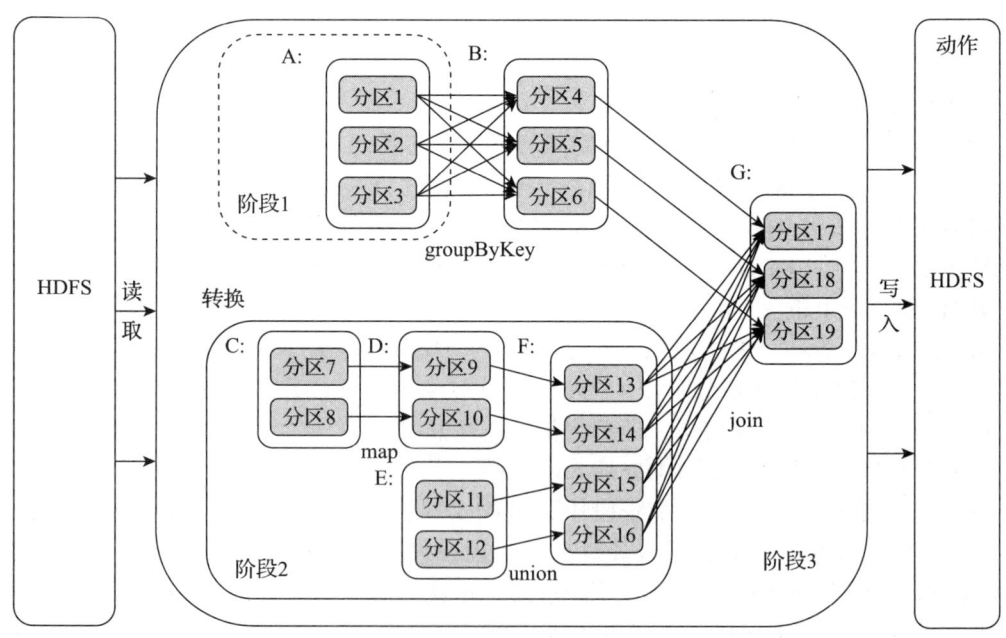

图 11-9　管道操作实例示意图

## 3. Spark 运行的基本工作流程

下面介绍 Spark 运行的基本工作流程，如图 11-10 所示。

1）任何 Spark 应用程序都包含驱动器（Driver）进程和执行器（Executor）进程，Spark 应用程序首先在驱动器中初始化 SparkContext，SparkContext 定义了应用通往集群的唯一路径。

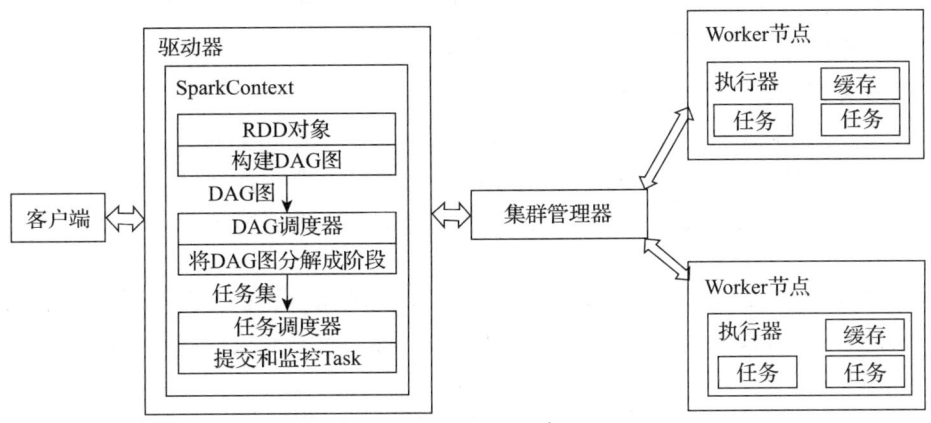

图 11-10　Spark 运行原理示意图

2）SparkContext 初始化完成后，根据 Spark 的相关配置，应用会向集群管理器申请资源，然后在各个 Worker 节点初始化执行器。执行器初始化完成后，驱动器会对 Spark 应用中的 RDD 进行解析，生成 RDD 图。RDD 图描述了 RDD 之间的依赖关系。

3）之后驱动器将会把 RDD 图提交给 DAG 调度器进行解析。DAG 调度器会根据 RDD 的依赖关系将任务解析成一系列的阶段。

4）DAG 调度器将划分好的阶段按照先后顺序发送给底层的任务调度器去执行。任务调度器将会在集群中构建一个任务集管理器实例来管理阶段的生命周期。

5）任务集管理器把相关的计算代码、数据资源文件发送到相应的执行器上，并在相应的执行器启动线程池执行。任务集管理器在执行过程中会使用一些优化算法来提高执行效率。

6）当所有阶段执行完毕后，驱动器的运行过程结束。

### 11.2.3　Spark 的组件

Spark 针对不同的应用场景，例如流处理、机器学习、图计算、数据挖掘等，构建了不同的组件，如图 11-11 所示。

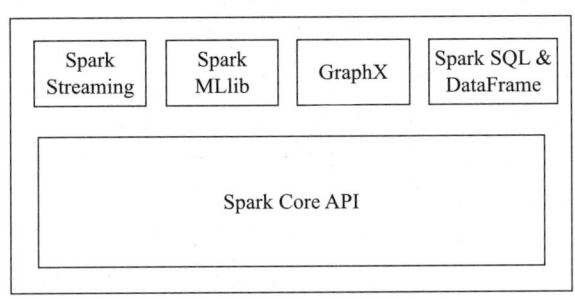

图 11-11　Spark 的应用组件

### 1. Spark Streaming

很多大数据应用都需要支持流处理，程序通过连续不断地更新当前结果可以获得更有价值的信息。在流处理中，输入数据是无穷的，没有预定的开始或结束，应用程序可能会输出多个版本的结果。流处理常用于通知和警报、实时报告、增量 ETL 实时服务、实时决策等。但流处理也面临着一些挑战，例如数据可能是无序的、数据吞吐量过高、负载不平衡和拖延，Spark 的流处理 API 很好地解决了这些问题。

### 2. Spark MLlib

Spark 也广泛应用于机器学习中，它包括几个执行高级分析的核心包和很多扩展包，其中最重要的是 MLlib。MLlib 提供了用于构建机器学习流程的 API，可以收集和清理数据，进行特征工程和特征选择，训练和微调大型监督和无监督机器学习模型，并在生产中使用这些模型。

MLlib 相较于 Python 的 scikit-learn 等机器学习库有着独特的优势。基于单机的执行机器学习任务的工具有很多，但其中一些工具无法训练大数据，或者训练时间很长，当遇到这些扩展性的问题时，MLlib 可以很好地解决。

MLlib 有两个关键的应用场景。如果希望利用 Spark 进行数据预处理和特征生成，来减少大量数据生成训练集和测试集所需的时间，那么可以利用单机学习库对这些给定的数据集进行训练。另外，当输入数据或模型很复杂或者不方便在单机上处理时，可以利用 Spark 来简化分布式机器学习。

### 3. GraphX

Spark 在图处理方面也提供了优秀的方法。GraphX 是一个分布式图处理框架，它基于 Spark 平台提供对图计算和图挖掘简易而丰富的接口，满足了人们对于图处理的需求。图处理最常见的应用场景之一就是社交网络，社交网络中有很多关系链，这些关系链每天都会产生大量数据，其中的图处理大多是分布式的，鲜有单机式的。

### 4. Spark SQL

Spark 中有着最为强大的特性，即 Spark SQL。Spark SQL 可以支持对存储到数据库中的视图或表进行 SQL 查询，还可以通过系统函数或用户定义函数来分析查询计划，从而优化工作负载。Spark SQL 是 Spark 处理结构化数据的模块，其提供了一种新的编程抽象，即 DataFrame。Spark SQL 将 SQL 查询集成到 Spark 的程序中，并且使用统一方式连接到数据源。

Spark SQL 和 Hive 的关系十分密切，在 Spark 流行之前，Hive 曾是支持 SQL 的主流大数据处理工具，Hive 推动 Hadoop 普及到各个行业。随着时代发展，人们对于数据提取转换加载的需求越来越大，Shark 应运而生。Shark 修改了 Hive 的内存管理、物理计划和执行模块，并运行在 Spark 引擎上，使 SQL 查询的速度迅速提升。但是 Shark 对于 Hive 的依赖过多，制约了 Spark 组件的相互集成，于是 Spark SQL 出现了。Spark SQL 采用了内存列存储技术，减少了对内存的损耗。另外它还采用了字节码生成技术，优化了 SQL 表达式。

DataFrame 结构化 API 在 Spark SQL 中发挥了重要的作用，它将 SQL 语句转换成 RDD，然后提交到集群执行，执行效率非常快。与 RDD 类似，DataFrame 也是一个分布式数据容器。然而 DataFrame 更像传统数据库的二维表格，除了数据以外，还记录数据的结构信息，即模式。同时，与 Hive 类似，DataFrame 也支持嵌套数据类型，例如数组、结构体等。从

API 易用性的角度上看，DataFrame API 提供的是一套高层的关系操作，比函数式的 RDD API 更加友好、门槛更低。

### 11.2.4　Spark 的优势

在实际应用型项目中，绝大多数公司都会选择 Spark 技术。Spark 之所以受欢迎，主要因为它具有独特的特点，其具体优势如下。

#### 1．运行速度快

Spark 框架运行速度快主要有三方面的原因：Spark 基于内存计算，速度要比磁盘计算快得多。Spark 程序运行基于线程模型，以线程的方式运行作业远比进程模式运行作业资源开销小。Spark 框架内部有优化器，可以优化作业的执行，提高效率。

#### 2．易用性

Spark 支持 JAVA 等多种开发语言，支持 Scala 的 API，支持多种高级算法，使用户可以快速构建不同的应用。而且 Spark 支持交互式的 Python 和 Scala 的 Shell，可以非常方便地在这些 Shell 中来验证解决问题的方法。

#### 3．支持复杂查询

Spark 支持复杂查询。除了 Map 及 Reduce 操作之外，Spark 支持 SQL 查询、流计算、机器学习和图计算。同时，用户可以在同一个工作流中无缝搭配这些计算范式。

#### 4．实时的流处理

对比 MapReduce 只能处理离线数据，Spark 支持实时流计算。Spark Streaming 主要用来对数据进行实时处理。

#### 5．容错性

Spark 引入了弹性分布式数据集（RDD），它是分布在一组节点中的只读对象集合。即使丢失一部分对象集合，因为对象集合本身是弹性的，Spark 仍可以根据父 RDD 对它们进行计算。另外在对 RDD 进行转换时，可以通过 Checkpoint 方法将数据持久化，从而实现容错。

Spark 的优势还在于数量庞大的资源、工具和社区贡献者。Spark 项目拥有惊人的社区力量，这表明了 Spark 在各方面都有着巨大的优势。很多公司和企业不断加入 Spark 项目，他们为 Spark 提供了很多新的功能，包括官方提供的 Spark 软件包和用户在 Spark 上使用的非官方扩展软件包。Spark 提供的软件包仓库为 Spark Packages。一些高级分析包，例如机器学习、深度学习，使用 Spark 结构化 API 来执行，给用户提供了极大便利。除了这些高级分析包，Spark 还提供了一些解决特定领域问题的软件包，如在医疗方面，ADAM 项目对 Spark Catalyst 引擎做了专门的优化，为基因组处理提供了可扩展的 API 和 CLI。

Spark 官方每年还会在全球多个地区召开峰会，进行 Spark 项目的相关讨论，很多终端用户通过在线参加峰会来了解 Spark 项目的前沿信息。

## 总结

本章从存储架构和计算模型两方面介绍了内存计算。11.1 节以 SAP HANA 为代表介绍了基于内存的存储架构，11.2 节以 Spark 为代表介绍了基于内存的计算模型。

11.1 节从 SAP HANA 概述开始，简单介绍了 SAP HANA 的工作原理和优势。

在性能优化方面，SAP HANA 尽可能利用 x86 架构的特性，全面利用最新的 Intel 指令集。HANA 支持动态编译和完全内存化，确保所有数据都在内存中，即使是数据快照，也使用较昂贵的固态硬盘，可实现快速保存和恢复。在产品方面，HANA 提供多种工具接入，主要以分析为主。如果只将 HANA 当作内存数据库来使用，价值不是很大，还可以将它当作数据分析开发平台来使用，在上面使用很多库。整体来说，HANA 采用了创新技术，从软件和硬件两个方面大幅度提升了大规模数据复杂分析处理效率。

11.2 节介绍了 Spark 的起源、Spark 的架构和工作原理。Spark 在核心机制方面，主要有两个层面：一方面是 RDD，它是 Spark 的基本抽象，是对分布式内存的抽象使用。另一方面，Spark 提供了在 RDD 上面执行的算子。在 Spark 支持算子方面，主要有转换和动作两大类。Spark 存储数据的格式为键值对，这种格式的优点是灵活，从数据挖掘到 SQL 处理都能承载，缺点是比较浪费存储空间。在效率方面，Spark 使用了一些高级语言来构建，导致性能上会有一些损失。另外 11.2 节还介绍了 Spark 的组件和 Spark 的优势。总的来说，Spark 适用于各种各样原先需要多种不同分布式平台的场景，包括批处理、迭代算法、交互式查询、流处理。可以通过统一的框架来支持不同的计算，Spark 可以简单而低耗地把各种处理流程整合在一起。而这样的组合，在实际的数据分析过程中是很有意义的。不仅如此，Spark 的这种特性还大大减轻了原先需要对各种平台分别管理的负担。Spark 提供的接口非常丰富。除了提供基于 Python、Java、Scala 和 SQL 的简单易用的 API 以及内建的丰富的程序库以外，Spark 还能和其他大数据工具密切配合使用。例如，Spark 可以运行在 Hadoop 集群上，访问包括 Cassandra 在内的任意 Hadoop 数据源。

## 习题

1. 【单选】关于内存计算，以下哪种说法是正确的？（　　）
   A. 内存计算仅适用于小规模数据处理
   B. Spark SQL 不支持列式存储
   C. 在 Spark 中，RDD（弹性分布式数据集）的转换操作是不可逆的
   D. SAP HANA 采用内存计算技术，数据存储在内存中，同时也定期将数据写入硬盘以防止数据丢失
2. 【单选】下列哪个组件不是 Spark SQL 的核心组成部分？（　　）
   A. DataFrame　　　B. RDD　　　　C. Driver　　　　D. Name Server
3. 简述 SAP HANA 内存计算平台如何实现数据的高效处理。
4. 假设你正在为一家大型电商公司设计一个实时推荐系统，该系统每日需要处理 PB 级别的点击流数据，并实时生成个性化商品推荐。考虑到数据处理的时效性、计算性能和系统扩展性，请设计一个基于 Apache Spark 的大规模并行处理方案，说明如何利用 Spark 的架构特性来解决这个问题，并阐述你的设计方案如何应对高并发数据流的实时处理和存储需求。

# 第 12 章　数据处理算法

随着计算机技术、网络技术、通信技术的发展，以及各行各业业务操作流程的自动化，企业内累积了大量业务数据，这些数据动辄以 TB 计算。这些数据和由此产生的信息是企业的财富，记录着企业运作的状况。大量的数据迫使人们不断寻找新的工具，来对企业的运营规律进行探索，为商业决策提供有价值的信息，使企业获得利润。能满足企业这一迫切需求的有力工具就是数据处理算法。对于企业而言，对数据进行处理与分析有助于发现业务趋势，预测未知结果。从这个意义上讲，知识是力量，数据则是财富。本章将对数据处理基础和数据处理算法进行介绍。

## 12.1　数据处理基础

数据处理是指对海量数据进行一系列操作，以便存储、分析和解释。数据处理目前有一系列应用，如分类分析、聚类分析、预测分析、偏差分析、关联分析等，这些应用涉及的技术和工具各不相同，但可以依据统一的方法论来实施，本节将对相关理论进行介绍。

### 12.1.1　数据挖掘

数据挖掘是从海量数据中提取隐含在其中的有用信息和知识的过程。各个企业运营支撑系统的海量数据是企业的一笔宝贵财富，谁能正确地挖掘与分析隐含在数据中的信息，谁就能更好地向用户提供产品与服务，从而在竞争中脱颖而出。

### 12.1.2　数据建模的一般流程

数据建模是以业务为驱动，基于数据构建科学模型，并将模型应用于实际来解决问题的过程。这个过程包括定义挖掘目标、数据取样、数据探索、预处理、模式发现、模型构建和模型评估七个方面。需要注意的是，数据建模的一般流程并不以模型构建或者模型落地为终止，而是随着业务不断地循环改进。

#### 1. 定义挖掘目标

针对具体的数据挖掘应用需求，首先要明确本次挖掘的目标是什么，以及系统完成后能达到什么样的效果。因此我们必须分析应用领域，包括应用中的各种知识和应用目标。即了解相关领域的情况，熟悉背景知识，明确用户需求。要想充分发挥数据挖掘的价值，必须对目标有一个清晰明确的定义。否则，很难得到正确的结果。

#### 2. 数据取样

数据采集前首先要考虑以下问题。
- 哪些数据源可用，哪些数据与当前挖掘目标相关？

- 如何保证取样数据的质量?
- 是否在足够范围内有代表性?
- 数据样本取多少合适?
- 如何分类(训练集、验证集、测试集)?

在明确了数据挖掘的目标后,接下来就需要从业务系统中抽取一个与挖掘目标相关的样本数据子集。抽取数据的标准有三个,即相关性、可靠性、最新性。不需要动用全部企业数据,只通过精选数据样本,不仅能减少数据处理量,节省系统资源,而且经过数据筛选后,想要反映的规律性更加突显。

进行数据抽样一定要严把质量关。在任何时候都要重视数据的质量,即使是从一个数据仓库中进行数据抽样,也要对数据质量进行检查。因为数据挖掘是在探索企业运作的内在规律性,若从有误的数据中探索出"规律性",再依此去指导工作,则很可能被误导。若从正在运行着的系统中进行数据抽样,则更要注意数据的完整性和有效性。

衡量抽样数据质量的标准有以下两个。

1)资料完整无缺,各类指标项齐全。

2)数据准确无误,反映的都是正常状态下的水平。

对获取的数据,可再从中抽样。抽样的方式是多种多样的,下面简单介绍几种。

- 随机抽样:在采用随机抽样方式时,数据集中的每一组观测值都有相同的概率被抽样。如按10%的比例对一个数据集进行随机抽样,则每一组观测值都有10%的机会被取到。
- 等距抽样:如按5%的比例对一个有100组观测值的数据集进行等距抽样,则有100/5=20,等距抽样方式是取第20、40、60、80和100五组观测值。
- 分层抽样:在分层抽样操作中,首先将样本总体分成若干层次(或者说分成若干个子集)。在每个层次中的观测值都具有相同的概率被选用,但对不同的层次可设定不同的概率。这样的抽样结果可能具有更好的代表性,进而使模型具有更好的拟合精度。
- 从起始顺序抽样:从输入数据集的起始处开始抽样。抽样的数量可以设定一个百分比,或者直接给定选取观测值的组数。
- 分类抽样:在上述几种抽样方式中,分类抽样的单位是一类观测值。而这里的分类是按观测值的某种属性进行区分,如按客户名称分类、按地址区域分类等。显然在同一类中可能会有多组观测值。分类抽样的选取方式就是前面所述的几种方式,只是抽样以类为单位。

### 3. 数据探索

前文所叙述的数据抽样,通常是带着人们对如何达到数据挖掘目的的先验认识进行操作的。在获取一个样本数据集后,我们要考虑:它是否达到我们原来设想的要求?其中是否存在明显的规律和趋势?是否出现从未设想过的数据状态?因素之间有什么相关性?它们可区分成怎样的类别?……这些都是要首先探索的内容。

这里的数据探索,就是我们通常进行的深入调查的过程,旨在明确多因素相互影响的复杂关系。但是,这种复杂的关系不可能一下子建立起来。一开始,可以先观察众多因素之间的相关性,再按其相关程度,了解它们之间相互作用的情况。这些探索和分析并没有固定的操作规律，因此要耐心地反复试探，仔细观察。在此过程中，专业技术知识非常有用，它会帮助我们进行有效的观察。但是要注意的是，不要让专业知识束缚了对数据特征观察的敏锐性。可能在实际中存在先验知识认为关系不存在的情况，假如数据是真实可靠的，不要轻易地否定数据呈现出的新关系，很可能这就是发现的新知识。有了新的发现，也许在后续分析中，引导我们得出更加符合实际的规律性知识。假如在操作中出现了这种情况，可以说数据挖掘已挖到了有效的矿脉。

对所抽取的样本数据进行探索、审核和必要的加工处理，是保证预测质量的必要条件。可以说预测的质量不会超过抽取样本的质量。数据探索和预处理的目的是保证样本数据的质量，从而为保证预测质量打下基础。

数据探索主要包括异常值分析、缺失值分析、相关分析、周期性分析、样本交叉验证等。

**4．预处理**

当抽样数据维度过大时，如何进行降维处理，采集数据中的缺失值如何处理等，都是数据预处理要解决的问题。

由于抽样数据中常常包含许多含有噪声、不完整，甚至是不一致的数据，显然要对数据挖掘所涉及的数据对象进行预处理。那么如何对数据进行预处理以改善数据质量，并最终达到完善数据挖掘结果的目的呢？

数据预处理主要包括以下内容。

**（1）数据筛选**

通过数据筛选可从观测值样本中筛选掉不希望包含的观测值。对于离散变量，可给定某一类的类值，说明此类观测值需要排除于抽样范围之外。对于连续变量，可指定其值大于或小于某值，这些观测值需要排除于抽样范围之外。

**（2）数据变量转换**

将某一个数据进行某种转换操作，然后将转换后的值作为新的变量存放在样本数据中。转换的目的是将数据和将来要建立的模型拟合得更好。例如，将原来的非线性模型线性化、加强变量的稳定性等。数据变量可进行取幂、对数、开方等转换。当然，也可给定一个公式进行转换。

**（3）缺失值处理**

数据缺失在许多研究领域都是一个复杂的问题。对数据挖掘来说，空值的存在会造成以下影响。

- 系统丢失了大量的有用信息。
- 系统中所表现出的不确定性更加显著，系统中蕴含的确定性成分更难把握。
- 包含空值的数据会使挖掘过程陷入混乱，导致不可靠的输出。

数据挖掘算法本身致力于避免数据过拟合所建的模型，这一特性使得它难以通过自身的算法来很好地处理不完整数据。因此，空缺的数据需要通过专门的方法进行推导、填充等，以减少数据挖掘算法与实际应用之间的差距。

**（4）坏数据处理**

如果抽取数据中存在坏数据（脏数据），则需要对坏数据进行预处理。通常的做法是采用绝对均值法或莱因达法等对样本中的坏数据进行剔除。

### (5) 数据标准化

数据标准化的目的是消除变量间的量纲关系，从而使数据具有可比性。比如一个百分制的变量与一个 5 分制的变量如何进行比较？只有通过数据标准化，把它们标准化到同一个标准时才具有可比性，一般标准化采用的是 Z 标准化，即均值为 0，方差为 1。当然也有其他标准化，比如 0-1 标准化等，可根据具体研究目的进行选择。

### (6) 主成分分析

主成分分析（PCA）是指用较少的综合指标来代替元素较多的指标，而这些较少的综合指标既能尽可能地反映原来较多指标的有用信息，又相互之间独立。

PCA 运算是一种确定坐标系统的正交变换，在这个新的坐标系统下，变换数据点的方差沿新的坐标轴得到了最大化。这些坐标轴通常被称为主成分。PCA 运算是一个利用数据集的统计性质的特征空间变换，这种变换在无损或很少损失数据集的信息的情况下降低了数据集的维数。

### (7) 属性选择

属性选择是数据预处理的一部分，因采集的数据中的每一个属性对于整个数据挖掘结果的作用不是完全对等的。一些属性对结果的影响占主导地位，一些属性对结果的影响不大，甚至没有影响。采用相应的算法，对数据的属性值进行评估，如去掉某个属性后对挖掘结果无影响，可以减少后续挖掘算法的运行时间，同时也能有效地去除数据中含有的噪声数据。

如果建模数据集的维度较高，或输入属性与输出属性的相关性不明确时，对其进行属性选择是必要的步骤。综合考虑应用实现的复杂性，可使用标准属性选择方法，用一个评估标准对属性的有用性进行度量，并选择其最有用的一部分属性作为下一部分算法的输入。为了确定属性选择的标准，可选用多种方法进行属性评估，选出 5~10 个不同的属性，然后对于处理后的数据集进行测试，综合评估维度归约前后的预测模型的性能及效果。

属性选择用于对属性进行筛选，搜索数据集中全部属性的所有可能组合，找出预测效果最好的那一组属性，此步骤一般在预处理阶段进行。为实现这一目标，必须设定属性评估器和搜索策略。属性评估器是对属性/属性子集进行评估确定，决定如何给一组属性安排一个表示它们好坏的值。搜索策略确定搜索算法，决定如何进行搜索。

### (8) 数据归约

把繁杂的样本数据进行数据归约，简化以后存储在数据表中，以避免数据不一致。

## 5. 模式发现

样本抽取完成并经预处理后，接下来要考虑的问题是，本次建模属于数据挖掘应用中的哪类问题（分类、聚类、关联规则或者时序模式），选用哪种算法进行模型构建？

模型构建的前提是在样本数据集中发现模式，比如关联规则、分类预测、聚类分析、时序模式等。在目标进一步明确的基础上，我们可以按照问题的具体要求来重新审视已经采集的数据，看它是否适合挖掘目标的需要。

针对挖掘目标的需要可能要对数据进行增值处理，也可能按照对整个数据挖掘过程的新认识，组合或者生成一些新的变量，以体现对状态的有效的描述。

在挖掘目标进一步明确、数据结构和内容进一步调整的基础上，下一步数据挖掘应采用的技术手段就更加清晰、明确了。

### 6. 模型构建

确定了本次建模所属的数据挖掘应用问题（分类、聚类、关联规则或者时序模式）后，还需考虑具体应该采用什么算法，实施步骤是什么。

这一步是数据挖掘工作的核心环节。模型构建是对抽样数据轨迹的概括，它反映的是抽样数据内部结构的一般特征，并与该抽样数据的具体结构基本吻合。对于预测模型（包括分类与回归模型、时序预测模型）来说，模型的具体化就是预测公式，该公式可以产生与观察值有相似结构的输出，即预测值。预测模型是多种多样的，可以适用于不同结构的样本数据，因此，正确选择预测模型在数据挖掘过程中是关键的一步。有时由于模型选择不当，会造成预测误差过大，这就需要改换模型。必要时，可同时采用几种预测模型进行运算以便对比、选择。对构建模型来说，最重要的就是它是一个反复的过程，需要仔细考察不同的模型以判断哪个模型对问题最有用。

预测模型的构建通常包括模型建立、模型训练、模型验证和模型预测四个步骤，但根据不同的数据挖掘应用会有细微的变化。

### 7. 模型评估

模型评估的目的是什么？如何评估模型的效果？通过什么评估指标来衡量？从前面的模型构建过程中会得出一系列的分析结果、模式或模型。同一个抽样数据可以利用多种数据分析方法和模型进行分析，模型评估的目的之一就是从这些模型中自动找到一个最好的模型，另外就是要针对业务对模型进行解释和应用。

模型效果评估通常分两步。第一步是直接使用原来建立模型的样本数据来进行检验。假如这一步不通过，那么所建立的决策信息的价值不大。一般来说，在这一步应得到较好的评价，这说明确实从这批数据样本中挖掘出了符合实际的规律。第一步通过后，第二步是另外找一批反映客观实际的、规律性的数据。这一步的检验效果可能会比前一步差，若是差到不能容忍，那就要考虑第一步构建的样本数据是否具有充分的代表性，或是模型本身是否足够完善。这时可能要对前面的工作进行反思。若这一步也得到了肯定的结果，那所建立的数据挖掘模型应得到很好的评价。

注意，对预测模型和聚类模型的评估方法不同，接下来将在 12.1.3 节具体阐述。

## 12.1.3 数据建模方法的评估

### 1. 预测模型评估

预测模型对训练集进行预测得到的准确率并不能很好地反映分类模型未来的性能，为了预测一个分类模型在新数据上的性能表现，需要一组没有参与分类模型建立的数据集，并在该数据集上评估分类器的准确率，这组独立的数据集叫作测试集。这是一种基于验证的评估方法，常用的方法有保持法、随机二次抽样、自助法、交叉验证等。

模型预测效果通常用绝对误差与相对误差、平均绝对误差、均方误差、均方根误差等指标来衡量。

1）绝对误差与相对误差：设 $Y$ 表示实际值，$\hat{Y}$ 表示预测值，则称 $E$ 为绝对误差（absolute error），公式如下：

$$E = Y - \hat{Y} \tag{12-1}$$

称 $e$ 为相对误差（relative error），公式如下：

$$e = \frac{Y - \hat{Y}}{Y} \tag{12-2}$$

有时相对误差也用百分数表示，如下式所示：

$$e = \frac{Y - \hat{Y}}{Y} \times 100\% \tag{12-3}$$

这是一种直观的误差表示方法。

2）平均绝对误差：平均绝对误差（Mean Absolute Error，MAE）定义如下：

$$\text{MAE} = \frac{1}{n}\sum_{i=1}^{n}|E_i| = \frac{1}{n}\sum_{i=1}^{n}|Y_i - \hat{Y}_i| \tag{12-4}$$

其中，MAE 表示平均绝对误差；$E_i$ 为第 $i$ 个实际值与预测值的绝对误差；$Y_i$ 为第 $i$ 个实际值；$\hat{Y}_i$ 为第 $i$ 个预测值。

由于预测误差有正有负，为了避免正负抵消，故对误差的绝对值求和并取其平均数，这是误差分析的综合指标之一。

3）均方误差：均方误差（Mean Square Error，MSE）定义如下：

$$\text{MSE} = \frac{1}{n}\sum_{i=1}^{n}E_i^2 = \frac{1}{n}\sum_{i=1}^{n}(Y_i - \hat{Y}_i)^2 \tag{12-5}$$

均方误差是预测误差平方和的平均数，它避免了正负误差相互抵消的问题。由于对误差 $E$ 进行了平方，加强了数值大的误差在指标中的作用，从而提高了该指标的灵敏性，这是均方误差的一大优点。均方误差是误差分析的综合指标之一。

4）均方根误差：均方根误差（Root Mean Square Error，RMSE）定义如下：

$$\text{RMSE} = \sqrt{\frac{1}{n}\sum_{i=1}^{n}E_i^2} = \sqrt{\frac{1}{n}\sum_{i=1}^{n}(Y_i - \hat{Y}_i)^2} \tag{12-6}$$

这是均方误差的平方根，代表了预测值的离散程度，也称为标准误差，在最佳拟合情况下 RMSE=0。均方根误差也是误差分析的综合指标之一。

5）准确度：准确度（Accuracy）定义如下：

$$\text{Accuracy} = \frac{\text{TP} + \text{TN}}{\text{TP} + \text{TN} + \text{FP} + \text{FN}} \times 100\% \tag{12-7}$$

6）精确率：精确率（Precision）定义如下：

$$\text{Precision} = \frac{\text{TP}}{\text{TP} + \text{FP}} \times 100\% \tag{12-8}$$

7）召回率：召回率（Recall）定义如式（12-9）所示：

$$\text{Recall} = \frac{\text{TP}}{\text{TP} + \text{FN}} \times 100\% \tag{12-9}$$

式中各项说明如下。

TP（True Positive）：表示正确肯定的分类数；

TN（True Negative）：表示正确否定的分类数；

FP（False Positive）：表示错误肯定的分类数；

FN（False Negative）：表示错误否定的分类数。

8）ROC 曲线：受试者工作特性（Receiver Operating Characteristic，ROC）曲线是一种非常有效的模型评估方法，可为选定临界值给出定量提示。将灵敏度（Sensitivity）设在纵轴，1−特异性（Specificity）设在横轴，就可得出 ROC 曲线图。该曲线下的积分面积的大小与每种方法优劣密切相关，其反映了分类器正确分类的统计概率，其值越接近 1 说明该算法效果越好。

**2. 聚类模型评估**

聚类效果可以通过向量数据之间的相似度来衡量，向量数据之间的相似度定义为两个向量之间的距离（实时向量数据与簇中心向量数据），距离越近则相似度越大，即该实时向量数据归为某个簇。常用的相似度计算方法有欧几里得距离法、皮尔逊相关系数法、Cosine 相似度和 Tanimoto 系数法。

欧几里得距离计算如下：

$$dist(x,y) = \sqrt{\sum_{i=1}^{n}(x_i-y_i)^2} \quad (12\text{-}10)$$

其中，$dist(x,y)$ 表示实时向量与簇中心向量的距离；$x_i$ 为第 $i$ 个实时向量；$y_i$ 为第 $i$ 个簇中心向量。

### 12.1.4  常见数据分类任务及其表征手段

**1. 线性回归**

回归是监督学习中的一个重要问题，用于预测输入变量和输出变量之间的关系。特别是，当输入变量的值发生变化时，输出变量的值也随之发生变化。回归模型表示从输入变量到输出变量之间映射的函数，其目的是预测数组型的目标值。

在线性回归中，根据已知的数据集，通过梯度下降法来训练线性回归模型的参数 $w$，从而用线性回归模型来预测数据的未知类别。线性回归中常用均方误差来作为损失函数。

**2. logistic 回归（二分类）**

logistic 回归与线性回归都是一种广义线性模型（Generalized Linear Model，GLM）。具体来说，它们都是从指数分布族导出的线性模型。线性回归假设 $Y|X$ 服从高斯分布，logistic 回归假设 $Y|X$ 服从伯努利分布。可以说，logistic 回归是以线性回归为理论支持的，但是 logistic 回归通过 Sigmoid 函数引入了非线性因素，因此可以轻松处理 0-1 分类问题。

logistic 回归中常使用交叉熵作为损失函数。交叉熵是信息论中的一个重要概念，主要用于度量两个概率分布间的差异性。交叉熵损失函数公式如下：

$$L = -[y\log\hat{y}+(1-y)\log(1-\hat{y})] \quad (12\text{-}11)$$

当 $y=1$ 时，$L=-\log\hat{y}$。此时 $L$ 与预测输出的关系如图 12-1 所示。

由图 12-1 可以看出，横坐标表示预测输出，纵坐标表示交叉熵损失函数 $L$。显然当 $y=1$ 时，预测输出越接近真实样本，损失函数值就越小，函数的变化确实符合实际情况。

当 $y=0$ 时，$L=-\log(1-\hat{y})$。此时 $L$ 与预测输出的关系如图 12-2 所示。

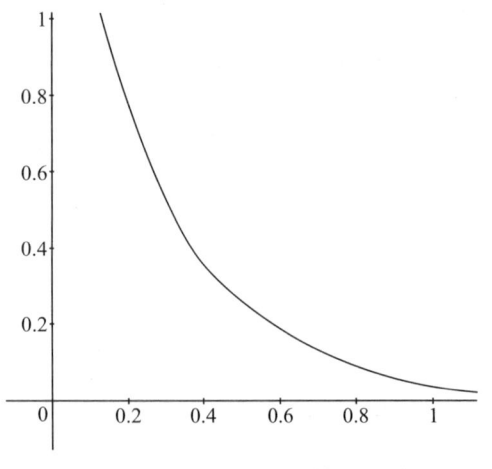

图 12-1　y=1 时 L 与预测输出的关系

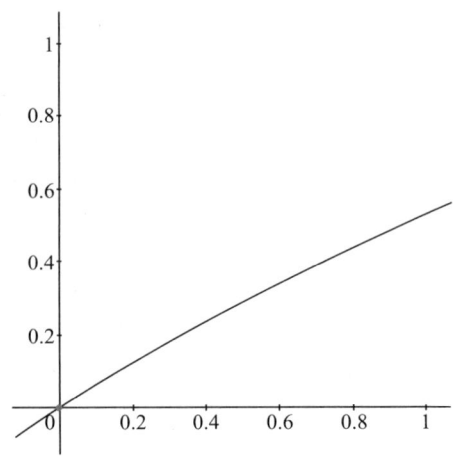

图 12-2　y=0 时 L 与预测输出的关系

对图 12-1 和图 12-2 进行观察,可以对交叉熵损失函数有更直观的理解,即无论真实样本标签 $y$ 是 0 还是 1,L 都表征了预测输出与 $y$ 的差距。此外,从图中我们还可以发现,预测输出与 $y$ 的差值越大,L 则越大,这意味着对当前模型的"惩罚"越大。这种惩罚不是呈线性增长,而是以一种类似指数增长的级别增长。这一特性由对数函数本身的特性所决定。这样做的好处是模型会倾向于让预测输出更接近真实样本标签 $y$。

交叉熵能够衡量同一个随机变量中的两个不同概率分布的差异程度,在机器学习中表示为真实概率分布与预测概率分布之间的差异。交叉熵的值越小,模型预测效果就越好。

交叉熵在分类问题中常与 Softmax 函数结合使用,Softmax 将输出的结果进行处理,使其多个分类的预测值之和为 1,再通过交叉熵来计算损失。交叉熵可在神经网络中作为损失函数,如果 $p$ 表示真实标记的分布,$q$ 为训练后的模型的预测标记分布,则交叉熵损失函数可以衡量 $p$ 与 $q$ 的相似性。交叉熵作为损失函数的优势之一是,使用 Sigmoid 函数可在梯度下降时避免均方误差损失函数学习率降低的问题,因为学习率可以被输出的误差控制。

### 3. 反向传播分类(多分类)

反向传播是一种神经网络学习算法。神经网络最早是由心理学家和神经学家提出的,旨在开发和测试神经的计算模拟。粗略地说,神经网络是一组连接的输入/输出单元,其中每个连接都与一个权重相关联。在学习阶段,通过调整神经网络的权重,能够预测输入样本的正确类标签。由于单元之间的连接,神经网络学习又称为连接者学习。

神经网络需要很长的训练时间,因而对于有足够长训练时间的应用更合适。它需要大量的参数,这些参数通常靠经验确定,如网络拓扑。由于人们很难解释蕴含在学习权重之中的符号含义,神经网络常常因其可解释性差而受到批评。这些特点使得神经网络在数据挖掘的初期并不被看好。

然而,神经网络的优点包括其对噪声数据的高承受能力,以及它对未经训练的数据的分类能力。并且最近提出了一些由训练过的神经网络提取规则的算法。这些因素推动了神经网络在数据挖掘分类方面的应用。

反向传播通过迭代处理训练样本,将每个样本的网络预测与实际类标签进行比较,进行学习。对于每个训练样本,修改其权重,使得网络预测和实际类标签之间的均方误差(MSE)最小。该算法同样将均方误差作为评估的损失函数。

## 12.2 机器学习方法

机器学习是研究如何使用计算机模拟或实现人类学习活动的科学，是人工智能中最具智能特征的前沿研究领域之一。机器学习不仅在基于知识的系统中得到应用，而且在自然语言理解、非单调推理、机器视觉、模式识别等领域也得到了广泛应用。一个系统是否具有学习能力已成为是否具有"智能"的一个标志。机器学习的研究主要分为两类，第一类是传统机器学习的研究，该类研究主要是研究学习机制，注重探索模拟人的学习机制；第二类是大数据环境下机器学习的研究，该类研究主要是研究如何有效利用信息，注重从巨量数据中获取隐藏的、有效的、可理解的知识。

传统机器学习的研究方向主要包括决策树、随机森林、人工神经网络、贝叶斯学习等方面。本节将介绍机器学习的一般步骤以及部分传统机器学习方法。

### 12.2.1 机器学习的一般步骤

机器学习是从有限的观测数据中学习（或者猜测）到具有一般性的规律，并运用这些规律对未知数据进行预测机器学习的主要步骤如图 12-3 所示，对原始数据进行数据预处理后，从中进行特征提取，然后把提取的特征转换为模型可用的形式，根据数据和任务选择合适的模型并进行训练，对训练的模型进行评估，再用训练好的模型进行预测，最后输出预测结果。

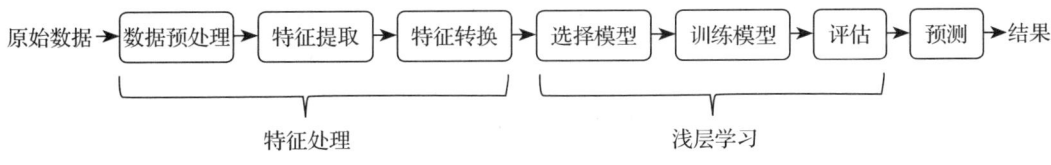

图 12-3 机器学习基本流程示意图

机器学习是从数据中进行学习的方法，所以首先针对想要解决的问题进行数据采集。数据采集主要有两种途径，一种是自己采集，另一种是从网上找公开的数据集。数据采集完成后，我们就得到了原始数据。

由于原始数据繁多，我们需要从原始数据中提取出与想要解决的问题相关的数据作为特征（在一些深度学习方法中可以自动从数据中提取特征，但是传统机器学习方法往往需要手工提取特征，这称为特征工程）。比如敲击声、颜色光泽、纹路清晰度等可以作为判断西瓜是否成熟的特征，但是像西瓜的形状等或许与其是否成熟无关，则不能作为特征。

模型、学习准则与优化算法是机器学习的三大要素。

模型的作用是根据输入的特征得到输出结果（针对具体的问题），也可以将模型理解为函数。不同的机器学习模型实质上是不同的待选择函数簇，当模型的类型确定后，函数的大体框架就确定了，接下来就是对函数中的参数学习。所以机器学习的本质就是在由不同的参数所决定的函数中，选出最好的那个，即优化问题。

学习准则的作用是针对想要解决的问题，评估某个模型的好坏程度。在监督学习中，一般衡量模型的输出与数据集中的真实值的差异，差异越小，通常代表模型越好。

优化算法的作用是对选出最优模型这个优化问题进行求解。

以上三大要素确定好后，将数据集代入其中，即可训练出一个当前数据集的最优模型。

模型训练完毕后即可使用，将待预测的特征自变量输入模型，即可得到预测的结果。

## 12.2.2 传统 SVM 方法

支持向量机（Support Vector Machine, SVM）是一个监督学习模型，用于对线性和非线性数据进行分类。它是数据挖掘算法中最鲁棒、最准确的方法之一。SVM 使用一种非线性映射，把原训练数据映射到较高的维度上，在新的维度上搜索最佳分离超平面，即将一个类的元组与其他类分离的决策边界。其基本模型定义为特征空间中间隔最大的线性分类器，学习策略是使间隔最大化，最终转化为凸二次规划问题的求解。

SVM 使用支持向量（基本训练元组）和间隔（由支持向量定义）找到该超平面。分离超平面可记为如下公式：

$$\boldsymbol{W} \cdot \boldsymbol{X} + b = 0 \tag{12-12}$$

其中，$\boldsymbol{W}$ 为权重向量，$\boldsymbol{W} = \{w_1, w_2, \cdots, w_n\}$；$n$ 为属性数；$b$ 为标量，即偏移量。

调整权重使定义间隔两侧的超平面分别记为式（12-13）和式（12-14）：

$$H_1: \boldsymbol{W} \cdot \boldsymbol{X} + b = 1 \tag{12-13}$$

$$H_2: \boldsymbol{W} \cdot \boldsymbol{X} + b = -1 \tag{12-14}$$

然后使用如下方法求最大间隔。

从分离超平面 $\boldsymbol{W} \cdot \boldsymbol{X} + b = 0$ 到 $H_1$ 上任意点的距离为 $\frac{1}{\|\boldsymbol{W}\|}$，欧几里得范数 $\|\boldsymbol{W}\| = \sqrt{\boldsymbol{W} \cdot \boldsymbol{W}^\mathrm{T}} = \sqrt{w_1^2 + w_2^2 + \cdots + w_n^2}$，因此最大间隔为 $\rho = \frac{2}{\|\boldsymbol{W}\|}$。

当数据点 $(\boldsymbol{x}_i, y_i)$ 满足式（12-15）和式（12-16）时，它们就是距离最优超平面最近的数据点，即支持向量：

$$\boldsymbol{W}\boldsymbol{x}_i + b \geqslant 1, \quad y_i = 1 \tag{12-15}$$

$$\boldsymbol{W}\boldsymbol{x}_i + b \leqslant -1, \quad y_i = -1 \tag{12-16}$$

为了找到最大间隔超平面，要用 $\boldsymbol{W}$ 和 $b$ 最大化 $\rho$。

$$\max_{\boldsymbol{W}, b} \frac{2}{\|\boldsymbol{W}\|} \quad \text{s.t.} \quad y_i(\boldsymbol{W}\boldsymbol{x}_i + b) \geqslant 1, \quad i = 1, 2, \cdots, n \tag{12-17}$$

等价于

$$\min_{\boldsymbol{W}, b} \frac{1}{2} \|\boldsymbol{W}\|^2 \quad \text{s.t.} \quad y_i(\boldsymbol{W}\boldsymbol{x}_i + b) \geqslant 1, \quad i = 1, 2, \cdots, n \tag{12-18}$$

引入拉格朗日乘子 $\alpha$，构造拉格朗日函数

$$L = \frac{1}{2} \|\boldsymbol{W}\|^2 - \sum_{i=1}^{n} \alpha_i [y_i(\boldsymbol{W}\boldsymbol{x}_i + b) - 1]$$

对 $\boldsymbol{W}$ 和 $b$ 分别求偏导并置 0，得出

$$\boldsymbol{W} = \sum_{i=1}^{n} \alpha_i y_i \boldsymbol{x}_i \qquad \sum_{i=1}^{n} \alpha_i y_i = 0 \tag{12-19}$$

代入得到相应的对偶问题

$$\max_{\alpha} \sum_{i=1}^{n} \alpha_i - \frac{1}{2} \sum_{i=1}^{n} \sum_{j=1}^{n} \alpha_i \alpha_j y_i y_j x_i^T x_j \quad (12\text{-}20)$$

$$\text{s.t.} \quad \sum_{i=1}^{n} \alpha_i y_i = 0, \ \alpha_i \geq 0, \ i=1,2,\cdots,n$$

当且仅当支持向量对应的 $\alpha$ 非 0，其他的 $\alpha$ 都为 0。确定最优拉格朗日乘子 $\alpha_i$ 后，计算最优权值向量 $\boldsymbol{W}^* = \sum_{i=1}^{n} \alpha_i^* y_i \boldsymbol{x}_i$，然后用一个正的支持向量 $\boldsymbol{x}_s$，即可算出最优偏差

$$b^* = 1 - \boldsymbol{W}^* \boldsymbol{x}_s, \ \text{当} \ y_s = +1 \quad (12\text{-}21)$$

即得最优超平面 $\boldsymbol{W} \cdot \boldsymbol{X} + b = 0$。

SVM 具有以下优点：

1）泛化能力优秀，对复杂的非线性边界有较强的建模能力，架构化风险小，准确度高，可以用于数值预测和分类。

2）在小样本训练集上能得到比其他算法好很多的结果。

3）算法最终将转化成一个二次最优问题，理论上得到的是全局最优点。

4）将实际问题通过非线性变换转换到了高维空间，在高维空间中构造线性判别函数来实现原空间中的非线性判别函数，巧妙地解决了维数问题，且算法复杂度与样本维数无关。

下面用一个例子来说明 SVM。

表 12-1 给出一个二维数据集，其中包含 8 个训练实例。这个数据集表示两种植物细胞的相关信息，$x_1$ 表示归一化后的植物细胞的最大直径，$x_2$ 表示归一化后的植物细胞的细胞壁厚度，$y$ 表示具体的植物细胞类型。使用二次规划方法，可以得到每个训练实例的拉格朗日乘子，见表 12-1 的最后一列。

表 12-1 二维数据集

| $x_1$ | $x_2$ | $y$ | 拉格朗日乘子 |
| --- | --- | --- | --- |
| 0.3858 | 0.4687 | 1 | 65.5261 |
| 0.4871 | 0.611 | −1 | 65.5261 |
| 0.9218 | 0.4103 | −1 | 0 |
| 0.7382 | 0.8936 | −1 | 0 |
| 0.1763 | 0.0579 | 1 | 0 |
| 0.4057 | 0.3529 | 1 | 0 |
| 0.9355 | 0.8132 | −1 | 0 |
| 0.2146 | 0.0099 | 1 | 0 |

可以看出，只有前两个实例才具有非 0 的拉格朗日乘子，这两个实例对应数据集的支持向量。

下面计算求解参数 $w$ 和 $b$。

令 $\boldsymbol{w} = (w_1, w_2)$，从而有

$$w_1 = \sum_i \alpha_i y_i x_{i1} = 65.5261 \times 1 \times 0.3858 + 65.5261 \times (-1) \times 0.4871 = -6.64 \quad (12\text{-}22)$$

$$w_2 = \sum_i \alpha_i y_i x_{i2} = 65.5261 \times 1 \times 0.4687 + 65.5261 \times (-1) \times 0.611 = -9.32 \quad (12\text{-}23)$$

对每个支持向量计算偏移项 $b$：

$$b^{(1)} = 1 - \boldsymbol{w} \cdot \boldsymbol{x}_1 = 1 - (-6.64) \times (0.3858) - (-9.32) \times (0.4687) = 7.9300 \quad (12\text{-}24)$$

$$b^{(2)} = 1 - \boldsymbol{w} \cdot \boldsymbol{x}_2 = 1 - (-6.64) \times (0.4871) - (-9.32) \times (0.611) = 9.9289 \quad (12\text{-}25)$$

取平均值得到 $b = 8.93$。从而得到的决策边界为 $-6.64x_1 - 9.32x_2 + 8.93 = 0$。

### 12.2.3 随机森林方法

随机森林是一类专门为决策树分类器设计的组合方法。它通过组合多棵决策树对样本进行训练和预测。每棵树使用的训练集是从总的训练集中有放回抽样得到的，也就是说，总训练集中的有些样本可能多次出现在一棵树的训练集中，也可能从未出现过。在训练每棵树的节点时，使用的特征是从所有特征中按照一定比例随机无放回抽样得到的。

随机森林算法的步骤如下所示：

1）从原始数据集中，随机抽取 $n_{\text{tree}}$ 个自助⊖样本。

2）对于每个自助样本，生成未修剪的分类树或回归树，并进行以下修改。在每个节点上，不是在所有预测变量中选择最佳拆分，而是随机抽取 $m_{\text{try}}$ 个预测变量，并从这些变量中选取最佳拆分。（装袋算法可以被认为是当 $m_{\text{try}} = p$ 时随机森林的特殊情况，其中 $p$ 是预测变量的个数。）

3）通过聚合 $n_{\text{tree}}$ 棵树的预测结果来预测新数据（即分类结果的多数投票，回归的平均值）。

在随机森林中，袋外（Out-Of-Bag，OOB）误差是一种无须单独划分测试集即可评估模型性能的方法。其计算过程如下：

1）自助采样：每棵决策树的训练数据通过有放回抽样从原始数据集中生成，训练数据中平均约含 63.2% 的原始数据，剩余 36.8% 未被抽中的样本称为袋外样本。

2）OOB 预测与误差计算：对于每棵树，使用其对应的 OOB 样本作为"验证集"，通过该树进行预测。对于每个样本，仅聚合未使用该样本训练的树的预测结果（即仅考虑其 OOB 状态下的树）。最终汇总所有样本的 OOB 预测结果，计算分类错误率（误分类比例）或回归均方误差（MSE），作为模型的泛化误差估计。

注意，不需要独立测试集意味着 OOB 误差可替代传统交叉验证，因为随机森林的 Bootstrap 机制天然生成验证数据。OOB 误差是模型泛化能力的无偏估计，尤其适用于小规模数据集。并且计算过程与模型训练同步完成，无须额外计算开销。

可以看出，随机森林在决策树的训练过程中引入了随机属性选择。具体地说，决策树在划分属性时会选择当前节点属性集合中的最优属性，而随机森林则会从当前节点的属性集合中随机选择含有 $k$ 个属性的子集，然后从这个子集中选择最优属性进行划分。

然而，为什么我们从随机特征子集中选择特征比使用传统算法更好？当包含这些特征的模型不相关时，随机选择的方法更有效。在传统的装袋决策树算法中，最终生成的决策树很可能是高度相关的，因为同样的特征往往会被反复使用以拆分自助样本。将每次的拆分/测试限制为容量小且随机的特征，可以减少集合中的树之间的相关性。此外，通过限

---

⊖ 自助法（Bootstrap）是一种通过抽取多个样本来估计抽样分布的方法，这些样本中包含单个随机样本的替换内容。

制每个节点上的特征,学习算法可以更快,在指定时间内能够学习到更多的决策树。因此,我们不仅可以使用随机树学习算法构建更多的树,还可以降低这些树的相关性。鉴于这些原因,随机森林算法往往具有优良的性能。

总的来说,随机森林的随机性来自以下几个方面:

1)抽样带来的样本随机性。

2)随机选择部分属性作为决策树的分裂判别属性,而不是利用全部的属性。

下面简单介绍装袋法。

装袋(Bagging)又称为自助聚合,是一种有放回抽样,并采用均匀概率分布,也就是说,每个样本被抽到的概率相同,并且每个样本和原始数据集一样大。因为抽样是有放回的,所以一个样本可能在同一个训练数据集中出现多次,而其他一些样本则可能被忽略。

一般来说,自助样本大约含有 63% 的原始训练数据,原因如下:

假设样本大小为 $N$,从而一个样本不被抽到的概率为 $\left(1-\frac{1}{N}\right)^N$,抽到的概率就为 $1-\left(1-\frac{1}{N}\right)^N$。当 $N$ 足够大时,有 $\lim_{N\to\infty}\left[1-\left(1-\frac{1}{N}\right)^N\right]=1-\frac{1}{e}\approx 0.632$。

装袋算法的具体形式如下:

```
1: 设自助样本集数目为 k
2: for i=1 to k do
      生成大小为 N 的自助样本集
      在生成的自助样本集上训练一个基分类器
      end for
3: 聚合结果(采取投票等方式)
```

可以看出,每个样本被选中的概率是相同的,不随基分类器的不同而发生变化。

### 12.2.4 决策树方法

#### 1. 基本概念

决策树(decision tree)是一种监督学习方法,常用于分类和预测。通过训练数据构建决策树,可以高效地对未知的数据进行分类。决策树有两大优点:一是决策树模型可读性好,具有描述性,有助于人工分析;二是效率高,决策树只需要一次构建,就能反复使用,每一次预测的最大计算次数不会超过决策树的深度。

决策树是一种在已知各种情况发生的概率的基础上,通过构成决策树来求使净现值的期望值大于等于零的概率,然后评估项目风险,判断其可行性的决策分析方法,是直观运用概率分析的一种图解法。由于这种决策分支的图形很像一棵树的枝干,故称决策树。熵用来衡量数据集的纯度,决策树算法(如 ID3、C4.5 和 C5.0[一])使用熵作为度量。这一度量基于信息论中熵的概念。

在机器学习中,决策树是一个预测模型,它代表的是对象属性与对象值之间的一种映射关系。树中每个节点表示某个对象,而每个分支则代表某个可能的属性值,而每个叶节点则对应从根节点到该叶节点所经历的路径所表示的对象的值。决策树仅有单一输出,若有多个输出,可以建立独立的决策树以处理不同输出。从数据产生决策树的机器学习技术

---

㊀ C4.5 和 C5.0 算法分别是对 ID3 算法的改进。

叫作决策树学习。

一棵决策树包含以下三种类型的节点：

1）决策节点。决策树对几种可能方案进行选择，决策节点为最后选择的最佳方案。如果决策属于多级决策，则决策树的中间可以有多个决策点，以决策树根部的决策点为最终决策方案。

2）状态节点（机会节点）。状态节点代表备选方案的期望值，比较各状态节点的期望值，按照一定的决策标准来选出最佳方案。由状态节点引出的分支称为概率枝，概率枝的数目表示可能出现的自然状态数目，要在每个分支上注明该状态出现的概率。

3）终节点（结果节点）。将每个方案在各种自然状态下取得的损益值标注在终节点的右端。

决策树算法适用于分类和连续的因变量。在这个算法中，将数据集拆分成两个或多个同构集合，这个过程是基于最重要的属性/自变量来完成的，以尽可能地形成不同的组。如图12-4所示，根据多个属性将人群划分为四个不同的群体，以确定他们是否会玩游戏。

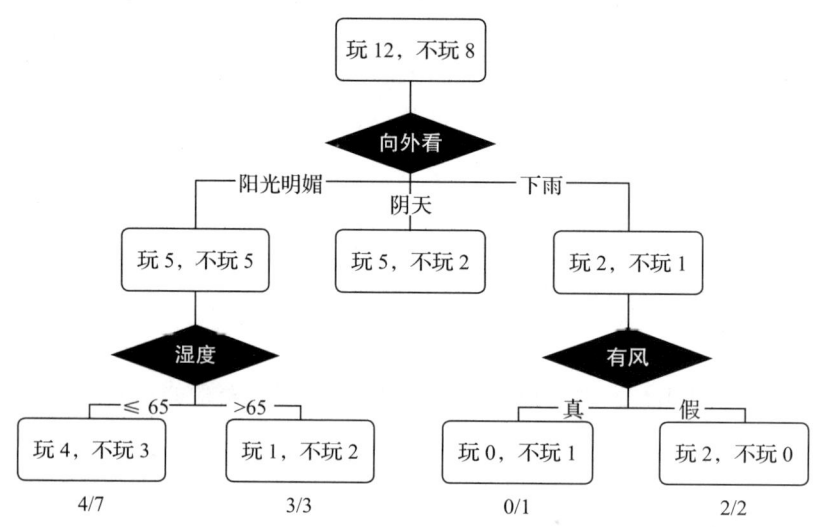

注意：叶节点下的数字表示分数。

图 12-4　决策树示列

决策树的构建过程涉及在树的每层上识别分割属性和划分标准。决策树构建过程的目标是生成具有高精度的简单逻辑规则。有时，通过修剪和变换树，可以提高树的分类效率。在决策树构建完后，这些过程将被激活。以下是决策树生成方法的一些理想特性：

- 该方法能够同时处理数字和分类属性。
- 该方法应该清楚地表明哪些字段（或域）对预测或分类最重要。

决策树也存在一些缺点，如某些决策树只能处理二进制值的目标类，而开发决策树过程的计算代价较高。对于每个节点而言，在找到最佳拆分之前，需要检查每个候选的拆分字段。

所有决策树的构造技术都基于递归地划分数据集的原则，直到达到同构性。构建决策树涉及以下三个主要阶段。

- 构造阶段。原始决策树在该阶段在整个训练数据集上被构造。根据给定的拆分准则递归地将训练集分成两个或多个子集，直到满足停止条件。
- 修剪阶段。在上一阶段构造的树可能由于过拟合，不能给出最好的规则集。修剪阶段移除一些较低的分支和节点以提高其性能。

- 处理阶段。对修剪后的树进行进一步的处理以提高可理解性。

虽然这三个阶段对于大多数常用算法而言很常见，但是一些算法尝试将前两个阶段整合为一个单独的过程。

决策树学习中的每个决策树都表述了一种树形结构，由它的分支来将该类型的对象依靠属性进行分类。每个决策树可以依靠对源数据库的分割进行数据测试。这个过程可以递归地对树进行修剪。当不能再进行分割或一个单独的类可以被应用于某一分支时，递归过程就完成了。另外，随机森林分类器将许多决策树结合起来以提升分类的正确率。

### 2. ID3 决策树算法

ID3 算法是 Quinlan 于 1986 年提出的决策树算法，它将概念表示为决策树。决策树作为树形结构的分类器，其叶节点表示一个类的实例，决策节点指定对某个属性值进行测试，对于每个可能的测试结果，都有一个分支和子树。

决策树可以用于对实例进行分类，方法是从树的根开始并移动到叶节点，叶节点给出该实例的分类结果。ID3 算法基于给定的训练实例集来构造决策树。从创建根节点开始，ID3 采取一种贪心的自上而下的策略构造树。在每个节点上，将所有到达该节点的训练实例最佳分类的属性选作测试属性。在某个节点上，只考虑该节点的上方节点未使用过的分类属性。为了选择该节点的最佳属性，计算每个属性的信息增益，并选择具有最高信息增益的属性。属性的信息增益被定义为根据该属性进行实例拆分而导致的熵减少。节点中属性 $A$ 的信息增益使用下式计算：

$$\text{InformationGain}(S, A) = \text{Entropy}(S) - \sum_{v \in \text{Values}(A)} \left( \frac{|S_v|}{|S|} \text{Entropy}(S) \right) \quad (12\text{-}26)$$

其中 $S$ 是该节点处的实例集合，$|S|$ 是集合的大小，$S_v$ 是 $S$ 的子集并且这个子集中属性 $A$ 的值是 $v$，集合 $S$ 的熵的计算公式如下：

$$\text{Entropy}(S) = \sum_{i=1}^{\text{numclasses}} -p_i \log_2 p_i \quad (12\text{-}27)$$

其中，$p_i$ 是 $S$ 中将第 $i$ 个类值作为输出属性的实例个数所占比例。

对于测试属性选取的每个值，都将在其节点下方插入一个新分支。具有与所选取的分支关联的测试属性值的训练实例被向下传递到这个分支中，并且该训练实例子集用于创建更多节点。如果上述训练实例的子集具有相同的输出类值，那么在分支末端生成一个叶子，并将该类值分配给输出属性。在没有实例传递到分支的情况下，在分支末端添加一个叶节点，该分支末端将训练实例中最常见的类值分配给输出属性。上述生成节点的过程一直进行，直到所有实例被正确分类，或者所有的属性都被使用，或者无法继续分割这些实例。

ID3 算法在原有基础上添加了一些扩展，用于处理连续值属性、处理缺少属性值的实例，以防止过拟合数据。

C4.5 是一种用于生成决策树的算法，由 Quinlan 于 1993 年提出，是 ID3 算法的扩展。在 C4.5 算法中，根据节点的训练实例中属性值的出现次数，计算具有缺失值的属性取每个可能值的概率。然后，将概率值用于计算节点的信息增益。

在 ID3 算法中，有时由于使用的训练集太小，构造的树能够正确地对训练实例进行分类，然而，在应用于整个数据分布时却会失败，这是由于当数据量较小时，ID3 算法侧重于数据中的虚假相关性，这被称为过拟合。为了避免过拟合，C4.5 使用了一种被称为规则后修剪的技术。在规则后修剪中,树在构造后被转换为一组规则。在为树生成的每个规则中,剪掉那些不会降低模型准确性的前提。准确性是基于验证集中的实例来度量的,验证集是训练集的子集且未用于构建模型。

## 12.3 深度学习方法

一般情况下原始数据繁多,我们需要从原始数据中提取出与待解决问题相关的数据作为特征。以往在机器学习用于现实任务时,描述样本的特征通常需由人类专家来设计,这被称为"特征工程"(feature engineering)。特征的好坏对模型的泛化性能有至关重要的影响,人类专家设计出好特征也并非易事。特征学习(表征学习)则通过机器学习技术自动产生好特征,这使机器学习向"全自动数据分析"又前进了一步,深度学习方法应运而生。

深度学习是机器学习领域中一个新的研究方向,它使机器学习更接近最初的目标——人工智能。深度学习是学习样本数据的内在规律和表示层次,这些学习过程中获得的信息对诸如文字、图像和声音等数据的解释有很大的帮助。它的最终目标是让机器能够像人一样具有分析学习能力,能够识别文字、图像和声音等数据。深度学习是一种复杂的机器学习算法,它在语音和图像识别方面取得的效果远远超过先前的相关技术。

深度学习在搜索技术、数据挖掘、机器学习、机器翻译、自然语言处理、多媒体学习、语音、推荐和个性化技术等多个相关领域都取得了显著成果。深度学习使机器模仿视听和思考等人类活动,解决了很多复杂的模式识别难题,使得人工智能相关技术取得了很大进步。

深度学习的概念源于人工神经网络的研究,包含多个隐藏层的多层感知器就是一种深度学习结构。深度学习通过组合低层特征形成更加抽象的高层来表示属性类别或特征,以发现数据的分布式特征表示。研究深度学习的动机在于建立模拟人脑进行分析学习的神经网络,它模仿人脑的机制来解释数据,例如图像、声音和文本等。

区别于传统的浅层学习,深度学习的特点在于:

1)强调了模型结构的深度,通常有5层、6层,甚至10多层的隐层节点。

2)明确了特征学习的重要性。通过逐层特征变换,将样本在原空间的特征表示变换到一个新特征空间,从而使分类或预测更容易实现。与人工规则构造特征的方法相比,利用大数据来学习特征,更能够刻画数据丰富的内在信息。

通过设计适量的神经元计算节点和多层运算层次结构,选择合适的输入层和输出层,通过网络学习和调优,建立从输入到输出的函数关系,虽然不能完全找到输入与输出的函数关系,但是可以尽可能地逼近现实的关联。使用训练成功的网络模型,就可以实现自动化处理复杂事务。

深度学习的范畴比较宽泛,本节尝试使用简练的数学语言概括深度学习的基础方法,同时将一些前沿的研究内容作为直接结论向读者展示。如果读者希望更加深入了解深度学习的理论知识,可以阅读深度学习领域权威学术会议论文,如神经信息处理系统进展大会(NeurIPS)及国际表示学习大会(ICLR)等。

深度学习方法不仅限于监督学习,基于深度学习的无监督学习任务大部分未在数据集中显式地标出标签。作为讨论的开始,我们先考虑监督学习方法。监督学习的定义如下:给出实特征空间 $\mathbb{R}^m$ 中的若干样本 $x_1, x_2, \cdots, x_n$,存在一个隐式的映射 $\mathbb{R}^m \to L$ 将这些样本特征分别映射为标签空间 $L$ 中不同的正确标签 $y_1, y_2, \cdots, y_n$。监督学习的目标是使用并优化某参数化函数 $f: \mathbb{R}^m \to L$,使得上述 $n$ 个样本由 $f$ 映射得到的预测标签值 $f(x_1), f(x_2), \cdots, f(x_n)$ 在某一尺度下与正确标签值的误差 $e(f, y_1, y_2, \cdots, y_n)$ 最小。此处，参数化函数 $f$ 被称为模型，误差函数 $e$ 被称为损失函数，特征标签集 $T=\{(x_i, y_i)\}$ 被称为训练集。

深度学习模型主要基于人工神经网络范式，因此我们主要以几种典型的网络模式来描绘深度学习的框架，从而揭示这一主题。现代人工神经网络的雏形来源于感知器模型，故我们从感知器模型展开讨论。

注意，感知器模型是线性回归方法的推广，因此下面首先回顾线性回归模型。

### 12.3.1 线性回归模型

若待处理样本的特征空间为 $\mathbb{R}^m$，标签空间为 $\mathbb{R}$，则线性回归模型 $f:\mathbb{R}^m \to \mathbb{R}$ 为：

$$f(x) = Ax \qquad (12\text{-}28)$$

模型 $f$ 对特征进行线性变换，故这一模型被称为线性回归模型[⊖]。其中 $A$ 为未定的模型参数。由基本的代数运算法则可知，$A \in \mathbb{R}^{1 \times m}$。统计学习方法首先需要确认某种损失函数，再由其求解最优的模型参数，可将均方误差作为损失函数来求解。

假设训练集 $T = \{x_i, y_i\}$ 中有 $n$ 个样本，参数化模型为 $f:\mathbb{R}^m \to \mathbb{R}$，则 $f$ 在训练集 $T$ 上的均方误差损失函数定义为

$$\text{MSE}(f, T) = \mathbb{E}_T[(y_i - f(x_i))^2] \qquad (12\text{-}29)$$

其中 $\mathbb{E}_T$ 表示统计数据在集合 $T$ 上的数学期望。它表征了在训练集上的预测结果相比于正确标签的平均偏离程度，代表了模型在训练集上的预测能力。注意，当训练数据样本确定时，MSE 是且仅是参数化模型 $f$ 中各个参数的函数，故将 MSE 最小化，即可求出在该训练集上表现最佳的参数值。据此，我们可以训练模型。

若参数化模型 $f$ 在训练集 $T$ 上有损失函数 $e$，则最优化问题

$$\arg\min_{f} e(f, T) \qquad (12\text{-}30)$$

的求解过程被称为模型的训练。这一过程是求解在训练数据上损失函数 $e$ 表现最优的模型。

**例 12.1（线性回归模型的显式解）** 均方误差损失函数是半正定的凸函数，故我们可以断定，当且仅当

$$\frac{\partial \text{MSE}(f, T)}{\partial A} = 0 \qquad (12\text{-}31)$$

时，损失函数 $\text{MSE}(f, T)$ 取得最小值。为了简化讨论，我们将所有样本特征张成矩阵 $X = [x_1, x_2, \cdots, x_n] \in \mathbb{R}^{m \times n}$，将所有的正确标签张成向量 $y = [y_1, y_2, \cdots, y_n] \in \mathbb{R}^{m \times n}$，则均方误差函数可以写为

$$\text{MSE}(f, T) = \frac{\|y - f(X)\|_2^2}{n} = \frac{\|y - AX\|_2^2}{n} \qquad (12\text{-}32)$$

其中 $\|\cdot\|_2$ 为向量的 2 范数运算，此时对 $A$ 求偏导，得

$$\frac{\partial \text{MSE}(f, T)}{\partial A} = (y - AX)X^{\text{T}} \qquad (12\text{-}33)$$

又，模型训练要求损失函数最小化，即令导数为 0，得

---

⊖ 通常在讨论线性回归模型时，将一个实数 $b$ 加入模型，使其转化为偏置的模型 $f(x) = Ax + b$，但实际上对它的讨论是平凡的，我们可以将样本特征的某一特定分量固定为 1 来复现它的语义。此处为了简洁起见，将其省略。

$$\frac{\partial \text{MSE}(f,T)}{\partial A} = 0 \qquad (12\text{-}34)$$

可解得

$$A = yX^{\text{T}}(XX^{\text{T}})^{-1} \qquad (12\text{-}35)$$

即线性回归模型的显式解。

注意到，上述显式解法的求解过程借助了均方误差损失函数的凸性质，而其他的损失函数未必具有这一良好性质，因此这种解法不具备必要的普遍适用性。其次，这种显式解法需要进行方阵 $XX^{\text{T}}$ 的逆运算，而这一方阵的维数是 $m \times m$，因此这一步骤至少需要 $O(m^{2.373})$ 的时间开销。在特征空间过大时，这一求解过程可能会非常缓慢。

因此，下面尝试使用最优化方法中常用的梯度下降法对其进行训练。

对于将原象集 $P$ 中的因变量映射至半正定实数损失值的光滑函数 $e:P \rightarrow \mathbb{R}^*$ 和迭代起始点 $x_0$，迭代公式为：

$$x_{i+1} = x_i - \alpha \frac{\partial e(x_i)}{\partial x_i}, \quad i = 0,1,2,\cdots \qquad (12\text{-}36)$$

迭代求解函数 $e$ 极小值的方法称为梯度下降法。其中 $\alpha$ 表示每一迭代步的步长，在机器学习领域，它通常被称为学习率。$\frac{\partial e(x_i)}{\partial x_i}$ 为函数 $e$ 在 $x_i$ 处的梯度。学习率在应用迭代算法时由人工设置。

在损失函数的凸区间内，梯度下降法被证明可以收敛至该区间的极小值。下面通过举例直观地说明这一点。

**例 12.2（使用梯度下降法求解二次函数极小值）** 已知目标函数 $f(x) = x^2$ 是连续可导函数，其一阶导函数为 $f'(x) = 2x$。试以 $x_0 = -2.5$ 作为迭代起点，分别使用 $\alpha_1 = 0.1$ 与 $\alpha_2 = 1.5$ 作为学习率，使用梯度下降法求解目标函数的最小值。

下面尝试借助 Python 完成这一过程，具体代码为：

```
1.  max_iteration = 10
2.  current_point = -2.5
3.  alpha = 0.1
4.  def target_function(x):
5.      return x * x
6.  def differential_function(x):
7.      return 2 * x
8.
9.  print("iteration: 0, current_point: {:.3f}, current_value: {:.3f}".
        format(current_point, target_function(current_point)))
10.
11. for i in range(0, max_iteration):
12.     current_point = current_point - alpha * differential_function(current_point)
13.     print("iteration: {}, current_point: {:.3f}, current_value: {:.3f}".
            format(i + 1, current_point, target_function(current_point)))
```

在学习率为 0.1 时，得到输出结果：

```
>>>iteration: 0, current_point: -2.500, current_value: 6.250
>>>iteration: 1, current_point: -2.000, current_value: 4.000
>>>iteration: 2, current_point: -1.600, current_value: 2.560
>>>iteration: 3, current_point: -1.280, current_value: 1.638
```

```
>>>iteration: 4, current_point: -1.024, current_value: 1.049
>>>iteration: 5, current_point: -0.819, current_value: 0.671
>>>iteration: 6, current_point: -0.655, current_value: 0.429
>>>iteration: 7, current_point: -0.524, current_value: 0.275
>>>iteration: 8, current_point: -0.419, current_value: 0.176
>>>iteration: 9, current_point: -0.336, current_value: 0.113
>>>iteration: 10, current_point: -0.268, current_value: 0.072
```

在学习率为 1.5 时，得到输出结果：

```
>>>iteration: 0, current_point: -2.500, current_value: 6.250
>>>iteration: 1, current_point: 5.000, current_value: 25.000
>>>iteration: 2, current_point: -10.000, current_value: 100.000
>>>iteration: 3, current_point: 20.000, current_value: 400.000
>>>iteration: 4, current_point: -40.000, current_value: 1600.000
>>>iteration: 5, current_point: 80.000, current_value: 6400.000
>>>iteration: 6, current_point: -160.000, current_value: 25600.000
>>>iteration: 7, current_point: 320.000, current_value: 102400.000
>>>iteration: 8, current_point: -640.000, current_value: 409600.000
>>>iteration: 9, current_point: 1280.000, current_value: 1638400.000
>>>iteration: 10, current_point: -2560.000, current_value: 6553600.000
```

将上述两个迭代过程在平面直角坐标系中绘制，可以得到如图 12-5 所示的示意图。

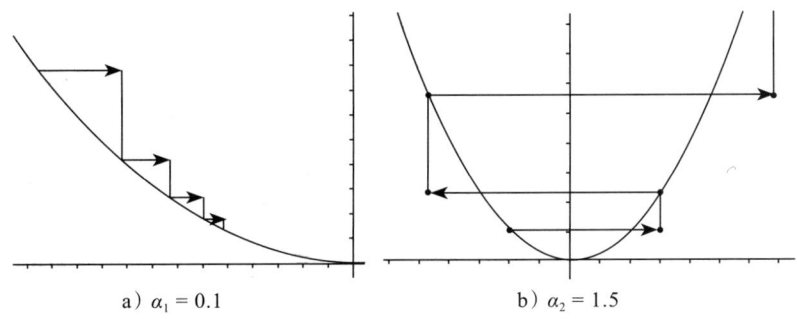

a) $\alpha_1 = 0.1$    b) $\alpha_2 = 1.5$

图 12-5　学习率为 $\alpha_1 = 0.1$ 与 $\alpha_2 = 1.5$ 时的梯度下降迭代过程示意图

由图 12-5 可以发现，在学习率合适时，梯度下降法可以逐渐逼近函数的极小值。而在学习率过大时，梯度下降法可能得到发散的结果。

相较于只能应用在凸函数上的显式解法，梯度下降法不受函数凸性质的限制。但应当注意，梯度下降法在凸函数上有着更优秀的收敛性质，因此，构造平滑的、凸的损失函数也成为使用基于梯度优化方法时的常用改进方法。

此处提出的梯度下降法是基于整个训练数据集的统计损失函数进行迭代的。但实际的数据集可能有庞大的规模，导致这样的方法很难实现。故现代深度学习方法将这种朴素的梯度下降法推广为更高效的优化方法，即每次迭代仅使用 1 个数据样本的随机梯度下降法（SGD）和使用一些数据样本的小批次随机梯度下降法（Mini-batch SGD）。同时，一些辅助的优化方法也被广泛使用，如动量法、Nesterov 优化法及自适应学习率方法。此外，相异于上述基于规则的优化器，基于神经网络与元学习技术的优化器技术作为一个前沿领域也在不断发展。

### 12.3.2　感知器模型

前文提到，线性回归模型 $f:\mathbb{R}^m \to \mathbb{R}$ 相当于对样本特征进行线性变换，因此该模型始终以线性空间 $\mathbb{R}^{m+1}$ 中的超平面对训练数据进行统计建模，即假设训练数据的各特征与标签线性相关。但这是一个过强的假设，并非所有来源的数据集均有这样的线性性质。在不具备线性的数据集上，线性模型的表现可能会不理想。如图 12-6 所示，在附带噪声的符号函数数据集上，线性模型（图 12-6 中的直线）与客观的映射（图 12-6 中的曲线）产生了相当大的偏差。因此，可以使用非线性函数来修饰线性回归模型，使得其产生如先验所示的分布。直观地，符号函数可以很好地满足要求，然而符号函数不具备良好的微分性质，因此将其转化为连续的 Sigmoid 函数。

下述连续可导函数 $\sigma:\mathbb{R} \to (0, 1)$ 被称为 Sigmoid 函数：

$$\sigma(x) = \frac{1}{1+e^{-x}} \quad (12\text{-}37)$$

图 12-6 附带噪声的符号函数数据集在线性模型上的偏差

直观地，Sigmoid 函数具有如图 12-7 所示的图形。

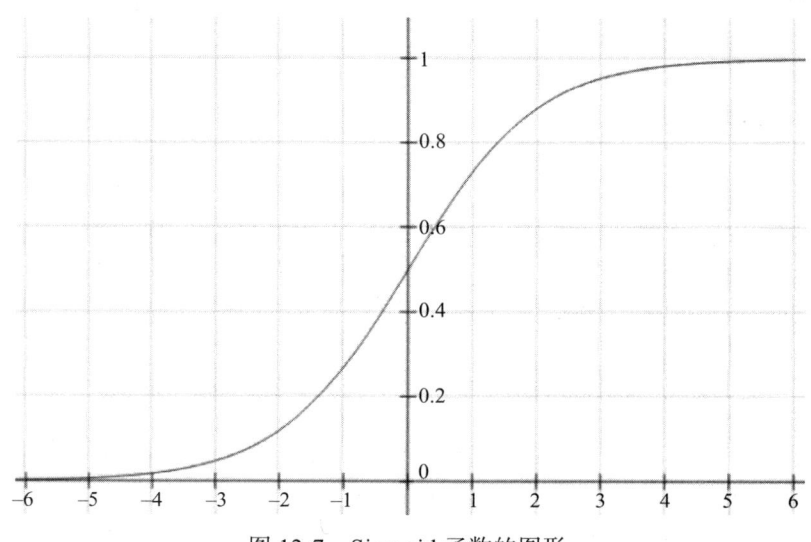

图 12-7　Sigmoid 函数的图形

引入非线性函数后，线性回归模型转化为非线性回归模型，定义如下。

若待处理数据样本的特征空间为 $\mathbb{R}^m$，标签空间为 $L$，则一个非线性回归模型 $f:\mathbb{R}^m \to L$ 为

$$f(x) = g(Ax) \quad (12\text{-}38)$$

其中，$g:\mathbb{R} \to L$ 为非线性函数。在深度学习领域，它通常被称为激活函数。激活函数通常是非减函数（但也存在一些不具备单调性的函数，如 Swish 函数与 GELU 函数）。常用的激活函数包括 Sigmoid 函数、作为 Sigmoid 函数放缩结果的 Tanh 函数、线性整流单元（ReLU）及其衍生等。此外，一些含参数的可学习激活函数也于学术前沿领域被陆续提出。

激活函数可以为模型引入非线性拟合能力。若将 $\sigma:\mathbb{R} \to (0, 1)$ 作为激活函数加入感知器模型中，即可拟合如图 12-7 中曲线所示的图。

引入激活函数的另一个好处是，我们可以借助这种方法完成另一类问题，即分类问

题。不同于标签空间为连续的 $\mathbb{R}$ 的回归问题，分类问题的标签空间为离散的。惯例上，分类问题的各个样本点均具有唯一的分类，一般我们使用代表分类编号的整数作为标签，同时要求参数化模型给出样本属于各个分类的概率 $p_i$。而 Sigmoid 的值域为 (0, 1)，刚好可以作为输出的预测概率。此时，我们需要重新定义一个新的损失函数，即交叉熵损失函数。

为方便表示，首先定义标签独热向量。若标签空间中共有 $l$ 类离散的标签，则定义向量 $\boldsymbol{y} = [y_1, y_2, y_3, \cdots, y_l]$。当样本属于第 $i$ 类时，$y_i = 1$，其余分量为 0。因此，$y$ 是标准单位向量 [ 在深度学习领域通常被称为独热向量（one-hot vector）]，其又融合了标签信息，故我们称之为标签独热向量。同时，模型输出的样本属于各个分类的概率集合 $\{p_i\}$ 可以按顺序张成向量 $\hat{\boldsymbol{y}} = [\hat{y}_1, \hat{y}_2, \hat{y}_3, \cdots, \hat{y}_l]$。借助这两种表示，模型正确预测第 $j$ 个样本的概率可以简洁地表示为

$$q_j = \boldsymbol{y}\hat{\boldsymbol{y}}^{\mathrm{T}} \tag{12-39}$$

因此，模型将整个训练集 $T$ 预测正确的概率为

$$Q = \prod_T q_j = \prod_T \boldsymbol{y}\hat{\boldsymbol{y}}^{\mathrm{T}} \tag{12-40}$$

将上式取自然对数，又由于标签独热向量 $\boldsymbol{y}$ 是标准单位向量，故可以简化为

$$\ln Q = \sum_T \ln \boldsymbol{y}\hat{\boldsymbol{y}}^{\mathrm{T}} = \sum_T \boldsymbol{y} \ln \hat{\boldsymbol{y}}^{\mathrm{T}} \tag{12-41}$$

由于我们习惯计算半正定损失函数的最小值，故将其取相反数，称它为交叉熵损失函数：

$$e(f, T) = -\ln Q = -\sum_T \boldsymbol{y} \ln f(\boldsymbol{x})^{\mathrm{T}} \tag{12-42}$$

交叉熵损失函数是分类问题中最常用的损失函数。由于分类是互斥的，故在二分类的情况下，仅需要使用 Sigmoid 函数生成其中一类的预测概率，即可得到其另一类的预测概率。而多分类的情况下必须为各个类别均生成一个概率。此时，虽然 Sigmoid 也可以被应用，但我们一般使用 Softmax 函数对输出进行归一化，其定义如下。

对于 $l$ 维向量 $\boldsymbol{x} = [x_1, x_2, x_3, \cdots, x_l]$，Softmax 函数输出同型向量 $\boldsymbol{y} = [y_1, y_2, \cdots, y_l]$，其中

$$y_i = \frac{\mathrm{e}^{x_i}}{\sum_{j=1}^{l} \mathrm{e}^{x_j}} \tag{12-43}$$

容易得到，输出的向量 $\boldsymbol{y}$ 是正定的，且各分量均分布于区间 (0, 1)，且和为 1，该向量非常适合作为多分类问题的概率输出。

### 12.3.3 人工神经网络

#### 1. 定义

激活函数引入的非线性可以将特征非线性地映射到高维空间。将复杂分类问题非线性地映射到高维空间将比映射到低维空间更可能是线性可分的。信息在高维空间的表示被证明能产生更好的拟合结果。

因此，对于某些线性不可分问题（即无法确定超平面可以将数据集合适地分类），可以将其样本 $\boldsymbol{x}_0 \in \mathbb{R}^m$ 借助扩展的感知器模型映射至更高维的空间：

$$\boldsymbol{x}_1 = g(\boldsymbol{A}_0 \boldsymbol{x}_0) \tag{12-44}$$

其中 $x_1 \in \mathbb{R}^{d_1}$ 为输入样本在高维空间中的表示，$A_0 \in \mathbb{R}^{d_1 \times m}$ 为模型参数，$g:\mathbb{R}^{d_1} \to \mathbb{R}^{d_1}$ 为逐元素的激活函数。这种映射过程可能有多次：

$$x_{i+1} = g(A_i x_i) \tag{12-45}$$

在 $(c+1)$ 次映射之后，将映射的高维空间中的表示使用单层感知器模型输出：

$$\hat{y} = g(A_c x_c) \tag{12-46}$$

形如上述的扩展感知器模型被称为多层感知器模型，也被称为人工神经网络。

### 2. 多层感知器

具有形如下述的 $(c+1)$ 次迭代结构的参数化模型：

$$\hat{y} = g(A_c x_c) \tag{12-47}$$

$$x_c = g(A_{c-1} x_{c-1}) \tag{12-48}$$

$$\cdots$$

$$x_{i+1} = g(A_i x_i) \tag{12-49}$$

$$\cdots$$

$$x_1 = g(A_0 x_0) \tag{12-50}$$

被称为多层感知器。其中 $g:\mathbb{R}^{d_i} \to \mathbb{R}^{d_i}$ 为逐元素的激活函数，$A_i \in \mathbb{R}^{d_{i+1} \times d_i}$ 为模型参数。这种结构在诞生之初是为了模拟生物脑部的神经元拓扑结构，故通常使用图 12-8 来表示这种层次迭代式结构。

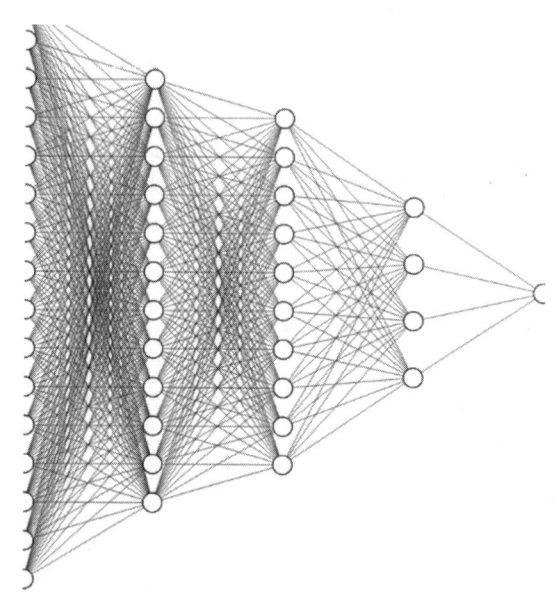

输入层$\in \mathbb{R}^{16}$　隐藏层$\in \mathbb{R}^{12}$　隐藏层$\in \mathbb{R}^{10}$　隐藏层$\in \mathbb{R}^{4}$　输出层$\in \mathbb{R}^{1}$

图 12-8　神经网络的拓扑结构示意图

注意，多层感知器结构中的激活函数是必不可少的，否则这样的迭代结构将失去其迭代语义，无论有多少层，都将通过参数矩阵的乘法转化为单层结构。这也是 Cover 定理中强调需要非线性映射的原因。此外，人工神经网络模型的核心思想是将输入特征非线性地映射为高维空间中的特征表示，因此，人工神经网络中除去最末层之外的所有部分（通常称为隐藏层）均是为了学习一种更为线性可分的表示。据此，人工神经网络通过各隐藏层的训练而自动进行特征建构。因此，相较于传统的特征工程 – 机器学习范式，应用人工神经网络的机器学习方法又被称为深度学习或表示学习。

多层感知器在数学上具有复合函数的形式，故针对它的梯度下降法需对复合函数求梯度。在深度学习领域，这一复合函数的微分过程被称为反向传播（Backpropagation）。

### 3. 梯度消失问题

在深层神经网络中，误差反向传播时，梯度随链式法则逐层连乘，若梯度绝对值小于1，多层叠加后会导致靠近输入层的参数梯度趋近于零，无法有效更新。这就是梯度消失问题。

设神经网络 $f$ 的损失函数为 $e(f, T)$，第 $i$ 层参数 $a_{ijk}$ 的梯度通过链式法则传递：

$$\frac{\partial e}{\partial a_{ijk}} = \underbrace{\frac{\partial e}{\partial g(A_c x_c)}}_{\text{顶层梯度}} \cdot \prod_{l=i+1}^{c} \underbrace{[g'(A_l x_l) A_l]}_{G_l} \cdot \underbrace{g'(A_i x_i) \frac{\partial A_i x_i}{\partial a_{ijk}}}_{\text{当前层梯度}} \quad (12\text{-}51)$$

其中，$G_l$ 是第 $l$ 层的梯度传递矩阵，$g$ 是激活函数，$c$ 是网络总层数。

当 $g$ 为 Sigmoid 函数时，由于其导数最大值是 0.25，故 $\|G_l\| \leq 0.25 \|A_l\|$，$A_l$ 是第 $l$ 层的权重矩阵。

当 $\|G_l\| < 1$ 时，梯度模长随深度指数衰减：

$$\left\|\frac{\partial e}{\partial a_{ijk}}\right\| \leq \|G_e\| \cdot (0.25)^{c-i+1} \prod_{l=i}^{c} \|A_l\| \to 0 \quad (c-i+1 \to \infty) \quad (12\text{-}52)$$

其中，$\|G_e\|$ 代表顶层梯度的模长，$c$ 代表网络总层数。在一个总层数多的网络中，对于其中浅层的参数而言，$i$ 远小于 $c$，因此 $c-i$ 极大，$(0.25)^{c-i+1}$ 极小，梯度几乎为 0，浅层参数无法有效更新。

为了克服梯度消失，提出了以下三类主要方法：

**（1）使用梯度更大的激活函数**

最为直观的方法是对 Sigmoid 函数进行坐标轴线性变换，如 Tanh 函数：

$$\text{Tanh}(x) = 2\text{Sigmoid}(2x) - 1 = \frac{1-e^{-2x}}{1+e^{-2x}} \quad (12\text{-}53)$$

易知，$\text{Tanh}'(x) = 4\text{Sigmoid}'(x)$，因此使用 $\text{Tanh}(x)$ 函数可以有效减缓上述梯度消失问题。$\text{Sigmoid}(x)$ 与 $\text{Tanh}(x)$ 的原函数及导函数图形如图 12-9 所示。

此外，注意到 $\text{Sigmoid}'(x)$ 与 $\text{Tanh}'(x)$ 均在 $x = 0$ 处取得极大值，故可以试图将上述两者的输入限制在 $x = 0$ 的某一邻域之内，以获得最大的回传梯度，由此引出缓解梯度消失问题的第二种思路——批次归一化。

**（2）批次归一化**

对于人工神经网络中某一层的线性映射值（即激活函数的输入）$A_i x_i$，计算整个训练集内该值的均值 $\overline{A_i x_i}$ 及标准差 $S(A_i x_i)$，对其进行如下的归一化操作：

$$\text{Norm}_b(A_i x_i) = \frac{A_i x_i - \overline{A_i x_i}}{S(A_i x_i)} \quad (12\text{-}54)$$

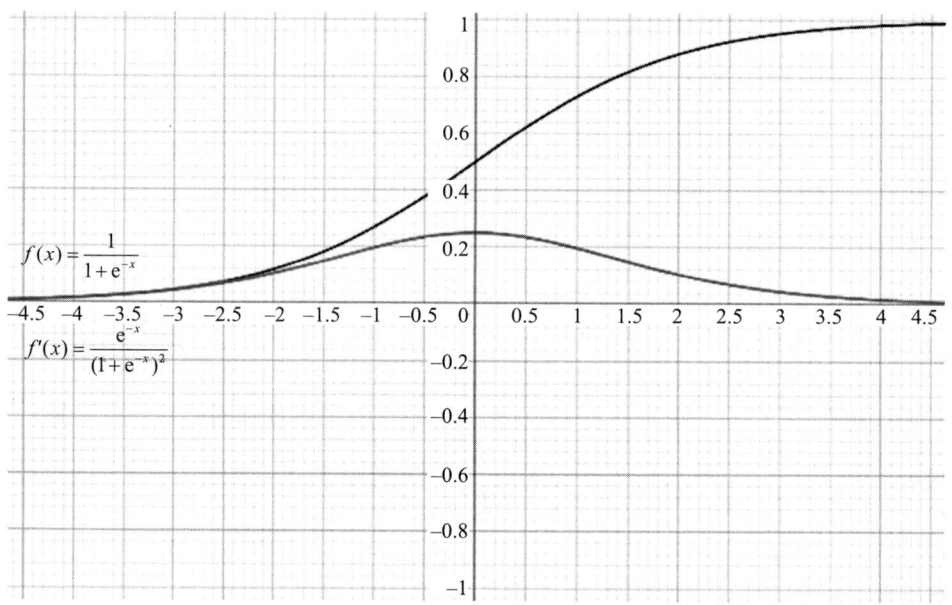

a) Sigmoid($x$) 的原函数（单调增曲线）与导函数（非单调曲线）图形

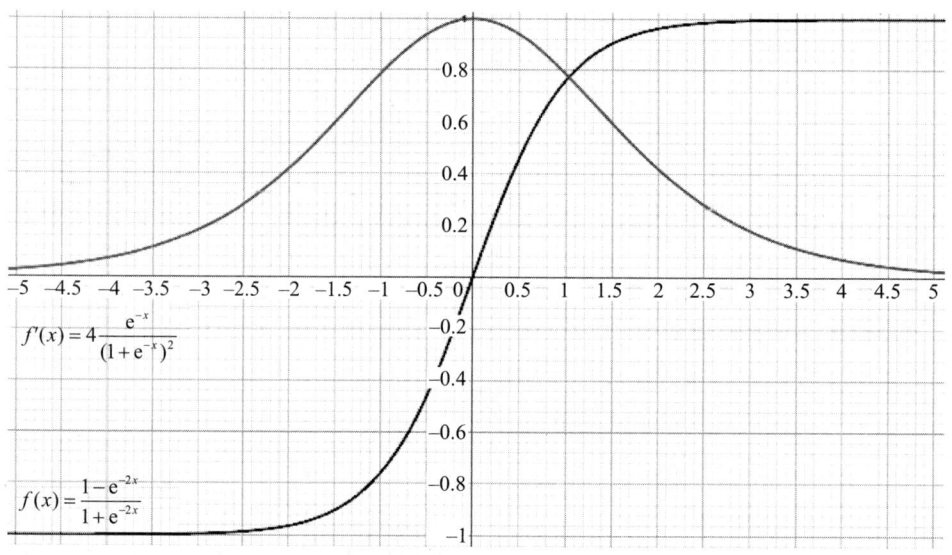

b) Tanh($x$) 的原函数（单调增曲线）与导函数（非单调曲线）图形

图 12-9　Sigmoid($x$) 与 Tanh($x$) 的原函数及导函数图形

这种操作被称为批次归一化（batch normalization）。它可以将激活函数的输入值映射至其梯度较大的范围之内，来减缓梯度消失问题。

**（3）线性整流单元**

线性整流单元（ReLU）被定义为

$$\mathrm{ReLU}(x) = \max(0, x) \tag{12-55}$$

容易得知，ReLU 在正半轴上有恒定为 1 的导函数值，故而遏制了来源于激活函数的梯度消失问题。初学者容易产生疑惑：ReLU 有两个线性段，那么为何可以利用其拟合非线性函数？对这个问题的解答请参考数值分析领域的分段线性逼近问题。此外，ReLU 可以为神经网络提供稀疏性。

He 等人在 2016 年提出了残差连接结构，将网络模块的输出与其输入相加，遏制了梯度消失问题，使得训练极深的网络成为可能。

设有输入和输出同型的神经网络模块 $h:\mathbb{R}^h \to \mathbb{R}^h$，形如

$$h_r(x) = h(x) + x \quad (12\text{-}56)$$

的结构称为 $h(x)$ 上的残差连接。

直观地，

$$h'_r(x) = h'(x) + 1 \quad (12\text{-}57)$$

可以显著放大梯度，彻底遏制梯度消失问题。残差连接已经广泛应用于各类深度神经网络模型中，如著名的 Transformer 模型。

批次归一化及残差连接在避免梯度问题之外，也被证明可以优化损失函数的结构，提升训练效率等。

**4. 过拟合问题**

理论上，多层感知器模型可以拟合任意函数，因而它有时被称为通用近似器。然而，由于深度神经网络通常具有更高的参数量，因此更容易发生过拟合问题。过拟合问题的原理及解决方案是深度学习领域的一项重要且困难的内容，因此此处仅对其进行简要的介绍。

过拟合通常是指在训练集上拟合良好的参数化模型在未拟合数据上泛化不良。过拟合的模型对于输入的微小扰动通常相当敏感，而由客观规律产生的映射通常对微小扰动稳定，因而过拟合又被称为高方差状态。而对于通常的感知器模型：

$$\frac{\partial |Ax|}{\partial |x|} \propto \|A\| \quad (12\text{-}58)$$

即参数矩阵的范数可以刻画上述的扰动敏感程度。因此可以通过限制这一范数来增加模型的稳定性。

记某一任务的损失函数为 $e:L \to \mathbb{R}$，参数化模型 $f$ 的参数矩阵集合为 $P = \{A_i\}$，则如下对损失函数的操作被称为正则化：

$$e'(f,T) = e(f,T) + \sum_P \|A_i\| \quad (12\text{-}59)$$

这一矩阵的范数函数通常使用 1-范数与 2-范数，对应地，正则化方法分别被称为 L1 正则化与 L2 正则化。读者应当注意到，减少参数量也有可能降低这一范数的值。

正则化实际上是对输入中的所有构成成分（请参考主成分分析）进行放缩，方差越小的主成分（即重要性越低）被缩小的程度越大。据此，模型可以更关注于对结果影响更大的部分。此外，Dropout 方法、标签平滑化方法也为通用的过拟合预防方法。

## 12.3.4 小结

本节从我们熟知的线性回归模型入手，引出模型训练的基本流程，即首先根据待处理数据的特征确定模型的数学表示，再根据任务的种类确定一类半正定的损失函数，再求出使其最小化的参数，从而完成模型的训练。由于直接的求解往往对损失函数性质有较强要求，且运算速度较慢，故我们提出了梯度下降法来快速且普适地求解模型优化问题。基于非线性拟合问题，我们引入了非线性激活函数来使线性模型的输出符合非线性的分布，这

类模型被称为感知器模型。非线性激活函数的副作用是可以达成非线性的数据映射，据此可以使用向量输出的感知器模型将特征映射至高维空间以获取更为线性可分的表示。以这种形式，神经网络模型被提出。神经网络模型在数学上有复合函数的形式，故在使用梯度方法求解的过程中，计算梯度的过程为复合函数微分过程，我们将其称为误差的反向传播算法。这种算法在网络过深的情况下会发生梯度消失问题，因此我们提出了三项针对其的解决方案：使用梯度更大的激活函数、批次归一化方法和线性整流单元。此外，我们也简单讨论了针对神经网络的过拟合问题，提出了基于范数的正则化方法。

## 总结

本章主要介绍数据处理算法。首先介绍数据处理基础内容，主要是数据建模的一般流程。数据处理算法包括机器学习算法、深度学习算法等。在 12.2 节与 12.3 节分别对主要的机器学习算法和深度学习算法的概念及原理进行详细的介绍。其中机器学习算法以传统 SVM 算法、随机森林方法和决策树方法为例。深度学习算法以线性回归模型、感知器模型和人工神经网络为例，并讨论了梯度消失和过拟合问题。本章涉及的概念较多，需要读者认真思考，加深理解。

## 习题

1. 简要说明数据建模的一般流程。
2. 解释传统 SVM 算法是如何工作的，包括其核心思想和实现步骤。
3. 对于深度学习算法中的梯度消失和过拟合问题，分别给出简要描述，并提出至少一种解决方案。
4. 解释决策树法的基本原理，包括如何进行节点的划分和预测的过程。
5. 比较感知器模型和人工神经网络模型的异同点。

# 第五部分　大数据分析平台

在数据处理系统中，计算平台和引擎提供了各种开发套件和操作环境，为大数据计算处理和应用开发提供保障。在当今时代，机器学习和人工智能应用已经成为我们日常生活不可或缺的一部分。机器学习模型被用于在线购物商品推荐与广告、欺诈检测、分类、图像识别、模式匹配等，是数据分析和驱动业务决策的重要手段。其中，深度学习更是机器学习的常用方法，它是一种模拟大脑的行为，可以从所学习的对象的机制以及行为等很多方面学习，并模仿行为以及思维，它对于大数据技术开发的每一个阶段均有帮助。因此，本部分选取了三个具有代表性、比较主流的计算平台进行介绍，分别是 PyTorch、TensorFlow 和 Spark MLlib，它们能够很好地实现机器学习和深度学习模型，全面、便捷地对数据进行分析处理，且有着数据分析针对性强的特点。接下来将对它们的架构进行分析，并介绍它们之间的异同，比较它们的优缺点。

# 第 13 章　PyTorch

## 13.1　PyTorch 的发展背景

　　PyTorch 是一个开源的机器学习框架，由 Facebook 的人工智能研究院（Facebook AI Research, FAIR）开发和维护。其起源可以追溯到 Torch 框架，最初是由 Ronan Collobert、Koray Kavukcuoglu 和 Clement Farabet 等人开发的，目的是支持机器学习和深度学习研究。Torch 提供了一个强大的张量计算库，但最初 Torch 是用 Lua 脚本语言编写的，这在一定程度上限制了其广泛使用。

　　为解决 Torch 开发带来的不足和限制，并为深度学习社区提供更灵活、直观的工具，FAIR 团队使用 Python 重新补充了很多内容，并在 2017 年首次推出了 PyTorch。与其他机器学习和深度学习的框架相比，PyTorch 支持动态计算图，这意味着计算图的构建是在运行时进行的，使模型的定义更加灵活，构建动态模型和处理变长序列等任务更加方便。同时也允许开发者更容易地进行实验和调试，研究人员和工程师能够更加直观地理解模型的行为。

　　2019 年，PyTorch 发布了 1.0 版本，并引入了一些重要的新功能，因此 PyTorch 很快获得了广泛的社区支持。PyTorch 在工业界的应用变得更加广泛，同时也保持了其在科研领域的强劲势头。社区的积极贡献也推动了 PyTorch 生态系统的迅速发展，使其涵盖各种库、工具和扩展等，丰富了深度学习应用的开发和研究。

　　2022 年，PyTorch 迎来了 2.0 版本的发布，这标志着框架的进一步发展和增强。PyTorch 2.0 在 1.0 版本的基础上引入了更多创新性的功能并优化了性能，使其在深度学习领域更具竞争力。其中，PyTorch 2.0 加强了对自动混合精度训练的支持，通过混合精度训练可以提高模型训练速度并减少内存占用。此外，新版本还优化了模型推理性能，使得在生产环境中部署模型更为高效。PyTorch 2.0 继续保持了与 Python 生态系统的良好集成，并加强了对生产环境的支持，使得企业更容易在实际应用中采用 PyTorch。新版本中社区也在持续贡献，为框架添加了更多有用的扩展和工具，进一步丰富了 PyTorch 生态系统。

　　采用 PyTorch 框架有许多原因。首先，PyTorch 提供了动态计算图的特性，使得模型的构建和调试更加灵活直观。其次，PyTorch 在深度学习研究领域得到广泛应用，拥有强大的社区支持，这意味着用户可以轻松地找到丰富的教程、文档和预训练模型。此外，PyTorch 具有良好的文档和直观的 API 设计，使得学习和使用它变得相对容易。

　　另外，PyTorch 对动态计算图的支持使得它在一些需要动态调整网络结构的场景下更为适用，比如在自然语言处理中处理变长序列数据时。此外，PyTorch 能够更灵活地与 Python 生态系统集成，使得整个开发过程更加流畅。

　　PyTorch 的发展历程如下，2017 年 FAIR 团队基于 Torch 首次推出了 PyTorch，但直至 2018 年根据 Github 活跃度、谷歌搜索量等数据可知，TensorFlow 仍居前列。2019 年起，PyTorch 开始迅猛发展，从相关论文使用的框架、Github 的人员使用情况等便能看出。2020 年以后 PyTorch 取得广泛认可，同时从学术圈向工业界应用发展。

## 13.2 PyTorch 结构概览

PyTorch 主要分成 torch 和 torchvision 两大块，下面将详细介绍它们的功能和具体组成，并重点展示模块与模块之间的关系以及每个模块的作用。熟悉 PyTorch 的结构以及各模块的作用，有助于更好地使用 PyTorch 的各种功能和工具库等，便于实现各种高效的机器学习和深度学习的应用。

### 13.2.1 torch

torch 是 PyTorch 深度学习框架的核心，用于定义多维张量（Tensor）结构及基于张量的各种数学操作。它广泛支持使用 GPU 加速的机器学习算法，是一个高效的科学计算框架。torch 主要由数据载体模块、求导模块、效率工具模块、优化算法模块、神经网络模块、运算性能模块以及生产环境中部署深度学习算法模块组成，结构框架如图 13-1 所示。

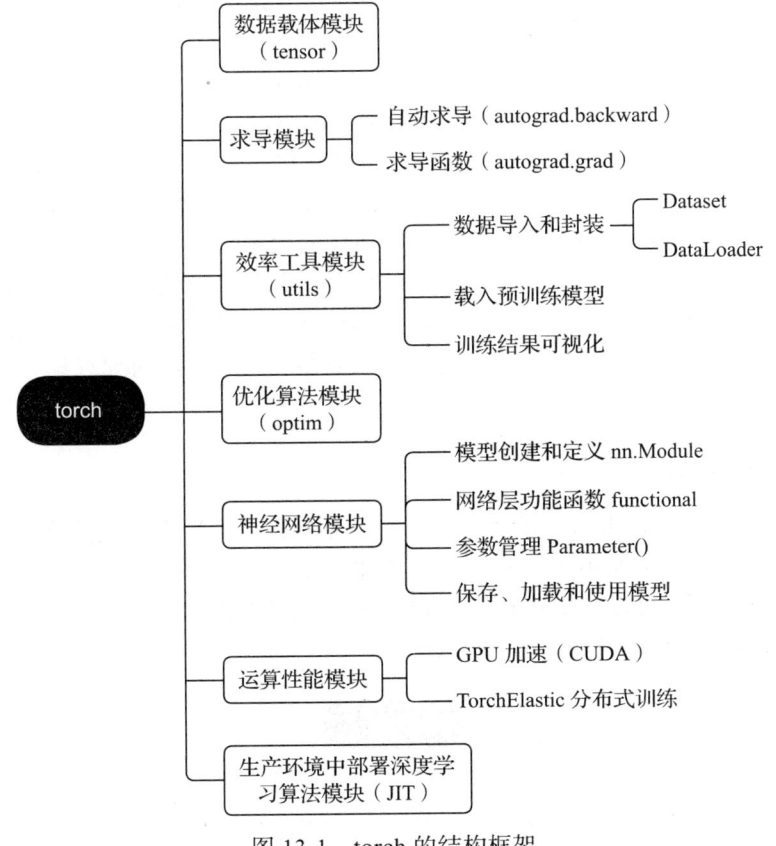

图 13-1 torch 的结构框架

1）数据载体模块（torch.tensor）是 PyTorch 的基础。PyTorch 所搭建的深度学习框架是围绕 tensor 类型的数据进行计算的，因此用户可以借助数据载体模块（torch.tensor）创建张量、运用张量的属性以及相关函数等。其具体细节将会在后续小节中详述。

2）求导模块（torch.autograd）能够根据输入和前向传播过程自动构建计算图，并执行反向传播。神经网络权重参数更新的基础实际上是导数的链式法则，所以对于深度学习框架来说最重要和最基本的操作之一就是自动求导机制。

3）效率工具模块（torch.utils）中包含了 PyTorch 的数据读取机制 torch.utils.data.DataLoader 等相关函数以及一些可视化工具（如 tensorboard 等）涉及的函数。

4）优化算法模块（torch.optim）的作用主要是优化更新参数。通过前向传播的过程，用户可以得到模型输出与真实标签的差异，即损失。然后损失函数便会进行反向传播以得到参数的梯度，优化器则根据所计算出的梯度不断地更新这些可学习参数，使得损失逐步降低从而实现优化参数的目的。

5）神经网络模块（torch.nn）是 torch 的核心。神经网络 torch.nn 模块包括参数初始化、参数管理、网络层功能函数、模型创建以及已封装的神经网络函数五个工具，这些工具能够支持用户方便地构建各种神经网络模型。

6）运算性能模块主要包括 GPU 加速和 TorchElastic 分布式训练。前者增加了对 CUDA 张量类型的支持，可实现与 CPU 张量相同的功能，但是使用 GPU 进行计算以提高计算效率。TorchElastic 分布式训练是一种可以使神经网络训练过程在多个计算节点上灵活进行的方法，能有效提升大规模分布式训练的容错性。

7）生产环境中部署深度学习算法模块时，PyTorch 使用了一种被称为即时编译（Just-In-Time compilation，JIT）的技术，通过 TorchScript 来实现。TorchScript 是 PyTorch 框架中的一个关键组件，旨在提供一种将 PyTorch 模型优化和导出为可在非 Python 环境中运行的序列化形式的方法，主要用途是在生产环境中进行模型部署。这个过程可以将 PyTorch 模型进行优化，将其编译成一种跨平台、可序列化的表示形式，意味着即使在没有 Python 解释器的情况下，也可以运行这个经过优化的模型，并且能够提高模型推理的速度。使用这种技术，用户可以更容易地将深度学习算法模块嵌入各种不同的生产环境中，而不受特定平台的限制。这使得部署和执行模型变得更加简便和灵活，同时允许模型在不同的硬件和操作系统上高效运行。

### 13.2.2 torchvision

torchvision 是基于 torch 开发的 PyTorch 生态系统中专门用来处理计算机视觉或者图像方面的库。它提供了一系列用于加载、预处理和操作图像数据的工具，同时还包含许多经典的计算机视觉模型，可以帮助用户更加轻松地进行图像分类、目标检测、图像分割等计算机视觉任务。其结构框架如图 13-2 所示。

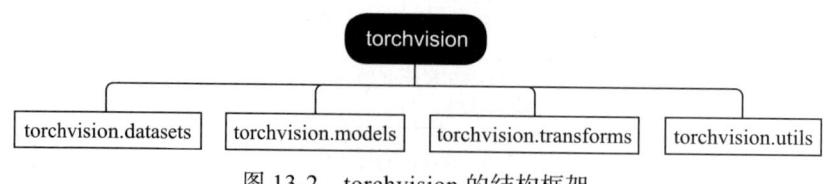

图 13-2　torchvision 的结构框架

1）torchvision.datasets 模块提供了许多常用的图像数据集，使用户可以方便地训练和测试深度学习模型。例如，MNIST、CIFAR-10、ImageNet 等数据集都可以通过这个模块方便地获取和加载。

2）torchvision.models 主要包含预训练的深度学习模型，这些模型在图像分类、目标检测、图像生成等任务中表现优异。通过这个模块用户可以轻松地加载这些预训练模型，也可以用它们作为基础模型进行微调等操作。

3）torchvision.transforms 模块提供了一系列用于图像预处理和增强的转换函数。这些转换函数可以方便用户进行数据增强、图像标准化、裁剪等操作，以提高模型的泛化能力。通过这个模块用户还可以构建数据管道，对输入图像进行灵活处理。

4）torchvision.utils 模块主要包含一些与视觉处理相关的实用工具函数。例如 make_grid() 可以创建一个图像网格，用户进而能可视化多张图像；save_image() 可将图像保存为文件等。

## 13.3 数据载体模块

在 PyTorch 中核心数据结构是张量（Tensor），它类似于 NumPy 数组，但具有额外的特性，如自动梯度追踪等。张量是 PyTorch 深度学习中数据处理和计算的核心，提供了丰富的功能和灵活性，是构建和训练神经网络的基础。

用户可以通过多种方式创建张量，包括使用特定的一些内置函数或者直接从 Python 列表转换等，具体阐述见 13.3.1 节。另外所有 tensor 类型的数据都具有 8 种基本属性，这部分内容会在 13.3.2 节详细介绍。然后张量的基本操作和运算函数也经常用于搭建深度学习模型，在 13.3.3 节将列举 PyTorch 中常用的函数操作。其次 PyTorch 的张量可以与 NumPy 数组进行转换，这种互操作性使得用户可以在 PyTorch 和其他科学计算库之间轻松切换。并且用户也能仿照 NumPy 使用索引和切片对张量进行访问和操作，具体阐述见 13.3.4 节。在某些应用中用户需要对图像进行操作，所以在 13.3.5 节将介绍 ToTensor() 和 Lambda 两种常用的转换操作，它们的作用分别是将图像转换为张量形式和执行用户自定义的转换函数。最后，13.3.6 节是对本节内容的总结。

### 13.3.1 初始化张量

tensor 是一种包含单一数据类型元素的多维矩阵，也是 PyTorch 中最基本的数据结构。torch 定义了多种 CPU 类型和 GPU 类型的张量，如图 13-3 所示，包括 8 位无符号整型，8 位、16 位、32 位、64 位有符号整型，32 位、64 位浮点型、布尔类型。

使用 torch.Tensor() 和 torch.Tensor([]) 创建张量，主要区别在于创建对象的大小和值不同。前者会创建一个指定形状的张量，但其中的元素未被初始化，数值内容可能是随机的，这取决于内存中的状态。后者会根据提供的数据类型来确定张量的数据类型，[] 中的内容即最终张量包含的数据。示例如下：

```
#建立一个（2，3）的张量
tensor_1 = torch.Tensor(2, 3)
print(tensor_1)
```

输出结果为：

```
>>> tensor([[5.2943e-08, 5.3137e-08, 5.4883e-05],
[1.0257e-08, 6.7019e-10, 2.1144e+20]])
```

| 数据类型 | CPU 类型张量 | GPU 类型张量 |
|---|---|---|
| 8 位无符号整型 | torch.ByteTensor | torch.cuda.ByteTensor |
| 8 位有符号整型 | torch.CharTensor | torch.cuda.CharTensor |
| 16 位有符号整型 | torch.ShortTensor | torch.cuda.ShortTensor |
| 32 位有符号整型 | torch.IntTensor | torch.cuda.IntTensor |
| 64 位有符号整型 | torch.LongTensor | torch.cuda.LonfTensor |
| 32 位浮点型 | torch.FloatTensor | torch.cuda.FloatTensor |
| 64 位浮点型 | torch.DoubleTensor | torch.cuda.DoubleTensor |
| 布尔类型 | torch.BoolTensor | torch.cuda.BoolTensor |

图 13-3　张量的类型

```
# 建立元素为 [2, 3] 的一维张量
tensor_2 = torch.Tensor([2, 3])
print(tensor_2)
```

输出结果为：

```
>>> tensor([2., 3.])
```

从以上示例中可以看到，如果使用 torch.Tensor(2, 3) 创建张量，仅指定了其形状为 (2, 3)，但是其具体的元素数值是随机的，并没有被特定地初始化；如果使用 torch.Tensor([2, 3]) 创建张量，则提供了具体的数据 [2, 3]，故最后输出的张量数据类型和取值都是确定的。

torch.FloatTensor() 用于生成数据类型为浮点型的张量，传递的参数可以是列表也可以是一个维度值。同理，torch.IntTensor() 函数用于生成数据类型为整型的张量，传递的参数可以是列表也可以是维度值。具体示例如下：

```
# 建立一个 (2, 3) 的浮点型张量
x = torch.FloatTensor([[1, 2, 3], [4, 5, 6]])
print(x[1][2])
```

输出结果为：

```
>>> 6.0
```

```
# 将 x 中索引为 [0][1] 的元素的值修改为 8
x[0][1] = 8
print(x)
```

输出结果为：

```
>>> tensor([[1., 8., 3.], [4., 5., 6.]])
>>> [torch.FloatTensor of size 2×3]
```

上面的示例代码中，首先创建一个浮点型的张量 x，其包含两个子列表（行），每个子列表有三个元素（列）。然后输出 x 中索引为 [1][2] 的元素，即第二行第三列元素，可以看到其数值为 6.0，数据类型为浮点型。接下来将 x 中索引为 [0][1] 的元素的值修改为 8，再输出修改后的张量 x，可以看到结果发生相应的改变。

torch.randn() 用于生成数据类型为浮点型且指定形状的随机张量，和 NumPy 中使用的 numpy.randn() 方法类似，随机生成的浮点数的取值满足均值为 0、方差为 1 的正态分布。torch.randperm() 函数可以将 0~n（包含 0 不包含 n）间的所有整数进行随机排序并输出。示例代码如下所示：

```
# 调用 torch.randn() 函数且指定张量形状为 (2, 3)
a = torch.randn(2, 3)
print(a)
```

输出结果为：

```
>>> tensor([[ 0.5547, -1.1541, -0.5507][ 0.3186, -0.7956, -1.3104]])
```

```
# 建立一个各元素为整数 0~9 并随机排序的张量
b = torch.randperm(10)
print(b)
```

输出结果为：

```
>>> tensor([9, 7, 6, 4, 5, 8, 1, 0, 3, 2])
```

从上面代码中可以看到，当调用 torch.randn() 函数且指定形状为 (2, 3) 时，生成的张量为二行三列的浮点型，同时六个元素服从均值为 0、方差为 1 的正态分布。接下来调用 torch.randperm(10)，张量 b 的各元素即整数 0~9 随机排序的结果。

torch.zeros() 用于生成数据类型为浮点型且指定形状的张量，并且这个张量的元素值全部为 0。同理，torch.ones() 可生成元素全部为 1 的张量。示例如下：

```
# 创建一个形状为 (3, 4) 的全零张量
zeros_tensor = torch.zeros(3, 4)
print(zeros_tensor)
```

输出结果为：

```
>>> tensor([[0., 0., 0., 0.],
          [0., 0., 0., 0.],
          [0., 0., 0., 0.]])
```

torch.range(begin, end, step) 用于生成数据类型为浮点型并且有起始范围和结束范围的张量，所以需传递的参数有三个，分别为起始值（begin）、结束值（end）、步长（step），其中步长指定数据间隔。示例如下：

```
# 创建一个 begin、end、step 的值分别是 1、20、2 的张量
a = torch.range(1, 20, 2)
print(a)
```

输出结果为：

```
>>> tensor([ 1., 3., 5., 7., 9., 11., 13., 15., 17., 19.])
```

上面的代码中使用 torch.range() 函数创建张量 a，其中参数 begin、end、step 的值分别是 1、20、2。故该张量共有 20/2=10 个元素，起始值为 1。

torch.empty() 用于创建一个未被初始化数值的张量，张量的大小由参数大小确定。可以用列表或者元组定义该张量的形状，示例代码如下：

```
# 创建与未被初始化数值的张量 t 具有相同形状和数据类型的新张量
t = torch.empty((1,2), dtype=torch.int32, device = 'cuda')
new_tensor = torch.empty_like(t)
```

```
print(new_tensor)
```

输出结果为:

```
>>> tensor([[0, 0]], device='cuda:0', dtype=torch.int32)
```

在上面的示例代码中,首先使用 torch.empty() 函数创建了一个未被初始化数值的 int32 型张量,然后通过 torch.empty_like() 创建与张量 t 具有相同形状和数据类型的新张量,可以看到新张量的形状也是 (1,2),元素的数据类型也是 torch.int32。

### 13.3.2 张量的属性

所有 tensor 类型的数据都具有以下 8 种基本属性:

1) data:被包装的张量数据。
2) dtype:张量的数据类型。
3) shape:张量的形状。
4) device:张量所在的设备(GPU/CPU),张量在 GPU 上才可使用加速。
5) grad:数据的梯度。
6) grad_fn:表示函数,记录创建张量时用到的方法。它在求导过程中需要用到,是自动求导的关键。
7) requires_grad:表示是否需要计算梯度。
8) is_leaf:表示是否是叶节点。为了节省内存,在反向传播后非叶节点的梯度默认是被释放掉的。如果想保留中间节点的梯度,可以使用 retain_grad() 方法。

### 13.3.3 张量的基本运算和操作

1) 张量与标量可以直接进行运算,原理是张量的每一个元素都与该标量进行对应的操作,具体示例如下:

```
# 创建一维张量并与标量1相加
a = torch.tensor([1, 2])
print(a+1)
```

输出结果为:

```
>>> tensor([2, 3])
```

上面的加法运算在 PyTorch 中也可用 torch.add() 代替,该函数返回输入张量的求和结果作为输出。输入可以全部是 tensor 数据类型的变量,也可以一个是 tensor 数据类型的变量,另一个是标量。

2) 两个相同大小的张量可以进行运算,具体操作是这两个张量的对应元素进行相应运算。两个形状相同的张量相乘也称作 element wise,与除法、幂运算等类似。示例代码如下所示:

```
# 创建两个1×2的张量并做element wise
a = torch.tensor([1., 2])
b = torch.tensor([2., 3.])
print(a*b)
print(torch.mul(a, b))
```

输出结果为:

```
>>> tensor([2., 6.])
>>> tensor([2., 6.])

# 创建两个 1×2 的张量并做幂运算
a = torch.tensor([1., 2.])
b = torch.tensor([2., 3.])
c1 = a ** b
c2 = torch.pow(a, b)
print(c1, c2)
```

输出结果为：

```
>>> tensor ([1., 8.])  tensor([1., 8.])
```

在上面代码中首先创建两个大小相同的张量 a 和 b，可以看到 a*b 和 torch.mul(a, b) 的输出结果相同，都是 tensor([2., 6.])；同理 a ** b 与 torch.pow(a, b) 的输出结果也相同，都是 tensor ([1., 8.])。

3）torch.mm() 返回输入张量的求积结果作为输出，不过这个求积方式与前面的 torch.mul() 运算方式不太一样。torch.mm() 运用矩阵间的乘法规则进行计算，故被传入的张量会被当作矩阵进行处理，其维度自然也要满足矩阵乘法的前提条件，即前一个矩阵的列数需和后一个矩阵的行数相等。以下是具体的示例：

```
# 创建两个 2×3 的张量并相乘
a = torch.randn(2, 3)
b = torch.randn(2, 3)
print(a)
print(b)
print(torch.mm(a,b.T))
```

输出结果为：

```
>>> tensor([[0.1057, 0.0104, -0.1547][0.5010, -0.0735, 0.4067]])
>>> tensor([[ 1.1971, -1.4010, 1.1277][-0.3076, 0.9171, 1.9135]])
>>> tensor([[-0.0625, -0.3190][ 1.1613, 0.5567]])
```

可以看到如果对张量 a 和 b 进行 torch.mm() 运算，则需要将 b 先转置变成 3×2 的张量，以实现 a 的列数和 b 的行数相等。最后，输出结果的形状为（2, 2）。

4）假如参与运算的是多维张量，那么只可以使用 torch.matmul()。在多维张量中参与矩阵运算的实际只有后两个维度，前面的维度如同索引，示例如下：

```
# 创建前两个维度相同的张量做 torch.matmul 运算
a = torch.rand((1, 2, 64, 32))
b = torch.rand((1, 2, 32, 64))
print(torch.matmul(a, b).shape)
```

输出结果为：

```
>>> torch.size([1, 2, 64, 64])
```

从上面的代码中可以看到输出结果的形状为 (1, 2, 64, 64)，其中第一个维度和第二个维度与两个乘数均保持一致，张量 a 和 b 只有后两个维度参与 torch.matmul() 相乘运算。

下面示例中的两个多维张量也是可以相乘的，此处涉及一个自动传播（Broadcasting）机制，这种情况下会把 b 的第一个维度复制 3 次，然后再进行矩阵相乘。

```
# 创建前两个维度不同的张量做 torch.matmul 运算
a = torch.rand((3, 2, 64, 32))
```

```
b = torch.rand((1, 2, 32, 64))
print(torch.matmul(a, b).shape)
```

输出结果为：

```
>>> torch.size([3, 2, 64, 64])
```

可以看到结果张量的形状为 (3, 2, 64, 64)，即张量 b 的第一个维度先变成 3，与 a 的第一个维度相同。然后前两个维度保持不变，最后两个维度参与相乘运算得到结果。

5）在 PyTorch 中也提供了多种近似值运算，具体示例如下所示：

```
# 创建张量
c = torch.tensor(1.2345)
# .ceil() 向上取整, 1.2345 向上取整的结果为 2
print(c.ceil())
# .floor() 向下取整, 1.2345 向下取整的结果为 1
print(c.floor())
# .trunc() 取整数, 1.2345 取整数的结果为 1
print(c.trunc())
# .frac() 取小数, 1.2345 取小数的结果为 0.2345
print(c.frac())
# .round() 四舍五入, 1.2345 四舍五入的结果为 1
print(c.round())
```

输出结果为：

```
>>> tensor(2.)
>>> tensor(1.)
>>> tensor(1.)
>>> tensor(0.2345)
>>> tensor(1.)
```

6）tensor.squeeze() 为降维运算。若 squeeze() 括号内为空，则将张量中所有大小为 1 的维度进行压缩，比如将形状为 (1, 2, 1, 9) 的张量降维到 (2, 9)；而大小不为 1 的维度则保持原形状不变，比如将形状为 (2, 3, 4) 的张量进行压缩后维度不变。若括号中有指定的维度 dim，则将张量中对应的 dim 维度进行压缩，比如对形状为 (1, 2, 1, 9) 的张量执行 squeeze(2)，则该张量的形状会变成 (1, 2, 9)；但若 dim 维度不为 1，则压缩后维度保持不变。具体示例代码如下：

```
# 创建一个形状为 (1, 3, 1, 2) 的张量
x = torch.randn(1, 3, 1, 2)
print(x.shape)
# 压缩大小为 1 的维度
y = x.squeeze()
print(y.shape)
```

输出结果为：

```
>>> torch.size([1, 3, 1, 2])
>>> torch.size([3, 2])
```

```
# 指定要压缩的维度
z = x.squeeze(dim=0)
print(z.shape)
```

输出结果为：

```
>>> torch.size([3, 1, 2])
```

从上述代码中可以看到，如果直接对张量 x 进行 squeeze() 降维，括号中没有指定的维度则结果将 x 的第一个维度和第三个维度的 1 均压缩除掉；如果执行 x.squeeze(dim=0) 操作，指定压缩第一个维，那么结果依然会保留原先第三个维度的 1 不进行压缩。

7）tensor.unsqueeze() 与 tensor.squeeze() 作用相反，unsqueeze() 函数是在不同的位置插入新维度，括号中的参数指定新插入维度的位置，若为负数 i 则表示倒数第 i 维。具体示例如下：

```
# 创建一个形状为 (3, 2) 的张量
x = torch.randn(3, 2)
# 在第二个维度上插入新维度
y = x.unsqueeze(dim=1)
print(y.shape)
```

输出结果为：

```
>>> torch.size([3, 1, 2])
```

```
# 在倒数第二个维上插入新维度
y = x.unsqueeze(dim=-2)
print(y.shape)
```

输出结果为：

```
>>> torch.size([3, 1, 2])
```

8）torch.cat((a,b), dim) 表示在维度 dim 上进行张量拼接，所以要注意维度保持一致。假设 a 为形如 ($h_1$, $w_1$) 的二维张量，b 为形如 ($h_2$, $w_2$) 的二维张量，torch.cat((a,b),0) 则表示在第一个维度进行拼接，即在行方向拼接，所以 $w_1$ 和 $w_2$ 必须相等。同理 torch.cat((a,b),1) 表示在第二个维度进行拼接，即在列方向拼接，所以 $h_1$ 和 $h_2$ 必须相等。具体如下：

```
# 创建两个张量
a = torch.randn(2, 3)
b = torch.randn(2, 4)
# 在第二个维度上进行 torch.cat() 操作，即在列方向拼接
c = torch.cat((a, b) , dim=1)
print(a, b, c)
```

输出结果为：

```
>>> tensor([[-0.55, -0.84, -1.60][0.39, -0.96, 1.02]]),
>>> tensor([[-0.83, -0.09, 0.05, 0.17][0.28, -0.74, -0.27, -0.85]]),
>>> tensor([[-0.55, -0.84, -1.60, -0.83, -0.09, 0.05, 0.17],
[0.39, -0.96, 1.02, 0.28, -0.74, -0.27, -0.85]]))
```

从上述代码中可以看到，如果对张量 a 和 b 在第二个维度上进行 torch.cat() 操作，即在列方向拼接，则需满足两个张量的第一个维度相同，最后得到的结果形状为 (2, 3+4) 即 (2, 7)。

若 a 为形如 ($c_1$, $h_1$, $w_1$) 的三维张量，b 为形如 ($c_2$, $h_2$, $w_2$) 的三维张量，torch.cat((a,b),0) 表示在第一个维度进行拼接，此处则是在特征的通道维度进行拼接，其他维度必须保持一致，即 $w_1 = w_2$，$h_1 = h_2$。torch.cat((a,b),1) 表示在第二个维度进行拼接，必须保证 $w_1 = w_2$，$c_1 = c_2$。torch.cat((a,b),2) 则表示在第三个维度进行拼接，即必须保证 $h_1 = h_2$，$c_1 = c_2$。

9）tensor.expand() 主要用于扩展张量，通过值复制的方式将大小为 1 的维度扩大为更大的大小。使用 expand() 函数不会使原始张量的值改变，所以需要将结果重新赋值。使用

该函数也可以将张量扩展为更高维,且新增加的维度在最外层。同时该方法不需要分配新内存,只需要新建视图。如果传入的参数是 –1,则意味着维度改变时不涉及这个维度。下面是具体的示例:

```
# 创建形状为 (3, 1) 的张量
x = torch.tensor([[1], [2], [3]])
print(x.shape)
```

输出结果为:

```
>>> torch.size([3, 1])
# 扩展列数至 4
y = x.expand(3, 4)
print(y)
```

输出结果为:

```
>>> tensor([[1, 1, 1, 1], [2, 2, 2, 2], [3, 3, 3, 3]])
# -1 意味着不改变维度的大小
y = x.expand(-1, 4)
print(y)
```

输出结果为:

```
>>> tensor([[1, 1, 1, 1], [2, 2, 2, 2], [3, 3, 3, 3]])
# 维度的扩增只能在最外层实现
y = x.expand(4, 3, 4)
print(y)
```

输出结果为:

```
>>> tensor([[[1, 1, 1, 1], [2, 2, 2, 2], [3, 3, 3, 3]],
 [[1, 1, 1, 1], [2, 2, 2, 2], [3, 3, 3, 3]],
 [[1, 1, 1, 1], [2, 2, 2, 2], [3, 3, 3, 3]],
 [[1, 1, 1, 1], [2, 2, 2, 2], [3, 3, 3, 3]]])
```

从上述代码中可以看到,如果执行 x.expand(3, 4) 操作,而 x 的第二个维度原先为 1,故会在该维度进行复制,最后的结果形状为 (3, 4)。如果执行 x.expand(-1, 4) 操作,即不改变张量 x 的第一个维度,仅仅通过值复制的方式将第二个维度扩大为 4。如果执行 x.expand(4, 3, 4) 操作,则会在最外层增加新的维度,由原先的二维张量得到新的三维张量,其形状为 (4, 3, 4)。

10)torch.stack() 的作用是沿着一个新维度对输入张量序列进行堆叠,在该维度上连接若干个形状相同的张量。具体来说,把多个二维张量堆叠成一个三维张量;多个三维张量堆叠成一个四维张量,以此类推,也就是增加新的维度进行堆叠。示例代码如下:

```
# 假设以下是时间步 T1 的输出
T1 = torch.tensor([[1, 2, 3],
                   [4, 5, 6],
                   [7, 8, 9]])
# 假设以下是时间步 T2 的输出
T2 = torch.tensor([[10, 20, 30],
                   [40, 50, 60],
                   [70, 80, 90]])
print(torch.stack((T1,T2), dim=0).shape)
print(torch.stack((T1,T2), dim=1).shape)
```

```
print(torch.stack((T1,T2), dim=2).shape)
print(torch.stack((T1,T2), dim=3).shape)
```

输出结果为：

```
>>> torch.size([2, 3, 3])
>>> torch.size([3, 2, 3])
>>> torch.size([3, 3, 2])
>>>IndexError: Dimension out of range (expected to be in range of [-3, 2], but got 3)
```

从上述代码中可以看到张量 T1 和 T2 形状相同，如果在第一个维度（dim=0）堆叠 T1 和 T2，会得到形状为 (2, 3, 3) 的新张量，相当于在最外层添加一个维度；如果在第二个维度（dim=1）堆叠，会得到形状为 (3, 2, 3) 的新张量，相当于在第二层添加一个维度；如果在第三个维度（dim=2）进行堆叠，会得到形状为 (3, 3, 2) 的新张量，则相当于在最里层添加一个维度。由于多个二维张量只能堆叠成一个三维张量，所以结合 Python 下标索引可知参数 dim 的取值为 [–3, 2]。因此如果运行 torch.stack((T1,T2), dim=3)，会出现 IndexError 报错信息。

11）torch.reshape(input, shape) 函数能返回与输入有相同数据和元素数目的张量，但具有其他指定的形状。示例代码如下：

```
# 创建一个 1×4 的张量 a，元素分别是 0, 1, 2, 3
a = torch.arange(4.)
# 将其重排为 (2, 2) 的形状并输出
print(torch.reshape(a, (2, 2)))
```

输出结果为：

```
>>> tensor([[ 0., 1.], [ 2., 3.]])
```

```
# 创建一个 2×2 张量，重排为一行四列的形状并输出
b = torch.tensor([[0, 1], [2, 3]])
print(torch.reshape(b, (-1,)))
```

输出结果为：

```
>>> tensor([0, 1, 2, 3])
```

在上面的代码中首先使用 torch.arange() 创建一个 1×4 的张量 a，元素分别是 0, 1, 2, 3。接下来如果将其重排为 (2, 2) 的形状，可以看到输出的新张量四个元素的取值并没有变化，只是重排为两行两列的格式。然后创建一个 2×2 的张量 b，reshape() 括号中的 shape 写法为 (–1,)，那么会将张量 b 重排为一行四列的格式，元素个数和数值依然不变。

以上总共介绍了 11 种张量的基本运算和操作，这些都是利用 PyTorch 框架编写代码的基础知识，在不同的应用实现中用户可以根据需要来选择和运用。

## 13.3.4 张量与 NumPy 数组

张量与 NumPy 数组间具有很高的相似性，彼此之间的互操作也非常简单高效。由于 NumPy 的历史悠久，并支持非常丰富的操作，所以当遇到张量不支持的操作时可以先转成 NumPy 数组，处理后再转回为张量，并且其转换开销也很小。

需要注意的是，NumPy 产生的数组类型为 numpy.ndarray，与 torch.tensor() 不同。另外打印数组类型的方式也有区别，NumPy 中没有 x.type() 的用法，只能使用 type(x)。

PyTorch 张量与 NumPy 数组的区别和联系从以下不同方面论述。

## 1. PyTorch 张量与 NumPy 数组的区别

**（1）计算图和自动微分**
- PyTorch 张量：PyTorch 张量是计算图的一部分，支持自动微分（Autograd），因此可以轻松地进行反向传播和优化。
- NumPy 数组：NumPy 数组不包含计算图和自动微分功能。

**（2）深度学习框架**
- PyTorch 张量：PyTorch 是一个深度学习框架，其中的张量是构建神经网络的基本数据类型。
- NumPy 数组：NumPy 是用于科学计算的通用库，其数组主要用于数学、统计等领域。

**（3）支持硬件加速**
- PyTorch 张量：PyTorch 可以利用 GPU 进行硬件加速，适用于大型的深度学习任务。
- NumPy 数组：通常在 CPU 上运行，虽然有些扩展库（如 NumPyro）支持 GPU 加速，但它的主要用途是科学计算。

**（4）操作和语法**
- PyTorch 张量：PyTorch 张量的操作与深度学习任务紧密相关，其语法和操作更符合神经网络的需求。
- NumPy 数组：NumPy 数组是通用的，用于数学和科学计算，其操作和语法更广泛适用于其他不同领域。

## 2. PyTorch 张量与 NumPy 数组的联系

1）多维数组：两者都支持多维数组，可以表示向量、矩阵和更高维的数据结构。

2）广播：NumPy 和 PyTorch 都支持广播，这是一种按元素进行操作的机制，使得不同形状的数组能够进行逐元素的操作而不需要显式扩展。

3）索引：PyTorch 张量的索引操作与 NumPy 非常类似，主要包含下标索引（相当于 NumPy 中的基础索引）、表达式索引（相当于 NumPy 中的布尔索引）、使用 torch.where() 与 Tensor.clamp() 的选择索引。

4）互相转换：PyTorch 张量和 NumPy 数组可相互转换，以方便在两个生态系统间进行数据传递。

## 3. NumPy 数组转换为 PyTorch 张量的方法

1）如果要将 int64 类型的 NumPy 数组转换为 PyTorch 张量，同时保持数据类型不变，可以使用 torch.as_tensor() 函数。并且这个函数不会创建新的张量副本，而是与原始数据共享内存，因此在处理大型数组时可以提高效率。下面是示例代码：

```
# 创建一个 int64 类型的 NumPy 数组
numpy_array = np.array( [1, 2, 3, 4, 5], dtype=np.int64)
# 将 NumPy 数组转换为 PyTorch 张量，保持数据类型不变
tensor = torch.as_tensor(numpy_array)
print(tensor)
print(tensor.dtype)
```

输出结果为：

```
>>> tensor([1, 2, 3, 4, 5])
>>> torch.int64
```

可以看到经过转换后的张量的数据类型与原始的 NumPy 数组相同，都是 int64 类型。

2）在将 NumPy 数组转换为 PyTorch 张量时，也可以使用 torch.from_numpy() 函数。但是这个函数可以指定转换后的数据类型，示例代码如下：

```
# 创建一个 NumPy 数组
numpy_array = np.array( [1, 2, 3, 4, 5])
# 将 NumPy 数组转换为 PyTorch 张量，并指定数据类型为 torch.float64
tensor = torch.from_numpy(numpy_array).type(torch.float64)
print(tensor)
print(tensor.dtype)
```

输出结果为：

```
>>> tensor([1., 2., 3., 4., 5.], dtype=torch.float64)
>>> torch.float64
```

在上述示例中，用户创建了一个 NumPy 数组 numpy_array，其中的元素类型为 int64。然后使用 torch.from_numpy() 函数将该数组转换为张量，并通过 type() 方法指定数据类型为 torch.float64。

3）也可以直接使用 torch.tensor() 将 NumPy 数组转换为张量，但需要注意的是该方法会进行数据拷贝，即返回的张量和原来的 NumPy 数据不再共享内存。示例代码如下：

```
# 使用 torch.tensor() 将 NumPy 数组 a 转换为张量
c = torch.tensor(a)
print(c)
```

输出结果为：

```
>>> tensor([1., 1., 1., 1., 1.], dtype=torch.float64)
```

```
a += 1
print(a)
print(c)
```

输出结果为：

```
>>> array([2., 2., 2., 2., 2.])                              # a 的值加 1，发生改变
>>> tensor([1., 1., 1., 1., 1.], dtype=torch.float64)   # c 的值未变，因为拷贝不共享内存
```

本节主要介绍了 PyTorch 张量和 NumPy 数组的联系和区别，以及三种将 NumPy 数组转换为 PyTorch 张量的方式和具体用法。在实际应用中会经常利用二者之间的互操作性，把张量先转成 NumPy 数组，处理后再转回为张量以实现更加丰富复杂的操作。

### 13.3.5 图像转换和处理

在某些特定的应用中输入数据是图像格式，不便于用户进行后续的处理，因此会经常使用 torchvision.transforms 模块。本节将主要介绍两种常用的图像转换操作，即 ToTensor() 和 Lambda 转换函数，它们的作用分别是将图像转换为张量形式和执行用户自定义的转换函数。

#### 1. ToTensor()

ToTensor() 转换函数的作用是将 PIL 格式的图像或者 numpy.ndarray 转换成张量，同时进行归一化的操作，即将张量各元素的原始值从 0~255 变换成 0~1。以下是 ToTensor()

类的 call 函数，其所需的参数 pic 即 PIL 或 NumPy 类型的图像。

```
class ToTensor (object):
    def __call__(self, pic):
        """
        参数：
            pic (PIL 格式的图像或 numpy.ndarray)：图像转换成张量
        返回：
            Tensor：转换后的图像
        """
        return F.to_tensor(pic)
```

当用户在代码中调用 torchvision.transforms.ToTensor() 函数时，实际上是调用 ToTensor() 类的 call 函数，将传入的图像数据转换成张量格式。以下是具体的示例代码：

```
from PIL import Image
from torchvision import transforms
# 根据具体路径创建 PIL 图像
img_PIL = Image.open ("datasets2/train/ants_image/0013035. jpg")
# 创建 ToTensor 对象，实例化工具
totensor_tool = transforms.ToTensor( )
# 接收 tensor 类型图像
img_tensor = totensor_tool(img_PIL)
print(img_tensor)
```

上述代码首先创建 PIL 类型的图像，然后实例化 ToTensor 类对象。接下来，隐式调用 ToTensor 类的 call 函数，把图像传入 ToTensor 类的实例对象中，即可生成 tensor 类型的数据输出。

### 2. Lambda 转换

Lambda 转换能实现用户定义的任何 Lambda 函数，其语法是唯一的，为 lambda argument_list: expression。其中 lambda 是 Python 预留的关键字，argument_list 和 expression 由用户自定义。输入是传到参数列表 argument_list 中的值，输出则是根据表达式 expression 计算得到的值。该函数不直接将图像进行转换，而是一般将图像的标签值（如类别）转换成张量。

在下面的代码中，FashionMNIST 采用 PIL 图像格式，标签为整数。用户可以将特征作为归一化张量，标签作为独热编码张量。为了完成这些转换用户需要使用 ToTensor 和 Lambda 转换，将 PIL 图像转换为张量的形式，并定义一个将整数转换为独热编码张量的 Lambda 函数。

```
import torch
from torchvision import datasets
from torchvision.transforms import ToTensor, Lambda
ds = datasets.FashionMNIST(
    root="data",              # 指定数据下载的根目录
    train=True,               # 指定这是训练数据集
    download=True,            # 如果数据不存在，则从互联网下载
    transform=ToTensor(),     # 将图像数据转换为 torch.Tensor
    target_transform=Lambda(lambda y: torch.zeros(10, dtype=torch.float).
        scatter_(0, torch.tensor(y), value=1))
)
```

上面代码中 Lambda 函数的逻辑是，首先创建一个大小为 10（数据集标签的数量）的全零张量，然后调用 .scatter_() 函数为索引分配指定值 1，代表某个图像所属的类别。

### 13.3.6 小结

本节的主题为 PyTorch 的数据载体模块，主要阐释了核心数据结构——张量的初始化、属性、基本运算和操作、与 NumPy 数组的联系和转换以及图像转换操作等相关知识。这些内容都是掌握 PyTorch 的基础，在不同的应用实现中用户都需要创建张量、利用张量的属性进行一系列的操作和运算。另外，如果张量无法支持某种计算，用户需要将其先转成 NumPy 数组，处理后再转回为张量。某些应用中输入数据是图像数据时，用户则会经常使用 torchvision.transforms 模块将这些数据转换为张量类型，同时根据需要进行相关处理，方便后续的系列操作和模型训练。

## 13.4 求导模块

PyTorch 的求导模块主要包含自动求导机制 torch.autograd 和求导函数 autograd.grad。每个张量操作都由一个与之对应的 Function 对象表示，该对象负责计算正向传播和反向传播的梯度。用户无须手动推导复杂的梯度公式，只需调用相应的函数即可得到梯度信息。

本节首先介绍 PyTorch 深度学习框架采用的计算图等相关知识，它是实现反向传播算法的基础，该部分将在 13.4.1 节进行阐述。神经网络中的参数更新基于链式求导法则，然后再执行梯度下降等优化算法完成反向传播，所以主要是依赖自动求导机制，这部分会在 13.4.2 节中详细介绍。13.4.3 节将阐述 PyTorch 中的 autograd.grad() 函数，以实现梯度计算，此处用户可以自定义各种函数关系，进而通过调用 autograd.grad() 函数完成求导。另外有时用户想阻止可微分张量从创建到结束的所有过程都被计算图全部记录，以减少内存资源的使用，具体实现方法见 13.4.4 节。最后，13.4.5 节是对求导模块内容的总结。

### 13.4.1 张量、函数与计算图

在 PyTorch、TensorFlow 等深度学习框架出现之前，用户通常需要为不同的神经网络编写各自的反向传播算法，这无疑会增加网络实现的难度和工作量。所以后来的深度学习框架引入了计算图技术，即不需要再为每一种网络架构实现相应的反向传播算法，用户只需要关注如何实现该神经网络的前馈运算。当前馈运算步骤完成后，深度学习框架会自动搭建一个计算图，通过这个图使反向传播算法自动进行。

另外深度学习模型在训练过程中其实就是对张量类型的数据进行各种计算操作，随着数据计算量的不断增大，如果没有选择一种合适的计算机制，会严重影响算法的执行效率，甚至很容易出现各种 bug，不利于深度学习项目的代码实现。可以说计算图技术的出现，大幅提升了构建神经网络和模型计算的效率。

计算图分为静态计算图与动态计算图。静态计算图是指在程序运行前就已经确定好计算图的结构，然后再进行计算，也就是说程序运行期间计算图的结构是不会改变的；动态计算图则是在程序运行时动态地生成计算图的结构。其实很多深度学习框架（如 TensorFlow、CNTK）都采用静态方式构建计算图，即一次性为网络构建计算图，然后多次使用。其优势也很明显，可以节省多次构建的时间，并且能够在运算之前对计算图进行优化。不过现在静态计算图与动态计算图间的分界线逐渐模糊。TensorFlow 1.7 引入了 Eager Execution，允许其动态构建计算图。PyTorch 也引入了 TorchScript，允许用户将 PyTorch 模型转换成 TorchScript 的中间表示后再进行序列化，即可把模型部署到各种平台。

下面重点介绍 PyTorch 采用的动态计算图,即计算图的构建与计算同时进行。这种方式更加灵活,允许用户在不同的迭代步采用不同的网络结构,也可以根据不同的输入生成不同的计算图,便于处理变长输入、循环等复杂的情况。

简单来说,计算图是用来描述运算的有向无环图,主要由节点和边组成。

- 节点表示各种类型的数据,比如数组、张量等。
- 边表示运算法则,比如加、减、乘、除、卷积操作等。

如图 13-4 所示,图中方框节点即表示变量/数据,椭圆节点则表示各种运算操作,它们彼此相连构成了一个有向无环图。计算图使得整体的计算过程看起来非常简洁和清晰,按照计算图的流向进行前向传播可以很容易计算出各变量的值,同时在反向传播时对各参数求梯度也变得更加方便。

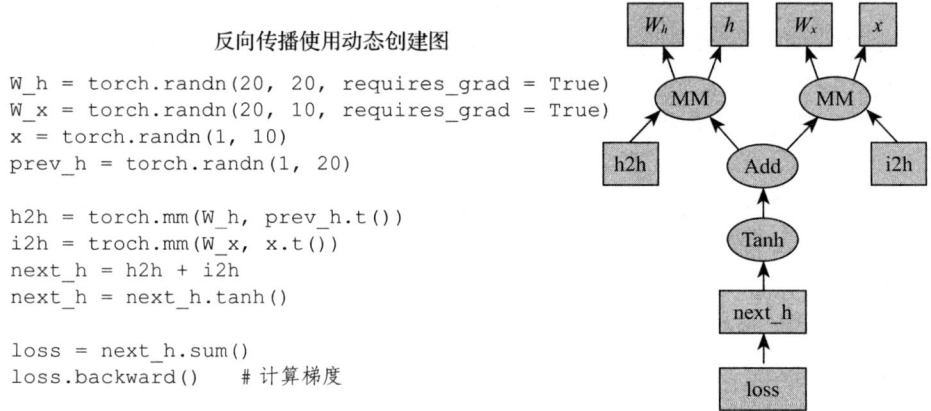

```
反向传播使用动态创建图
W_h = torch.randn(20, 20, requires_grad = True)
W_x = torch.randn(20, 10, requires_grad = True)
x = torch.randn(1, 10)
prev_h = torch.randn(1, 20)

h2h = torch.mm(W_h, prev_h.t())
i2h = troch.mm(W_x, x.t())
next_h = h2h + i2h
next_h = next_h.tanh()

loss = next_h.sum()
loss.backward()      # 计算梯度
```

图 13-4　PyTorch 的动态计算图示例

计算图中的节点可以分为三种类型。叶节点,也就是初始输入的可微分张量;输出节点,也就是最后计算得出的张量;中间节点,计算图中除了叶节点和输出节点其他都是中间节点。计算图可以有多个叶节点和中间节点,但大多数情况下只有一个输出节点。例如图 13-4 中的 loss 变量即输出节点,$W_h$、$W_x$、$x$、$h$ 变量即叶节点,其他都是中间节点。

中间节点也可以执行反向传播,但很多时候由于存在复合函数关系,中间节点反向传播得到的求导结果和输出节点反向传播得到的求导结果并不相同。例如 $y$ 是 $x$ 的函数,同时 $z$ 是 $y$ 的函数。那么 $z$ 也可以用 $x$ 来表示,但是 $z$ 对 $x$ 的求导结果与 $y$ 对 $x$ 的求导结果一般情况下是不同的。

动态计算图有两层含义,第一层含义是计算图的正向传播是立即执行的,无须等待完整的计算图创建完毕,每条语句都会在计算图中动态添加节点和边,并立即执行正向传播得到计算结果。而第二层含义是计算图在反向传播后立即销毁,下次调用需要重新构建计算图。如果使用 backward 方法执行反向传播,或者利用 autograd.grad 方法计算梯度,那么创建的计算图会被立即销毁以释放存储空间。

### 13.4.2　自动求导机制

torch.autograd 是 PyTorch 的自动微分引擎,该机制能够自动计算张量的梯度,可为神经网络训练提供强有力的支持。

引入自动求导机制是至关重要的，因为它能够有效计算模型参数的梯度，并且支持用户自定义的梯度计算方法，无须用户手动计算那些复杂的梯度。在神经网络中权重参数更新的基础实际上是借助导数的链式法则，然后执行梯度下降等优化算法将其损失反向传播。所以对于一个深度学习框架来说自动求导机制不可或缺，它是最重要和最基本的操作之一，能够为用户实验新的模型结构和优化方法提供方便。

在具体的实现中，autograd 会随着用户的操作记录生成当前变量的所有操作，并建立一个有向无环图（DAG）。图中记录了具体的操作函数，每一个变量在图中的位置可以通过其 grad_fn 属性在图中的位置推测得到。在反向传播过程中，autograd 则沿着这个图从当前变量（根节点）溯源，利用链式求导法则计算叶节点的梯度。每一个前向传播操作的函数都有与之对应的反向传播函数，反向传播函数用来计算各个输入变量的梯度，其函数名通常以 backward 结尾。

由于 PyTorch 采用动态图机制，在每一次反向传播结束之后，计算图（此时的计算图既有前向传播的数据也有反向传播的梯度数据）都会被释放掉，只有叶节点的梯度会被保留。由于叶节点的梯度不会自动清零，每次反向传播叶节点的梯度都会和上次反向传播得到的梯度叠加，因此权重更新后经常需要通过 optimizer.zero_grad() 函数将叶节点的梯度手动清零。

下面详细介绍 PyTorch 自动求导机制使用的 torch.autograd.backward() 相关参数。
- tensors：表示参加求导的张量，如 loss 函数。
- retain_graph：表示是否保存计算图。由于 PyTorch 采用动态图机制，在每一次反向传播结束后计算图都会被释放掉，如果用户不想释放可设置该参数为 True。
- create_graph：表示创建导数计算图，通常用于高阶求导。
- grad_tensors：如果有多个 loss 函数需要计算梯度，便要设置这些 loss 的权重比例。

在很多深度学习框架的代码中，用户经常会看到 loss.backward()，该语句可以实现自动求导，因为 backward() 函数实际上是通过调用 torch.autograd.backward() 函数而求梯度的。

```
x = torch.tensor([1.0, 2.0], requires_grad=True)
w = torch.tensor([1.0, 1.0])
y = torch.inner(w, x)
y.backward()
y.backward()
```

由于执行 backward() 后程序会释放计算图，所以如果用户尝试再次执行该函数则会运行报错。比如上面的示例中用户在 y.backward() 后再添加一句 y.backward()，可以看到出现 RuntimeError 提示，报错截图信息如图 13-5 所示。

```
RuntimeError                              Traceback (most recent call last)
<ipython-input-82-7bc2d282a69d> in <cell line: 5>()
      3 y = torch.inner(w, x)
      4 y.backward()
----> 5 y.backward()
```

图 13-5 重复执行 backward() 函数的报错截图

### 13.4.3 梯度计算

PyTorch 中的张量不仅仅是一个纯计算的载体，它本身也支持微分运算。这种可微分性不仅体现在用户可使用 grad 函数对其进行求导，更重要的是它体现在可微分张量参与的所有运算中。有时用户会用输出值对输入变量（不是权重和偏差）求导，或者计算网络对输入变量求导。以上两种需求，均可以用 PyTorch 中的 autograd.grad() 函数实现：

```
torch.autograd.grad(outputs,
                    inputs,
                    grad_outputs= ,
                    retain_graph= ,
                    create_graph=False)
```

下面是 autograd.grad() 函数的相关参数。
- outputs：求导的因变量（需要求导的函数）。
- inputs：求导的自变量。
- grad_outputs：如果 outputs 为标量则 grad_outputs=None；如果它是向量，则此参数必须指定。
- retain_graph：若为 True 则保留计算图，若为 False 则释放计算图。
- create_graph：若要计算高阶导数，则必须选为 True。

当 outputs 为标量时不需要设置 grad_outputs，即保持 grad_outputs=None。示例代码如下：

```
import torch
x = torch.rand(3, 4)
x.requires_grad_( )
print(x)
# 对 x 中的所有元素求和，得到的结果是标量
y = torch.sum(x)
print(y)
# 不加 [0]，结果是元组
grads = autograd.grad(y, x) [0]
print(grads)
```

输出结果如下：

```
>>> tensor([[0.2410, 0.9354, 0.4032, 0.6099],
[0.1518, 0.7081, 0.5910, 0.8511],
[0.1515, 0.6720, 0.4726, 0.5018]], requires_grad=True)
>>> tensor(6.2893, grad_fn=<SumBackward0>)
>>> tensor([[1., 1., 1., 1.], [1., 1., 1., 1.], [1., 1., 1., 1.]])
```

上述结果中的 requires_grad=True 表示 PyTorch 持续跟踪该张量的后续操作，并允许计算其梯度以支持自动微分，通常在深度学习中用于优化模型参数。

当 outputs 为向量时需要将 grad_outputs 设置为全 1 的、与 outputs 形状相同的张量，示例代码如下：

```
import torch
# 每一行的前两列进行计算
y = x[:, 0] + x[:, 1]
# y 为向量
print(y)
grad = autograd.grad(y, x, grad_outputs=torch.ones_like(y))[0]
print(grad)
```

输出结果为：

```
>>> tensor([1.1764, 0.8599, 0.8235], grad_fn=<AddBackward0>)
>>> tensor([[1., 1., 0., 0.], [1., 1., 0., 0.], [1., 1., 0., 0.]])
```

create_graph 需设置为 True 时才能计算高阶导数。例如用户构建一个 $y = x^2$ 的函数关系，则 $y$ 对 $x$ 的一阶导函数是 $2x$，二阶导函数为常量 2。具体实现代码如下所示：

```
y = x ** 2
grad1 = autograd.grad(y, x, grad_outputs=torch.ones_like(y), create_graph=True)[0]
print(grad1)
grad2 = autograd.grad(grad1, x, grad_outputs=torch.ones_like(grad1))[0]
print(grad2)
```

输出结果为：

```
>>> tensor([[0.4819, 1.8708, 0.8063, 1.2198],
 [0.3035, 1.4163, 1.1819, 1.7023],
 [0.3029, 1.3440, 0.9451, 1.0037]], grad_fn=<MulBackward0>)
>>> tensor([[2., 2., 2., 2.], [2., 2., 2., 2.], [2., 2., 2., 2.]])
```

grad1 代表 y 对 x 的一阶导数，根据 y = x**2 易知导函数为 2x，再结合上面所创建的 x 张量，可以得到 grad1。同理，grad2 代表 y 对 x 的二阶导数，根据该函数关系也可推出其二阶求导结果为常量 2，故 grad2 张量的所有元素均为 2。

### 13.4.4 禁用梯度跟踪

with torch.no_grad() 是一个上下文管理器（context manager），它会创建一个环境，在此环境之内的张量运算均不会计算梯度。当确定不会调用 tensor.backward() 时，禁用梯度计算对于推理非常有用，它将减少原本 grad=True 时需要的内存消耗。在此模式下即使输入变量的 requires_grad=True，每次计算的结果 requires_grad 仍为 False。且这个上下文管理器是本地的线程，不会影响其他线程中的计算。另外也可以使用 @ 装饰器，使本函数运行的代码都不产生梯度信息。两者的示例代码如下：

```
x = torch.tensor([1], requires_grad=True)
with torch.no_grad( ) :
y=x*2
print(y.requires_grad)
```

输出结果为：

```
>>> False
```

```
@torch.no_grad( )
def doubler(x):
return x * 2
z = doubler(x)
print(z.requires_grad)
```

输出结果为：

```
>>> False
```

可以看到虽然输入变量 x 的 requires_grad=True，使用 with torch.no_grad() 或者 @torch.no_grad() 后，关于 x 的函数 y 和 z 的属性 requires_grad 为 False，即未被跟踪记录梯度信息。

### 13.4.5 小结

本节主要介绍 PyTorch 的求导模块，对张量、函数与计算图、自动求导机制、梯度计算和禁用梯度跟踪这几部分进行了具体的阐释。张量、函数与计算图提供了基础结构，自动求导机制负责计算梯度，梯度计算对模型参数进行优化，而禁用梯度跟踪则在不需要求导时提高效率。这种设计使得 PyTorch 在处理复杂的神经网络结构时既灵活又高效。

## 13.5 效率工具模块

在机器学习和深度学习的应用中，数据的预处理、模型的加载以及结果的可视化都是很重要的步骤，它们直接影响用户运行代码的效率和模型实现的效果。然而，随着数据量和模型体量的增长，相关的处理代码变得难以管理和维护。这不仅会导致代码质量下降，也会使模型的训练效率降低。为了应对这些挑战，用户需要对数据处理部分的代码进行适当的抽象和封装，同时提供某种方式加载预训练模型，并利用可视化工具进行效果的呈现。

数据导入和封装涉及将原始数据（如图像、文本等）转换成模型可处理的格式，并封装成适合批量处理的形式。这一步通常会定义一个 Dataset 类来实现，用于加载和预处理数据，并通过 DataLoader 进行批量加载和迭代，该部分将在 13.5.1 节进行阐述。通过调用 torch.utils.model_zoo 工具库，用户可以直接下载、缓存和加载预训练模型，避免手动下载并解压缩模型的权重，此部分将在 13.5.2 节详细阐释。针对训练结果的可视化，用户可以借助 TensorBoard 等工具来展示相关变量的取值情况、具体的网络结构等，此部分见 13.5.3 节。最后，13.5.4 节是对本部分的总结。

### 13.5.1 数据导入和封装

PyTorch 框架提供了 torch.utils.data.Dataset 和 torch.utils.data.DataLoader 两个类。这两个类使得数据处理逻辑可以从模型训练逻辑中解耦，从而提高代码的可读性和模块性。Dataset 类用于封装数据集，负责存储样本数据和对应的标签。用户可以继承 Dataset 类来实现自定义数据集的封装，同时还可以利用 PyTorch 提供的预加载数据集，如 FashionMNIST。这些预加载的数据集已经是 Dataset 的子类，并且为特定数据实现了加载和转换的方法。

DataLoader 类是 PyTorch 中围绕 Dataset 的一个可迭代封装器，它的作用可以类比为一个高效的数据流水线。Dataset 用于封装和存储用户的样本数据，而 DataLoader 则是一个方便的工具，帮助用户高效地从 Dataset 中获取数据。通过 DataLoader，用户可以以批量方式轻松地获取样本，而不是逐个手动处理。这对于大规模数据集和复杂模型的训练非常重要。

DataLoader 的一个强大之处在于它支持并行处理数据加载。这意味着，当一个批次的数据被提取时，另一个批次的数据可以同时被加载，这样可以更好地利用计算资源，提高整体的数据处理效率。另外，DataLoader 还支持多种数据打乱和采样策略。数据打乱是指在每个训练周期中随机调整数据的顺序，这对于提升模型对样本的泛化能力很有帮助。采样策略允许用户灵活地选择不同的采样方式，例如有放回或无放回采样，以满足训练需求。以下是数据导入和封装的流程。

**1. 数据集加载**

在 PyTorch 中，数据集的加载通常涉及 Dataset 和 DataLoader 这两个类。Dataset 类是一个抽象类，用户需要根据自己的数据集继承这个类，并重写 \_\_len\_\_ 方法来提供数据集的大小，以及 \_\_getitem\_\_ 方法来获取数据及其标签。PyTorch 已经预先定义了一些常见数据集的子类，比如 CIFAR 和 MNIST，可以直接使用。当自定义的数据集类准备好后，可以通过 DataLoader 类来包装这个数据集。DataLoader 是一个可迭代的对象，它使用多线程（在 Windows 上是多进程）来异步加载数据，并支持自动批处理、数据打乱和并行处理等操作。可以使用以下参数加载数据集：

1）root 是存储训练/测试数据的路径。
2）train 指定是训练集还是测试集。
3）download=True 指将从互联网下载数据（如果在 root 路径下不可用）。
4）transform 和 target_transform 指定了特征和标签转换。

示例如下：

```
import torch
from torch.utils.data import Dataset
from torchvision import datasets
from torchvision.transforms import ToTensor
import matplotlib.pyplot as plt

# 加载训练数据集
training_data = datasets.FashionMNIST(
    root="data",              # 指定数据下载的根目录
    train=True,               # 指定这是训练数据集
    download=True,            # 如果数据不存在，则从互联网下载
    transform=ToTensor()      # 将图像数据转换为 torch.Tensor
)

# 加载测试数据集
test_data = datasets.FashionMNIST(
    root="data",              # 指定数据下载的根目录
    train=False,              # 指定这是测试数据集
    download=True,            # 如果数据不存在，则从互联网下载
    transform=ToTensor()      # 将图像数据转换为 torch.Tensor
)
z = doubler(x)
print(z.requires_grad)
```

对于测试数据集 test_data，可以执行如下一系列操作，具体取决于用户的任务和需求，通过这些操作用户可以在测试阶段有效地使用测试数据集来评估模型性能。

**（1）数据加载**

```
from torchvision.transforms import ToTensor
test_loader = DataLoader(test_data, batch_size=64, shuffle=False)
```

使用 DataLoader 将测试数据集包装起来，以便更容易地进行批量处理。在这里 batch_size 指定了每个批次的样本数，shuffle=False 表示不打乱测试数据集的顺序，因为在测试时希望按照固定顺序进行评估。

**（2）模型推理**

```
model.eval()              # 将模型切换到评估模式
with torch.no_grad():     # 关闭梯度计算，因为在测试阶段不需要梯度
    for inputs, labels in test_loader:
        outputs = model(inputs)
```

在测试阶段，记得将模型切换到评估模式（model.eval()），并关闭梯度计算以免浪费计算资源。然后，通过遍历测试数据集，使用训练好的模型进行推理操作。

### (3)评估性能

在测试数据上进行模型推理后可以评估模型在测试集上的性能,例如计算准确率等。示例如下:

```
correct, total = 0
with torch.no_grad():
    for inputs, labels in test_loader:
        outputs = model(inputs)
        predicted = torch.max(outputs, 1)
        total += labels.size(0)
        correct += (predicted == labels).sum().item()

accuracy = correct / total
print(f'Test Accuracy: {accuracy * 100:.2f}%')
```

### (4)可视化测试样本

如果需要,还可以可视化测试数据集中的样本及其对应的模型预测结果。示例如下:

```
def imshow(img, title):
    plt.imshow(img.permute(1, 2, 0))
    plt.title(title)
    plt.show()
# 显示测试数据集中的一些样本及其对应的模型预测结果
with torch.no_grad():
    for inputs, labels in test_loader:
        outputs = model(inputs)
        _, predicted = torch.max(outputs, 1)
        for i in range(min(5, len(labels))):   # 显示前5个样本
            imshow(inputs[i], f'Predicted: {predicted[i]}, Actual: {labels[i]}')
```

## 2. 数据集迭代和可视化

在 PyTorch 中,Dataset 对象可以被视为一种特殊的列表,其中每个元素是一个数据样本,通常包括一个特征和一个标签。例如在处理图像数据集时,每个样本可能包含一张图像及其对应的标签。通过使用索引,用户可以直接访问 Dataset 中的任何样本,例如 training_data[0] 将返回数据集中的第一个样本。要可视化这些样本,用户可以使用 matplotlib 库。示例如下:

```
import matplotlib.pyplot as plt
# 选择随机展示的样本数量
num_samples_to_show = 5
plt.figure(figsize=(10, 10))
for i in range(num_samples_to_show):
    sample = training_data[i][0]    # 获取样本的图像
    label = training_data[i][1]     # 获取样本的标签
    plt.subplot(1, num_samples_to_show, i + 1)
    plt.imshow(sample.squeeze(), cmap="gray")
    plt.title("Label: " + str(label))
plt.show()
```

## 3. 为文件创建自定义数据集

在 PyTorch 中创建自定义的 Dataset 类是处理不同来源或格式数据的常用方法。为了使 Dataset 类与 PyTorch 的其他数据处理工具(如 DataLoader)兼容,必须实现以下三个核心方法。

**（1）__init__ 方法**

__init__ 初始化方法是在创建 Dataset 对象时被调用的。在这里可以初始化文件路径、加载数据文件（如 CSV 文件）、进行一些预处理等。如果图像存储在 img_dir 目录中，而相应的标签存储在 annotations_file CSV 文件中，用户可以使用此方法加载这些文件，并为后续的数据检索做好准备。

**（2）__len__ 方法**

__len__ 方法用于返回数据集中样本的总数。应用此方法可以使 PyTorch 了解数据集的大小，从而完成一些操作，如在训练模型时迭代整个数据集。

**（3）__getitem__ 方法**

__getitem__ 方法接收一个索引（index），并返回与该索引对应的数据样本（以及标签），这是自定义 Dataset 类最重要的部分，因为它定义了如何从数据源中检索数据。应用此方法用户可以根据索引从文件系统中读取图像，从 CSV 文件中获取标签，然后执行任何必要的转换（如将图像转换为张量），从而返回最终的数据样本。

以下是一个简单的自定义 Dataset 类的例子，用于处理存储在目录中的 FashionMNIST 图像和一个独立的 CSV 文件中的标签：

```python
from torch.utils.data import Dataset
import pandas as pd
from PIL import Image
class CustomFashionMNISTDataset(Dataset):
    # 构造函数，设置图像文件夹路径、标签文件路径和转换方法
    def __init__(self, img_dir, annotations_file, transform=None):
        self.img_dir = img_dir    # 图像文件夹路径
        self.labels = pd.read_csv(annotations_file)  # 从 CSV 文件中读取标签
        self.transform = transform   # 转换方法（如转换为张量）
    # 返回数据集中的样本数量
    def __len__(self):
        return len(self.labels)
    # 根据索引获取特定的数据样本和标签
    def __getitem__(self, idx):
        # 构建图像的完整路径
        img_path = os.path.join(self.img_dir, self.labels.iloc[idx, 0])
        # 打开图像文件并转换为 RGB
        image = Image.open(img_path).convert("RGB")
        # 获取对应的标签
        label = self.labels.iloc[idx, 1]
        # 如果提供了转换方法，则对图像进行转换
        if self.transform:
            image = self.transform(image)
        # 返回图像和标签
        return image, label
```

**4. 为 DataLoader 的训练准备数据**

在深度学习和机器学习中，有效地处理和准备数据是非常重要的步骤。PyTorch 提供的 Dataset 和 DataLoader 类正是为了简化这一过程。Dataset 类负责存储和管理数据集中的数据，比如图像和相应的标签。它允许用户自定义数据的加载方式，例如如何读取和转换数据，使其适合模型训练。

然而在实际训练过程中，用户往往不是一次处理一个样本，而是需要处理一批样本，这就是"小批量"概念的由来。使用小批量可以提高内存利用率，加快训练速度并有助于

模型收敛。DataLoader 类就是发挥这个作用，它可以从 Dataset 中自动提取小批量数据，使得数据的批处理变得简单高效。此外为了防止模型过拟合训练数据（这种情况下模型可能在训练数据上表现良好，但在新的、未见过的数据上表现不佳），用户通常在每个训练时期对数据进行随机排序（也称为洗牌）。DataLoader 通过简单的设置就可以帮用户实现这一点。为了进一步提高数据加载的效率，DataLoader 还支持多进程数据加载。这意味着可以同时从磁盘读取多个数据样本，显著提高数据加载的速度，特别是在处理大型数据集时。示例如下：

```
from torch.utils.data import DataLoader
# 创建训练集的 DataLoader
# training_data：使用的训练数据集
# batch_size=64：每个批次加载 64 个数据样本
# shuffle=True：在每个训练周期开始时，数据加载器将训练数据集重新洗牌
train_dataloader = DataLoader(training_data, batch_size=64, shuffle=True)
# 创建测试集的 DataLoader
# test_data：使用的测试数据集
# batch_size=64：每个批次加载 64 个数据样本
# shuffle=True：即使在测试中不需要洗牌，也可以设置为 True，可根据需要去掉此参数
test_dataloader = DataLoader(test_data, batch_size=64, shuffle=True)
```

### 5. 遍历 DataLoader

用户将数据集加载到 DataLoader 后，可以根据需要遍历整个数据集。下面示例中的每次迭代将返回一批 train_features 和 train_labels（分别包含 64 个特征和标签，这是因为用户设置了 batch_size=64）。由于用户指定了 shuffle=True，所以在遍历所有批次后数据会被随机洗牌（如果需要更细粒度地控制数据加载顺序，可以查看 Samplers）。示例如下：

```
# 显示图像和标签
# 从训练数据集加载器中获取同一批次的特征和标签
train_features, train_labels = next(iter(train_dataloader))
# 打印该批次的特征和标签形状
print(f"Feature batch shape: {train_features.size()}")
print(f"Labels batch shape: {train_labels.size()}")
# 获取并处理第一个图像，以便显示
img = train_features[0].squeeze()      # 去除多余的维度
label = train_labels[0]                # 获取第一个标签
# 显示图像
plt.imshow(img, cmap="gray")
plt.show()
# 打印第一个图像的标签
print(f"Label: {label}")
```

## 13.5.2 载入预训练模型

在 PyTorch 中用户可以使用 torch.utils.model_zoo 工具库下载和管理预训练模型的权重。该函数的具体用法如下：

```
torch.utils.model_zoo.load_url(url, model_dir=None, map_location=None,
    progress=True)
```

下面是上述函数的相关参数：
- url：要下载的对象的 URL 链接。
- model_dir（可选）：保存下载对象的目录，默认为 $TORCH_HOME/models。

- map_location（可选）：函数或字典，指定如何重新映射存储位置。
- progress（可选）：指定是否展示进度条。

该方式提供了一个简单的 API，可以从互联网下载、缓存和加载预训练模型，包括 ResNet、VGG、Inception 等，可以避免用户手动下载并解压缩预训练模型的权重。此外，还支持自定义模型和权重的下载缓存，即用户可以定制自己的预训练模型。通过传递 pretrained=True，便可载入预先训练好的模型。

### 13.5.3 训练结果可视化

TensorBoard 起初是 TensorFlow 的可视化工具，常用来可视化损失函数、网络结构和图像等。后来 TensorBoard 被集成到 PyTorch 中，可以用 torch.utils.tensorboard 导入。启动 tensorboard --logdir logpath --port 6069 命令行后在相应网页可查看 TensorBoard 面板，命令行中 logdir 后面为 TensorBoard 记录对象的存储路径，该路径下可以有多个 TensorBoard 的存储结果；port 后面为端口。下面将具体介绍几种使用方法。

1）add_scalar：该函数通常用来可视化神经网络训练过程中的各类标量指标，例如损失、准确率、学习率等。该函数的具体形式如下：

```
add_scalar(tag, scalar_value, globel_step=None, new_style=False, double_
    precision=False)
```

这个函数常用到前三个参数，第一个参数是图像的标题，第二个参数是纵坐标的值，第三个参数是横坐标的值。比如用户想要可视化 y=2x 的函数图像，代码实现如下：

```
from torch.utils.tensorboard import Summarywriter
writer = Summarywriter("scalar_logs")
x = range(100)
for i in x:
    writer.add_scalar ('y=2x', i * 2, i)
writer.close()
```

2）add_scalars：该方法与 add_scalar 类似，唯一的区别是该方法在一张图中可以绘制多条曲线。

3）add_histogram：主要用于可视化直方图和多分位数折线图，函数的具体形式如下：

```
add_histogram(tag, value, global_step=None, bins='tensorflow',walltime=None,
    max_bins=None)
```

第一个参数是图的标题，第二个参数是横坐标的值（建立直方图的值），第三个参数是纵坐标的值（即要记录的全局步长值）。以下是一个具体的示例：

```
from torch.utils.tensorboard import Summarywriter
import numpy as np
writer = Summarywriter("histogram_logs")
for i in range(10):
    x = np.random.random(1000)
    writer.add_histogram('distribution centers' , x + i, i)
writer.close()
```

最终的可视化结果如图 13-6 所示，相同 global_step 的数据会被放置在同一层，上面的示例代码中一共有 10 个 global_step，故 i 的取值范围为 [0,10)。图中点 (0.833,0,329) 代表在 global_step=0 这层数据中 0.833 附近的点共有 329 个，每一层共有 1000 个点，比如 global_step=0 这层中 315+356+329 刚好等于 1000。

图 13-6　TensorBoard 可视化直方图示例

4）add_graph：该方法常用来可视化模型的网络结构。示例如下：

```
import torch
from torch import nn
from torch.utils.tensorboard import Summarywriter
def BasicBlock(in, out, stride=1):
    return nn.Sequential(
        nn.Conv2d(in, out, 3, stride, padding=1, bias=False),
        nn.BatchNorm2d(out),
        nn.ReLU(inplace=True),   # inplace = True原地操作，节省显存
        nn.Conv2d(out, out, 3, stride=1, padding=1, bias=False),
        nn.BatchNorm2d(out),
        nn.ReLU(inplace=True),
    )
if _name_ == '_main_' :
    input = torch.random([3,512,512])
    model = BasicBlock(in=3, out=32)
    writer = SummaryWriter (log_dir='/home/Tensorboard/log_dir')
    writer.add_graph (model, input)
    writer.close()
```

上面的网络结构如图 13-7 所示，主体部分由两层 Conv2d 函数、两层 BatchNorm2d 函数和两层 ReLU 函数构成。

### 13.5.4　小结

本节介绍了 PyTorch 的效率工具模块，包括数据导入和封装、载入预训练模型和训练结果可视化模块。数据预处理和导入主要是对其他类型的数据进行适当的抽象和封装，实现批量读取迭代。同时使用 torch.utils.model_zoo 工具库提供便捷的方式，使用户能够加载管理预训练模型的权重。最后模型训练测试结束后，可利用 TensorBoard 等工具进行可视化。

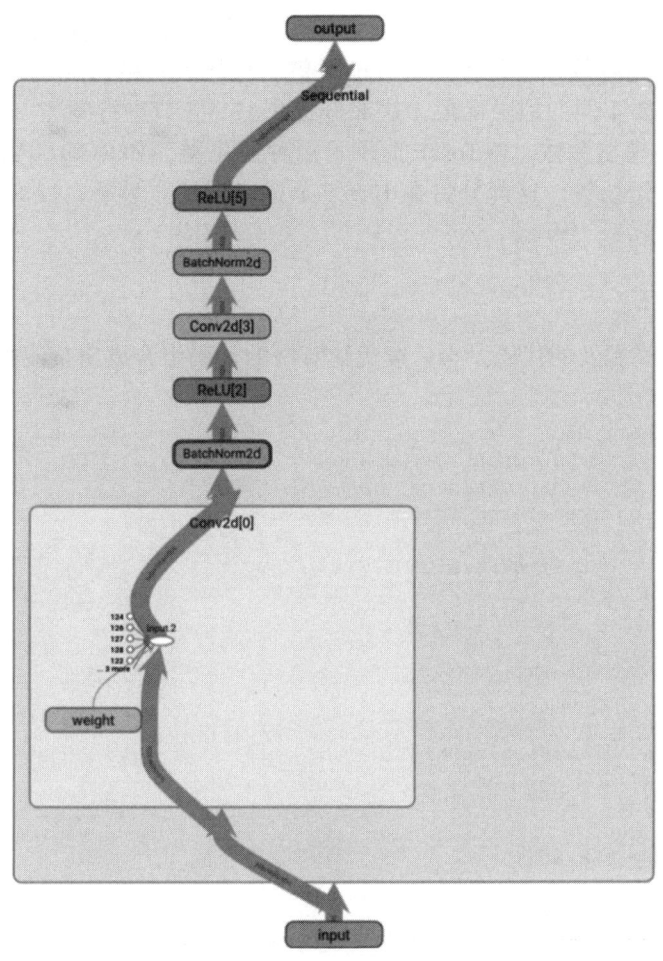

图 13-7　TensorBoard 可视化模型网络结构示例

## 13.6　优化算法模块

　　训练模型是一个涵盖前向传播、损失计算、反向传播和参数更新等步骤的迭代过程。在前向传播中，模型使用当前参数对输入数据进行预测。接着，根据损失函数评估预测的准确性，计算预测与实际标签之间的差异。在反向传播阶段，计算损失关于每个参数的导数（即梯度），这些梯度是优化参数的关键。最后，使用梯度下降或其他优化算法调整参数，减少损失。这个过程在多个训练周期内重复进行，每个周期都会处理整个数据集。随着每次迭代，模型的性能通常会逐步提高，表现为损失的减少和准确率的提升。在训练的同时，模型还需要在验证集上进行测试，以监控和评估其在未见数据上的表现，确保模型没有过拟合。

　　13.6.1 节加载了数据预处理模块的代码，为之后的阐释做准备。超参数是指在控制学习过程不会改变的参数，如学习率、批次大小、训练轮数等。超参数的选择对整个训练过程的效率和最终模型的性能有重大影响，这部分内容将在 13.6.2 节进行阐述。设置好超参数后用户可以定义循环优化，它包括训练循环和验证/测试循环，这部分将在 13.6.3 节阐述。整个循环优化过程离不开损失函数和优化器的选择。损失函数是用于评估模型的输出与实际值之间差距的函数，它是优化过程的关键。优化算法的目标就是最小化损失函数，不同的任务可能需要不同的损失函数，这部分将在 13.6.4 节进行阐述。优化器能够根据损失函数的反馈调整模型参数。PyTorch 提供了多种优化器，如 SGD、Adam 等，每种优化器都有其特点和适用场景，这部分将在 13.6.5 节进行阐述。最后，13.6.6 节是对本节优化算法模块的总结。

### 13.6.1 前置代码

本节加载了前文提及的代码，与后续优化算法的代码组合成完整流程：

```python
import torch
from torch import nn
from torch.utils.data import DataLoader
from torchvision import datasets
from torchvision.transforms import ToTensor
# 加载训练数据集
training_data = datasets.FashionMNIST(
    root="data",
    train=True,
    download=True,
    transform=ToTensor()
)
# 加载测试数据集
test_data = datasets.FashionMNIST(
    root="data",
    train=False,
    download=True,
    transform=ToTensor()
)
# 创建训练数据集的 DataLoader
train_dataloader = DataLoader(training_data, batch_size=64)
# 创建测试数据集的 DataLoader
test_dataloader = DataLoader(test_data, batch_size=64)
# 定义神经网络类
class NeuralNetwork(nn.Module):
    def __init__(self):
        super().__init__()
        self.flatten = nn.Flatten()
        self.linear_relu_stack = nn.Sequential(
            nn.Linear(28*28, 512),          # 全连接层
            nn.ReLU(),                       # 激活函数
            nn.Linear(512, 512),             # 全连接层
            nn.ReLU(),                       # 激活函数
            nn.Linear(512, 10),              # 输出层
        )
    def forward(self, x):
        x = self.flatten(x)                  # 将图像输入扁平化
        logits = self.linear_relu_stack(x)   # 通过全连接层和激活函数
        return logits
# 创建神经网络模型实例
model = NeuralNetwork()
```

### 13.6.2 超参数

超参数是可调整的参数，不同的超参数值会影响模型的训练和收敛速度，从而用户可

以控制模型优化过程。在训练过程中有以下几个关键的超参数:

1) 迭代周期 (epoch): 遍历数据集的次数,每个 epoch 完成一次对整个数据集的遍历。

2) 批量大小 (batch size): 在更新参数前通过网络传播的数据样本数量。批量大小会影响模型的训练效率和内存占用。

3) 学习率 (learning rate): 每个批次或 epoch 更新模型参数时的步长。较小的学习率会导致学习速度缓慢,而较大的学习率可能会导致训练过程中的不可预测行为。

下面给出一个完整的示例代码:

```python
import torch
import torch.nn as nn
import torch.optim as optim
from torch.utils.data import DataLoader
from torchvision import datasets, transforms

# 超参数
epochs = 10              # 迭代周期
batch_size = 64          # 批量大小
learning_rate = 0.001    # 学习率
# 数据预处理和加载
transform = transforms.Compose([transforms.ToTensor(), transforms.Normalize
    ((0.5,), (0.5,))])
train_data = datasets.FashionMNIST(root="data", train=True, download=True,
    transform=transform)
train_loader = DataLoader(train_data, batch_size=batch_size, shuffle=True)
# 模型定义
class SimpleNN(nn.Module):
    def __init__(self):
        super(SimpleNN, self).__init__()
        self.flatten = nn.Flatten()
        self.fc1 = nn.Linear(28 * 28, 128)
        self.relu = nn.ReLU()
        self.fc2 = nn.Linear(128, 10)
    def forward(self, x):
        x = self.flatten(x)
        x = self.fc1(x)
        x = self.relu(x)
        x = self.fc2(x)
        return x
model = SimpleNN()
# 损失函数和优化器
criterion = nn.CrossEntropyLoss()
optimizer = optim.Adam(model.parameters(), lr=learning_rate)
# 训练过程
for epoch in range(epochs):
    running_loss = 0.0
    for inputs, labels in train_loader:
# 正向传播
        outputs = model(inputs)
        loss = criterion(outputs, labels)
# 反向传播和优化
        optimizer.zero_grad()
        loss.backward()
        optimizer.step()
running_loss += loss.item()
print(f'Epoch {epoch + 1}/{epochs}, Loss: {running_loss / len(train_loader)}')
print('Training finished.')
```

### 13.6.3 循环优化

用户设定好超参数后可以通过一个优化循环来训练和优化用户模型。优化循环的每一次迭代称为一个"epoch"（迭代周期），每个迭代周期主要包括以下两部分。

1）训练循环（train loop）：在这个循环中，用户遍历训练数据集，尝试找到最佳参数以收敛到最优解。在训练循环中，模型会对每个批次的数据进行预测，计算损失（即预测值与实际值之间的差异），并通过反向传播更新网络的权重和偏差。

2）验证/测试循环（validation/test loop）：在这个循环中用户遍历测试数据集，以检查模型性能是否提升。验证/测试阶段是评估模型在未见过的数据上的表现的关键，它有助于检测模型是否出现过拟合现象。

### 13.6.4 损失函数

未经用户训练的网络在面对一些训练数据时很可能无法给出正确的答案。损失函数用于衡量获得结果与目标值之间的差距，用户在训练过程中希望最小化这个损失函数。为了计算损失，用户使用给定数据样本的输入进行预测，并将其与真实的数据标签值进行比较。

以下是几种常见的损失函数。

1）交叉熵损失函数（Cross Entropy Loss）：nn.CrossEntropyLoss 适用于分类任务，特别是多类别分类，同时它也考虑了分类的概率分布。nn.CrossEntropyLoss 结合了 nn.LogSoftmax 和 nn.NLLLoss。用户将模型的输出 logits 传递给 nn.CrossEntropyLoss，它会标准化 logits 并计算预测误差。它在 PyTorch 中定义为 loss_fn = nn.CrossEntropyLoss()。

2）均方误差损失函数（Mean Squared Error Loss）：nn.MSELoss 适用于回归任务，可以衡量预测值与真实值之间的差。它在 PyTorch 中定义为 loss_fn = nn.MSELoss()。

3）二分类交叉熵损失函数（Binary Cross Entropy Loss）：它适用于二分类任务，通常用于输出概率值。该函数在 PyTorch 中定义为 loss_fn = nn.BCELoss()。

4）负对数似然损失函数（Negative Log Likelihood Loss）：nn.NLLLoss 通常用于多类别分类，它要求模型的输出是对数概率。该函数在 PyTorch 中定义为 loss_fn = nn.NLLLoss()。

在实践中，根据任务性质和数据集的特点来选择合适的损失函数很重要，因为它直接影响梯度下降优化算法的效率和方向。

### 13.6.5 优化器

优化器是一种主要用于训练模型并使模型的损失函数最小的算法，它通过不断更新模型的参数来实现这一目的。在选择优化器时需要考虑模型的结构、数据量、目标函数等因素。优化器通常用于深度学习模型，因为这些模型通常具有大量可训练参数，并且需要大量数据和计算来优化。优化器通过不断更新模型的参数来拟合训练数据，从而使模型在新数据上表现良好。

#### 1. SGD 优化器

SGD 是一种经典的优化器，基本思想是通过梯度下降的方法不断调整模型的参数，使模型的损失函数最小化。具体通过如下的方式来更新模型的参数：

$$\theta^{(t+1)} = \theta^t - \alpha \nabla_\theta J(\theta^{(t)})$$

其中，$\theta^t$ 表示模型在第 $t$ 次迭代时的参数值，$\alpha$ 表示学习率，$\nabla_\theta J(\theta^{(t)})$ 表示损失函数 $J(\theta)$ 关于模型参数 $\theta$ 的梯度。

下面介绍 torch.optim.SGD() 的参数：
- params (iterable)：待优化参数的迭代对象或者是定义参数组的字典。
- lr (float, optional)：学习率。
- lr_decay (float, optional)：学习率衰减（默认为 0）。
- weight_decay (float, optional)：权重衰减（L2 惩罚，默认为 0）。
- dampening (float, optional)：动量的抑制因子（默认为 0）。
- nesterov (bool, optional)：使用 Nesterov 动量（默认为 False）。

具体示例如下：

```
model = …           # 定义模型
optimizer = torch.optim.SGD (model.parameters( ), lr=0.1)      # 定义优化器
for inputs, labels in dataset:
    outputs = model(inputs)
    # 计算损失函数
    loss = …
    # 计算梯度
    optimizer.zero_grad()
    loss .backward()
    # 更新参数
    optimizer.step()
```

小批量梯度下降（MBGD）可以看作批量梯度下降（BGD）和随机梯度下降（SGD）的折中，对于含有 $n$ 个训练样本的数据集，每次参数更新只使用一个大小为 $m$ 的小批量来计算梯度。小批量的大小是一个超参数，通常为 2 的指数。

下面介绍带动量的 SGD 优化算法和带 Nesterov 加速梯度（Nesterov Accelerated Gradient，NAG）的 SGD 优化算法，并且两者均拥有 weight_decay（权重衰减）项。

动量是一种有助于在相关方向上加速 SGD 收敛并抑制振荡的方法，它通过将当前梯度与过去梯度加权平均来获取即将更新的梯度，具体做法是将过去时间步长的更新向量的一小部分添加到当前的更新向量实现。

NAG 的思想是在动量法的基础上展开的，由于是在知道梯度后更新自变量到新的位置，也就是说用户在每一步都知道下一时刻的位置，所以用户可直接采用下一时刻的梯度和上一时刻的梯度进行加权平均。NAG 的优点是可以加快收敛速度，具有摆脱局部最优的能力，在一定程度上缓解了没有动量时的问题。但是同样它也有缺点，在随机梯度情况下，NAG 对收敛速度的作用不是很大。

动量和 NAG 都是使梯度更新更加灵活的算法，但人工设计的学习率总是有些生硬，所以接下来将会介绍几种自适应学习率的方法。

### 2. AdaGrad 优化器

AdaGrad 是一种自适应优化器。在 SGD 中，用户每次迭代时对所有参数进行更新，因为每个参数使用相同的学习率。而 AdaGrad 在迭代过程中不断调整学习率，并让目标函数中的每个参数都拥有自己的学习率。

学习率的变化会受到梯度大小和迭代次数的影响，梯度越大，学习率越小；梯度越小，

学习率越大。另外 AdaGrad 对学习率有一定的约束,对于那些经常更新的参数,用户已经积累了大量关于它的信息,并且不希望它被单个样本过于影响,所以令学习速率减慢;对于偶尔更新的参数,用户则了解的信息较少,故希望能从每个偶然出现的样本上多学到一些,即令学习速率增大。这样可以大大提高梯度下降法的鲁棒性。该方法开始使用二阶动量,二阶动量是迄今为止所有梯度值的平方和。这也意味着"自适应学习率"优化算法时代的到来,并减少手动调整学习率的需要。

下面介绍 torch.optim.Adagrad() 的参数:
- params (iterable):待优化参数的迭代对象或者是定义参数组的字典。
- lr (float, optional):学习率(默认为 1e–2)。
- lr_decay (float, optional):学习率衰减(默认为 0)。
- weight_decay (float, optional):权重衰减(L2 惩罚,默认为 0)。

不过自适应学习率方法依然有缺点,即仍需要用户手动设置一个全局学习率,且如果设置过大会使正则化项过于敏感,从而对梯度的影响过大。另外由于是在分母中累积平方梯度,每个添加项都是正数,因此在训练过程中累积和不断增长。这导致学习率不断变小并趋于无限小,此时算法不再能够获得额外的知识,即导致模型不会继续学习。AdaGrad 方法其单调变化的学习率在深度学习中被证明通常过于激进,导致模型过早停止学习。

### 3. RMSprop 优化器

RMSprop 是一种改进的随机梯度下降优化器,其基本思想是通过维护模型的梯度平方的指数加权平均来调整模型的参数。RMSprop 的优点是收敛速度快,缺点是计算复杂度高。和 AdaGrad 的区别在于,梯度累积时不是简单地计算前 $t–1$ 次迭代梯度的平方和,而是加入了衰减因子 $\alpha$。很好地考虑了与当前迭代越近的梯度对当前的影响也越大,另外也完美地解决了某些迭代梯度过大导致自适应梯度无法变化的问题。

下面介绍 torch.optim.RMSprop() 的参数:
- params (iterable):待优化参数的迭代对象或者是定义参数组的字典。
- lr (float, optional):学习率(默认为 1e–2)。
- momentum (float, optional):动量因子(默认为 0)。
- alpha (float, optional):平滑常数(默认为 0.99)。
- eps (float, optional):为增加数值计算的稳定性而加到分母中的项(默认为 1e–8)。
- centered (bool, optional):若为 True,则计算中心化 RMSprop,用方差预测值归一化梯度。
- weight_decay (float, optional):权重衰减(L2 惩罚,默认为 0)。

下面的代码中首先定义具体的模型,并将其转换为训练模式。再定义 RMSprop 优化器,并指定要优化的模型参数,学习率设为 0.01。然后通过循环迭代数据集计算损失函数和梯度,并更新模型的参数。按照这样的方式,便可以实现在 PyTorch 中使用 RMSprop 来优化模型。

```
# 定义模型
model = MyModel()
# 如果 cuda 可用,则将 model 移至 GPU
if torch.cuda.is_available():
    model = model.cuda()
# 设定训练模式
```

```
model.train()
# 定义 RMSprop 优化器
optimizer = torch.optim.RMSprop(model.parameters(), lr=0.01)
# 循环训练
for input, target in dataset:
    # 如果 cuda 可用,则将 input、target 移至 GPU
    if torch.cuda.is_available() :
        input = input .cuda()
        target = target .cuda ( )
    # 前向传递,将输入传递给模型来计算预测输出
    output = model(input)
    # 计算损失
    loss = loss_fn(output, target)
    # 清除所有优化变量的梯度
    optimizer.zero_grad()
    # 反向传递,计算损失关于模型参数的梯度
    loss.backward()
    # 执行参数更新
    optimizer.step()
```

#### 4. Adam 优化器

Adam 是一种近似于随机梯度下降的优化器,其基本思想是通过维护模型的梯度(一阶动量)和梯度平方(二阶动量)来调整模型的参数。Adam 可以看作带动量的 SGD 和 RMSprop 的结合,它基本解决了梯度下降出现的一系列问题,比如自适应学习率、容易卡在梯度较小点等问题。该算法计算效率高、收敛速度快,并且经过偏置校正后每一次迭代学习率都有一个确定的范围,使得参数调整比较平稳。

下面介绍 torch.optim.Adam() 的参数:

- params (iterable):待优化参数的迭代对象或者是定义参数组的字典。
- lr (float, optional):学习率(默认为 1e-3)。
- betas (Tuple[float, float], optional):用于计算梯度以及梯度平方的移动平均的系数。
- eps (float, optional):为了增加数值计算的稳定性而加到分母里的项(默认为 1e-8)。
- weight_decay (float, optional):权重衰减(L2 惩罚,默认为 0)。

示例如下:

```
# 定义模型
model = ...
# 定义优化器
optimizer = torch.optim.Adam(model.parameters(), lr=0.1, betas=(0.9, 0.999))
# 训练模型
for inputs, labels in dataset:
    # 计算损失函数
    outputs = model(inputs)
    loss = ...
    # 计算梯度
    optimizer.zero_grad()
    loss .backward()
    # 更新参数
    optimizer.step()
```

### 13.6.6 小结

本节主要介绍了 PyTorch 的优化算法模块,从前置代码、超参数、循环优化、损失函

数和优化器这几个方面进行了阐释。这些部分互相协作，共同构成了神经网络训练的框架。设定的超参数为训练提供指导，循环优化过程通过不断迭代来改进模型，损失函数提供了优化的目标和方向，而优化器则是实现这一优化的具体手段。只有它们协同工作，才能实现有效的模型训练和优化。

## 13.7 神经网络模块

在深度学习中，神经网络通过多个层的组合和堆叠来实现复杂的数据转换和特征提取。每个层或模块可以执行不同的数学运算，如线性变换、激活函数、卷积等。PyTorch 提供的 torch.nn 包含了各种预定义的层，如全连接层（nn.Linear）、卷积层（nn.Conv2d）、激活函数（nn.ReLU）等，这些都是构建神经网络的基础。

使用 PyTorch 构建神经网络的过程涉及定义一个继承自 nn.Module 的类，并在其中初始化所需的层。然后在类的 forward 方法中定义数据通过这些层的前向传递方式。这种方式提供了极大的灵活性，可以实现几乎任何类型的神经网络架构。

例如，在处理 FashionMNIST 数据集时，用户会构建一个包含几个全连接层的简单神经网络。这个网络将学习如何根据输入图像的像素值来分类图像（例如区分衣服、鞋子等），通过训练过程，网络将调整层中的权重以优化模型，从而更好地进行分类。

PyTorch 使得这个过程变得简单，因为它能自动管理层中的权重和梯度，同时提供方便的工具，如使用优化器进行权重更新和通过损失函数计算损失。这样，用户可以专注于设计网络架构和调整超参数，而不必担心底层的数学细节。首先引入所需的库，如下所示：

```
import os
import torch
from torch import nn
from torch.utils.data import DataLoader
from torchvision import datasets, transforms
```

在本示例中，首先引入了 Python 的标准库 os，它提供了与操作系统交互的功能，比如文件路径操作、环境变量管理等。接着，import torch 导入了 PyTorch 的基础包，它包含了构建和训练神经网络所需的核心功能。之后导入 PyTorch 中的 nn 模块，这个模块包含了构建神经网络的基本构件，比如各种类型的网络层和激活函数。from torch.utils.data import DataLoader 引入了 DataLoader 类，它是数据加载的关键组件，用于封装 Dataset 对象，使数据的迭代、批量处理和多线程加载变得简单。最后，from torchvision import datasets, transforms 导入了 torchvision 库中的 datasets 和 transforms 模块，datasets 提供了下载和加载常见数据集（如 MNIST、CIFAR 等）的接口，transforms 则包含了数据预处理的方法，如裁剪、缩放、归一化等。这些导入的组合为构建和训练深度学习模型提供了一个全面的基础框架，用户可以在此基础上根据具体的应用需求进行模型设计和数据处理。

在 PyTorch 中，神经网络的构建和训练涉及几个关键部分，它们协同工作以实现有效的模型开发。首先是获取设备，这是确定模型训练是在 CPU 还是 GPU 上进行的重要步骤，影响着训练效率和性能，这部分将在 13.7.1 节进行阐述。接着，通过定义一个类（继承自 torch.nn.Module）来构建模型的结构，这是模型设计的核心，其中包括初始化网络层和定义前向传播过程，这部分将在 13.7.2 节进行阐述。类中的网络层，如卷积层、全连接层等，是构成神经网络的基本单元，直接决定了模型的性能和功能，这部分将在 13.7.3 节进行阐述。而模型参数，包括权重和偏差，是在网络层中定义的，它们是学习过程的核心，通过训练不断优化以提高模型的准确性和效率，这部分将在 13.7.4 节进行阐述。模型的保存、加载和使用是模型训练后的重要部分。保存模型允许用户在未来重用训练好的模型，加载模型是为了评估或继续训练，而模型的使用涉及将其应用于实际问题，如分类、预测等，这部分将在 13.7.5 节进行阐述。最后，13.7.6 节是对本节的总结。

### 13.7.1 获取设备

在进行深度学习训练时使用硬件加速器，如图形处理单元（GPU）或苹果的金属性能着色器（Metal Performance Shaders, MPS），可以大大加快模型的训练速度。这是因为 GPU 和 MPS 专为处理并行任务而设计，而神经网络的许多操作（如矩阵乘法）天生是高度并行的。

PyTorch 提供了简单的 API 来检查和使用这些硬件加速器。用户在代码中使用 torch.cuda.is_available() 时，PyTorch 会检查系统中是否有支持 CUDA 的 GPU。如果有，函数返回 True，这样用户就可以配置 PyTorch 在 GPU 上进行计算。类似地，对于在苹果硬件上运行 PyTorch 的用户，torch.backends.mps.is_available() 会检查是否可以使用 MPS 加速。

如果 GPU 或 MPS 可用，用户通常将模型和数据转移到相应的设备上，通过调用 .to('cuda') 或 .to('mps') 来实现。示例如下：

```
# 确定使用的计算设备:CUDA GPU, MPS 或 CPU
device = (
    "cuda" if torch.cuda.is_available() else
    "mps" if torch.backends.mps.is_available() else
    "cpu"
)
print(f"Using {device} device")
```

### 13.7.2 定义类

在 PyTorch 中创建自定义神经网络时涉及定义一个类，该类继承自 torch.nn.Module。这是构建所有神经网络的基础，因为 nn.Module 提供了很多有用的方法和属性，使网络的管理和使用更加方便。示例如下：

```
class NeuralNetwork(nn.Module):
    def __init__(self):
        super().__init__()
        # 将输入图像展平
        self.flatten = nn.Flatten()
        # 定义线性和 ReLU 层的序列
        self.linear_relu_stack = nn.Sequential(
            nn.Linear(28*28, 512),          # 全连接层
            nn.ReLU(),                       # 激活函数
            nn.Linear(512, 512),             # 全连接层
            nn.ReLU(),                       # 激活函数
            nn.Linear(512, 10),              # 输出层到输出层
        )
    def forward(self, x):
        # 定义数据流向操作的流程
        x = self.flatten(x)                  # 展平图像
        logits = self.linear_relu_stack(x)   # 通过层序列
        return logits
```

在使用 PyTorch 进行神经网络的训练时，首先需要实例化定义好的神经网络类。例如，如果用户有一个名为 NeuralNetwork 的类，它继承自 nn.Module 并定义了网络结构，用户可以通过简单地调用 NeuralNetwork() 来创建这个网络的实例。

一旦实例化了网络，下一步是将其移动到适当的设备上进行训练。在深度学习中，这个"设备"通常是 GPU，因为它提供了比 CPU 更快的计算能力。如果 GPU 可用，用户通常利用它来加速训练过程。这可以通过调用 .to(device) 方法来实现，其中 device 是一个表示目标设备的字符串，例如"cuda"或"cpu"。

此外，为了更好地理解网络的结构，用户通常会将其打印出来。这可以通过简单地打印网络对象来实现，因为 PyTorch 的 nn.Module 提供了一个易于理解的字符串表示形式，用于描述网络的各个层和它们的连接方式。

示例如下：

```
# 创建NeuralNetwork的实例，并将其移动到选择的设备上
model = NeuralNetwork().to(device)
# 打印模型的结构
print(model)
```

### 13.7.3　模型的网络层

接下来以 FashionMNIST 模型为例解析它的层次结构。取一个包含 3 张 28×28 像素图像的小批量样本，并观察当其通过网络时发生了什么。示例如下：

```
# 创建一个包含3张28×28像素的随机彩色图像
input_image = torch.rand(3, 28, 28)
# 打印图像的尺寸
print(input_image.size())
```

#### 1. nn.Flatten

在处理图像数据时，尤其是在将图像输入全连接层（如神经网络的分类层）之前，常常需要将二维图像展平为一维数组。这是因为全连接层通常期望输入数据是一维的。在 PyTorch 中，nn.Flatten 层正是基于此而设计的。

例如，一个 28×28 像素的图像实际上是一个二维数组，其中每个像素点都是数组中的一个元素。nn.Flatten 层会将这个二维数组转换成一个一维数组，其中包含所有 784（28×28）个像素值。这一转换使得图像可以被输入后续的全连接层进一步处理。如图 13-8 所示，左侧为 3×3 的张量，右侧为经 nn.Flatten 展平后的一维张量。

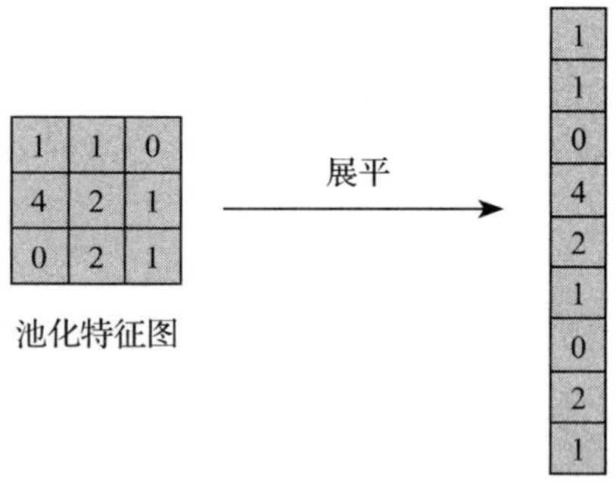

重要的是，即使用户小批量处理多张图像，nn.Flatten 也会保持小批量的维度。如果一个小批量样本包含 3 张图像，每张图像的大小为 28×28 像素，那么输入 nn.Flatten 层的张量的形状将是 (3, 28, 28)。展平后输出张量的形状将变为 (3, 784)，其中每一行都代表一张展平后的图像。

图 13-8　nn.Flatten 层示例

nn.Flatten 的示例代码如下：

```
# 初始化 Flatten 层
flatten = nn.Flatten()
# 将输入图像展平
flat_image = flatten(input_image)
# 打印展平后的图像尺寸
print(flat_image.size())
```

### 2. nn.Linear

在神经网络中，线性层（也称为全连接层或稠密层）是最基本的组成部分之一，它的主要作用是对输入数据进行线性变换，从而产生新的输出。具体来说，线性层会对输入数据执行加权和运算，然后再加上一个偏差值。

这种线性变换可以表示为公式 $y = wx + b$。其中 $x$ 是输入数据，$w$ 是层的权重，$b$ 是偏差，$y$ 是输出数据。权重和偏差是 nn.Linear 层的参数，它们在训练过程中通过反向传播算法进行调整，以便层能够更好地学习输入数据的特征。如图 13-9 所示，每个圆形都代表一个神经元，箭头上的数字代表对应神经元的权重，方块内的数字代表偏差。

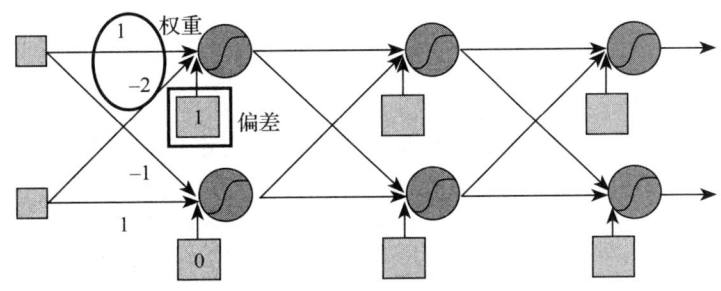

图 13-9　nn.Linear 层示例

nn.Linear 的示例代码如下：

```
# 创建一个线性层，输入特征数为 28×28，输出特征数为 20
layer1 = nn.Linear(in_features=28*28, out_features=20)
# 将展平的图像通过线性层进行变换
hidden1 = layer1(flat_image)
# 打印变换后的特征尺寸
Print (hidden1.size())
```

### 3. nn.ReLU

非线性激活函数在神经网络的学习和功能表现方面起着至关重要的作用。如果没有非线性激活函数，神经网络无论多么深，其表达能力都仅相当于一个单层网络，因为仅使用线性变换的多层网络可以被简化为一个线性变换。非线性激活函数赋予了网络处理复杂任务的能力，例如图像识别、语音处理和语言理解。

ReLU（Rectified Linear Unit）是最常用的非线性激活函数之一，它的作用是将所有负值置为 0。nn.ReLU 被广泛用于各类神经网络中，因为它在加速网络训练的同时还能有效防止梯度消失。除了 ReLU，还有其他多种激活函数，如 Sigmoid、tanh、LeakyReLU 等，每种激活函数都有其特定的特性和适用场景。如图 13-10 所示，nn.ReLU 激活函数在 $x$ 轴负半轴数值为 0，在 $x$ 轴正半轴自变量与因变量值相等。

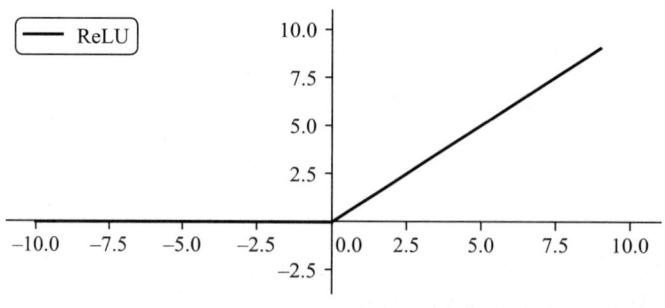

图 13-10 nn.ReLU 示例

nn.ReLU 的示例代码如下：

```
# 打印应用 ReLU 激活函数之前的数据
print(f"Before ReLU: {hidden1}\n\n")
# 应用 ReLU 激活函数
hidden1 = nn.ReLU()(hidden1)
# 打印应用 ReLU 激活函数之后的数据
print(f"After ReLU: {hidden1}")
```

### 4. nn.Sequential

在 PyTorch 中，nn.Sequential 是一个特殊的模块，它包含了一系列其他模块，并按照它们被添加的顺序来执行。这个特性使得 nn.Sequential 成为构建简单神经网络时的理想选择，因为它允许开发者以几乎和搭积木一样的方式来堆叠不同的层。

例如，如果用户想快速搭建一个包含多个线性层和激活层的神经网络，则可以简单地将这些层按顺序添加到一个 nn.Sequential 容器中。这样，当输入数据传递到 nn.Sequential 容器时，该容器会自动按顺序通过所有的层。

nn.Sequential 的示例代码如下：

```
# 定义一个顺序模块
seq_modules = nn.Sequential(
    flatten,              # 展平层
    layer1,               # 第一个线性层
    nn.ReLU(),            # ReLU 激活函数
    nn.Linear(20, 10)     # 第二个线性层，输出特征数为 10
)

# 生成一个随机彩色图像
input_image = torch.rand(3, 28, 28)
# 通过顺序模块处理图像
logits = seq_modules(input_image)
```

### 5. nn.Softmax

在多类别分类任务中，神经网络最后通常包含一个线性层，它的输出被称为 logits。logits 是模型对每个类别未经归一化的原始预测值，可以理解为模型对每个类别的"信心"程度。

为了将这些原始预测值转换为概率分布，用户通常会使用 nn.Softmax 模块。Softmax 函数的作用是将一个实数向量转换成一个概率分布。它首先对每个元素进行指数运算，然后将指数结果归一化，使得所有元素的和为 1。这样，每个元素的值就被限制在了 0 到 1

之间，表示相应类别的预测概率。

dim 参数在 Softmax 函数中非常重要，它指定了哪个维度上的元素应该加和为 1。在多类别分类任务中，用户通常选择输出特征的维度作为 dim。例如，如果模型的输出形状是 (batch_size, num_classes)，则 dim 设为 –1（或 1，二者等价），以确保每个样本的类别预测概率加和为 1。示例如下：

```
# 创建 Softmax 模块，指定在第一个维度上操作
softmax = nn.Softmax(dim=-1)
# 使用 Softmax 模块处理 logits，得到预测概率
pred_probab = softmax(logits)
```

### 13.7.4 模型参数

当用户构建一个神经网络模型时，通常包含多个层，每个层可能具有自己的权重和偏差。这些权重和偏差是模型的参数，是模型学习过程中需要优化的部分。在 PyTorch 中，创建的网络层（如 nn.Linear、nn.Conv2d 等）自动包含这些参数。

当模型继承自 nn.Module 类时，PyTorch 提供了强大的功能来自动管理这些参数，包括跟踪参数的注册、更新、保存和加载等。使用 parameters() 方法，可以轻松地访问模型中的所有参数，这对于检查模型结构、调试和优化都非常有用。named_parameters() 方法不仅返回参数本身，还返回每个参数的名称，这在用户需要区分或特别处理某些参数时特别有用。

遍历模型的参数并打印它们的大小和值是理解模型结构的一个好方法。例如，用户可以看到每个层的权重和偏差的维度，这有助于用户检查模型是否按照预期构建。此外，查看参数值的预览有助于用户理解训练过程中参数是如何变化的，以及模型是否正在学习。

示例如下：

```
# 打印模型结构
print(f"Model structure: {model}\n\n")
# 遍历模型的所有参数，并打印
for name, param in model.named_parameters():
    # 打印每层的名称、大小和部分参数值（函数的前两个参数）
    print(f"Layer: {name} | Size: {param.size()} | Values: {param[:2]}\n")
```

### 13.7.5 保存、加载和使用模型

模型的持久化是机器学习和深度学习中的一个重要概念，它涉及保存训练好的模型以及在需要时重新加载模型。这对于长期项目、模型的再利用以及在不同环境（例如从开发环境到生产环境）中部署模型至关重要。下面引入所需的库：

```
import torch
import torchvision.models as models
```

#### 1. 保存和加载模型权重

在 PyTorch 中，每个模型都有一个 state_dict，这是一个从每个层的名称映射到对应参数（如权重和偏差）的字典。state_dict 是 PyTorch 模型的核心，它包含了模型训练过程中学习到的所有信息。

torch.save 方法是用来保存这些参数的标准方式。当用户保存一个模型的 state_dict 时，用户实际上是在保存模型的当前状态，包括所有的参数和缓存。这对于以后模型的恢复或

迁移到其他平台上非常重要。示例如下：

```
# 加载 VGG16 模型
model = models.vgg16(weights='IMAGENET1K_V1')
# 保存模型的 state_dict
torch.save(model.state_dict(), 'model_weights.pth')
```

要加载模型权重，首先需要创建一个与原始模型结构相同的模型实例，然后使用 load_state_dict() 方法加载参数。示例如下：

```
# 创建一个未经训练的 VGG16 模型实例
model = models.vgg16()
# 从文件中加载模型权重
model.load_state_dict(torch.load('model_weights.pth'))
# 将模型设置为评估模式
model.eval()
```

**2. 保存和加载完整模型**

当加载模型权重时，用户需要先实例化模型类，因为类定义了网络的结构。有时用户可能希望将这个类的结构与模型一起保存，这种情况下用户可以将整个模型［而不是仅仅是 model.state_dict()］传递给保存函数。示例如下：

```
# 保存整个模型
torch.save(model, 'model.pth')
# 从文件中加载整个模型
model = torch.load('model.pth')
```

### 13.7.6 小结

本节主要介绍了 PyTorch 的神经网络模块，分别从获取设备、定义类、模型的网络层、模型参数，以及保存、加载和使用模型这几个方面进行了阐释。这些部分形成了一个流程，从设备的选择开始，到模型的定义、构建、参数调优，再到最终的应用、存储和重用。每一部分都为后续步骤奠定基础，从而保证了神经网络模型在 PyTorch 中的高效开发和运行。

## 13.8 运算性能模块

在 PyTorch 中，运算性能的优化主要通过两个关键部分实现，即 GPU 加速和 TorchElastic 分布式训练。GPU 加速是利用图形处理单元（GPU）的强大计算能力来加快神经网络的训练过程。GPU 由于其并行处理能力，特别适合执行大量、重复的数学运算，这正是深度学习训练过程中常见的场景，这部分内容将在 13.8.1 节阐述。TorchElastic 分布式训练则是一种使神经网络训练过程可以在多个计算节点上灵活、有效地进行的方法。它允许训练过程在节点数量动态变化的情况下继续运行，从而提高资源的利用率和训练的鲁棒性，这部分内容将在 13.8.2 节阐述。最后，13.8.3 节是对本节的总结。

### 13.8.1 GPU 加速

PyTorch 的 GPU 加速是一个强大的功能，它允许神经网络在更短的时间内进行训练和推断，这得益于 GPU 的并行处理能力。相比于 CPU，GPU 在处理大量并行运算任务时更加高效，特别是对于深度学习中常见的矩阵和向量运算。

要在 PyTorch 中利用 GPU 加速，首先需要确保用户的环境中有支持 CUDA 的 GPU。PyTorch 通过 CUDA（一种由 NVIDIA 开发的并行计算平台和编程模型）来实现其 GPU 加速功能。这通常涉及将模型和数据移动到 GPU 上，可以通过调用 .to('cuda') 方法实现。例如 model.to('cuda') 会将模型的所有参数和缓存移动到 GPU 上，而 data.to('cuda') 会将数据移动到 GPU 上。

GPU 加速可以显著提高训练的速度，因为它减少了 CPU 和 GPU 之间的数据传输时间，并允许更高效的批处理和更复杂的模型结构。此外，GPU 加速也使得实时数据处理和大规模数据集的训练成为可能。

然而使用 GPU 也要考虑一些因素，例如 GPU 内存是有限的资源，过大的模型或大批量可能会导致内存不足。此外，GPU 加速最适合可以高度并行化的任务。对于一些小型模型或较小批量的任务，GPU 加速可能不会带来显著的性能提升，甚至可能由于数据传输开销而减慢处理速度。

使用 GPU 加速的代码示例如下：

```python
import torch
import torch.nn as nn
# 定义一个简单的神经网络
class SimpleNet(nn.Module):
    def __init__(self):
        super(SimpleNet, self).__init__()
        self.linear1 = nn.Linear(10, 10)
        self.relu = nn.ReLU()
        self.linear2 = nn.Linear(10, 5)
    def forward(self, x):
        x = self.linear1(x)
        x = self.relu(x)
        x = self.linear2(x)
        return x
# 创建网络实例
model = SimpleNet()
# 确定是否有可用的 GPU，如果有，使用 GPU
device = torch.device("cuda" if torch.cuda.is_available() else "cpu")
print("Using device:", device)
# 将模型移动到指定的设备（GPU 或 CPU）
model.to(device)
# 创建一个随机的输入向量
input_tensor = torch.randn(64, 10)
# 将输入数据移动到指定的设备
input_tensor = input_tensor.to(device)
# 前向传播，计算输出
output = model(input_tensor)
# 打印输出的设备类型
print("Output device:", output.device)
```

### 13.8.2　TorchElastic 分布式训练

PyTorch 的 TorchElastic 是一个用于提升大规模分布式训练灵活性和容错性的框架。在传统的分布式训练中，如果一个节点失效或者整体资源可用性发生变化，训练作业通常会失败或者被迫重新启动，这会导致显著的资源浪费和时间延迟。TorchElastic 通过允许训练作业动态地适应资源的可用性，解决了这个问题。

TorchElastic 的核心思想是"弹性训练"，它允许训练作业在资源变化时（如节点故障、节点加入或移除）能够无缝地继续执行。这意味着即使部分训练节点失效，整个训练过程也可以继续，而不是从头开始。当新节点可用时，它们可以被动态添加到训练过程中，而不会打断正在进行的作业。

TorchElastic 提供了 API 来管理这种弹性，包括重新调度任务、保存和恢复训练状态等。这大大提高了分布式训练的效率和可靠性，尤其是在动态或不稳定的计算环境中，如云计算资源或大规模集群。通过利用 TorchElastic，研究人员和工程师可以更有效地利用计算资源，减少因节点故障或资源变动而造成的时间和资源损失。

使用 TorchElastic 分布式训练的代码示例如下：

```python
import os
import torch
import torch.distributed as dist
from torch.nn.parallel import DistributedDataParallel as DDP
from torchelastic.distributed.launch import elastic_launch

def main_worker(rank, world_size):
    print(f"Starting process: {rank}, world size: {world_size}")
    os.environ['MASTER_ADDR'] = 'localhost'
    os.environ['MASTER_PORT'] = '12355'
    dist.init_process_group("gloo", rank=rank, world_size=world_size)
    model = torch.nn.Linear(10, 10)  # 一个简单的线性模型
    ddp_model = DDP(model)
    # 训练逻辑…

if __name__ == "__main__":
    world_size = 4  # 假设有 4 个节点
    elastic_launch(main_worker, world_size)(world_size=world_size)
```

### 13.8.3 小结

本节主要介绍了 PyTorch 的运算性能模块，分别从 GPU 加速和 TorchElastic 分布式训练这两个方面进行了阐述。GPU 加速通过提高单个节点的计算能力来加快训练，而 TorchElastic 分布式训练通过在多个节点上分配计算任务来扩展训练的规模。结合使用 GPU 加速和 TorchElastic 可以实现更快、更高效的大规模神经网络训练，两者相辅相成，共同推动了深度学习的高效实现。

## 13.9 PyTorch 的基础实验——基于 LSTM 的房价预测

本节介绍一个应用 PyTorch 的基础实验——基于 LSTM 模型对波士顿房价进行预测。

实验前首先对用到的 PyTorch 相关模块进行介绍，在 13.9.1 节阐述。接着在 13.9.2 节介绍实验的前置准备，最后在 13.9.3 节详细介绍实验的具体步骤。

### 13.9.1 torch.nn 模块介绍

使用 PyTorch 框架搭建神经网络模型解决实际问题时，不可避免地需要使用 torch.nn 模块进行模型的搭建。本节将对 torch.nn 模块的基本概念及功能模块进行讲解。

PyTorch 提供了几个设计好的模块和类，包括 torch.nn、torch.optim、Dataset、DataLoader 等，后三者在前文基础理论知识中已有介绍，因此这里主要对 torch.nn 进行概述。

torch.nn 中的"nn"即"Neural Network",从它的名称可知该模块与神经网络相关。torch.nn 是 PyTorch 中为神经网络设计的模块化接口,是一种高层次的 API,构建于 autograd 之上,包括以下几个基本模块:已封装的各网络工具层、损失函数与激活函数模块 nn.functional、模型创建工具 nn.Module 和神经网络层参数管理模块 nn.Parameter。

torch.nn 提供了简易接口来定义和操作网络层、损失函数等构建深度学习模型所需的构件,为执行创建神经网络以及训练、保存、恢复神经网络的相关操作提供便利,从而使开发者能够更直观、灵活地构建复杂的网络结构。

### 1. 已封装的各网络工具层

已封装的各网络工具层包括各种预定义的层,如全连接层、卷积层、循环层等,是构建神经网络的基本构件。

全连接层(nn.Linear)在后面的实验部分也有所涉及,这里以此为例展开解释。nn.Linear 在 PyTorch 中可以表示如下:

```
nn.Linear(in_features, out_features, bias=True, device=None)
```

上述代码用来创建一个多输入、多输出的全连接层。in_features 即输入的二维张量的大小,表示参数个数;out_features 即输出的二维张量的大小,表示神经元个数。由于每个神经元只有一个输出,有多少个输出就需要有相应数量的神经元,因此 out_features 的数量决定了全连接层中神经元的个数。

### 2. 损失函数与激活函数

nn.functional 模块包含了一系列函数式接口,用于实现损失函数和激活函数等操作。

损失函数即计算模型的输出与真实标签之间的差异的函数。例如,nn.functional.mse_loss 计算均方误差损失,nn.functional.cross_entropy 计算交叉熵损失。

激活函数能够将模型引入非线性,从而增强模型的表达能力。例如,nn.functional.relu(ReLU 激活函数)、nn.functional.sigmoid(Sigmoid 激活函数)等。

### 3. 模型创建工具

模型创建工具 nn.Module 是 PyTorch 最重要的一个类,是 PyTorch 中所有神经网络模块的基类,能够自定义网络层、自定义模型结构等。同时,nn.Module 提供了参数管理的功能,使模型的参数能够自动被识别和管理。此外,它还包括了用于训练和评估模型的方法(如 forward 函数),定义了模型的前向传播。

前文提到 PyTorch 封装好的网络层 nn.Linear,就是继承 nn.Module 的一个类。这样由 nn.Module 实现的层能够自动检测提取自己的参数,并针对 GPU 运行进行优化。

如图 13-11 所示,将 nn.functional 模块和 nn.Module 模块对比。nn.functional 中包括了应用在神经网络前向和反向处理的函数,nn 中的大多数层在 functional 中都有一个与之对应的函数。从功能来说两者相当,但在实际使用时具有学习参数的网络推荐用 Module 类,没有学习参数的层可以使用 functional,比如激活函数、损失函数。

### 4. 神经网络层参数管理

nn.Parameter 是一种特殊类型的张量,主要用于模型参数的优化,能够被优化器(例如 torch.optim.SGD 或 torch.optim.Adam)识别并进行梯度更新。当一个张量被定义为 nn.Parameter

类并赋值给 nn.Module 的属性时，它能够自动被识别为模型的参数。

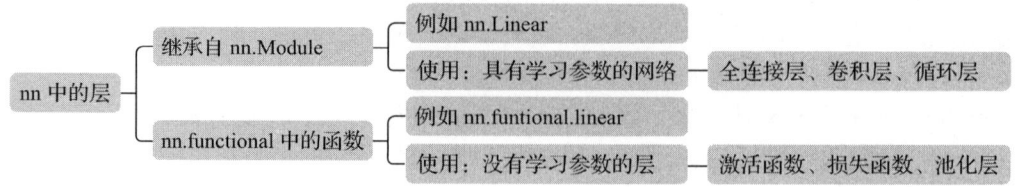

图 13-11　对比 nn.functional 和 nn.Module 模块

### 13.9.2　实验准备

充足的实验前置准备是实验成功的关键。本实验的前置准备包括实验的理论基础和实验的基本环境配置两个部分。通过学习实验所涉及的基本机器学习理论和概念，配置正确的运行环境，保证后续实验顺利进行。

**1. 实验的理论基础**

在进行基础实验上机实操之前，首先简单介绍本实验所涉及的基本机器学习理论和概念。

**（1）线性回归**

线性回归是机器学习中的基础算法，它假设输入特征（自变量）和输出（因变量）之间存在线性关系，预测分析、模型化两个或多个变量之间的关系。以本次实验内容"房价预测"为例，通过拟合数据点来找出最佳的权重和偏差，从而找到房价（因变量）与其他影响因素（自变量，如房屋大小、位置等）之间的线性关系。

**（2）损失函数**

损失函数是机器学习中衡量预测值与实际值之间差异的函数，指导模型的优化。以本次实验为例，所使用的损失函数为均方误差（MSE），即衡量预测值与实际值之间差异的平方和的平均值：

$$\text{MSE} = \frac{1}{N} \sum_{i=1}^{n} (x_i - y_i)^2 \tag{13-1}$$

在 PyTorch 中的使用及参数表示如下：

nn.MSEloss(size_average=None, reduce=None, reduction='mean')

其中 reduction 值有 none/sum/mean（默认）三种。

**（3）梯度下降**

如何求损失函数的最小值？梯度下降是解决该问题的一种优化算法。它通过计算损失函数关于模型参数（如权重 $w$ 和偏差 $b$）的梯度（即斜率），来确定参数更新的方向和步长。

这里以一元函数为例展开说明。在每次迭代中，模型参数按照梯度的反方向更新。其中 $\alpha$ 是学习率，用来控制更新的步长。

$$w = w - \alpha \frac{\partial}{\partial w} \text{MSE} \tag{13-2}$$

$$b = b - \alpha \frac{\partial}{\partial b} \text{MSE} \tag{13-3}$$

梯度下降是训练线性回归模型的关键步骤，在梯度下降的训练过程中，模型逐渐逼近损失函数的最小值，从而找到最优的权重和偏差。

**2. 实验的基本环境配置**

实验的运行依赖于实验环境，本实验使用了 Python 编程语言、PyTorch 深度学习框架、scikit-learn 库。下面对实验所需的主要软件及其配置方法进行简要介绍。

**（1）Python 语言**

这里推荐使用 Python 3.6 及以上版本，具有更好的功能支持和社区支持。

**（2）PyTorch 框架**

PyTorch 框架为本章的主要内容。可以通过 Python 的包管理器 pip 进行安装。首先打开命令提示符（cmd），并输入命令 pip install torch torchvision。

**（3）scikit-learn 库**

scikit-learn 是 Python 的一个开源机器学习库，可以用于数据挖掘和数据分析。与 PyTorch 的安装类似，在命令提示符 cmd 中输入命令 pip install scikit-learn。

安装完成后，在 Python 环境中导入这些库以验证安装是否成功，确保所有的软件包都正确安装并可以被 Python 环境正确识别。

### 13.9.3 实验的具体步骤

本实验房价预测问题的主要内容是根据加利福尼亚地区房屋的多种特征来预测其房价中位数，这是监督学习任务中的回归问题（所预测的目标值是连续的）。在本实验中，通过用 PyTorch 搭建简单神经网络来解决波士顿房价预测问题，分为以下四个步骤进行展开：

1）数据准备与预处理。
2）简单神经网络模型构建。
3）训练过程。
4）结果评估与分析。

本实验所使用的数据集是加利福尼亚房价数据集（California Housing Dataset），该数据集基于 1990 年美国加州地区人口普查的数据，主要以房价中位数为标签，其余属性为特征。如表 13-1 所示，该数据集记录了房屋位置、大小、房龄等属性含义。该数据集可以从 sklearn.datasets 库中直接加载。

表 13-1 数据集属性名称及其含义

| 属性名称 | 含义 |
| --- | --- |
| MedInc | 收入中位数 |
| HouseAge | 房龄中位数 |
| AveRooms | 平均房间数目 |
| AveBedrms | 平均卧室数目 |
| Population | 区域人口 |
| AveOccup | 平均入住率 |
| Latitude | 房屋所在纬度 |
| Longitude | 房屋所在经度 |

### 1. 数据准备与预处理

在实验前，导入相关库和实验所用数据集。

```
import torch
import torch.nn as nn
import torch.optim as optim
from sklearn.datasets import fetch_california_housing
from sklearn.preprocessing import StandardScaler
from sklearn.model_selection import train_test_split
# 加载加利福尼亚房价数据集
housing = fetch_california_housing()
X = housing.data
y = housing.target
```

数据集加载完毕后，可以使用 keys() 查看字典关键字，并打印输入数据 data、目标值 target 的形状，属性值 feature_names 的信息。打印结果如图 13-12 所示。

```
print(housing.keys())
print(housing['data'].shape)
print(housing['target'].shape)
print(housing['feature_names'])
✓ 0.0s                                                           Python
dict_keys(['data', 'target', 'frame', 'target_names', 'feature_names', 'DESCR'])
(20640, 8)
(20640,)
['MedInc', 'HouseAge', 'AveRooms', 'AveBedrms', 'Population', 'AveOccup', 'Latitude', 'Longitude']
```

图 13-12　数据集形状等信息的打印结果

接着对数据集进行必要的预处理。为了让梯度下降速度更快，对数据做标准化处理。使用 StandardScaler()、fit_transform() 函数初始化一个标准化器，将特征值 $X$ 转换为均值为 0、标准差为 1 的分布，接着将数据集分割为训练集和测试集。完成以上操作后，将数据转换为 PyTorch 张量，以便在 PyTorch 模型中使用。代码如下：

```
scaler = StandardScaler()
X = scaler.fit_transform(X)
X_train, X_test, y_train, y_test = train_test_split(X, y, test_size=0.2, random_
    state=42)

# 转换为 torch 张量
X_train = torch.tensor(X_train, dtype=torch.float32)
y_train = torch.tensor(y_train, dtype=torch.float32)
X_test = torch.tensor(X_test, dtype=torch.float32)
y_test = torch.tensor(y_test, dtype=torch.float32)
```

### 2. 简单神经网络模型构建

在这一步，使用 PyTorch 框架构建一个简单的线性回归模型。这里定义一个简单的线性回归模型 LinearRegressionModel，它继承自 nn.Module。

使用 nn.Linear() 创建一个线性层，其输入特征维度为 X_train 的特征数量，输出维度为 1（房价预测值）。

```
# 模型定义
class LinearRegressionModel(nn.Module):
    def __init__(self):
        super(LinearRegressionModel, self).__init__()
```

```
        self.linear = nn.Linear(X_train.shape[1], 1)
    def forward(self, x):
        return self.linear(x)
model = LinearRegressionModel()
```

### 3. 训练过程

在训练中,选择使用均方误差损失函数(MSE),以及学习率为1的随机梯度下降(SGD)优化器。

这里模型循环进行100个迭代周期(epoch),在每个周期内,模型训练的主要步骤有手动梯度清零、执行前向传播、损失函数计算、执行反向传播、优化器更新模型权重。

每次迭代前手动将梯度清零,即重置隐藏状态,是为了防止信息泄露、相互干扰,同时也能防止梯度消失和梯度爆炸。

代码如下:

```
# 定义损失函数和优化器
criterion = nn.MSELoss()
optimizer = optim.SGD(model.parameters(), lr=0.01)

# 训练过程
epochs = 100
for epoch in range(epochs):
    model.train()
    optimizer.zero_grad()

    # 前向传播
    outputs = model(X_train)
    loss = criterion(outputs, y_train.view(-1, 1))

    # 反向传播和优化
    loss.backward()
    optimizer.step()

    if (epoch+1) % 10 == 0:
        print(f'Epoch [{epoch+1}/{epochs}], Loss: {loss.item():.4f}')
```

### 4. 结果评估与分析

将模型设置为评估模式eval(),使用测试集预测并计算测试损失。这里torch.no_grad()函数的作用是在评估阶段禁用梯度计算,以减少内存使用并加速计算。实验结果可能会根据数据集划分、训练迭代次数等因素有所不同。

最后,将测试集上的损失值打印出来。这个值表示模型在测试集数据上的表现,能够用来评估模型的泛化能力,使我们对模型的性能有更直观的认识。如果测试集上的损失值越低,表示模型在测试集上的预测结果与实际标签之间的差异越小,即模型的预测越准确。

代码如下:

```
# 测试模型,切换模式eval()
model.eval()
with torch.no_grad():
    predictions = model(X_test)
    test_loss = criterion(predictions, y_test.view(-1, 1))
print(f'Test Loss: {test_loss.item():.4f}')
```

通过这个实验,我们对使用PyTorch构建简单神经网络模型的基本步骤有了基本了解。

这些知识对于进一步深入学习和应用深度学习具有重要意义。接下来，在进阶实验中，我们将学习 Transformer 模型，并用 PyTorch 逐步搭建 Transformer 框架。

## 13.10　PyTorch 的进阶实验——搭建 Transformer 框架

本节将介绍一个手动搭建 Transformer 框架的实验，通过这种方式来深入理解 Transformer 这一强大模型的数学原理和内部实现细节。利用先前学习的深度学习框架 PyTorch 的强大功能，从零搭建 Transformer 模型。首先复现 Transformer 的各个组件，包括位置编码、前馈神经网络、残差连接与归一化层、多头自注意力机制等。最后，将利用这些组件搭建起 Transformer 的编码器与解码器模块。

首先，13.10.1 节介绍了 Transformer 的背景和它在 AI 领域最新进展中的重要意义，旨在了解这一技术的核心，探索其独特而强大的结构。13.10.2 节介绍了 Transformer 的整体结构，并探索了其核心，即编码器与解码器的层次结构，揭示了它们是如何单独工作以及协同合作的。接着逐层剖析，深入 Transformer 的各个组件之中，了解每个组件之间的数据流动以及维度变换，将有助于深入理解其工作原理，将在 13.10.3 节中介绍。在 13.10.4 节，通过实际的代码示例将这些理论付诸实践，从零逐步搭建起 Transformer 模型。最后在 13.10.5 节，在理解 Transformer 的工作原理后，展示了它在实际应用中的强大潜力。

### 13.10.1　Transformer 的起源与意义

想象你正在阅读一本书，神奇的是，你不仅可以同时理解书中每一个词汇的意义，还能立刻捕捉到它们与其他词汇的关系，并根据这种关系判断不同词汇的重要性。这种全面的理解能力，形象地比喻出了 Transformer 给人工智能领域带来的革命。在 Transformer 出现之前，神经网络处理语言的方式与人类的阅读习惯更加接近，更像是逐行阅读，一次只能关注一个词。传统的循环神经网络（RNN）和长短时记忆（LSTM）网络正是按照这种方式进行工作。而 Transformer 的出现，就像是赋予了机器"一瞬间理解全文"的超能力。

Transformer 始于 2017 年，由 Google 的研究团队在论文 *Attention Is All You Need* 中首次提出。无论是双向编码预训练模型 BERT 还是 GPT 等大语言模型，都是基于 Transformer 模型进行构建的。

在 Transformer 出现之前，在处理序列数据（如文本）方面占据主导地位的 RNN 和 LSTM 序列模型都是以一个元素接一个元素的方法处理信息的，通过在序列的每个时间步上进行递归计算来处理数据，每个时间步的输出依赖于前一个时间步的状态，类似于用户读书时的状态。但这种方法有其局限性，特别是在处理长文本序列时，模型将难以捕捉到文本开始和结尾之间的联系。这就好比用户在阅读一篇长文章时，难以记住文章开头的内容。用户把这种现象称作"遗忘"现象。LSTM 模型与基础的 RNN 模型相比，在"遗忘"现象上有所缓解，但其仅仅将长期记忆保存在一个向量（一般记作 $c$）内的做法仍从源头上限制了模型的记忆能力。并且，由于 RNN 和 LSTM 模型的这种序列特性，模型必须等待前一个时间步完成计算后才能处理下一个时间步。这种依赖关系限制了计算的并行性。

为了解决这一问题，一个被称为注意力机制（attention mechanism）的概念应运而生。首先，注意力机制消除了元素和元素之间的距离，允许模型在处理一个元素时能够方便地"注意"到其他元素，从而直接获取丰富的上下文信息。Transformer 完全基于这种机制，摒弃了 RNN 和 LSTM 通过递归的方式利用向量或矩阵来存储上下文信息，使得每个元素都能够同时"看到"序列中的其他元素。其次，由于 Transformer 不依赖于序列中的时间步状态，而是通过位置编码（positional encoding）为模型引入时序信息，所以它可以在处理序列数据时实现更高的并行性。整个序列的信息可以一次性被处理，而不需要等待前一个元素的计算完成。这为分布式使用 GPU 来并行训练超高参数量的大模型提供了重要的模型架构基础。

Transformer 的这种全局视野彻底改变了自然语言处理领域的常规研究流程，其取代 RNN 和 LSTM 成为基线模型。首先，它显著提高了处理速度，因为模型不再依赖于从上一步生成的上下文向量，从而可以并行而不是逐步地处理整个序列。其次，注意力机制使得 Transformer 模型在捕捉长距离依赖方面表现得更加出色，使其具有更佳的翻译长句子、理解复杂文本、处理长序列的能力。

尽管最初 Transformer 是作为自然语言处理模型被提出的，但 Transformer 的意义远不止于此。它不仅引发了深度学习范式的变革，还为未来诸多的技术创新铺平了道路。今天，用户看到的 Transformer 已经不仅仅局限于语言处理，它正在激发着图像处理、音频，以及其他各种类型的序列数据的处理模型的升级，甚至促进了生物信息学等交叉领域的变革。这些基于 Transformer 的模型在各领域的任务中都取得了前所未有的成果，不断地刷新着大模型的表现上限，从而极大地推动了人工智能技术的发展和应用。

## 13.10.2 Transformer 的整体结构

Transformer 模型作为当今自然语言处理领域的核心技术，代表了序列数据处理方式的根本改变。这一模型的独特之处在于其结构的巧妙设计，使其能够同时处理整个输入序列，而非像传统模型那样逐个元素地处理。本节将深入探索 Transformer 的核心部分，即编码器和解码器，以及如何将它们整合成一个协调一致的整体。

如图 13-13 Transformer 的整体架构图所示，在模型训练好之后，用户会将一串 token 作为输入。首先，token 会经过嵌入层和位置编码层，生成该串 token 对应的初步的矩阵表示。然后，该矩阵将会在编码器内部经过多个编码器层编码之后，生成这一段文本含深层语义信息的矩阵表示，并将该表示发送给解码器。解码器会参考编码器的输出矩阵，在其包含的多个解码器层中解码，"解读"输入 token 串对应的矩阵表示，并最终进行输出。

以一个机器翻译任务为例进行解释，假设想将语言 A 翻译为语言 B。其中，编码器负责将以语言 A 组织起来的句子进行"编码"，提取该句子的全局语义以及关键信息，并将这些内容以一个矩阵进行表示。解码器则负责将这段文本"翻译"成目标语言，输出以语言 B 组织起来的句子序列。解码器在翻译的过程中，将利用编码器提取的全文信息和注意力机制，来实现语义的"对齐操作"，让翻译前后的句子无论在全局上还是在关键信息等细节上都展现出同样的含义。

### 1. 编码器

编码器由若干个编码器层堆叠组成。在多个编码器层之间，信息的流动是连续的。除了第一个编码器层的输入是经位置编码后的输入数据，随后的每一编码层的输入都是前一层的输出。每一层都对接收到的信息进行加工，然后将其传递给下一层，这样一直到最后一层。这种逐层深化的过程确保了信息的充分提炼和利用。

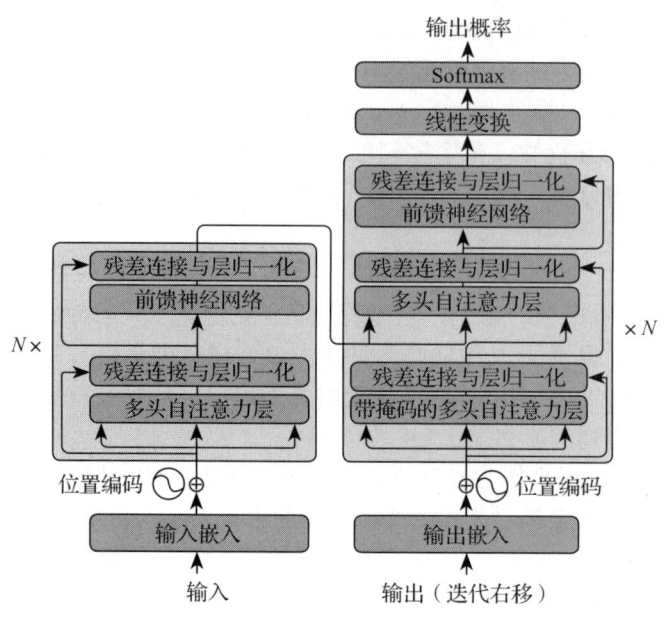

图 13-13　Transformer 整体架构图

每个编码器层都可以视作一个信息处理工厂，它们从原始输入数据中不断提取出全局的语义信息和关键特征。每个编码层的内部子结构（如多头自注意力层、前馈神经网络、残差连接层等）都是相同的。这些层逐级深入了对输入数据的理解和抽象，从而允许 Transformer 捕捉更加复杂和抽象的特征。随着信息在各个编码器层逐层传递，每层都在前一层的基础上累积更多的关键信息。在自然语言处理的背景下，这意味着从文本中抽取语义和语法信息，为后续的编码器层提供必要的上下文。这种累积过程使得最终输出的每个元素都融合了整个输入序列的全局信息。

图 13-13 中的左侧灰框给出了编码器层的具体内部细节，灰框左侧的"$N\times$"代表整个编码器就是由 $N$ 个编码器层堆叠而成的。

**2. 解码器**

解码器的核心任务是接受编码器生成的文本的矩阵表示，并基于此生成最终结果。在翻译任务中，这就像是将源文本的语义和已翻译的内容相结合，生成下一个词或短语。与编码器相似，解码器也由多个解码器层堆叠而成。但解码器层和编码器层在具体的内部子结构上有一些不同，主要是注意力机制的实现方式有一些变化。

具体来说，这种变化主要体现在键值矩阵的处理以及带掩码的多头自注意力层的实现上，接下来将这两点分别进行说明。

就第一点来说，在编码器的自注意力层中，键（Key）矩阵、值（Value）矩阵和查询（Query）矩阵都来自同一个输入（一般是前一层的输出），此时称 Q、K、V 三个矩阵是同源的。而在解码器中，从第二个解码器层开始，其自注意力中仅有查询矩阵来自前一解码器层的输出，而键矩阵和值矩阵均来自编码器的输出，以此将编码器层编码的输入序列信息整合到其自身的输出中，从而利用编码器在上下文中学习到的经验。这样，解码器层就不仅仅是简单地参考已生成的输出序列的上下文信息进行解码，还能够结合来自编码器的全局上下文信息。通过这种逐步的、既依赖于之前输出又依赖于全局信息的"自我参考"

方式，解码器能够生成连贯且与输入高度相关的输出序列，确保了生成的文本在语义上的连贯性。关于自注意力层将在后面的小节中深入介绍。

就第二点来说，编码器层的自注意力通常是不使用掩码的，因为在编码阶段，模型应该能够看到整个输入序列，这样才能保证编码的上下文信息的全局性。而在解码器中，为了避免解码器在生成序列时"看到未来"，造成信息泄露，每个解码器层中的自注意力层都使用了掩码来遮蔽（屏蔽）对未来位置的注意力。这意味着每个解码器层在计算某个位置的输出时，只能使用该位置及其之前位置的信息。这是符合序列预测任务要求的。

图 13-13 中的右侧灰框也给出了解码器层的具体内部细节，灰框右侧的"×N"代表整个解码器就是由 N 个解码器层堆叠而成的。从这一点上，用户也可以看出解码器和编码器的相似性。

**3. 编码器和解码器的结合**

将编码器层堆叠多次生成编码器，将解码器层堆叠多次生成解码器，并将编码器和解码器按图 13-13 中的方法进行连接，用户就能够得到 Transformer 模型的主体结构。此处的连接方式主要依靠解码器的键值矩阵完成。在编码器和解码器层之外，还有一个用于处理原始输入数据的输入层，它由词嵌入层和位置编码层组成。

编码器和解码器在 Transformer 中并不是孤立的。通过反向传播，模型实现了编码器和解码器中信息的双向流动。信息不仅仅是从编码器流向解码器。解码器的输出也会反馈到编码器，形成一个闭环，确保信息的充分利用和交换。这优化了信息在编码器和解码器之间的流动，确保了高效率和准确性。通过这种精心设计的连接方式，编码器和解码器之间相互补充，能够共同协作解决复杂的序列–序列任务（seq2seq），如机器翻译、文本生成、时间序列预测等。

本节对 Transformer 的整体架构有了基础的认识，为后面对 Transformer 各个组件的介绍做好了准备。在 13.10.3 节中将具体探讨位置编码、注意力机制、前馈神经网络、残差连接与层归一化等关键组件。这些组件是理解 Transformer 强大能力来源的关键。

### 13.10.3 Transformer 的各组件

下面将深入 Transformer 的细节，探讨其内部组件。各组件的输入输出维度，以及连接方式均在图 13-13 中有展示。从位置编码到注意力机制，从前馈神经网络到残差连接与层归一化的详细论述如下。

**1. 位置编码**

由于 Transformer 的结构并不像传统的 RNN 那样按照时间步递归地处理序列数据，它需要一种方式来理解单词在句子中的位置。这就是位置编码的作用，也是其存在的必要性。如果输入数据的词嵌入不经位置编码，则各序列中的各元素在模型看来就是无序的，这将大大影响模型捕捉序列信息的能力。

位置编码的工作原理是，通过添加一组表示词在序列中位置的数值到每个词汇的词嵌入中，使模型能够理解词汇的顺序和位置关系。位置编码与词嵌入（即词的向量表示）结合，确保了 Transformer 既能理解词汇的语义，又能把握它们在句子中的位置关系。

一般，用户采用正余弦位置编码，遵循下列公式来计算特定位置的编码，这也是 Transformer 原论文中采用的位置编码方法。

$$PE(pos, 2i+1) = \cos\left(\frac{pos}{10000^{2i/d_{\text{model}}}}\right) \quad (13\text{-}4)$$

$$PE(pos, 2i) = \sin\left(\frac{pos}{10000^{2i/d_{\text{model}}}}\right) \quad (13\text{-}5)$$

**2. 注意力机制**

注意力机制使模型能够集中处理输入序列中最相关的部分，类似于人类在阅读时只关注最相关的信息。从机器翻译的角度来说，注意力计算机制能够协助进行语义对齐的操作，用户马上就能看到这一点。注意力计算主要分成两个步骤，一个是计算注意力权重，一个是计算加权和。

图 13-14 展示了计算注意力权重的流程。其中，$h$ 是一个输入向量，用户需要提取序列中和 $h$ 相关的元素。$hs$ 是隐藏状态（hidden state），它是一段文本的矩阵表示。以图 13-14 为例，如果对于编码器中的第一个编码器层，该 $hs$ 矩阵就是刚刚经过输入嵌入以及位置编码得到的五个词的词嵌入，其中每个词的词向量维度为 4。

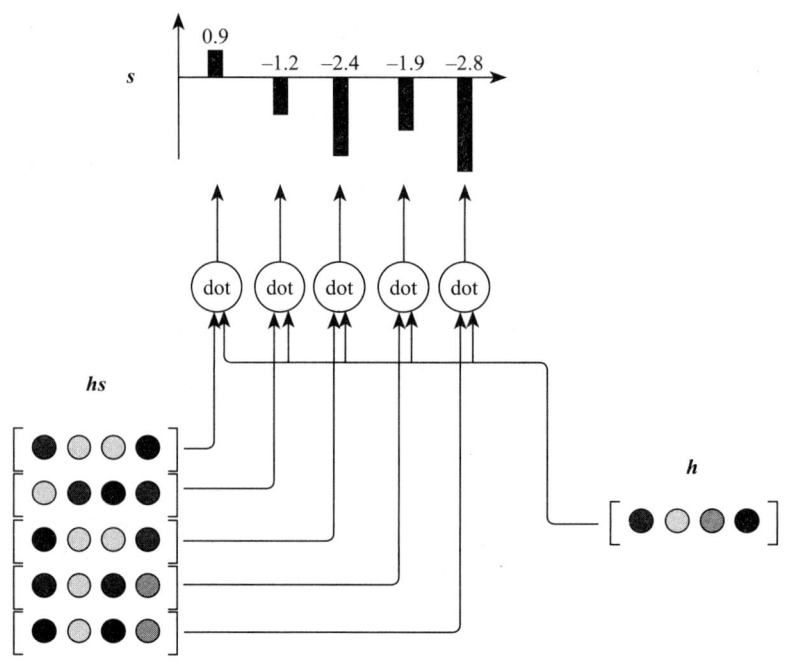

图 13-14　注意力权重的计算流程图示

已知向量的内积大小可以反映向量的相似程度，即距离方向越靠近的两个向量，它们的内积会越大，反之越小。注意力权重的计算机制其实就是利用了向量内积的这种性质，让 $hs$ 和 $h$ 逐行进行向量点乘，就能得到一个分数向量 $s$，该分数向量衡量了矩阵 $hs$ 中的每个行向量跟当前输入向量 $H$ 的相似程度。

第二个步骤就是加权和。在该步骤中，模型会将上一步得到的分数向量 $s$ 经过 Softmax 函数处理，然后得到一个权重向量 $a$。利用权重向量 $a$ 中的各分量，对 $hs$ 矩阵的行向量进行加权平均，最终得到一个表示上下文关键信息的向量 $c$。通过加权和步骤，用户从一个大规模的上下文矩阵 $hs$ 当中提炼出了一个跟输入向量 $h$ "最相关"的上下文向量

$c$。这就是前面所说的语义对齐的含义。图13-15展示了加权和的计算流程。

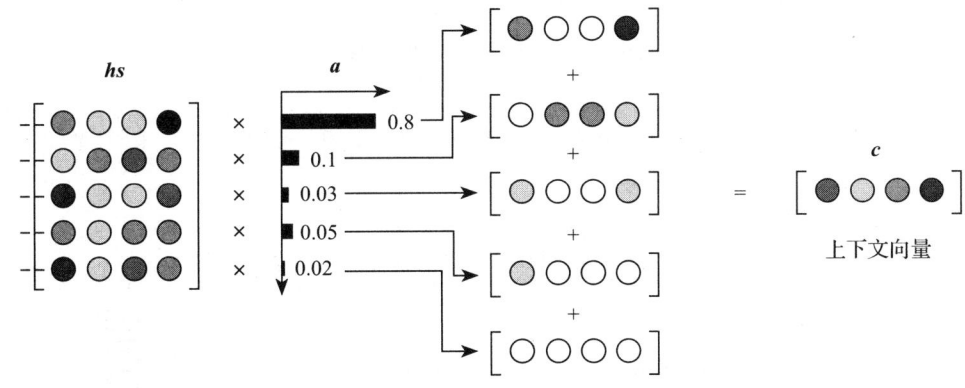

图13-15 加权和的计算流程图示

以上介绍的是最基础的注意力机制。在Transformer中，则采用了注意力机制的一种变体，称作多头自注意力（multi-head self-attention）机制。而多头自注意力机制的基础又是自注意力机制，接下来将分别进行介绍。

首先介绍自注意力机制，其数学公式如下：

$$\text{Attention}(Q, K, V) = \text{Softmax}\left(\frac{QK^{\text{T}}}{\sqrt{d_k}}\right)V \quad (13\text{-}6)$$

上面的 $Q$、$K$、$V$ 三个矩阵均由输入向量 $X$ 经过线性变换得到，如图13-16所示。

自注意力公式中 $Q$ 跟 $K$ 相乘的步骤，就是在基础注意力机制中所提到的求注意力权重的步骤。求得的结果在经过归一化和Softmax函数之后，将得到的结果跟矩阵 $V$ 相乘，这又对应了前面所介绍的加权和步骤。经过公式的计算，最后能得到一个由上下文向量 $c$ 组成的上下文矩阵 $Z$，也就是式（13-7）中的左侧。

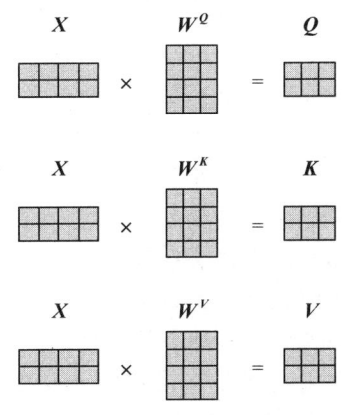

Transformer中实际使用的多头自注意力机制，其所谓多头，本质上就是重复多次自注意力的计算。具体来说，模型会在第一步进行多组线性变换，计算多组 $Q_i$、$K_i$、$V_i$，然后根据每组 $Q_i$、$K_i$、$V_i$ 都计算出一个上下文矩阵 $Z_i$，并将所有的上下文矩阵 $Z_i$ 拼接成一个大的上下文矩阵。最后，再将这个大的上下文矩阵进行一个线性变换，得到一个与 $Z_i$ 规模相同的上下文矩阵 $Z$。其计算流程如图13-17所示。

图13-16 自注意力机制中矩阵 $Q$、$K$、$V$ 的计算流程图示

在自然语言处理任务中，注意力机制帮助模型集中于当前处理词汇的上下文中最重要的其他词汇，提升了信息处理的效率和准确性。同时，这种设计还使得模型能够并行处理数据，显著提高了处理速度。

### 3.前馈神经网络

在每个编码器层和解码器层中，都包含一个前馈神经网络，它负责对注意力机制处理过的信息进行进一步的加工和提炼，并引入非线性。通常来说，该前馈神经网络通常由两

个线性变换组成，中间夹杂着一个非线性激活函数，用于增加模型的表达能力和处理复杂数据的能力。其公式如下：

$$FFN(Z) = \max(O, ZW_1 + b_1) + W_2 + b_2 \tag{13-7}$$

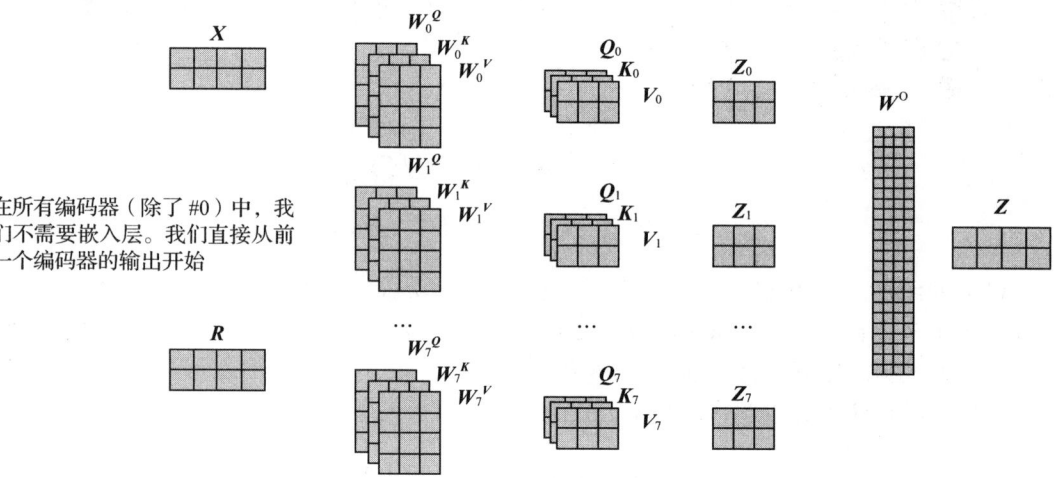

图 13-17　多头自注意力机制的计算流程图示

### 4. 残差连接与层归一化

为了防止在多层网络中信息丢失或梯度消失，Transformer 引入了残差连接。这种结构允许来自前一层的信息直接"跳跃"到后一层，从而保持信息流动的连贯性。

具体来说，这是如何实现的呢？实际上很简单，只需要将一个网络层的输入和输入相加，作为该网络最终的输出就可以了。这一加法会被计算图跟踪，那么由于加法在反向传播时会"按原样"传播梯度，所以在深度方向上，残差连接中的梯度可以不受影响地反向传播，帮助稳定模型在深度方向上的梯度。如果将残差连接和多头自注意力层结合，其架构就如图 13-18 所示。类似地，也可以尝试将残差连接和其他神经网络层进行结合。这可以简单地通过将图 13-18 中多头自注意力层替换成其他网络层来实现。

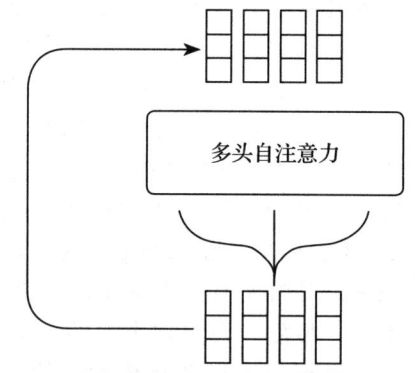

图 13-18　残差连接和多头自注意力计算层组合后的架构

层归一化则负责调整神经网络的输出，使其保持在一个合理的范围内，有助于模型的稳定和快速训练。具体来说，在深度学习中有层归一化和批归一化两种归一化方法。通常，在序列相关任务中，用户会采取层归一化的方式对输出进行正则化。其具体计算细节可以参考 13.10.4 节。PyTorch 中也已经封装好了用于归一化的网络层结构，在实践中进行调用即可。

在本节，通过深入介绍这些组件，可以看到 Transformer 是如何巧妙地将这些不同的部分组合起来，构建一个既高效又强大的信息处理系统的。每个组件都是模型不可或缺的一部分，共同支撑起 Transformer 处理复杂任务的能力。在下一节中将基于 PyTorch 实现这些组件，并了解如何连接它们，来最终搭建起一个 Transformer 模型。

### 13.10.4  Transformer 的代码实现

在本节中最重要的是各组件的实现，如自注意力计算函数、多头注意力层、残差连接层，等等。这些组件是实现 Transformer 的核心。

本节仅给出了编码器和编码器层的具体搭建方法。由于搭建过程类似，此处不再赘述解码器和解码器层的搭建方法。

下面给出各组件的代码，鼓励大家自由地组合各组件，并尝试对比不同组合方法的效果，并探讨其背后可能存在的原因。

#### 1. 导入相关库，并定义工具函数

```python
import torch
import collections
import numpy as np
import torch.nn as nn
from copy import deepcopy
import torch.nn.functional as F
from torch.autograd import Variable
# 让 Hypothesis 拥有可访问的属性，即 Hypothesis.value
Hypothesis = collections.namedtuple('Hypothesis', ['value', 'score'])

def clone_module_to_modulelist(module, module_num):
    """
    克隆 n 个 Module 类放入 ModuleList 中，并返回该 ModuleList。
    nn.ModuleList 是一个储存不同 module，并自动将每个 module 的参数添加到网络之中的容器。
    可以把任意 nn.Module 的子类（如 nn.Conv2d, nn.Linear）加到这个列表中。加入 nn.ModuleList
        中的 module 会自动注册到整个网络上，同时 module 的参数也会自动添加到整个网络中。

    :param module: 需要克隆的 module
    :param module_num: 克隆数量
    :return: 装有 module_num 个相同 module 的 ModuleList
    """
    return nn.ModuleList([deepcopy(module) for _ in range(module_num)])
```

#### 2. 词嵌入与位置编码

```python
class WordEmbedding(nn.Module):
    """
    把向量构造成 d_model 维度的词向量，以便后续送入编码器
    """
    def __init__(self, vocab_size, d_model):
        """
        :param vocab_size: 字典长度
        :param d_model: 词向量维度
        """
        super(WordEmbedding, self).__init__()
        self.d_model = d_model
        # 字典中有 vocab_size 个词，词向量维度是 d_model，每个词将会被映射成 d_model 维度的向量
        self.embedding = nn.Embedding(vocab_size, d_model)
        self.embed = self.embedding
    def forward(self, x):
        return self.embed(x) * math.sqrt(self.d_model)
```

```python
class PositionalEncoding(nn.Module):
    """
    正余弦位置编码,即通过三角函数构建位置编码,公式为:
        PE(pos,2i) = sin(pos/10000^{2i/d_{model}})
        PE(pos,2i+1) = cos(pos/10000^{2i/d_{model}})
    """

    def __init__(self, dim: int, dropout: float, max_len=5000):
        """
        :param dim: 位置向量的向量维度,一般与词向量维度相同,即 d_model
        :param dropout: Dropout 层的比率
        :param max_len: 句子的最大长度
        """
# 判断能够构建位置向量
        if dim % 2 != 0:
            raise ValueError(f" 不能使用 sin/cos 位置编码,输入数据维度为奇数 {dim:d},
                应该使用偶数维度 ")
        pe = torch.zeros(max_len, dim)    # 初始化 pe
        position = torch.arange(0, max_len).unsqueeze(1)    # 构建 position,为句子的
            长度,相当于 pos
        div_term = torch.exp((torch.arange(0, dim, 2, dtype=torch.float) * torch.
            tensor(
            -(math.log(10000.0) / dim))))            # 复现位置编码 sin/cos 中的公式
            pe[:, 0::2] = torch.sin(position.float() * div_term)    # 偶数使用 sin 函数
        pe[:, 1::2] = torch.cos(position.float() * div_term)    # 奇数使用 cos 函数
        pe = pe.unsqueeze(1)                                    # 扁平化成一维向量

        super(PositionalEncoding, self).__init__()
        self.register_buffer('pe', pe)    # pe 不是模型的一个参数,通过 register_buffer
            把 pe 写入内存缓冲区,作为内存中的常量
        self.drop_out = nn.Dropout(p=dropout)
        self.dim = dim

    def forward(self, emb, step=None):
        """
        词向量和位置编码拼接并输出
        :param emb: 词向量序列 (FloatTensor),其形状为 (seq_len, batch_size, self.dim)
        :param step: 如果 stepwise ("seq_len=1"),则用此位置的编码
        :return: 词向量和位置编码的拼接
        """
        emb = emb * math.sqrt(self.dim)
        if step is None:
            emb = emb + self.pe[:emb.size(0)]    # 拼接词向量和位置编码
        else:
            emb = emb + self.pe[step]
        emb = self.drop_out(emb)
        return emb
```

### 3. 自注意力计算函数

```python
def self_attention(query, key, value, dropout=None, mask=None):
    """
    自注意力计算
    :param query: Q
    :param key: K
    :param value: V
    :param dropout: drop 比率
    :param mask: 是否掩码
    :return: 经自注意力机制计算后的值
```

```python
    """
    d_k = query.size(-1)  # 防止 Softmax 求解时梯度消失
    # Q,K 相似度计算公式: Q^T.K/sqrt(d_k)
    scores = torch.matmul(query, key.transpose(-2, -1)) / math.sqrt(d_k)
    # Q,K 相似度计算
    # 判断是否掩码,注: 掩码的操作在 Q、K 之后,Softmax 之前
    if mask is not None:
        # 进行掩码操作,将 mask==0 对应位置的元素替换成 -1e9
        scores = scores.masked_fill(mask == 0, -1e9)

    self_attn_softmax = F.softmax(scores, dim=-1)  # 执行 Softmax
    # 判断是否要对相似概率分布进行 dropout 操作
    if dropout is not None:
        self_attn_softmax = dropout(self_attn_softmax)

    # 返回经自注意力计算后的值,以及执行 Softmax 后的相似度(即相似概率分布)
    return torch.matmul(self_attn_softmax, value), self_attn_softmax
```

### 4. 多头注意力层

```python
class MultiHeadAttention(nn.Module):
    """
    多头注意力计算
    """

    def __init__(self, head, d_model, dropout=0.1):
        """
        :param head: 头数
        :param d_model: 词向量的维度,必须是 head 的整数倍
        :param dropout: drop 比率
        """
        super(MultiHeadAttention, self).__init__()
        assert (d_model % head == 0)  # 确保词向量维度是头数的整数倍
        self.d_k = d_model // head    # 拆分为多头后,QKV 三个矩阵的特征维度
        self.head = head
        self.d_model = d_model

        """
        由于多头注意力机制针对多组 Q、K、V,因此有了下面这四行代码,具体作用是,针对未来每一次
        输入的 Q、K、V,都给予参数进行构建。其中 linear_out 是针对多头汇总时给予的参数
        """

        self.linear_query = nn.Linear(d_model, d_model)  # 进行全连接层变换,但不修改维度
        self.linear_key = nn.Linear(d_model, d_model)
        self.linear_value = nn.Linear(d_model, d_model)
        self.linear_out = nn.Linear(d_model, d_model)

        self.dropout = nn.Dropout(p=dropout)
        self.attn_softmax = None  # attn_softmax 是注意力分数,即句子中某一个词与所有词的
            相关性分数,softmax(QK^T)

    def forward(self, query, key, value, mask=None):
        if mask is not None:
            """
            多头注意力机制的线性变换层是 4 维。query 的形状为 [batch, frame_num, d_model],拆分头
                后形状变成 [batch, -1, head, d_k]。再将第二、三个维度交换,变成 [batch, head,
                -1, d_k],所以掩码要在第二个维度(head 维)上添加一维,与后面的 self_attention 计算
                维度一样
            """
            mask = mask.unsqueeze(1)
```

```python
        n_batch = query.size(0)    # batch 的大小，假设 query 的形状是 [10, 32, 512]，其中 10
            是 batch 的大小
        # query == key == value
        query=self.linear_query(query).view(n_batch, -1, self.head, self.d_k)
            .transpose(1, 2)    # [b, 8, 32, 64], head=8
        key = self.linear_key(key).view(n_batch, -1, self.head, self.d_k)
            .transpose(1, 2)    # [b, 8, 28, 64]
        value=self.linear_value(value).view(n_batch, -1, self.head, self.d_k)
            .transpose(1, 2)    # [b, 8, 28, 64]
        # x是通过自注意力机制计算出来的值，self.attn_softmax是相似概率分布
        z, self.attn_softmax = self_attention(query, key, value, dropout=self.
            dropout, mask=mask)
        """
        拼接各注意力头返回的矩阵 z，其中 self.head * self.d_k，可以看出 x 的形状是按照 head
            数拼接成的一个大矩阵。
        contiguous() 是重新开辟一块内存后再存储 x，然后才可以使用 .view 方法，否则直接使
            用 .view 方法会报错。
        """
        z = z.transpose(1, 2).contiguous().view(n_batch, -1, self.head * self.d_k)
        return self.linear_out(z)
```

### 5. 前馈神经网络层

```python
class FeedForward(nn.Module):
    """
    带层归一化和 dropout 的两层前馈神经网络
    """

    def __init__(self, d_model: int, d_ff: int, dropout=0.1):
        """
        :param d_model: 第一层输入的维度
        :param d_ff: 第二层隐藏层输入的维度
        :param dropout: drop 比率
        """
        super(FeedForward, self).__init__()
        self.w_1 = nn.Linear(d_model, d_ff)
        self.w_2 = nn.Linear(d_ff, d_model)
        self.layer_norm = nn.LayerNorm(d_model, eps=1e-6)
        self.dropout_1 = nn.Dropout(dropout)
        self.relu = nn.ReLU()
        self.dropout_2 = nn.Dropout(dropout)
    def forward(self, x):
        """
        :param x: 输入数据，形状为 (batch_size, input_len, model_dim)
        :return: 输出数据 (FloatTensor), 形状为 (batch_size, input_len, model_dim)
        """
        inter = self.dropout_1(self.relu(self.w_1(self.layer_norm(x))))
        output = self.dropout_2(self.w_2(inter))
        # return output + x, 即为残差网络
        return output
```

### 6. 残差连接与层归一化

```python
class SublayerConnection(nn.Module):
    """
    子层的连接: layer_norm(x + sublayer(x))
    上式可以理解为一个残差网络加上一个层归一化
    """

    def __init__(self, size, dropout=0.1):
```

```python
        """
        :param size: d_model
        :param dropout: drop 比率
        """
        super(SublayerConnection, self).__init__()
        self.layer_norm = LayerNorm(size)
        # 也可换成 nn.BatchNorm2d
        # self.layer_norm = nn.BatchNorm2d()
        self.dropout = nn.Dropout(p=dropout)

    def forward(self, x, sublayer):
        return self.dropout(self.layer_norm(x + sublayer(x)))
```

### 7. 拼接编码器层

```python
class EncoderLayer(nn.Module):
    """
    一层编码器层
    多头注意力→残差连接与层归一化→前馈神经网络→残差连接与层归一化
    """
    def __init__(self, size, attn, feed_forward, dropout=0.1):
        """
        :param size: d_model
        :param attn: 已经初始化的多头注意力层
        :param feed_forward: 已经初始化的前馈神经网络层
        :param dropout: drop 比率
        """
        super(EncoderLayer, self).__init__()
        self.attn = attn
        self.feed_forward = feed_forward

        """
        下面一行的作用是因为一个编码器层具有两个残差结构的网络,
        因此构建一个 ModuleList 存储两个 SublayerConnection, 以便未来对数据进行残差处理
        """
        self.sublayer_connection_list = clone_module_to_modulelist\
            (SublayerConnection(size, dropout), 2)

    def forward(self, x, mask):
        """
        :param x: 编码器层的输入
        :param mask: 掩码标志
        :return: 经过一个编码器层处理后的输出
        """

        """
        编码层第一层子层。
        self.attn 应该是一个已经初始化的多头注意力层。
        把编码器的输入数据 x 和经过一个多头注意力层处理后的 x_attn 送入第一个残差网络进行处理,
            得到 first_x
        """
        first_x = self.sublayer_connection_list[0](x, lambda x_attn: self.attn(x, x, x, mask))

        """
        编码层第二层子层。
        把经过第一层子层处理后的数据 first_x 与前馈神经网络送入第二个残差网络进行处理, 得到编码
            器层的输出
        """
        return self.sublayer_connection_list[1](first_x, self.feed_forward)
```

### 8. 搭建编码器

```
class Encoder(nn.Module):
    """
    构建 n 层编码层
    """
    def __init__(self, n, encoder_layer):
        """
        :param n: 编码器层的层数
        :param encoder_layer: 初始化的编码器层
        """
        super(Encoder, self).__init__()
        self.encoder_layer_list = clone_module_to_modulelist(encoder_layer, n)

    def forward(self, x, src_mask):
        """
        :param x: 输入数据
        :param src_mask: 掩码标志
        :return: 经过 n 层编码器处理后的数据
        """
        for encoder_layer in self.encoder_layer_list:
            x = encoder_layer(x, src_mask)
        return x
```

## 13.10.5 Transformer 的应用

在对 Transformer 及其核心组件深入理解后，最后探讨 Transformer 在实际应用中的表现。Transformer 模型由于其高效的处理能力和灵活的结构，已在多个领域实现了突破性的应用。从 GPT 到 BERT，再到各种定制化的变体，Transformer 不仅在自然语言处理领域大放异彩，还在许多其他领域展现了其强大的潜力。

### 1. GPT

GPT（Generative Pre-trained Transformer）是基于 Transformer 架构设计的一系列高级模型，主要用于文本生成任务。这些模型通过大规模的预训练，掌握了丰富的语言知识，能够生成流畅、连贯的文本。目前，GPT 模型在文本生成、对话系统，甚至编程代码生成等领域都展现了卓越的性能。它们能够基于给定的上下文生成自然而合理的续写，改变了人们对机器写作能力的认知。

（1）GPT 的结构细节

1）仅解码器（decoder-only）结构：GPT 沿用了 Transformer 解码器的结构，但它并不用于将一个序列转换为另一个序列，而是用于生成文本。GPT 的每个解码器层都包含自注意力机制和前馈神经网络。

2）单向自注意力机制：与 Transformer 的双向或编码器-解码器注意力机制不同，GPT 的自注意力机制在每个时间步上仅仅会考虑之前的上下文信息。这对于文本生成任务尤为重要，因为在生成一个词时，只能依赖于前面的词，而没有所谓的全局上下文进行参考。

（2）GPT 的训练过程

1）预训练阶段：GPT 在大规模文本数据集上进行预训练，学习语言的通用模式和结构。它通常使用传统的语言模型目标，即预测下一个词。

2）微调阶段：GPT 可以针对特定的下游任务进行微调，在微调时通过调整其生成文本的风格和内容来适应特定任务的需求。

3）输入表示：GPT 使用词嵌入和位置嵌入，但由于其单向特性，不需要 BERT 中的段落嵌入。

GPT 模型的一个关键贡献是它展示了大规模预训练在提升模型性能方面的有效性，特别是在数据稀缺的下游任务中。后续的 GPT-2 和 GPT-3 模型，通过扩大模型规模和训练数据，进一步提升了模型的生成能力和适应性。

总而言之，GPT 不仅是一个强大的文本生成模型，它还为理解和利用 Transformer 架构提供了新的视角。通过专注于解码器部分并采用单向自注意力机制，GPT 成功地将 Transformer 的原理应用于广泛的生成任务中，从而推动了整个自然语言处理领域的发展。

### 2. BERT

BERT（Bidirectional Encoder Representations from Transformers）利用 Transformer 的编码器结构，通过双向理解上下文来改善语言模型的性能。BERT 及其衍生模型在诸如文本分类、情感分析、问题回答等任务上取得了显著的成果。特别是在理解语言的微妙差异和复杂关系方面，BERT 模型展现了前所未有的能力。BERT 的核心创新在于它仅利用 Transformer 的编码器部分来学习文本的双向表示。

需要注意的是，BERT 的输入表示是词嵌入、段落嵌入和位置嵌入的组合。在 Transformer 的基础上新增加的段落嵌入设计能使得 BERT 更有效地处理各种类型的自然语言处理任务。

**（1）BERT 的结构细节**

1）仅使用编码器：BERT 的结构仅包含 Transformer 的编码器部分。它将多层的 Transformer 编码器堆叠起来，每一层都包含自注意力机制和前馈神经网络。

2）双向特性：BERT 的关键特性之一是其双向性。这意味着，BERT 在学习一个给定词的表示时，会同时考虑其左侧和右侧的上下文信息。这与传统的单向模型或基于窗口的方法不同，后者通常只能从一个方向考虑上下文。

**（2）BERT 的训练过程**

1）预训练阶段：在这一阶段，BERT 通过大规模的文本语料库进行训练，学习通用的语言表示。这一阶段使用了两种训练任务：掩码语言模型（Masked Language Model, MLM）和下一句预测（Next Sentence Prediction, NSP）。

2）掩码语言模型：这个任务随机地从输入文本中掩盖一些词汇，然后让模型预测这些被掩盖的词。这促使模型学习到更加丰富的词汇表示。

3）下一句预测：这个任务涉及判断两个句子是否顺序排列，这有助于模型学习理解句子之间的关系。

4）微调阶段：在特定的下游任务（如情感分析、问答系统等）中，BERT 模型会进行微调。在这一阶段，模型会在其预训练的基础上进一步训练，以适应具体的任务需求。

总的来说，BERT 不仅是一个具体的模型实例，更是 Transformer 在自然语言处理领域应用的典范，展示了 Transformer 架构的强大潜力和灵活性。

### 3. Transformer 在其他领域的应用

**（1）图像处理**

虽然 Transformer 模型最初是为处理文本而设计，它也被成功应用于图像识别和处理领域。例如，ViT（Vision Transformer）在图像分类任务上展现了与传统卷积神经网络相当甚至更优的性能。

ViT 是一种将 Transformer 架构应用于图像处理领域的开创性模型，它标志着从传统的卷积神经网络（CNN）向更通用的 Transformer 模型的转变。与传统的图像处理模型不同，ViT 将图像划分为一系列小块（patche），并将这些块视为序列来处理。这种方法允许模型捕捉到图像内部的长距离依赖关系，这在传统的 CNN 模型中是较难实现的。

**（2）语音识别**

在语音识别领域，Transformer 模型通过有效处理时间序列数据，大幅提升了语音到文本的转换效率和准确性。语音识别是一个复杂的任务，涉及处理不同速度、口音、语调的语音数据。此外，长句子中的词之间可能存在复杂的依赖关系。在语音识别中，Transformer 模型通过其自注意力机制有效地捕捉了语音数据中的长距离依赖。这一点对于理解复杂句子结构尤为重要。

一个典型的例子是 ASR（Automatic Speech Recognition）系统，使用 Transformer 模型的 ASR 系统已经显示出优于传统基于 RNN 的系统的性能。这些模型能够更准确地转录长语音序列，并且在处理多说话者的环境中表现出更好的鲁棒性。

与传统的基于声学和语言模型分离的系统相比，基于 Transformer 的端到端模型简化了语音识别的流程。这种一体化的方法相较两阶段的方法提高了处理速度，同时维持了识别的高准确性。

## 总结

本章主要介绍了大数据分析平台 PyTorch。首先叙述了 PyTorch 的发展历史，然后对 PyTorch 的整体结构有了初步认识。接下来重点展示了 PyTorch 的各模块，通过具体示例代码，有助于读者深入理解各模块的功能，方便读者构建各种高效的机器学习和深度学习的应用。最后通过 PyTorch 基础实验和进阶实验进一步解释了 PyTorch 的具体应用，其中重点介绍了 Transformer 模型。

## 习题

1. 简要概述 PyTorch 的结构，并说明每个模块的主要功能。
2. 分析 autograd 的优势和局限性，并探讨在实际应用中如何充分利用 autograd 来简化深度学习模型的训练过程。
3. 选择一种优化算法，例如 SGD 或 Adam，解释其在 PyTorch 中的实现原理及其在训练神经网络时的作用。
4. 讨论 LSTM 在自然语言处理中的应用，并说明为什么 LSTM 适合处理这些任务。
5. 简要介绍 Transformer 模型的基本原理和结构，并说明其相比传统循环神经网络的优势。

# 第 14 章　TensorFlow

## 14.1　TensorFlow 概述

2011—2015 年，Google Brain 团队内部孵化出一个名为 DistBelief 的项目，它是为深度神经网络构建的机器学习系统，是 TensorFlow 的雏形。2015 年，Google 正式发布了 TensorFlow 的白皮书，并开源了 TensorFlow 0.1.0 版本。2017 年，TensorFlow 正式发布了 1.0 版本，这标志着稳定版本的诞生，但 TensorFlow 1.0 仍有不足，需要进一步改进。2019 年，TensorFlow 在经历 2.0 Alpha 版本的更新迭代后，发布了 2.0 正式版。TensorFlow 是一个端到端的开源机器学习平台，借助 TensorFlow，初学者和专家可以轻松地构建机器学习模型。TensorFlow 已经发展成为世界上最受欢迎和广泛采用的机器学习平台之一。

机器学习是指帮助软件在没有明确的程序或规则的情况下执行任务。对于传统计算机编程，程序员会指定计算机应该使用的规则。但是，机器学习需要另一种思维方式。现实中的机器学习对数据分析的注重程度远高于编码。程序员提供一组样本，然后计算机从数据中学习各种模式，可以将机器学习视为"使用数据进行编程"。

借助机器学习可以解决很多现实问题，比如在 Android 上部署大型语言模型；利用 Simple ML 分析表格数据；通过个性化推荐来吸引用户等。

TensorFlow 把机器学习中的通用功能封装成了库，并提供了简易的 API，使得在构建机器学习系统时不再需要做那些纷繁复杂的数学、工程工作，而是把主要精力放在模型和业务上。这就像使用编程语言进行编程时不再需要知道计算机硬件的细节，不用知道 CPU 的指令集。从这个意义上说，TensorFlow 使机器学习工程从汇编语言时代，上升到了高级语言时代，从而也降低了机器学习这项技术的门槛和学习成本。

如图 14-1 所示，在 TensorFlow 中，开发人员通过创建数据流图来描述数据如何通过 DAG 或一系列处理节点移动。图中的每个节点表示一个数学运算，节点之间的每个连接或边是一个多维数据数组或张量。其中，张量是 TensorFlow 的核心数据单位，本质上是一个任意维的数组。可用的张量类型包括常数、变量、张量占位符和稀疏张量。

TensorFlow 中的节点和张量都是 Python 对象，而 TensorFlow 应用程序本身也是 Python 应用程序。它使用 Python 作为前端 API，从而使用框架构建应用程序，同时在高性能 C++ 中执行这些应用程序。然而，实际的数学操作不是在 Python 中执行的，而是通过 TensorFlow 可用的转换库用高性能的 C++ 二进制文件实现的。Python 只是在各个部分之间引导通信，并提供高级编程抽象来将它们挂钩。

TensorFlow 应用程序可以在任何方便的目标上运行，如本地机器、云中的集群、iOS 和 Android 设备、CPU 或 GPU。用户可以使用 Google Cloud 平台，在 Google 的自定义 TensorFlow 处理单元（TPU）上加速 TensorFlow 模型的训练。另外，由 TensorFlow 创建的结果模型可以部署在大多数用于提供预测服务的设备上。

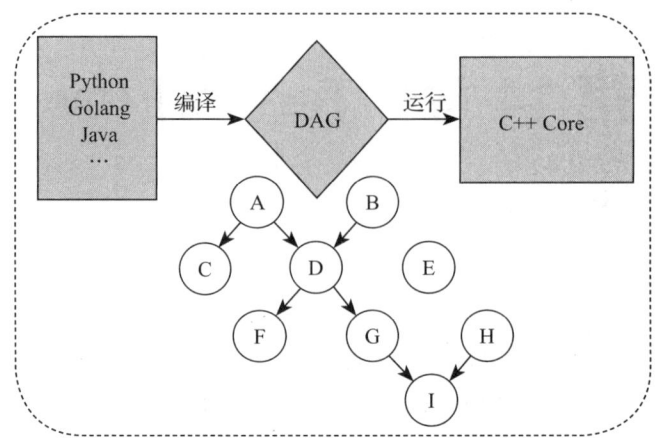

图 14-1　TensorFlow 通过 DAG 进行运算的示意图

## 14.2　TensorFlow 的系统架构

　　TensorFlow 是一个基于数据流编程的符号数学系统，提供了丰富的深度学习相关的 API，支持 Python 和 C/C++ 接口，被广泛应用于各类机器学习算法的编程实现，其前身是 Google 的神经网络算法库 DistBelief。TensorFlow 的依赖视图如图 14-2 所示。

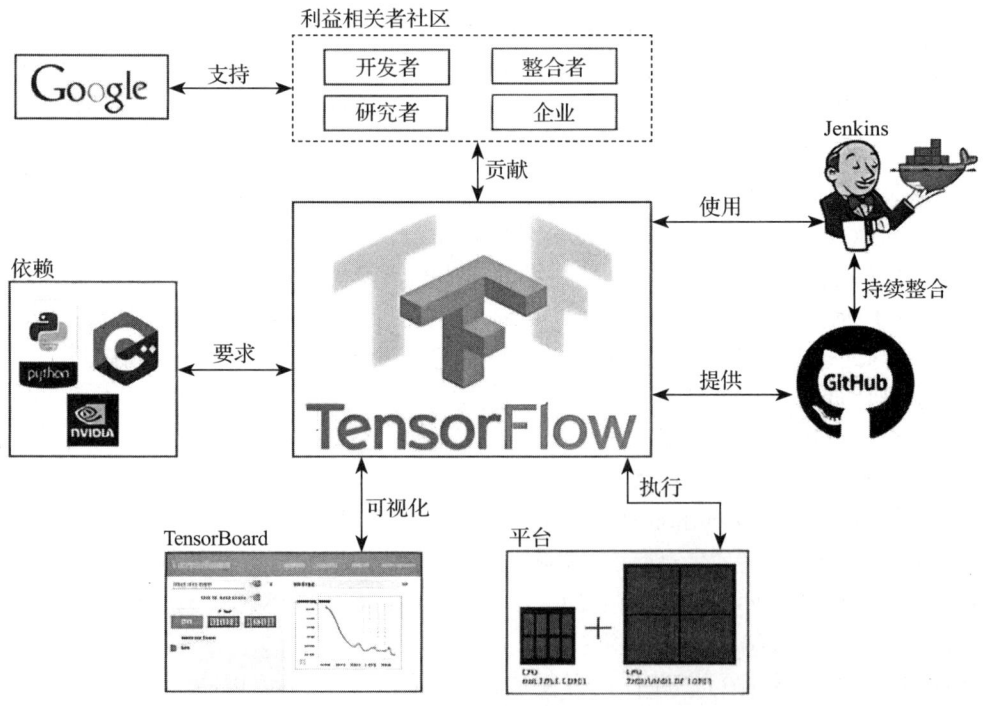

图 14-2　TensorFlow 的依赖视图

如图 14-2 所示，TensorFlow 托管在 GitHub 平台上，与贡献者共同维护。自 2015 年起，TensorFlow 依据 Apache 2.0 开源协议开放源代码。同时，TensorFlow 还提供了可视化分析工具 TensorBoard，以方便分析和调整模型。

在 TensorFlow 1.0 版本中，主流的网络运行方式是"静态图"，这种运行方式需要将网络的定义和运行分开进行。需要先搭建一个图，然后让数据在图上运行得到最终结果。所以，一般静态图可以分为两步，即构建模型和执行模型。

相比于 TensorFlow 1.0 版本，TensorFlow 2.0 版本更加注重简化和易于使用，并且默认采用"动态图"的方式运行（严格来说，在 TensorFlow 1.3 版本之后已经能够通过 Eager Execution 实现动态图，到 1.11 版本时已经比较完善）。动态图在静态图的基础上进行优化，使得 TensorFlow 更加方便、快捷地使用。同时，在 TensorFlow 2.0 版本中，API 被打包成一个全面的平台，可以支持从训练到部署的机器学习工作流程。使用 Keras 可以很容易建立模型并且迅速执行，其可以在任何平台上的生产中进行稳健的模型部署，这些为研究提供了强大的实验支撑。

如图 14-3 所示，TensorFlow 2.0 包括模型的构建、训练和验证（左边）以及模型的存储和部署（右边）两大部分，分别在 14.2.1 节和 14.2.2 节中介绍。

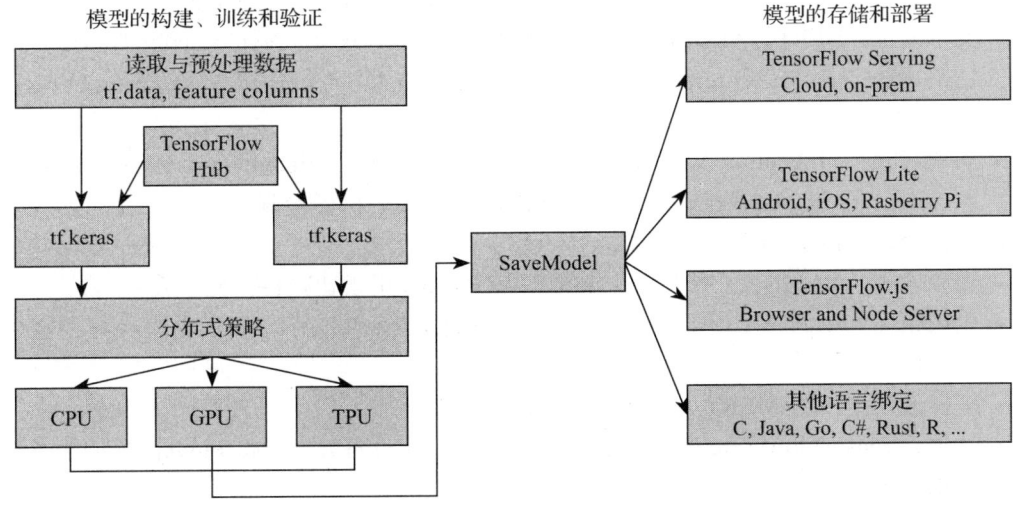

图 14-3　TensorFlow 2.0 架构组件示意图

## 14.2.1　模型的构建、训练和验证

TensorFlow 2.0 引入了增强功能，包括即时执行 Eager Execution，立即迭代；直观调试；使用 tf.data 构建可伸缩的输入管道。

下面是在 TensorFlow 中处理数据的工作流：

1）使用 tf.data 加载数据。
2）使用 tf.data 创建的输入管道读取训练数据。
3）特征工程，例如使用 tf.feature_column 描述分桶和特性交叉。
4）支持从内存数据（例如 NumPy）中加载。

## 1. 用 Keras 或者预制的 Estimator 构建、训练和验证模型

Keras 是一个面向机器学习的用户友好型 API，它用于简化构建和训练模型，便于机器学习新手和研究人员使用 TensorFlow。另外，Keras 提供了几种模型构建 API，如 Sequential、Functional 和 Subclassing，用户可以根据项目选择合适的抽象。

Estimator（评估器）是 TensorFlow 的一个高阶 API，它可以实现抽象参数初始化、日志记录、保存和恢复模型等功能，专为实现缩放和异步训练而设计。同时，TensorFlow 也提供了很多预先写好的评估器，包括 DNNClassifier、DNNRegressor、LinearClassifier。要使用这些评估器，必须依次完成下面几项工作：

1）创建一个或多个输入函数。
2）定义模型的特征列。
3）实例化 Estimator 对象，并指定特征列和各种超参数。
4）在 Estimator 对象上调用一个或多个方法。
5）传递适当的输入函数作为数据源。
6）根据需求对数据进行预处理操作（如数据清洗、归一化等）。

TensorFlow Hub 是一个库，用于分享和发现预训练的机器学习模型。可以在 TensorFlow Hub 上找到各种用于不同任务的模型，包括但不限于以下类型：

- 文本处理：BERT、ALBERT（A Lite BERT）、T5（Text-to-Text Transfer Transformer）、USE（Universal Sentence Encoder）、GPT、ELMo（Embeddings from Language Model）。
- 图像处理：Inception V3、MobileNet V2、ResNet、EfficientNet、NASNet（Neural Architecture Search Network）、Faster R-CNN（用于目标检测）。
- 视频处理：I3D（Inflated 3D ConvNet）。
- 音频处理：YAMNet（用于声音分类）、VGGish（用于音频特征提取）。
- 生成模型：BigGAN（用于生成高分辨率图像）、StyleGAN（用于生成具有特定风格的图像）。
- 多模态模型：LXMERT（用于视觉和语言任务）。
- 其他：TensorFlow Lite 模型（用于移动和嵌入式设备）、TensorFlow.js 模型（用于在浏览器中运行）。

上述这些模型通常包括预训练的权重，可以直接用于推理或作为迁移学习的起点。在使用 TensorFlow Hub 时，可以通过模型的 URL 来加载模型。这些 URL 可以在 TensorFlow Hub 的官方网站上找到，每个模型都有一个对应的页面，上面提供了模型的详细信息和使用说明。

Keras 与 TensorFlow 的其他部分紧密集成，所以可以随时访问 TensorFlow 的特性。使用 tf.estimator API 还可以实现一组标准打包模型，例如线性或逻辑回归、梯度增强树、随机森林。如果不打算从头开始训练一个模型，那么使用 TensorFlow Hub 中的模块，应用迁移学习方法来训练 Keras 或 Estimator 模型。默认情况下，TensorFlow 2.0 运行时具有即时执行（Eager Execution）功能，便于运行和平稳调试代码。此外，tf.function 函数注释透明地将 Python 函数翻译成 TensorFlow 图，这个过程保留了 TensorFlow 1.0 的优点，即基于 TensorFlow 的图执行，它具有性能优化、远程执行以及轻松序列化、导出和部署的能力，同时增加了用简单 Python 表示程序的灵活性和易用性。

### 2. 使用分布式策略进行分布式训练

对于大型机器学习训练任务，分布式策略 API 使得在不同硬件配置上分发和训练模型变得容易，而无须更改模型定义。由于 TensorFlow 提供了对一系列硬件加速器的支持，如 CPU、GPU 和 TPU。可以将训练模型工作负载分配到单节点 / 多加速器，以及多节点 / 多加速器配置，包括 TPU Pods。因此 API 支持各种集群配置，并提供了在 on-prem 或云环境中的 Kubernetes 集群上部署培训的模板。

分布式策略能被用于高级 API，比如 Keras，也能用于自定义训练循环（基于 TensorFlow 的各种计算）。在 TensorFlow 2.0 中，可以启用即时执行（Eager Execution）模式，或者使用 tf.function 的图，tf.distribute.Strategy 支持这两种执行方式。分布式策略 API 可以用于训练，也可以用于在不同平台上分发评估和预测。可以通过对代码进行很少的修改来使用 tf.distribute.Strategy，因为 TensorFlow 的基础组件可以感知分布式策略，其中基础组件包括变量、层、优化器、指标、摘要和检查点。

## 14.2.2 模型的存储和部署

### 1. 模型存储

如图 14-3 所示，中间的 SaveModel 将模型导出到 SavedModel 组件。TensorFlow 在 SavedModel 上进行标准化，作为与 TensorFlow Serving、TensorFlow Lite、TensorFlow.js、TensorFlow Hub 等进行交换的格式。在进行模型存储时，TensorFlow 将标准化作为服务的一部分，使模型成为与 TensorFlow Serving、TensorFlow Lite、TensorFlow.js、TensorFlow Hub 等可互换的格式。无论是部署在服务器、边缘设备还是 Web 上，其都可以让用户对模型实现轻松训练和部署，无论用户使用何种语言或平台。在 TensorFlow 2.0 中，正是这种标准化互换格式和 API 对齐提高了跨平台和组件的兼容性。

### 2. 模型部署

1）TensorFlow Serving：TensorFlow 库，允许通过 HTTP / REST 或 gRPC / 协议缓冲区提供服务或者应用。

2）TensorFlow Lite：TensorFlow 针对移动和嵌入式设备的轻量级解决方案提供了在 Android、iOS 和嵌入式系统（如 Raspberry Pi 和 Edge TPU）上部署模型的能力。

3）TensorFlow.js：允许在 JavaScript 环境下部署模型，如在 Web 浏览器或服务器端通过 Node.js 实现部署。TensorFlow.js 还支持使用类似 Keras 的 API 在 JavaScript 中定义模型并直接在 Web 浏览器中进行训练。

## 14.3 神经网络的构建与 TensorFlow 的基本用法

### 14.3.1 神经网络前置知识

TensorFlow 是一个开源的机器学习平台，能够搭建一个神经网络模型。在搭建神经网络模型之前先介绍一些关于神经网络的前置知识。在这里列出了以下几个基本知识，分别是前向传播、损失函数、梯度下降、学习率、反向传播、优化器以及激活函数。

为了更好的解释这几个概念，这里以简单的鸢尾花分类模型为例。鸢尾花可以分成三类,分别是狗尾草鸢尾、杂色鸢尾和弗吉尼亚鸢尾,并且其标签分别是 0、1、2。任意给出一张鸢尾花图片,如何判断它到底属于 0、1、2 哪一种类的花呢?首先直接的想法就是,既然可以把花进行分类那肯定存在一个分类标准。这个标准就是鸢尾花的花萼长宽和花瓣长宽。只要知道花萼长宽和花瓣长宽这四个数据,就可以运用 if-else 语句判断类别,这是一种客观的计算。但是,鸢尾花的种植者在识别鸢尾花时并不需要这样计算,因为他们凭借经验可直接识别,而且随着经验的增加,识别的准确率也会提高。这种方法就是神经网络方法,经验其实来源于大量的数据集,思路如下:

1)首先采集大量关于花萼长宽、花瓣长宽以及其对应类别的数据构成数据集。
2)接下来把这个数据集输入搭建好的神经网络结构(就像是种植者积累的经验一样)。
3)在这个模型内,神经网络会从提供的数据集中进行学习改进,不断优化参数,提高判断准确率,最终得到优化参数的模型。
4)最后,将一张新的鸢尾花图片提交给这个模型时,它可以根据以往的经验输出识别的结果。

在这个思路中其实还有很多问题没有解决,比如说神经网络到底是怎么搭建的?神经网络里的神经元是怎么计算的?参数又是如何更新的?这些问题将在下面的讨论中逐个解决。

首先聚焦于神经元到底是怎么计算的这个问题?早在 1943 年,美国心理学家麦卡洛克(W. S. McCulloch)和数学家皮特斯(W. Pitts)按照生物神经元,建立起了著名的阈值加权和模型,即麦卡洛克 – 皮特斯模型(McCulloch-Pitts model),简称为 M-P 模型,其拓扑结构便是现代神经网络中的一个神经元。如图 14-4 左侧所示,$x_1, \cdots, x_i, \cdots, x_n$ 是神经元的输入。M-P 模型是将每一个输入的特征乘以连接线上的权重,求和之后再通过一个非线性函数(也叫作激活函数),最后输出。为了简化问题先暂时忽略非线性函数。根据简化的 M-P 模型,代入鸢尾花分类问题,可以得出:

$$y = xw + b \tag{14-1}$$

其中 $x$ 是给定的输入特征,$x_1, x_2, x_3, x_4$ 分别代表花萼长、花萼宽、花瓣长、花瓣宽;$w$ 是连接线上的权重,是 4 行 3 列的矩阵;$b$ 是 3 个偏差项的向量;最终得到 1 行 3 列的结果 $y$,即三种鸢尾花各自的可能性大小。

图 14-4 右侧给出了输入特征的具体值,其类标签是 0,也就是说这是一株狗尾草鸢尾花。一个节点就是一个神经元,这里有 4 个输入,3 个输出,$4 \times 3$ 的权重 $w$,3 个偏差项的 $b$,于是就搭建出了这样的一个神经网络。而且每一个输出都和任意一项输入有关,因此是一个全连接网络。

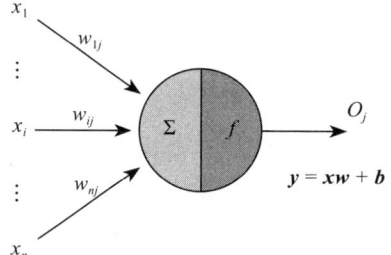

图 14-4 神经网络单元 M-P 模型示意图

### 1. 前向传播

随机初始化 w 和 b 后，根据神经元的计算模型，从输入到输出计算出结果 y，这个过程叫作前向传播。另外还会发现一个问题，从这个结果来看，输出值最大的（也就是可能性最高的）是标签为 1 的鸢尾花而不是标签为 0 的鸢尾花。这是因为 w 和 b 都是随机给出的，最终结果也是随机的，即现在输出的值和它实际的值存在一定的误差。

### 2. 损失函数

对于预测值和真实值之间的误差需要找到一个指标来量化，于是引入了损失函数。损失函数是预测值 y' 和标准值 y 的差距，可以判断当前参数 w，b 的优劣。当损失函数最小时，意味着得到的结果就更准确，此时的 w 和 b 也会取得一个最优值。常使用均方误差来定义损失函数，TensorFlow 也提供了相应的 API，即 tf.keras.losses.MSE。

### 3. 梯度下降

那么如何才能使损失函数最小呢？如图 14-5 所示，纵坐标是损失函数，$\theta_0$，$\theta_1$ 分别是 w 和 b。最开始随机选定的 w 和 b，见图 14-5 的初始点，在这个点有对应的损失函数的值。现在想让损失函数往最小的方向移动，就好像从山顶到山脚的最短距离，其方向肯定要选择最陡峭的方向，也就是损失函数下降最快的方向。并且在过程中还要对方向进行修正，确定它仍然处于最陡峭的方向。函数下降的方向就是梯度下降的方向，那么就可以采用梯度下降法寻找损失函数的最小值，得到最优参数。式（14-2）～式（14-4）给出了梯度下降法更新参数的计算公式：

$$w_{t+1} = w_t - \text{lr} * \frac{\partial \text{loss}}{\partial w_t} \tag{14-2}$$

$$b_{t+1} = b_t - \text{lr} * \frac{\partial \text{loss}}{\partial b_t} \tag{14-3}$$

$$w_{t+1}x + b_{t+1} \rightarrow y \tag{14-4}$$

其中 lr 代表学习率，接下来将介绍。

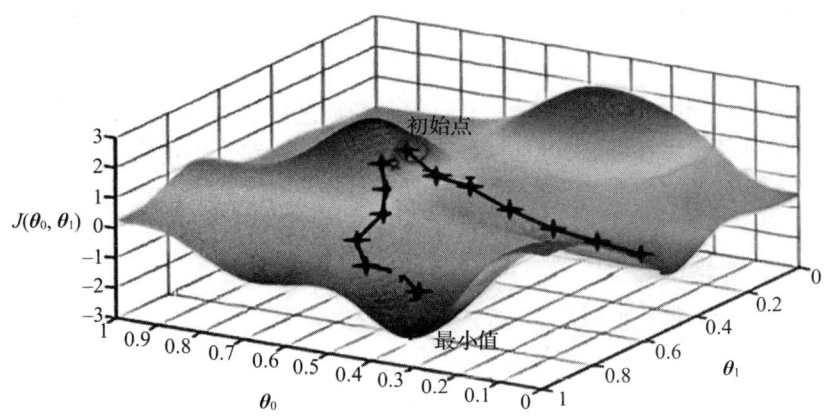

图 14-5 梯度下降示意图（见彩插）

### 4. 学习率

学习率是一种超参数。当学习率设置得过小时，收敛过程将变得十分缓慢。如何理解呢？这里的学习率就相当于步长，从山顶往山脚每走一段路会停下来再调整一次方向，如果每走一步就停下来重新计算，那下山的过程会变得非常慢。但学习率过大时，很有可能错过了最小值，梯度会在最小值附近来回振荡，甚至可能无法收敛。

### 5. 反向传播

当走了一段路后，需要重新计算损失函数的值，再用新得到的损失函数对参数 $w$ 求偏导，从后向前，逐层求损失函数对每层神经元参数的偏导数，迭代更新所有参数，这一过程就是反向传播。

### 6. 优化器

优化器是引导神经网络优化参数的一种工具，优化过程如下：

1）计算损失函数关于当前参数的梯度：

$$g_t = \nabla f(\omega_t) = \frac{\partial f}{\partial \omega_t} \tag{14-5}$$

2）根据历史梯度计算一阶动量和二阶动量：

$$m_t = \phi(g_1, g_2, \cdots, g_t), \ V_t = \varphi(g_1, g_2, \cdots, g_t) \tag{14-6}$$

3）计算当前时刻的下降梯度：

$$\eta_t = \alpha \cdot m_t / \sqrt{V_t} \tag{14-7}$$

4）根据下降梯度进行更新：

$$\omega_{t+1} = \omega_t - \eta_t \tag{14-8}$$

其中 $\omega$ 为待优化的参数，$f(\omega)$ 为损失函数，$\alpha$ 为初始学习率，每次迭代一个批次，$t$ 表示当前批次迭代的总次数。

步骤 3、4 对于各算法都是一致的，主要差别体现在步骤 1 和 2 上。梯度下降是不含动量的随机梯度下降，其实就是一阶动量为 $m_t = g_t$，二阶动量为 $V_t = 1$ 的优化器。其他的优化器还包含 Adam、SGDM、AdaGrad。

### 7. 激活函数

回到开始提到的 M-P 模型，前面为了简化问题而忽略了非线性函数。引入激活函数的原因在于模型要加入非线性因素，线性模型的表达能力不够，不能很好地逼近复杂问题中的标准值。在这里引入一个非线性函数可以使深层神经网络的表达能力更加强大。下面介绍常用的激活函数。

#### （1）Sigmoid 函数

激活函数 Sigmoid 如下所示：

$$f(x) = \frac{1}{1 + e^{-x}} \tag{14-9}$$

Sigmoid 函数的特点包括：

1）输出值不以零为中心，可能导致模型收敛速度慢。

2）可能会出现梯度消失问题。

3）幂函数计算复杂，训练时间长。

**（2）Tanh 函数**

激活函数 Tanh 如下式所示：

$$f(x) = \frac{1-e^{-2x}}{1+e^{-2x}} \tag{14-10}$$

Tanh 函数的特点包括：

1）输出的均值为 0。

2）易造成梯度消失。

**（3）ReLU**

激活函数 ReLU 如下式所示：

$$f(x) = \max(0, x) = \begin{cases} 0, x < 0 \\ x, x \geqslant 0 \end{cases} \tag{14-11}$$

ReLU 函数的特点包括：

1）解决了正区间内的梯度消失问题。

2）计算速度非常快。

3）某些神经元可能永远不会被激活。

### 14.3.2 TensorFlow 的基本用法

了解了神经网络搭建相关的基本概念后，现在继续了解 TensorFlow 能提供什么工具来帮助搭建网络。

TensorFlow 使用张量作为数据的基本单位。TensorFlow 的张量在概念上等同于多维数组，可以使用它来描述数学中的标量（0 维数组）、向量（1 维数组）、矩阵（2 维数组）等各种量。

**1. 创建张量**

1）创建一个常量张量：tf.constant [ 张量内容，dtype= 数据类型（可选）]。

代码如下：

```
import tensorflow as tf
a=tf. constant ([1,5], dtype=tf.int64)
print(a)
print(a.dtype)
print(a.shape)
```

运行结果：

```
<tf.Tensor([1,5],shape=(2 , ), dtype=int64)
<dtype: 'int64'>
(2, )
```

在上述示例中，一维张量里有两个元素。

2）创建全为 0 的张量：tf.zeros（形状）。

3）创建全为 1 的张量：tf.ones（形状）。

4）创建填充特定值的张量：tf.fill（维度，值）。

代码如下：

```
a = tf.zeros([2, 3])
```

```
b=tf.ones(4)
c = tf.fill([2, 2], 9)
print(a)
print(b)
print(c)
```

运行结果：

```
tf.Tensor([[0.0.0.][0.0.0.]], shape=(2, 3), dtype=float32)
tf.Tensor([1.1.1. 1.], shape= (4, ), dtype=float32)
tf.Tensor([[9 9][9 9]1, shape=(2, 2), dtype=int32)
```

5）生成正态分布的随机数，默认均值为0，标准差为1：

tf. random.normal（形状，mean= 均值，stddev= 标准差）

6）生成截断式正态分布的随机数：

tf. random.truncated_normal（形状，mean= 均值，stddev= 标准差）

7）生成均匀分布随机数 [ minval, maxval )：

tf. random. uniform( 形状，minval= 最小值，maxval= 最大值 )

### 2. 张量的运算

张量运算对应元素的四则运算，只有形状相同的张量才可以做四则运算。

1）两个张量的对应元素相加：tf.add ( 张量 1，张量 2)
2）两个张量的对应元素相减：tf.subtract ( 张量 1，张量 2)
3）两个张量的对应元素相乘：tf.multiply ( 张量 1，张量 2)
4）两个张量的对应元素相除：tf.divide ( 张量 1，张量 2)
5）计算某个张量的平方：tf.square ( 张量名 )
6）计算某个张量的 $n$ 次方：tf.pow ( 张量名，n 次方数 )
7）计算某个张量的开方：tf.sqrt ( 张量名 )
8）两个矩阵相乘：tf.matmul( 矩阵 1，矩阵 2)

### 3. 其他常用函数

1）tf.Variable（初始值）：将变量标记为"可训练"，被标记的变量会在反向传播中记录梯度信息。在神经网络训练中常用该函数标记待训练参数。

2）tf.GradientTape()：用于自动微分，记录张量操作的梯度信息。代码如下：

```
with tf.GradientTape()as tape:
w= tf.Variable(tf.constant(3.0))
loss = tf.pow(w,2)
grad = tape.gradient(loss,w)
print(grad)
```

运行结果：

```
tf.Tensor(6.0,shape=(), dtype=float32)
```

3）assign_sub（要从变量中减去的内容）：赋值操作，更新变量的值并返回。代码如下：

```
w= tf.Variable(4)
w.assign_sub(1)
print(w)
```

运行结果:

```
tf.Tensor(3, shape=(),dtype=int32)
```

4) tf.nn.softmax():使输出符合概率分布。

5) tf.one_hot(待转换数据,depth= 独热向量长度):将待转换数据转换为 one-hot 形式的数据输出。代码如下:

```
classes=3
labels = tf.constant([1,0,2])          # 输入的元素值最小为 0,最大为 2
output = tf.one_hot (labels, depth=classes)
print(output)
```

运行结果:

```
tf.Tensor([[0. 1. 0.]
[1. 0. 0.]
[0. 0. 1.]],
shape = (3, 3), dtype=float32)
```

#### 4. 搭建神经网络

代码如下:

```
w1=tf.Variable(tf.random.truncated_normal([4, 3],stddev=0.1))
b1=tf.Variable(tf.random.truncated_normal([3], stddev=0.1))
lr=0.1                    # 学习率为 0.1
train_loss_results=[ ]    # 将每轮的 loss 记录在此列表中
test_acc=[ ]              # 将每轮的 acc 记录在此列表中
epoch=500                 # 循环 500 轮
loss_all=0                # 每轮的 loss 总和

# 训练部分
for epoch in range(epoch):                       # 数据集级别的循环,每个 epoch 循环一次数据集
    for step,(x_train, y_train)in enumerate(train_db):
                                                 # batch 级别的循环,每个 step 循环一个 batch
        with tf.GradientTape()as tape:           # with 结构记录梯度信息
            y=tf.matmul(x_train, w1)+b1          # 神经网络乘加运算
            y=tf.nn.softmax(y)                   # 使输出 y 符合概率分布(此操作后与独热码同量级,
                                                   可相减求 loss)
            y_=tf.one_hot(y_train, depth=3)      # 将标签值转换为独热码格式,方便计算
                                                   loss 和 accuracy
            loss=tf.reduce_mean(tf.square(y_-y)) # 采用均方误差损失函数
            loss_al += loss.numpy()              # 将每个 step 计算出的 loss 累加

        # 计算 loss 对各个参数的梯度
        grads =tape.gradient(loss, [w1, b1])
        # 实现梯度更新 w1=w1-lr*w1_grad, b1=b1-lr*b1_grad
        w1.assign_sub(lr*grads[0])               # 参数 w1 自更新
        b1.assign_sub(lr*grads[1])               # 参数 b 自更新
```

### 14.3.3 小结

本节首先通过引入鸢尾花分类问题解释了神经网络的前置知识,随后介绍了 TensorFlow 提供的数据类型和函数,最后运用以上两者实现一个简单神经网络的搭建。尽管 TensorFlow 已经对神经网络内部的计算进行了一层封装,但这个过程还是有点复杂,通过 Keras 框架实现会更简单一些。

## 14.4　TensorFlow 的特点、优势和应用领域

### 14.4.1　TensorFlow 的特点

#### 1. Keras 与 TensorFlow 紧密集成

TensorFlow 的高阶 API 基于 Keras API 标准，用于定义和训练神经网络。Keras 通过用户友好的 API 实现快速原型设计、先进技术研究和生产。

#### 2. 提高 GPU 性能

TensorFlow 2.0 提高了在 GPU 上的性能表现。以 ResNet-50 和 BERT 为例，只需要几行代码，混合精度使用 Volta 和 Turing GPU，训练表现最高可以提升 3 倍。

#### 3. 高性能训练场景

针对高性能训练场景，可以使用分布式策略 API 进行分布式训练，且只需修改少量代码就能获得出色的性能。支持 Keras Model.fit、自定义训练循环、多 GPU 等。

#### 4. 动态和静态图融合

支持动态图和静态计算图的融合。在动态图机制下用户可以使用原生的 Python 控制语句轻松地编写和调试代码。

### 14.4.2　TensorFlow 的优势

#### 1. 易于使用

TensorFlow 提供了易于使用的 API，同时 API 保持着高度的一致性。TensorFlow 不占编译时间，目前已有多种高层接口构建在 TensorFlow 之上，如 Keras。

#### 2. 灵活性

TensorFlow 能够运行在不同类型和尺寸的机器上，以及各种操作系统上，支持多种编程语言与分布式模式。

#### 3. 高效性

TensorFlow 中各种库的性能较高，利用 GPU、CPU 来提高运行效率。拥有 TensorFlow Hub、TensorFlow Lite、TensorBoard 和 TensorFlow Extended（TFX）等工具和库。

#### 4. 生态圈丰富

TensorFlow 官方社区提供了良好的文档支持，这些文档中包括大量的机器学习库，方便大家学习。它还集成了不同的 API，可以用来创建一个大规模的深度学习架构，比如 CNN 或 RNN。同时，社区还提供在线交流平台，以论坛形式交流问题、分享经验。TensorFlow 官方社区网址为 https://tensorflow.google.cn/。

### 14.4.3　TensorFlow 的应用领域

#### 1. 图像识别

使用卷积神经网络（CNN）进行图像分类、目标检测和图像分割等任务。

### 2. 自然语言处理

TensorFlow 可用来实现循环神经网络（RNN）等技术，用于自然语言处理任务，比如文本分类、命名实体识别、机器翻译、情感分析等。

### 3. 推荐系统

使用深度学习模型进行用户行为分析和个性化推荐，在电子商务、社交媒体和娱乐领域，构建个性化推荐系统。

### 4. 语音识别

TensorFlow 的语音处理库可以用来处理声音数据，应用在语音助手、语音指令识别和转录服务等。

### 5. 自动驾驶

用于自动驾驶汽车中的物体检测、车道保持等任务，比如对路况场景的分割、雷达信号的处理等。

### 6. 智能医疗

在医学图像分析、疾病诊断、药物发现和生物信息学方面有广泛应用。针对特定领域和数据，利用 TensorFlow 框架便于重用现在已有的图像识别模型等，提高医疗检测的准确率。

## 14.5 比较 PyTorch 和 TensorFlow

PyTorch 和 TensorFlow 是两种流行的深度学习框架，它们在多个方面有所不同，下面从运算模式、依赖库、数据加载、设备管理、计算速度、灵活性、性能和优化、调试、部署、可视化、社区支持和适用对象等方面进行比较。

### 1. 运算模式

创建和运行计算图可能是两个框架最不同的地方。PyTorch 采用动态图模式，这意味着开发者可以在运行时构建和修改计算图，这使得代码更易于编写和调试，特别适用于需要灵活性的任务，如序列模型。TensorFlow 则采用静态图模式，它需要在模型运行之前先定义计算图，先被"编译"然后再运行，这种方式虽然可以带来更高的效率，但可能需要编写更多的代码。这实际上带来了一个严重的问题，那就是计算的流程处于固定状态，这种不灵活的运算方式必然会影响计算结果的效率。从运算过程的区别来看，PyTorch 的优势比较明显。

### 2. 依赖库

- TensorFlow：支持更多库函数，如多种图像数据预处理方式。
- PyTorch：PyTorch 的库函数相对简洁，但正在扩充，主要集中于张量操作等方面。

### 3. 数据加载

- TensorFlow：API 设计庞大，使用时有技巧，但有时候不能直接把数据加载到 TensorFlow 中。
- PyTorch：API 整体设计粗糙，但加载数据的 API 设计很友好。加载数据的接口由一个数据集、一个取样器和一个数据加载器构成。

### 4. 设备管理

TensorFlow 的设备管理非常好用，通常不需要进行调整，使用默认设置即可。TensorFlow 设备管理唯一的缺点是，默认情况下，它会占用所有的 GPU 显存。简单的解决办法是指定 CUDA_VISIBLE_DEVICES，如果没有正确设置它，GPU 在空闲时也会显得很忙。

在 PyTorch 中，代码需要更频繁地检查 CUDA 是否可用，以及更明确的设备管理。在编写能够同时在 CPU 和 GPU 上运行的代码时尤其如此。此外需要将 GPU 上的 PyTorch 变量转换为 NumPy 数组，这会显得有点冗长。

### 5. 计算速度

同等条件下，TensorFlow 在 CPU 上的运行速度比 PyTorch 快，TensorFlow 在 GPU 上的运行速度和 PyTorch 差不多。

### 6. 灵活性

- TensorFlow：静态计算图，数据参数在 CPU 与 GPU 之间迁移较烦琐，调试也相对复杂。
- PyTorch：动态计算图，数据参数在 CPU 与 GPU 之间迁移十分灵活，调试简便。

### 7. 性能和优化

PyTorch 支持 GPU 加速，可以充分利用 GPU 资源进行计算，适合需要快速训练的场景。TensorFlow 在 CPU 和 GPU 上的性能优化都很好，但早期版本在动态图方面的性能略显不足。PyTorch 和 TensorFlow 都针对性能进行了高度优化，但 TensorFlow 对于大规模部署和生产用例来说速度更快。

### 8. 调试

PyTorch 中简单的图结构更容易理解，且具有更灵活的调试过程，调试 PyTorch 代码与调试 Python 代码类似。可以使用 pdb 并在任何地方设置断点。而 TensorFlow 具有更强大的调试和错误报告工具。调试 TensorFlow 代码不太容易，要么从会话请求要检查的变量，要么学会使用 TensorFlow 的调试器（tfdbg）。

### 9. 部署

TensorFlow 有更广泛的部署选项，也提供了 TensorFlow Lite，可以部署在移动和嵌入式设备上，而 PyTorch 主要侧重于部署在云平台和服务器上。

### 10. 可视化

TensorFlow 最吸引人的工具之一就是 TensorBoard，可以清晰地看出计算图、网络架构。PyTorch 没有类似 TensorBoard 的工具，但是 PyTorch 可以导入 TensorBoardX 或者 matplotlib 等工具包用于数据可视化。

### 11. 社区支持

TensorFlow 由 Google 主导开发，拥有丰富的社区资源和强大的生态系统，包括 TensorBoard 可视化工具和 TensorFlow Extended（TFX）等。PyTorch 是 Facebook 开发的

开源项目,虽然在规模上不如 TensorFlow,但在学术界和研究中得到广泛应用,且发展迅速并拥有强大的社区。

**12. 适用对象**

这两种平台操作虽然能够得到同样的结果,但是由于运算过程不同,在程序应用的过程中有不同的难点。PyTorch 相对来说更能够在短时间内建立结果和方案,更适合计算机程序爱好者或者是小规模项目。而 TensorFlow 则更适合大规模分布式训练和模型推理部署,尤其在自然语言处理、语音识别和计算机视觉等领域有着广泛的应用。另外对于跨平台或者实现嵌入式部署时,TensorFlow 更具优势。

所以如果不知道应该选择使用 PyTorch 还是 TensorFlow,必须对自己的目标和预期效果加以评判。总的来说,PyTorch 和 TensorFlow 各有优势,选择哪个框架取决于具体的项目需求和个人偏好。

## 14.6 TensorFlow 实验

### 14.6.1 tf.keras 前置知识

tf.keras 支持从训练到部署的机器学习工作流程,是面向机器学习的、用户友好的 API 标准。下面介绍使用 tf.keras 搭建神经网络的主要步骤以及用到的 API。

1)加载所需库:使用 import 函数。
2)划分、加载数据集:使用 train_ds, test_ds。
3)逐层描述神经网络结构:使用 model=tf.keras.models.Sequential。
4)配置训练方法:使用 model.compile。
5)输出模型结构:使用 model.summary。
6)执行训练过程:使用 model.fit。
7)模型可视化:使用 matplotlib 绘制可视化准确率曲线(acc curve)、可视化损失函数曲线(loss curve)。
8)模型优化,减少过拟合:使用 data_augmentation 与 tf.keras.layers.Dropout。

### 14.6.2 TensorFlow 图像分类实验

在本节 TensorFlow 图像分类实验中,解释前面所述的搭建神经网络模型的步骤。

**1. 加载所需库**

**(1)环境准备**

Python: 3.7+
Python IDE: PyCharm
安装 CPU 版本 TensorFlow:

```
pip install tensorflow
```

**(2)导入所需库**

代码示例如下:

```
import matplotlib.pyplot as plt
```

```
import tensorflow as tf
from tensorflow import keras
from keras import layers
from keras.models import Sequential
import pathlib
```

### 2. 划分、加载数据集

#### （1）下载数据集

如图 14-6 所示，数据集大约有 3700 张花卉照片，包含 5 种类别。本实验中的默认下载地址为 C:Userslenovol.keras。

图 14-6　数据集文件

如果未下载数据集，可从网上直接下载。然后使用 tf.keras.utils.get_file 下载数据集，使用 pathlib 获取已下载的数据集路径。示例代码如下：

```
dataset_url="https://storage.googleapis.com/download.tensorflow.org/example_
    images "\"/flower_photos.tgz" # 定义数据集的下载链接
data_dir = tf.keras.utils.get_file('flower_photos.tar', origin=dataset_url,
    extract=True)
# pathlib.Path(data_dir) 用于创建一个 Path 对象，表示已下载并提取数据集的路径
data_dir = pathlib.Path(data_dir).with_suffix('')
```

本地加载数据集的代码示例如下：

```
data_dir = pathlib.Path("C:/Users/lenovo/.keras/datasets/flower_photos")
```

#### （2）定义参数

下面定义图片大小（img_height, img_width）和批大小（batch_size）。图片数据需要大小一致才方便训练，使用小批量随机梯度下降可以实现反向传播。

代码如下：

```
batch _size = 32
img_height = 180
img_width = 180
```

#### （3）加载训练集和验证集

使用 tf.keras.utils.image_dataset_from_directory 方法从磁盘上加载数据，只需几行代码就可以将磁盘上的图片数据转换为 tf.data.Dataset 对象。按照 4∶1 的比例将数据集分为训练集与验证集，加载训练集和验证集的代码示例如下：

```
train_ds = tf.keras.utils.image_dataset_from_directory(
    data_dir,
    validation_split=0.2,# 用于验证集的数据比例
    labels='inferred', # 函数会自动从子目录的名称中推断出类标签
    subset="training", # 加载训练集
```

```
    seed=111,
    image_size=(img_height, img_width),
    batch_size=batch_size)
val_ds = tf.keras.utils.image_dataset_from_directory(
    data_dir,
    validation_split=0.2,
    labels='inferred',
    subset="validation",
    seed=111,
    image_size=(img_height, img_width),
    batch_size=batch_size)
```

分割完后可以查看训练集中的所有类别名称，代码如下：

```
class_names = train_ds.class_names
```

**（4）使用缓存的方式加载数据**

代码示例如下：

```
# 根据可用的 CPU 动态设置并行处理数据的数量
AUTOTUNE = tf.data.AUTOTUNE

# cache 可以使迭代从缓存加载数据，只有训练集需要打乱
train_ds = train_ds.cache().shuffle(1000).prefetch(buffer_size=AUTOTUNE)
val_ds = val_ds.cache().prefetch(buffer_size=AUTOTUNE)
```

cache()：缓存数据集，将数据集的元素存储在内存或磁盘缓存中，以加快数据读取速度。（数据集从磁盘上加载放入内存中，如果数据集太大内存放不下，则可以使用此方法创建一个性能磁盘缓存。）

prefetch(buffer_size=AUTOTUNE)：预取数据，使得数据的读取和处理可以与模型的训练过程并行进行。buffer_size 参数指定了预取的缓冲区大小，AUTOTUNE 则表示使用自动选择的最佳并行处理数量。

**（5）归一化图像**

layers.Rescaling() 是 Keras 中的一个图像预处理层，将图像的像素值缩放到指定的范围内，示例代码如下：

```
# layers.Rescaling(1./255)：将图像的像素值从 0～255 缩放到 0～1 之间
normalization_layer = layers.Rescaling(1./255)    # 归一化层

# 通过归一化层把 RGB 图像进行归一化
normalized_ds = train_ds.map(lambda x, y: (normalization_layer(x), y))
```

**（6）获取类别数量**

以下代码可以获取标签类别数量：

```
num_classes = len(class_names)
```

### 3. 逐层描述神经网络结构

利用 Sequential 搭建简单的神经网络结构，实现前向传播的过程。实验建立的卷积神经网络模型包括一层数据增强层、三层卷积层加池化层、一层舍弃层以及两层全连接层，激活函数都为 ReLU。

**（1）数据增强层**

由于本次实验数据集中的图片数量不是非常大，因此为了有效降低过拟合以及提高准

确性,在神经网络中需要设置一个数据增强层。这一层负责对图片进行随机的旋转处理,这样可以产生更多的相似数据进行训练,提高准确性,保证数据的有效训练。示例代码如下:

```
data_augmentation = keras.Sequential(
    [
        # layers.RandomFlip(): Keras 的一个数据增强层,用于(水平)随机翻转输入图像
        # layers.RandomRotation(): Keras 的一个数据增强层,用于随机旋转输入图像(0.1表示角度)
        # layers.RandomZoom(): Keras 的一个数据增强层,用于随机缩放输入图像
        layers.RandomFlip("horizontal",
                          input_shape=(img_height,
                                       img_width,
                                       3)),
        layers.RandomRotation(0.1),
        layers.RandomZoom(0.1),
    ]
)
```

**(2)建立卷积神经网络**

示例代码如下:

```
model = Sequential([
    data_augmentation,
    layers.Rescaling(1./255, input_shape=(img_height, img_width, 3)),
    layers.Conv2D(16, kernel_size=(3, 3), padding='same', activation='relu'),
    layers.MaxPooling2D(pool_size=(2, 2), strides=2),
    layers.Conv2D(32, kernel_size=(3, 3), padding='same', activation='relu'),
    layers.MaxPooling2D(pool_size=(2, 2), strides=2),
    layers.Conv2D(64, kernel_size=(3, 3), padding='same', activation='relu'),
    layers.MaxPooling2D(pool_size=(2, 2), strides=2),
    layers.Dropout(0.2),
    layers.Dense(32, activation='relu'),
    layers.Flatten(),
    layers.Dense(num_classes)
])
```

上述代码中 layers.Dense 为全连接层,Keras 中用于构建全连接层的类为 tf.keras.layers.Dense(神经元个数,activation=" 激活函数 ",kernel_regularizer= 正则化方法),其中激活函数包含:relu, softmax, sigmoid, tanh。在正则化 kernel_regularizer 中,tf.keras.regularizers.l1() 表示使用 L1 正则化,tf.keras.regularizers.l2() 表示使用 L2 正则化。

在本章前文所述的鸢尾花分类实例中,搭建的简单神经网络就是一个全连接层,代码示例如下:

```
model= tf.keras.models.Sequential([tf.keras.layers.Dense(3,activation='softmax')])
```

此外,layers.Flatten 为展平层,将卷积层输出的特征图展平为一维向量,送入最后一个全连接层得到输出。

**4. 配置训练方法**

本模型使用 model.compile 定义优化器、损失函数、评测指标,代码示例如下:

```
model.compile(optimizer='adam',
              loss=tf.keras.losses.SparseCategoricalCrossentropy(from_logits=True),
              metrics=['accuracy'])
```

其中优化器(optimizer)定义更新参数的算法,常用的优化器有 sgd, adagrad,

adadelta，adam。

loss 衡量预测值与标准值（label）之间的差异，常用的损失有 mse（均方误差）和 sparse_categorical_crossentropy（稀疏分类交叉熵损失函数），而本模型使用稀疏分类交叉熵损失函数。如果 from_logits 设置为 False，则假设输入是经过 Softmax 函数的概率分布，函数将计算预测概率分布与真实标签之间的交叉熵损失；如果 from_logits 设置为 True，则假设输入是未经过函数的 logits。在这种情况下，函数将自动应用 Softmax 函数来获得概率分布，并计算交叉熵损失。在 layers.Dense(num_classes) 部分输出全连接层未指定激活函数，不满足概率分布，需要先经过一个 Softmax 函数，因此这里的 loss 函数中 from_logits=True。

评测指标（metrics）中，accuracy 是准确率指标，真实标签和预测值都是数值；categorical_accuracy 是为独热编码设计的准确率指标，真实标签和预测值都是独热编码；sparse_categorical_accuracy 是为数值类型的类别索引设计的准确率指标，真实标签是数值，预测值是独热编码。

### 5. 输出模型结构

使用 model.summary() 输出模型结构，模型结构输出结果如图 14-7 所示。

```
Model: "sequential_1"
_________________________________________________________________
 Layer (type)                Output Shape              Param #
=================================================================
 sequential (Sequential)     (None, 180, 180, 3)       0

 rescaling_1 (Rescaling)     (None, 180, 180, 3)       0

 conv2d (Conv2D)             (None, 180, 180, 16)      448

 max_pooling2d (MaxPooling2  (None, 90, 90, 16)        0
 D)

 conv2d_1 (Conv2D)           (None, 90, 90, 32)        4640

 max_pooling2d_1 (MaxPoolin  (None, 45, 45, 32)        0
 g2D)

 conv2d_2 (Conv2D)           (None, 45, 45, 64)        18496

 max_pooling2d_2 (MaxPoolin  (None, 22, 22, 64)        0
 g2D)

 dropout (Dropout)           (None, 22, 22, 64)        0

 dense (Dense)               (None, 22, 22, 32)        2080

 flatten (Flatten)           (None, 15488)             0

 dense_1 (Dense)             (None, 5)                 77445

=================================================================
Total params: 103109 (402.77 KB)
Trainable params: 103109 (402.77 KB)
Non-trainable params: 0 (0.00 Byte)
_________________________________________________________________
```

图 14-7　模型结构输出结果

### 6. 执行训练过程

使用 model.fit 执行反向传播的训练过程，model.fit 用于指定训练集、测试集、训练轮数等。代码示例如下：

```
epochs = 15
history = model.fit(
    train_ds,
    validation_data=val_ds,
```

```
            epochs=epochs,
)
```

其中 history=model.fit 存储中间结果用于绘制 acc 和 loss 曲线。

### 7. 模型可视化

分别绘制训练集和验证集的 acc 和 loss 曲线，代码见下，曲线图如图 14-8 所示。

```
acc = history.history['accuracy']
val_acc = history.history['val_accuracy']
loss = history.history['loss']
val_loss = history.history['val_loss']

epochs_range = range(epochs)
plt.figure(figsize=(8, 8))
plt.subplot(1, 2, 1)
plt.plot(epochs_range, acc, label='Training Accuracy')
plt.plot(epochs_range, val_acc, label='Validation Accuracy')
plt.legend(loc='lower right')
plt.title('Training and Validation Accuracy')

plt.subplot(1, 2, 2)
plt.plot(epochs_range, loss, label='Training Loss')
plt.plot(epochs_range, val_loss, label='Validation Loss')
plt.legend(loc='upper right')
plt.title('Training and Validation Loss')
plt.show()
```

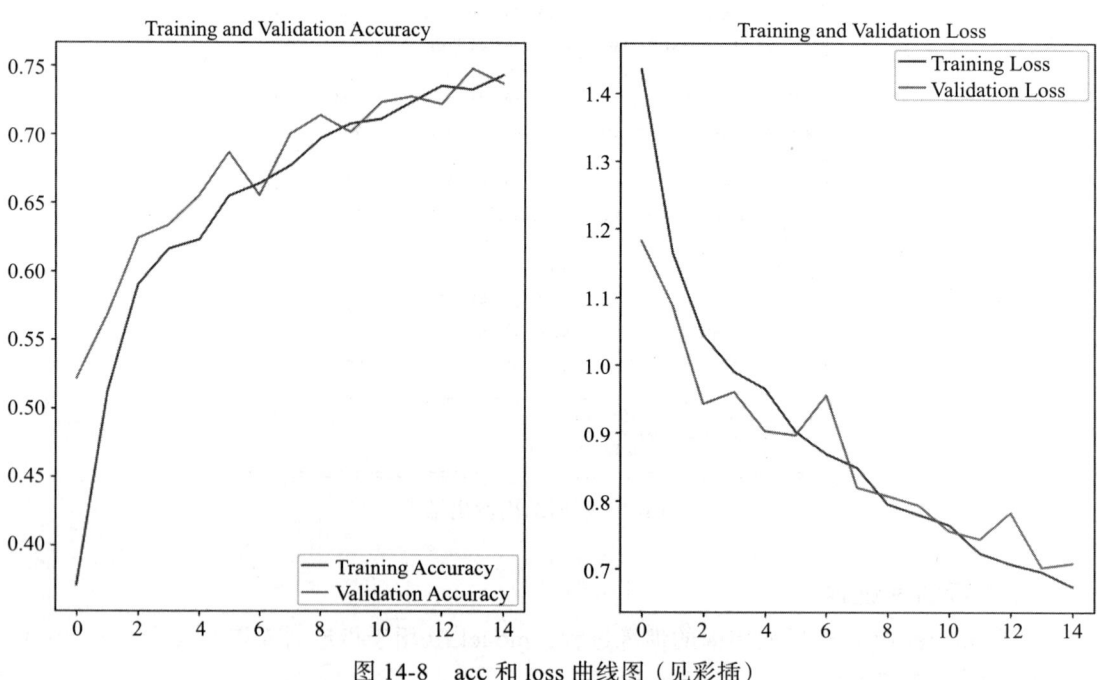

图 14-8　acc 和 loss 曲线图（见彩插）

由图 14-8 可知，训练集的 acc 曲线和验证集的 val_acc 曲线随迭代轮数逐渐上升；训练集的 loss 曲线和验证集的 val_loss 曲线随迭代轮数逐渐下降。

## 8. 存储模型

将 model 存储为 TensorFlow Lite 模型。示例代码如下：

```
converter=tf.lite.TFLiteConverter.from_keras_model(model)
tflite_model=converter.convert()
with open('model.tflite','wb') as f:
f.write(tflite_model)  # 写入数据
```

## 9. 测试模型效果

最后测试模型的效果如何。在网上下载一张玫瑰的图片，在原来的项目文件夹下新建一个 py 文件，在 path 中写入图片路径，然后模型进行预测，最终其成功预测出了玫瑰花图片。示例代码如下：

```
import numpy as np
import tensorflow as tf
img_height = 180
img_width = 180

# 获取你要识别的图片
path = "xiang.png"
img = tf.keras.utils.load_img(
    path, target_size=(img_height, img_width)
)   # 图片处理成之前模型设置的图片大小

img_array = tf.keras.utils.img_to_array(img)    # 将 PIL Image 实例转换为 Numpy 数组
img_array = tf.expand_dims(img_array, 0)        # 增加一个维度，因为只有一张图片，所以
                                                  代表一个 batch

class_names = ['daisy', 'dandelion', 'roses', 'sunflowers', 'tulips']
TF_MODEL_FILE_PATH = 'model.tflite'   # 前面存储模型的路径
# 运行 TensorFlow Lite 模型的解释器接口
interpreter = tf.lite.Interpreter(model_path=TF_MODEL_FILE_PATH)
classify_lite = interpreter.get_signature_runner('serving_default')
predictions_lite = classify_lite(sequential_input=img_array)['dense_1']
score_lite = tf.nn.softmax(predictions_lite)
print(
    "这个图片最有可能是{}，有 {:.2f} % 的概率 "
    .format(class_names[np.argmax(score_lite)], 100 * np.max(score_lite))
)
```

如图 14-9 的实验测试用例图片所示，结果运行如下：

这个图片最有可能是 roses，有 88.55 % 的概率

图 14-9　实验测试用例图片（见彩插）

### 14.6.3 TensorFlow 图像风格迁移实验

如图 14-10 所示，风格迁移指的是两个不同域中图像的转换，具体来说就是提供一张风格图像，将任意一张图像转化为这个风格，并尽可能保留原图像的内容。

原始图片　　　　　　风格图片　　　　　　风格化结果

图 14-10　图像风格迁移示意图（见彩插）

那么如何实现图像风格迁移呢？使用下面几个关键概念：
- VGG（卷积层全部为 3×3 的卷积核）。
- Gram 矩阵：图像特征之间的相关性（反映图像的风格）。
- 损失函数：风格损失 + 内容损失 + 图像总变化损失。

风格迁移实验本节不做详细介绍，实验的主要步骤如图 14-11 思维导图所示，包含本实验的完整代码扫前言二维码获取。

## 总结

本章介绍了大数据分析平台 TensorFlow，先介绍了 TensorFlow 的发展历史以及 TensorFlow 的系统架构。然后为了使用 TensorFlow 搭建神经网络，先介绍了神经网络相关前置知识和 TensorFlow 的基本用法，然后总结了 TensorFlow 的特点、优势和应用领域，并简单地对比了 PyTorch 和 TensorFlow 两个分析平台。最后通过一个基础实验（图像分类实验）和一个进阶实验（图像风格迁移实验）进一步解释了 TensorFlow 的具体应用。

## 习题

1. 【单选】TensorFlow 的动态图机制是在哪个版本中开始支持的？（　　）
   A. TensorFlow 1.0　　　　　　　　B. TensorFlow 1.3
   C. TensorFlow 1.11　　　　　　　 D. TensorFlow 2.0
2. 【单选】TensorFlow Lite 是 TensorFlow 的哪个组件？（　　）
   A. 模型训练组件　　　　　　　　　B. 模型部署组件
   C. 模型可视化组件　　　　　　　　D. 模型存储组件
3. TensorFlow 的系统架构主要包含哪几部分？
4. TensorFlow 2.0 相较于 1.0 有哪些改进？
5. TensorFlow 的应用领域包括哪些？

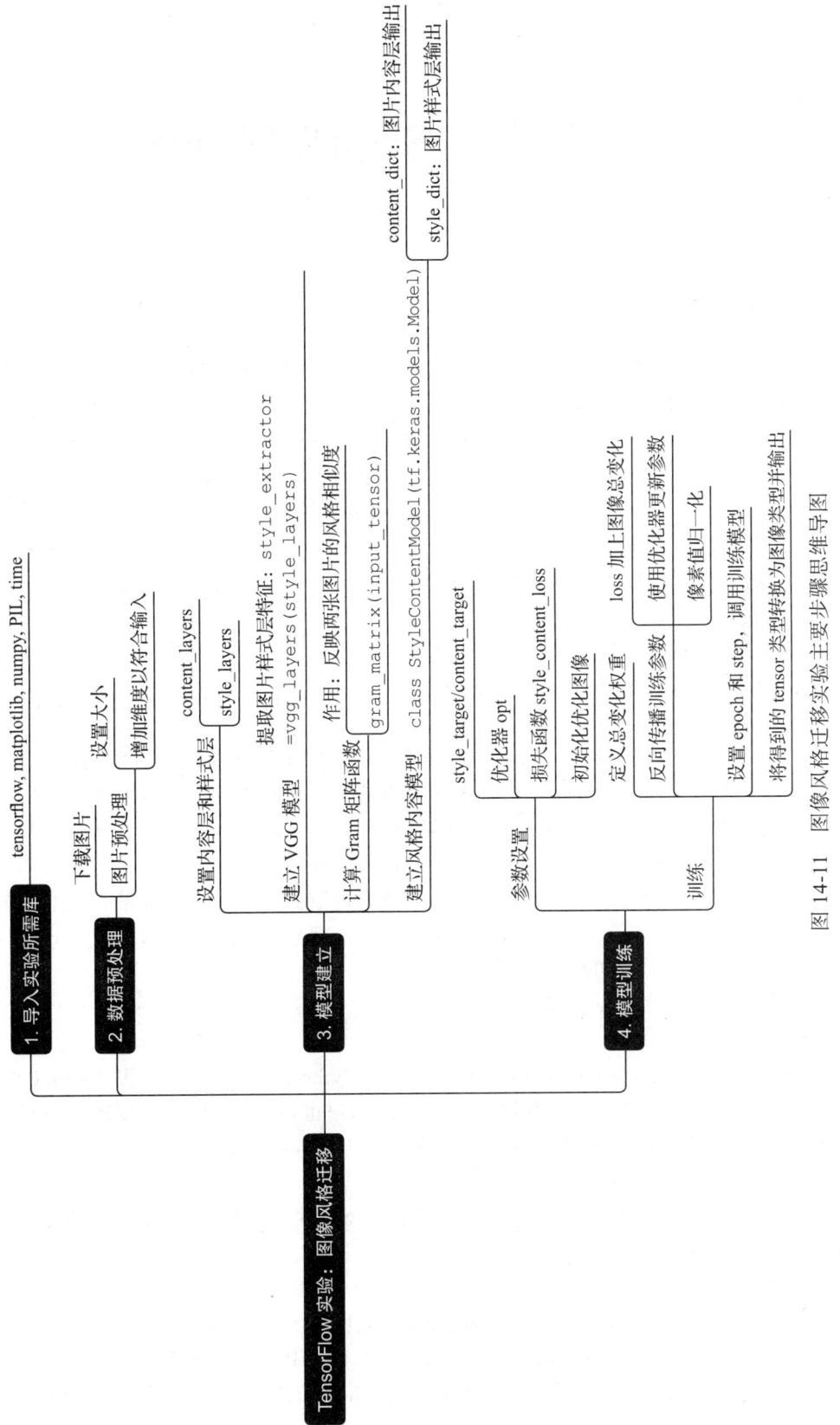

图 14-11 图像风格迁移实验主要步骤思维导图

# 第 15 章  Spark MLlib

## 15.1 Spark MLlib 概述

Apache Spark 的机器学习库 Spark MLlib 通过使用 MLlib 封装好的算法，可以轻松便捷地构建机器学习应用，旨在实现简单性、可扩展性，并能够与其他工具轻松集成。MLlib 允许对数据进行预处理、修改、训练模型和进行大规模预测，在大数据处理中，MLlib 是一个非常有用的工具。凭借 Spark 的可扩展性、语言兼容性和速度，数据科学家可以专注于他们的数据问题和模型，而不是解决围绕分布式数据的复杂性（例如基础设施、配置等）。如图 15-1 所示，Spark MLlib 与其他 Spark 组件（例如 Spark SQL、Spark Streaming 和 DataFrame）无缝集成。

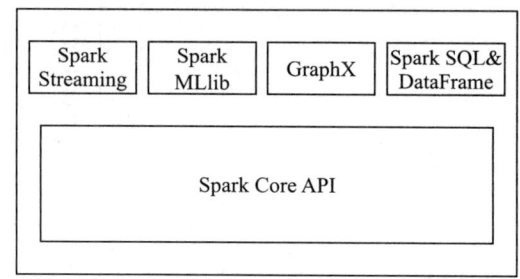

图 15-1  Spark 组件框架示意图

使用 Spark MLlib 的大数据分析包括描述性分析和基于描述性分析数据的预测分析。在描述性分析的范围内，它支持统计描述分析和聚类。在预测分析的范围内，它支持特征建模，包括特征提取器（如 TF-IDF）、特征转换器（如 Vector Slicer 等）和特征选择器（如卡方选择器）。它还支持二元分类、多类分类和回归等预测算法。

该 API 采用 Spark SQL 与 DataFrame 以支持多种数据类型，例如矢量、文本、图像和结构化数据。同时，MLlib 可作为 Spark 应用程序的一部分在 Java、Scala 和 Python 中使用，因此它也可以被包含在完整的工作流中。

Spark MLlib 有很多优点，如下所示。

**（1）易用性**

MLlib 可用于 Java、Scala、Python 和 R，并与 Python 中的 NumPy（从 Spark 0.9 开始）和 R 库（从 Spark 1.5 开始）进行互操作。同时，用户也可以使用任何 Hadoop 数据源（例如 HDFS、HBase 或本地文件），使 MLlib 易于插入 Hadoop 工作流。

**（2）性能**

Spark MLlib 具有高质量算法，速度比 MapReduce 快 100 倍。而 Spark 擅长迭代计算，使 MLlib 能够快速运行。

**（3）随处运行**

Spark 在 Hadoop、Apache Mesos、Kubernetes 上独立运行，或者在云中针对不同的数据源运行。可访问 HDFS、Apache Cassandra、Apache HBase、Apache Hive 等数百个数据源中的数据。为了支持使用 Spark 的 Python，Apache Spark 社区发布了一个工具 PySpark。

使用 PySpark，可以使用 Python 编程语言中的 RDD。

Spark MLlib 也有缺点，就是面对复杂的数据集时需要做多次处理，或者当需要对新数据结合多个已经训练好的单个模型进行综合计算时，会使程序结构变得复杂，甚至难以实现。

## 15.2 Spark MLlib 的系统架构

MLlib 建立在 Spark 之上，是一个可扩展的机器学习库，由四个主要组件组成，即算法、管道、特征化工具和实用工具，见图 15-2。

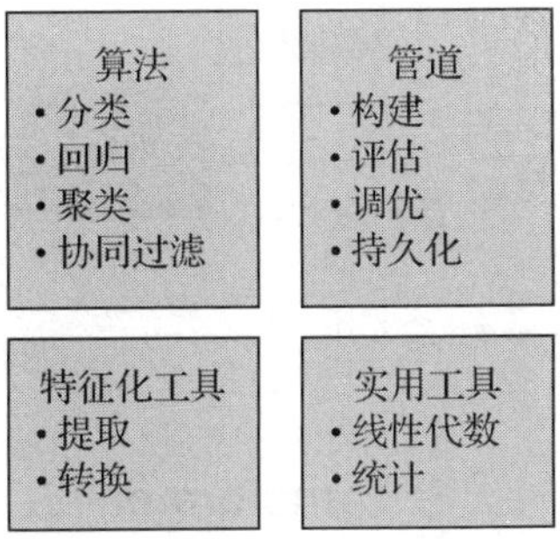

### 1. 算法

Spark MLlib 支持的机器学习算法包括分类算法，如 logistic 回归、朴素贝叶斯；回归算法，如广义线性回归、生存回归；聚类算法，如 K 均值、高斯混合模型；推荐相关算法，如交替最小二乘。另外还有其他算法，如决策树、随机森林和梯度增强树等。

图 15-2 MLlib 的主要组件

### 2. 管道

管道组件用于构建机器学习的工作流程，包括构建、评估、调优和持久化学习工作流，其中持久化包括保存和加载算法、模型和管道。

### 3. 特征化工具

特征化工具是用于特征提取、转换、降维和选择的工具。

### 4. 实用工具

实用工具包含线性代数、统计、数据处理等工具。

Spark MLlib 在架构设计上分为两个代码包：spark.mllib 与 spark.ml。

spark.mllib 是基于 RDD 的原始算法 API，值得注意的是，该 API 不会再添加新的功能，目前处于维护状态。它主要面向低层次的编程。

自从 Spark 引入机器学习管道，并经过多个版本的发展，spark.ml 克服了 MLlib 处理机器学习问题的一些不足（复杂、流程不清晰），向用户提供了基于 DataFrame API 的机器学习库，以提升数据处理效率。

另外与 RDD 相比，DataFrame 提供了更加友好的 API。DataFrame 的优势包括 Spark 数据源、SQL/DataFrame 查询、Tungsten 和 Catalyst 优化以及跨语言的统一 API。Spark MLlib API 提供了很多数据特征处理函数，如特征选取、特征转换、类别数值化、正则化、降维等。另外它支持构建机器学习管道，把机器学习过程中的一些任务有序地组织在一起，便于运行和迁移。比如说，在数据变换上，Spark MLlib 中提供了非常丰富的数据转换算法，对数据进行规范化、离散化、衍生指标等；在数据归约上，Spark MLlib 提供了特征选择和降维的方法。

## 15.3 Spark MLlib 的工作流

如图 15-3 所示，机器学习管道将加载/清洗数据、特征提取、模型训练、模型评估和参数调优等步骤组合在一起,形成完整的工作流。Spark MLlib 管道中的组件包括 Transformer(转换器),其对应特征工程中的特征转换;Estimator(估计器),其负责模型训练;Evaluator(评估器),其负责模型评估。

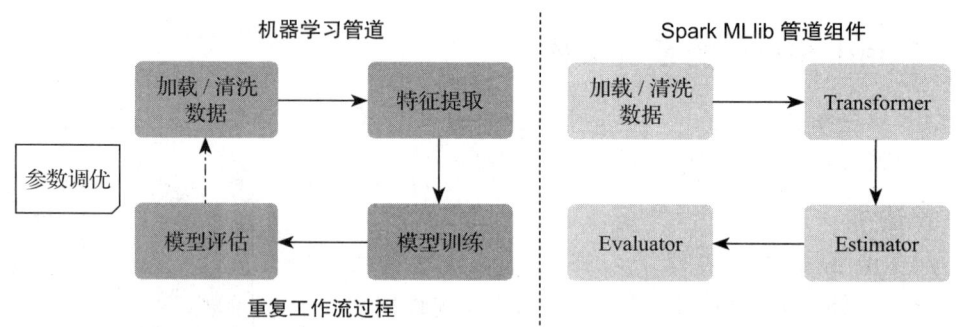

图 15-3　机器学习管道与 Spark MLlib 管道组件

### 1. Transformer

Transformer 是一种抽象,包括特征转换器和学习模型,将数据转换为可使用的格式,取输入列,再将其转换为输出列等。它实现了 transform() 方法,将一个 DataFrame 转换为另一个 DataFrame,通常是通过附加一个或多个列完成。例如,特征转换器可以取一个 DataFrame,读取一个列(例如文本),将它映射到一个新的列(例如特征向量),并输出一个新的 DataFrame,其中附加了映射的列。而学习模型可以取一个 DataFrame,读取包含特征向量的列,预测每个特征向量的标签,然后输出一个新的 DataFrame,其中预测的标签作为列追加。如图 15-4 所示,Transformer 可以将数据帧 1(DF1)转换为数据帧 2(DF2)。

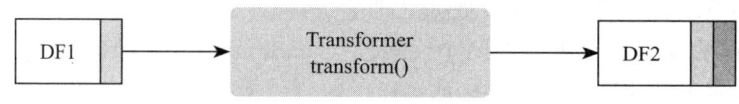

图 15-4　Transformer 示意图

### 2. Estimator

Estimator 抽象了学习算法或任何训练数据的算法的概念。从技术上讲,Estimator 实现一个 fit() 方法,该方法接受一个 DataFrame 并返回一个 Transformer 类型的模型。例如,像 LogisticRegression 这样的学习算法是一个估计器,调用 fit() 训练一个 LogisticRegressionModel,它是一个 Transformer 类型的模型,如图 15-5 所示。

### 3. Evaluator

Evaluator 基于某些指标来评估模型的性能设计,指标如 ROC、RMSE。通过比较模型性能,Evaluator 可以帮助实现模型调优过程自动化,选择产生预测的最佳模型,如图 15-6 所示。

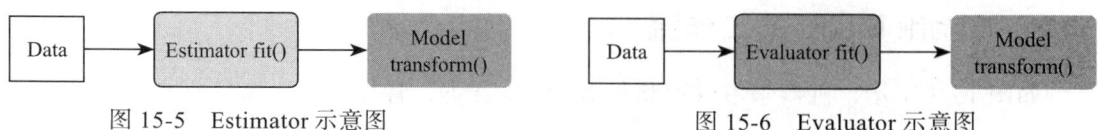

图 15-5　Estimator 示意图　　　　　图 15-6　Evaluator 示意图

## 4. 参数

MLlib 中的 Estimator 和 Transformer 使用统一的 API 来指定参数。Param 是一个具有自包含文档的命名参数。ParamMap 是一组（参数，值）对。向算法传递参数主要有两种方式：

1）设置实例参数。例如，如果 lr 是 LogisticRegression 的一个实例，可以调用 lr.setMaxIter(10)，使 lr.fit() 最多迭代 10 次。

2）调用 fit() 或 transform() 时通过 ParamMap 动态传递参数。ParamMap 中的任何参数都将覆盖之前通过 setter 方法指定的参数。

例如，如果有两个 LogisticRegression 实例 lr1 和 lr2，那么可以用指定的最大迭代次数 maxIter 参数构建一个 ParamMap：

```
ParamMap(lr1.maxIter: 10, lr2.maxIter: 20)
```

如果在一个管道中有两个带有 maxIter 参数的算法，此方法将非常有用。

## 5. 自动化模型调优过程

机器学习中的一个非常重要的任务是模型选择，或者说，使用数据为给定的任务找到最佳的模型或参数，这称为参数调优。可以在单个估计器 Estimator（如 LogisticRegression）上执行调优。

整个流程可以包括多个算法、特征描述和其他步骤。首先，需要为基于网格搜索的模型选择建立一个参数网格，为了构建参数网格，可以使用 ParamGridBuilder 工具类。ParamGridBuilder() 允许为单个参数指定不同的值。然后比较整个参数集选择最佳方案，从而确定最佳模型。

CrossValidator 将数据集分成几个折叠（fold），这些折叠可用于独立的训练集和验证集。

如图 15-7 所示，例如，当 $K=5$ 折叠时，CrossValidator 将生成 5 个（训练，验证）对，每个对使用 4/5 的数据作为训练集，1/5 的数据作为验证集。

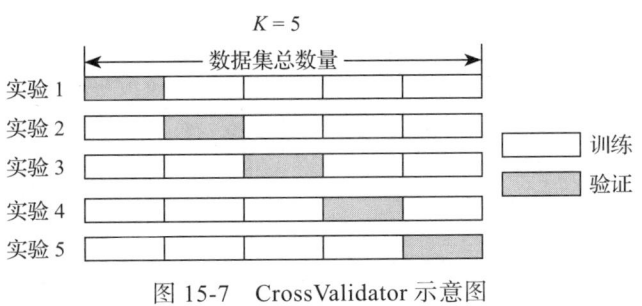

图 15-7 CrossValidator 示意图

为了评估一个特定的 ParamMap，使用 Estimator 在 5 个不同的数据对上拟合 5 个模型，而 CrossValidator 将计算 5 个评测指标的平均值。

选择最佳 ParamMap 后，CrossValidator 将最终使用相应的 Estimator 和最佳的 ParamMap 来调整整个数据集。

## 6. 模型持久化

模型持久化意味着保存和加载管道，通常情况下，将模型或管道保存到磁盘以备后续使用是值得的。数据科学家原型化、创建管道，以及进行模型选择、训练和评估，数据工程师可以大规模部署模型并监视其应用。

## 总结

在大数据分析工作中，计算引擎和平台是必不可少的工具。近年来，机器学习和深度学习成为大数据分析中非常常用的方法，因此支持快速搭建深度学习和机器学习模型无疑是很重要的，能为工作带来许多便利。本章对 Spark 平台中的机器学习组件 Spark MLlib 进行了介绍，梳理了其系统架构、组件和基本使用方法。通过阅读本章，读者可以快速对 Spark MLlib 有大致的了解，并根据自身的需要快速上手使用。

## 习题

1. 【单选】Spark MLlib 的底层计算引擎是（　　）。
   A. Spark Core　　　　　　　　B. Spark SQL
   C. Spark Streaming　　　　　　D. Spark GraphX
2. 【单选】Spark MLlib 支持哪种语言进行机器学习算法开发（　　）。
   A. Java　　　　　　　　　　　B. Scala
   C. Python　　　　　　　　　　D. 以上所有
3. Spark MLlib 提供了哪些机器学习算法的支持？
4. Spark MLlib 中的 Transformer、Estimator 和 Evaluator 分别代表什么？
5. Spark MLlib 中管道的作用是什么？

# 第六部分　大数据应用

前面五部分中论述了大数据相关的基本概念，介绍了数据采集、数据存储、数据处理和数据分析的相关原理和技术平台等。本书第六部分大数据应用重点介绍构建大数据应用相关的一些技术方法及平台，以及不同领域的应用案例详解。

# 第 16 章  数据可视化

数据爆炸是当前信息科学领域面临的重大挑战,不仅需要处理的数据量越来越大,数据呈现高维、多源、多态,更重要的是数据获取呈动态性、数据内容具有噪声并互相矛盾,以及数据关系呈异构与异质性等。数据可视化应运而生,它是指综合运用计算机图形学、图像和人机交互等技术,将采集或模拟的数据映射为可识别的图形、图像、视频或动画,并允许用户对数据进行交互分析的理论、方法和技术。数据可视化的处理对象可以是任意数据类型、任意数据特性,以及异构异质数据的组合。

本章提出了数据可视化的概念、分类以及其与其他学科领域的关系,见 16.1 节;阐述了可视化设计的原则、数据可视化流程以及可视化的基本图表,见 16.2 节;介绍了可视化的基本工具及软件,见 16.3 节;并且在最后给出了大数据可视化分析案例,见 16.4 节。针对复杂的数据,已有的统计分析或数据挖掘方法往往是对数据的简化和抽象,隐藏了数据集真实的结构。因此,数据可视化能将不可见现象转换为可见的图形符号,并从中发现规律和获取知识。

## 16.1  数据可视化概述

### 16.1.1  数据可视化的概念

视觉是获取信息的最重要通道,超过 50% 的人脑功能用于视觉的感知,包括解码可视信息、高层次可视信息处理和思考可视。可视化(visualization)是指将各种各样的数据生成符合人类直观直觉的图像。在计算机学科的分类中,利用人眼的感知能力对数据进行交互的可视表达以增强认知的技术,称为可视化。数据可视化旨在借助图形化手段,清晰有效地传达与沟通信息,有助于提高理解和处理数据的效率。

数据可视化是近年来大数据领域各界关注的热点,属于人机交互、图形学、图像学、统计分析、地理信息等多种学科的交叉学科,综合数据处理、算法设计、软件开发、人机交互等多种知识和技能,通过图像、图表、动画等形式展现数据,诠释数据间的关系与趋势。

### 16.1.2  数据可视化的分类

科学可视化、信息可视化、可视分析学通常被认为是数据可视化的三个主要分支。

#### 1. 科学可视化

科学可视化(scientific visualization)面向的领域主要是自然科学,如物理、化学、气象气候、航空航天、医学、生物学等,这些学科需要对数据和模型进行解释、操作与处理,旨在寻找其中的模式、特点、关系以及异常情况。

科学可视化的基础理论与方法已经相对成形。早期的关注点主要在于三维真实世界的物理化学现象，因此数据通常在三维或二维空间中，或包含时间维度的空间中表达。鉴于数据的类别，可分为标量（密度、温度）、向量（风向、力场）、张量（压力、弥散）等三类，科学可视化也可粗略地分为三类：标量场可视化、向量场可视化、张量场可视化。但这三种类别并不能完整概括科学数据的全部内容。一些描述性、文本类、影像类、信号类的数据也是科学可视化的处理对象，且其呈现空间变化多样。

**2. 信息可视化**

信息可视化（information visualization）处理的对象是抽象的、非结构化数据集（如文本、图表、层次结构、地图、软件、复杂系统等）。与科学可视化相比，信息可视化更关注抽象、高维数据。此类数据通常不具有空间中位置的属性，因此要根据特定数据分析的需求，决定数据元素在空间的布局。因为信息可视化的方法与所针对的数据类型紧密相关，所以通常按数据类型分为如下几类。

1）时空数据可视分析。
2）层次与网络结构数据可视化。
3）文本和跨媒体数据可视化。
4）多变量数据可视化。

**3. 可视分析学**

可视分析学（visual analytics）被定义为一门由可视交互界面为基础的分析推理科学。它综合了图形学、数据挖掘和人机交互等技术，以可视交互界面为通道，将人的感知和认知能力以可视的方式融入数据处理过程，形成人脑智能和机器智能优势互补和相互提升，建立螺旋式信息交流与知识提炼途径，完成有效的分析推理和决策。

可视分析学可看成将可视化、人的因素和数据分析集成在内的一种新思路，如图 16-1 所示，很好地诠

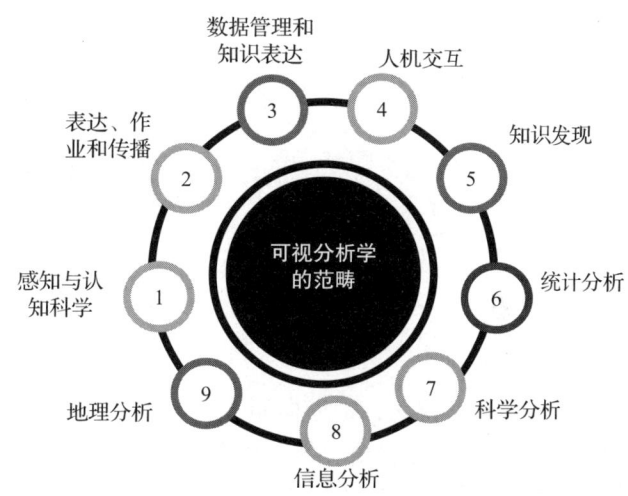

图 16-1 可视分析学的范畴

释了可视分析学包含的研究内容。其中，感知与认知科学研究人在可视化分析学中的重要作用；数据管理和知识表达是可视分析学构建数据到知识转换的基础理论；地理分析、信息分析、科学分析、统计分析和知识发现等是可视分析学的核心分析理论；在整个可视分析过程中，人机交互必不可少，用于驾驭模型构建、分析推理和信息呈现等过程。可视分析学流程中推导出的结论与知识最终需要向用户传播和应用。

## 16.1.3 数据可视化与其他学科领域的关系

数据可视化与多个领域相关，数据可视化既与信息图、信息可视化、科学可视化以及统计图形密切相关，也是数据科学中必不可少的环节。数据科学在研究、教学和工业界等

领域方兴未艾,数据可视化是一个活跃且关键的方面。下面简单介绍数据可视化与其他学科领域的关系。

1)生命科学可视化,指面向生物科学、生物信息学、基础医学、转化医学、临床医学等一系列生命科学探索与实践中产生的数据的可视化方法。它本质上属于科学可视化。由于生命科学的重要性以及生命科学数据的复杂系统,生命科学可视化已经成为一个重要的交叉型研究方向。自 2011 年起,IEEE VIS 定期举办面向生命科学的可视化研讨会。

2)地理信息可视化,是数据可视化与地理信息系统学科的交叉方向,它的研究主体是地理信息数据,包括建立于真实物理世界基础上的自然性和社会性事物及其变化规律,如图 16-2 所示。地理信息可视化的起源是二维地图制作。在现代,地理信息数据扩充到三维空间、动态变化,甚至还包括在地理环境中采集的各种生物性、社会性感知数据(如天气、空气污染、出租车位置信息等)。

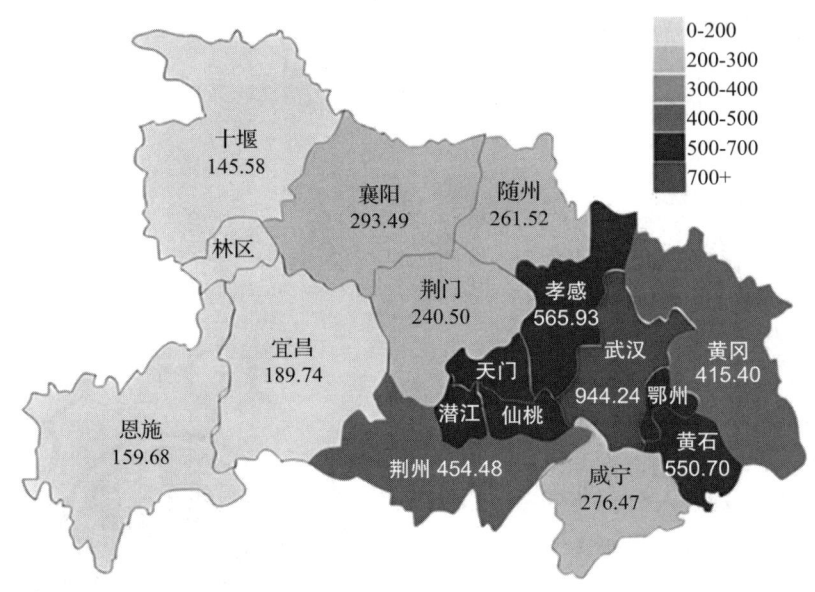

图 16-2　地理信息可视化示意图(见彩插)

3)产品可视化,指面向制造和大型产品组装过程中的数据模型、技术绘图和相关信息的可视化方法。它是产品生命周期管理中的关键部分。产品可视化通常提供高度的真实感,以便对产品进行设计、评估与检验,因此支持面向销售和市场营销的产品设计或成型。产品可视化的雏形是手工生成的二维技术绘图或工程绘图。随着计算机图形学的发展,它逐步被计算机辅助设计替代。

4)教育可视化,指通过计算机模拟仿真生成易于理解的图像、视频或动画,用于面向公众进行教育和传播信息、知识与理念。教育可视化在阐述难以解释或表达的事物(如原子结构、微观或宏观事物、历史事件)时非常有用。如美国宇航局等机构专门成立了可视化部门,制作传播自然科学的教育可视化作品。

5)系统可视化,指在可视化基本算法中融合了叙事型情节、可视化组件和视觉设计等元素,用于解释和阐明复杂系统的运行机制与原理,向公众传播科学知识。它综合了系统理论、控制理论和基于本体论的知识表达等,与计算机仿真和教育可视化的重合度较高。

6）商业智能可视化，又称为可视商业智能，指在商业智能理论与方法发展过程中与数据可视化融合的概念和方法，如图 16-3 所示。商业智能的目标是将商业和企业运维中收集的数据转化为知识，辅助决策者做出明智的业务经营决策。数据包括业务系统的订单、库存、交易账目、客户和供应商等，以及其他外部环境中的各种数据。从技术层面上看，商业智能是数据仓库、联机分析处理工具和数据挖掘等技术的综合运用，其目的是使各级决策者获得知识或洞察力。可以看出，商业智能可视化是专门研究商业数据的智能可视化，以增强用户对数据的理解力。

图 16-3　商业智能可视化示意图

7）知识可视化，采用可视化的表达方式呈现与传播知识，其可视化形式包括素描、图表、图像、物件、交互式可视化、信息可视化应用以及叙事型可视化。与信息可视化相比，知识可视化侧重于运用各种互为补充的可视化手段和方法，面向群体传播认识、经验、态度、价值、期望、视角、主张和预测等，并激发群体协同产生新的知识。知识可视化与信息论、信息科学、机器证明、知识工程等方法各有异同，其特点是使发现知识的过程和结果易于理解，且在发现知识过程中通过人机交互界面发展发现知识的可视化方法。

## 16.2　数据可视化基础

### 16.2.1　数据可视化设计的原则

可视化的首要任务是准确地展示和传达数据所包含的信息。在此前提下，针对特定的用户对象，设计者可以根据用户的预期和需求，提供有效辅助手段以便于用户理解数据，从而完成有效的可视化。同时，好的数据可视化结果可以让人快速获得数据的结论，也将更好地为决策提供支持。以下是数据可视化的过程中应遵循的基本原则。

#### 1. 明确可视化目的

数据可视化的结果需要呈现什么样的数据，是针对特定活动的分析还是针对发展阶段的分析，想要揭示什么样的问题，是用户行为研究还是销量数据研究？这些都是进行数据分析以及数据可视化设计的出发点。

#### 2. 注重数据的比较

想要数据反映问题，就必须进行比较。比较展示了一种相对的变化，不仅仅在于量的呈现，还可以看到问题的存在性。比较一般分为同比和环比两种方式。

#### 3. 建立数据指标

在数据可视化的过程中，建立数据指标才会有对比性，才知道标准的位置和问题所在。数据指标的设置要结合自身的业务背景科学地进行设置，避免主观判断。因为受众可以根据现有的数据指标进行思考，而不是仅仅获得一个数据形式。

#### 4. 展示形式从总体到局部

数据可视化的制作过程应遵循逻辑清晰的思路，先从总体看变化，再从局部看变化，这样才会有针对性的解决办法。

#### 5. 注重视听结合

在进行数据可视化报告时，可以体现数据分析师个人对数据分析过程的理解程度。一般听取报告的人员都是数据行业的专业技术人员，所以除视觉展示外，好的听觉体验也很重要，只有两者有效整合，才会产生显著的效果。

#### 6. 增加图形的可读性和生动性

在保证数据标注正确的基础上，数据表格或者数据图形呈现的方式可以更加多样化，使观看者易于接受，因此要在设计上多加思考。

### 16.2.2 数据可视化流程

数据可视化不是简单的视觉映射，而是以数据流向为主线的一个完整流程。如图 16-4 所示，可视化的基本流程主要包括数据采集、数据表示与变换、可视化呈现、用户交互，以及知识与灵感。一个完整的可视化过程可以看成数据流经过一系列处理模块并得到转化的过程，用户通过可视化交互从可视化呈现后的结果中获取知识与灵感。

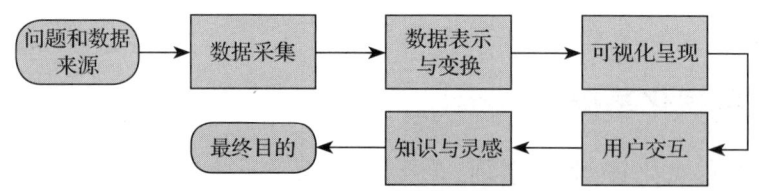

图 16-4　可视化的基本流程图

可视化主流程的各模块之间并不仅仅是单纯的线性连接，而是任意两个模块之间都存在联系。例如，数据采集、数据表示与变换、可视化呈现和用户交互方式的不同，都会产生新的可视化结果，用户通过对新的可视化结果感知，从而又会产生新的知识与灵感。

下面，对数据可视化流程中的三个核心要素进行说明。

**1. 数据表示与变换**

数据可视化的基础是数据表示与变换。为了使可视化分析和记录有效，输入数据必须从原始状态变换到一种便于计算机处理的结构化数据表示形式。通常这些结构存在于数据本身，需要通过有效的数据提炼或简化方法，以最大限度地保持信息和知识的内涵及相应的上下文。有效表示海量数据的主要挑战在于采用具有可伸缩性和扩展性的方法，以便忠实地保持数据的特性和内容。此外，将不同类型、不同来源的信息整合为统一的表示，使得数据分析人员能及时聚焦于数据的本质，这也是研究重点。

**2. 可视化呈现**

将数据以一种直观、容易理解和操纵的方式呈现给用户，需要将数据转换为可视化表示。而同一个数据集可能对应多种视觉呈现形式，即视觉编码。数据可视化的核心内容是从巨大的呈现多样性空间中选择最合适的编码形式。判断某个视觉编码是否含有合适的因素需要考虑感知与认知系统的特性、数据本身的属性和目标任务。例如，柱状图主要用于表达数值信息而不是分类信息，散点图能够表达一一对应的关系，折线图则能够较好地表现趋势。大量的数据采集通常是以流的形式实时获取的，针对静态数据发展起来的可视化显示方法不能直接扩展到动态数据。这不仅要求可视化结果有一定的时间连贯性，还要求可视化方法高效以便给出实时反馈。因此不仅需要研究新的软件算法，还需要更强大的计算平台（如分布式计算或云计算）、显示平台（如高分辨率显示器或大屏幕拼接）和交互模式（如体感交互、可穿戴式交互）。

**3. 用户交互**

对数据进行可视化和分析的目的是解决目标任务。有些任务可明确定义，有些任务则更广泛或者一般化。通用的目标任务可分成三类：生成假设、验证假设和视觉呈现。数据可视化可以用于从数据中探索新的假设，也可以证实相关假设与数据是否吻合，还可以帮助数据专家向公众展示其中的信息。交互是通过可视的手段辅助分析决策的直接推动力。有关人机交互的探索已经持续了很长时间，但智能、适用于海量数据可视化的交互技术，如以任务导向的、基于假设的方法，还是未解难题，其核心挑战是新型的可支持用户分析决策的交互方法。这些交互方法涵盖底层的交互方式与硬件，以及复杂的交互理念与流程，需要克服不同类型的显示环境和不同任务带来的可扩充性难点。

### 16.2.3 数据可视化的基本图表

统计图表是最早的数据可视化形式之一，至今仍然被广泛使用。对于很多复杂的大型可视化系统来说，这类图表更是作为基本的组成元素而不可缺少。本节将介绍一些基本图表及其特性，如柱状图、直方图、饼图、等值线图、走势图、散点图、维恩图、热力图等。通过这样的实例介绍，希望读者能对数据可视化设计所遵循的准则有所了解和认识。

**1. 柱状图**

柱状图（bar chart）是一种以长方形的长度为变量的统计报告图，由一系列高度不等的纵向条纹表示数据分布的情况，用来比较两个或以上的价值（如不同时间或者不同条件下的数据）。柱状图只有一个变量，通常用于较小的数据集分析，如图 16-5 所示。柱状图亦可横向排列，也可以用于多维数据表达。

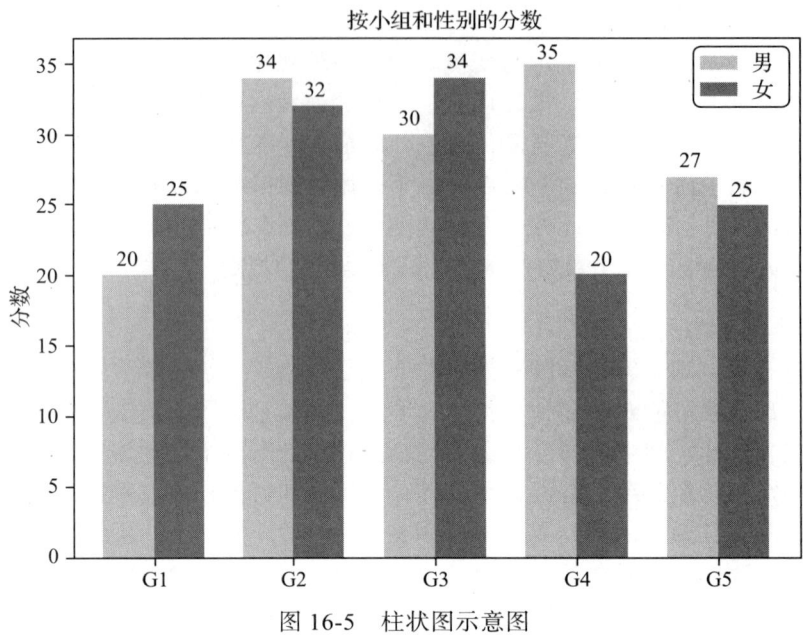

图 16-5　柱状图示意图

## 2. 直方图

直方图（histogram）是对数据集的某个数据属性的频率统计，如图 16-6 所示。对于单变量数据，其取值范围映射到横轴，并分割为多个子区间。每个子区间用一个直立的条形表示，高度正比于属于该属性值子区间的数据点的个数。直方图可以呈现数据的分布、识别离群值并展示数据分布的模态。直方图的各个部分之和等于单位整体，而柱状图的各个部分之和没有限制，这是两者的主要区别。

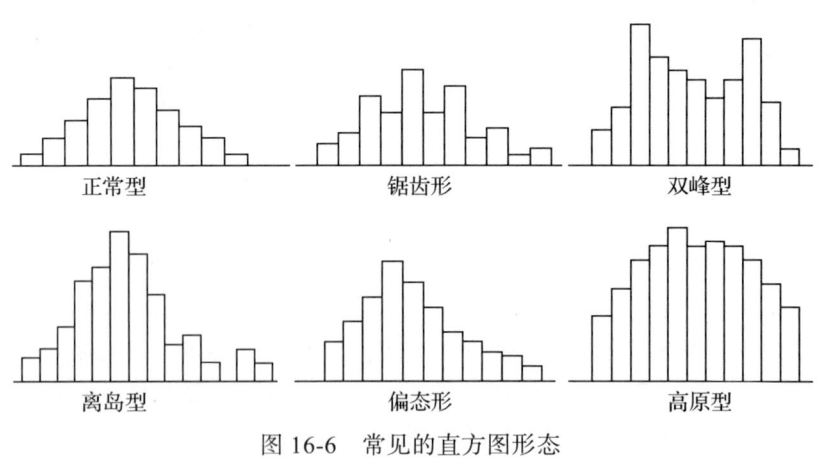

图 16-6　常见的直方图形态

## 3. 饼图

饼图（pie chart）采用了饼干的隐喻，用环状方式呈现各分量在整体中的比例。这种分块方式是环状树图等可视化表达的基础。饼图显示一个数据系列中各项的大小与各项总和的比例。数据系列是在图表中绘制的相关数据点，这些数据源自数据表的行或列。如图 16-7 所示，图表中的每个数据系列具有唯一的颜色或图案并且在图表的图例中表示。可以在图表中绘制一个或多个数据系列。饼图中的数据点显示为整个饼图的百分比。数据点是在图表中绘制的单个值，这些值由条形、柱形、折线、饼图或圆环图的扇面、圆点和其他被称为数据标记的图形表示。相同颜色的数据标记组成一个数据系列。

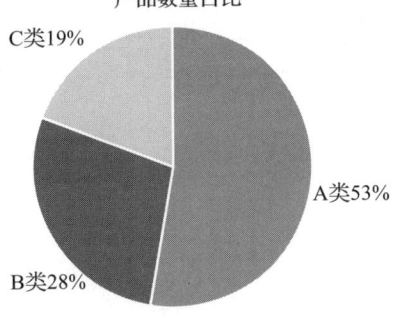

图 16-7　饼图示意图

### 4. 等值线图

等值线图（contour map）又称等量线图，是以相等数值点的连线表示连续分布且逐渐变化的数量特征的一种图形。等值线图中的曲线是空间中具有相同数值（高度、深度等）的数据点在平面上的投影。如图 16-8 所示，平面地图上的地形等高线、等温线、等湿线等都是等值线图在不同领域的应用。

### 5. 走势图

走势图（sparkline）是一种紧凑简洁的数据趋势表达方式，它通常以折线图为基础，大小与文本相仿，往往直接嵌入在文本或表格中，如图 16-9

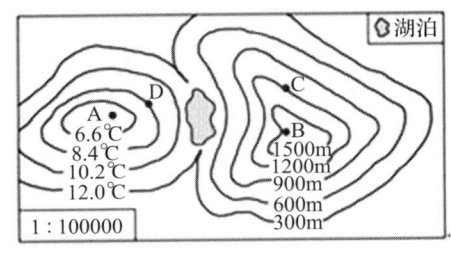

图 16-8　等值线图示意图

所示。走势图使用高度密集的折线图表达方式来展示数据随某一变量（如时间、空间）的变化趋势。由于尺寸限制，走势图无法表达太多的细节信息。走势图常用于商业数据表达，如股票走势、市场行情等。

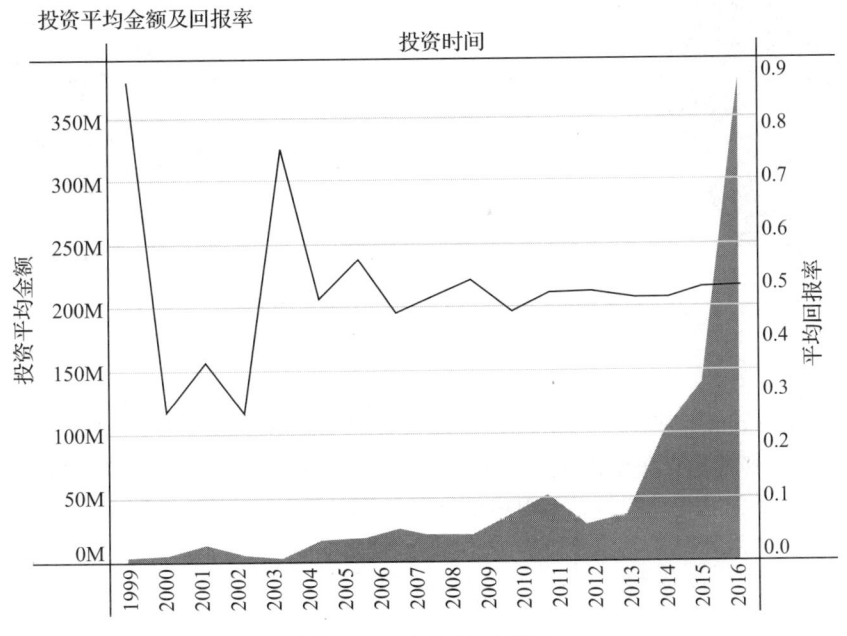

图 16-9　走势图示意图

### 6. 散点图

散点图（scatter plot）是指在回归分析中，数据点在直角坐标系平面上的分布图，如图 16-10 所示。散点图表示因变量随自变量而变化的大致趋势，据此可以选择合适的函数对数据点进行拟合。

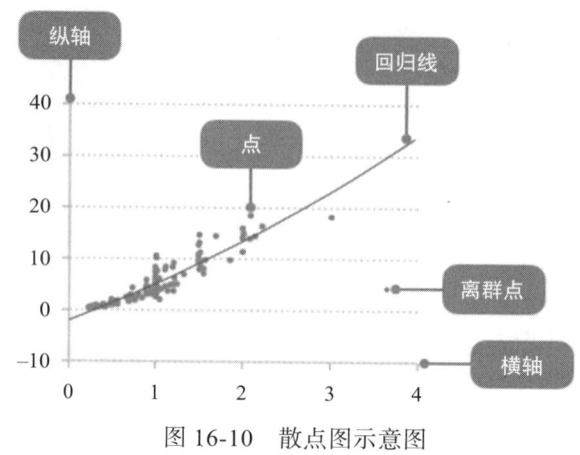

图 16-10　散点图示意图

### 7. 维恩图

维恩图（venn diagram）使用平面上的封闭图形来表示数据集间的关系。如图 16-11 所示，每个封闭图形代表一个数据集，图形之间的交叠部分代表集合间的交集，图形之外的部分代表不属于该集合的数据部分。维恩图在一张平面图表上表示集合间的所有逻辑关系，被广泛地用于集合关系的展示。

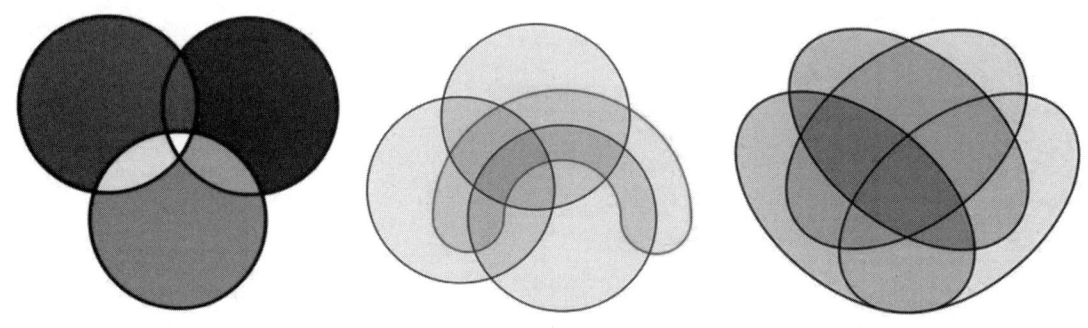

图 16-11　维恩图的不同示例（见彩插）

### 8. 热力图

热力图（heat map）使用颜色来表达位置相关的二维数值数据大小。这些数据常以矩阵或方格形式整齐排列，或在地图上按一定的位置关系排列，每个数据点的颜色深浅代表数值大小。图 16-12 为北京市 2017 年租房情况热力图，其中，颜色越深表示该区域小区租房价格越高，或该区域小区分布越密集。

图 16-12　北京市 2017 年租房情况热力图（见彩插）

## 16.3　数据可视化工具和软件

### 16.3.1　Power BI

Power BI 是微软为强化自身产品商业智能功能而开发的工具集。它可连接数百个数据源、简化数据准备并提供即席分析（实时分析），然后生成美观的报表进行发布，供组织在 Web 和移动设备上使用。Power BI 工具集包括 Power Query（数据处理，Excel 界面）、Power Pivot（透视工具，Excel 界面）、Power View（仪表盘工具，独立界面）及 Power Map（地图工具，独立界面）四种插件工具。这些插件工具均由微软免费提供，适用于 Excel 2010 以上版本。Power BI 插件帮助 Excel 完成从表格工具到 BI 工具的华丽转变。

Power BI 是一系列的软件服务、应用和连接器，这些软件服务、应用和连接器协同工作，将不相关的数据源转化为合乎逻辑、视觉上逼真的交互式见解，如图 16-13 所示。不管数据是简单的 Microsoft Excel 工作簿，还是基于云的数据仓库和本地混合数据仓库的集合，Power BI 都可使其轻松连接到数据源，可视化（或发现）重要信息，并与所需的任何人共享这些信息。Power BI 使用流程如图 16-14 所示。

Power BI 致力于为用户提供卓越的数据安全保障，确保报表、仪表板以及数据集中的信息得到全方位的保护。值得一提的是，这种保护机制具有高度持久性，即使在数据被共享至组织外部或以其他格式（如 Excel、PowerPoint、PDF 等）导出时，其保护作用依然不减。通过这一强大的功能，用户可以放心地利用 Power BI 进行数据处理和分享，无须担心数据泄露或使用不当的问题。Power BI 的端到端数据保护，真正实现了数据的安全与便捷并行。

Power BI 拥有超过 500 个不断扩充的免费连接器，为用户提供了前所未有的全局视角，有助于其做出精准的数据驱动决策。无论是本地数据源还是云端数据，Power BI 都能轻松应对，直接连接到数百种数据源，包括但不限于 Dynamics 365、Azure SQL 数据库、

Salesforce、Excel 和 SharePoint 等。这种广泛的数据连接能力，使得 Power BI 能够汇聚各方数据，为用户提供全面、准确的数据支持，进一步提升了其决策分析的价值。Power BI 的具体案例见图 16-15。

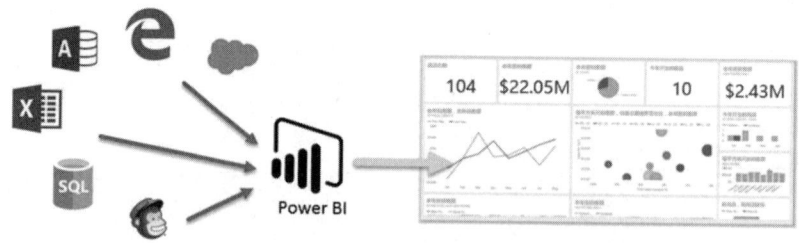

图 16-13　Power BI 结合外部工具协同工作

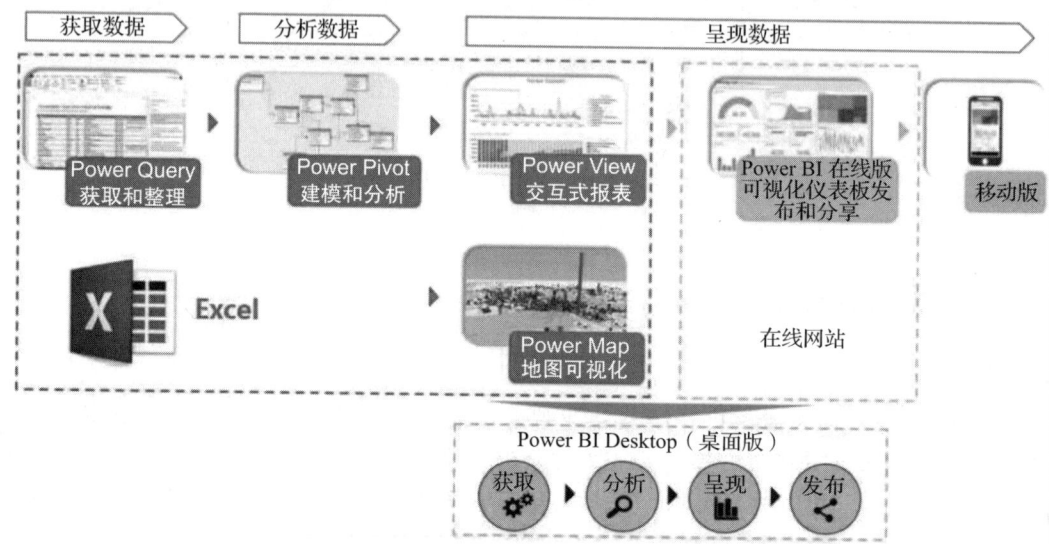

图 16-14　Power BI 使用流程示意图

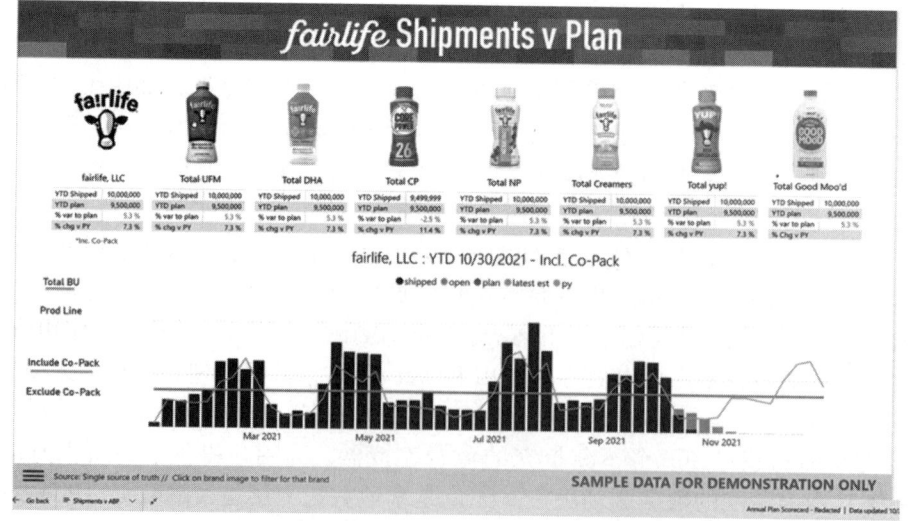

图 16-15　Power BI 具体案例示意图

## 16.3.2 Tableau

Tableau 是可视化领域标杆性的商业智能分析软件，起源于美国斯坦福大学的科研成果。其设计目标是以可视的形式动态呈现关系型数据之间的关联，并允许用户以所见即所得的方式完成数据分析和可视图表与报告的创建。Tableau 是桌面系统中最简单的商业智能工具软件，用户无须编写自定义代码，新的控制台也可完全自定义配置。在控制台上，不仅能够监测信息，而且还提供完整的分析能力。

Tableau 使用流程如图 16-16 所示，下面详细介绍。

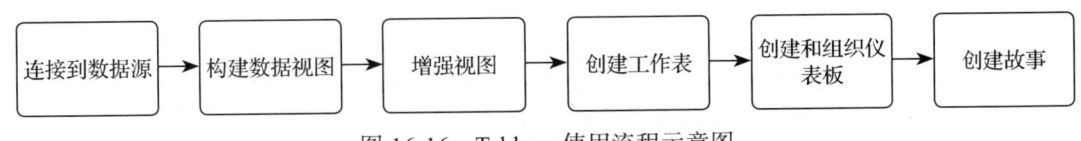

图 16-16　Tableau 使用流程示意图

1）连接到数据源：Tableau 能够连接到所有常用的数据源。它具有内置的连接器，在提供连接参数后负责建立连接。无论是简单文本文件、关系数据库、无 SQL 源或云数据库，Tableau 几乎连接到所有数据源。

2）构建数据视图：连接到数据源后，将获得 Tableau 环境中可用的所有列和数据。可以将它们按维度、度量划分，并创建任何所需的层次结构。使用这些关系构建的视图，在传统上被称为报告。Tableau 还提供了轻松的拖放功能来构建视图。

3）增强视图：上一步创建的视图需要进一步增强。具体而言，应利用过滤器进行精准筛选，通过聚合功能提炼关键信息。同时，优化轴标签的清晰度，合理搭配颜色以增强视觉冲击力，并添加边框以提升视图的整体美观度。

4）创建工作表：为了满足多样化的数据分析需求，可以创建不同的工作表，以便对相同或不同的数据生成独特的视图。这一功能能够灵活地组织和展示数据，从而更深入地理解数据的内涵和关联性。通过创建多个工作表，可以轻松切换不同的数据视图，为决策分析提供更全面、多维度的支持。

5）创建和组织仪表板：仪表板包含多个与其链接的工作表。因此，任何工作表中的操作都可以相应地更改仪表板中的结果。

6）创建故事：故事由多个工作表和仪表板组成，它们一起工作以传达信息。用户可以创建故事以显示事实如何连接，提供上下文，演示决策如何与结果相关，或者只是为了做出有说服力的案例。

Tableau 的菜单详见图 16-17 最上方的菜单栏，下面详细介绍菜单功能。

1）文件菜单。用于创建新的 Tableau 工作簿，并从本地系统和 Tableau 服务器打开现有工作簿。此菜单的重要功能如下：
- 工作簿区域设置用于设置报表中使用的语言。
- 将从另一个工作簿复制的工作表粘贴到当前工作簿中。
- 导出打包工作簿选项用于创建将与其他用户共享的打包工作簿。

2）数据菜单。用于创建新的数据源，以提取数据进行分析和可视化。它还允许替换或升级现有数据源。此菜单的重要功能如下：
- 新数据源查看所有可用的连接类型并从中选择。
- 刷新所有提取，以刷新数据表单源。

- 编辑关系选项用于定义多个数据源中用于链接的字段。

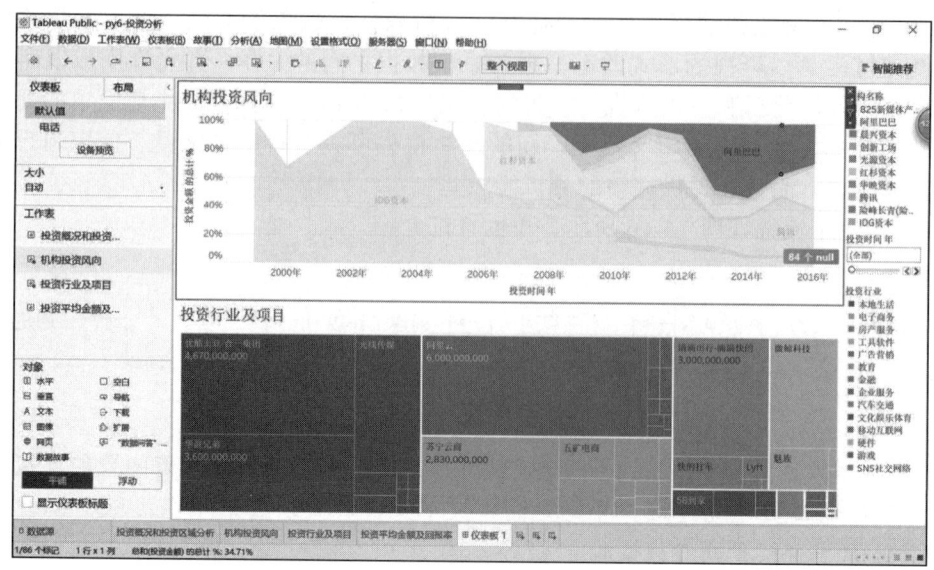

图 16-17 Tableau 案例示意图

3）工作表菜单。用于创建新工作表以及各种显示功能，如显示标题和工具等。此菜单的重要功能如下：
- 显示摘要以查看工作表中使用的数据的摘要，如 count 等。
- 将鼠标悬停在各种数据字段上方时显示工具提示。
- 运行更新选项用于更新工作表数据或使用的过滤器。

4）仪表板菜单。用于创建新的仪表板以及各种显示功能，如显示标题和导出图像等。此菜单的重要功能如下：
- 格式设置用于根据仪表板的颜色和部分设置布局。
- 将仪表板单链接到外部 URL 或其他工作表。
- 导出图像选项用于导出仪表板的图像。

5）故事菜单。用于创建包含许多工作表或仪表板及相关数据的新故事。此菜单的重要功能如下：
- 格式设置用于根据颜色和部分设置布局。
- 运行更新选项使用最新的数据表单源更新故事。
- 导出图像选项用于导出故事的图像。

6）分析菜单。用于分析工作表中的数据。Tableau 提供了许多开箱即用功能，如计算百分比和进行预测等。此菜单的重要功能如下：
- 显示基于可用数据的预测。
- 显示一系列数据的趋势线。
- 创建计算字段选项根据现有字段上的某些计算创建其他字段。

7）地图菜单。用于在 Tableau 中构建地图视图，可以为数据中的字段分配地理角色。此菜单的重要功能如下：
- 可隐藏和显示地图图层，例如街道名称和国家 / 地区边界，以及添加数据图层。

- 地理编码用来创建新的地理位置角色并将其分配给数据中的地理字段。

8）设置格式菜单。用于应用各种格式设置选项，以增强创建的仪表板的外观和感觉。它提供了诸如边框、颜色、文本对齐等功能。此菜单的重要功能如下：
- 将边框应用于报告中显示的字段。
- 为报告分配标题和说明。
- 自定义显示数据的单元格的大小。
- 将主题应用于整个工作簿。

9）服务器菜单。如果具有访问权限并发布由其他人使用的结果，则服务器菜单允许登录 Tableau 服务器。它也用于访问他人发布的工作簿。此菜单的重要功能如下：
- 在服务器中发布由其他人使用的工作簿。
- 发布工作簿中使用的数据源。
- 在工作表中创建由各种用户在访问报表时应用的过滤器。

### 16.3.3 Gephi

Gephi 是一个应用于各种网络、复杂系统和动态分层图的交互可视化和探索平台，支持 Windows、Linux 和 Mac 等各种操作系统。Gephi 可用于探索性数据分析、链接分析、社交网络分析和生物网络分析等，其设计初衷是采用简洁的点和线描绘与呈现丰富的世界。

Gephi 从各个方面对图及大型图的可视化进行了改进，并使用图形硬件加速绘制。Gephi 提供了各类代表性图的布局方法，并允许用户自行设定布局。此外，Gephi 在图的分析中加入了时间轴以支持动态的网络分析，提供了交互界面以支持用户实时过滤网络，通过过滤结果建立新网络。Gephi 使用聚类和分层图的方法处理较大规模的图，通过加速编辑大型分层结构图来探究多层图，如社交社区、生化路径和网络交通图，利用数据属性和内置的聚类算法聚合图网络。Gephi 处理的图的规模上限约为 50000 个节点和 1000000 条边。如图 16-18 展示了一个 Gephi 案例示意图。

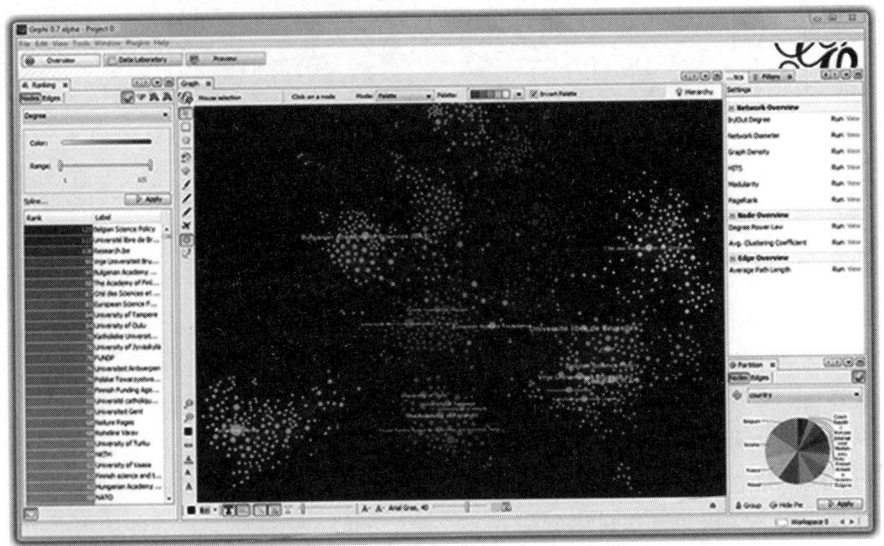

图 16-18　Gephi 案例示意图（见彩插）

来源：https://gephi.org/。

## 16.4 数据可视化分析案例

Tableau Public 是一款完全免费的工具，通过它可以轻松快捷地创建数据可视化，并将作品发布到 Web。用户可以到 Tableau Public 学习，也可以到 Tableau 官网自行学习使用其他版本和功能，也可按本节教程学习如何利用 Tableau 进行天气数据分析。打开 Tableau，可以在开始界面连接到新数据，连接到保存的数据源，或者打开最近使用的工作簿。

### 16.4.1 连接数据

Tableau 可以连接到广泛使用的所有常用数据源。Tableau 的本机连接器可以连接到以下类型的数据源：文件系统（如 CSV，Excel）、关系型数据库（如 Oracle，SQL Server，DB2）、云系统（如 Windows Azure，Google BigQuery）等。如图 16-19 所示，本案例所使用的连接数据源是 Excel 表。

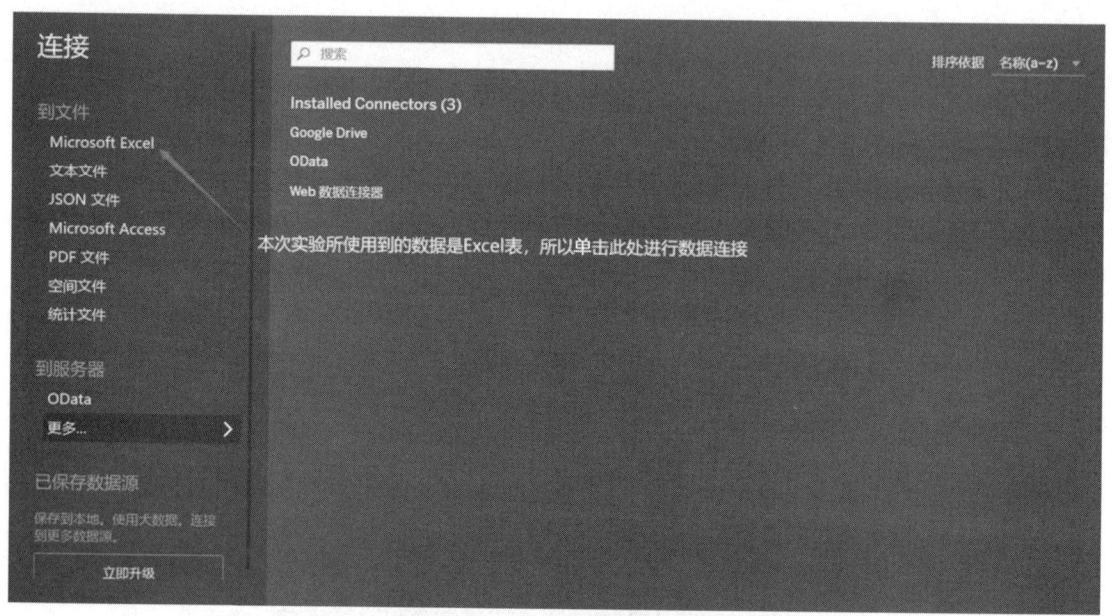

图 16-19　Tableau 连接数据源

### 16.4.2 数据初步处理

使用 Tableau 进行数据分析，此数据集中的"温度"一列包含多个部分，有最高温度、最低温度以及摄氏度字符。如图 16-20 所示，如果想拆分此字段，只需单击字段名称旁边的下拉菜单，并选择"自定义拆分"。字段将在连字符处拆分，并全部保留。将该字段重命名为"最高温"。用户可以在这个网格视图中进行一些基本的元数据管理。只需单击图标，就可以将最高（低）温度从字符串改为数字类型。单击左下角工作表之后，可以得到具有所有可用菜单命令的主界面。如图 16-21 所示，可以将数据的前两列构成一个分层，通过拖放操作叠放字段，就能创建分层结构。把"市"拖动到"省／自治区"上，然后命名为"省／自治区，市"。

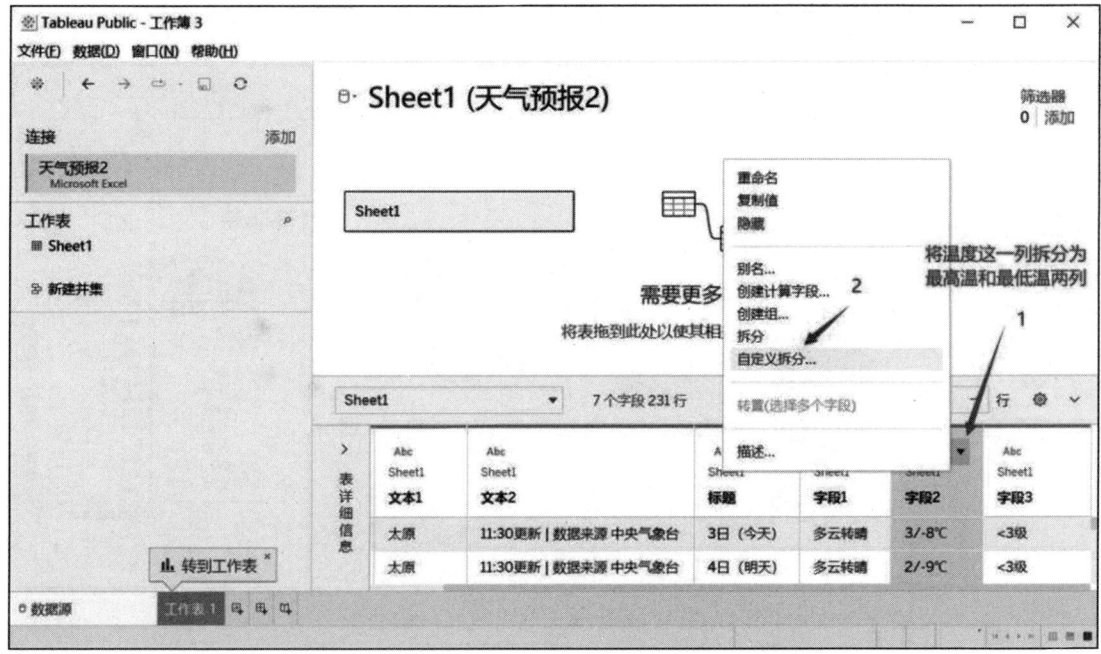

图 16-20 Tableau 拆分字段

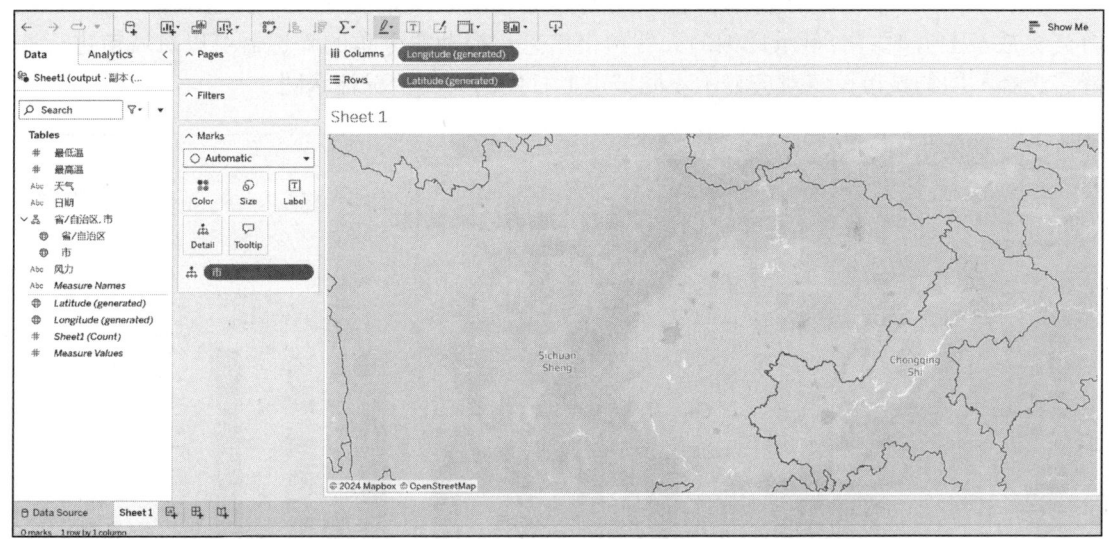

图 16-21 Tableau 创建分层结构

## 16.4.3 图表绘制

### 1. 天气概况和区域分析

如图 16-22 所示，天气数据直观地显示在地图上，可以根据温度显示城市图标的大小。将光标放至城市名上方时将会显示详细的天气预报信息，拖动右上角的筛选器可以对日期进行选择，选择不同的日期，地图上将对应显示不同日期的天气预报详情。

图 16-22　Tableau 天气概况和区域分析

### 2. 城市七日温度分析

如图 16-23 和图 16-24 所示，各城市连续七日的天气情况用柱状图直观地显示出来，将光标放至上方时将会显示详细的天气预报信息，拖动右上角的筛选器可以对城市进行选择，选择不同的城市，将对应显示不同城市七日内的天气情况柱状图。

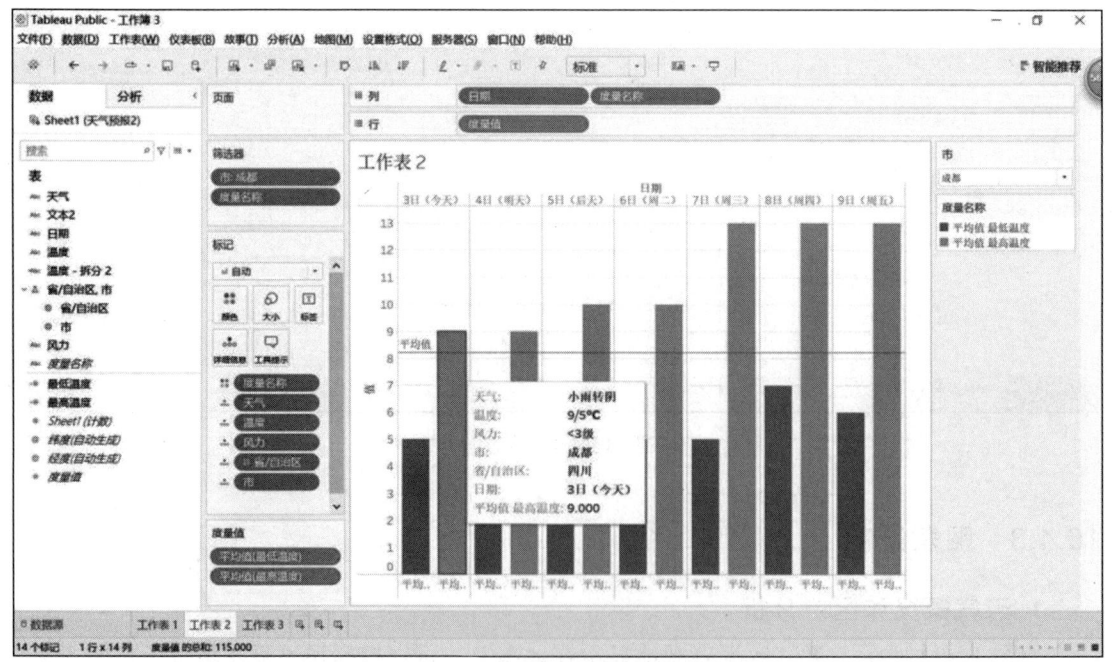

图 16-23　Tableau 成都市七日温度分析

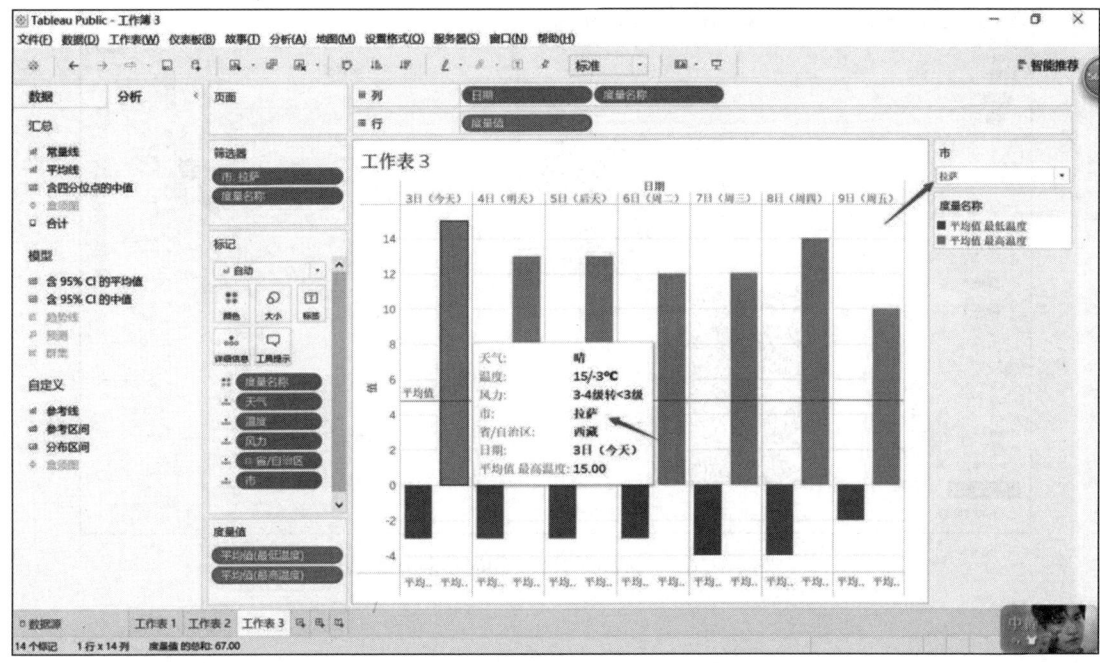

图 16-24　Tableau 拉萨市七日温度分析

### 3. 仪表板的使用和视图联动

如图 16-25 和图 16-26 所示，使用筛选器实现两个视图的联动，单击右侧地图中的"郑州"或"太原"之后，左侧会立即显示该城市该天的温度分析。

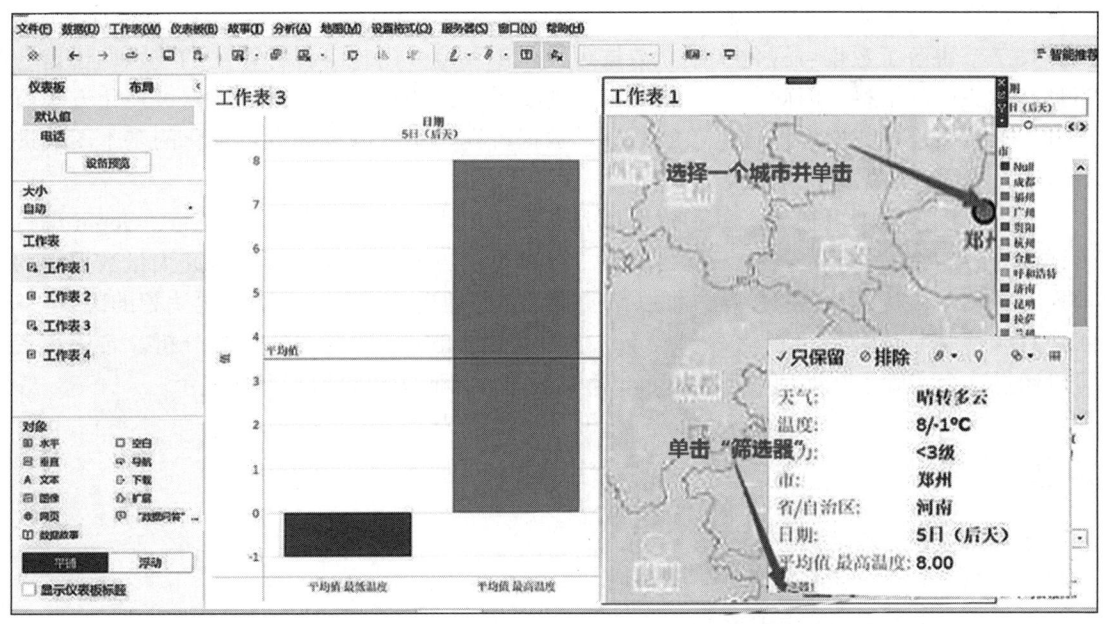

图 16-25　郑州市的区域和温度视图联动

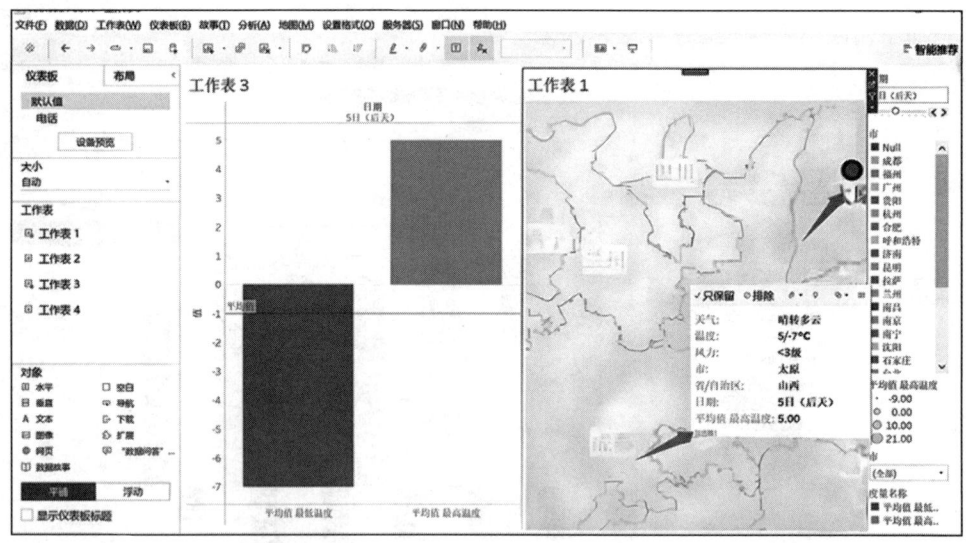

图 16-26　太原市的区域和温度视图联动

## 总结

16.1 节首先对数据可视化的概念进行总体介绍。提出了数据可视化的概念，接着介绍了数据可视化的三个主要分支：科学可视化、信息可视化和可视分析学。随后列举了数据可视化与其他学科领域的关系，如生命科学可视化、地理信息可视化、产品可视化、教育可视化、系统可视化、商业智能可视化、知识可视化等，这些基础概念各有不同的特点，具有重要的学习意义，需要了解掌握。

16.2 节讲解了数据可视化基础。数据可视化不仅是一门包含各种算法的技术，还是一门具有方法论的学科。因此，在实际应用中需要采用系统化的思维设计数据可视化方法与工具。本节通过对数据可视化设计的原则、数据可视化流程以及数据可视化的基本图表进行阐述，巩固了数据可视化的基础。

16.3 节围绕数据可视化工具和软件展开介绍。主要对 Power BI、Tableau、Gephi 进行了详细介绍。借助这些可视化工具与软件，可以更加方便快捷地分析、研究大量数据中的模式、相关性和其他有用的信息，可以帮助读者更好地适应变化，并做出更明智的决策。

16.4 节从具体数据可视化案例入手，学习利用 Tableau 进行天气数据分析。希望读者可以通过这个实验了解如何使用 Tableau 菜单功能，从而实现数据可视化显示。

## 习题

1. 简述数据可视化的定义。
2. 数据可视化的设计原则有哪些？请说明。
3. 数据可视化的具体步骤是什么？
4. 试给出维恩图的定义并举例。
5. 简要介绍数据可视化的工具及其特点。

# 第 17 章　大数据分析应用——文本分析

　　文本数据是人类生活中不可或缺的一种信息传递方式，其来源多样化，如文章、新闻、博客、社交媒体、电子邮件、评论等。随着互联网的普及和智能设备的广泛应用，文本数据的生成和存储量不断增加，成为大数据中的重要组成部分。在大数据领域，文本数据是非常重要的组成部分。文本分析是一种对文本数据进行深入研究的过程，旨在理解文本的内容和结构，以及发现文本中隐藏的信息、模式或趋势。这种分析可以应用于各种文本类型，包括新闻报道、学术论文、社交媒体帖子、小说、诗歌等。文本分析可以揭示文本的深层含义，帮助人们更好地理解文本所传达的信息。

　　文本分析可以包含很多方面，列举如下。

　　1）内容分析：关注文本的具体内容，如主题、观点、情感等。通过分析文本中的关键词、短语或句子，可以了解文本的主要信息和观点。

　　2）结构分析：研究文本的组织结构和表达方式。这包括分析文本的段落、句子结构、修辞手法等，以理解文本是如何构建和传达信息的。

　　3）话语分析：关注文本中的语言使用和社会文化背景。通过分析文本的语言风格、语气、词汇选择等，可以揭示文本的社会和文化含义。

　　4）情感分析：使用自然语言处理技术来分析文本中的情感倾向，如积极、消极或中立。这有助于了解文本所表达的情感和态度。

　　5）主题建模：通过统计和分析文本中的词汇和短语，发现文本中的潜在主题和概念。这有助于理解和分类大量的文本数据。

　　6）语义分析：研究文本中词汇和句子的意义以及它们之间的关系。这有助于理解文本的深层含义和语境。

　　文本分析可以采用手动方法（如人工阅读和分析）或自动方法（如使用计算机程序和算法）。随着自然语言处理技术的不断发展，自动文本分析在处理大规模文本数据方面变得越来越重要。

## 17.1　文本分析概述

### 17.1.1　文本数据

　　文本是语言的书面表现形式，通常由多个字符组成，承载了特定的信息。而一定量的待分析文本在数据分析领域被称为文本数据。文本数据通常由可输入计算机的字符组成，如英文字母、汉字等。

　　文本数据不同于传统数据库中的数据，它具有以下特点。

　　1）非结构化：在文本数据中，非结构化数据占据绝大部分。

　　2）海量数据：通常情景下，文本数据库都包含大量的文本样本，对其进行分析的工作量庞大。

3）高维稀疏性：一般文本样本表示为向量后的维数很高，且大多数样本在大多数特征维度上是零值或接近零值。

4）语义/情感：文本数据语义丰富，可能出现一词多义、语义与其上下文相关等情况。

### 17.1.2 文本分析

#### 1. 概念

文本分析是指对文本的表示及其特征项的选取。文本分析是文本挖掘、信息检索的一个基本问题，它把从文本中抽取出的特征词进行量化以表示文本信息。

文本数据分析是一种通过一系列技术和方法来分析文本数据的过程，旨在通过对文本内部特征的提取，获取隐含的语义信息或概括性主题，从而产生高质量的结构化数据。目的是提取有意义的信息、识别模式、理解文本内容并做出基于文本数据的决策。

#### 2. 作用

1）信息提取：文本分析可以帮助提取文本中的关键信息，如命名实体、日期、地点等。这对于从大量文本中抽取有用的信息非常重要，如新闻报道、合同、法律文件等。

2）情感分析：文本分析可以用于分析文本中的情感和情绪，从而了解人们对特定主题或产品的感受。这对于市场营销、社交媒体监控和客户反馈分析非常有用。

3）主题建模：文本分析可以帮助识别文本中的主题和话题，从而使研究人员能够更好地了解文本数据的内容。主题建模在文本挖掘和信息检索中很常见。

4）自动摘要生成：文本分析可以用于自动提取文本的要点和摘要，从而减少人工阅读和摘要的工作量。这在新闻聚合、研究文献综述等领域非常有用。

5）文本分类：文本分析可以用于将文本数据分为不同的类别或标签，从而实现自动分类和过滤。这在垃圾邮件过滤、情感分类、文档分类等方面有广泛应用。

6）搜索引擎优化：通过文本分析，可以优化网站内容以提高在搜索引擎中的排名。了解关键词、相关性和用户搜索习惯等信息对于搜索引擎优化非常重要。

7）舆情分析：文本分析可以用于监测社交媒体和新闻报道中的舆论，以了解公众对特定话题或事件的看法和反应。

#### 3. 步骤

文本分析流程大致可以分为以下4个步骤：收集数据、文本预处理、文本表示和文本建模与分析。如图17-1所示。

**（1）收集数据**

从各种来源收集相关的文本数据，需要确定数据源、数据格式、数据量，并考虑数据存储等。收集到的文本数据的质量对之后的文本分析会有较大的影响。

**（2）文本预处理**

对原始文本进行分析前的预处理，通常包括剔除标点符号和无意义的停止词、数据清洗、分词、词形还原、大小写转换等操作，以消除不一致性、错误和噪声，从而得到结构统一、格式规范的文本数据。

1）分词：此过程常见的两类问题是英文分词和中文分词。而分词的方法有基于空格的分词、基于词典的分词、基于统计的分词、基于深度学习的分词方法。

2）剔除符号和无意义的停止词：剔除那些在语料中大量出现、无意义、无作用的符号和单词。

3）词形还原：将单词转换为其基本形式。

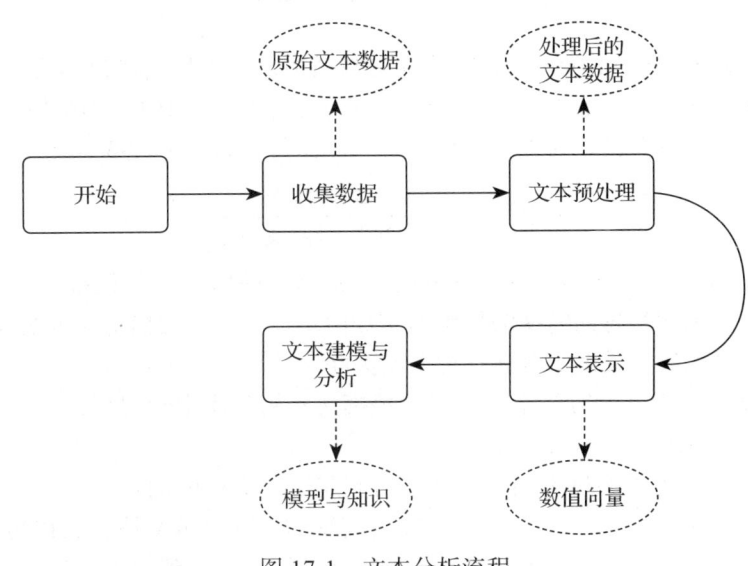

图 17-1  文本分析流程

**（3）文本表示**

将文本数据转化为数值向量的过程，转化成数值后进一步使用算法和模型进行处理（例如机器学习算法或统计模型）。

一般地，文本表示的结果可以表示为一个文档矩阵，通常其每行代表一个文档，每列代表一个词。矩阵中的每个元素值表示对应词的向量化结果。

将词向量化的方法通常有，独热编码、TF-IDF 方法、词嵌入等。

1）独热编码：独热编码（one-hot encoding）是一种非常直观的编码方式，它将词转换为向量。首先根据文本建立词典，词典中词语总数设为 $N$。于是，每个词都被表示为一个 $N$ 维向量。向量中只有第 $i$ 位为 1，其余位皆为 0，其中，$i$ 代表该词在词典中对应的位置序号。

比如，词典为 {今天，明天，后天，周一，周二}。则，"今天"这个词，被表示为向量 [1, 0, 0, 0, 0]。

独热编码很简单，但是它编码出的向量通常维数过高、构成的特征矩阵过于稀疏，且并未考虑语义和词的位置信息。

2）TF-IDF 方法：TF-IDF 方法原本是一个统计方法，可以计算某个词对于所在文本的重要程度。其核心思想是，若某个词在某份文档中出现次数较多（TF 高），且在其他文档中出现次数较少（IDF 低），则其可作为该文档的关键词。因为这个词对该文档比较重要，也能将该文档和其他文档有效地区别开来。

此方法也可用于词的向量化，以 TF-IDF 值作为该词的权重，乘以独热编码（或其他方式）得到的向量作为新的词向量。

TF-IDF 值的计算方法如式（17-1）所示：

$$TF - IDF = TF * IDF \tag{17-1}$$

其中，TF（term frequency）为词频，指的是某个词在特定文本中出现的频率。计算公式如式（17-2）所示：

$$TF = \frac{文章中某词出现的次数}{文章总词数} \tag{17-2}$$

IDF（inverse document frequency）为逆文档频率，指的是文档频率的倒数，用来衡量一个词语的普遍重要性。在整个文档集合中，包含某个特定词语的文档数越少，其 IDF 值就越大，表示该词语具有良好的类别区分能力。计算公式如式（17-3）所示：

$$IDF = \log_{10} \frac{总文章数}{出现某词的文章数} \tag{17-3}$$

3）词嵌入：词嵌入（Word Embedding）是将单词映射到一个低维空间，就像一个嵌入的过程，其实质上就是将词转换为低维的实数向量。这种方法捕捉了词之间的语义关系，而且可以通过向量的数学关系来描述这种语义关联。

词嵌入模型一般通过无监督学习，从大规模文本语料库中学习得到。常见的词嵌入模型包括 Word2Vec、GloVe、FastText 等。

将词向量化后，也将通过不同的方式来得到句子、文档的向量表示。比如，可以直接以二维矩阵表示句子（每行表示一个词），以更高维的矩阵表示文档、文档集合。也可以直接对句子中的词向量进行相加、求平均、求加权和等运算，得到句子向量。

**（4）文本建模与分析**

依据具体问题、应用各种算法对文档进行建模，以分析和理解文本数据，并从中提取概念、主题等有价值信息。比如，命名实体识别（named entity recognition）就是这一步骤中的一个重要应用任务，涉及从文本中自动识别并分类具有特定意义的实体（如人名、地名、组织机构名等）。它帮助研究者从文本中提取关键信息，对于信息抽取、知识图谱构建、问答系统等应用具有重要的价值。

常见的命名实体类型和对应标识包括：人名（PER）、地名（LOC）、组织名（ORG）、时间表达式（TIME）等。不同的场景需要识别不同类型的实体。

图 17-2 是一个命名实体识别实例，从文本中提取出了两个实体（张三、北京理工大学），并划分到相应的类型（PER、ORG）。

图 17-2 命名实体识别实例

在进行命名实体识别之前，大致如前文所述，也要经历数据收集、数据预处理、文本向量化表示的步骤。然后利用语言模型、机器学习算法和深度学习模型等技术，根据文本向量，对原始文本进行标签标注并识别实体。

命名实体识别可以看作一个序列标注任务，旨在给文本序列中的每个字打上一个标签，用以表示这个字是否属于某个命名实体的一部分。常见的标签体系有 BIO 和 BIOES。其中，BIO 体系中，B 代表 begin，表示某个实体名称的开头字符；I 代表 inside，表示实体名称的中间或末字；O 代表 outside，表示该字不属于某个实体。而 BIOES 体系中，B 代表 begin，表示某实体的开头字符；I 代表 inside，表示某实体的中间字符；O 代表 outside，表示非实体字符；E 代表 end，表示某实体的末字；S 代表 single，表示该单字成一个实体。一个使用 BIO 和 BIOES 标签体系来标注的句子实例如图 17-3 所示。

|       | 张 | 三 | 在 | 北 | 京 | 理 | 工 | 大 | 学 | 上 | 学 |
|-------|---|---|---|---|---|---|---|---|---|---|---|
| BIO   | B | I | O | B | I | I | I | I | I | O | O |
| BIOES | B | E | O | B | I | I | I | I | E | O | O |

图 17-3　BIO 和 BIOES 标注实例

通过模型或算法预测了每个字的 BIO 或 BIOES 标签后，即得到了各个实体。接下来就可将这些实体归类到预设的类型中，比如 PER、ORG 等，如图 17-4 所示。

|       | 张 | 三 | 在 | 北 | 京 | 理 | 工 | 大 | 学 | 上 | 学 |
|-------|---|---|---|---|---|---|---|---|---|---|---|
| BIO   | B-PER | I-PER | O | B-ORG | I-ORG | I-ORG | I-ORG | I-ORG | I-ORG | O | O |
| BIOES | B-PER | E-PER | O | B-ORG | I-ORG | I-ORG | I-ORG | I-ORG | E-ORG | O | O |

图 17-4　标签标注与实体类型分类

## 17.2　文本分析相关技术

随着计算机技术的发展和大数据时代的到来，文本分析技术得到了前所未有的推动。随着深度学习等技术的引入，文本分析从过去简单的词汇统计等，向如今的基于大规模语料库的语义理解和知识推理等方向发展。

下面介绍一些常见的文本分析相关技术。

### 17.2.1　人工文本分析

#### 1. 定义

人工文本分析（manual text analysis）是一种基于人类专业知识和直觉的文本分析方法。它需要有经验的人员基于自身理解，通过深入阅读文本数据，提取、分析、解释其中隐含的观点、主题、模式等有价值信息。

在实践中，人工分析通常与自动化的文本分析技术相结合，各取所长。比如，一些自动化的分析技术可以处理大规模的文本语料，高效地提取相关特征；而人工分析则可以在此基础上，对这些初步的分析结果进行验证和补充。

#### 2. 优点

1）更注重对文本内容的深入剖析和解读，能够捕捉其中细微的差别。
2）能够利用人类的专业知识和直觉，对少量文本的理解更加深入。
3）具有较高的灵活性，能根据具体的问题和需求进行调整。

#### 3. 缺点

1）属于时间、劳动力密集型任务，不适合大规模数据。

2）受到分析者主观性的影响，由于不同的人有不同的经历和偏好，导致分析结果过于主观。

### 4．步骤

在人工文本分析中，研究者通常遵循一些步骤。流程图如图 17-5 所示。

1）根据具体问题，从各个来源选择、收集相关文本。数据来源通常有书籍、网页、报纸等。

2）对收集到的文本数据进行整理和预处理。预处理操作通常包括去除无关数据、规范格式、检查错别字等。

3）对文本进行仔细阅读，深入理解和分析文本。通常包括识别关键词、挖掘实体联系等。

4）基于理解从文本中提取出所需要的信息，如主题、情感、事件等。

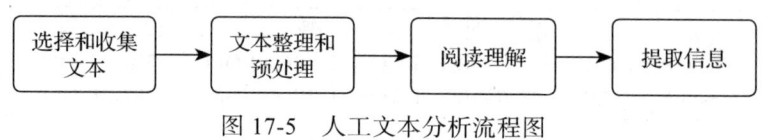

图 17-5　人工文本分析流程图

## 17.2.2　基于词典的方法

### 1．定义

基于词典的方法（dictionary analysis）是指按照一定策略，利用预先定义或创建的词典，对文本中的单词或词组进行匹配，统计词语或词组的词频，从而分析文本的情感、主题等。

### 2．优点

允许对研究的数据进行定量分析。

### 3．缺点

采用的词典需要尽量与研究问题适配，而这样的适配是有难度的。

### 4．分类

基于词典的方法，依据匹配时的扫描方向，可以分为正向匹配和逆向匹配。而依据匹配长度，可以分为最大匹配和最小匹配。

### 5．算法

此方法有多种实现算法，如正向最大匹配算法、逆向最大匹配算法和双向最大匹配算法等。

1）正向最大匹配算法（forward maximum matching）：一种基于字典的分词算法。其基本思想是：

- 假定字典中最长的单词有 $i$ 个字。
- 取待切分文本的前 $i$ 个字，记为字串 S1，与字典中的单词进行匹配。
- 若匹配成功，则切分出这个单词。

- 若无匹配，则从 S1 末端去掉一个字，重复匹配操作，直到 S1 匹配成功或长度为 0。
- 对剩下未切分的文本重复上述操作。

2）逆向最大匹配算法（backward maximum matching）：与正向最大匹配算法原理类似，只是从待切分文本的末尾开始匹配。

3）双向最大匹配算法（bi-directional maximum matching）：将正向最大匹配算法和逆向最大匹配算法的结果进行比较，以确定正确的分词方法。一般选择分词数量较少的那种结果，若数量相同，则取单字数量较少的结果。

### 17.2.3　词袋法

**1. 定义**

词袋法（bag-of-word）是一种将文本表示为计算机能理解的向量的方法。文本中的每个词都被视为一个特征，而文本则被表示为一个向量。词袋法的概念图如图 17-6 所示。

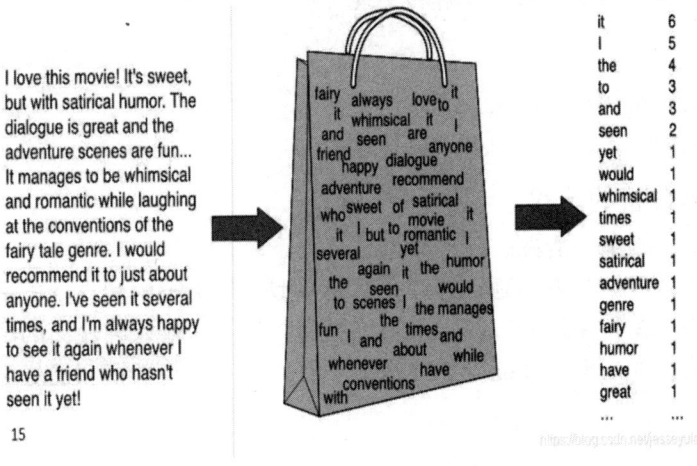

图 17-6　词袋法概念图

**2. 优点**

编码标准稳定且简单，具有统计学特性，扩展性强。

**3. 缺点**

编码过程中丢失了词语顺序信息。

**4. 进行文本分析的流程**

1）分词：将文本切分成词序列。
2）建立词典：统计文档中出现的不重复词，形成词典。
3）向量化：按照一定的编码方式，将文档表示为向量。

**5. 编码方式**

使用不同的编码方式，同一文本将被表示为不同的向量形式。

1）独热编码：用一个 $N$ 维向量表示文本，$N$ 是所有词的总数量；每个词对应一个维度，出现则置 1，否则置 0。

2）TF 编码：用一个 $N$ 维向量表示文本，$N$ 是所有词的总数量；每个维度代表对应词的词频。

3）TF-IDF 编码：用一个 $N$ 维向量表示文本，$N$ 是所有词的总数量；每个维度代表该词的 TF-IDF 值。

### 17.2.4 监督学习

#### 1. 定义

监督学习（supervised learning）是一种机器学习方法，旨在从带标签的数据中学习、训练，从而得到预测模型。监督模型有 SVM、Bayes、logistic 等。

#### 2. 优点

1）允许事先定义编码规则，如词袋法或 TF-IDF。
2）该方法的逻辑简单，易于理解和实现。

#### 3. 缺点

1）需要有高质量的标注数据，工作量大。
2）由于特征词太多，训练的模型容易过拟合。

#### 4. 进行文本分析的流程

1）数据准备：收集、清洗、标注数据。
2）模型选择：根据具体问题，选择合适的模型，如决策树和支持向量机等。
3）模型训练：在标注好的数据集上训练模型，学习从输入到输出的映射规律。
4）模型评估：评估模型性能，如准确率、召回率等，判断模型的好坏。

#### 5. 应用

监督学习的实际应用有文本分类、作者身份识别（利用监督学习可以识别文本作者的身份）等。

### 17.2.5 无监督学习

#### 1. 定义

无监督学习（unsupervised learning）也是一种机器学习方法，它本质上是一种统计手段，即在无标签的数据中发现一些潜在结构的训练方式，如 $K$ 均值、LDA 话题模型等。
如图 17-7 所示，它是一个典型的文本聚类，将无标签的文本数据分成了多个簇。

#### 2. 优点

不需要人工标注，减少了工作量，加速了数据分析的进程。

#### 3. 缺点

1）得到的潜在结构、数据分组等结果，都是机器自动从数据中分析得来的，需要研究者进一步解读以赋予其实际意义。

2）训练过程中需要大量调参。

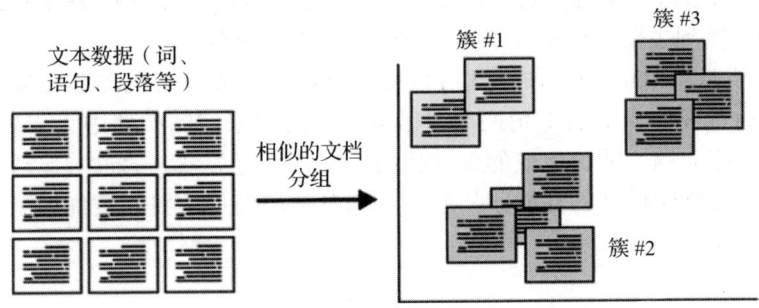

图 17-7　文本聚类

### 4. 举例——LDA

潜在狄利克雷分配（Latent Dirichlet Allocation，LDA）模型是一种文档主题生成模型，也被称为三层贝叶斯概率模型，属于无监督学习。它用于识别文档中潜藏的主题，若文档中有多个主题，可以分析各个主题出现的占比。LDA 能够将若干文档自动编码分类为一定数量的主题（主题的数量需要人为指定）。这极大减少了人工工作的负担。

LDA 采用了词袋法，这种方法将每一个文档视为一个词频向量，从而将文本信息转化为易于建模的数字信息。但是词袋法没有考虑词与词之间的顺序，这虽然简化了问题的复杂性，同时也为模型的改进提供了契机。如图 17-8 所示，确定主题数量之后，运行 LDA 模型就会得到每一个文档所代表的一些主题构成的概率分布，而每一个主题又代表了很多词，能够得到这些词构成的概率分布。

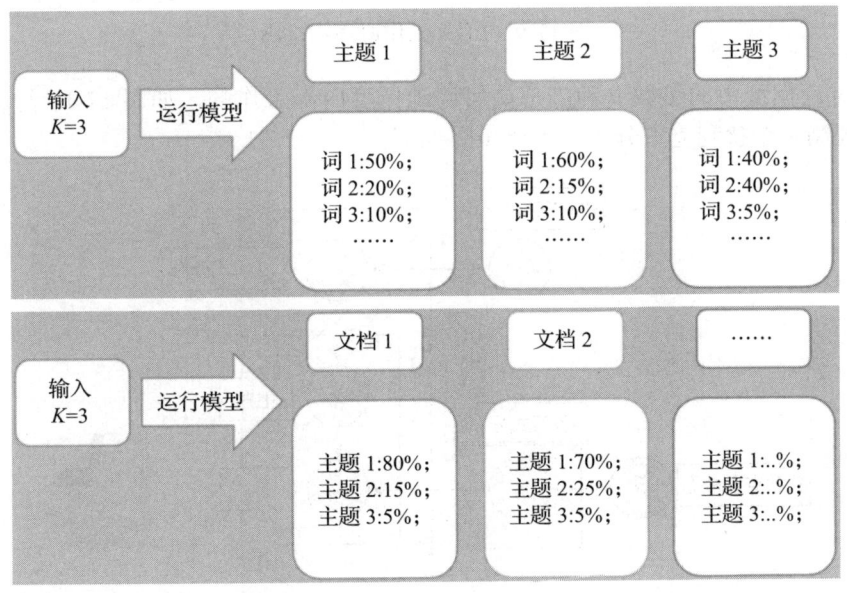

图 17-8　LDA 示意图

LDA 采用三层贝叶斯概率模型，包括词、主题和文档三层结构。LDA 的核心思想是，

以主题的分布描述文档,以词的分布描述主题。它基于以下假设:每个文档可以由多个主题组成,每个主题具有一定的词分布,而每个词都可以归于某个主题。LDA 模型的主要目标是通过大量已知的 $P(w|d)$ 信息,训练出 $P(t|d)$ 和 $P(w|t)$(其中 $d$ 代表文档,$t$ 代表主题,$w$ 代表词),即文档到主题的概率分布和主题到词的概率分布。

如图 17-9 所示,LDA 的工作原理可以被形象地比喻成一台机器,在确定了主题数量之后,就可以通过设定机器右上角两个参数 $\alpha$ 和 $\beta$ 旋钮来控制机器中大齿轮的工作状态,最终随机生成一篇文档。随机生成的新文档与原文档没有关系,通过对比新文档和原文档的相似性,就可以判断模型的性能。然后在不同参数的模型中找到最优模型,也就是找到最佳的参数 $\alpha$ 和 $\beta$。

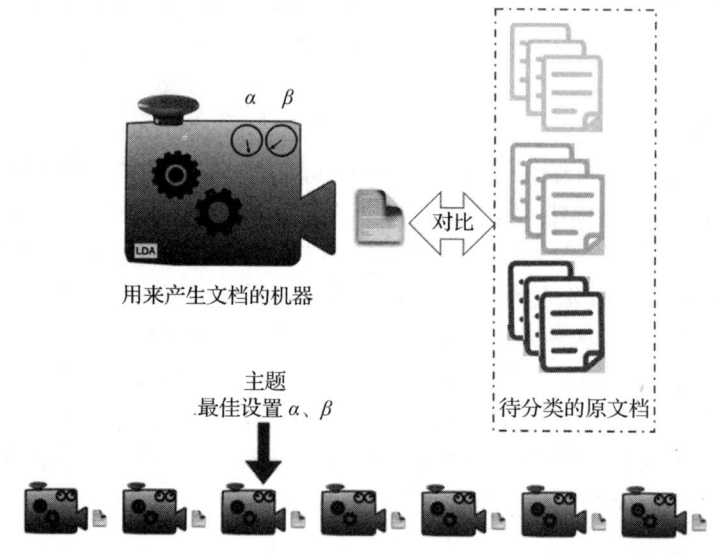

图 17-9 LDA 工作原理示意图

下面讨论模型中的参数 $\alpha$ 和 $\beta$ 是如何调动模型内部工作的。如图 17-10 所示,参数 $\alpha$ 和 $\beta$ 分别控制一个狄利克雷分布,主要步骤见下:

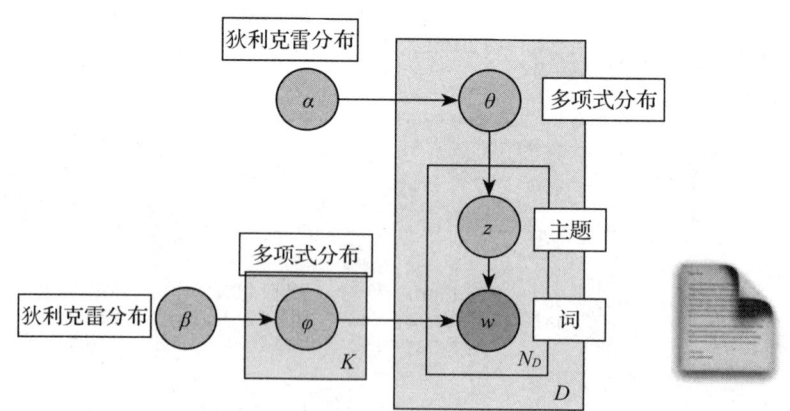

图 17-10 参数 $\alpha$ 和 $\beta$ 控制生成文档原理

第一步,$\alpha$ 随机生成文档对应主题的多项式分布 $\theta$;

第二步，θ 随机生成一个主题 z；

第三步，β 随机生成主题对应词语的多项式分布 φ；

第四步，综合主题 z 和主题对应词语的多项式分布 φ 生成词语 w；

如此循环生成包含 m 个词语的一个文档，最终生成 K 个主题下的 n 个文档。

如图 17-11 所示，有两个狄利克雷分布，图 17-11a 通过对应的主题把文档联系起来，图 17-11b 通过对应的词把主题联系起来。LDA 是一个产生文档的机器，这个机器含有一些可以调整的设置，这些设置恰好是狄利克雷分布。调整这些设置的方式是移动分布里的点。然后按下按钮，启动齿轮，从而产生文档。

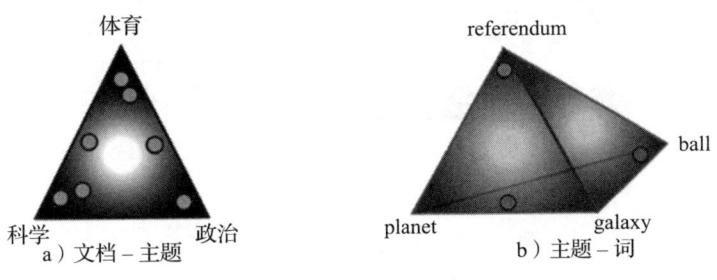

图 17-11 文档 – 主题和主题 – 词的关系示意图（见彩插）

如图 17-12 所示，这是最开始的公式，它能计算出机器生成某个特定文档的可能性。下面单独看每个参数。与第一个狄利克雷分布相对应的是主题，在分布中随机挑出一个点作为文档的起点，这就是将要生成的文档的基础。根据这些百分比创建一个新分布，即多项式分布，将其看作装满球的箱子。箱中有 7 个蓝球、1 个绿球、2 个红球，随机从中抽出一个球，70% 的可能是蓝色，10% 是绿色，20% 是红色，分别对应科学、政治、体育，这将变成文档中的主题。现在开始生成文档，文档内有一定数量的词，每个词都会出现。现在来选择主题，随机在这个箱子里有放回地取球，然后再记录。

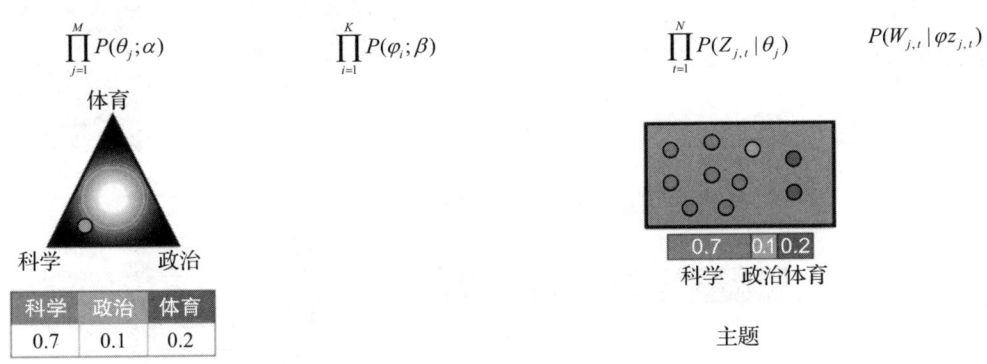

图 17-12 文档和主题示例（见彩插）

下一步找到与主题对应的词。如图 17-13 所示，现在看第二个狄利克雷分布，该分布连接了主题和词，图中的球是三个主题。蓝色主题"科学"分别有 40% 的概率靠近"planet"和"galaxy"，10% 的概率靠近"ball"和"referendum"，把这个分布变成多项式分布，即看作含有 10 个词的箱子，其中 4 个是 planet，4 个是 galaxy，1 个是 ball，1 个是 referendum。

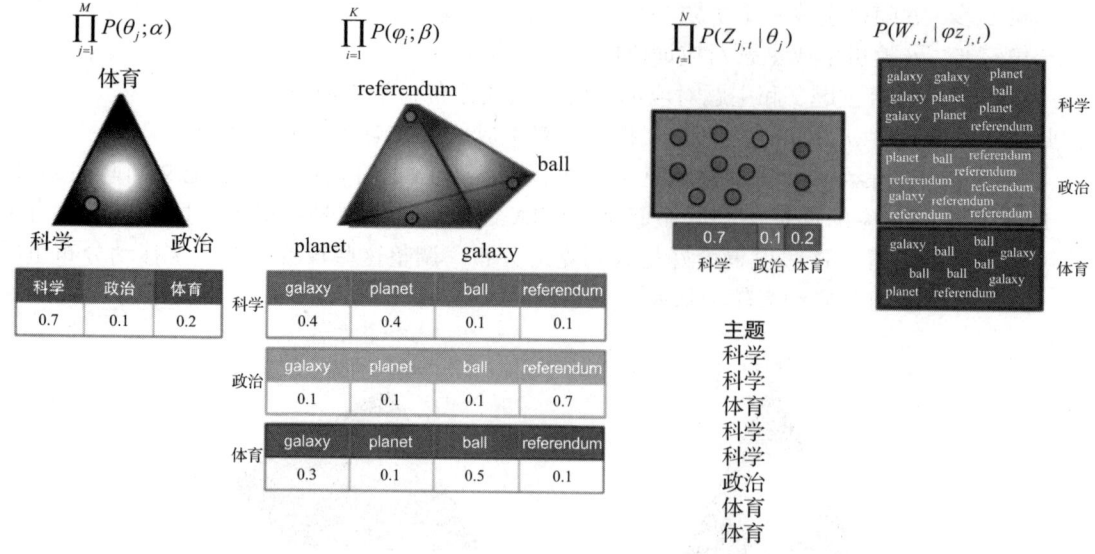

图 17-13　主题与词示例（见彩插）

如图 17-14 所示，下面接着看"科学"箱子，从中随机选出一个词，第一个是"planet"，第二个主题又是"科学"，再从"科学"箱子里随机取词，取到的词是"galaxy"，依次进行。最右边就是得到的词，把它们放在一起形成了文档。这个文档没有意义，它只是词的组合，由机器生成。

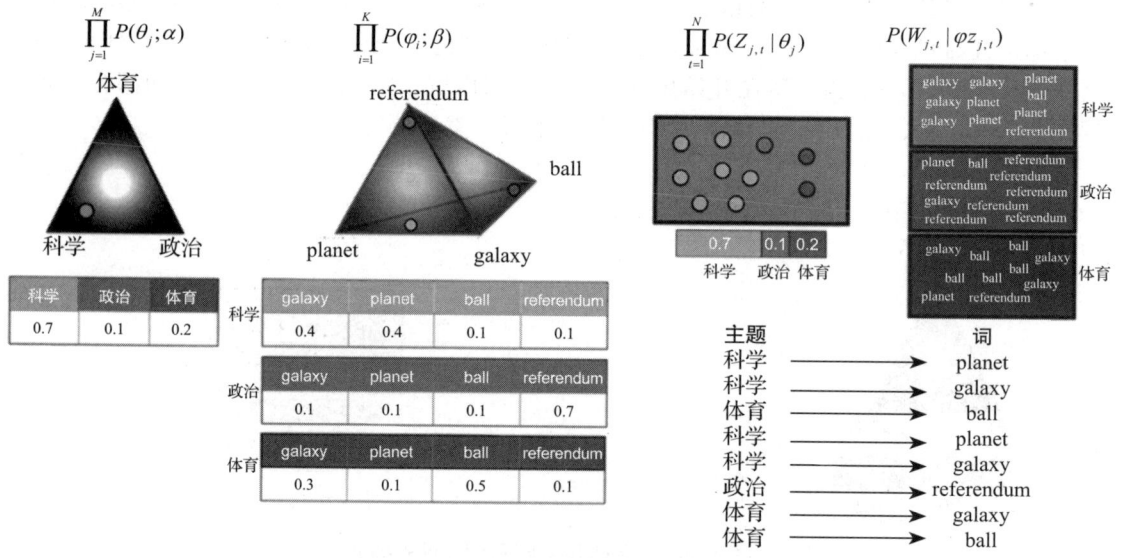

图 17-14　生成文档示例（见彩插）

如图 17-15 所示，这里要做的是使用这些设置，选择图 17-15a 中的点作为文档，图 17-15b 中的点作为主题，生成一个文档的组合，回过头来检查它们是否和开始的文档相同。注意，这些文档对应左边图 17-15a 中每个点的分布，因此它们是根据与点位置相关的主题生成的。现在得到相同文档的概率非常低。

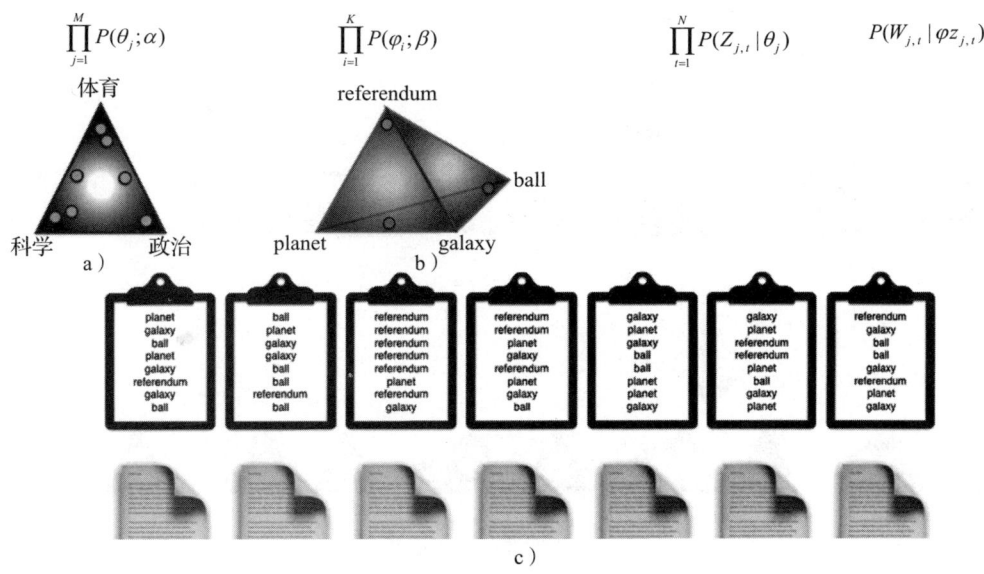

图 17-15 生成的新文档与原文档（见彩插）

想象一下这里有不同的主题-文档排列，以及不同的主题-词排列。图 17-16 下面的分布得到正确文档的概率更低，所以上面的分布更适合，它返回正确文档的概率更高，因为它的文档位于正确的主题分布中。如图 17-17 所示，比较所有机器，并找出最有可能给出原始文档的最佳设置，从那里得到主题。如果把它看成实际分布，这里只需要看这两种分布中的点的所有可能排列方式，有最佳设置的那个最有可能给出原始语料库。

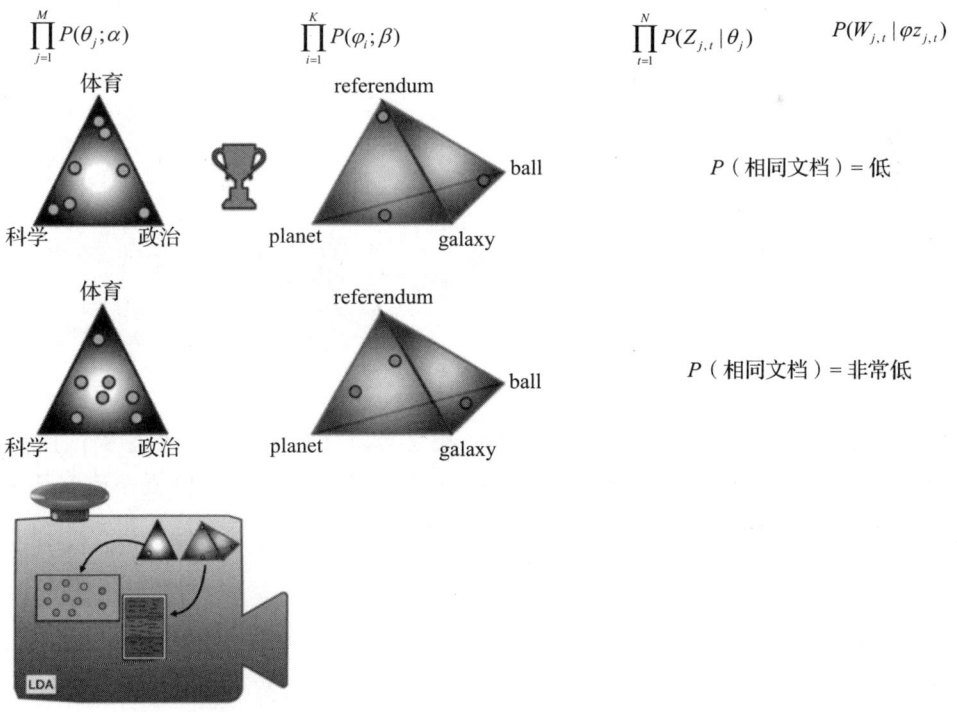

图 17-16 不同参数设置生成结果比较（见彩插）

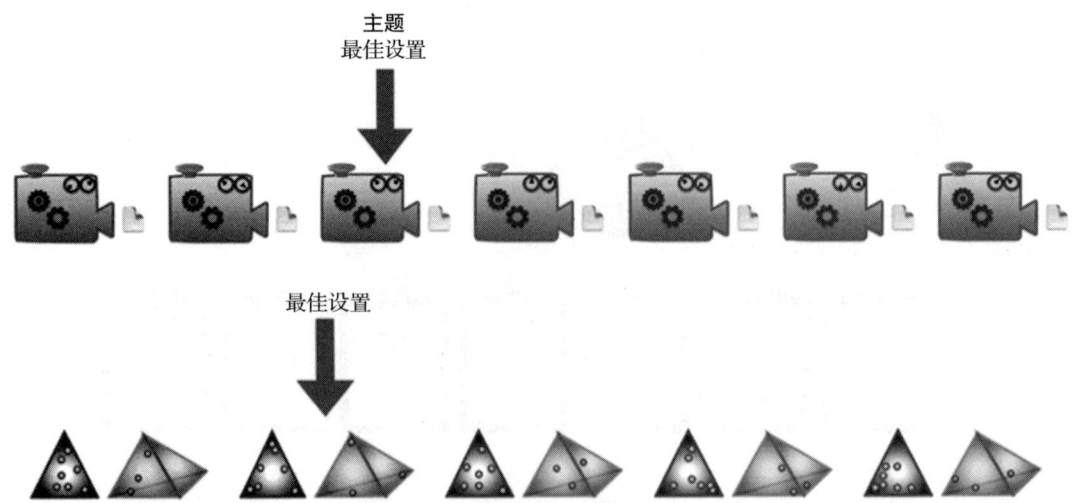

图 17-17 找出最佳设置（见彩插）

如图 17-18 所示，综合之前的原理图可知，$\alpha$ 代表文档 – 主题的第一个狄利克雷分布，$\beta$ 代表主题 – 词的狄利克雷分布。从 $\alpha$ 中得到 $\theta$（多项式分布），从 $\theta$ 中得到主题，从 $\beta$ 得到 $\varphi$（多个多项式），从 $\varphi$ 中可以得到词，从 $\theta$ 中得到 $z$（主题），联系 $z$ 和 $\varphi$ 得到一系列词，连接这些词得到一个文档。这个过程重复多次，生成语料库中的大量文档。之后与原始文档进行比较，找出狄利克雷分布中点的最佳排列方式，从而最大化概率。

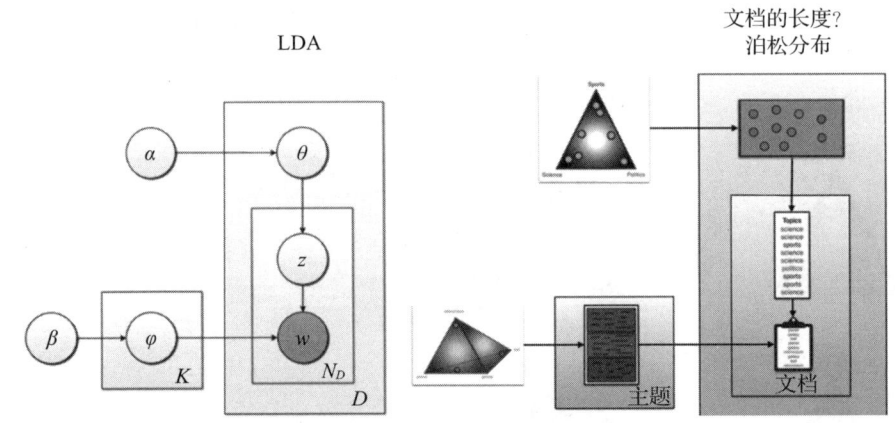

图 17-18 原理和示例相结合示意图（见彩插）

LDA 模型解决的问题就是，分析给定的一篇文章是什么主题（如果是多个主题，每个主题出现的占比是多少）。可以这么理解一篇文章的生成：先以一定的概率选取某个主题，然后再以一定的概率选取该主题下的某个词，不断重复这两步，直到完成整个文档。

LDA 预测文档主题的工作流程如图 17-19 所示。

应用 LDA 模型进行文档分类的工作原理如下。

1）数据预处理：对文本数据进行预处理，包括分词、去除停用词、词干化等步骤，以得到文档的词汇表和词频信息。

2）模型假设与概率分布：LDA 模型基于上述假设，并建立了文档 – 主题分布和主题 –

词分布两个概率分布模型。其中，文档-主题分布描述了每个文档中各个主题的概率分布，而主题-词分布则描述了每个主题中各个词的概率分布。

3）参数推断：LDA 模型通过推断文档-主题分布和主题-词分布来构建模型。它使用统计方法，如 Gibbs 采样或变分推断，来估计这些分布。

4）模型应用：训练完成后，LDA 模型可用于多种应用，如主题建模、文本分类、信息检索等。它可以揭示文本数据中不同主题的分布和主题之间的相关性。

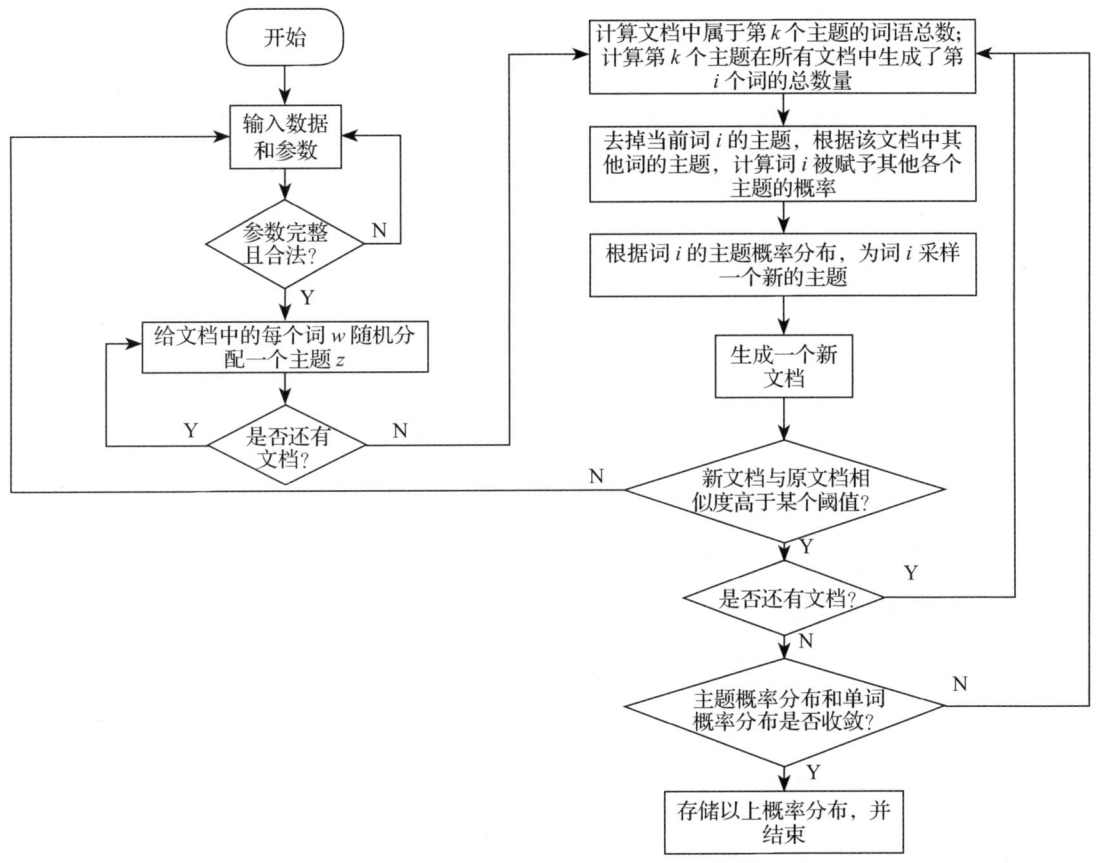

图 17-19　LDA 预测文档主题的工作流程图

### 17.2.6　循环神经网络

#### 1. 定义

循环神经网络（Recurrent Neural Network，RNN）属于深度学习算法，专门用于处理序列数据，即具有前后依赖关系的数据。文本数据属于序列数据，因此 RNN 也被广泛应用于文本分析问题。RNN 在处理当前时刻的数据时，会考虑之前时刻的信息。RNN 具有循环单元，可以捕捉序列的时间依赖性和上下文信息。

#### 2. 结构和特点

不同于一般的神经网络，RNN 的每个单元以循环连接的方式串接在一起，排在序列中较后面的单元，会受到其前面单元的输出的影响。RNN 结构如图 17-20 所示。

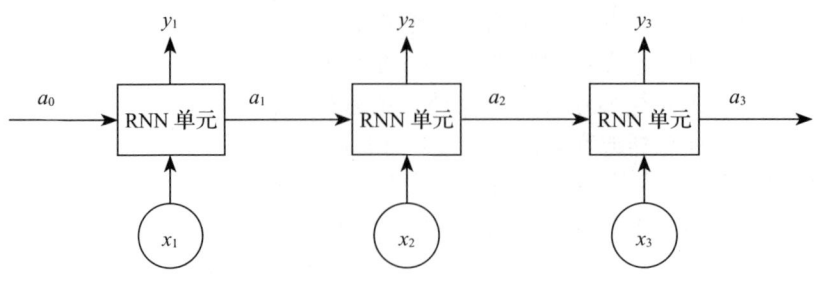

图 17-20　RNN 结构

在每个时间步，RNN 接受一个输入，并结合上一个时间步的隐藏状态数据，经过计算后，产生当前时间的隐藏状态和输出。当前时间的隐藏状态再传给下一个时间步使用。而输出，则可以用于具体问题的分析。

RNN 的特点如下：串联结构，靠后单元的输出应该考虑前面单元给出的信息；共享参数，每个单元对应相同的参数集，这大大减少了训练参数量。

### 3. 梯度消失

梯度消失是指靠近输入层的层间权重无法得到有效更新（导数趋于 0），导致神经网络的效果不佳。梯度消失是 RNN 可能出现的问题之一，因此，RNN 很难处理长序列数据。网络深度过大或激活函数选取不合适，都可能会造成此问题。

### 4. 基于 RNN 进行文本分析

因为 RNN 结构能够很好地利用序列之间的关系，因此很适合处理具有连续性的序列数据，比如文本数据。它广泛应用于自然语言处理的各个任务中。

依据前文中所介绍的文本分析基本步骤，基于 RNN 进行文本分析也需要依次经过数据收集、数据预处理、文本向量化表示等步骤，然后根据具体问题，构建适合的 RNN 模型、训练模型，最后使用训练好的 RNN 模型进行具体的文本分析任务。

例如，RNN 可以根据前文预测下一个单词或字。通过训练，RNN 可以学习到语言模式并生成连贯而有意义的文本，因此可以用于语言建模和自动文本生成任务；RNN 可以学习到各种语言之间的对应关系，将源语言序列转换为目标语言序列，因此可用于机器翻译任务。

下面来看一个例子。假设用户输入了文本序列 "what time is it"，基于 RNN 的文本分析模型需要识别用户意图。首先，需要对文本进行分词等预处理，然后进行向量化。此处为方便展示，将单词的向量化结果表示为 [word]。那么，该句子即可表示为 [what] [time] [is] [it]。

接着，将词逐个输入 RNN。如图 17-21，先输入 [what]，产生输出 $y_1$。

然后，将 [time] 输入 RNN，此时的 RNN 不仅利用了 [time]，还使用了上一步产生的隐藏状态作为输入。此步产生输出 $y_2$，如图 17-22 所示。

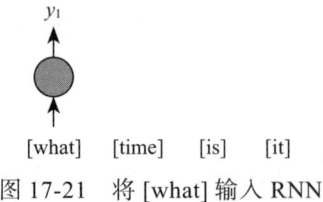

图 17-21　将 [what] 输入 RNN

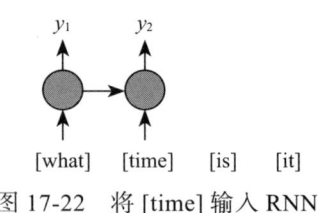

图 17-22　将 [time] 输入 RNN

接着，再逐步输入 [is]、[it]，每一步都利用了上一步产生的隐藏状态，分别得到结果 $y_3$ 和 $y_4$。最后对最后一步产生的 $y_4$ 进行处理，以分析该句意图。图 17-23 展示了各个输出产生的过程。

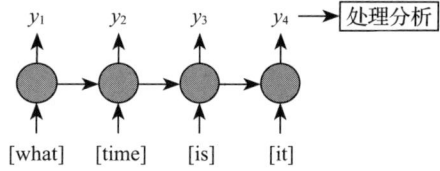

图 17-23　RNN 逐步处理文本系列

### 17.2.7　长短时记忆网络

#### 1. 定义

长短时记忆（Long Short Term Memory, LSTM）网络是一种特殊的 RNN，用于处理具有长期依赖关系的序列数据。

#### 2. 作用

1）LSTM 被用于解决长期依赖性问题。在处理序列数据时，模型需要捕捉序列中相距较远的信息。RNN 在处理长序列数据时，在反向传播中容易出现梯度消失等问题，难以有效捕捉长距离依赖关系。

2）LSTM 被用于解决 RNN 中的梯度消失、梯度爆炸问题。LSTM 引入了记忆单元，用于存储、更新、传递长期信息，使得多个时间步之间的信息传递变得稳定，以防止梯度消失。LSTM 还有门控机制，它利用"门"这一特殊结构来保持重要信息的记忆，并控制信息的流动，防止梯度过大或过小，从而防止梯度爆炸和消失。

#### 3. 结构

LSTM 的基本组成部分包括记忆细胞、遗忘门、输入门、输出门。

1）记忆细胞：负责存储、传递信息。

2）门：决定信息是否或怎样通过此处。遗忘门，决定哪些信息应该从单元中丢弃；输入门，决定哪些新的信息应该被加入单元中；输出门，决定单元中的哪些信息应该在此时刻输出。

#### 4. 优缺点

- 优点：能够为序列建模，有长短时记忆机制，解决了 RNN 中的梯度消失或爆炸问题。
- 缺点：在并行处理上存在劣势，计算复杂度高。

#### 5. 基于 LSTM 进行文本分析

LSTM 是传统 RNN 的变体，与传统 RNN 相比，它可以有效地捕捉长序列之间的语义关联，缓解梯度消失或爆炸现象。LSTM 在文本分析中的应用与 RNN 类似，只是更适合复杂场景和长序列的处理。

以下使用一个 Bi-LSTM 的例子进行说明。Bi-LSTM 即双向 LSTM，是将 LSTM 在同一个文本序列上以不同方向应用两次，将两次应用得到的结果结合作为最终输出。

如图 17-24 所示，对于文本序列"我爱中国"，首先进行分词，然后分别从左往右、从右往左输入 LSTM 进行两次处理。这两次处理分别得到 $h_L$ 和 $h_R$ 的输出，然后将对应的输出拼接起来，得到 $h$ 作为最终输出。

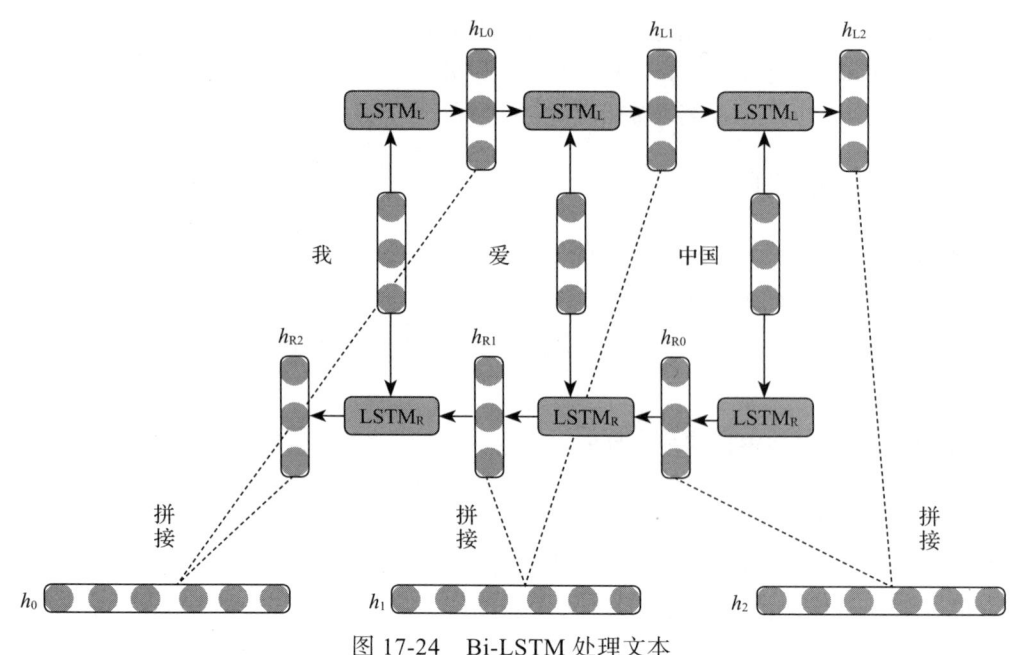

图 17-24　Bi-LSTM 处理文本

## 17.3　情感分析案例

本节通过文本分析的一个重要应用领域——情感分析来解释文本分析的应用实例。情感分析是指一种从人们产出的非结构化信息中提取对某些实体（如产品、服务、话题等）的情感、观点、态度的技术。现有的情感分析大多基于文本数据，因此情感分析可以被认为是自然语言处理领域的子任务之一。随着互联网发展，网上购物、快递外卖、新闻浏览等都有着大量的评论信息。例如在外卖平台购物后，很多人会写几句简单的评价，其他客户在购买时也会查看买家评论，根据评论进行抉择。用户在电商平台上发布的产品评价往往包含着用户的偏好信息，利用情感分析模型可以从产品的评价中获得用户的偏好。在此基础上，就可以进一步利用智能推荐系统向用户推荐他们更喜欢的产品，以增加用户的黏性，挖掘一些潜在的利润。

对于政府来说，分析热点舆情是了解民意的一种重要方式，可以为决策提供重要依据。对于企业来说，识别出用户对产品的情感倾向、兴趣偏好可以更好地理解用户行为，从而改进产品并增强产品竞争力。对于个人来说，其他用户的评论也为自己进行分析判断提供了重要的参考信息，规避了一些潜在的风险。

根据文本情感分析目标的颗粒度，情感分析主要分为三个级别：篇章级情感分析、句子级情感分析和属性级情感分析。其中，篇章级情感分析是一种从多属性多情感的文本中，根据不同属性的情感评分，对实体目标进行综合打分的技术，从而为整篇文章生成其情感的大致倾向。句子级情感分析则是一种更加细粒度的分析，其评价对象更关注于一个句子并对其情感倾向进行打分。属性级情感分析是对目标实体的属性进行抽取，并对不同属性分别进行情感分析，而不是模糊地分析句子级或篇章级的总体情感倾向。

随着人们的社交活动、工作内容、消费习惯逐渐由线下转移至线上，从互联网的海量文本中自动挖掘出人们对各类事务的需求、喜好、观点、态度等，具有广阔的应用场景和很高的商业价值，对这些评论数据进行情感分析的相关研究于用户、企业以及平台来说都具有重要意义。本节搭建简单的神经网络对句子级情感分析进行研究和实验，对 2000 条酒店评论数据进行处理并输入神经网络中训练，利用得到的分类模型在测试集上进行评估，分类模型有 88.5% 的准确度。具体步骤分为：数据获取、数据预处理、特征工程、模型训练和使用。

## 17.3.1　数据获取

情感分析的数据来源较为广泛，可采用爬虫技术在各大网站评论区爬取，也可使用公开数据集，本案例采用 online_shopping_10_cats 数据集。该数据集共包含 10 个类别（书籍、平板、手机、水果、洗发水、热水器、蒙牛、衣服、计算机、酒店），共 6 万多条评论数据，正、负向评论各约 3 万条。本案例选取其中的 2000 条酒店评论进行实验，保留正向情感数据和负向情感数据各 1000 条，每条数据各包含三种属性：类别、标签和评论，其中，标签 1 代表正向情感，0 代表负向情感。数据形式如图 17-25 所示。

| | A | B | C |
|---|---|---|---|
| 1 | cat | label | review |
| 2 | 酒店 | 1 | 酒店设计有特色，房间很舒服亦很美，位置于南门很方便出入，而 |
| 3 | 酒店 | 1 | 地理位置不错，闹中取静。房间比较干净，布局合理。但是隔音效果 |
| 4 | 酒店 | 1 | 不错，下次还考虑入住。交通也方便，在餐厅吃得也不错。 |
| 5 | 酒店 | 1 | 地理位置比较便捷，逛街、旅游、办事都比较方便。老的宾馆新装修 |
| 6 | 酒店 | 1 | 因为只住了一晚，所以没什么感觉，差不多四星吧。大堂的地砖很滑 |
| 7 | 酒店 | 1 | 环境5星,自然氧吧名不虚传;服务4星,特别是开电瓶车的小伙子,总是 |
| 8 | 酒店 | 1 | 酒店服务特别到位,时刻为顾客着想.房间干净.下次还会入住.补充点 |
| 9 | 酒店 | 1 | 影响最深的是自助餐较丰盛,只是虾、蟹等要另外购买.价格也很公道. |
| 10 | 酒店 | 1 | 总体还可以,网线接口与桌面距离遥远且怪异,不知道当初设计时是怎 |

图 17-25　酒店评论数据

## 17.3.2　数据预处理

为了方便展示，本案例在 Jupyter Notebook 上运行代码，Jupyter Notebook 是一种 Web 应用，能让用户将说明文本、数学方程、代码和可视化内容全部组合到一个易于共享的文档中，让用户一目了然。

### 1. 数据读取

首先将采集好的数据保存为 xlsx 格式，并采用 pandas 库中的 read_excel 函数读取其路径，代码如下：

```
import pandas as pd   # 调用 pandas 库
df = pd.read_excel(r"D:\Software\develop\pycharm\project\pj\jdpj.xlsx") # 读取数据
df.head(10)  # 显示前十行数据
```

执行结果如图 17-26 所示。

### 2. 分词

英文分词比较简单，空格和标点符号可以分割一对词，而中文分词规则相对复杂，是将一句话拆分成一些词语，在 Python 中有专门的 jieba 库用于中文分词，其中 cut 函数可对指定的文本内容进行分词。代码如下：

```
import jieba # 调用中文分词库
```

```python
words= []
# 对全部数据循环分词
for i,j in  df.iterrows():
    word = jieba.cut(j['review'])
    result = ' '.join(word)
    words.append(result)
print(words)  # 打印结果
```

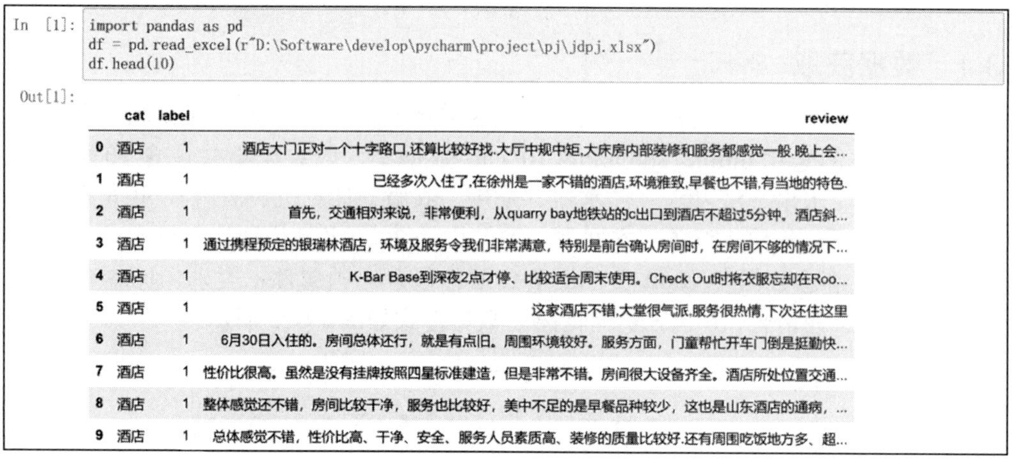

图 17-26  数据读取的执行结果

执行结果如图 17-27 所示。

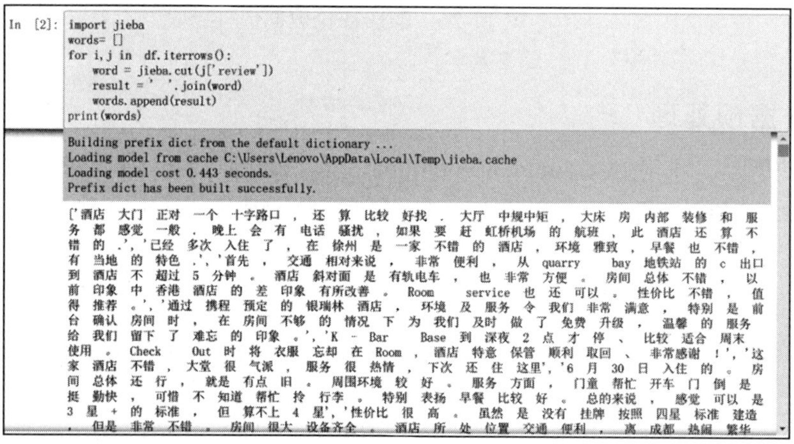

图 17-27  分词结果

### 17.3.3  特征工程

经过数据预处理后，已经将每一条评论的分词结果完整地存储到 words 列表中。下面需要将文本类型的数据转换成数值类型，以便构成特征变量并训练模型，这一过程也被称为数据向量化。

在 Python 中可以使用 sklearn 库中的 CountVectorizer 类，CountVectorizer 类是常见的特征数值计算类，是一种文本特征提取方法。它将文本数据转换为数值数据，并将每个词

构成这个评论的词袋。词袋是一个字典,每个词是字典的键,对应的词频是字典的值。代码如下:

```
from sklearn.feature_extraction.text import CountVectorizer # 调用 CountVectorizer 函数
vec = CountVectorizer()
x = vec.fit_transform(words)  # 将文本转换为词频矩阵
x = x.toarray()
words_bag = vec.vocabulary_  # 字典形式展现
print(words_bag) # 打印结果
```

执行结果如图 17-28 所示。

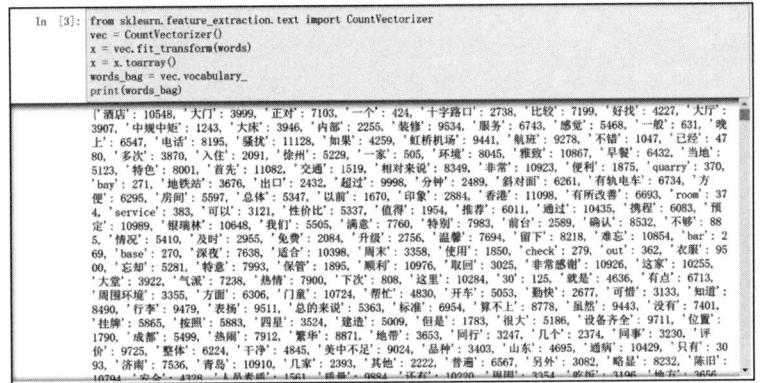

图 17-28　词袋执行结果

可以看到所有分词都有其对应的值,即词频。使用 len 函数查看词袋中词的数量,代码如下:

```
len(words_bag) # 查看词袋中词的数量
```

执行结果如图 17-29 所示。

```
In [4]: len(words_bag)
Out[4]: 11243
```

图 17-29　词袋中词的数量

从结果可以看到共有 11243 个分词。

为了更好地查看词频矩阵 x,使用 pandas 库中的 DataFrame 函数将其转换成表格形式,代码如下:

```
import pandas as pd
pd.DataFrame(x) # 将数据转化为 DataFrame 格式
```

执行结果如图 17-30 所示,其中行代表句子,列代表分词。

提取 label 向量并打印查看,代码如下:

```
y = df['label'] # 提取 label 向量
print(y) # 打印结果
```

执行结果如图 17-31 所示。

```
In [5]: import pandas as pd
        pd.DataFrame(x)
```

Out[5]:

|  | 0 | 1 | 2 | 3 | 4 | 5 | 6 | 7 | 8 | 9 | ... | 11233 | 11234 | 11235 | 11236 | 11237 | 11238 | 11239 | 11240 | 11241 | 11242 |
|---|---|---|---|---|---|---|---|---|---|---|---|---|---|---|---|---|---|---|---|---|---|
| 0 | 0 | 0 | 0 | 0 | 0 | 0 | 0 | 0 | 0 | 0 | ... | 0 | 0 | 0 | 0 | 0 | 0 | 0 | 0 | 0 | 0 |
| 1 | 0 | 0 | 0 | 0 | 0 | 0 | 0 | 0 | 0 | 0 | ... | 0 | 0 | 0 | 0 | 0 | 0 | 0 | 0 | 0 | 0 |
| 2 | 0 | 0 | 0 | 0 | 0 | 0 | 0 | 0 | 0 | 0 | ... | 0 | 0 | 0 | 0 | 0 | 0 | 0 | 0 | 0 | 0 |
| 3 | 0 | 0 | 0 | 0 | 0 | 0 | 0 | 0 | 0 | 0 | ... | 0 | 0 | 0 | 0 | 0 | 0 | 0 | 0 | 0 | 0 |
| 4 | 0 | 0 | 0 | 0 | 0 | 0 | 0 | 0 | 0 | 0 | ... | 0 | 0 | 0 | 0 | 0 | 0 | 0 | 0 | 0 | 0 |
| ... | ... | ... | ... | ... | ... | ... | ... | ... | ... | ... | ... | ... | ... | ... | ... | ... | ... | ... | ... | ... | ... |
| 1995 | 0 | 0 | 0 | 0 | 0 | 0 | 0 | 0 | 0 | 0 | ... | 0 | 0 | 0 | 0 | 0 | 0 | 0 | 0 | 0 | 0 |
| 1996 | 0 | 0 | 0 | 0 | 0 | 0 | 0 | 0 | 0 | 0 | ... | 0 | 0 | 0 | 0 | 0 | 0 | 0 | 0 | 0 | 0 |
| 1997 | 0 | 0 | 0 | 0 | 0 | 0 | 0 | 0 | 0 | 0 | ... | 0 | 0 | 0 | 0 | 0 | 0 | 0 | 0 | 0 | 0 |
| 1998 | 0 | 0 | 0 | 0 | 0 | 0 | 0 | 0 | 0 | 0 | ... | 0 | 0 | 0 | 0 | 0 | 0 | 0 | 0 | 0 | 0 |
| 1999 | 0 | 0 | 0 | 0 | 0 | 0 | 0 | 0 | 0 | 0 | ... | 0 | 0 | 0 | 0 | 0 | 0 | 0 | 0 | 0 | 0 |

2000 rows × 11243 columns

图 17-30　表格形式的词频矩阵

```
In [6]: y = df['label']
        print(y)
        0       1
        1       1
        2       1
        3       1
        4       1
               ..
        1995    0
        1996    0
        1997    0
        1998    0
        1999    0
        Name: label, Length: 2000, dtype: int64
```

图 17-31　提取 label 向量

至此，已完成数据向量化的工作。

### 17.3.4　模型训练和使用

#### 1. 划分数据集

为了训练模型和测试训练的效果，需要将数据分为训练集和测试集，使用 sklearn 中的 train_test_split 函数随机划分。代码如下：

```
# 调用 train_test_split 函数划分训练集和测试集
from sklearn.model_selection import train_test_split
x_train,x_test,y_train,y_test = train_test_split(x,y,test_size = 0.1,random_state = 1)
```

#### 2. 搭建神经网络模型

下面搭建简单的神经网络模型并利用训练集进行训练拟合，代码如下：

```
from sklearn.neural_network import MLPClassifier  # 调用 MLPClassifier 分类器
mlp = MLPClassifier()
mlp.fit(x_train,y_train)
```

执行结果如图 17-32 所示。

```
In [7]: from sklearn.model_selection import train_test_split
        x_train, x_test, y_train, y_test = train_test_split(x, y, test_size = 0.1, random_state = 1)

In [8]: from sklearn.neural_network import MLPClassifier
        mlp = MLPClassifier()
        mlp.fit(x_train, y_train)

Out[8]: MLPClassifier()
```

图 17-32  搭建神经网络并训练

### 3. 模型预测

使用得到的模型对测试集数据进行预测，代码如下：

```
y_pred = mlp.predict(x_test)  # 对测试数据进行预测
print(y_pred)  # 打印结果
```

执行结果如图 17-33 所示。

```
In [9]: y_pred = mlp.predict(x_test)
        print(y_pred)
        [0 1 0 0 0 0 1 1 0 1 1 0 0 0 1 0 1 0 1 0 1 0 0 1 1 1 0 1 1 0 0 1 0 1 1 1 1
         1 1 0 1 1 0 0 0 0 1 0 0 0 1 0 1 1 1 1 1 1 0 0 1 0 0 0 0 1 1 1 1 0 0 0 0 0
         0 1 0 0 0 1 1 1 1 1 1 0 1 0 1 1 1 1 0 1 1 1 1 1 1 1 1 1 1 0 0 0 1 0
         1 0 0 0 1 0 0 1 0 0 0 0 0 0 0 0 1 0 1 1 1 1 0 0 1 0 1 1 1 0 0 1 0 0 0
         0 0 1 0 0 0 1 0 0 1 1 0 0 0 1 1 1 0 1 1 0 1 1 0 1 0 1 1 1 1 1 0 1 1 0 0
         0 0 0 0 1 1 0 0 0 1 0 1 1 1 1]
```

图 17-33  使用模型对测试集进行预测

汇总真实值和预测值，方便进行对比和查看，代码如下：

```
re = pd.DataFrame()  # 新建 DataFrame
re['真实值'] = list(y_test)  # 查看真实值
re['预测值'] = list(y_pred)  # 查看预测值
re.head(10)  # 显示前十行结果
```

执行结果如图 17-34 所示。

```
In [10]: re = pd.DataFrame()  #新建DataFrame
         re['真实值'] = list(y_test)  #查看真实值
         re['预测值'] = list(y_pred)  #查看预测值
         re.head(10)  #显示前十行结果
```

Out[10]:

|   | 真实值 | 预测值 |
|---|---|---|
| 0 | 1 | 0 |
| 1 | 0 | 1 |
| 2 | 0 | 0 |
| 3 | 0 | 0 |
| 4 | 0 | 0 |
| 5 | 0 | 0 |
| 6 | 1 | 1 |
| 7 | 1 | 1 |
| 8 | 0 | 0 |
| 9 | 1 | 1 |

图 17-34  真实值和预测值

可以看到预测结果大部分正确。下面利用 sklearn 库中的 accuracy_score 函数查看测试集数据的预测准确率，准确率是一个用于评估分类模型的指标，即模型预测正确数量占总量的比例。

```
from sklearn.metrics import accuracy_score # 调用 accuracy_score 函数
score = accuracy_score(y_pred,y_test)
print(score)  # 打印结果
```

执行结果如图 17-35 所示：

```
In [11]: from sklearn.metrics import accuracy_score #调用accuracy_score函数
         score = accuracy_score(y_pred,y_test)
         print(score) #打印结果
         0.885
```

图 17-35　预测准确率

模型预测准确度评分为 0.885，这说明模型的预测准确度达到了 88.5%。

此外，还可以输入一些数据集以外的评价，查看模型能否准确地给出判断，代码如下：

```
new_review = input("请输入你对酒店的评价：") # 键盘输入评价
new_review = [' '.join(jieba.cut(new_review))] # 分词
print(new_review)
x_new = vec.transform(new_review) # 数据向量化
y_pred = mlp.predict(x_new.toarray()) # 模型预测
print(y_pred) # 打印结果
```

输入评价"酒店隔音不好，卫生也比较差。"执行结果如图 17-36 所示：

```
In [12]: new_review = input("请输入你对酒店的评价：") #键盘输入评价
         new_review = [' '.join(jieba.cut(new_review))] #分词
         print(new_review)
         x_new = vec.transform(new_review) #数据向量化
         y_pred = mlp.predict(x_new.toarray()) #模型预测
         print(y_pred) #打印结果
         请输入你对酒店的评价：酒店隔音不好，卫生也比较差。
         ['酒店 隔音 不好 ，  卫生 也 比较 差 。']
         [0]
```

图 17-36　某条评价的预测结果

模型预测结果为 0，代表该条评价为差评，与真实值一致。

## 总结

本章主要围绕大数据分析应用中的文本分析展开，详细探讨了文本分析的基本概念、作用、步骤以及相关技术，并以情感分析为实验案例进行了阐述，为读者提供了深入理解和应用文本分析方法的参考，帮助人们更好地进行相关应用和研究。

在 17.1 节中，首先明确了文本分析的研究对象——文本数据的相关概念。接着，对文本分析的概念、作用和步骤进行了详细介绍，指出文本分析旨在从文本数据中提取有价值的信息。文本分析作用广泛，包括信息提取、情感分析、自动摘要生成等各种应用。实施文本分析通常遵循一系列步骤，包括收集文本数据；对文本进行预处理，包括分词、剔除停止词等；选择编码方式，将文本数据转化为数值向量；根据问题建模，提取有价值的信息。

在 17.2 节中，详细介绍了多种常用的文本分析方法和技术。比如，基于词典的方法，利用预定义的词典和规则对文本进行分析；词袋法，将文本转化为词频向量，以进行量化分析和比较；机器学习中的监督学习和无监督学习，训练模型以进行各种文本分析任务；循环神经网络和长短时记忆网络，作为深度学习的方法，在处理序列数据方面表现出色，适用于文本生成、情感分析等任务。

最后，17.3 节以一个情感分析的实验为例，展示了文本分析在实际中的应用。通过对文本进行情感分析，可以判断文本所表达的情感倾向，为情感计算、舆情分析等领域提供有力支持。案例采用 2000 条酒店评论数据在简单搭建的神经网络中进行训练，得到的分类模型有 88.5% 的准确度。另外，本案例仅针对句子级情感分析进行了初步试验，而在现实生活中，人们在一句话中对于不同实体的情感倾向可能存在差异，例如"酒店的隔音较差，但卫生很好"。用户针对"隔音"和"卫生"两种不同属性的情感极性相反，这种细粒度的情感分析有着更高的实用性，也是这个领域未来的发展方向之一。

## 习题

1. 文本分析的具体步骤有哪些？试简要说明。
2. 简要说明正向最大匹配算法。
3. 写出词袋法的具体步骤及其优缺点。
4. 简要说明 LDA 及其原理。
5. 请说明如何通过 RNN 进行文本分析并举例。

# 第 18 章　大数据分析应用——推荐系统

## 18.1　推荐系统概述

### 18.1.1　信息过载与推荐系统

互联网的出现和普及给用户带来了大量的信息，满足了用户在信息时代对信息的需求，但随着网络的迅速发展，网上信息量的大幅增长使得用户在面对大量信息时无法从中获得对自己真正有用的信息，反而降低了对信息的使用效率，这就是所谓的信息过载（information overload）问题。

解决信息过载问题的一个非常有潜力的办法是推荐系统，它是根据用户的信息需求、兴趣等，将用户感兴趣的信息、产品等推荐给用户的个性化信息推荐系统。和搜索引擎相比，推荐系统通过研究用户的兴趣偏好，进行个性化计算，由系统发现用户的兴趣点，从而引导用户发现自己的信息需求。一个好的推荐系统不仅能为用户提供个性化服务，还能和用户之间建立密切关系，让用户对推荐产生依赖。

推荐系统现已广泛应用于很多领域，其中最典型并具有良好发展和应用前景的领域就是电子商务领域。同时，学术界对推荐系统的研究热度一直很高，其逐步形成了一门独立的学科。随着电子商务规模的不断扩大，商品个数和种类快速增长，顾客需要花费大量的时间才能找到自己想买的商品。这种浏览大量无关的信息和产品的过程无疑会使淹没在信息过载问题中的消费者不断流失。为了解决这些问题，个性化推荐系统应运而生。个性化推荐系统是建立在海量数据挖掘基础上的一种高级商务智能平台，用于协助电子商务网站为顾客购物提供完全个性化的决策支持和信息服务。

推荐系统还应用于社交媒体、新闻资讯、音乐、电影等领域，如购物网站的商品推荐、社交网络的好友推荐、音乐平台的歌曲推荐等。这些推荐系统不仅提高了用户体验，也为企业带来了更多的商业机会。总的来说，推荐系统是一个复杂而高效的工具，能够根据用户的个人偏好和行为模式，为他们提供高度个性化的内容推荐，从而在满足用户需求的同时，也促进了信息的有效传播和商业价值的实现。

### 18.1.2　推荐系统的发展历史

1995 年 3 月，卡内基·梅隆大学的 Robert Armstrong 等人在美国人工智能协会上提出了个性化导航系统 Web Watcher，斯坦福大学的 Marko Balabanovic 等人在同一会议上推出了个性化推荐系统 LIRA。

1995 年 8 月，麻省理工学院的 Henry Lieberman 在国际人工智能联合会议（IJCAI）上提出了个性化导航智能体 Letizia。

1996 年，Yahoo 推出了个性化入口 My Yahoo。

1997年，AT&T实验室提出了基于协同过滤的个性化推荐系统PHOAKS和Referral Web。

1999年，德国累斯顿工业大学的Tanja Joerding实现了个性化电子商务原型系统TELLIM。

2000年，NEC研究院的Kurt等人为搜索引擎CiteSeer增加了个性化推荐功能。

2001年，纽约大学的Gediminas Adoavicius和Alexander Tuzhilin实现了个性化电子商务网站的用户建模系统1：1Pro。

2001年，IBM公司在其电子商务平台Websphere中增加了个性化功能，以便商家开发个性化电子商务网站。

2003年，Google开创了AdWords盈利模式，通过用户搜索的关键词来提供相关的广告。AdWords的点击率很高，是Google广告收入的主要来源。2007年3月开始，Google为AdWords添加了个性化元素。它不仅关注单次搜索的关键词，并对用户一段时间内的搜索历史进行记录和分析，据此了解用户的喜好和需求，从而更为精确地呈现相关的广告内容。

2007年，Yahoo推出了Smart Ads广告方案。Yahoo掌握了海量的用户信息，如用户的性别、年龄、收入水平、地理位置以及生活方式等，再加上对用户搜索、浏览行为的记录，使得雅虎可以为用户呈现个性化的横幅广告。

2009年，Overstock（美国著名的网上零售商）开始运用ChoiceStream公司制作的个性化横幅广告方案，在一些高流量的网站上投放产品广告。Overstock在运行这项个性化横幅广告的初期就取得了惊人的成果，公司宣称："广告的点击率约是以前的两倍，伴随而来的销售增长率也高达20%～30%。"

2009年7月，国内首个推荐系统科研团队北京百分点信息科技有限公司成立，该团队专注于推荐引擎技术与解决方案，在其推荐引擎技术与数据平台上汇集了国内外百余家知名电子商务网站与资讯类网站，并通过这些B2C网站每天为数以千万计的消费者提供实时智能的商品推荐。

2011年9月，百度将推荐引擎与云计算、搜索引擎并列为未来互联网的重要战略规划以及发展方向。百度新首页逐步实现个性化智能推荐，向用户推荐喜欢的网站和经常使用的App。

之后，随着深度学习的兴起，推荐系统开始使用神经网络模型，并结合了协同过滤。如今，推荐系统与强化学习等前沿技术融合，进一步推动个性化推荐的实现。

## 18.1.3 推荐系统的意义

人类从信息匮乏时代走向了信息过载时代。站在互联网企业的角度，在互联网应用及用户规模爆炸式增长的时代，如何做到千人千面，为每个用户提供个性化的服务，从而提升产品的使用率和用户黏性呢？这是推荐系统需要解决的问题。站在用户的角度，面对海量的信息，如何高效检索自己感兴趣的内容呢？这也是推荐系统需要解决的问题。

和搜索引擎不同，个性化推荐系统需要依赖用户的行为数据。对于不同的应用场景，推荐系统的优化目标是不一样的。比如像淘宝这样的电商平台关注的主要是用户点击后的转化率（ConVersion Rate，CVR）；而YouTube这样的视频分享平台关注的主要是用户的观看时长，这是因为YouTube的主要收入源于广告，增加用户的观看时长可以提高广告的曝光度。

### 18.1.4 推荐系统的基本工作流程

推荐系统的工作原理主要依赖于三部分：物品信息、用户信息以及用户对物品产生的偏好。推荐引擎会收集这些信息，经过处理后，合理地将物品推荐给特定的用户。用户对物品的偏好包括显式偏好（如评分和评论）和隐式偏好（如查看记录和购买记录）。推荐系统要收集大量信息来根据用户兴趣爱好对候选物品进行推荐，其基本工作流程如图 18-1 所示，包括数据收集和预处理、特征提取和算法选择、推荐模型训练和优化、推荐结果生成和排序、推荐结果呈现和反馈。

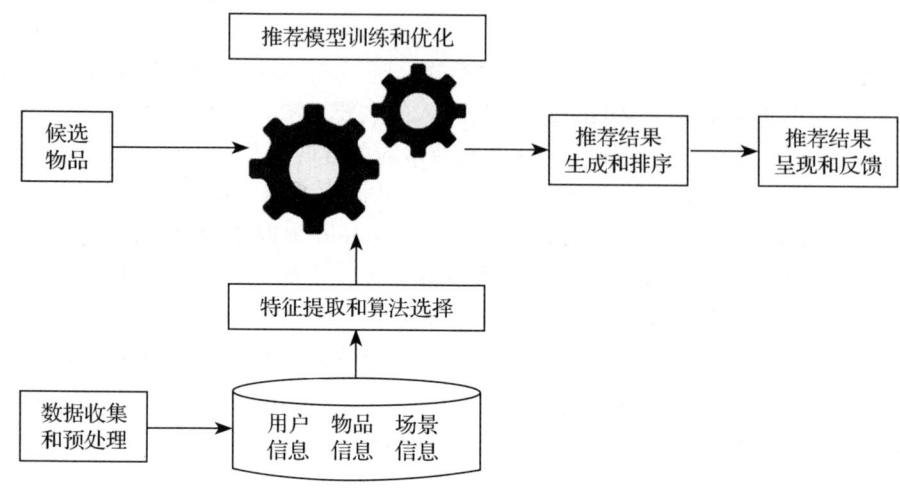

图 18-1　推荐系统基本工作流程示意图

**1. 数据收集和预处理**

推荐系统需要收集用户的历史行为、个人信息、兴趣爱好等数据，对数据进行清洗、过滤、转换等预处理操作，形成用户画像和行为模型。同时，还要收集物品相关信息和场景相关信息。

**2. 特征提取和算法选择**

推荐系统需要使用机器学习和数据挖掘等技术，对用户数据进行特征提取和算法选择，以提取用户的兴趣爱好和偏好，生成个性化的推荐结果。

**3. 推荐模型训练和优化**

推荐系统需要使用训练数据集对推荐模型进行训练和优化，以提高推荐准确度和个性化程度。

**4. 推荐结果生成和排序**

推荐系统通过推荐算法生成推荐结果，并按照一定的排序规则对推荐结果进行排序，以提高用户的满意度和忠诚度。

**5. 推荐结果呈现和反馈**

推荐系统需要使用推荐引擎将推荐结果呈现给用户，并收集用户的反馈信息，以评估推荐效果和调整推荐策略。

## 18.1.5 推荐系统的整体架构

推荐系统整体架构通常包括数据源、计算平台、数据存储层、召回层、融合过滤层和排序层几个部分，如图 18-2 所示。

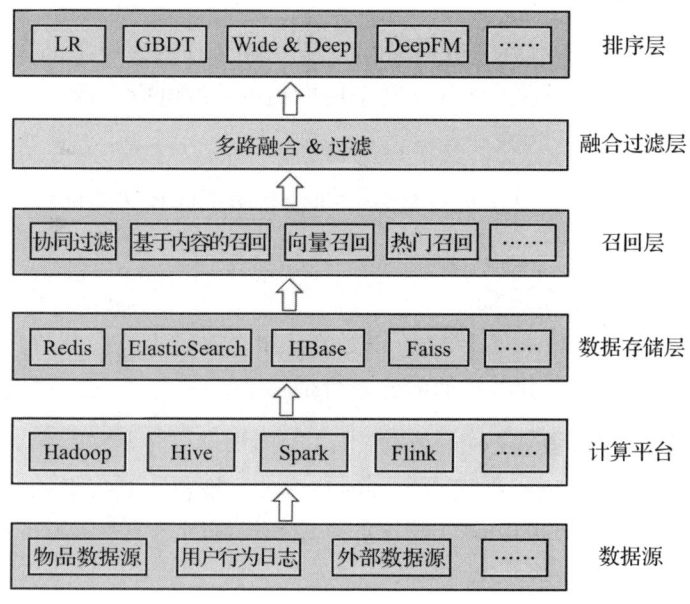

图 18-2 推荐系统整体架构

1）数据源：推荐算法所依赖的各种数据源，包括物品信息、用户信息、场景信息、其他可利用的业务数据，甚至公司外部的数据。

2）计算平台：负责对底层的异构数据进行清洗、加工，离线计算和实时计算。

3）数据存储层：存储计算平台处理后的数据，根据需要可部署到不同的存储系统中。

4）召回层（海选）：从海量数据中快速获取一批候选数据，使用各种推荐算法，比如协同过滤、基于内容的推荐算法。召回层决定了最终推荐结果的上限。

5）融合过滤层（可选）：对于内容不可重复消费的领域，例如实时新闻等，在用户已经曝光和点击后不会再推送到用户面前。

6）排序层：进行精细化排序。排序层利用物品、用户以及它们之间的交叉特征，通过 logistic 回归、机器学习或者深度学习模型进行排序，筛选出更小、更精准的推荐集合列表进行输出。

下面介绍召回层和排序层的关系。

- 对于一个相对完整的推荐系统而言，召回层相当于第一层筛子，初步降低海量数据的量级，生成一批候选数据。其特点是速度快。
- 排序层相当于接收来自召回层的候选数据，使用一些复杂的模型对候选数据进行更精细化的筛选，推荐出最佳的 $K$ 个数据。其特点是精度高。
- 从召回层到排序层，候选集逐层减少，精准性越来越高。

## 18.1.6 推荐系统的主要类型

推荐系统主要有以下几种类型。

### 1. 基于内容的推荐系统

基于内容的推荐系统根据用户的历史行为和个人信息，推荐与其喜好和兴趣相关的内容。例如，基于用户喜好的电影、音乐、书籍等。

### 2. 协同过滤推荐系统

协同过滤推荐系统根据用户历史行为和兴趣，将具有类似兴趣的用户或物品进行匹配，推荐相似用户或物品的内容。例如，基于用户相似性的电影、音乐、书籍等。

### 3. 混合推荐系统

混合推荐系统将多种推荐算法进行整合，综合利用不同算法的优势，提高推荐准确度和个性化程度。

### 4. 基于社交网络的推荐系统

基于社交网络的推荐系统根据用户的社交关系和交互行为，推荐与其社交网络相关的内容。例如，基于用户的好友和关注的内容进行推荐。

### 5. 基于知识图谱的推荐系统

基于知识图谱的推荐系统根据用户的兴趣和需求，推荐与其兴趣相关的知识图谱上的实体、属性、关系等内容。例如，基于用户的兴趣和知识图谱关系进行推荐。

## 18.2 推荐系统的相关算法

推荐系统相关算法多种多样，每种算法都有其独特的适用场景和优势。以下是一些常见的推荐系统相关算法（见图 18-3），主要包括基于内容的推荐算法、协同过滤推荐算法、深度学习推荐算法和混合推荐算法。

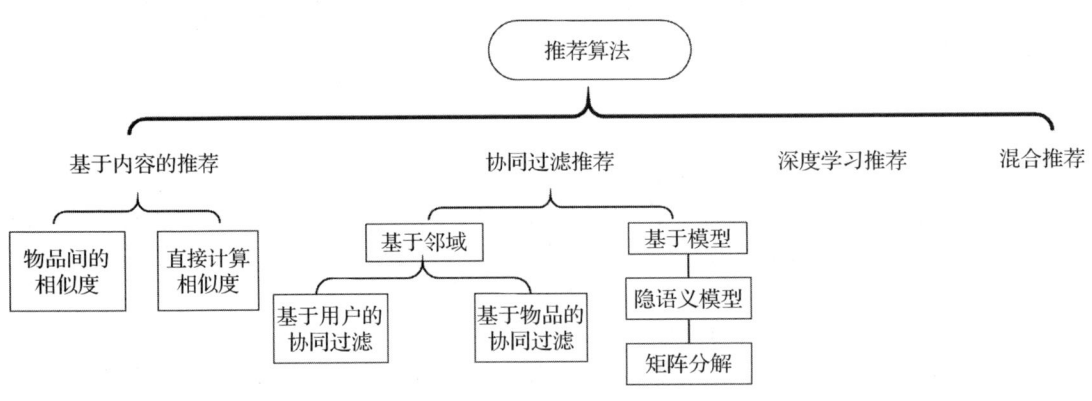

图 18-3 推荐算法分类

### 18.2.1 基于内容的推荐算法

基于内容的推荐（Content-Based recommendation, CB）算法根据推荐物品或内容的元数据，发现物品的相关性，再基于用户过去的喜好记录，为用户推荐相似的物品，见图 18-4。通过抽取物品内在或者外在的特征值，实现相似度计算。比如在一部电影中，导演、演员、用户标签、用户评论、时长、风格等，都可以算是特征。将用户个人信息的特征（基于喜好记录或预设的兴趣标签），和物品的特征相匹配，就能得到用户对物品感兴趣的程度。该算法在一些电影、音乐、图书的社交网站已有很成功的应用，有些网站甚至还请专业人员对物品进行基因编码/打标签（PGC）。

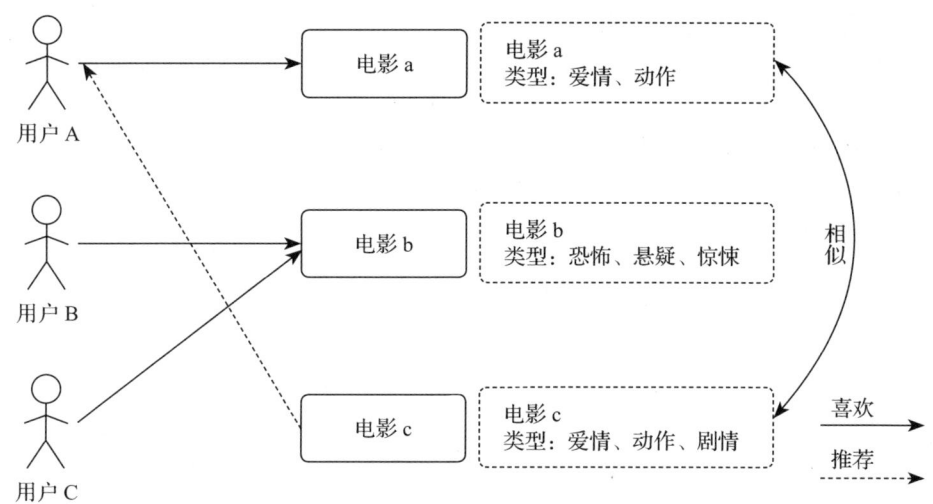

图 18-4　基于内容的推荐算法示意图

基于内容的推荐算法的主要步骤如下。

1）特征提取：首先，从物品和用户的数据中提取出关键特征。对于物品，这可能包括物品的类别、标签、描述、关键词等；对于用户，这可能包括用户的个人信息、历史行为、评分、评论等。

2）用户偏好建模：基于用户的历史行为和特征，建立一个用户偏好模型。这个模型可以是一个简单的向量，其中每个元素代表用户对某个特征的偏好程度；也可以是一个更复杂的机器学习模型，如神经网络或决策树。

3）物品匹配：然后，算法会计算每个物品与用户偏好模型的匹配度。这通常是通过计算物品特征向量和用户偏好向量之间的相似度来实现的，常用的相似度度量方法包括余弦相似度、欧几里得距离等。

4）生成推荐：最后，根据物品与用户偏好模型的匹配度，选择匹配度最高的若干个物品作为推荐结果呈现给用户。

基于内容的推荐算法的优点在于它能够处理新用户和新物品的冷启动问题。即使没有足够的用户行为数据，只要物品或用户有足够的内容信息，算法仍然可以生成推荐。此外，它还可以根据用户的个性化需求进行推荐，因为用户偏好模型是基于用户的个人特征和历史行为建立的。

然而，基于内容的推荐算法也存在一些局限性。首先，它高度依赖于物品和用户的内容信息，如果这些信息不足或质量不高，推荐的效果可能会受到影响。其次，它可能无法捕捉到用户的潜在兴趣，因为它主要基于已有的用户偏好和物品特征进行推荐，而用户的兴趣可能会随着时间的推移和经验的积累而发生变化。

总的来说，基于内容的推荐算法是一种有效的推荐策略，尤其适用于那些内容信息丰富且用户兴趣相对稳定的场景。在实际应用中,可以根据具体需求和场景选择合适的算法或结合多种算法进行混合推荐,以提高推荐的准确性和满意度。

## 18.2.2 协同过滤推荐算法

### 1. 基于用户的协同过滤算法

基于用户的协同过滤(User-based Collaborative Filtering,User-CF)算法是推荐系统中一种经典且广泛应用的算法。该算法的核心思想是"人以群分",即认为具有相似兴趣或行为的用户会对相同的物品或内容产生偏好,见图18-5。因此,该算法通过分析用户的历史行为数据,找到与目标用户兴趣相似的其他用户,然后将这些相似用户喜欢的且目标用户未接触过的物品推荐给目标用户。

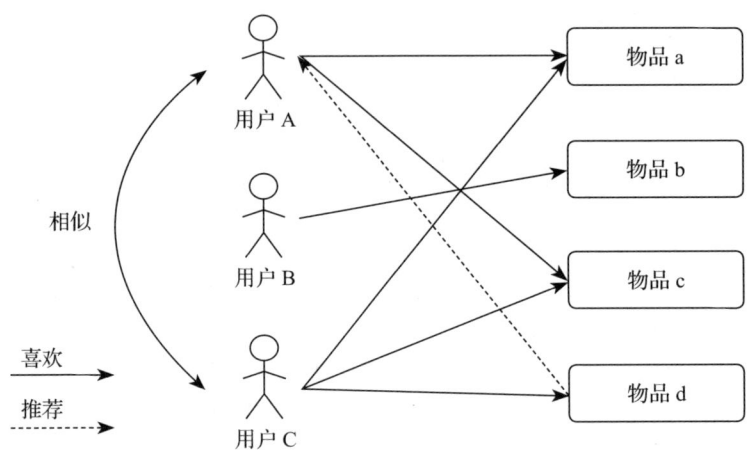

图 18-5 基于用户的协同过滤示意图

基于用户的协同过滤算法主要包括以下步骤。

1)数据收集与处理:首先,系统需要收集用户的历史行为数据,如浏览记录、购买记录、评分记录等。然后对这些数据进行预处理,如去重、归一化等,以便后续分析。

2)计算用户相似度:根据收集到的用户数据,系统需要计算用户之间的相似度。常用的相似度度量方法包括余弦相似度、皮尔逊相关系数、Jaccard公式等。这些方法能够帮助系统识别出与目标用户兴趣相似的其他用户。

给定用户 $u$ 和用户 $v$,令 $N(u)$ 表示用户 $u$ 曾经有过正反馈的物品集合,令 $N(v)$ 为用户 $v$ 曾经有过正反馈的物品集合。下面是相似度计算公式。

$$\text{余弦相似度:} \quad w_{uv} = \frac{|N(u) \cap N(v)|}{\sqrt{|N(u)||N(v)|}} \tag{18-1}$$

$$\text{Jaccard 相似度:} \quad w_{uv} = \frac{|N(u) \cap N(v)|}{|N(u) \cup N(v)|} \tag{18-2}$$

下面来看用户兴趣相似度的计算案例,如表18-1所示。设有4个用户,分别用A、B、C、D表示,5个物品分别用a、b、c、d、e表示。每个用户对每件物品都有一个评分,这个评分代表了用户对物品的喜好程度。横线表示用户没有关注过该物品。

表 18-1　用户兴趣相似度计算案例

| 用户 | 评分 | | | | |
|---|---|---|---|---|---|
| | 物品 a | 物品 b | 物品 c | 物品 d | 物品 e |
| A | 3 | 4 | — | 3.5 | — |
| B | 4 | — | 3.5 | — | 3.5 |
| C | — | 3.5 | — | — | 3 |
| D | — | 4 | — | 3.5 | 3 |

建立"物品–用户"的倒排表，如表 18-2 所示。

表 18-2　"物品–用户"的倒排表

| 物品 | 用户 |
|---|---|
| a | A、B |
| b | A、C、D |
| c | B |
| d | A、D |
| e | B、C、D |

对于每个物品，找出所有喜欢它的用户，将两两用户之间共同喜欢的物品计数加 1。这个累计数值就是两两用户之间共同喜欢的物品数量，如表 18-3 所示。

表 18-3　两两用户之间共同喜欢的物品数量

| 用户 | 用户 | | | |
|---|---|---|---|---|
| | A | B | C | D |
| A | — | 1 | 1 | 2 |
| B | 1 | — | 1 | 1 |
| C | 1 | 1 | — | 2 |
| D | 2 | 1 | 2 | — |

下面计算用户两两之间的余弦相似度，表 18-3 的数值矩阵代表式（18-1）的分子部分。以用户 C 为例：

$$w_{CA} = \frac{|\{b,e\} \cap \{a,b,d\}|}{\sqrt{|\{b,e\}||\{a,b,d\}|}} = \frac{1}{\sqrt{6}} \tag{18-3}$$

$$w_{CB} = \frac{|\{b,e\} \cap \{a,c,e\}|}{\sqrt{|\{b,e\}||\{a,c,e\}|}} = \frac{1}{\sqrt{6}} \tag{18-4}$$

$$w_{CD} = \frac{|\{b,e\} \cap \{b,d,e\}|}{\sqrt{|\{b,e\}||\{b,d,e\}|}} = \frac{2}{\sqrt{6}} \tag{18-5}$$

3）找到相似用户集合：基于计算出的用户相似度，系统可以为目标用户找到一个相似用户集合。这些相似用户在很大程度上与目标用户具有相同的兴趣和偏好。

假设我们要给用户 C 推荐物品，选取 $K=3$ 个相似用户，相似用户则为 A、B、D。

4）生成推荐列表：在相似用户集合中，系统会找出这些用户喜欢的且目标用户未接触过的物品。然后，根据相似用户的偏好程度以及他们与目标用户的相似度，系统会对这些物品进行排序，生成一个推荐列表。

首先需要从表 18-3 的矩阵中找出与目标用户 $u$ 最相似的 $K$ 个用户，用集合 $S(u, K)$ 表示，将 $S$ 中用户喜欢的物品全部提取出来，除去 $u$ 已经喜欢的物品。对于每个候选物品 $i$，用户 $u$ 对它感兴趣的程度用如下公式计算：

$$p(u,i) = \sum_{v \in S(u,K) \cap N(i)} w_{uv} \times r_{vi} \tag{18-6}$$

其中 $r_{vi}$ 表示用户 $v$ 对物品 $i$ 的喜欢程度，在本例中 $r_{vi}$ 表示相似用户 $v$ 对物品的评分；$w_{uv}$ 表示用户 $u$ 和用户 $v$ 的相似度。

在此案例中，相似用户喜欢过并且 C 没有喜欢过的物品有 a、c、d，那么分别计算 $p(C, a)$、$p(C, c)$ 和 $p(C, d)$：

$$p(C,a) = w_{CA} \times 3 + w_{CB} \times 4 + w_{CD} \times 0 = 2.858 \tag{18-7}$$

$$p(C,c) = w_{CA} \times 0 + w_{CB} \times 3.5 + w_{CD} \times 0 = 1.428 \tag{18-8}$$

$$p(C,d) = w_{CA} \times 3.5 + w_{CB} \times 0 + w_{CD} \times 3.5 = 4.287 \tag{18-9}$$

5）推荐给用户：最后，系统会将生成的推荐列表呈现给目标用户，帮助用户发现可能感兴趣的物品。

根据式（18-7）～式（18-9）的计算结果，即最后得到的 $p$ 值，推荐给用户排名前 $N$ 的物品。

两个用户对冷门物品采取同样的行为比对热门物品更能说明他们兴趣的相似度。因此，为了防止热门物品的影响，John S. Breese 提出了如下公式来改进计算用户的兴趣相似度：

$$w_{uv} = \frac{\sum_{I \in (N(u) \cap N(v))} \frac{1}{\log(1+|N(i)|)}}{\sqrt{|N(u)||N(v)|}} \tag{18-10}$$

上述公式通过 $\dfrac{1}{\log(1+|N(i)|)}$ 惩罚用户 $u$ 和用户 $v$ 共同兴趣列表中的热门物品，来减少热门物品对用户兴趣相似度的影响。式（18-10）的用户相似度公式称为 User - IIF 算法。

基于用户的协同过滤算法具有一些明显的优势，如能够推荐热门和新颖的物品，且推荐结果较为社会化。然而，它也存在一些局限性，如会出现针对新用户或新物品的冷启动问题，当用户数量非常大时计算相似度的代价会显著增加，矩阵稀疏问题，难以适应用户偏好变化等。因此，在实际应用中，需要根据具体场景和需求来选择合适的推荐算法或算法组合。

### 2. 基于物品的协同过滤算法

基于物品的协同过滤（Item-based Collaborative Filtering，Item-CF）算法是推荐系统中另一种重要的算法，见图 18-6。与基于用户的协同过滤算法不同，该算法主要关注物品之间的关系，通过分析用户的行为数据，找出具有相似特性的物品，然后基于这些相似性来为用户推荐物品。基于物品的协同过滤算法的核心思想在于"物以类聚"，即认为用户可能喜欢与他们之前喜欢的物品相似的其他物品。这种算法特别适用于物品数量远大于用户数量的情况，以及用户兴趣较为稳定且不易随时间发生剧烈变化的场景。

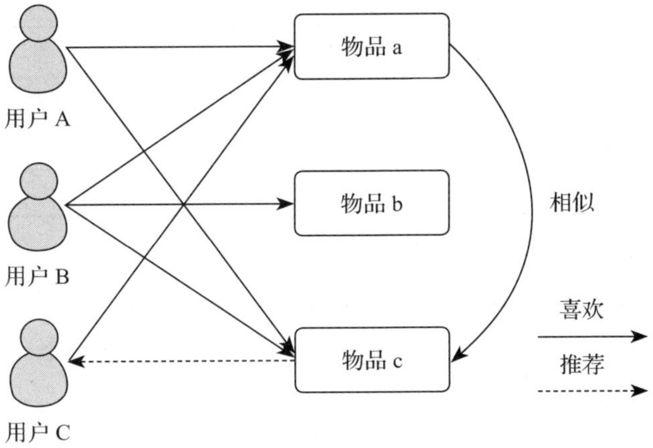

图 18-6　基于物品的协同过滤示意图

基于物品的协同过滤算法主要包括以下步骤。

1）数据收集与处理：首先，系统需要收集用户的行为数据，如购买记录、浏览记录、评分记录等。这些数据将被用于后续计算物品之间的相似度。

2）计算物品相似度：根据收集到的用户行为数据，系统需要计算物品之间的相似度。相似度的计算通常基于共同用户的行为数据，即两个物品被多少共同用户喜欢或购买过。常用的相似度度量方法包括余弦相似度、皮尔逊相关系数等。

下面来看物品相似度的计算案例，如表 18-4 所示。设有 4 个用户，分别用 A、B、C、D 表示，5 个物品分别用 a、b、c、d、e 表示。每个用户对每件物品都有一个评分，这个评分代表了用户对物品的喜好程度，横线表示用户没有关注过该物品。

表 18-4　物品相似度计算案例

| 用户 | 评分 | | | | |
|---|---|---|---|---|---|
| | 物品 a | 物品 b | 物品 c | 物品 d | 物品 e |
| A | 3 | 4 | — | 3.5 | — |
| B | 4 | — | 3.5 | — | 3.5 |
| C | — | 3.5 | — | — | 3 |
| D | — | 4 | — | 3.5 | 3 |

建立"用户–物品"的倒排表，如表 18-5 所示。

表 18-5　"用户–物品"的倒排表

| 用户 | 物品 | 用户 | 物品 |
|---|---|---|---|
| A | a,b,d | C | b,e |
| B | a,c,e | D | b,d,e |

找到被同一用户喜欢的所有物品，将两两物品之间被同一用户喜欢的用户计数加 1。这个累计数值就是两两物品之间被同一用户喜欢的用户数量，见表 18-6。

表 18-6 两两物品之间被同一用户喜欢的用户数量

| 物品 | 物品 | | | | |
|---|---|---|---|---|---|
| | a | b | c | d | e |
| a | | 1 | 1 | 1 | 1 |
| b | 1 | | | 2 | 2 |
| c | 1 | | | | 1 |
| d | 1 | 2 | | | 1 |
| e | 1 | 2 | 1 | 1 | |

3)建立相似度矩阵:基于计算出的物品相似度,系统可以构建一个相似度矩阵,该矩阵记录了所有物品之间的相似度关系。

表 18-7 展示了两两物品之间的相似度矩阵,表 18-6 的数值矩阵代表式(18-1)的分子部分。

表 18-7 两两物品之间的相似度矩阵表

| 物品 | 物品 | | | | |
|---|---|---|---|---|---|
| | a | b | c | d | e |
| a | | $1/\sqrt{6}$ | $1/\sqrt{2}$ | $1/2$ | $1/\sqrt{6}$ |
| b | $1/\sqrt{6}$ | | 0 | $2/\sqrt{6}$ | $2/3$ |
| c | $1/\sqrt{2}$ | 0 | | 0 | $1/\sqrt{3}$ |
| d | $1/2$ | $2/\sqrt{6}$ | 0 | | $1/\sqrt{6}$ |
| e | $1/\sqrt{6}$ | $2/3$ | $1/\sqrt{3}$ | $1/\sqrt{6}$ | |

4)生成推荐列表:对于每个用户,系统会根据他们的历史行为数据(如之前购买或喜欢的物品),结合相似度矩阵,找到与这些物品相似的其他物品。然后,根据相似度和用户的偏好程度,对这些物品进行排序,生成一个推荐列表。

首先需要从表 18-7 的矩阵中找出与目标物品 $j$ 最相似的 $K$ 个物品,用集合 $S(j,K)$ 表示,对于每个候选物品 $j$,用户 $u$ 对它感兴趣的程度 $p(u,j)$ 用如下公式计算:

$$p(u,j) = \sum_{i \in S(j,K) \cap N(u)} w_{ji} \times r_{ui} \quad (18\text{-}11)$$

其中 $r_{ui}$ 表示用户 $u$ 对物品 $i$ 的喜欢程度,在本例中 $r_{ui}$ 表示用户 $u$ 对相似物品的评分;$w_{ji}$ 表示物品 $i$ 和物品 $j$ 的相似度。

5)推荐给用户:最后,系统会将生成的推荐列表呈现给用户,帮助他们发现可能感兴趣的新物品。

基于物品的协同过滤算法具有一些显著的优势,如处理大规模数据集效果良好、推荐准确度高、稳定性强等。然而,它也存在一些局限性,如会出现针对于新物品的冷启动问题,以及当物品数量非常庞大时,计算相似度的代价可能会显著增加。为了克服这些局限性,在实际应用中,可以考虑结合其他推荐算法或引入辅助信息来提高推荐的准确性和效率。

同样是协同过滤,在基于用户的协同过滤(User-CF)和基于物品的协同过滤(Item-CF)两种策略中应该如何进行选择呢?

- User-CF 应用场景:设想一下在一些新闻推荐系统中,也许物品(也就是新闻)的个数可能大于用户的个数,且新闻的更新程度也很快,所以它的相似度依然不稳定,这时用 User-CF 可能效果更好。所以推荐策略的选择其实和具体的应用场景有很大的关系。
- Item-CF 应用场景:Item-CF 推荐机制是 Amazon 在基于用户的机制上改良的一种策略。因为在大部分的 Web 站点中,物品的个数远远小于用户数量,而且物品的个数和相似度相对比较稳定,同时基于物品的机制比基于用户的实时性更好一些,所以Item-CF 成为目前推荐策略的主流。

### 3. 基于模型的协同过滤算法

**(1)隐语义模型**

推荐系统的隐语义模型(Latent Factor Model,LFM)是一种在推荐系统中应用广泛的模型。其核心思想是通过潜在因子(latent factor)联系用户的兴趣和特征。该模型的基本原理是对用户和物品的特征进行分析,将它们映射到一个低维的隐含空间中,进而通过它们之间的关系来进行推荐。

在具体实现中,隐语义模型将评分矩阵分解为两个低维矩阵的乘积,即用户矩阵和物品矩阵。通过最小化实际评分矩阵和估计评分矩阵之间的误差,调整这两个矩阵的值,使得估计评分矩阵尽可能接近实际评分矩阵,进而得到最优的两个低维矩阵 $P$ 和 $Q$。最后,通过 $P$ 和 $Q$ 对评分矩阵 $R$ 中的缺失值进行预测,可以得出用户对未评分物品的喜好程度,从而进行推荐。

用户之所以选择某一个物品,是因为用户特征与物品特征相互匹配。以用户选择视频场景为例,用户对视频的评分一定存在某种隐藏的关联。这里通过一个例子进行解释。

用户 A、B、C 对视频 a、b、c 的评分矩阵 $R$ 如图 18-7 所示。用户具有一定的特征,决定着他的偏好选择,例如,用户 – 潜在因子矩阵 $P$ 如图 18-8a 所示;同样物品具有一定的特征,影响着用户是否选择它,例如视频 – 潜在因子矩阵 $Q$ 如图 18-8b 所示。

|  | 视频 a | 视频 b | 视频 c |
|---|---|---|---|
| 用户 A | 2.16 | 0.8 | 1.11 |
| 用户 B | 1.13 | 0.81 | 1.24 |
| 用户 C | 1.16 | 0.69 | 1.02 |

图 18-7 用户对视频的评分矩阵 $R$

|  | 军事 | 娱乐 | 历史 | 音乐 | 体育 |
|---|---|---|---|---|---|
| 用户 A | 0.7 | 0.3 | 0.4 | 0.8 | 0.8 |
| 用户 B | 0.8 | 0.4 | 0.6 | 0.7 | 0.1 |
| 用户 C | 0.5 | 0.6 | 0.7 | 0.3 | 0.3 |

a)用户 – 潜在因子矩阵 $P$

|  | 军事 | 娱乐 | 历史 | 音乐 | 体育 |
|---|---|---|---|---|---|
| 视频 a | 0.8 | 0 | 0.4 | 0.8 | 1 |
| 视频 b | 0 | 0.8 | 0 | 0.7 | 0 |
| 视频 c | 0.5 | 0 | 0.7 | 0.6 | 0 |

b)视频 – 潜在因子矩阵 $Q$

图 18-8 用户 – 潜在因子矩阵 $P$ 和视频 – 潜在因子矩阵 $Q$

如图 18-9 所示,用户对视频的评分可以通过用户对军事、娱乐、历史、音乐和体育的偏好和视频中含有这些因素的多少的乘积求和得到。比如,用户 A 对军事的偏好 × 视频 a 含有军事因素 + ……,得到 0.7×0.8+0.3×0+0.4×0.4+0.8×0.8+0.8×1=2.16。

|  | 视频a | 视频b | 视频c |
|---|---|---|---|
| 用户A | 2.16 | 0.8 | 1.11 |
| 用户B | 1.13 | 0.81 | 1.24 |
| 用户C | 1.16 | 0.69 | 1.02 |

R

|  | 军事 | 娱乐 | 历史 | 音乐 | 体育 |
|---|---|---|---|---|---|
| 用户A | 0.7 | 0.3 | 0.4 | 0.8 | 0.8 |
| 用户B | 0.8 | 0.4 | 0.6 | 0.7 | 0.1 |
| 用户C | 0.5 | 0.6 | 0.7 | 0.3 | 0.3 |

P

|  | 军事 | 娱乐 | 历史 | 音乐 | 体育 |
|---|---|---|---|---|---|
| 视频a | 0.8 | 0 | 0.4 | 0.8 | 1 |
| 视频b | 0 | 0.8 | 0 | 0.7 | 0 |
| 视频c | 0.5 | 0 | 0.7 | 0.6 | 0 |

Q

图 18-9　评分矩阵 $R$ 与用户 – 潜在因子矩阵 $P$ 和视频 – 潜在因子矩阵 $Q$ 的关系示意图

然而在大多数情况下,很难得到用户对所有物品的评分,只能获得比较稀疏的用户 – 评分矩阵,隐语义模型就是通过计算出两个隐藏矩阵,并将这两个矩阵相乘,得到完整的用户 – 评分预测矩阵。所以矩阵分解方法尝试根据已有的评分矩阵的值来寻找最合适的两个低维矩阵 $P$ 和 $Q$,进而用 $P$ 和 $Q$ 计算出用户对没有进行评分的物品的偏好,如图 18-10 中评分矩阵 $R$ 中的 "?" 部分,即用户没有进行评分的矩阵的缺失值。

|  | 视频a | 视频b | 视频c |
|---|---|---|---|
| 用户A | 2.16 | ? | 1.11 |
| 用户B | ? | 0.81 | ? |
| 用户C | 1.16 | ? | ? |

R

|  | 军事 | 娱乐 | 历史 | 音乐 | 体育 |
|---|---|---|---|---|---|
| 用户A | 0.7 | 0.3 | 0.4 | 0.8 | 0.8 |
| 用户B | 0.8 | 0.4 | 0.6 | 0.7 | 0.1 |
| 用户C | 0.5 | 0.6 | 0.7 | 0.3 | 0.3 |

P

|  | 军事 | 娱乐 | 历史 | 音乐 | 体育 |
|---|---|---|---|---|---|
| 视频a | 0.8 | 0 | 0.4 | 0.8 | 1 |
| 视频b | 0 | 0.8 | 0 | 0.7 | 0 |
| 视频c | 0.5 | 0 | 0.7 | 0.6 | 0 |

Q

图 18-10　有缺失值的评分矩阵 $R$ 与用户 – 潜在因子矩阵 $P$ 和视频 – 潜在因子矩阵 $Q$ 的关系示意图

User-CF,Item-CF 没有用到用户或者物品本身的属性,仅仅利用了用户与物品之间的交互信息就可以实现推荐。缺点在于处理稀疏矩阵的能力比较弱,且泛化能力弱。为了解决这个问题,从协同过滤中衍生出隐语义模型。隐语义模型使用了矩阵分解的方法,在原有矩阵的基础上,使用更稠密的隐向量表示用户和物品,通过挖掘用户和物品的隐含兴趣和特征,来预测稀缺值,这在一定程度上弥补了协同过滤模型处理稀疏矩阵能力不足的问题。该模型类似于协同过滤算法的一种延伸,把用户的相似性和物品的相似性通过隐向量进行表达。

隐语义模型在推荐系统中的应用具有以下优势。

- 自动化和客观性:相比于人工分类,LFM 算法采用用户客观行为数据,模型结果分类能够代表用户主观想法,降低了人工成本,减少了主观和专业限制因素的影响。
- 灵活性和可扩展性:LFM 模型能够处理大规模的数据集,并且可以通过调整参数来优化推荐效果。此外,它还可以与其他推荐算法结合使用,提高推荐系统的准确性和覆盖率。

然而,隐语义模型也存在一些挑战和限制,例如如何选择合适的隐含特征数量、如何处理稀疏性和冷启动问题等。因此,在实际应用中,需要根据具体场景和需求来选择合适的模型和优化策略。

总的来说，隐语义模型作为一种有效的推荐算法，在提升用户体验和推动业务发展方面发挥着重要作用。随着大数据和机器学习技术的不断发展，隐语义模型将在未来推荐系统中发挥更加重要的作用。

**（2）矩阵分解和奇异值分解**

矩阵分解最常见的方法是特征值分解（Eigen Value Decomposition，EVD），但是特征值分解要求分解的矩阵是方阵，显然用户–物品矩阵不满足这个要求。

奇异值分解（Singular Value Decomposition，SVD）是矩阵分解的一种形式，用于找到矩阵的主要特征。

矩阵分解方法尝试根据评分矩阵 $R$ 的已知值来寻找最合适的两个低维矩阵 $P$ 和 $Q$，$P$ 和 $Q$ 的质量决定了最后预测结果的好坏，矩阵分解得到的预测评分矩阵 $R'$（$PQ$），与原评分矩阵 $R$ 在已知的评分项上可能会有误差，我们的目标是找到一个最好的分解方式，让分解之后的预测评分矩阵总误差最小。

选择平方损失函数，并加入正则化项，以防止过拟合，公式如下所示：

$$C = \sum_{(u,i) \in R_0} (R_{ui} - \hat{R}_{ui})^2 + \text{Reg} = \sum_{(u,i) \in R_0} (R_{ui} - P_u^T \cdot Q_i)^2 + \lambda \sum_u \| P_u \|^2 + \lambda \sum_i \| Q_i \|^2 \quad (18\text{-}12)$$

其中，$\lambda$ 为惩罚项系数，要找到最好的预测矩阵 $P$ 和 $Q$，即将损失函数最小化，可以使用交替最小二乘法（Alternating Least Squares，ALS）和梯度下降法来实现。

1）交替最小二乘法：由于两个矩阵 $P$ 和 $Q$ 都未知，且通过矩阵乘法耦合在一起，为了使它们解耦，可以先固定 $Q$，把 $P$ 当作变量，通过损失函数最小化求出 $P$；再反过来固定求得的 $P$，再把 $Q$ 当作变量，求解出 $Q$；如此交替执行，直到误差满足阈值条件，或者到达迭代上限。见图 18-11。

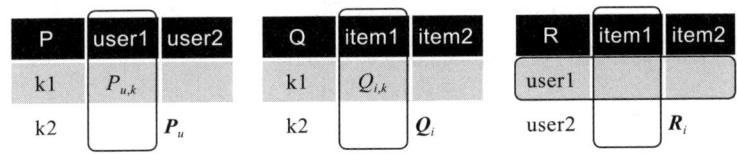

图 18-11　交替最小二乘法求 $P$ 和 $Q$

具体步骤如下。

- 为 $Q$ 指定一个初值 $Q_0$，它可以是随机生成的也可以是全局平均值。
- 固定 $Q_0$ 值，按照下式求解每一个 $P_u$，将其更新为 $P_0$：

$$P_u = (QQ^T + \lambda I)^{-1} QR_u \quad (18\text{-}13)$$

- 固定 $P_0$ 值，按照下式求解每一个 $Q_i$，将其更新为 $Q_1$：

$$Q_i = (PP^T + \lambda I)^{-1} PR_i \quad (18\text{-}14)$$

- 固定当前 $Q_1$ 值，求解每一个 $P_u$，将其更新为 $P_1$。

……

- 直到损失函数 $C$ 的值收敛或达到迭代上限，迭代结束。

2）梯度下降法：使用梯度下降法求 $P$ 和 $Q$，如图 18-12 所示，具体步骤如下。

- 损失函数 $L(P,Q)$ 如下式：

$$L(P,Q) = \sum_{(u,i) \in R_0} (R_{ui} - P_u^T \cdot Q_i)^2 + \lambda \sum_u \| P_u \|^2 + \lambda \sum_i \| Q_i \|^2 \quad (18\text{-}15)$$

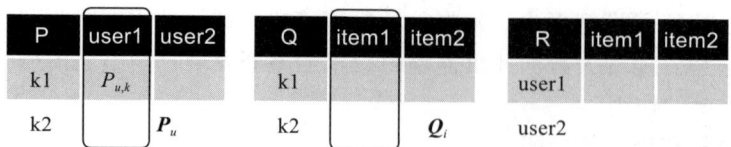

图 18-12　梯度下降法求 $P$ 和 $Q$

- 对每一个 $P_u$ 按照下式求偏导，得到梯度：

$$\frac{\partial L}{\partial P_u} = \frac{\partial \left[ \sum_{u,i}(R_{ui} - P_u^T Q_i)^2 + \lambda \| P_u \|^2 \right]}{\partial P_u} = \sum_i 2(P_u^T Q_i - R_{ui})Q_i + 2\lambda P_u \quad (18\text{-}16)$$

- 梯度下降迭代：

$$P_u := P_u - \alpha \cdot \frac{\partial L}{\partial P_u} = P_u - \alpha \left[ \sum_u 2(P_u^T Q_i - R_{ui})Q_i + 2\lambda P_u \right] \quad (18\text{-}17)$$

$$Q_i := Q_i - \alpha \cdot \frac{\partial L}{\partial Q_i} = Q_i - \alpha \left[ \sum_u 2(P_u^T Q_i - R_{ui})P_u + 2\lambda Q_i \right] \quad (18\text{-}18)$$

- 等价迭代形式，按照下式计算 $P_u$ 向量中的第 $k$ 个元素 $P_{u,k}$，$Q_i$ 向量中的第 $k$ 个元素 $Q_{i,k}$：

$$P_{u,k} = P_{u,k} - \alpha \cdot \frac{\partial L}{\partial P_{u,k}} = P_{u,k} - \alpha \left[ 2\left(\sum_k P_{u,k}Q_{i,k} - R_{u,i}\right)Q_{i,k} + 2\lambda P_{u,k} \right] \quad (18\text{-}19)$$

$$Q_{i,k} = Q_{i,k} - \alpha \cdot \frac{\partial L}{\partial Q_{i,k}} = Q_{i,k} - \alpha \left[ 2\left(\sum_k P_{u,k}Q_{i,k} - R_{u,i}\right)P_{u,k} + 2\lambda Q_{i,k} \right] \quad (18\text{-}20)$$

- 通过上式更新 $P$、$Q$，重复迭代直到损失函数 $L$ 的值收敛或达到迭代上限，迭代结束。

### 18.2.3　深度学习推荐算法

随着深度学习的发展，越来越多的推荐系统开始采用深度学习模型，如循环神经网络（RNN）、卷积神经网络（CNN）和自编码器（Autoencoder）等。这些模型能够捕获用户和物品的复杂非线性关系，提高推荐的准确性。

**1. 深度学习与推荐系统融合的原因**

1）处理复杂的用户行为和内容特征：传统的推荐系统往往使用基于规则或简单统计的方法来进行推荐，难以处理复杂的用户行为和内容特征。深度学习通过多层次神经网络结构和大规模数据的训练，可以更好地捕捉用户的行为模式和内容的语义信息，从而提高推荐的准确性。

2）学习用户兴趣的表示：深度学习可以学习到用户和内容的高维表示，将它们映射到一个低维的向量空间中，这些表示可以更好地捕捉用户的兴趣和内容的相似性。通过计算用户和内容之间的相似度，可以为用户推荐与其兴趣相匹配的内容。

3）处理冷启动问题：冷启动问题是指在推荐系统中的用户新增时，由于缺乏历史用户行为数据，传统的推荐方法难以进行准确的个性化推荐，拟合能力弱。深度学习可以通过学习用户和内容的隐含特征表示来解决冷启动问题，即使在缺乏用户行为数据的情况下，也能够根据用户的特征进行推荐。

### 2. 深度学习在推荐系统中的主要应用

1）特征表示学习：深度学习能够从原始数据中自动学习有效的特征表示。通过利用深度学习模型，如自编码器、卷积神经网络或循环神经网络，可以从用户的历史行为、物品的属性和其他相关信息中提取出有用的特征，这些特征可以更好地描述用户和物品的特性，从而提升推荐的准确性。

2）用户建模：深度学习可以用于构建更精确的用户模型。通过分析用户的各种行为数据，如点击、浏览、购买和评级等，深度学习模型能够学习用户的兴趣、偏好和特点，进而生成更符合用户需求的个性化推荐。

3）序列建模：用户的行为通常是具有序列性的，即用户的行为会随时间发生变化。深度学习中的循环神经网络及其变种（如 LSTM、GRU）等模型能够捕获这种序列依赖关系，从而根据用户的历史行为预测其未来的兴趣。

4）上下文感知推荐：深度学习能够处理丰富的上下文信息，如时间、位置、设备等，以生成更准确的推荐。例如，根据用户当前的位置和时间，推荐附近的餐厅或活动；根据用户使用的设备类型，推荐适合该设备的内容。

5）多模态推荐：深度学习能够处理多种数据类型，包括文本、图像和音频等。这使得推荐系统能够利用多种模态的信息来生成更丰富的推荐。例如，在电影推荐中，可以结合电影的文本描述、海报图像和预告片音频等信息来生成推荐。

### 3. 深度学习推荐系统模型 Wide & Deep

从上面的深度学习在推荐系统中的主要应用可以看出，深度学习模型可以捕捉物品的潜在特征，用户的隐性偏好，以及用户偏好与物品之间的关联。这里以深度学习模型 Wide & Deep 为例，来分析深度模型如何应用于推荐系统。

2016 年，谷歌发表的 Wide & Deep 模型在业界引起了广泛关注。同期的模型还有微软公司提出的 Deep Crossing，新加坡国立大学学者提出的 NeuralCF 模型。随后，深度学习推荐算法的相关论文也如雨后春笋般涌现。

Wide & Deep 模型的结构正如其名，如图 18-13 所示，模型是由单层的 Wide 部分（图 18-13 左边）和多层的 Deep 部分（图 18-13 右边）组成的混合模型。其中，Wide 部分的主要作用是让模型具有较强的"记忆能力"；Deep 部分的主要作用是让模型具有"泛化能力"，正是这样的结构特点，使模型兼具了 logistic 回归和深度神经网络的优点，能够快速处理并记忆大量历史行为特征。Wide & Deep 模型不仅在当时迅速成为业界争相应用的主流模型，而且衍生出了大量以 Wide & Deep 模型为基础结构的混合模型，影响力一直延续至今。

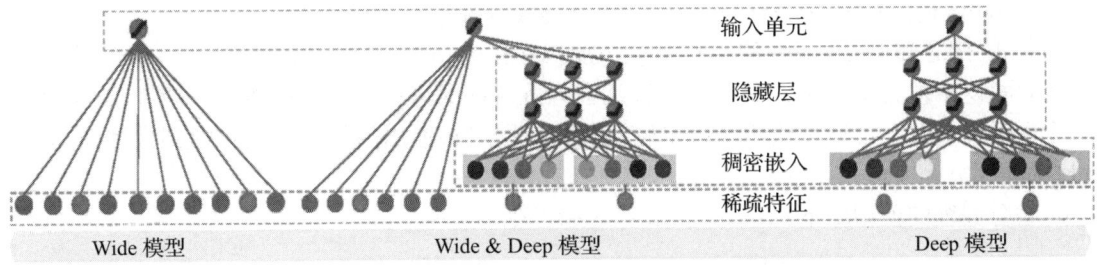

图 18-13 Wide & Deep 模型结构示意图

在记忆能力方面：模型直接学习并利用历史数据中物品或者特征的"共现频率"的能力。原始数据往往可以直接影响推荐结果，产生类似于"如果点击过A，就推荐B"这类规则式的推荐，这就相当于模型直接记住了历史数据的分布特点，并利用这些记忆进行推荐。

在泛化能力方面：模型传递特征的相关性，并挖掘稀疏甚至从未出现过的稀有特征与最终标签的相关性。深度神经网络通过特征的多次自动组合，可以深度发掘数据中潜在的模式，即使是非常稀疏的特征向量输入，也能得到较稳定平滑的推荐概率。

### （1）Wide 部分

模型左半部分是一般线性模型。Wide 部分为形如 $y = \boldsymbol{w}^T\boldsymbol{x} + b$ 的线性模型，$y$ 是要预测的结果，$\boldsymbol{x}$ 是特征向量，它是一个 $d$ 维的向量 $\boldsymbol{x} = [x_1, x_2, \cdots, x_d]$，$\boldsymbol{w} = [w_1, w_2, \cdots, w_d]$ 为模型参数，$b$ 为偏差。

特征包含两个部分，一个是原始数据直接拿过来的数据，另外一个是经过特征转换之后得到的特征。最重要的一种特征转换方式就是交叉组合，交叉组合可以定义如下：

$$\varphi_k(\boldsymbol{x}) = \prod_{i=1}^{d} x_i^{c_{ki}} \quad c_{ki} \in \{0,1\} \tag{18-21}$$

这里的 $c_{ki}$ 是一个布尔型的变量，表示的是第 $i$ 个特征的第 $k$ 种转化函数 $\varphi_k(\boldsymbol{x})$ 的结果。由于是连乘，只有所有项都为真，最终的结果才是 1，否则是 0。

例如，AND(gender=female,language=en) 就是一个交叉特征，只有当用户的性别为女，并且使用的语言为英文同时成立时，这个特征的结果才会是 1。通过这种方式我们可以捕捉到特征之间的交互，以及为线性模型加入非线性的特征。

### （2）Deep 部分

模型右半部分一般来说是多层的深度神经网络，因为输入的特征可能是离散的，会加入嵌入层随模型一起训练。Deep 部分是一个前馈神经网络，它的输入是一个稀疏的特征，可以简单理解成多热编码数组。这个输入会在神经网络的第一层转化成一个低维度的嵌入，然后由神经网络训练。这个模块主要被设计用来处理一些类别特征，比如物品的类目、用户的性别等。

随机初始化嵌入向量，然后在模型训练中最小化最终损失函数。这些低维稠密向量随后被送到前向传递中的神经网络的隐藏层中。具体来说，每个隐藏层执行以下计算：

$$a^{(l+1)} = f(W^{(l)}a^{(l)} + b^{(l)}) \tag{18-22}$$

其中，$l$ 是层数；$f$ 是激活函数，通常使用 ReLU 函数；$a^{(l)}$，$b^{(l)}$ 和 $W^{(l)}$ 是第 $l$ 层的激活、偏差和模型权重。

### （3）Wide & Deep 合并

将 Wide 输出和 Deep 输出联合输入到全连接网络进行目标函数拟合。

Wide 部分和 Deep 部分使用其输出的加权和作为预测，然后将其输入到联合训练的一个共同的逻辑损失函数中，其中联合训练在训练时同时考虑 Wide 和 Deep 模型以及加权和来优化所有参数。再通过使用小批量随机优化，同时将输出的梯度反向传播到模型的 Wide 和 Deep 部分来完成。

联合训练的模型如下：

$$P(Y=1|\boldsymbol{x}) = \sigma(\boldsymbol{w}_{\text{wide}}^T[\boldsymbol{x}, \varphi(\boldsymbol{x})] + \boldsymbol{w}_{\text{deep}}^T a^{(l_f)} + b) \tag{18-23}$$

其中，$Y$ 是二值分类标签，$\sigma(\cdot)$ 是 Sigmoid 函数，$\varphi(x)$ 是原始特征 $x$ 的特征转换后的特征，$b$ 是偏差项，$w_{\text{wide}}$ 是 Wide 模型的权重向量，$w_{\text{deep}}$ 是用于最终激活函数 $a^{(l)}$ 的权重。

Wide & Deep 模型把单输入层的 Wide 部分与由嵌层和多隐藏层组成的 Deep 部分连接起来，一起输入最终的输出层。单层的 Wide 部分善于处理大量稀疏的 id 类特征；Deep 部分利用神经网络表达能力强的特点，进行深层的特征交叉，挖掘藏在特征背后的数据模式。最终，利用 logistic 回归模型，输出层将 Wide 部分和 Deep 部分组合起来，形成统一的模型。

#### 4. 基于深度学习的推荐系统的优缺点

基于深度学习的推荐系统相较于传统推荐系统，在多个方面展现出了显著的优势，但同时也存在一些潜在的缺点。

**（1）深度学习推荐系统的优势**

- 更好的特征提取与处理能力：深度学习模型可以自动从原始数据中提取有用的特征，而无须进行烦琐的手动特征工程。这使得模型能够更好地理解用户和物品之间的复杂关系，从而生成更准确的推荐。
- 强大的非线性建模能力：深度学习模型，特别是神经网络，能够捕获数据中的非线性关系。这对于推荐系统来说尤为重要，因为用户兴趣和行为往往是非线性的。
- 能够处理大规模数据：随着大数据时代的到来，推荐系统需要处理的数据量越来越大。深度学习模型具有良好的可扩展性，能够处理大规模数据，从而确保推荐的实时性和准确性。
- 更好的个性化推荐：通过深度学习，推荐系统可以更好地理解用户的个性化需求，并生成更符合用户兴趣的推荐。这有助于提高用户满意度和忠诚度。

**（2）深度学习推荐系统的缺点**

- 模型复杂度高：深度学习模型通常具有较高的复杂度，这可能导致训练时间较长，且需要较多的计算资源。此外，复杂的模型也可能导致过拟合，降低推荐的准确性。
- 对数据质量要求高：深度学习模型的性能很大程度上取决于输入数据的质量。如果数据存在噪声或缺失值等问题，可能会影响模型的训练效果和推荐准确性。
- 解释性较差：深度学习模型通常难以解释其决策过程。这使得人们难以理解为什么模型会生成特定的推荐，从而可能降低用户对推荐系统的信任度。
- 冷启动问题：对于新用户或新物品，由于缺乏足够的历史数据，深度学习模型可能难以生成准确的推荐。这可能导致新用户在使用系统初期无法获得满意的推荐体验。

综上所述，基于深度学习的推荐系统在处理复杂关系、个性化推荐等方面具有显著优势，但也面临着模型复杂度、数据质量、解释性和冷启动等挑战。在实际应用中，需要根据具体场景和需求来权衡这些优缺点，并采取相应的措施来优化推荐系统的性能。

在实现深度学习推荐系统时，需要注意以下几点。

- 数据预处理：深度学习模型通常需要大量的数据进行训练。因此，需要对原始数据进行适当的预处理，如清洗、归一化和特征工程等，以提高模型的性能。
- 模型选择：根据具体的应用场景和需求，选择合适的深度学习模型。不同的模型具有不同的特点和优势，需要根据实际情况进行权衡和选择。
- 参数调优：深度学习模型的性能往往受到参数设置的影响。需要通过实验和验证来找到最佳的参数组合，以提升模型的推荐效果。
- 评估与优化：使用合适的评估指标对推荐系统的性能进行评估，如准确率、召回率、F1值等。根据评估结果对模型进行优化，以提高推荐的准确性和用户满意度。

总之，深度学习在推荐系统中的应用具有广阔的前景和潜力。通过不断的研究和探索，我们可以利用深度学习技术为用户提供更智能、更个性化的推荐服务。

### 18.2.4 混合推荐算法

为了进一步提高推荐的准确性和满足度，许多推荐系统会结合多种算法进行混合推荐。混合推荐（hybrid recommendation）算法是一种将多种不同类型的推荐算法进行融合，以形成一个新的推荐模型的方法。它的主要思想在于结合不同推荐算法的优势，同时避免单一算法可能存在的缺点，从而提升推荐的整体质量和个性化程度。在实际应用中，混合推荐算法可以根据具体的问题和需求，灵活地混合不同的推荐技术。例如，可以将基于内容的推荐、基于协同过滤的推荐、基于深度学习的推荐等多种算法进行有效配合，以产生更符合用户需求的推荐结果。

混合推荐算法有多种实现方式，如加权混合、层叠式、级联式以及特征组合等。其中，加权混合是最简单也是最常见的一种混合方式，它主要是将两种或两种以上的推荐算法以不同权重进行组合，从而在不降低推荐性能的前提下，为目标用户提供更多满足其需求的项目。这种算法广泛应用于各种推荐场景，如电商平台、社交媒体、新闻、博客等内容类平台。在这些平台上，混合推荐算法可以根据用户的兴趣、行为和历史数据，为用户推荐更符合其个性化需求的商品、内容或服务。

然而，混合推荐算法也存在一定的复杂性。由于需要将多种算法进行融合，模型的构建和调优可能会变得相对复杂。此外，如何确定不同算法的权重和如何有效地结合各种算法的优势，也是混合推荐算法需要面对的挑战。

总的来说，混合推荐算法是一种有效提升推荐系统性能和个性化程度的方法。通过合理选择和组合不同的推荐算法，可以为用户提供更精准、更个性化的推荐服务。

## 18.3 推荐系统的其他问题

### 18.3.1 推荐系统的性能评估

在对构建的推荐系统进行性能评估时，常用的评估指标如下。

**（1）准确度**

推荐系统的准确度是指推荐结果与用户真实兴趣的匹配程度，可以使用精度、召回率、F1值等评估指标来衡量。

**（2）多样性**

推荐系统的多样性是指推荐结果的多样性程度，即推荐的物品是否具有差异性和广度性，可以使用覆盖率、熵值、相似度等多样性指标来衡量。

**（3）新颖性**

推荐系统的新颖性是指推荐结果的新颖程度，即推荐的物品是否具有新颖性和惊喜性，可以使用如流行度、惊喜度、独特性等新颖性指标来衡量。

**（4）用户满意度**

推荐系统的用户满意度是指用户对推荐结果的满意程度，可以使用用户满意度调查、反馈等方式来衡量。

**（5）实时性**

推荐系统的实时性是指推荐结果的实时性和响应速度，可以使用推荐延迟、响应时间等实时性指标来衡量。

**（6）可扩展性**

推荐系统的可扩展性是指推荐系统的性能是否能够随着数据量和用户量的增长而保持稳定，可以使用系统吞吐量、响应时间等可扩展性指标来衡量。

### 18.3.2 推荐系统的冷启动

推荐系统冷启动问题本质上是在缺失历史数据的情况下，如何预测用户的偏好。其中可分为用户冷启动、物品冷启动和系统冷启动。

#### 1. 用户冷启动

用户冷启动即如何为新用户做个性化推荐，包括以下方式。

1）收集用户的基本信息：性别、年龄、地域、手机型号、GPS定位和App列表等。
2）引导用户填写兴趣，即进入App的兴趣选择。
3）关联其他App的行为数据，例如腾讯产品通常会跟QQ和微信进行数据关联。
4）新老用户推荐差异：一般向新用户推荐热门内容，向老用户推荐个性化内容。

#### 2. 物品冷启动

物品冷启动是指如何将新物品推荐给用户，包括以下方式。

1）给物品打标签：标签既从系统业务中产生，也可以从其他网站爬取。
2）利用物品的标签将其推荐给曾喜欢类似物品的用户。

#### 3. 系统冷启动

推荐系统的系统冷启动指的是在推荐系统刚刚建立或者面临全新用户、全新物品等情境时，由于缺乏用户的历史行为数据、物品的交互数据等信息，导致推荐系统难以立即进行有效的个性化推荐。系统冷启动 = 用户冷启动 + 物品冷启动。这种情境下，推荐系统需要解决如何从零开始为用户提供有价值的推荐内容的问题。

为了应对冷启动问题，研究者提出了多种解决方案。这些方案主要围绕如何获取和利用有限的用户或物品信息，以快速形成初步的推荐策略。例如，基于内容的推荐方法可以通过分析用户和物品的基本属性进行匹配；协同过滤方法则可以通过寻找相似的用户或物品来生成推荐；专家系统则可以利用领域专家的知识来构建推荐规则。此外，引导式评分、结合社交网络信息等方法也用于帮助推荐系统在冷启动阶段更好地理解用户需求和兴趣。

### 18.3.3 推荐系统的大规模数据处理

推荐系统通常会面对大量数据的处理问题，比如淘宝、京东等平台会根据用户的历史行为进行推荐。由于淘宝和京东有超大规模的客户群和大量的历史行为数据，针对这种大规模数据的推荐，可以考虑以下方法。

1）数据分区：将数据分割成多个分区，每个分区独立处理，可以降低单个节点的数据量，提高处理效率。

2）数据压缩：对数据进行压缩，可以减少数据存储空间和网络传输开销。

3）数据索引：对数据建立索引，可以加快数据查询和检索速度。

4）分布式计算：采用分布式计算框架，如 Hadoop、Spark 等，可以将计算任务分配到多个节点上并行处理，提高计算效率。

5）数据预处理：对数据进行预处理，如特征提取、降维等，可以减少数据维度，提高处理速度。

6）缓存机制：对频繁访问的数据进行缓存，可以减少对数据库的访问，提高访问速度。

7）模型优化：采用高效的算法和模型，可以提高模型训练和推荐速度。

8）数据存储：采用高效的数据存储方式，可以提高数据读写速度和存储容量。

9）集群管理：采用高效的集群管理方式，可以实现快速部署和扩展，提高系统的可靠性和稳定性。

### 18.3.4　推荐系统中的稀疏性问题

推荐系统中的稀疏性问题主要指的是用户与物品之间的交互数据非常有限，即每个用户通常只对少量的物品进行了交互或评分，而大部分物品并未被交互或评分。这种稀疏性对推荐系统的性能和准确性造成了显著的影响。

具体来说，稀疏性导致了以下几个方面的问题。

1）预测准确性下降：由于用户–物品交互数据的稀疏性，推荐算法很难准确地预测用户对未知物品的喜好。这会导致推荐结果不准确，降低用户体验。

2）热门物品主导：在数据稀疏的情况下，推荐系统可能过度依赖热门物品，即那些被大量用户交互或评分的物品。这会导致推荐结果缺乏个性，使得不同用户的推荐列表相似度过高。

3）新用户冷启动问题：对于新用户，由于他们缺乏历史交互数据，推荐系统很难为他们提供准确的个性化推荐。这进一步加剧了稀疏性问题对推荐效果的影响。

针对稀疏性问题可以采取以下方法。

1）基于内容的推荐：利用物品的属性信息，如标签、描述等，来推荐具有相似属性的物品。

2）热门物品推荐：将热门的物品推荐给用户，热门物品通常是被大量用户访问的物品。

3）用户相似度计算：根据用户的历史行为，计算用户之间的相似度，推荐与用户相似的用户选择的物品。

4）物品相似度计算：根据物品的属性信息，计算物品之间的相似度，推荐与用户已交互物品相似的物品。

5）基于模型的推荐：采用矩阵分解等技术，将用户和物品映射到低维空间，从而降低稀疏性。

6）混合推荐：将多种推荐方法结合起来，综合考虑物品的属性信息、用户行为数据和社交关系，来进行推荐。

7）强化学习：采用强化学习算法，通过用户反馈来动态调整推荐策略，从而提高推荐准确度。

### 18.3.5 推荐系统中的长尾问题

早期的推荐系统算法一直想解决的问题是超市中的长尾效应（马太效应）。

所谓长尾效应，在推荐系统中的体现为，部分优质物品，购买的人数较多，与其相关的用户行为轨迹就会较多。这样，在协同过滤推荐中，由于我们主要的依据就是用户历史行为数据，所以这种物品得到推荐的机会就越多。这样不断循环迭代，得到推荐的物品都集中在少数一些物品中，而大部分物品是没有机会被推荐的。这就造成了长尾现象。

而马太效应的意思是，强者愈强，弱者愈弱。长尾的直接体现就是马太效应。通常来讲（除特殊情况外），一个推荐系统，如果长时间处于长尾之中，就会造成推荐疲劳，推荐的效果就会下降。所以很多时候，挖掘长尾是推荐系统不可缺少的部分。即，我们需要把尾巴部分并且是有价值的部分适当地展示出来。挖掘长尾的方法有很多，其中一种常见的方式就是对热点物品进行适当降权。比如，我们对热点物品进行降权重，这样在最终推荐的结果中，非热点物品得到推荐的机会就增大，从而适当地挖掘了长尾。下面是针对长尾问题的解决方案。

**（1）推荐算法优化**

传统的推荐算法如基于协同过滤的算法可能会忽略长尾中的物品，因为它们往往有很少的评分数据。因此，需要针对长尾问题进行算法优化，例如引入基于内容的推荐、基于标签的推荐、基于隐式反馈的推荐等方法，从而提高长尾物品的推荐准确性。

**（2）推荐结果排序优化**

推荐结果的排序也可以针对长尾问题进行优化，例如采用基于覆盖率的排序方法，保证推荐结果中长尾物品的出现频率。

**（3）推荐结果可视化**

推荐结果的可视化可以帮助用户发现长尾物品，例如通过标签云、分类列表等方式展示长尾物品，从而提高用户对长尾物品的发现和探索能力。

**（4）社交网络推荐**

社交网络可以帮助用户发现长尾物品，例如通过朋友推荐、社群推荐等方式，提高用户对长尾物品的发现和探索能力。针对长尾物品，可以引入新物品推荐的方法，例如每周推荐一些新物品，从而提高用户对长尾物品的发现和探索能力。

## 18.4 推荐系统案例

### 18.4.1 背景

在网络技术不断发展和电子商务规模不断扩大的背景下，商品数量和种类快速增长，用户需要花费大量时间才能找到自己想买的商品，这就产生了信息过载问题。为了解决这个问题，个性化推荐系统应运而生。个性化推荐系统是信息过滤系统的子集，它可以应用在很多领域，如电影、音乐、电商推荐等。个性化推荐系统通过分析、挖掘用户行为，发现用户的个性化需求与兴趣特点，将用户可能感兴趣的信息或商品推荐给用户。与搜索引擎不同，个性化推荐系统不需要用户准确地描述出自己的需求，而是根据用户的历史行为进行建模，主动提供满足用户兴趣和需求的信息。本节以电影推荐为例，搭建推荐系统。

## 18.4.2 数据

推荐系统数据集 MovieLens 是由 GroupLens 项目组制作的公开数据集，也是推荐系统领域最经典的数据集之一，其地位类似于计算机视觉领域中的 MNIST 数据集。MovieLens 是一系列数据集的统称，根据创建时间、数据集大小等划分为若干个子数据集。例如，MovieLens 100K Dataset、MovieLens 1M Dataset、MovieLens 10M Dataset 和 MovieLens 20M Dataset 等。每个数据集均可在官网下载，其官网地址为 https://grouplens.org/datasets/movielens/。

下面以 MovieLens 1M Dataset 为例进行分析。下载该数据后可得到压缩包 ml-1m.zip，对其进行解压后可以得到以下五个文件：ratings.csv、movies.csv、links.csv、tags.csv 和 README。

README 文件中描述了数据集的相关信息，有兴趣的同学可以自行查阅。我们主要关注另外四个文件的内容和格式。

ratings.csv 文件包含了每个用户对于每部电影的评分，下面仅展示部分内容：

```
userId,movieId,rating,timestamp
1,1,4.0,964982703
1,3,4.0,964981247
1,6,4.0,964982224
1,47,5.0,964983815
1,50,5.0,964982931
1,70,3.0,964982400
1,101,5.0,964980868
```

movies.csv 文件描述了电影的信息，下面仅展示部分内容：

```
movieId,title,genres
1,Toy Story (1995),Adventure|Animation|Children|Comedy|Fantasy
2,Jumanji (1995),Adventure|Children|Fantasy
3,Grumpier Old Men (1995),Comedy|Romance
4,Waiting to Exhale (1995),Comedy|Drama|Romance
5,Father of the Bride Part II (1995),Comedy
6,Heat (1995),Action|Crime|Thriller
7,Sabrina (1995),Comedy|Romance
8,Tom and Huck (1995),Adventure|Children
```

links.csv 文件作为数据间的链接键，下面仅展示部分内容：

```
movieId,imdbId,tmdbId
1,0114709,862
2,0113497,8844
3,0113228,15602
4,0114885,31357
5,0113041,11862
6,0113277,949
7,0114319,11860
```

tags.csv 文件描述了电影的标签，下面仅展示部分内容：

```
userId,movieId,tag,timestamp
2,60756,funny,1445714994
2,60756,Highly quotable,1445714996
2,60756,will ferrell,1445714992
```

```
2,89774,Boxing story,1445715207
2,89774,MMA,1445715200
2,89774,Tom Hardy,1445715205
2,106782,drugs,1445715054
```

### 18.4.3 模型

可用于电影推荐的推荐模型较多,比如 MKGAT、NeuralCF、MIXNET 等,综合考虑模型精确度和上手难易程度,本节以 NeuralCF 作为案例模型,其结构如图 18-14 所示。

NeuralCF 即 CF 与深度学习的结合,是推荐领域最经典的算法之一。尽管最近的研究已经将深度学习运用到了推荐任务中,但深度学习只用于给一些辅助的信息建模,例如项目中的文字描述或音乐的声学特征等。在表示用户与项目之间的交互时,仍然使用矩阵分解或内积来建模。本案例主要用多层神经网络对用户和数据之间的交互建模。

NeuralCF 使用一个多层神经网络代替了矩阵分解中的简单操作。输入层上面是嵌入层,它是一个全连接层,用于将输入层的稀疏表示映射为一个稠密向量。这些嵌入向量可以看作用户(项目)潜在向量。然后将这些嵌入向量送入多层网络结构,最后得到预测的分数。NeuralCF 层的每一层可以被定制,用以发现用户 – 项目交互的某些潜在结构。最后一个隐藏层 X 的维度决定了模型的能力。最终输出层是预测分数。NeuralCF 具备足够的拟合能力,可以把 CF 的共现矩阵拟合得足够好。但是通过对输入特征的观察,它并没有比 CF 引入更多的特征,因此缺陷也是很明显的,如果需要改进,则加入更多有价值的信息。

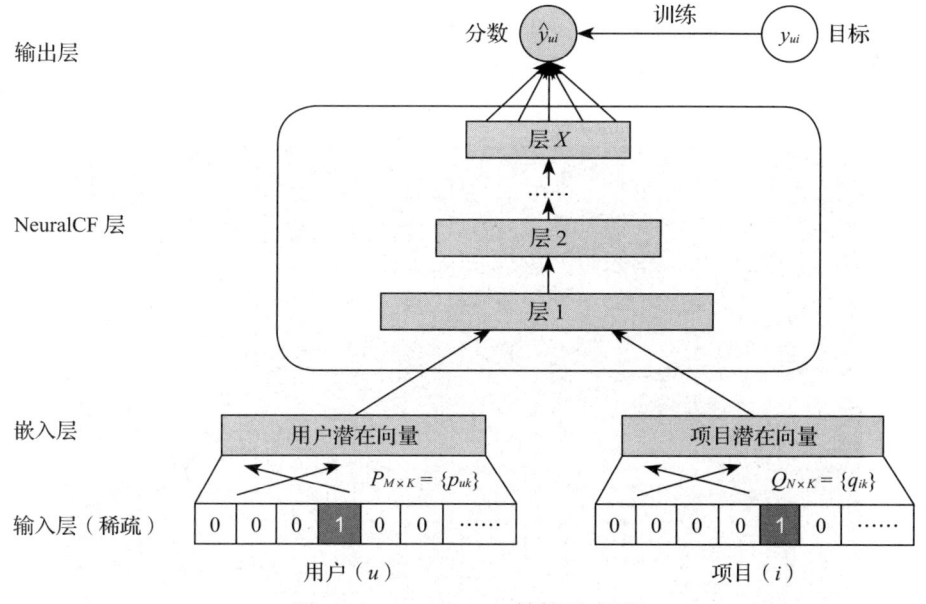

图 18-14 NeuralCF 结构示意图

### 18.4.4 环境搭建

本案例以 TensorFlow 为基础实现 NeuralCF,首先需要安装 TensorFlow 环境,安装 TensorFlow 的系统要求如下。

- Python 3.6~3.9。

- 若要支持 Python 3.9，需要使用 TensorFlow 2.5 或更高版本。
- 若要支持 Python 3.8，需要使用 TensorFlow 2.2 或更高版本。
- pip 19.0 或更高版本（需要支持 manylinux2010 的 pip）。
- Ubuntu 16.04 或更高版本（64 位）。
- macOS 10.12.6 (Sierra) 或更高版本（64 位），不支持 GPU。
- macOS 要求使用 pip 20.3 或更高版本。
- Windows 7 或更高版本（64 位）。
- 适用于 Visual Studio 2015、2017 和 2019 的 Microsoft Visual C++ 可再发行软件包。
- GPU 支持需要使用支持 CUDA 的卡（适用于 Ubuntu 和 Windows）。

安装实验环境，推荐使用 Anaconda。Anaconda 可以建立多个虚拟环境方便管理，其界面如图 18-15 所示。

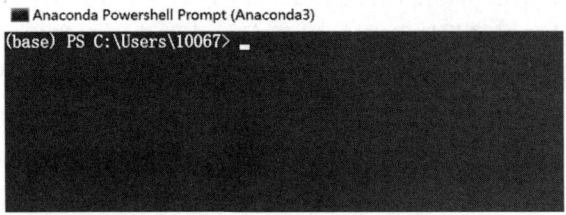

图 18-15　Anaconda 控制台界面

输入 conda 命令 conda create -n tensorflow python=3.9，新建名为 TensorFlow 的虚拟环境，Python 版本为 3.9，界面显示如图 18-16 所示。

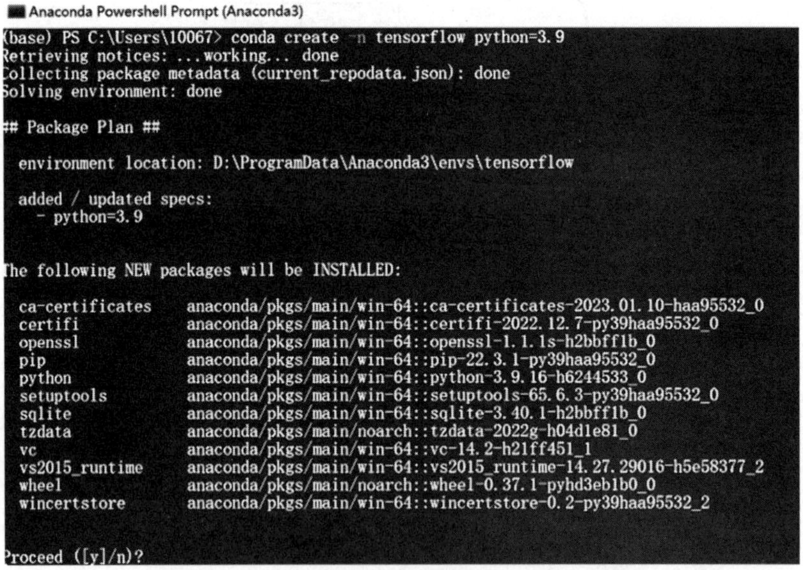

图 18-16　输入命令新建虚拟环境后的界面

输入 conda activate tensorflow 进入虚拟环境 TensorFlow，界面显示如图 18-17 所示。

图 18-17 进入虚拟环境后的界面

输入 pip install tensorflow 安装最新版本的 TensorFlow，界面如图 18-18 所示。

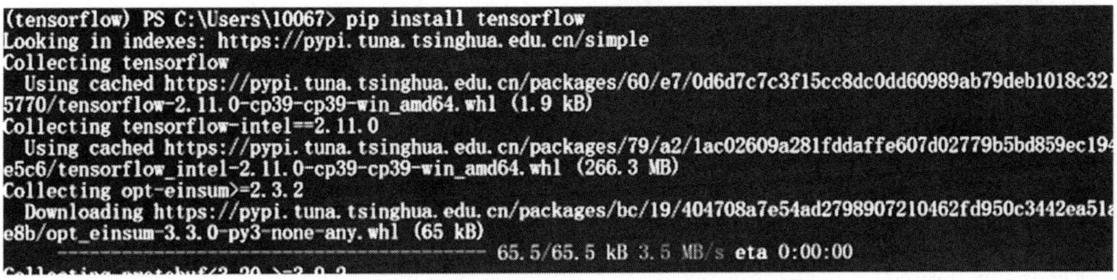

图 18-18 输入命令安装 TensorFlow 的界面

下面导入所需的库：

```
import pandas as pd
import numpy as np
import tensorflow as tf
```

### 18.4.5 数据处理

神经网络模型在处理数据过程中需要进行数字计算。为了便于 NeuralCF 模型对数据进行处理，需要将 MovieLens 数据集中的数据以矩阵形式表示。在处理过程中，首先要构建电影评分矩阵和用户评分矩阵。需要的操作步骤如下。

**（1）添加行号信息**

因为 movies 表中的 movieId 远大于行号，如果使用 movieId 的最大值来构建评分表，那么评分表将是一个非常大的稀疏矩阵，造成内存浪费，所以使用行号标识电影。

**（2）创建两个矩阵**

1）创建电影评分矩阵 rating：用于记录每个用户对每部电影的评分。需要获取用户最大编号作为 rating 矩阵中的列，再获取电影最大编号作为 rating 矩阵中的行。创建 rating 矩阵，初始化为 0，最后将读取的电影编号和用户编号填入矩阵中。

2）创建用户是否评分矩阵 record：如果已经评分，元素是 1，否则元素为 0。

具体代码如下。

```
ratings_df = pd.read_csv('ml/ratings.csv')
# 加载文件和查看文件
ratings_df.tail()
movies_df = pd.read_csv('ml/movies.csv')
movies_df.tail()
ratings_df = pd.read_csv('ml/ratings.csv')
ratings_df.tail()
movies_df = pd.read_csv('ml/movies.csv')
movies_df.tail()
# 添加行号信息。因为 movies 表中的 movieId 远大于行号，如果使用 movieId 的最大值来构建评分表，那
  么评分表将是一个非常大的稀疏矩阵，造成内存浪费，所以使用行号标识电影
movies_df['movieRow'] = movies_df.index
```

```python
movies_df.tail()
# 创建两个矩阵
#1. 创建电影评分矩阵 rating: 用于记录每个用户对每部电影的评分
#2. 创建用户是否评分矩阵 record: 如果已经评分，元素是1，否则元素为0
# 首先筛选 movies_df 中的特征
movies_df = movies_df[['movieRow', 'movieId', 'title']]
# 保存该处理后的数据
movies_df.to_csv('moviesProcessed.csv', index=False, header=True, encoding=
    'utf-8')
movies_df.tail()
# 将 ratings_df 中的 movieId 替换为行号
ratings_df = pd.merge(ratings_df, movies_df, on='movieId')
ratings_df.head()
# 筛选需要用到的特征
ratings_df = ratings_df[['movieRow', 'userId', 'rating']]
ratings_df.to_csv('ratingsProcessed.csv', index=False, header=True, encoding=
    'utf-8')
ratings_df.head()
# 1. 创建电影评分矩阵 rating: 用于记录每个用户对每部电影的评分
# 获取用户最大编号，作为 rating 矩阵中的列
userNo = ratings_df['userId'].max()+1
# 获取电影最大编号，作为 rating 矩阵中的行
movieNo = ratings_df['movieRow'].max()+1
# 创建 rating 矩阵
# 全部初始化为 0
rating = np.zeros((movieNo, userNo))
# 创建电影评分表：添入 rating 矩阵
flag = 0 # 记录处理进度
ratings_df_length = np.shape(ratings_df)[0] # ratings_df 的样本个数
# 将 ratings_df 中的数据添入 rating 中
for index, row in ratings_df.iterrows():
    rating[int(row['movieRow']), int(row['userId'])] = row['rating']
    # 将 row 中的评分 rating, 添入 rating 中的电影编号和用户编号
    flag += 1 # 处理完一行
    print('processed %d, %d left' % (flag, ratings_df_length-flag))
# 2. 创建用户是否评分矩阵 record: 如果已经评分，元素是1，否则元素为0
# 在电影评分表中，为0代表未评分
record = rating > 0
# 因为 record 中是布尔值组成的矩阵，将其转化为0和1
record = np.array(record, dtype=int)
```

### 18.4.6 模型构建

要想推荐效果良好，那么在模型的选择上需要足够重视。推荐系统通常分为两部分：召回和排序。工程师需要根据自身的数据情况和不同模型的特色来选择合适的模型，本案例选择 NeuralCF 模型。构建模型，首先需要对评分取值范围进行缩放，统一评判标准。接着初始化电影内容矩阵 $X$，产生的每个参数都是随机数且服从正态分布。最后创建损失函数和优化器，定义学习率。代码如下。

```python
# 对评分取值范围进行缩放
# 定义函数，接受两个参数：电影评分表、评分记录表
def normalizeRating (rating, record):
    m, n = rating.shape # m 为电影数，n 为用户数
    # 对于每部电影，计算每个用户的评分平均值
    rating_mean = np.zeros((m, 1)) # 所有电影平均评分初始化为0
    rating_norm = np.zeros((m, n)) # 保存处理后的数据
    for i in range(m): # 将原始评分减去平均评分，将结果和平均评分返回
        idx = record[i, :] != 0 # 已评分电影对应的用户下标
```

```
                    rating_mean[i] = np.mean(rating[i, idx]) # 记录第 i 部电影评分的平均值
                    rating_norm[i, idx] -= rating_mean[i]    # 原始评分减去评分的平均值
        return rating_norm, rating_mean
rating_norm, rating_mean = normalizeRating(rating, record) # 结果提示有全 0 数据, 需处理
rating_norm = np.nan_to_num(rating_norm) # 将 nan 数据转换为 0
rating_mean = np.nan_to_num(rating_mean) # 将 nan 数据转换为 0
num_features = 10                        # 假设有 10 种类型的电影
# 初始化电影内容矩阵 X, 产生的每个参数都是随机数且服从正态分布
X_parameters = tf.Variable(tf.random.normal([movieNo, num_features],stddev=0.35))
# 初始化用户喜好矩阵 theta, 产生的每个参数都是随机数且服从正态分布
Theta_parameters = tf.Variable(tf.random.normal([userNo, num_features],stddev=0.35))
# 定义损失函数 loss: tf.reduce_sum 求和, tf.matmul 相乘, transpose_b=True 转置 b 项,
loss = 1/2 * tf.reduce_sum(((tf.matmul(X_parameters, Theta_parameters,
transpose_b=True) - rating_norm) * record) ** 2) + 1/2 *
(tf.reduce_sum(X_parameters ** 2) + tf.reduce_sum(Theta_parameters ** 2))
# 后面部分是正则化项, lambda 为 1, 可以调整 lambda 来观察模型性能变化
tf.compat.v1.disable_eager_execution()
# 创建 Adam 优化器和优化目标
optimizer = tf.compat.v1.train.AdamOptimizer(10**-4) # 学习率 1e-4
train = optimizer.minimize(loss) # 目标: 最小化损失函数
# train = tf.compat.v1.train.GradientDescentOptimizer(0.0001).minimize(loss)
```

### 18.4.7 模型训练

训练模型的目的是通过调整参数, 模型有一个优秀的性能表现。训练的效果要结合模型构建的优化器、学习率和损失函数来综合考虑。训练的每次迭代都会返回损失, 再根据损失来调整模型参数。具体代码如下。

```
# 由于 loss 值是标量, 所以要用 summary 中的 scalar
tf.compat.v1.summary.scalar('loss', loss)
# 将所有 summary 信息汇总
summaryMerged = tf.compat.v1.summary.merge_all()
# 创建 tensorflow 会话
sess = tf.compat.v1.Session()
init = tf.compat.v1.global_variables_initializer()
sess.run(init)
# 训练模型, 训练次数为 5000
for i in range(5000):
    movie_summary = sess.run([train, summaryMerged])
    # 记录每次迭代的 loss 的变化, 将每次 train 训练的结果保存
    # writer.add_summary(movie_summary, i) # 训练后保存数据, 损失值随着迭代次数 i 的变化情况
```

### 18.4.8 模型评估

对模型进行评估, 就是要用训练好的模型来处理测试集。这里我们测试不同的 num_features 的值, 通过比较误差, 判断哪个 num_features 的值最合适, 并使用前面得到的参数, 填满电影评分表。然后将电影内容矩阵和用户喜好矩阵相乘, 再加上每一行的均值, 得到一个完整的电影评分表, 计算预测值与真实值之间的算数平方根作为预测误差, 误差越小说明模型越好。代码如下。

```
# 获取当前 X 和 theta
Current_X_parameters, Current_Theta_parameters = sess.run([X_parameters,
Theta_parameters])
# dot 用于矩阵之间的乘法操作
predicts = np.dot(Current_X_parameters, Current_Theta_parameters.T) +
rating_mean
```

```
# 计算预测值与真实值之间的算术平方根作为预测误差
errors = np.sqrt(np.sum((predicts - rating)**2))
```

### 18.4.9 推荐

要推荐电影，首先我们要清楚被推荐对象，才能根据用户的特征来进行推荐。在本案例中，首先获取该用户的电影评分列表，再预测出该用户对其他电影的评分，最后进行排序，根据得分进行推荐。代码如下。

```
user_id = input('您要向哪位用户进行推荐？请输入用户编号：')
sortedResult = predicts[:, int(user_id)].argsort()[::-1]
# 向该用户推荐评分最高的 20 部电影
idx = 0 # 保存已经推荐了多少部电影
print('为该用户推荐的评分最高的 20 部电影是 '.center(80, '='))
# 开始推荐
for i in sortedResult:
    print('评分：%.2f, 电影名：%s' % (predicts[i, int(user_id)], movies_df.iloc[i]
        ['title']))
    idx += 1 # 已经推荐的电影
    if idx == 20: break
```

### 18.4.10 案例总结

协同过滤是推荐领域最经典的算法之一，它的核心思想是"物以类聚，人以群分"。按照聚类的对象分类，可以分为基于用户的协同过滤推荐、基于物品的协同过滤推荐。但协同过滤算法的用户矩阵和物品矩阵数据维度较低并且具有很大的稀疏性。为了解决这个问题，人们又提出了矩阵分解技术，将历史行为数据分解为用户向量矩阵和物品向量矩阵。随着深度学习技术的发展，新加坡国立大学的研究人员在 2017 年提出了基于深度学习的协同过滤模型 NeuralCF。它的优点是特征组合比较灵活，支持特征拼接。缺点是只引入了评分特征，没有对更多特征进行训练。

其他优秀的推荐模型还有很多，例如基于注意力网络调整的因子分解机（Attentional Factorization Machine，AFM）、PNN（Product-based Neural Network）等。这些模型各有特色，等待读者去探索。

## 总结

本章介绍了推荐系统的概念原理和方法，18.1 节概述了推荐系统产生的背景，即信息过载，推荐系统是为了解决信息过载问题而设计的。还介绍了推荐系统的发展历史，推荐系统的意义，推荐系统的基本工作流程、整体架构和推荐系统的主要类型。18.2 节主要论述了推荐系统的相关算法、重点解释了基于内容的推荐算法、协同过滤推荐算法和深度学习推荐算法。18.3 节论述了推荐系统的性能评估、冷启动、大规模数据处理、稀疏性问题和长尾问题。18.4 节通过一个推荐系统案例，介绍了基于 NeuralCF 网络的推荐系统的实现过程。包括使用 TensorFlow 平台对电影数据及用户数据进行处理，筛选部分需要的特征，随后进行模型的构建与训练。在对模型训练 5000 次后得到预测误差，完成数据评估。通过以上过程就实现了综合用户和电影数据进行电影推荐的功能。

## 习题

1. 推荐系统如何解决信息过载问题？
2. 【单选】下列说法正确的是（　）。
    A. 推荐系统的基本工作流程为：1 数据收集和预处理，2 特征提取和算法选择，3 推荐结果生成和排序，4 推荐模型训练和优化，5 推荐结果呈现和反馈
    B. 基于物品的协同过滤 (Item-CF) 推荐机制是 Amazon 在基于用户的机制上改良的一种策略
    C. 基于内容的推荐算法，如果没有足够的用户行为数据，就无法生成推荐
    D. 隐语义模型的基本原理是对用户和物品的特征进行分析，将它们映射到一个高维的隐含空间中，进而通过它们之间的关系来进行推荐
3. 简述深度学习推荐系统模型 Wide&Deep 如何兼具 logistic 回归和深度神经网络的优点，能够快速处理并记忆大量历史行为特征。
4. 推荐系统的稀疏性会引起怎样的问题？如何解决？
5. 长尾效应又称为什么效应？在推荐系统中有怎样的体现？这会带来什么问题，又如何进行解决？

# 第 19 章 图数据分析的应用——知识图谱

## 19.1 图数据分析概述

### 19.1.1 图数据分析的概念

#### 1. 图数据

图数据是一种特殊的数据结构,由节点集和一个描述节点之间关系的边集组成。它是一种网状数据结构,其中节点代表实体,边则表示实体之间的关联和交互。

图数据的节点分布通常不是均匀的,每个节点关联的边数量也通常不同。而且,改变图中的节点位置,并不会改变整个图要表达的关联信息。图数据的节点通常带有自身的属性信息,而边有时也会带有关系类型、起止时间等信息。

总而言之,图数据是一种强大灵活的数据结构,能够表达复杂的关系和连接性,并在多个领域中发挥重要作用。

#### 2. 图数据分析

图数据分析是对由节点和边组成的图数据进行建模、分析的方法。它能够分析大量复杂的关系和事务数据,分析网络中各种各样的关联关系,从而得到某些隐含的见解和有价值的信息。

### 19.1.2 图数据分析的应用

图数据分析是一种新兴的数据分析形式,可帮助用户理解网络或图形中关联实体数据之间的复杂关系。图数据分析的应用非常广泛,部分常见的应用领域列举如下。

1)社交网络分析:在社交网络中,用户、群组、帖子等实体可以通过各种关系(如朋友关系、关注关系、点赞关系等)相互连接。图数据分析可以帮助理解这些关系的模式和结构,从而揭示出用户行为、社区发现、信息传播等方面的信息。

2)推荐系统:通过分析用户与商品、服务或内容之间的交互关系,图数据分析可以构建出用户兴趣图,从而为用户提供个性化的推荐。例如,在电影推荐系统中,可以分析用户观看电影的历史记录、评分以及与其他用户的相似度,来预测用户可能感兴趣的电影。

3)生物信息学:在生物信息学中,基因、蛋白质等生物分子可以通过相互作用形成复杂的网络。图数据分析可以帮助揭示这些网络的结构和功能,从而有助于理解生物体的生理过程、疾病发生机制等。

4)网络安全:在网络安全领域,图数据分析可以用于检测异常行为、识别潜在威胁和攻击模式。通过将网络流量、用户行为等数据转换为图结构,并分析其中的异常模式和关联关系，可以提高网络安全的防护能力。

5）金融风控：在金融领域，图数据分析可以帮助识别欺诈行为、评估信贷风险等。通过分析用户之间的交易关系、信用记录等数据，可以构建用户信用图，从而实现对用户信用状况的全面评估。

### 19.1.3 图数据库与传统数据库

#### 1. 图数据库

图数据库将数据表示为节点（实体）和边（实体之间的关系）。适合处理具有复杂关系和连接的数据，适用于社交网络、欺诈检测、推荐系统等领域。

#### 2. 传统数据库

传统数据库，如关系型数据库，使用表作为数据模型，将数据组织成由行和列组成的表。适合处理结构化、定义良好的数据，适用于财务记录、库存管理等领域。

## 19.2 知识图谱概述

### 19.2.1 知识图谱的定义

#### 1. 定义

本质上，知识图谱是一种揭示实体之间关系的语义网络，可以对现实世界的事物及其相互关系进行形式化的描述。如今，知识图谱已被用来泛指各种大规模的知识库。

图 19-1 是基于 Neo4j 绘制的电影知识图谱的部分展示，展现了电影类型、电影、演员、导演、编剧等实体之间的关联。其中，最大的圆圈代表电影类型，次大的圆圈代表电影，最小的圆圈代表参与人员（演员、导演等）；圆圈之间的连接，代表了所连接实体之间的关系，比如，电影和类型之间的所属关系。

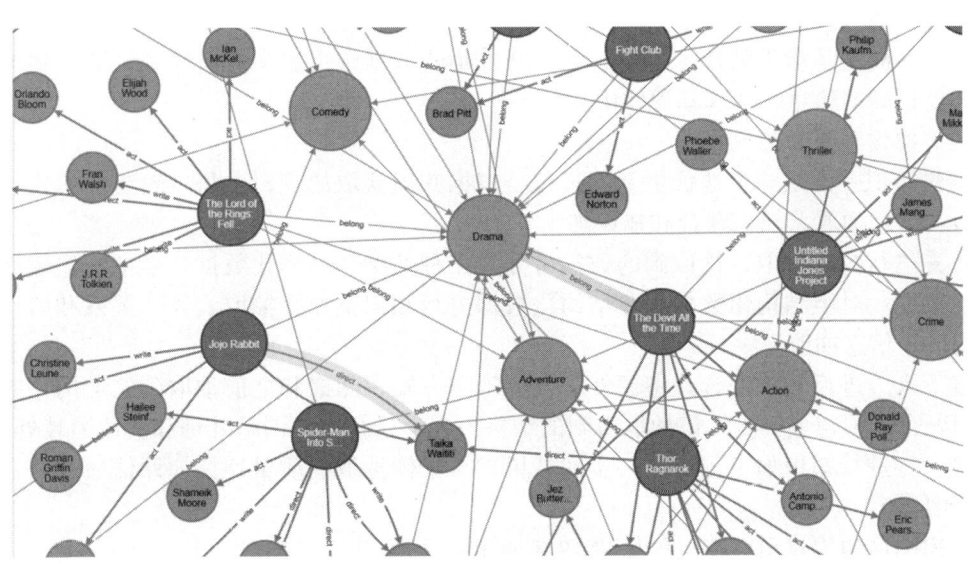

图 19-1 电影知识图谱

## 2. 三元组

三元组是知识图谱的一种通用表示方式。其基本形式主要包括 <实体1，关系，实体2> 和 <实体，属性，属性值> 等。图 19-2 中展示了两种三元组的示例。其中，<张三，主演，电影 A> 属于实体与关系的三元组；<张三，性别，男> 属于实体及其属性的三元组。

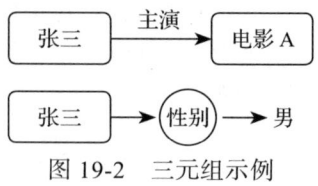

图 19-2 三元组示例

## 3. 知识图谱分类

按覆盖范围，知识图谱可以分为通用知识图谱和领域知识图谱两类。

1) 通用知识图谱：注重广度，强调融合更多的实体。它可以形象地看成一个面向通用领域的结构化百科知识库，其中包含了大量现实世界中的常识，覆盖面广。

2) 领域知识图谱：注重深度，强调准确度。它通常面向某一特定领域，可看成一个基于语义技术的行业知识库。因其基于行业数据构建，因此有着严格而丰富的数据模式。

## 19.2.2 知识图谱的架构

### 1. 逻辑架构

1) 模式层：构建于数据层之上，用于存储经过提炼的知识。它主要通过一系列规则，以清楚的逻辑组织和表示实体与关系，起到了规范、管理、优化知识的作用。

2) 数据层：主要由一系列的事实组成，知识以事实为单位进行存储。这些事实通常用三元组表示。

### 2. 体系架构

**（1）构建方式**

知识图谱的构建方式可以分为两种类型，自顶向下型和自底向上型。

- 自顶向下是指借助百科类网站等结构化数据源，从高质量数据中提取本体和模式信息，加入知识库中。
- 自底向上是指借助技术手段，从公开采集的数据中提取出资源模式，选择其中置信度较高的信息，加入知识库中。

**（2）构建和更新的流程**

构建知识图谱是一个迭代更新的过程。根据知识获取的逻辑，每一轮更新迭代包含三个阶段：信息抽取、知识融合和知识加工。

首先进行数据抽取，抽取到的数据可分为三种类型，结构化数据、半结构化数据和非结构化数据。对半结构化数据和非结构化数据进行知识抽取，抽取实体、关系和属性。这共同构成了信息抽取。

接下来，进行知识融合。将额外引入的第三方知识图谱和之前抽取到的结构化数据进行知识融合，再与上一步知识抽取得到的结果一起，进行指代消解处理和实体消歧处理。

最后，进行知识加工，对上一步的结果进行本体抽取、质量评估，评估通过后，则得到知识图谱。

知识图谱的构建和更新流程如图 19-3 所示。

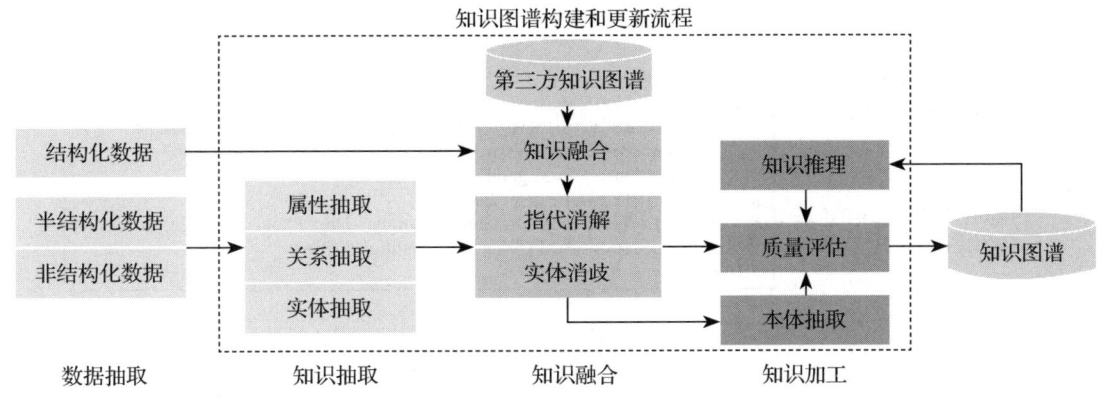

图 19-3　知识图谱的构建和更新流程

## 19.2.3　数据类型和存储方式

### 1. 数据类型

1）结构化数据：指具有固定格式和规则的数据，如关系型数据库存储的数据。

2）半结构化数据：介于结构化和非结构化之间，具有一定的规则性。如 XML、JSON、百科数据等。

3）非结构化数据：规则和格式不完整、没有预定义的数据。如图片、音频、视频、文本等。

### 2. 存储方式

**（1）基于资源描述框架（Resource Description Framework，RDF）图的存储方式**

RDF 图数据模型主要由两部分组成，即边和节点。节点对应图中的顶点，可以是具有唯一标识符的资源，也可以是字符串、整数等有值的内容。边是节点之间的定向链接，也称为谓词或属性。边的入节点（头节点）称为主语，出节点（尾节点）称为宾语。由一条边连接的两个节点形成一个主语 – 谓词 – 宾语的陈述，也称为三元组。

RDF 采用一套标准的描述框架来描述需要存储的节点及其属性，且使用 URI（统一资源标识符）来指定一个命名空间，从而使用命名空间内置的定义。如图 19-4 所示，图中的语句描述了一个属于 River 类型的资源实例，其 URI 为 http://www.china.org/geography/rivers#Yangtze，有三个属性"length""startingLocation""endingLocation"。

查询 RDF 知识库，可以使用 RDF 专用的查询语言 SPARQL。

RDF 的优缺点如下：

- RDF 的优点：标准化，即所有基于 RDF 的知识图都使用相同的标准框架和形式语义，来存储和表示数据以及标准查询语言。因此网络上 RDF 数据存储之间的数据共享得到了简化。
- RDF 的缺点：深度搜索的复杂性较高，在大型 RDF 图中执行深度搜索是一项复杂的任务，需要遍历每个关系。RDF 图中节点之间的关系是一种基于三元组的有向边，不像属性图中的节点属性那样直观易懂，并且需要在查询过程中反复解析，导致查询效率低下。

图 19-4　RDF 标准描述框架

图 19-5 展示了一个 RDF 图的示例，图中展示了一些电影、导演、演员的属性以及他们之间的关系。方框代表节点，表示资源；箭头代表边，表示关系、属性等；阴影矩形代表某条边的类型，如"rdf:type"表示该边的头节点属于尾节点的类型，而"schema:xxx"则表示头节点有一个属性 xxx，其值为尾节点。

例如，在图 19-5 中，"wikidata:Q2263"所在的方框标识了一个资源。它有一个向右的箭头，指向"ex:Actor"所在方框，边的类型是"rdf:type"。这表示该资源属于演员类别，即该资源是一个演员。它还有一个向左的箭头，指向"ex:124"，边的类型是"ex:directed"。这表示该资源导演了"ex:124"，而根据后者的各条边可以看出，后者是一个发行于 1993 年的电视连续剧"A League of Their Own"。

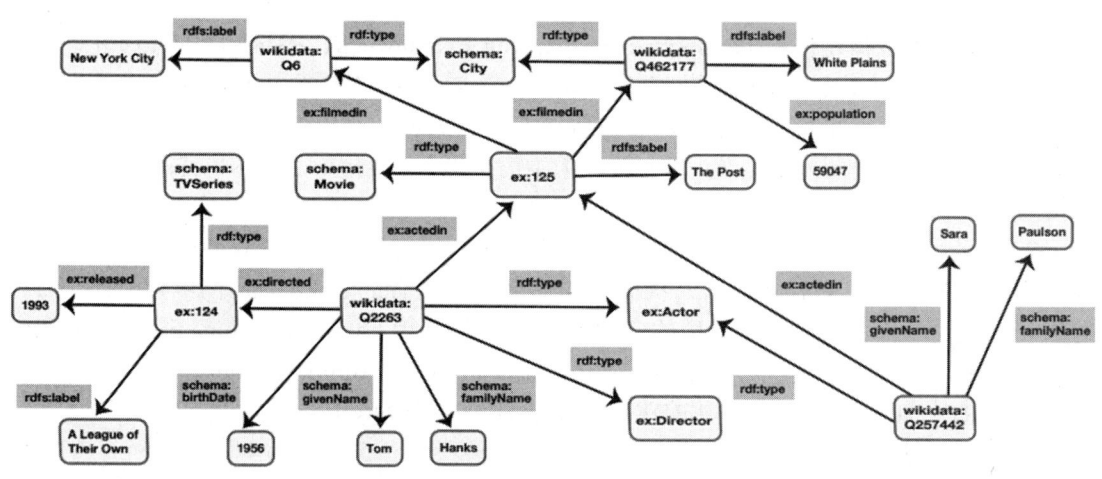

图 19-5　知识图谱的 RDF 图示例

**（2）基于属性图的存储方式**

一般来说，属性图包含三种元素，即节点、边、属性。节点为图中的实体，可以包含 0 个或多个文本标签。边为节点之间的有向连接，从源节点指向目标节点，每条边都属于一个类型。属性为一个键值对，节点和边都可以有属性，属性值可以有数据类型。

属性图缺乏统一的标准，所以不同数据库间普遍存在语法差异，通常有下列几种属性图的查询语言：

- Neo4J 提供类 SQL 的 Cypher 语法，简称 CQL。

- Apache TinkerPop 使用 Gremlin 图遍历语言。
- TigerGraph 和 GSQL 也都有各自的类 SQL 语法。

属性图的优缺点如下。
- 属性图的优点：属性图没有限制或统一查询语言，因此属性图的设置和使用更简单快捷，且更容易遍历。普通的深度优先搜索可能会出现重复搜索，搜索树会形成大量的分支，而这些分支有可能是相同的状态。属性图可以记录每个节点是否已经被访问过，从而避免了反复搜索相同的状态。
- 属性图的缺点：属性图中缺乏标准化，使得难以与不同的数据存储共享或交换数据。唯一标识符是属性图的本地标识符，对任何其他数据库都没有意义。

图 19-6 是一个基于图 19-5 的资源和关系画成的属性图，其中蓝色椭圆表示节点，深蓝色框表示节点的标签，黄色框表示属性（键值对），绿色方框表示边，红色方框表示边的类型。节点和边都有唯一的 ID。

比如，图中以"ID"125 标识的节点是一个蓝色椭圆。右边的深蓝框表示它的标签，说明它是一部电影。黄色框是它的属性，包含了它的名字和发行时间。而指向上方的两个箭头，表示它上映于"ID"126 和"ID"127 这两个节点代表的地点。

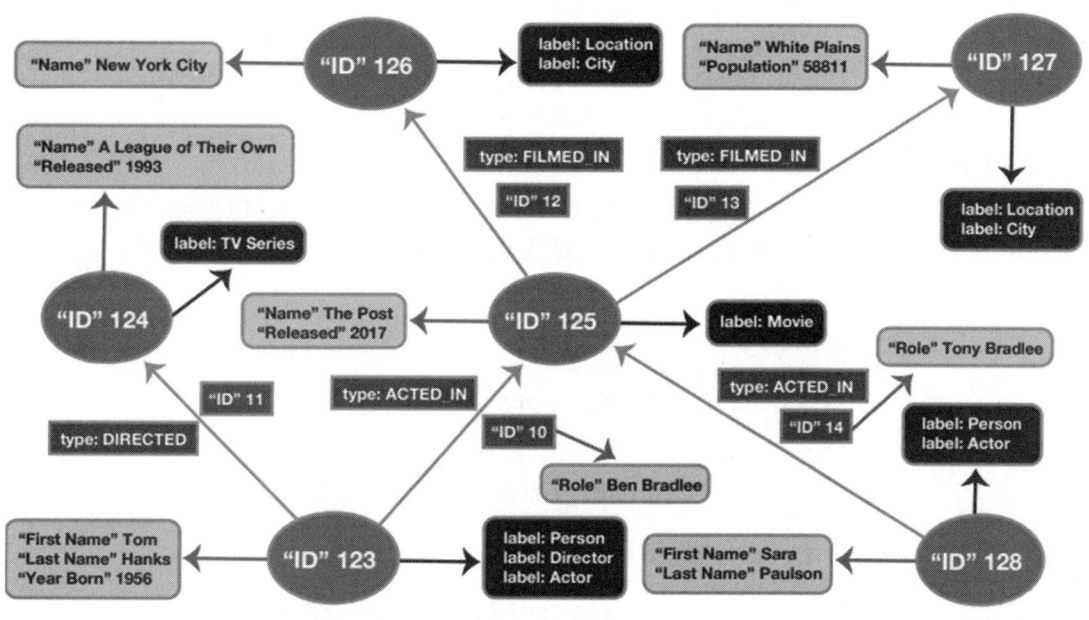

图 19-6　知识图谱的属性图示例（见彩插）

RDF 和属性图的使用对知识图谱来说都是有益的，但它们也有自身的局限性。RDF 和属性图之间可以实现相互转化，因此结合 RDF 和属性图各自的优势是当前更有成效的一种方式。结合这两种方法是优化图数据库，以创建可互操作和灵活的知识图谱的重要一步。

## 19.3　知识图谱的相关技术

由 19.2.2 节可知，构建知识图谱是一个迭代更新的过程，每一轮更新迭代包含三个阶段：信息抽取、知识融合和知识加工。本节将分别介绍这三个阶段所涉及的相关技术，以及知识图谱更新的相关方式和内容。

### 19.3.1 信息抽取

信息抽取（information extraction）是知识图谱构建的第一步，是一种自动从半结构化和非结构化数据中，抽取实体、关系以及属性等结构化信息的技术。其中的关键技术为：实体抽取、关系抽取和属性抽取。

**1. 实体抽取**

实体抽取也称为命名实体识别（Named Entity Recognition，NER），是指从文本数据集中自动识别并分类命名实体。图19-7展示了一个实体抽取的示例，图中识别出了"张华""北京""暑假""赵老师"这四个实体，并分别归类。

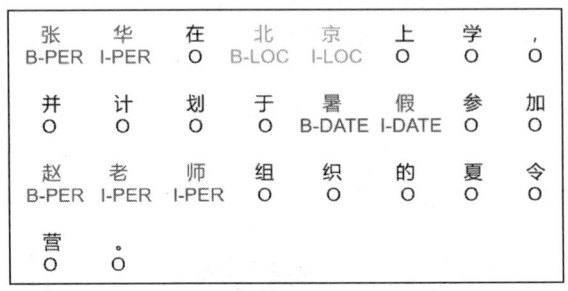

图 19-7　实体抽取示例

**2. 关系抽取**

关系抽取是指从语料中抽取实体之间的关系，将实体联系起来，以形成网状的知识结构。图19-8展示了一个关系抽取的示例，要从左边的文字中抽取出"张华"和"赵老师"的关系。

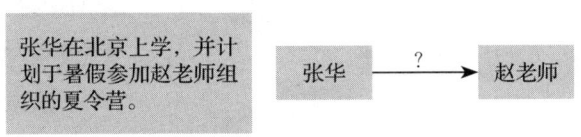

图 19-8　关系抽取示例

**3. 属性抽取**

属性抽取旨在从不同信息源中采集特定实体的属性信息，如针对某个公众人物，可从网络公开信息中得到其昵称、生日、国籍、教育背景等信息。

### 19.3.2 知识融合

通过信息抽取，从原始数据中获取了实体、关系以及实体的属性信息。但这些信息杂乱无章，存在大量冗余和错误，且数据之间的关系扁平化，缺乏层次性和逻辑性，需要清理和整合。因此，知识融合（knowledge fusion）阶段关键在于整合获得的知识，消除概念歧义，剔除冗余和错误概念，从而保证获得信息的质量。其中涉及的关键技术有：知识合并和实体链接。

### 1. 知识合并

在获取数据时，除了半结构化和非结构化数据，还有结构化数据。结构化数据通常不需要经过知识抽取，而是需要进行知识合并，以统一形式、消除冲突和冗余。如外部知识库和关系型数据库就是典型的结构化数据来源。

1）合并外部知识库：主要处理数据层和模式层的某些冲突。
- 数据层的融合：包括实体的名称、属性、关系以及所属类别等，旨在避免实体以及关系的冲突，防止冗余。
- 模式层融合：将新的本体融入已有的本体库中。

2）合并关系型数据库：可采用 RDF 作为数据模型，业界和学术界将这一数据转换过程称为 RDB2RDF，其实质是将关系型数据库的数据转换成 RDF 的三元组。

### 2. 实体链接

实体链接是指，将从文本中抽取的实体对象链接到知识库中对应的正确实体对象。其基本思想是，首先根据给定的实体指称项，从知识库中选出一组候选实体对象。然后通过相似度计算，将指称项链接到正确的实体对象。实体链接技术，主要应用于半结构化和非结构化数据。

实体链接的一般流程为：

1）通过实体抽取，从文本中取得实体指称项。

2）进行实体消歧和指代消解。实体消歧，是专门解决同名实体产生歧义问题的技术。例如，"李娜"（指称项）可对应歌手李娜，也可对应网球运动员李娜。指代消解，是解决多个指称对应同一实体对象问题的技术。例如，在某文本中，"Barack Obama""president Obama""the president"等指称项，可能都指向"Obama"这一个实体。指代消解也称为共指消解，它有多种不同的表述，如对象对齐（object alignment）、实体匹配（entity matching）以及实体同义（entity synonyms）等。

3）确认知识库中对应的正确实体对象，将实体指称项链接到此实体。

实体链接示例如图 19-9 所示。

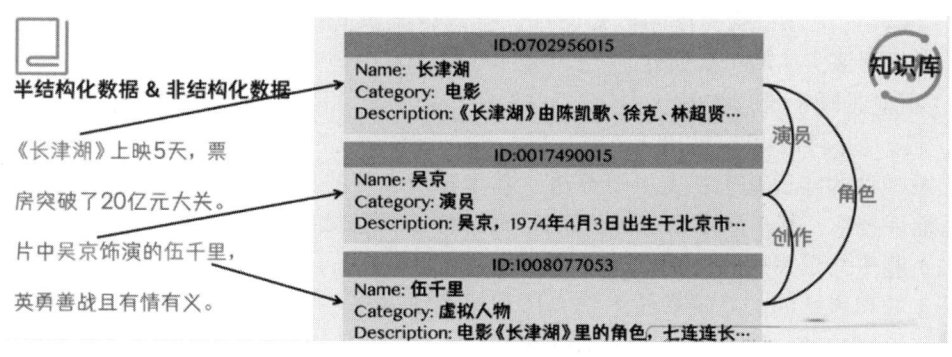

图 19-9　实体链接示例

## 19.3.3　知识加工

信息抽取可从原始语料中提取实体、关系与属性等要素。知识融合可消除实体指称项与实体对象之间的歧义,得到一系列基本的事实表达。然而,事实并不等同于知识,若要获得结构化、网络化的知识体系,还需经历知识加工(knowledge processing)这一过程。其中涉及的关键技术有:本体抽取、知识推理、质量评估。

### 1. 本体抽取

本体(ontology)是对概念进行建模的规范,是描述客观世界的抽象模型,它以形式化的方式对概念及其之间的联系给出明确定义。

本体是树状结构,相邻层次的节点(概念)之间具有严格的"Is-A"关系。这种单纯的关系有助于知识推理,但不利于表现概念多样性。

本体位于模式层,用于描述概念层次体系,是知识库中知识的概念模板。

本体的构建方法有:

1)手动构建:以人工编辑的方式,手动构建本体(借助本体编辑软件)。该方法工作量巨大,且很难找到符合要求的专家。因此,当前主流的全局本体库产品,都是从一些面向特定领域的现有本体库出发,采用自动构建技术逐步扩展得到的。

2)自动构建:用计算机辅助,以数据驱动的方式自动构建。然后以算法评估和人工审核相结合的方式,加以修正、确认。

一般自动构建本体的流程为实体并列关系相似度计算、实体上下位关系抽取、本体生成。

### 2. 知识推理

本体抽取完成后,知识图谱的雏形就形成了。但是,此时图谱中实体间大多数关系是残缺的,缺失值严重。因此,可使用知识推理技术,以完成进一步的知识发现。

知识推理是指从知识库中已有的实体、关系数据出发,经过计算机推理,建立实体间的新关联,拓展和丰富知识网络。通常,这一技术包含以下几个方面。

1)实体关系推理:通过一些已知的关系数据,推理出实体间的新关联。例如,已知(乾隆,父亲,雍正)和(雍正,父亲,康熙),可以得到(乾隆,祖父,康熙)或(康熙,孙子,乾隆)。

2)属性值推理:从实体的已知属性,推理得到新的属性。例如,已知实体的生日属性,推理得到该实体的年龄属性。

3)概念推理:推理出某些本体之间的新层次关系。例如,已知(老虎,科,猫科)和(猫科,目,食肉目)可以推出(老虎,目,食肉目)。

关系推理的实现基于三类主要算法:基于知识表达的关系推理技术、基于概率图模型的关系推理技术、基于深度学习的关系推理技术。下面详细介绍。

**(1)基于知识表达的关系推理技术**

基于知识表达的关系推理技术将实体和关系映射到一个低维空间中,基于知识的语义表达进行推理建模。其代表是 TransE 模型,TransE 也是知识表示模型中最有影响力的模型之一。它的核心理念是,以向量表示三元组知识 <$h,r,t$>。其中 $h$ 是头实体的向量表示,$t$ 是尾实体的向量表示,$r$ 是关系的向量表示。训练的目标是,每个三元组在向量空间中都趋近于满足 $t=h+r$,即图 19-10 所示。而非三元组,则 $h+r$ 与 $t$ 相距越远越好。

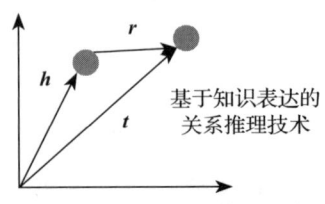

基于知识表达的关系推理技术

图 19-10 TransE 核心思想

当模型训练好后,即可进行实体间关系的预测。将知识图谱中现有的关系构成关系集,实体构成实体集。模型从这两个集合中抽取元素,构成三元组。按 $h+r$ 进行运算,若近似于 $t$,则可在抽取出的两个实体间建立新的关系,补充完善图谱。

**(2)基于概率图模型的关系推理技术**

概率图模型是概率论与图论结合的产物。概率图模型用节点表示变量,节点之间的边表示局部变量间的概率依赖关系。常见的概率图模型有贝叶斯网络和马尔可夫随机场。因此,根据概率图模型中对于节点间关系的描述,可以通过特定的算法,判断节点间是否应该存在边,即判断节点代表的实体间是否有某种关系。

比如,马尔可夫逻辑网络(Markov Logic Network,MLN)可应用于知识图谱的关系推理之中。MLN 融合了马尔可夫网络与一阶逻辑,其中一阶逻辑语句表示领域知识,马尔可夫网络表示知识之间的依赖关系。每个逻辑规则都分配了一个权重,它代表该规则的约束力。

通过一阶逻辑对实体和关系进行建模,将知识转化为一组逻辑语句,并据此构建 MLN。每个规则对应一个或几个子图,这些子图的结构反映了规则中各个变量间的关系。

接着,通过概率推理和逻辑推理来推断未知的知识。选取实体,根据网络权重,计算实体间、属性间的条件概率,并据此概率来解释实体间关系。

举个例子,可以构建这种一阶逻辑:朋友的朋友是朋友,没有朋友的人是抽烟的,抽烟导致癌症,两个是朋友的人要么全都抽烟要么全不抽烟等。如图 19-11 所示,马尔可夫逻辑网络可以计算当 A 和 B 都抽烟时,A、B 是朋友的概率。

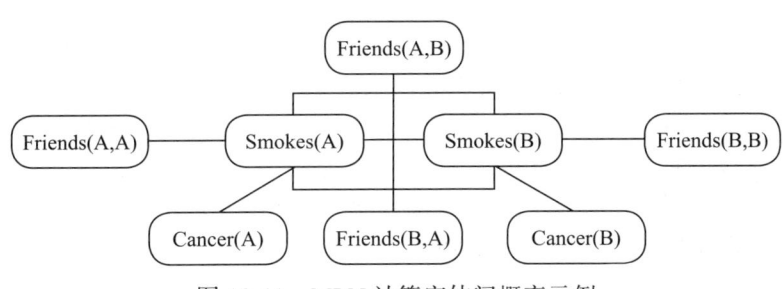

图 19-11 MLN 计算实体间概率示例

**(3)基于深度学习的关系推理技术**

基于深度学习的关系推理技术利用神经网络进行推理和决策,通过提取输入数据的特征以及调整权重,实现对关系的推理。

比如,神经张量网络(Neural Tensor Network,NTN)是一个典型的基于深度学习的关系推理模型。它的基本思想是,用双线性张量取代传统神经网络中的线性变换层,在不同的维度下将头尾实体向量联系起来。

如图 19-12 所示,在 NTN 中,首先将所有实体表示为词向量。然后选取两个实体,将它们对应的向量表示以及想要预测的关系输入网络中。网络为三元组定义了一个评分函数,用于评判输入的实体之间具有该关系的可能性。因此,经过网络处理,将得到输入的三元组能够成立的置信度分数。分数高者,则可以为这两个实体之间添加新的关系。

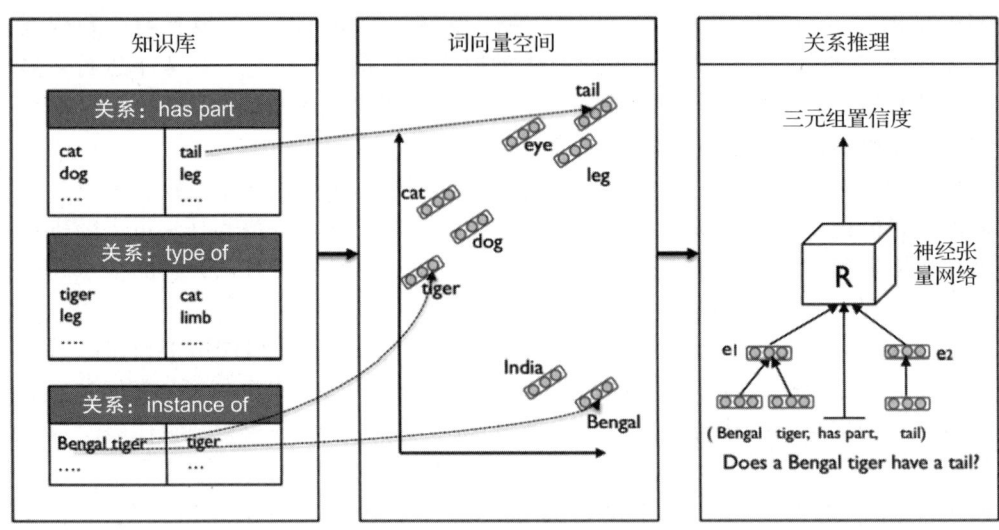

图 19-12 NTN 基本流程

**3. 质量评估**

质量评估也是知识库构建技术的重要组成部分。它的意义在于量化知识的可信度，通过舍弃置信度较低的知识来保障知识库的质量。

### 19.3.4 知识更新

**1. 更新的内容**

逻辑上，知识库更新包括数据层更新和模式层更新两个方面。

1）数据层更新：主要新增或更新实体、关系和属性值。数据层更新需要考虑数据源的可靠性、数据的一致性等多方面因素。

2）模式层更新：指新增数据后获得了新的模式，需要自动将新模式添加到知识库的模式层中。模式层更新需要借助专业团队进行人工审核。

**2. 更新的方式**

更新可以以两种方式进行，即数据驱动下的全面更新和增量更新。

1）全面更新：以全部数据为输入，从零构建知识图谱。此方式比较简单，但资源消耗大，且需要耗费大量人力进行系统维护。

2）增量更新：以当前新增数据为输入，向现有知识图谱中添加新知识。这种方式资源消耗小，但目前仍需要大量人工干预，因此实施起来十分困难。

## 19.4 知识图谱的应用案例

### 19.4.1 背景

**1. 实验背景知识**

在构建知识图谱的过程中，第一步是获取数据。从各个来源获取的数据可以分为三种类型，分别为结构化数据、半结构化数据和非结构化数据。其中，结构化数据形式规整，只要经过部分调整和合并，即可使用。然而，结构化数据的获取难度高、数量少且获取代价昂贵。因此，在获取的数据中，大部分仍由半结构化数据和非结构化数据组成。半结构化和非结构化数据获取容易，且数据量大，但结构复杂、难以直接利用。因此，需要对半结构化和非结构化的原始数据进行处理，提取得到符合知识图谱要求的数据。这一处理过程，即知识抽取过程。

知识抽取是构建大规模知识图谱的重要环节，其目的在于从不同来源、不同结构的数据中提取知识以存入知识图谱。知识抽取通常可以分为三个子任务，实体抽取、关系抽取和属性抽取。知识抽取的结果，通常可以用三元组来表示。知识图谱中的三元组通常有两种形式，<实体，关系，实体>或<实体，属性，属性值>。

完成知识抽取后，还需进行知识融合、知识加工过程，最终得到知识图谱。

**2. 实验目的**

基于 Python 语言，调用维基百科的 API 来爬取特定主题的百科内容，将爬取到的内容作为数据集。对文本数据进行词性标注、依存句法分析等技术处理。通过命名实体识别、关系抽取，从文本中提取<实体，关系，实体>的知识三元组，并通过可视化手段来展现三元组。

### 19.4.2 环境搭建

导入所需要的库，本实验基于的 Python 库包括：pandas 1.1.5、numpy 1.21.0、matplotlib 3.3.2、wikipediaapi 0.5.8（安装命令为 pip install wikipedia-api）、nltk 3.8.1、spacy 3.5.0、textacy 0.12.0、networkx 3.0、pygraphviz 1.10。

导入代码如下：

```
# 数据处理
import pandas as pd  #1.1.5
import numpy as np  #1.21.0

# 绘图
import matplotlib.pyplot as plt  #3.3.2

# 文本
import wikipediaapi  #0.5.8, pip install wikipedia-api
import nltk  #3.8.1

# 自然语言处理
import spacy  #3.5.0
from spacy import displacy
import textacy  #0.12.0

# 绘图
import networkx as nx  #3.0
import pygraphviz  #1.10
```

### 19.4.3 数据获取

使用 wikipediaapi 库，爬取与主题相关的维基百科页面。本实验主题是大数据（Big data），其维基百科部分内容如图 19-13 所示。

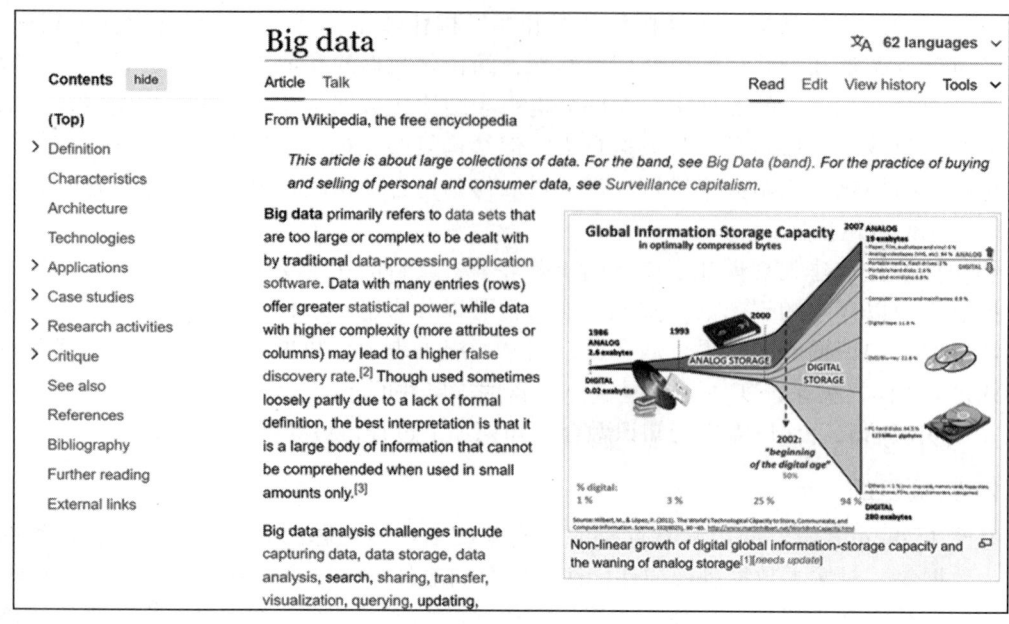

图 19-13　需要爬取的网页部分内容

首先,将主题设置为"Big data":

```
topic = "Big data"
```

创建一个名为 wiki 的维基百科 API 的实例,"User-Agent"处填入访问网页的浏览器的 User-Agent 数据:

```
wiki = wikipediaapi.Wikipedia('User-Agent')
```

使用 wiki 实例的 page 方法,来获取与主题 topic 相关的维基百科页面。返回一个包含页面内容的对象,存储在名为 page 的变量中:

```
page = wiki.page(topic)
```

从获取的维基百科文本中,提取感兴趣的部分:

```
txt = page.text[:page.text.find("See also")]
```

展示所提取部分的前五百个字符:

```
txt[0:500] + "..."
```

部分输出结果为:

```
"Big data primarily refers to data sets that are too large or complex to be
 dealt with by traditional data-processing application software. Data with
 many entries (rows) offer greater statistical power, while data with
 higher complexity (more attributes or columns) may lead to a higher false
 discovery rate. Though used sometimes loosely partly due to a lack of
 formal definition, the best interpretation is that it is a large body of
 information that cannot be comprehended when used in small amount..."
```

### 19.4.4　数据处理

本实验使用 Python 的 spaCy 库,对原始文本数据进行一系列自然语言处理。

### 1. spaCy 库简介

spaCy 是 Python 的一个自然语言处理库,包含分词、词性标注等常见自然语言处理功能。

将文本传入某个具体的 spaCy 模型时,spaCy 会先对文本进行分词,生成一个 Doc 对象。然后,一系列模型内置好的模块,将依次对 Doc 对象进行相应的处理。

这些模块通常包括词性标注、依存句法分析、实体识别等。各个模块对 Doc 对象进行处理后,会生成新的 Doc 对象,并传递给下一个模块。

最终,模型输出一个 Doc 对象,其中包含了各个模块的处理结果。它通常是一个 token 对象的序列,每个 token 对象对应文本的一个词,还包括词性标注结果、依赖关系等。

在各个模块中,常用的三个重要功能是词性标注、依存句法分析和命名实体识别。

1)词性标注:词性标注又称为词性标记,是根据上下文和定义,将文本中的单词标记为特定词性的过程。简单来说,词性标注就是将一个词识别为名词、代词、动词、形容词等词性的过程。词性的标注列表如图 19-14 所示。

```
• ADJ: 形容词,例如big, old, green, incomprehensible, first
• ADP: 介词,例如in, to, during
• ADV: 副词,例如very, tomorrow, down, where, there
• AUX: 助动词,例如is, has (done),will (do),should (do)
• CONJ: 连词,例如and, or, but
• CCONJ: 并列连词,例如and, or, but
• DET: 限定词,例如a, an, the
• INTJ: 感叹词,例如psst, ouch, bravo, hello
• NOUN: 名词,例如girl, cat, tree, air, beauty
• NUM: 数词,例如1, 2017, one, seventy-seven, IV, MMXIV
• PART: 助词,例如's, not
• PRON: 代词,例如I, you, he, she, myself, themselves, somebody
• PROPN: 专有名词,例如Mary, John, London, NATO, HBO
• PUNCT: 标点符号,例如., (, ), ?
• SCONJ: 从属连词,例如if, while, that
• SYM: 符号,例如$, %, §, ©, +, -, ×, ÷, =, :),表情符号
• VERB: 动词,例如run, runs, running, eat, ate, eating
• X: 其他,例如sfpksdpsxmsa
• SPACE: 空格
```

图 19-14 词性标注列表

2)依存句法分析:spaCy 的依存句法分析器能够创建和描述一个短语中不同单词的句法。它用于提取句子的语法结构,并将其视为一个有向图。其中节点对应句子中的单词,而节点之间的边对应单词之间的相应依存关系。依存关系标识如图 19-15 所示。

3)命名实体识别:命名实体是分配了名称的"现实世界对象",例如人、国家、产品或书名。spaCy 可以通过模型进行预测,来识别文档中各种类型的命名实体。命名实体的类别如图 19-16 所示。

### 2. 代码实践

由于本实验爬取的是英文版网页,需要使用 spaCy 的英语模型"en_core_web_sm",可使用以下命令:

```
python -m spacy download en_core_web_sm
```

- ACL：作为名词从句的修饰语
- ACOMP：形容词补语
- ADVCL：状语从句修饰语
- ADVMOD：状语修饰语
- AGENT：主语中的动作执行者
- AMOD：形容词修饰语
- APPOS：同位语
- ATTR：主谓结构中的谓语部分
- AUX：助动词
- AUXPASS：被动语态中的助动词
- CASE：格标记
- CC：并列连词
- CCOMP：从句补足语
- COMPOUND：复合修饰语
- CONJ：连接词
- CSUBJ：主语从句
- CSUBJPASS：被动语态中的主语从句
- DATIVE：与双宾语动词相关的间接宾语
- DEP：未分类的依赖
- DET：限定词
- DOBJ：直接宾语

- 人名：包括虚构人物。
- 国家、宗教或政治团体：民族、宗教或政治团体。
- 地点：建筑、机场、高速公路、桥梁等。
- 公司、机构等：公司、机构等。
- 地理位置：国家、城市、州。
- 地点：非国家地理位置，山脉、水域等。
- 产品：物体、车辆、食品等（不包括服务）。
- 事件：命名飓风、战斗、战争、体育赛事等。
- 艺术作品：书籍、歌曲等的标题。
- 法律：成为法律的指定文件。
- 语言：任何命名的语言。
- 日期：绝对或相对日期或期间。
- 时间：小于一天的时间。
- 百分比：百分比，包括"%"。
- 货币：货币价值，包括单位。
- 数量：衡量重量或距离等。
- 序数："第一""第二"等。
- 基数：不属于其他类型的数字。

图 19-15　依存关系标识　　　　　图 19-16　命名实体的类别

**（1）使用模型处理文本**

加载该模型，传入原始文本。该模型会自动对文本进行分词、词性标注、依存句法分析、命名实体识别等处理。代码如下：

```
nlp = spacy.load("en_core_web_sm")   # 加载模型 "en_core_web_sm"
doc = nlp(txt)                       # 将文本传递给模型，返回一个 doc 对象，其中包含分词、
                                     #   词性标注、命名实体识别等处理任务的结果
```

以下代码可以查看该模型将文本分成了几个句子：

```
list_docs = [sent for sent in doc.sents]   # 遍历 doc 对象中的每个句子，并将它们存储在名
print("total sents:",len(list_docs))       #   为 list_docs 的列表中
```

结果如下：

```
total sents: 376
```

**（2）查看 doc 里的词性标注和依存句法分析结果**

以文本中的第四个句子为例：

Big data was originally associated with three key concepts: volume, variety, and velocity.

查看词性标注和依存句法分析标签：

```
for token in list_docs[4]:
    print(token.text,'-->',"pos:",token.pos_,'|','dep:',token.dep_)
```

结果如下，其中，pos 标签代表词性标注结果，dep 标签代表依存句法分析结果：

```
Big --> pos: ADJ | dep: amod
data --> pos: NOUN | dep: nsubjpass
was --> pos: AUX | dep: auxpass
originally --> pos: ADV | dep: advmod
associated --> pos: VERB | dep: ROOT
with --> pos: ADP | dep: prep
three --> pos: NUM | dep: nummod
```

```
key --> pos: ADJ | dep: amod
concepts --> pos: NOUN | dep: pobj
: --> pos: PUNCT | dep: punct
volume --> pos: NOUN | dep: appos
, --> pos: PUNCT | dep: punct
variety --> pos: NOUN | dep: conj
, --> pos: PUNCT | dep: punct
and --> pos: CCONJ | dep: cc
velocity --> pos: NOUN | dep: conj
. --> pos: PUNCT | dep: punct
```

将其可视化，代码如下：

```
from spacy import displacy
displacy.render(list_docs[4],style="dep",options={"distance":100})
```

可视化结果如图 19-17 所示。

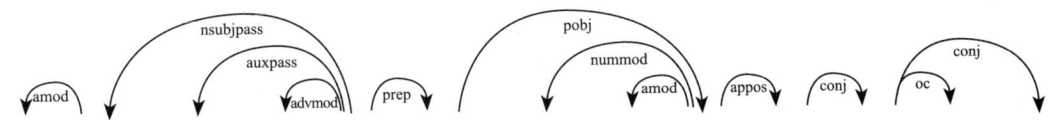

图 19-17　词性标注和依存句法分析结果可视化

**（3）查看 doc 里命名实体识别的结果**

取第十四个句子为例：

The world's technological per-capita capacity to store information has roughly doubled every 40 months since the 1980s; as of 2012, every day 2.5 exabytes (2.17 × 260 bytes) of data are generated.

代码如下：

```
for ent in list_docs[14].ents:
    print(ent.text,f"({ent.label_})")
```

识别出的实体有：

every 40 months (DATE)

the 1980s (DATE)

2012 (DATE)

2.5 (CARDINAL)

2.17 × 260 (CARDINAL)

将其可视化，代码如下，结果如图 19-18 所示。

```
displacy.render(list_docs[i],style='ent')
```

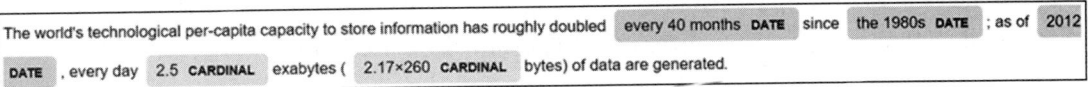

图 19-18　命名实体识别结果可视化

### 19.4.5 实体关系抽取

本实验使用 Textacy 库来提取实体关系。Textacy 是一个开源 Python 库，构建在 spaCy 之上，提供了对文本进行深度结构化和语义理解的方法，包括实体识别、关系提取、情感分析等。而且，Textacy 库还提供了各种可视化功能，包含用于生成词云、网络图和其他可视化图表的函数。

**1. 实体关系抽取步骤**

1）创建空字典以存取数据。
2）使用 textacy.subject_verb_object_triples(sentence) 来提取句子的"主谓宾"。
3）将提取的"主谓宾"依次存入字典。
4）将字典数据通过 pandas 转化为 DataFrame 数据结构。

**2. 代码实践**

```
dic = {"id":[],"text":[],"entity":[],"relation":[],"object":[]}
for n,sentence in enumerate(list_docs):
list_generators=list(textacy.extract.subject_verb_object_triples(sentence))
            for sent in list_generators:
                subj = "_".join(map(str,sent.subject))
                obj = "_".join(map(str,sent.object))
                relation = "_".join(map(str,sent.verb))
                dic["id"].append(n)
                dic["text"].append(sentence.text)
                dic["entity"].append(subj)
                dic["object"].append(obj)
                dic["relation"].append(relation)
dtf = pd.DataFrame(dic)
dtf[dtf["id"]==i]      #展示第一个句子的抽取情况
```

**3. 输出**

第一个句子为：

Data with many entries (rows) offer greater statistical power, while data with higher complexity (more attributes or columns) may lead to a higher false discovery rate.

实体关系提取结果如图 19-19 所示。

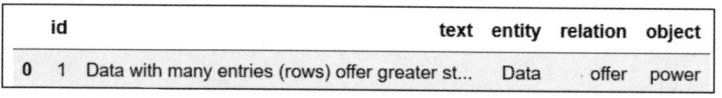

图 19-19 实体关系抽取结果

### 19.4.6 结果可视化

Python 标准库中可用于创建和操作图网络的是 NetworkX。我们可以从整个数据集开始创建图形，但如果节点太多，可视化将变得混乱，如图 19-20 所示。具体代码如下：

```
G = nx.from_pandas_edgelist(dtf, source="entity", target="object",
    edge_attr="relation", create_using=nx.DiGraph())
plt.figure(figsize=(15,10))
pos = nx.spring_layout(G, k=1)
```

```
node_color = "skyblue"
edge_color = "black"
nx.draw(G,pos=pos,with_labels=True,node_color=node_color,edge_color
    =edge_color,cmap=plt.cm.Dark2,node_size=2000,connectionstyle="arc3,rad=0.1")
nx.draw_networkx_edge_labels(G,pos=pos,label_pos=0.5,edge_labels=nx.get_edge_
    attributes(G,"relation"),font_size=12,font_color="black",alpha=0.6)
plt.show()
```

图 19-20　过于复杂的整体可视化

知识图谱可以从大局的角度看到所有事物的相关性，但如果直接看整张图，难以直观地获取有意义的信息。因此，最好根据我们所需的信息，应用一些过滤器。对于此案例，我们只选择部分实体进行展示，代码如下：

```
dtf["entity"].value_counts().head()
```

1）以 data 为中心，绘制网络图，展示与其相关的三元组，结果如图 19-21 所示，具体代码如下：

```
f = "data"
tmp = dtf[(dtf["entity"]==f) | (dtf["object"]==f)]    #data 的关系情况
# 使用 NetworkX 绘制，起点是实体，目标是客体，边是关系
G = nx.from_pandas_edgelist(tmp, source="entity", target="object",
                            edge_attr="relation",
                            create_using=nx.DiGraph())
plt.figure(figsize=(15,10))    #设置画布大小
pos = nx.spring_layout(G, k=0.5)
node_color = ["red" if node==f else "skyblue" for node in G.nodes]
edge_color = ["red" if edge[0]==f else "black" for edge in G.edges]
nx.draw(G, pos=pos, with_labels=True, node_color=node_color,
        edge_color=edge_color, cmap=plt.cm.Dark2, node_size=800,
        node_shape="o", width=1.0, connectionstyle='arc3,
        rad=0.1', font_size=8)
nx.draw_networkx_edge_labels(G, pos=pos, label_pos=0.5,
```

```
        edge_labels=nx.get_edge_attributes(G,'relation'),
font_size=8, font_color='black', alpha=0.6)
plt.show()
```

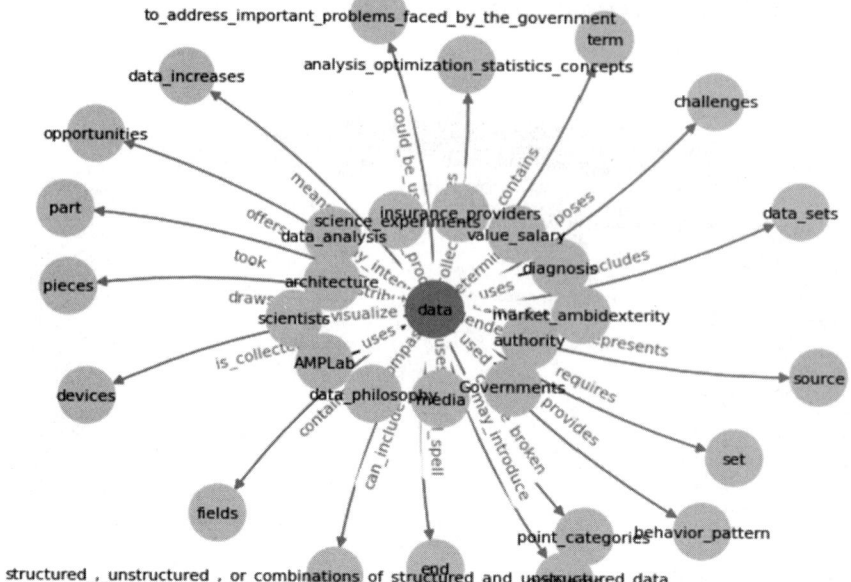

图 19-21 以 data 为中心的三元组可视化

2）以 technologies 为中心，绘制网络图，展示三元组，结果如图 19-22 所示。

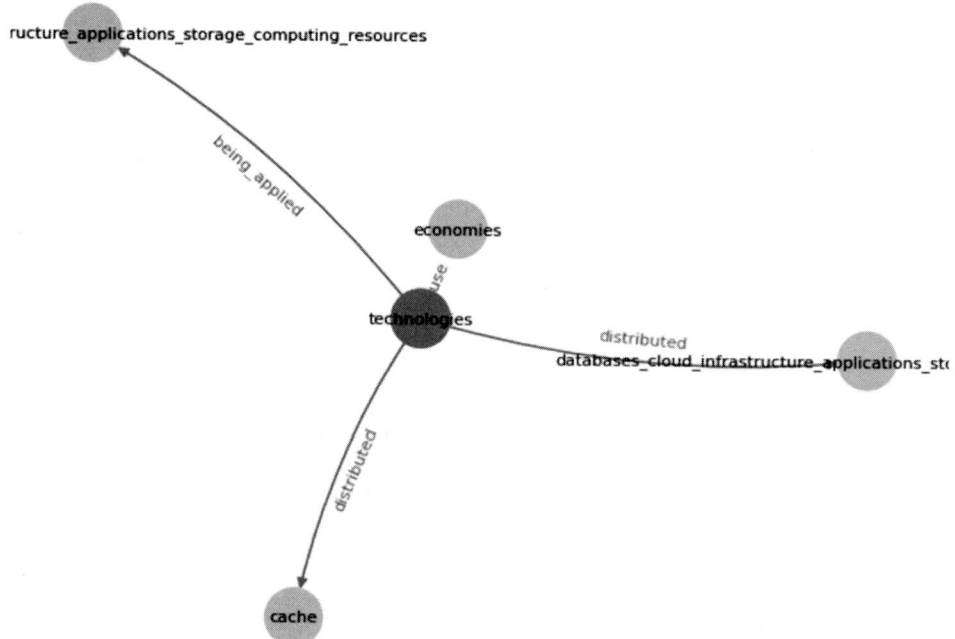

图 19-22 以 technologies 为中心的三元组可视化

## 总结

本章详细探讨了图数据分析应用中的知识图谱领域，分别介绍了图数据分析和知识图谱的相关概念、知识图谱的构建流程和相关技术，并以一个实验为例，展示了构建知识图谱的部分过程。

图数据分析作为一种新兴热门的数据分析技术，旨在提取、分析图数据中的结构和关系信息，挖掘其潜在价值。而知识图谱作为一种结构化的语义知识库，能够实现对实体、概念、属性及实体之间关系的全面描述，为智能问答、语义搜索等应用提供了丰富的知识资源。

知识图谱的构建是一个迭代更新的过程，循环进行信息抽取、知识融合、知识加工等过程，不断填充、完善、更新知识图谱。在其构建过程中，涉及了诸多技术和方法。信息抽取技术，可以从文本数据中抽取实体、关系和属性等关键信息，形成三元组，为知识图谱的构建提供数据支持。知识融合技术，则可以将不同来源的知识进行合并和实体链接，消除冗余和矛盾，形成更加完整和准确的知识体系。知识加工技术，则进一步对知识进行本体抽取、知识推理和质量评估，提升知识的质量和可用性。

在本章的案例分析中，主要展示了"知识抽取"这一知识图谱的构建阶段。通过对文本的深度分析和处理，以准确抽取出其中的实体和关系等信息，组成三元组，为后续构建完整的知识图谱打下基础。

## 习题

1. 知识图谱的两种构建方式是什么？具体的构建流程是什么？
2. 【单选】下列说法正确的是（　　）。
    A. 三元组的基本形式主要包括＜实体1，关系，实体2＞和＜实体，属性，属性值＞等
    B. 知识图谱构建中，首先进行数据抽取，抽取到的数据可分为两种类型，结构化数据和非结构化数据
    C. 图片属于结构化数据
    D. 基于RDF图的数据存储方式，查询效率较高
3. 知识融合涉及的关键技术有哪些？起到怎样的作用？
4. 关系推理的实现可以分为三类主要算法：基于知识表达的关系推理技术、基于概率图模型的关系推理技术、基于深度学习的关系推理技术。它们之间有什么不同？
5. 知识图谱的构建是一个迭代更新的过程，而逻辑上，知识库更新包括模式层更新和数据层更新。在这两方面的更新中，需要注意哪些问题？

# 第 20 章 图数据分析的应用——社交网络

## 20.1 社交网络概述

### 20.1.1 社交网络的定义

社交网络（social network）是由社会个体与他们的社交关系组成的网络。在该网络中，社会个体构成网络的节点，并以友谊、合作等社会关系作为连接两个节点的边。社交网络分析（Social Network Analysis，SNA）是一种基于数学、信息学、社会学、心理学等多学科的融合理论和方法，用于研究人类社交关系的网络结构、功能和行为以及信息传播的规律。

社交网络分析的目的是了解社交网络中人与人之间的关系、社群形成的规律、网络中信息传播的路径和效应、社交网络中各种群体的特征等。社交网络分析的研究结果可以帮助了解社交关系的动态变化、社交网络的结构和功能、社交网络的影响力以及社交网络中信息的流动等。

### 20.1.2 社交网络的起源与发展

社交网络分析最早见于 19 世纪末 20 世纪初早期社会学家的研究，代表人物有格奥尔格·齐美尔（Georg Simmel）和埃米尔·涂尔干（Émile Durkheim）。而"社交网络分析"这个词在 1954 年被巴恩斯（J. A. Barnes）首次使用，主要用于系统化地呈现关系模式，统一了大众与社会学家眼中的传统概念，如有限制的群体（如部落、家庭）和社会分类（如性别、种族）等。

随着移动互联网的蓬勃发展，社交网络服务（Social Network Service，SNS）已经成为互联网的一个重要组成部分，并对人们的日常生活产生了深远的影响。它们不仅是人们交流和分享信息的重要工具，也是政治、经济和商业活动的重要场所。社交网络分析也逐渐成为商业和市场营销领域的重要工具，当用户点赞、发表评论、参与讨论时，这些活动隐含了丰富且有价值的信息。例如，一家市场营销公司想要了解潜在客户的兴趣，通过社交网络分析，他们可以分析用户的社交数据，了解他们的兴趣和活动，并利用这些信息来更好地针对潜在客户进行营销活动。这样，社交网络分析为该公司提供了一种了解潜在客户社交行为和兴趣的有效方法，并通过潜在的信息指导公司的营销活动。

如今，社交网络分析主要聚焦于社交网络平台上用户之间的互动数据，通过社交网络分析工具进行抓取和分析，以更深入地了解用户行为和关系。因此，随着网络社交活动的增加，在线社交网络分析（online social network analysis）成为一个细分的研究领域。

### 20.1.3 社交网络的应用领域

社交网络分析的应用非常广泛，包含如下领域。

- 广告营销：社交媒体公司可以利用社交网络分析来了解用户的兴趣和行为，从而提高广告投放的效率。
- 数据新闻：新闻媒体通过挖掘社交媒体数据中的人物、事件、舆情等信息，可以提供更加深入和客观的新闻报道。
- 政治：政治家和政治机构可以借助社交网络分析来了解选民之间的关系，从而提高选举支持率。
- 科学计量：研究者通过分析科学文献数据中的引用关系、合作关系、文本共现关系等，可以了解科学社会的结构和变迁，以及思想和知识的产生和流动。

社交网络分析在许多领域都有着重要的作用，相关应用的需求也日益增长。

## 20.1.4 社交网络分析与大数据的关系

社交网络分析与大数据之间存在紧密的关联。社交网络数据通常非常庞大，需要使用大数据技术来存储和处理。大数据技术可以帮助社交网络分析师更有效地收集、存储和分析社交网络数据。此外，大数据技术还可以帮助社交网络分析师更好地发现数据中的模式和趋势。例如，大数据技术可以帮助分析师在社交网络上发现社区、群体和影响力中心。社交网络分析与大数据结合，可以提供更准确的预测和更好的决策建议，从而更好地了解社交网络中的群体和社区，优化网络结构，提高社交网络的效率。

## 20.1.5 社交网络分析工具

社交网络分析可以使用多种图与网络分析工具来实现，如 Gephi、NodeXL 等，使用 Python 完成社交网络分析的特定任务也是强大且受欢迎的选择。

Gephi 是一款免费开源的软件，用于研究多样的图与网络结构，在社交网络分析领域很受欢迎。它是一个强大而用户友好的工具，可将网络可视化，进行各种网络分析和统计，还可以导出网络图像和数据。Gephi 使用 OpenGL 实时渲染网络结构，运行速度快，可以提升效率。Gephi 支持的平台有很多，可以在 Windows、macOS 和 Linux 上运行。Gephi 用于社交网络分析时，主要有以下几点优势：

- 支持多种格式数据，如 CSV、GraphML、GEXF 等。在载入数据时，软件可以自动分析网络结构，告知用户数据是否完整，并预览节点数、边数以及图的类型等信息。
- 可以创建并编辑图结构，通过调整多个参数来灵活地更改图的大小、形状、颜色和节点与边的标签，生成的图像美观。
- 在统计窗口内置多种算法来表现网络的性质，如平均路径长度算法、聚类系数、HITS（Hyperlink-Induced Topic Search）等。同时还可以进行社区发现、分割并展示不同社群。
- 在过滤功能中可以指定多种指标来显示或隐藏部分图，比如节点度的范围指标。
- 支持多种格式导出图结构，如图片、PDF、SVG、GEXF 等。

图 20-1 展示了 Gephi 可视化图网络的截图，从图中看到，在 Gephi 中可以调整节点颜色、大小，设置图的各种属性等。

NodeXL 是一种多功能社交网络分析和可视化工具，可以作为 Microsoft Excel 插件进行使用。NodeXL 功能丰富，适合不同水平的用户，尤其适合熟悉 Microsoft Excel 的用户。NodeXL 可以从 Facebook、Twitter、YouTube、电子邮件、博客等广泛使用的服务中获取社交媒体网络数据,并进行分析和可视化。NodeXL 支持大部分进行专业社交网络分析的功能,如社区聚类、影响者检测、内容分析、情感分析、时间序列分析等。不过 NodeXL 需要付费至 Pro 版本才能解锁全部功能。NodeXL 进行社区聚类的截图如图 20-2 所示。

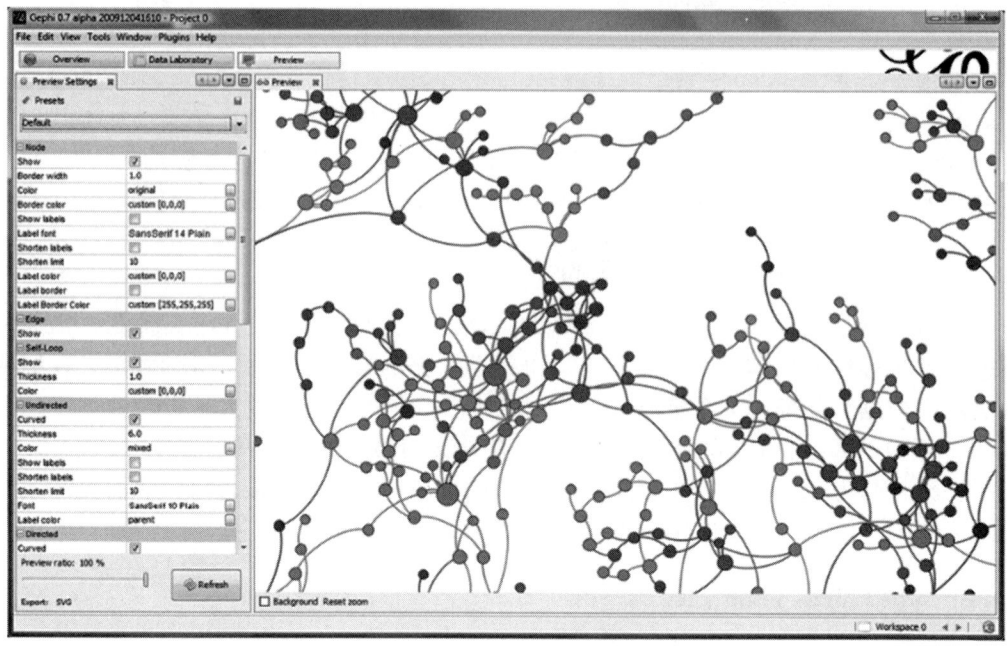

图 20-1　Gephi 软件截图

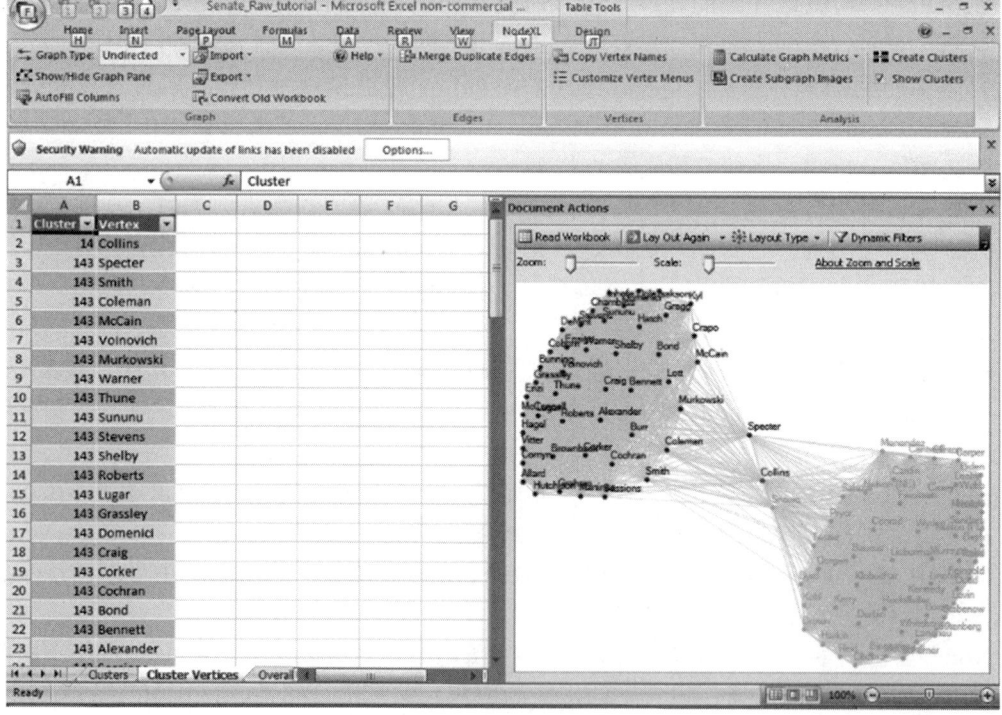

图 20-2　NodeXL 截图

如果用户已经掌握了 Python 编程，那么使用 NetworkX 进行社交网络分析更有优势和灵活性。NetworkX 是一个基于 Python 的软件包，它提供了丰富的功能和特性来研究社交网络的结构和动态，非常适合社交网络分析。用户可以利用 Python 并结合其他数据收集程序，灵活地处理社交网络分析任务，不管是在线还是本地数据源。例如，可以使用 requests 库从网站上爬取数据，然后使用 NetworkX 进行分析。NetworkX 还支持多种网络指标和图算法，例如度、聚类系数、中心性、社区发现、最短路径、生成树等。这些指标和算法有助于用户更好地理解网络中节点和边的属性和关系。NetworkX 还能绘制不同布局和样式的网络图形，并且可以与其他 Python 库和工具集成进行数据分析和可视化，比如 pandas、NumPy、matplotlib 等。这些库和工具可以使用户更方便地处理数据格式、计算数据统计量、生成各种图表等。

最近，深度学习方法在许多领域都有不错的表现，在图结构方面也可应用多种深度学习方法，如图循环神经网络、图卷积网络等。图卷积网络目前是基于图的深度学习中最热门的方法。图卷积网络通过设计的卷积和读出函数，学习图的常见局部和全局结构模式。图卷积网络在处理图结构信息上有一些优势，如每个节点只与其邻居节点进行卷积操作，保留了图的局部结构信息，随着层数的增加，每个节点能够融合更多更远的邻居节点的信息，增强了模型的表达能力等。为了理解图卷积网络在社交网络分析领域的能力，将在 20.4 节中介绍基于 Zachary's Karate Club 数据集的图卷积网络分类实验。大部分的图卷积网络方法都基于 Python 实现，因此使用 Python 完成社交网络分析的特定任务成为强大且受欢迎的选择。

## 20.2 社交网络分析的结构特性

我们将从统计特性、网络特性和网络模型三方面介绍社交网络分析的结构特性。从网络节点与边的性质到网络形态展现的不同网络行为与性质，再到基于不同网络形态形成的具体网络结构，这些共同构成了社交网络分析的结构特性。

### 20.2.1 统计特性

社交网络关系模型本质上是以人为节点，人际关系为边的图结构，因此通常以图论视角开展研究。社交网络模型中常用的统计特性是社交网络分析的基础。统计特性指的是社交网络中的节点和边的数量以及其他属性的分布情况。例如，度、网络密度、聚类系数以及介数等性质。

#### 1. 度

节点的度（degree）定义为与该节点相连的边的数目。在有向图中，所有指向某节点的边的数量叫作该节点的入度，所有从该节点出发指向别的节点的边的数量叫作该节点的出度。网络平均度反映了网络的疏密程度，而通过度分布则可以刻画不同节点的重要性。

如图 20-3 所示，节点 1 的出度为 2，入度为 1。

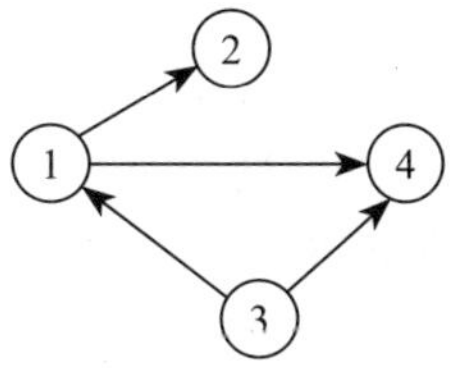

图 20-3 节点的度

#### 2. 网络密度

网络密度（density）可以用于刻画节点间相互连接边的密集程度，定义为网络中实际存在的边数与可容纳边数上限的比值，常用来测量社交网络中社交关系的密集程度及演化趋势。

对于无向图，网络密度的计算公式如式（20-1）所示，有向图的网络密度计算公式如式（20-2）所示。其中，$M$ 为网络中边的总数，$N$ 为节点总数。

$$\rho = \frac{M}{\frac{1}{2}N(N-1)} \tag{20-1}$$

$$\rho = \frac{M}{N(N-1)} \tag{20-2}$$

### 3. 聚类系数

聚类系数（clustering coefficient）用于描述网络中与同一节点相连的节点也互为相邻节点的程度。其用于刻画社交网络中一个人的朋友们也互相是朋友的概率，反映了社交网络中的聚集性。若在某节点的相连节点中任选两个成组，在所有可能的组中，组内节点之间有边相连的组所占的比例，即为该节点的聚类系数。如图 20-4 所示，节点 $i$ 有 6 个相连节点，它们两两之间可能的组一共有 $C_6^2 = 15$ 个，其中两节点之间有边的组有 4 个，所以节点 $i$ 的聚类系数是 4/15。

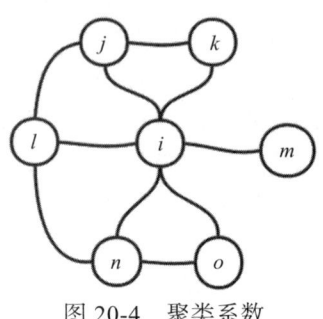

图 20-4　聚类系数

### 4. 介数

介数（betweeness）为图中某节点承载整个图所有最短路径的数量，通常用来评价节点的重要程度。比如连接不同社群的中介节点的介数相对于其他节点来说会非常大，这也体现了其在社交网络信息传递中的重要程度。

## 20.2.2　网络特性

网络特性则是描述网络行为和性质的特征，例如数据传播速度和社交关系的强度，以及社交网络中的社团结构。网络特性包括小世界现象、无标度特性等。

### 1. 小世界现象

小世界现象是指地理位置相距遥远的人可能具有较短的社会关系间隔。早在 1967 年，哈佛大学心理学教授 Stanley Milgram 通过一个信件投递实验，归纳并提出了"六度分割理论"，即任意两个人都可通过平均五个熟人相关联起来。1998 年，Duncan Watts 和 Steven Strogatz 在《自然》杂志上发表了具有里程碑意义的文章 Collective Dynamics of "Small-World" Networks，该文章正式提出了小世界网络的概念并建立了小世界模型。

小世界现象于在线社交网络中得到了很好的验证，根据 2011 年 Facebook 数据分析小组的报告，Facebook 约 7.2 亿用户中任意两个用户间的平均路径长度仅为 4.74，而这一指标在推特中为 4.67。可以说，在五步之内，任何两个网络上的个体都可以互相连接。

如图 20-5 所示，尽管网络很复杂，但在 A 和 B 两个点之间，最多通过 5 个中间节点，就可互相连接起来。

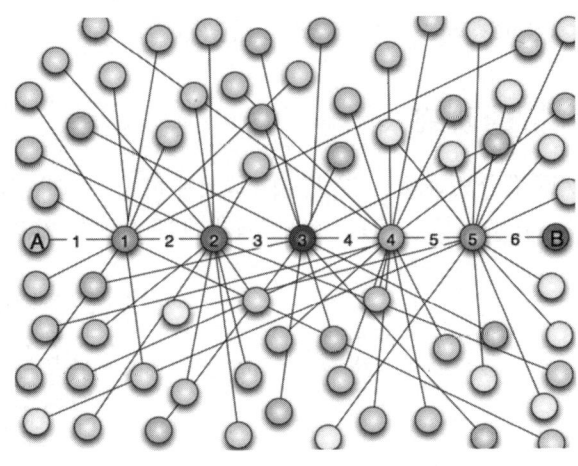

图 20-5 小世界现象

**2. 无标度特性**

大多数真实的大规模社交网络都存在着大多数节点有少量边,少数节点有大量边的特点,其网络缺乏一个统一的衡量尺度而呈现出异质性,我们将这种节点度分布不存在有限衡量分布范围的性质称为无标度。无标度网络表现出来的度分布特征为幂律分布,这就是此类网络的无标度特性。

### 20.2.3 网络模型

社交网络分析可以有多种网络模型,下面简要介绍。

1)小世界(Watts-Strogatz,WS)模型:通过小世界模型生成的小世界网络是从规则网络向随机网络过渡的中间形态。小世界模型的基本特征是,大部分人只需要通过很少的中间人(例如 2~3 个人)就能与任何其他人连通,尽管社交网络规模很大。因此,网络中任意两个点间的路径长度很短,这称为短路径。这是小世界网络的主要特征,也是其名字的由来。

2)无标度(Barabási-Albert,BA)模型:BA 模型考虑现实网络中节点的幂律分布特性,生成了无标度网络。BA 模型通过引入时间概念,将一个新节点加入网络时,将其与该网络中的其他节点相连,每个节点的边数越多,其被选中连接的概率就越大。具体来说,新节点加入时,会在网络中已存在的 $N$ 个节点中选择 $m$ 个节点与之连接。而 $N$ 个节点被选中连接的概率则依赖于那个节点现有的度数。因此,在 BA 模型中,网络节点的度依照幂律增长,其度分布可由幂律函数描述。这样就能生成一个合理的复杂网络,具有高度的聚集系数、小世界现象等特征。如图 20-6 所示,选择不同的 $m$ 值,在相同时间步内,BA 模型会生成越来越复杂的网络。

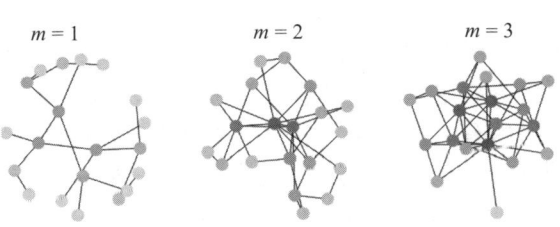

图 20-6 BA 模型示意图

3）其他模型，如森林火灾模型、Kronecker 模型、生产模型。

## 20.3 社交网络分析的研究

本节主要讨论社交网络分析研究，其研究内容大体可分为三大类，包括结构特性与演化机理、群体行为生成与互动规律、信息传播与演化机理（如图 20-7 所示）。

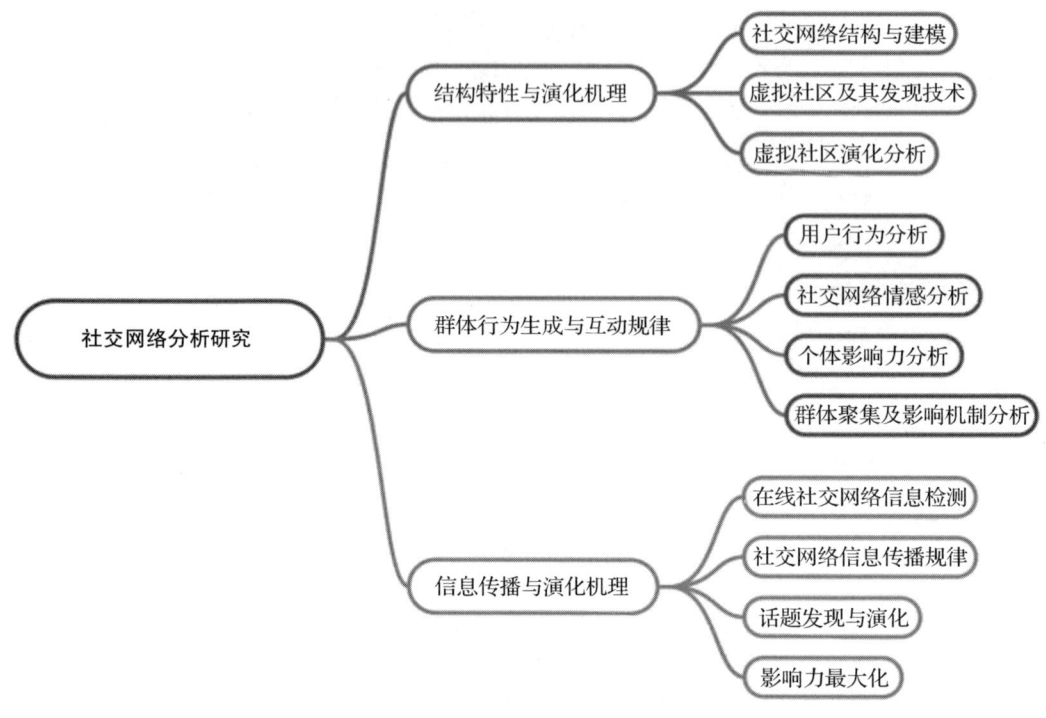

图 20-7 社交网络分析研究内容

- 结构特性与演化机理包含社交网络结构与建模、虚拟社区及其发现技术和虚拟社区演化分析。
- 群体行为生成与互动规律包含用户行为分析、社交网络情感分析、个体影响力分析以及群体聚集及影响机制分析。
- 信息传播与演化机理包含在线社交网络信息检测、社交网络信息传播规律、话题发现与演化、影响力最大化。

## 20.4 基于图卷积网络的社交网络分类实验

本节主要介绍一个基于图卷积网络的社交网络分类实验，下面将从实验目的、实验内容和原理和实验步骤三部分描述这个实验。实验将会在 Zachary's Karate Club 社交网络数据集上进行，该社交网络内有两个社区，由教练和俱乐部管理者分别领导，实验会对该网络内每个成员该加入哪个社区进行预测，最终划分整个网络结构。实验使用 Python 语言进行编码，结合 PyTorch、NetworkX 等软件包完成社交网络的分类任务。实验首先探索

Karate Club 的多个统计特性,随后使用 PyTorch 将图转化为张量以进行后续机器学习,最后使用一种图卷积网络(GCN)模型完成分类任务。通过这个实验,期望读者能理解社交网络的结构特性以及图卷积网络如何实现社交网络的分类。

### 20.4.1 实验目的

1)使用 PyTorch、NetworkX 实现基于 GCN 的 Karate Club 数据集分类。
2)理解社交网络的统计特性。
3)体会 GCN 在社交网络分析中的分类作用。
4)便于理解使用 DGL (Deep Graph Library) 实现 GCN。

### 20.4.2 实验内容和原理

Karate Club 是一个社交网络,包括 34 个成员,并在俱乐部外互动的成员之间建立成对连接。俱乐部随后分为两个社区,由教练(节点 0)和俱乐部管理者(节点 33)领导。网络以如图 20-8 的方式可视化,不同灰度表示不同社区。

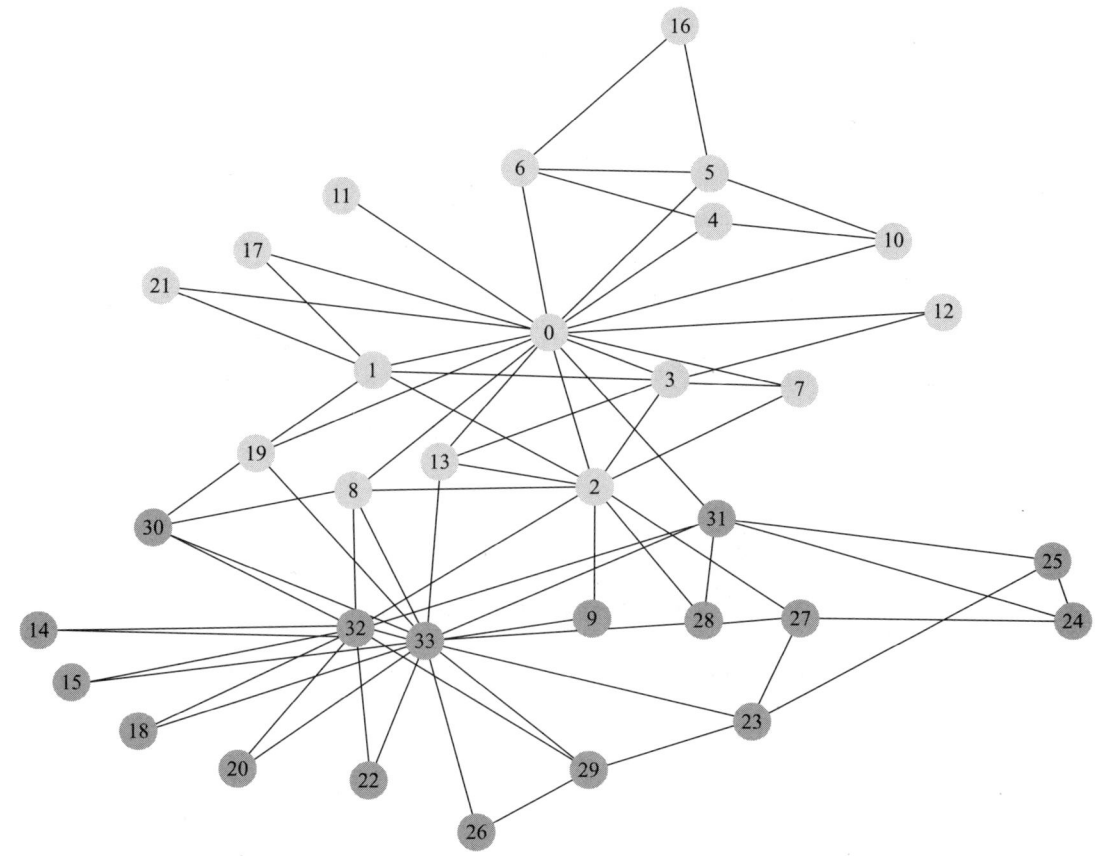

图 20-8 Karate Club 社交网络图结构

任务:预测给定社交网络中每个成员倾向于加入哪一侧的社区(0 或 33)。
首先利用算法直观地理解 Karate Club 提供的社交网络的多个统计特性。之后在本实验中将使用 GCN 完成预测任务。GCN 是一种可以有效地对图信息进行提取的神经网络，因此可以利用这一特性来完成俱乐部社交网络的分类。

### 20.4.3 实验步骤

实验整体将分三部分进行。首先，认识 Karate Club 的图结构及多个统计特性。接着，理解 PyTorch 张量的基础，将网络转化为 PyTorch 张量以进行后续机器学习。最后使用一种 GCN 模型完成分类任务，具体为设置好网络结构，定义网络输入，选择合适的优化器，执行训练并可视化结果。

1）首先认识图结构及统计特性，通过 NetworkX 包加载数据集并显示 Karate Club 图结构，并计算网络平均度与平均聚类系数。

具体代码如下：

```
import networkx as nx
nx_G = nx.karate_club_graph()
# 可视化图结构
nx.draw(nx_G, with_labels = True)
```

可以得到如图 20-9 所示的结果。

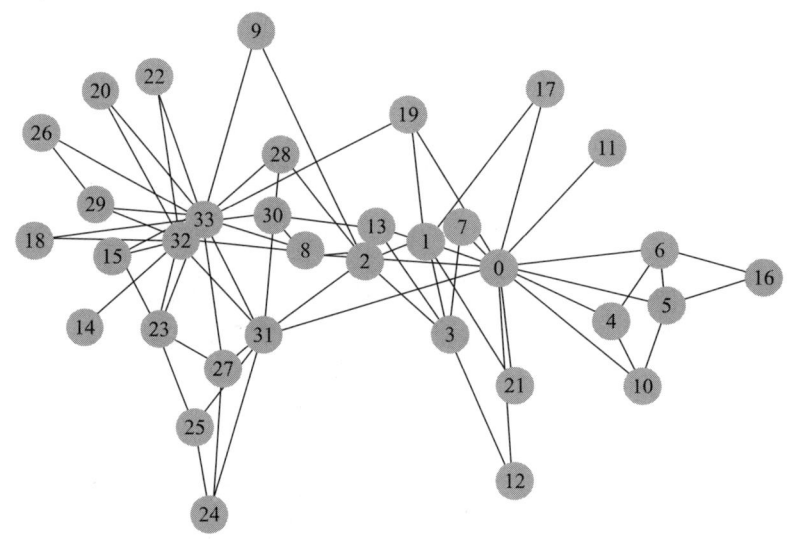

图 20-9　可视化图结构代码运行结果

网络平均度为 5，代码如下：

```
def average_degree(num_edges, num_nodes):
    # 根据边数和节点数，并返回图平均节点度
    # 将结果舍入到最接近的整数（例如 3.3 将四舍五入为 3，3.7 将四舍五入为 4）
    avg_degree = 0
    avg_degree = 2*num_edges/num_nodes
    avg_degree = int(round(avg_degree))
    return avg_degree

num_edges = nx_G.number_of_edges()
num_nodes = nx_G.number_of_nodes()
avg_degree = average_degree(num_edges, num_nodes)
print("Karate club网络平均度为 {}".format(avg_degree))
```

网络平均聚类系数为 0.57，代码如下：

```
def average_clustering_coefficient(G):
# 接受 nx.Graph，并返回平均聚类系数
# 将结果四舍五入到小数点后两位（例如 3.333 将四舍五入为 3.33，3.7571 将四舍五入为 3.76）
    avg_cluster_coef = 0
    # 使用聚类函数
    avg_cluster_coef = nx.average_clustering(G)
    avg_cluster_coef = round(avg_cluster_coef, 2)
    return avg_cluster_coef

avg_cluster_coef = average_clustering_coefficient(G)
print("Karate club 网络平均聚类系数为 {}".format(avg_cluster_coef))
```

2）使用 PyTorch，将 Karate Club 网络转化为 PyTorch 张量。首先需要理解张量的基础，代码如下：

```
# 生成全为 1 的 3×4 张量
ones = torch.ones(3, 4)
print(ones)

# 生成全为 0 的 3×4 张量
zeros = torch.zeros(3, 4)
print(zeros)

# 生成值在 [0, 1) 内的 3×4 张量
random_tensor = torch.rand(3, 4)
print(random_tensor)

# 获得张量的维度
print(ones.shape)
```

```
tensor([[1., 1., 1., 1.],
        [1., 1., 1., 1.],
        [1., 1., 1., 1.]])
tensor([[0., 0., 0., 0.],
        [0., 0., 0., 0.],
        [0., 0., 0., 0.]])
tensor([[0.7496, 0.9496, 0.5587, 0.8356],
        [0.5795, 0.0412, 0.3995, 0.2776],
        [0.6398, 0.3621, 0.1974, 0.2087]])
torch.Size([3, 4])
```

图 20-10　张量基础代码运行结果

结果如图 20-10 所示。

接下来，得到网络的边列表，并把它转化为 torch.LongTensor，张量 pos_edge_index 的 torch.sum 值为 2535，代码如下：

```
import numpy as np

def graph_to_edge_list(G):
# TODO：实现返回 nx.Graph 的边列表的函数
# 返回的 edge_list 应该是一个元组列表，其中每个元组是一个表示由两个节点连接的边的元组
    edge_list = []
    edge_list = list(G.edges())
    return edge_list

def edge_list_to_tensor(edge_list):
# TODO：实现将 edge_list 转换为张量的函数
# 输入 edge_list 是一个元组列表，生成的张量应具有 [2×len(edge_list)] 的维度
    edge_index = torch.tensor([])
    edge_index = torch.tensor(np.array(edge_list), dtype=torch.long)
    edge_index = edge_index.T
    return edge_index

pos_edge_list = graph_to_edge_list(G)
print(pos_edge_list)
pos_edge_index = edge_list_to_tensor(pos_edge_list)
print(" 张量 pos_edge_index 的维度为 {}".format(pos_edge_index.shape))
print(" 张量 pos_edge_index 值的和为 {}".format(torch.sum(pos_edge_index)))
```

最后，实现对负向边（没有出现在图中的边）进行采样的功能，然后可以得到 Karate

Club 网络中的哪些边（edge_1 到 edge_5）是负向边，代码如下：

```python
import random

def sample_negative_edges(G, num_neg_samples):
    # 实现返回负向边列表的函数
    # 采样的负向边数量为 num_neg_samples。当可能的负向边数小于 num_neg_samples 时，不需要考虑极
    #   端情况。在此实现中，不应将自环视为正向边或负向边。另外，请思考在无向图中，如果 (0, 1) 是正边，
    #   那 (1, 0) 可以是负向边吗
    neg_edge_list = []

    pos_set = set(G.edges())
    visited_set = set()

    node_list = list(G.nodes())
    random.shuffle(node_list)

    for n_i in node_list:
        for n_j in node_list:
            if n_i == n_j \
            or (n_i,n_j) in pos_set or (n_j,n_i) in pos_set \
            or (n_i,n_j) in visited_set or (n_j, n_i) in visited_set:
                continue

            neg_edge_list.append((n_i,n_j))
            visited_set.add((n_i,n_j))
            visited_set.add((n_j,n_i))
            if len(neg_edge_list) == num_neg_samples:
                return neg_edge_list

# 采样 78 个负向边
neg_edge_list = sample_negative_edges(nx_G, len(pos_edge_list))

# 负向边转换为张量
neg_edge_index = edge_list_to_tensor(neg_edge_list)
print("张量 neg_edge_index 的维度为 {}".format(neg_edge_index.shape))

# 下列哪条边可以是负向边
edge_1 = (7, 1)
edge_2 = (1, 33)
edge_3 = (33, 22)
edge_4 = (0, 4)
edge_5 = (4, 2)
def is_neg_edge(edge):
    return not(edge in pos_edge_list or (edge[1], edge[0]) in pos_edge_list)

print(is_neg_edge(edge_1))
print(is_neg_edge(edge_2))
print(is_neg_edge(edge_3))
print(is_neg_edge(edge_4))
print(is_neg_edge(edge_5))
```

结果如图 20-11 所示。

```
The neg_edge_index tensor has shape torch.Size([2, 78])
False
True
False
False
True
```

图 20-11　负向边预测结果

3）将 NetworkX 的数据转化为 DGLGraph 格式，便于后续训练，代码如下：

```python
import dgl

G = dgl.from_networkx(nx_g)
```

先定义一个图卷积网络模型。图卷积模型的具体定义来自 Thomas N. Kipf 和 Max

Welling 的研究。

将 GCN 的卷积层设为两层，两层工作如下：第一层将大小为 34 的输入特征转换为大小为 5 的隐藏层。第二层将隐藏层转换为大小为 2 的输出特征，对应 Karate Club 中的两个组。

代码如下：

```python
class GCN(nn.Module):
    def __init__(self, in_feats, hidden_size, num_classes):
        super(GCN, self).__init__()
        self.conv1 = GraphConv(in_feats, hidden_size)
        self.conv2 = GraphConv(hidden_size, num_classes)

    def forward(self, g, inputs):
        # 卷积层 1
        h = self.conv1(g, inputs)
        # 采用 ReLu 激活函数
        h = torch.relu(h)
        # 卷积层 2
        h = self.conv2(g, h)
        return h
```

4）为节点添加特征，定义好神经网络的输入，建立神经网络。

GCN 将特征与节点和边关联进行训练，本实验中，每个节点对应一个独热编码。在 DGL 中，可通过一个特征向量为所有的节点添加特征，该张量沿着第一维处理。在这里，可以使用 nn.embedding 来对数据进行处理，然后用 GCN 建立神经网络。代码如下：

```python
# 对角矩阵
G.ndata['feat'] = torch.eye(34)
# 对 34 个节点做嵌入，34 个节点的嵌入向量维度为 5
embed = nn.Embedding(34, 5)
G.ndata['feat'] = embed.weight
# 定义神经网络输入
inputs = G.ndata['feat']
labeled_nodes = torch.tensor([0, 33])
labels = torch.tensor([0, 1])
# 建立神经网络 GCN
net = GCN(5, 5, 2)
# 利用 torch 的 Adam 算法进行优化，定义一个优化器
optimizer = torch.optim.Adam(itertools.chain(net.parameters(), embed.parameters()), lr=0.01)
all_logits = []
```

5）进行训练，训练 60~80 次，主要利用半监督学习，使用标记的节点来计算 loss，然后进行 loss 的反向传播。如此反复 60~80 次，可以打印出 loss 函数的数值来查看训练情况。

```python
for epoch in range(75):
    logits = net(G, inputs)
    # 保存 logits 后进行可视化
    # detach 方法将 logits 从当前计算图中分离下来
    all_logits.append(logits.detach())
    logp = F.log_softmax(logits, 1)
    # 半监督学习，只使用标记的节点计算 loss
    loss = F.nll_loss(logp[labeled_nodes], labels)

    optimizer.zero_grad()
```

```
#loss 的反向传播
loss.backward()
optimizer.step()

print('Epoch %d | Loss: %.4f' % (epoch, loss.item()))
```

6）定义 draw 函数，以便于打印每次训练后的结果。

```
def draw(i):
    cls1color = '#00FFFF'
    cls2color = '#FF00FF'
    pos = {}
    colors = []
    for v in range(34):
        pos[v] = all_logits[i][v].numpy()
        cls = pos[v].argmax()
        colors.append(cls1color if cls else cls2color)
    ax.cla()
    ax.axis('off')
    ax.set_title('Epoch: %d' % i)
    nx.draw_networkx(nx_G.to_undirected(), pos, node_color=colors,
                     with_labels=True, node_size=300, ax=ax)
```

7）进行训练，生成最终的 GIF。代码如下：

```
nx_G = G.to_networkx().to_undirected()
print(G.to_networkx())
fig = plt.figure(dpi=150)
fig.clf()
ax = fig.subplots()
for i in range(75):
    draw(i)
    plt.pause(0.2)
ani = animation.FuncAnimation(fig, draw, frames=len(all_logits), interval=200)
ani.save('change1.gif', writer='imagemagick', fps=10)
plt.show()
```

生成的单帧图片结果如图 20-12 所示。

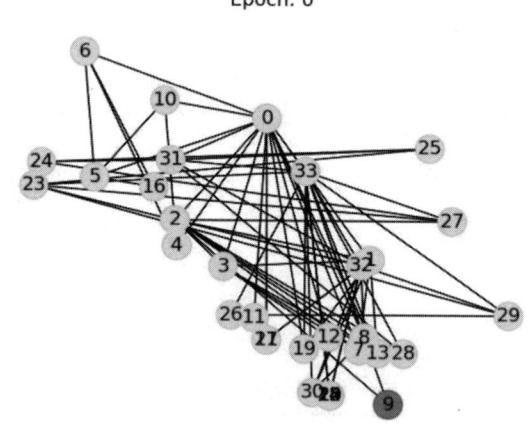

图 20-12　单帧运行结果

本节完成了社交网络分析实验，探索了 Karate Club 的多个统计特性，理解了 PyTorch 张量的作用，并使用 GCN 对 Karate Club 网络中的成员进行分类。希望通过具体的实验，可以巩固读者对社交网络分析的认识并加深对大数据技术的理解。

## 总结

本章介绍了图数据分析应用中的社交网络分析，在 20.1 节介绍了社交网络相关概念，然后在 20.2 节介绍了社交网络分析的结构特性，20.3 节介绍了社交网络分析研究的主要内容。在了解了社交网络分析的定义、起源与发展历程、应用领域、统计特性、网络特性以及网络模型知识等内容的基础上，最后 20.4 节用一个基于图卷积网络的实验，对 Karate Club 网络中的成员进行分类。通过社交网络分析的实验案例，我们可以深入理解进行社交网络分析的相关步骤和方法。

## 习题

1.【多选】社交网络分析可以使用多种图与网络分析工具来实现，以下哪些是常用的社交网络分析工具？（  ）
   A. Gephi          B. NLTK          C. NodeXL          D. NetworkX
2.【单选】以下哪个社交网络的统计特性，用于描述网络中与同一节点相连的节点也互为相邻节点的概率。用于刻画社交网络中一个人的朋友们也互相是朋友的概率，并反映了社交网络的聚集性。（  ）
   A. 度            B. 网络密度       C. 聚类系数         D. 介数
3. 简述什么是社交网络的小世界现象。
4.【判断】无标度（Barabási-Albert，BA）模型引入了时间概念。一个新节点加入网络时，要将其与该网络中的其他节点相连，其他哪个节点的边数越多，其被选中连接的概率就越大。（  ）
5.【单选】以下哪段代码能计算得到某个网络的节点平均度数？（  ）

```
import networkx as nx
A. def average(G):
       avg = nx.average_clustering(G)
       return avg

B. def average(num_edges, num_nodes):
       avg = 2*num_edges/num_nodes
       return avg

C. def average(G):
       avg = G.number_of_nodes()
       return avg

D. def average(G):
       avg = G.nodes()
       return avg
```

# 参考文献

[1] 杜振南，朱崇军. 分布式文件系统综述 [J]. 软件工程与应用，2017, 06(02): 21-27.

[2] unnkoel. 分布式文件系统的历史 [EB/OL]. (2014-09-22) [2024-04-09]. http://blog.chinaunix.net/uid-29759225-id-4489272.html.

[3] CSDN. 分布式文件系统对比与选型参考 [EB/OL]. (2020-04-21) [2024-04-09]. https://blog.csdn.net/yym373872996/article/details/105650908.

[4] 那合曼. NoSQL 数据库综述 [J]. 电子世界，2015(17): 146-147.

[5] 雷宇辉，钟雯，何清，等. NoSQL 数据库研究文献综述 [J]. 电子世界，2017(4):2.

[6] 毛德操. 大数据处理系统：Hadoop 源代码情景分析 [M]. 杭州：浙江大学出版社，2017.

[7] Akerkar R, Sajja P S. 大数据分析与算法 [M]. 北京：机械工业出版社，2018.

[8] 王宏志. 大数据分析原理与实践 [M]. 北京：机械工业出版社，2017.

[9] 周志华. 机器学习 [M]. 北京：清华大学出版社，2016.

[10] 微软. 大数据处理架构 [EB/OL]. (2023-04-03) [2024-04-09]. https://learn.microsoft.com/zh-cn/training/modules/cmu-message-queues-streams/3-stream-processing-systems.

[11] 课课家. 了解批处理，微分批处理和流处理 [EB/OL]. (2018-04-26) [2024-04-09]. https://baijiahao.baidu.com/s?id=1598791080876078982&wfr=spider&for=pc.

[12] 帆软. 数据处理方法有哪些，这样说就明白了 [EB/OL]. (2022-11-25) [2024-04-09]. https://www.fanruan.com/bw/sjaidjia.

[13] CSDN. 大数据处理框架及引擎介绍 [EB/OL]. (2024-03-22) [2024-04-09]. https://blog.csdn.net/julyclj55555/article/details/126872632.

[14] Whiteco-okies. Spark 流式数据处理——Spark Streaming[EB/OL]. (2021-03-28). [2024-04-09]. https://zhuanlan.zhihu.com/p/360451571.

[15] 皮皮杂谈. 基于 MapReduce 实现 Top K 问题和 K-means 聚类的复杂应用 [EB/OL]. (2019-06-01) [2024-04-09]. https://baijiahao.baidu.com/s?id=1635113261037432145&wfr=spider&for=pc.

[16] ljy2013. MapReduce 实现 Top K 的示例 [EB/OL]. (2015-05-06). [2024-04-09]. https://www.cnblogs.com/ljy2013/p/4483101.html.

[17] 科普中国. 机器学习 [EB/OL]. (2023-12-28) [2024-04-09]. https://baike.baidu.com/item/ 机器学习.

[18] GOODFELLOW I, BENGIO Y, COURVILLE A. Deep Learning[M]. Cambridge, MA: MIT Press, 2016.

[19] 刘浩洋，户将，等. 最优化计算方法 [M]. 北京：高等教育出版社，2021.

[20] WILLIAMS V V. Multiplying Matrices in O(n2.373) Time[J]. (2023-12-25) [2024-09-05]. http://cs.stanford.edu/~virgi/matrixmult-f.pdf.

[21] RUDER S. An Overview of Gradient Descent Optimization Algorithms[J/OL]. CORR, 2016. [2024-04-09]. https://arxiv.org/abs/1609.04747. 2016.

[22] ANDRYCHOWICZ M, DENIL M, GOMEZ S, et al. Learning to Learn by Gradient Descent by Gradient Descent[J]. Advances in Neural Information Processing Systems, 2016, 29.

[23] METZ L, HARRISON J, FREEMAN C D, et al. VeLO: Training Versatile Learned Optimizers by

Scaling Up[J]. arXiv preprint arXiv:2211.09760, 2022.

[24] RAMACHANDRAN P, ZOPH B, LE Q V. Searching for Activation Functions[J]. arXiv preprint arXiv:1710.05941, 2017.

[25] MAAS A L, HANNUN A Y, Ng A Y. Rectifier Nonlinearities Improve Neural Network Acoustic Models[C]//Proceedings of the 30th International Conference on Machine Learning, Atlanta, GA, USA, 2013.

[26] HENDRYCKS D, GIMPEL K. Gaussian Error Linear Units (GELUs)[J]. arXiv preprint arXiv:1606.08415, 2016.

[27] SHARMA S, SHARMA S, ATHAIYA A. Activation Functions in Neural Networks[J]. Towards Data Science, 2017, 6(12): 310-316.

[28] APICELLA A, DONNARUMMA F, ISGRÒ F, et al. A Survey on Modern Trainable Activation Functions[J]. Neural Networks, 2021, 35(1): 14-32.

[29] COVER T M. Geometrical and Statistical Properties of Systems of Linear Inequalities with Applications in Pattern Recognition[J]. IEEE Transactions on Electronic Computers, 1965, EC-14(3): 326-334.

[30] GLOROT X, BORDES A, BENGIO Y. Deep Sparse Rectifier Neural Networks[C]//Proceedings of the 14th International Conference on Artificial Intelligence and Statistics, JMLR Workshop and Conference Proceedings, 2011: 315-323.

[31] HE K, ZHANG X, REN S, et al. Deep Residual Learning for Image Recognition[C]//Proceedings of the IEEE Conference on Computer Vision and Pattern Recognition, 2016: 770-778.

[32] VASWANI A, SHAZEER N, PARMAR N, et al. Attention is All You Need[J]. Advances in Neural Information Processing Systems, 2017, 30.

[33] ORHAN E, PITKOW X. Skip Connections Eliminate Singularities[C]//International Conference on Learning Representations, 2018.

[34] SANTURKAR S, TSIPRAS D, ILYAS A, et al. How Does Batch Normalization Help Optimization?[J]. Advances in Neural Information Processing Systems, 2018, 31.

[35] BJORCK N, GOMES C P, SELMAN B, et al. Understanding Batch Normalization[J]. Advances in Neural Information Processing Systems, 2018, 31.

[36] LIU F, REN X, ZHANG Z, et al. Rethinking Skip Connection with Layer Normalization[C]//Proceedings of the 28th International Conference on Computational Linguistics, 2020: 3586-3598.

[37] HORNIK K. Multilayer Feedforward Networks Are Universal Approximators[J]. Neural Networks, 1989, 2(5): 359-366.

[38] HASTIE T, TIBSHIRANI R, FRIEDMAN J H. The Elements of Statistical Learning: Data Mining, Inference, and Prediction[M]. New York: Springer, 2009.

[39] SRIVASTAVA N, HINTON G, KRIZHEVSKY A, et al. Dropout: A Simple Way to Prevent Neural Networks from Overfitting[J]. The Journal of Machine Learning Research, 2014, 15(1): 1929-1958.

[40] MÜLLER R, KORNBLITH S, HINTON G E. When Does Label Smoothing Help?[J]. Advances in Neural Information Processing Systems, 2019, 32.

[41] LI Z, LIU F, YANG W, et al. A Survey of Convolutional Neural Networks: Analysis, Applications, and Prospects[J]. IEEE Transactions on Neural Networks and Learning Systems, 2021.

[42] LIPTON Z C, BERKOWITZ J, ELKAN C. A Critical Review of Recurrent Neural Networks for Sequence Learning[J]. arXiv preprint arXiv:1506.00019, 2015.

[43] CHAUDHARI S, MITHAL V, POLATKAN G, et al. An Attentive Survey of Attention Models[J].

ACM Transactions on Intelligent Systems and Technology, 2021, 12(5): 1-32.

[44] WU Z, PAN S, CHEN F, et al. A Comprehensive Survey on Graph Neural Networks[J]. IEEE Transactions on Neural Networks and Learning Systems, 2020, 32(1): 4-24.

[45] WARD M, GRINSTEIN G, KEIM D. Interactive Data Visualization: Foundations, Techniques, and Applications[M]. 2nd ed. Natick: A. K. Peters Ltd., 2010.

[46] 唐泽圣, 陈为. 中国大百科全书: 电子学与计算机 可视化条目 [M]. 北京: 中国大百科全书出版社, 2011.

[47] 刘滨, 刘增杰, 刘宇, 等. 数据可视化研究综述 [J]. 河北科技大学学报, 2021, 42(06): 643-654.

[48] CSDN.【数据可视化】数据可视化分类 [EB/OL]. (2015-06-01) [2024-05-16] https://blog.csdn.net/gdp12315_gu/article/details/46317299.

[49] SCHROEDER W, MARTIN K, LORENSEN B. The Visualization Toolkit[M]. 3rd ed. Kitware e-store, 2004.

[50] 唐泽圣. 三维数据场可视化 [M]. 北京: 清华大学出版社, 1999.

[51] 陈为, 沈则潜, 陶煜波. 数据可视化 [M]. 北京: 电子工业出版社, 2019.

[52] CSDN. Spark Streaming 的系统架构 [EB/OL]. (2019-07-08) [2024-05-16] https://blog.csdn.net/sdyuy/article/details/95044569.

[53] TUFTE E R. Beautiful Evidence[M]. Cheshire: Graphics Press, 2006.

[54] 杨尊琦. 大数据导论 [M]. 北京: 机械工业出版社, 2018.

[55] VASWANI A, et al. Attention is all you need[C]//Advances in Neural Information Processing Systems. 2017: 5998-6008.

[56] 斋藤康毅. 深度学习进阶: 自然语言处理 [M]. 北京: 人民邮电出版社, 2020.

[57] GitHub. The Illustrated Transformer[EB/OL]. (2018-06-27) [2024-05-01]. https://jalammar.github.io/illustrated-transformer/.

[58] CSDN. Pytorch(一): 动态图机制以及框架结构 [EB/OL]. (2022-07-12) [2024-05-16]. https://blog.csdn.net/Mike_honor/article/details/125742111.

[59] CSDN. PyTorch 基础——数据的变换（Transforms）(3)[EB/OL]. (2022-05-28) [2024-05-16]. https://blog.csdn.net/qq_40379132/article/details/124537928.

[60] CSDN. 内存计算框架 [EB/OL]. (2022-06-01) [2024-04-11]. https://blog.csdn.net/qq_48951688/article/details/111698910.

[61] CSDN. SAP HANA 详细介绍 [EB/OL]. (2022-05-31) [2024-05-11]. https://blog.csdn.net/qq_20042935/article/details/125065558.

[62] CSDN. Apache Spark [EB/OL]. (2024-01-17) [2024-05-26]. https://blog.csdn.net/L_Mr_ll/article/details/106373240.

[63] CSDN. TensorFlow Hub 模型 [EB/OL]. (2024-01-01) [2024-05-31]. https://blog.csdn.net/qq_35827483/article/details/135329580.

[64] CSDN. 什么是"推荐系统",有哪些主要的推荐方法? [EB/OL]. (2023-07-16) [2024-05-13]. https://blog.csdn.net/epubit17/article/details/131747601.

[65] 腾讯云开发者社区. 推荐系统 [EB/OL]. (2023-07-24) [2024-05-13]. https://cloud.tencent.com/developer/techpedia/1764.

[66] CSDN. 大数据——推荐系统 [EB/OL]. (2023-08-08) [2024-05-13]. https://blog.csdn.net/gjinc/article/details/132105404.

[67] CSDN. 大数据技术之 Spark Streaming 概述 [EB/OL]. (2023-04-27) [2024-04-11]. https://blog.csdn.net/d905133872/article/details/130281798.